U0221709

中国科学院
战略性先导科技专项报告

# 中国土壤微生物组（下）

朱永官　沈仁芳　主编

China Soil
Microbiome Initiative

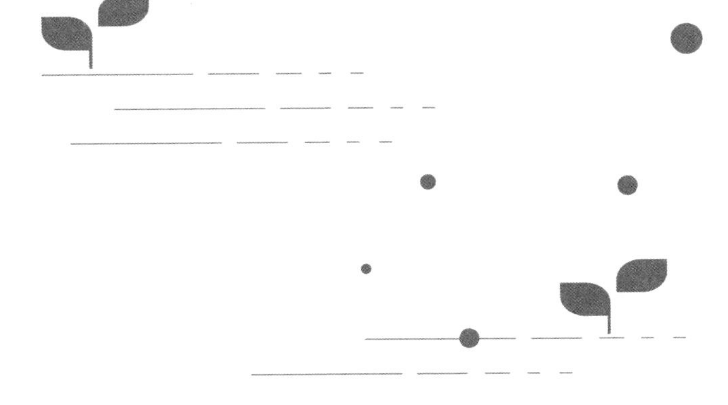

# 总目录

## 上　册

### 第一篇　土壤微生物资源

## 第6章

## 旱地土壤氮转化的微生物过程 261



## 第7章

## 稻田土壤氮转化的微生物过程 308

# 下册目录

## 第三篇　土壤微生物调控(地上-地下耦联)

# 第14章

## 土壤-微生物系统数据整合集成与分析平台建设 633

——

第三篇

# 土壤微生物调控（地上-地下耦联）

# 导 言

我国近30年来的粮食增长主要依赖大量水肥和农药的投入而实现。1978—2006年，尽管我国粮食总产增加了约61%（从3048亿千克增至4900亿千克），但同期化肥用量却增加了467.5%，单位面积用量是世界平均水平的3倍、发达国家化肥用量的2倍。我国以不到世界10%的耕地，施用了世界化肥用量的1/3，其中2008年化肥总用量已达5017万吨（纯量）。我国氮素化肥平均用量（按粮食作物播种面积计算）已达191kg·hm$^{-2}$，分别是法国、德国、美国的151%、159%和329%，而耕地粮食单产水平仍然较这些国家低10%~30%，氮肥平均利用率不足30%（发达国家平均利用率为45%），单位养分投入产出粮食（折算为水稻当量）仅14kg·kg$^{-1}$，远低于美国的40kg·kg$^{-1}$和德国的60kg·kg$^{-1}$（杨林章等，2008）。资源低效利用不仅增加了农业投入，而且导致土壤质量退化，诱发以氮磷为主的农业面源污染乃至区域生态环境安全问题（徐明岗等，2006；张福等，2006）。2007年的全国污染源普查结果显示，耕地总氮损失约为160万吨，总磷损失约为10.8万吨。

近20年来集约化畜牧生产发展迅速，导致大量有机废物产生。2007年，畜禽养殖场产生有机废物2.43亿吨，总氮和总磷排放量分别达到1024800吨和160400吨（中华人民共和国统计局，中华人民共和国农业部，2010）。此外，我国每年有约7亿吨的秸秆，但全国秸秆直接还田和用于堆制有机肥的比例在50%以下，养分再利用潜力很大。总体上，我国有机肥（包括秸秆）中可以利用的氮、磷、钾分别在100万吨、130万吨和1000万吨左右。在改善土壤肥力的基础上，提高肥料的利用率和作物单产（何萍等，2012），控制农业集约化过程中的面源污染，是保障我国粮食安全和促进农业可持续发展必须完成的双重任务。

由于传统的作物增产措施存在较大的局限性（张世煌等，2009），研发周期长、使用成本高、环境风险大等问题显著，科学界已经将重心转向调控地下生物的措施，通过遗传育种方式筛选出养分资源利用效率高的作物品种、外源物质并添加以促进根系活力、充分利用植物根系-土壤微生物的相互促进作用，加速土壤养分的循环和植物吸收，提高土壤养分的缓冲库容，提高养分利用率，降低传统物理和化学调控的使用成本和环境风险，实现增产粮食、提高生产效益、保护农业环境的目标。充分发挥土壤-根系-微生物的协同增效机制是进一步提升土壤质量及其生物功能的潜力所在。

土壤生物数量多、区域差异大、功能强，目前对其控制养分循环的功能和区域分异规律认识不清。土壤生物包括根系、微生物（细菌、真菌、放线菌等）和动物（微动物，如原生动物门、线虫纲等；中型动物，如螨虫、弹尾目、蜘蛛等；大型动物，如蚂蚁、昆虫、蚯蚓、蜗牛等）。土壤生物数量巨大，全球根系生物量大约是地上部生物量的3/4；地球原核生物（细菌、古菌）微生物N量相当于植物N量的10倍（Visions, 2010; Wiltman et al., 1998; van der Heijden et al., 1998）。土壤生物群落在微米（μm）尺度下的生理代谢作用推动了宏观尺度下土壤养分和能量的循环。然而，我国气候、土壤、作物存在巨大的时空差异，导致土壤生物结构及其相互之间的关系复杂多样，因此目前对土壤生物在系统与区域尺度下控制养分和能量循环的功能认识不清。在过去200年的土壤科学发展史中，土壤微生物研究一直受限于技术手段的发展和科学理论的突破，以养分利用为核心的农业化学研究占据主导地位。20世纪90年代，生物“三域”分类新理论表明，高达99%的土壤微生物资源尚未被认识。自2005年以来，随着高通量测序技术跨越式发展，认识微生物资源和功能的程度从1%增加到30%左右。因此，认知土壤生物对养分循环的控制机制，揭示土壤生物功能区域差异的影响因子，可以为提升农田养分利用率和生产力提供强有力的技术保障。

土壤生物技术发展迅猛，为挖掘地下生物的潜力、促进农业的高产高效提供技术支撑。20世纪90年代以前，植物促生菌相关的专利和文献仅有31个研究报道；20世纪90年代达到582个；2000年猛增至22055个，相较于20世纪90年代以前，增幅超过700倍；以调控土壤生物为主的管理措施是未来高产高效农业的发展趋势。在作物品种筛选方面，传统的育种更多地考虑高产、优质和稳产，很少考虑作物在养分资源高效利用中的特性。根系是养分吸收的主要位点，采用分子育种手段，设计培育优良根系构型的种质资源，将极大地提高作物对养分的利用效率，有效地降低养分流失而致生态环境问题的发生率。生物肥料具有低投入、高产出、高质量、高效益、无污染、生物肥料资源来源充足、制作技术简单、易推广等优点。在生物肥料方面，单一菌种向混合菌种转型、单一菌剂向复合菌剂发展、单一功能向多重功能跨越，是调控土壤生物、促进土壤养分活性、增强作物产量的基本路径。

调控生物已经显示了良好的增产潜力，目前面临的主要问题是对“黑箱”中土壤-生物系统功能认知不清，无法研发靶标明确、区域适宜性强的调控措施。与传统氮、磷、钾施肥相比，通过调控土壤微生物的增产报道占98%，增产幅度超过5%的报道占87.4%，超过10%的报道占56.6%；文献综合分析表明，各类微生物肥料的平均增产量为12.0%~22.3%。针对我国特有的土壤、生物、气候条件，在土壤-生物系统中，研究控制养分循环的微生物功能群组成和食物网结构，阐明生物共存、演替、信号反馈机制和控制因子，揭示作物根系构型与养分吸收和产量形成的关系，深入研究土壤-根系-生物系统中的生物协同作用，揭示生物过程对养分循环的调控功能，阐明影响生物增效功能的影响因素，构建肥料养分持续高效利用的生物学理论，为集约化农业提高肥料利用率提供理论基础。

研究地上-地下生物群落的耦合机制是调控和发挥土壤生物功能的核心。地上-地下生态系统及系统内各要素间存在紧密而复杂的互动关系，其相互作用主要通过物质和信息的交换得以实现。系统各组成要素之间的对话机制主要依赖于植物和微生物所分泌的信号物质。有时候是单一信号物质贯穿并调控整个系统，有时候是几个信号物质相互衔接转换，构成调控整个系统的信号物质链（Li et al.，2013）。随着分析技术的进步，信号分子及其功能的挖掘已经成为目前研究的热点（Ruyter-Spira et al.，2013）。

根际过程是集中体现地上-地下生态系统相互作用的特殊微域。土壤微生物是维系地上-地下生态系统相互作用的核心。根际土壤共生微生物（如菌根真菌）可以显著提高植物对养分元素（如磷）的吸收。根际土壤中碳、氮、磷之比可以决定微生物和根系之间养分竞争的强度和方向。因此，根际微生物是土壤-根系间养分转化和转运的调节器。同时，氮磷养分由根系向地上部分传输以满足作物生长发育和产量形成的需求是土壤氮磷养分高效利用的关键环节之一。这一传输过程的分子载体由植物体内多个专一性的转运系统在不同组织部位协同完成。目前对于这类转运体系在单基因（单一系统）尺度的研究是植物养分吸收利用分子机制研究的热点。从系统生物学尺度解读根-茎交互作用的分子机制是重要研究方向(Gutiérrez,2012)。

土壤微生物在作物获得养分中发挥着重要作用,地上-地下生物协同作用与作物养分高效利用关系密切(沈仁芳等,2015;2017)。目前,学术界对土壤-根系-微生物之间的协同机制尚不清楚,而且对在根系与地上部的耦合过程中养分和信号的协同传输机制也认识不足(Brewer et al.,2013;Gutiérrez,2012),对信号物质的了解还很有限(Kretzschmar et al.,2012),缺乏系统的方法,也缺乏对土壤-根系-微生物三者之间反馈机制的认识。

围绕提高氮磷养分利用率,协调粮食安全和环境安全的核心问题,研究根系-微生物对话的信号基础与氮磷吸收利用、土壤-根系-微生物的协同作用机制与氮磷生物有效性、氮磷高效利用的地上-地下生物功能调控与技术原理,集成氮磷高效利用的土壤生物功能调控技术,将为土壤-作物系统氮磷高效利用提供新的思路、理论和技术支撑。

(沈仁芳)

# 第 9 章　根系-微生物对话的信号基础与氮磷转化吸收

## 9.1　根系-微生物对话的信号基础与氮转化吸收

本节将围绕微生物源信号物质与土壤-微生物界面氮硝化过程、氮反硝化过程，植物源信号物质与根系-微生物界面氮硝化过程、氮反硝化过程，植物源信号物质与氮吸收过程等展开讨论。

### 9.1.1　微生物源信号物质与土壤-微生物界面氮硝化过程

#### 9.1.1.1　物质类型

土壤生态系统中存在土壤-微生物、微生物-微生物、微生物-根系、根系-根系的相互作用，其中的物质能量代谢过程包括微生物与植物寄主间的共生或致病、微生物源与植物源分泌物的代谢、通过电势以及资源分割产生的能量转移，以及生物活性分子调控的信息交换等。作为一个复杂的生态系统，土壤物质循环涉及的微生物过程不仅受微生物种群、结构特征、环境因子的影响，还受微生物本身产生的信号分子的调控。信号分子作为微生物种群之间、微生物与植物、微生物与动物的沟通语言，在种群调控和相互作用中起到了关键的作用。

在土壤生态系统里，氮元素的生物地球化学循环由生物的固氮作用、氨化作用、硝化（包括氨氧化和硝化）作用、反硝化作用、厌氧氨氧化作用、同化作用这几个主要过程组成（Kuypers et al.，2018）。微生物的作用决定着植物对氮素的有效利用程度，并且与土壤面源污染和温室气体氧化亚氮释放等一系列生态环境问题直接相关。作为一个复杂的生态系统与地球化学过程，土壤氮循环的微生物过程不仅受微生物种群、结构特征、环境因子的影响，还受微生物本身产生的信号分子的调控。

群体感应（quorum sensing，QS）是微生物细胞间相互交流的一种通信机制，微生物通过分泌信号分子来感知细胞（群体）密度，并在信号分子达到一定浓度时，通过调节特定基因的表达来调控群体内微生物众多生理生化过程（Waters et al.，2005）。通过QS建立的信号交流过程是一个复杂的、多体系共同协作完成的过程，其中不仅包括原核生物与原核生物之间的信息传递，还包括原核生物与真核生物之间的语言。例如，在土壤氮循环中，目前对微生物“信息流”认识较为明确的是固氮过程中根瘤菌与植物根系的共生作用。豆科植物的根部通过分泌一些生物活性分子吸引植物根际促生菌向其靠近，当植物根部周围细菌浓度达到一个阈值时，群体感应系统随即开始参与调控共生过程中的多个重要阶段，而植物根部也对根瘤菌所产生的信号有所响应，激活其体内的响应机制，向细菌提供反馈信息（Waters et al.，2005）。

目前已经发现多种QS信号分子，这些化学信号分子同时被称为自诱导物（autoinducer，AI）。虽然不断有新的信号分子被提出，但真正符合QS信号分子原则和较为公认的细菌信号分子大体可分为三类：革兰阴性菌使用的*N*-酰基高丝氨酸内酯类化合物（*N*-acyl homoserine lactones，AHLs）；革兰阳性菌使用的寡肽类信号分子；进行细菌种间交流的AI-2家族。细菌通过这三类信号分子来调控种内与种间的行为，如生物发光、群体群聚现象、生物膜的形成、毒力因子的分泌及抗生素的合成等。

大多数革兰阴性菌特别是变形菌门（Proteobacteria）中的信号分子均是由稳定的疏水型高丝氨酸内酯核（homoserine lactones，HSLs）以及尾部可变的亲水性的酰基侧链组成的AHLs信号分子。不同的AHLs分子其酰基侧链的长度为4~18个碳，在其侧链上经常发生羟基取代、双键取代或氧取代，不同的酰基侧链决定了AHLs分子结构的特异性。一种细菌可以产生几种不同结构的AHLs分子，而细菌中的受体蛋白通过识别与其同源的AHLs信号分子实现群体感应和相互交流。在土壤氮循环中，参与硝化作用的关键土壤细菌大多属于变形菌门，但由于氮循环中的硝化过程涉及化能自养作用，自养菌生长代谢缓慢以及低效的产能极大地限制了这类菌的信号调控机制的研究。

围绕着土壤氮循环的生物驱动与调控机制等核心科学问题，在过去的几年里我们试图突破氮循环信号物质研究的这些瓶颈。我们选取氨氧化模式细菌（*Nitrosospira multiformis*）和硝化模式细菌（*Nitrobacter winogradskyi*）两种细菌检测信号分子，发现在化能自养的氨氧化细菌亚硝化螺菌（*Nitrosopira multiformis*）中存在群体感应系统信号分子的合成体系，能够合成长酰基侧链的AHLs（C14-HSL和3-oxo-C14-HSL）信号分子（Gao et al.，2014）；而位于硝化模式细菌维氏硝化杆菌（*N. winogradskyi*）中的AHLs信号分子合成酶能够催化合成C7-HSL、C8-HSL、C9-HSL、C10-HSL、C8∶1-HSL、C9∶1-HSL、C10∶1-HSL和C11∶1-HSL等8种不同链长及不同饱和度的信号分子，这在以往的报道中非常少见（Schaefer et al.，2002）。我们还发现了一种新的信号分子结构：7，8-trans-*N*-（decanoyl）homoserine lactone（C10∶1-HSL）。这些信号分子结构的确定，使得我们对于QS信号分子在氨氧化、硝化细菌中究竟如何进行合成、识别及作用产生了更加浓厚的兴趣。

#### 9.1.1.2　释放特征

革兰阴性菌中负责催化形成AHLs信号分子的合成酶通常被分为LuxI、AinS/LuxM和HdtS三大家族。目前，已鉴定完成的大多数革兰阴性菌的变形菌中的AHLs合成酶均属于LuxI家族。LuxI以S-腺苷甲硫氨酸（SAM）为底物，通过与乙酰化的酰基载体蛋白（acyl-acyl carrier protein，acyl-ACP）发生内酯化反应合成AHLs信号分子。其中SAM中的甲硫氨酸残基构成AHLs的高丝氨酸内酯核部分，而acyl-ACP提供酰基侧链部分。LuxI蛋白结构中约有200个氨基酸残基，其氨基端保守性序列为催化AHLs合成反应的酶活性中心，而羧基端保守性氨基酸序列包含一个脂肪酸结合区（acyl-binding pocket），能与合成反应的底物acylACP发生特定的结合，因此每一个LuxI蛋白都能够合成自身所需的特异的AHLs信号分子（Waters et al.，2005）。目前已报道的LuxI家族的AHLs合成酶包括：根癌土壤杆菌（*Agrobacteriium tumefaciens*）中的TraI合成酶，铜绿假单胞菌（*Pseudomonas aeruginosa*）中的LasI、RhlI合成酶，以及类球红细菌（*Rhodobacter sphaeroides*）中的CerI合成酶等。这些AHLs合成酶具有保守的信号分子合成途径，能够合成不同酰基侧链的高丝氨酸内酯信号分子，并加以利用。

亚硝化螺菌（*N. multiformis*）和维氏硝化杆菌（*N. winogradskyi*）中均含有与LuxI同源的AHLs合成酶序列。其中位于*N. multiformis*中的AHLs合

成酶同源序列(nmuI)能够合成长链AHLs信号分子,而*N. winogradskyi*中的AHLs合成酶同源序列(nwiI)能够合成8种不同链长及不同饱和度的信号分子。作为一株兼性化能自养型细菌,*N. winogradskyi*可以在自养、异养以及兼性等不同的培养条件下生长。因此,我们利用生物报告菌株*Agrobacterium tumefaciens* KYC55测定了其在不同的培养条件下产生AHLs的情况。在自养培养基中,*N. winogradskyi*所积累的AHLs量明显高于另外两种培养条件,测定得到的Miller units/OD600约为异养培养条件下的5倍。信号分子的种类检测结果表明,在兼性培养条件下,可以检测到*N. winogradskyi*释放C7-HSL和C10:1-HSL两种链长的信号分子,然而在自养和异养培养基中只能检测到C10:1-HSL(Gao et al.,2014)。更有趣的是,在不同培养条件下*N. winogradskyi*所释放的信号分子与在含有*N. winogradskyi*信号分子合成酶(nwiI)的大肠杆菌重组菌中所产生的信号分子种类也有所不同。研究表明,荚膜红细菌(*Rhodobacter capsulatus*)具有与LuxI同源的AHL合成酶基因,其自身可以合成C16-HSL,然而该基因在大肠杆菌中异源表达后却合成C14-HSL,与*R. capsulatus*原菌所合成的AHLs种类并不相同(Schaefer et al.,2002)。我们在研究中发现了类似的现象,nwiI在大肠杆菌中异源表达后所合成的AHLs种类远远多于在*N. winogradskyi*原菌中释放的AHLs种类。AHLs信号分子中酰基侧链的种类多少代表着细菌脂肪酸生物合成修饰的广泛程度。同源物通常显示出对一种特定的acyl-ACP衍生物的偏好,导致形成一种主要AHLs产物,但是具有相似链长的AHLs也经常出现在相同的细菌中。一个AHLs合成酶所合成的主要AHLs产物可能反映了其优选的底物,*N. winogradskyi*代谢的多样性可能导致其在不同生长条件下释放信号分子种类的差异。

#### 9.1.1.3 作用机制

信号物质的调控过程除了信号的合成释放外,还包括信号的识别、响应及降解等环节。在LuxI型QS系统中,信号的识别过程由LuxR型蛋白完成。此R蛋白一般位于细胞质中,主要负责信号分子的识别以及激活下游靶基因的转录。LuxR型蛋白约有250个氨基酸,由两个功能域组成,其中氨基端为AHLs的结合结构域,羧基端含有保守的螺旋-转角结构和DNA结合位点,用以调控下游靶基因的转录。

LuxR型蛋白是在细菌QS机制中起重要作用的一类调控蛋白,广泛存在于各种细菌中。在能够合成AHLs信号分子的细菌中，铜绿假单胞菌（*P. aeruginosa*）中的LasR和RhlR，根癌土壤杆菌（*A. tumefaciens*）中的TraR，伯克氏菌（*Burkholderia cenocepacia*）中的CepR，以及胡萝卜软腐欧文氏菌（*Erwinia carotovora*）中的ExpR等蛋白均属于LuxR蛋白家族。在大肠杆菌（*Escherichia coli*）、水稻黄单胞菌（*Xanthomonas oryzae*）等不能产生AHLs信号分子的细菌或者没有完整的AHLs QS系统的细菌中，同样含有LuxR同源蛋白。这些LuxR型蛋白对靶基因的作用并不相同，有些为激活因子，有些则为抑制因子。在一般的I/R调控系统中，合成酶基因I与调节基因R相邻，便于互相协同。

通过生物信息学分析发现，在亚硝化螺菌中所找到的LuxR型的识别蛋白NmuR同样含有两个功能域，与*P. aeruginosa*中的LasR以及*A. tumefaciens*中的TraR的氨基酸进行比对，发现LuxR型蛋白具有高度保守的氨基酸残基，而这些氨基酸残基在与底物结合、催化、结构方面具有重要作用。通过蛋白溶解性试验，我们发现未添加信号分子的表达体系中NmuR几乎全部为不可溶组分，而添加了I酶所合成的长链信号分子（C14-AHL、3-oxo-C14-AHL）中，部分R蛋白呈可溶状态（Gao et al.，2014）。与R蛋白同源的信号分子能够提高其稳定性和溶解性，因此能够证明所找到的NmuR确实是NmuI所合成信号分子的同源识别蛋白。然而在NmuR蛋白表达过程中加入C12及3-oxo-C12酰基侧链的AHLs信号分子同样能够提高NmuR溶解性。在自然环境中，*P. aeruginosa*能够分泌带有3-oxo-C12侧链的AHLs信号分子，进而与LasR蛋白形成复合物，调控毒力因子的分泌等靶基因的表达（Smith et al.，2003）。在*N. multiformis*中，NmuR可能通过结合带有C12酰基侧链的AHLs分子作为候补信号分子或替代物进行调控，提高其在自然环境中的竞争能力。

在维氏硝化杆菌中，我们也发现了一个有趣的现象，即AHLs信号分子在亚硝酸盐浓度最高的自养培养基中含量最高，这表明QS可能通过影响*N. winogradskyi*的氮代谢积累了较高的细胞浓度。在不同的培养条件下，均检测到C10:1-HSL的存在，这表明C10:1-HSL可能是其必需的自诱导物。*N. winogradskyi*在对数生长时期对亚硝酸盐的利用符合米氏方程（Michaelis-Menten equation）。虽然米氏方程为酶促反应的起始速率与底物浓度关系的一个方程，但是依旧可以用*Km*来表征亚硝酸盐的氧化动力学。在几小时内测定酶活性，菌体生长带来的影响几乎可以忽略。在向*N. winogradskyi*的培养物中外源添加C10∶1-HSL后，亚硝酸盐氧化的*K*m为(138.06±27.04)μM，而没有添加信号分子的对照组为(143.63±47.25)μM。添加了信号分子的处理组虽然对亚硝酸盐的亲和力略高于对照组，但是*K*m值并没有显著性差异($P \geqslant 0.05$)。然而，亚硝酸的半衰期($t_{1/2}$)在对照组和处理组中分别为5.19h和4.81h，这些结果表明外源添加C10∶1-HSL后，*N. winogradskyi*对亚硝酸盐的利用速率略有升高(Shen et al.，2016)(见图9.1.1)。

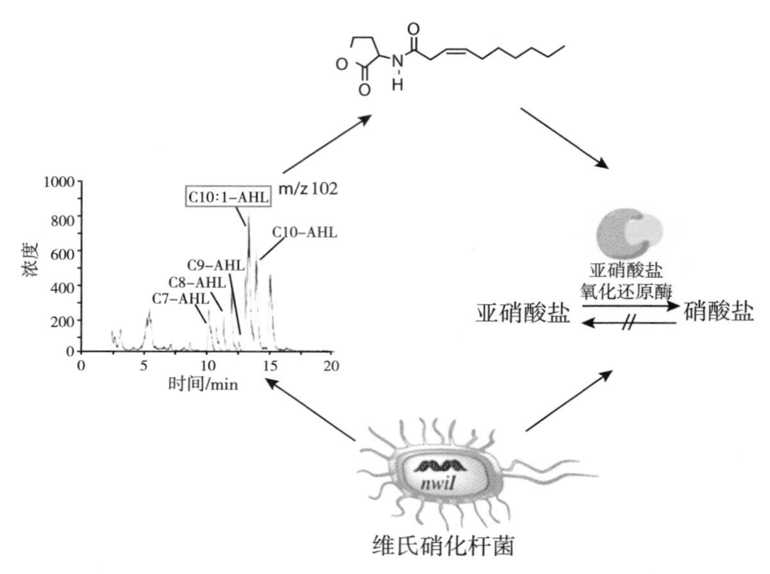


图9.1.1　*N. winogradskyi*合成的C10∶1-HSL能够促进亚硝酸盐的转化

*N. winogradskyi*是一株硝化细菌，我们可以通过亚硝酸盐氧化还原酶(nitrite oxidoreductase，NXR)将亚硝酸盐氧化成为硝酸盐，并从中获取能量。在*N. winogradskyi*中，NXR的亚硝酸盐氧化是可逆的，NXR可以将硝酸盐还原成亚硝酸盐，这种转化被认为是反硝化途径的一部分。NXR复合物是一种异二聚体，由α亚基(大亚基)和β亚基(小亚基)构成，分别由*nxrA*和*nxrB*编码。*N. winogradskyi*的基因组含有*nxrA*和*nxrB*拷贝，其中一个*nxrA*在*nxrB*的上游(*nxrA1*在*nwi0774*，*nxrB1*在*nwi0776*)，另一个拷贝在基因组上相隔较远(*nxrA2*在*nwi2068*，*nxrB2*在*nwi0965*)。在基因*nxrA2*附近没有其他相关基因，在基因*nxrB2*的上游有一个编码假设蛋白的基因。在这两个拷贝中，只有一个拷贝存在于编码NXR复合物的基因簇中(*nwi0773*-*nwi0780*)。基因*nwi0773*位于*nxrA*基因的上游，被预测可以编码细胞色素*c*，其可能是耦

合亚硝酸盐氧化和还原的电子传输系统的一部分。基因 *nxrX*(*nwi0775*)是 *norX* 的同源基因,编码肽基-脯氨酰顺反异构酶以帮助 NXR 完成折叠。基因 *narJ*(*nwi0777*)和 *nxrC*(*nwi0778*)位于 *nxrB* 的下游,预测可以编码 NarJ 和 NxrC 的同系物。NarJ 是在硝酸盐还原酶 A 中插入钼辅因子所需的分子伴侣。NxrC 是用作电子受体和供体的周质细胞色素 *c*。此外,与 NarK 同源的硝酸盐/亚硝酸盐转运蛋白(*nwi0779*)和 C4 二羧酸聚合酶链式反应(polymerase chain reaction),转运蛋白(*nwi0780*)也存在于 *N. winogradskyi* 中(Starkenburg et al.,2006)。

为了进一步探究信号分子对 *N. winogradskyi* 氮代谢的影响,我们对外源添加信号分子的处理组中 *nxr* 基因簇基因的表达情况利用荧光定量 PCR 方法(聚合酶链式反应)进行了测定,并与未作处理的对照组进行了比较。结果表明,在添加了 C10:1-HSL 孵育的菌株中,*nxrA*(*nwi0774*)和 *nxrB*(*nwi0776*)的表达水平没有明显改变。然而,与没有添加信号分子的样品相比,添加 C10:1-HSL 24h 后,*nxrX*(*nwi0775*)、*narK*(*nwi0779*)和编码 C4 二羧酸转运蛋白的基因(*nwi0780*)的表达水平有所增加。虽然 *nxrA* 和 *nxrB* 没有被激活,但是在添加 C10:1-HSL 10h 后,细胞色素 *c*(*nwi0773*)、*narJ*(*nwi0777*)和 *nxrC*(*nwi0778*)基因的表达受到了抑制。因为 *nxrA* 和 *nxrB* 的表达水平不响应 AHLs,在 C10:1-HSL 存在时观察到细胞色素 *c*(*nwi0773*)和 *nxrC*(*nwi0778*)的转录抑制现象,表明在添加了外源的 AHLs 信号分子后,NXR 的活性降低。但是,由于 *N. winogradskyi* 对底物亚硝酸盐的亲和力没有因为 C10:1-HSL 的添加而改变,因此,必然有其他因素增强了亚硝酸盐氧化活性。一些研究结果表明,硝化细菌对亚硝酸盐底物的亲和力与在细胞质膜上的亚硝酸盐穿梭转运蛋白有关(Nowka et al.,2015)。在加入 C10:1-HSL 之后,NarK 硝酸盐/亚硝酸盐转运蛋白(*nwi0779*)的表达水平升高可能导致了上述结果。亚硝酸盐的摄取和硝酸盐的排出对于维持 *N. winogradskyi* 中的 NXR 活性是至关重要的。因此,将外源 C10:1-HSL 添加到培养基中似乎激活了它的硝化过程。结合不同培养基影响 AHLs 浓度的结果表明,硝化细菌的 QS 系统在营养丰富的环境中更易被强烈诱导,并且对亚硝酸盐更敏感。

(庄国强　高　婕)

### 9.1.2 微生物源信号物质与土壤-微生物界面氮反硝化过程

#### 9.1.2.1 物质类型

脱氮副球菌(*Paracoccus denitrificans*)是一株广泛存在于水体、土壤环境中的反硝化细菌。它既能利用各种糖类、氨基酸等有机物进行异养生长,也能够在$H_2$、$O_2$、$CO_2$同时存在的情况下进行自养生长。它不仅能够进行好氧反硝化作用,还能够将亚硝态氮转化为硝态氮,具有异养硝化功能。它是在不同条件(好氧或厌氧、自养或异养)下研究氮转化作用的非常好的一种模式菌株(Baker et al.,1998)。一些文献报道*P. denitrificans*能够产生长酰基侧链的AHLs信号分子C16-HSL(Schaefer et al.,2002),然而并未从基因水平上揭示其QS系统功能单元及其调控机制。

通过生物信息学分析,将*P. denitrificans*的基因组与已知的AHLs合成酶家族进行比对分析,找到可能的AHLs合成酶Pden0787,与已知的CerI和LuxI蛋白的氨基酸序列相似度在25%以上,并且关键氨基酸完全相同。我们将*pden0787*命名为*pdeI*。为了验证PdeI为AHLs合成酶,我们将其转入大肠杆菌*E. coli* BL21中进行表达。随后利用*A. tumefaciens* KYC55信号分子报告菌株检测大肠杆菌异源表达菌株中的信号分子。KYC55含有*ptraI-lacZ*融合基因,当待检测样品中含有AHLs(C6-至C18-的AHLs)时,*lacZ*基因大量表达,产生半乳糖苷酶,能够使邻-硝基酚-β-D-半乳糖苷(ONPG)底物水解为黄色的邻硝基苯酚(ONP),根据黄色中间产物的含量,就可以指示待测样品中AHLs的含量。通过报告菌株检测法和HPLC-MS化学检测方法,均可证明*PdeI*基因为信号分子合成酶基因,合成的信号分子类型为C16-HSL(Zhang et al.,2018)。

生物信息学分析表明,*pdeI*上游的*pden0786*为*luxR*同源基因,*pden0786*编码的蛋白有203个氨基酸,与TraR蛋白的氨基酸序列相似度为23%。我们将*pden0786*命名为*pdeR*。用SWISS-MODEL和pymol软件预测到PdeR蛋白有一个AHLs结合域和一个DNA结合域,在PdeR氨基酸序列中有三个色氨酸残基,其中两个位于N端AHLs结合域的活性中心(W44和W72),由于色氨酸残基的存在,PdeR蛋白在284nm的激发光下能够产生荧光。PdeR与AHLs结合后,其构造发生改变,产生荧光淬灭。利用PdeR蛋白的荧光特性,用284nm激发光激发PdeR蛋白产生荧光,并扫描300~400nm波段的荧光,发现PdeR蛋白在340nm产生的荧光最强。因此,我们通过添加不同酰基侧链的AHLs信号分子,如C10-HSL、C16-HSL和pC-HSL(侧链含有芳香环的AHLs),利用荧光光谱分析信号分子与转录因子R蛋白的结合程度。添加C10-HSL、C16-HSL能够使PdeR的荧光淬灭程度达到35%,而添加pC-HSL(侧链含有芳香环的AHL)能够使PdeR的荧光完全淬灭(Zhang et al.,2018)。因此,可以推测*P. denitrificans*的QS转录因子PdeR蛋白能与不同链长、不同类型的多种AHLs信号分子进行结合,PdeR不仅能响应脱氮副球菌自身分泌的C16-HSL信号分子,进行种群内的“通信”,而且能响应其他微生物种群产生的AHLs,进行种群间的“通信”。

### 9.1.2.2 作用机制与调控

通过同源重组的方法,我们构建了两株脱氮副球菌(*P. denitrificans*)QS单元突变菌株:Δ*pdeI*和Δ*pdeR*。脱氮副球菌野生株的差异基因KEGG分析表明,铁转运系统受到了QS的调控。微生物的铁转运系统(ABC transporter)根据进入细胞外膜是否需要TonB box提供能量,可分为两类:第一类为TonB-依赖的铁转运系统,主要转运螯合态三价铁,铁离子进入细胞外膜需要TonB提供能量,例如*P. aeruginosa*的Phu转运系统;第二类为非TonB-依赖的铁转运系统,主要转运游离态铁离子,铁进入细胞外膜不需要TonB提供能量,例如*N. gonorrhoeae*的Fbp转运系统转运三价铁离子,*Y. pestis*的YfeABCD转运系统转运二价铁离子。在脱氮副球菌(*P. denitrificans*)的基因组中,发现存在多个铁转运系统,例如Hmu负责转运亚铁血红素,Fec负责转运柠檬酸螯合铁,Fbp负责转运非螯合态三价铁等。在非致病菌中,对于铁吸收系统的研究较少,因此脱氮副球菌中QS系统如何调控铁转运,引起了我们的关注。

脱氮副球菌中包含两大类铁转运系统:TonB-依赖型的ABC转运系统以Hmu为代表,主要负责运输螯合态的三价铁离子;非TonB-依赖型的ABC转运系统以Fbp为代表,主要负责运输游离态三价铁离子。通过*P. denitrificans* QS单元突变菌株:Δ*pdeI*、Δ*pdeR*,脱氮副球菌野生株的mRNA转录组分析和铁的生理生化实验表明,QS信号分子的调控促进了TonB-依赖型铁转运子的表达,抑制了非TonB-依赖型铁转运子的表达(Zhang et al.,2018)。也就是说,随着脱氮副球菌细菌浓度的升高,通过QS系统的调控,“关闭”了铁的主动运输过程,“打开”了被动运输过程。

脱氮副球菌的QS系统调控铁的吸收对其生物膜的形成也有重要意义。细菌大量增殖形成的生物膜可以在自然条件下吸附大量金属元素,并且生物膜可以作为沉降不可溶金属元素的基质。我们通过研究发现，脱氮副球菌野生株从培养4h开始大量形成生物膜，培养16h时达到最高生物量。在脱氮副球菌生物膜形成过程中检测TonB-依赖型铁转运系统HmuSTUV和非TonB-依赖型铁转运系统FbpABC的表达，发现随着生物膜的形成，脱氮副球菌野生株Fbp的表达量逐渐增加，而Hmu的表达量逐渐降低，培养至16h，Fbp的表达量是初始表达量的3倍，而Hmu的表达量降低了60%。与野生株相比，两株脱氮副球菌QS单元突变菌株（Δ*pdeI*和Δ*pdeR*）形成的生物膜脆弱且容易解散，在培养10~12h时，突变株生物膜的生物量达到最高值，随后生物膜很快解散。随着生物膜的形成，突变株Hmu的表达量有所下降，Fbp的表达量基本没有变化。至生物膜形成后期，Hmu的表达量最高只下降了25%（Zhang et al.，2018）。

因此，基于以上结论，我们提出了脱氮副球菌QS调控铁转运系统的模型（见图9.1.2）。

1）在脱氮副球菌生长前期，由于环境中可利用的铁离子含量低，细菌通过主动运输吸收铁离子以维持自身的生长和繁殖。

2）在脱氮副球菌生长中后期，铁离子发生富集，为了避免吸收过量的铁离子对细胞造成毒性，脱氮副球菌通过QS调控改变对铁的吸收方式，从主动运输变为自由扩散，从而将细胞中铁的含量维持在一个适当的水平。

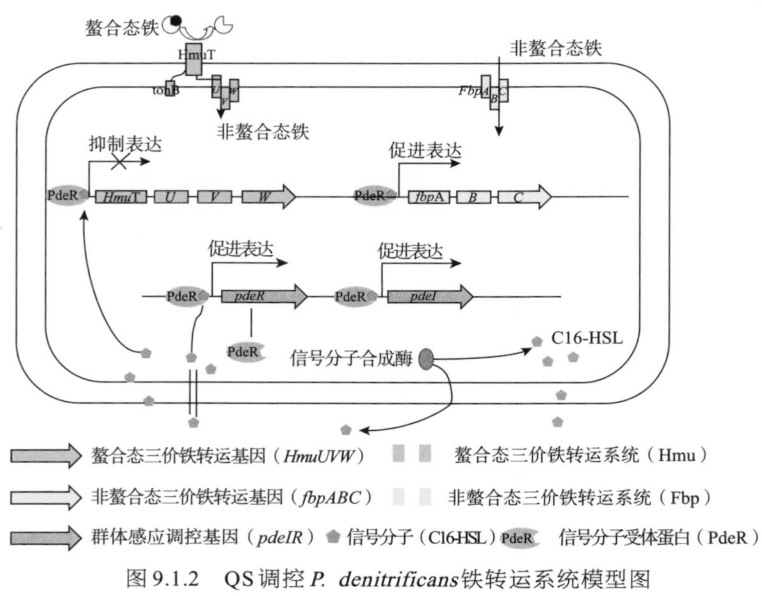


图9.1.2　QS调控*P. denitrificans*铁转运系统模型图

［引自文献（Zhang et al.，2018），已获得*Appl Environ Microb*的版权许可］

（庄国强　高　婕）

## 9.1.3 植物源信号物质与根系-微生物界面氮硝化过程

硝化作用是由微生物主导的，将铵态氮（$NH_4^+$）或氨（$NH_3$）经过亚硝态氮（$NO_2^-$）转变为$NO_3^-$的过程。这不仅是土壤中重要的养分转化过程，还与氮素损失的主要途径——反硝化密切相关。在农业生产中，抑制硝化作用，维持氮素以$NH_4^+$的形态存在，是提高作物氮素利用率和减少$N_2O$排放的关键之一（Coskun et al.，2017）。合理施肥、使用化学硝化抑制剂来控制硝化作用等措施已被证实可以有效地提高氮肥利用率和降低环境污染，如双氰胺（DCD）、3，4-二甲基吡唑磷酸盐（DMPP）和氯甲基吡啶（Nitrapyrin）等已经通过了大田试验的评估，被人们广泛应用。但这些硝化抑制剂存在成本较高，有效期短，易造成环境污染等缺点（Beeckman et al.，2018）。近年来，发现一些植物根系分泌的化合物对土壤硝化过程也存在抑制作用，这种化合物被称为生物硝化抑制剂（biological nitrification inhibitor，BNI），是一种控制农田氮素流失的新策略（Subbarao et al.，2006）。相对于合成硝化抑制剂的限制，BNI易于从自然获取，精准释放，抑制时间长，效益较高（Beeckman et al.，2018）。

### 9.1.3.1 物质类型

近10年来，研究人员从湿生臂形草（*Brachiaria humidicola*）和高粱（*Sorghum bicolor*）的根系分泌物或者植物组织中分离、鉴定出一些能够抑制氨氧化细菌——欧洲亚硝化单胞菌的物质，并对其抑制模式、分泌机制等进行了探讨（Zakir et al.，2008；Subbarao et al.，2009；Zhu et al.，2012）。这些化合物具有良好的生物硝化抑制能力，通过抑制氨氧化过程中的氨单加氧酶（ammonia monooxygenase，AMO）途径或者同时抑制AMO和羟胺氧化酶（hydroxylamine oxidoreductase，HAO）途径发挥作用。然而，对于三大粮食作物水稻、小麦和玉米，生物硝化抑制剂的研究相对不足。在一项关于36个水稻品种根系分泌物效应的研究中，日本科学家Tanaka等（2010）发现一半以上的水稻品种有强烈的生物硝化抑制活性，然而具体的物质类型尚不明确。国内植物营养学施卫明研究员课题组随后利用自主创制的根系分泌物富集捕获、精细分离和GC-MS质谱鉴定技术，检测了19个典型水稻品种根系分泌物的生物硝化抑制活性，发现籼稻和粳稻普遍存在显著的生物硝化抑制潜力；同时还在三大粮食作物中首次发现了水稻源的生物硝化抑制剂——

1,9-癸二醇(结构如图9.1.3所示),该脂肪醇类化合物具有显著的硝化抑制作用($ED_{80}$ 90μg·mL$^{-1}$),且主要通过抑制AMO起作用(Sun et al.,2016)。

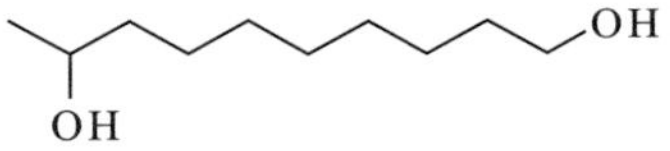

图9.1.3　水稻源生物硝化抑制剂1,9-癸二醇的结构式

#### 9.1.3.2　分泌特征

植物分泌生物硝化抑制剂的含量受到各种环境因子的调控。Zhang等(2019)研究表明,根际$NH_4^+$水平(0~1mmol·L$^{-1}$)和低pH能够促进1,9-癸二醇的分泌。不同于其他旱作植物(例如高粱、湿生臂形草等),水稻根系局部供$NH_4^+$能够诱导整株根系分泌1,9-癸二醇。为根系提供充足的氧气,能够有效促进水稻根系硝化抑制剂1,9-癸二醇的分泌,使其含量提高将近63%。研究还发现,亚硝化细菌能够促进水稻根系分泌1,9-癸二醇,而反硝化细菌对水稻根系硝化抑制物质1,9-癸二醇的分泌并没有影响,这可能是因为亚硝化细菌能分泌特定的化学信号为水稻根系所识别。

#### 9.1.3.3　作用机制与调控

Lu等(2019)利用土培实验进一步发现,1,9-癸二醇能显著抑制不同典型农田土壤的土壤硝化活性,且抑制效应显著大于目前农牧业生产中普遍使用的双氰胺(DCD),其作用机制主要是同时抑制土壤氨氧化细菌(AOB)与氨氧化古菌(AOA)的生长和群落结构。此外,1,9-癸二醇还具有土壤$N_2O$减排效应,特别是在AOA占主导的酸性红壤上。酸性土壤占世界可耕地土壤总面积的40%,我国酸性土壤遍及南方15个省份,约占全国陆地总面积的22.7%,近年来氮肥的大量施用使土壤酸化不断加速,低产田面积不断增加。目前已在农业中广泛应用的硝化抑制剂DCD、DMPP和Nitrapyrin由于不能调控AOA,在酸性土壤上基本无效果。1,9-癸二醇能同时调控AOA和AOB,且在酸性土壤上的增效减排抑制效果显著,因此有望被开发成国际上首个应用于酸性土壤的环境友好型硝化抑制剂,为我国酸性土壤的氮肥管理与增效减排、低产田的改良提供新的技术原理和产品(见图9.1.4)。

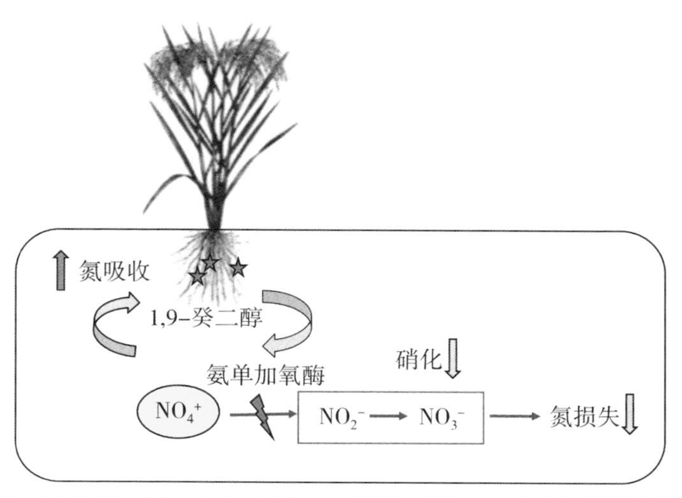


图9.1.4　水稻源生物硝化抑制剂1,9-癸二醇调控硝化作用示意

（施卫明　陆玉芳）

## 9.1.4　植物源信号物质与根系-微生物界面氮反硝化过程

根系分泌物能作为碳源和非营养性信号物质来影响微生物的反硝化脱氮过程。然而,学术界对于非营养性信号物质类型和机制还缺乏足够的认识。Lu等(2014)利用根系分泌物无菌捕获收集和极性分离技术,对不同浮萍根系分泌物组分的生物活性进行了检测,发现根系分泌物是水生植物浮萍-根际反硝化细菌耦合体系加速氮素去除的主要原因,而且不是作为传统的营养因子,更有可能作为生物化学信号起作用。Sun等(2016)基于气相色谱-质谱联用(GC-MS)鉴定技术,进一步发现脂肪酸酰胺类化合物芥酸酰胺是浮萍根系分泌物中促进反硝化细菌脱氮的主要非营养性信号物质,揭示了高氮水平和特定反硝化荧光假单胞菌两个因子能诱导脂肪酸酰胺的分泌。在此基础上,明确了浮萍根系分泌物中反硝化促进物质芥酸酰胺通过反硝化途径来促进氮素去除,揭示了关键的酶位点硝酸盐还原酶NAR和亚硝酸盐还原酶NIR,且在好氧条件下能完全消除反硝化中间产物亚硝酸盐的大量积累。上述研究推进了传统营养性反硝化促进剂向非营养性信号调控物质的发展,为今后开发环保、经济和高效的农业氮素污染水体生物修复技术与产品提供了技术支撑。

（施卫明　陆玉芳）

### 9.1.5 植物源信号物质与氮吸收过程

氮利用效率的首要组成要素是氮的吸收，因此氮利用效率又指氮吸收效率。研究表明，植物氮素利用率与根际硝化作用之间存在紧密联系（Li et al.，2008），并且会受到根的生物硝化抑制能力影响。然而，尚没有研究报道水稻品种的内在氮素利用效率和水稻生物硝化抑制能力与具体植物源信号物质硝化抑制剂之间存在直接联系。

Sun等（2016）利用$^{15}N$同位素标记法，比较了6周苗龄的水稻品种氮效率之间的差异。结果表明，5个具有硝化抑制能力的籼稻品种中有3个（YD6、ZJ25和IR26）的根部$NH_4^+$吸收显著高于不具有硝化抑制能力的品种IR36（$P<0.05$）；所有具有硝化抑制能力的粳稻品种的根部$NH_4^+$吸收均显著高于不具有硝化抑制能力的品种Nipponbare、ZD11和WYJ3（$P<0.05$）。YD6和WYJ7分别是籼稻和粳稻中铵态氮吸收能力最强的品种。不同水稻品种根部吸收氮素的铵硝比表明，具有硝化抑制能力的籼稻品种的根部吸收铵硝比均显著高于IR36（$P<0.05$），ZJ25是铵硝比最高的品种。具有硝化抑制能力的粳稻品种除了ZD10和Minami外，其根部吸收氮素的铵硝比均显著高于对照品种Nipponbare、ZD11和WYJ3（$P<0.05$），Koshi、ZH6和NJ46是粳稻中具有高铵硝比的品种。

利用GC-MS测定了6周苗龄的水稻品种的1，9-癸二醇含量，发现有9个品种分泌1，9-癸二醇，包括3周苗龄具有硝化抑制能力的7个水稻品种。15个具有硝化抑制能力的水稻品种中，5个籼稻品种中的3个、10个粳稻品种中的6个分泌1，9-癸二醇。WYJ7根系分泌物中的含量最高，达到477$ng \cdot g^{-1}$ root DW·$d^{-1}$，NJ46和ZJ25仅次于WYJ7。不具有抑制效应的品种（IR36、Nipponbare、ZD11和WYJ3）的根系分泌物中，均未检测到1，9-癸二醇。

孙力等（2016）进一步通过Pearson法，对水稻硝化抑制能力、根$NH_4^+$吸收量、根铵硝吸收比、根系分泌物中1，9-癸二醇含量4个因素进行相关性分析。4个因素两两之间显著正相关，表明根系分泌物的硝化抑制现象与水稻铵吸收效率以及铵态氮的偏好有关，同时1，9-癸二醇是水稻根系分泌物中关键的硝化抑制物质，并且该物质与水稻氮效率亦紧密联系。从数值上看，硝化抑制现象与水稻品种铵态氮偏好的相关性最大，因此具有硝化抑制能力的水稻品种可能具有内在的铵态氮偏好，同时对外表现较高的铵吸收和氮效率。研究表明，一些遗传位点与生物硝化抑制活性有关（Subbarao et al.，2015）。因此，在后续的研究中有必要通过遗传手段挖掘水稻内在氮效率与其硝化抑制能力之间的联系。

（施卫明）

## 9.2　土壤-根系-微生物系统的信号物质与磷的吸收利用

### 9.2.1　菌根因子与磷的吸收利用

绝大多数陆地高等植物的根系能与一类土壤真菌形成菌根共生体，其中分布最为广泛的菌根类型是丛枝菌根（arbuscular mycorrhiza，AM）。AM真菌（AM fungi，AMF）因其在植物根系皮层形成丛枝状结构而得名，是与植物关系最为密切的土壤微生物之一（Smith et al.，2011），其在生态系统的物质循环、能量流动及信息传递当中具有重要作用（Liang et al.，2014；Roth et al.，2017）。宿主植物能够为AMF的生长发育和代谢提供光合产物——碳水化合物，而AMF能够帮助植物获取土壤中的矿质养分和水分，在植物适应干旱和贫瘠等逆境胁迫中发挥积极作用（Walder et al.，2015）。

AMF对于植物吸收土壤磷具有关键作用。AMF根外菌丝可以延伸至植物根毛可及范围100倍之外，这样就在根际磷亏缺区之外形成一个营养物质吸收网络（Behie et al.，2014）。多种AMF的磷转运蛋白（如GvPT、GiPT和GmosPT）已经被分离鉴定，在磷匮乏条件下，AMF磷转运蛋白会在根外菌丝中强烈表达（Maldonado-Mendoza et al.，2001）。AMF根外菌丝吸收的磷进入真菌细胞质后，在线粒体中转化为三磷酸腺苷（ATP）并在液泡中快速聚集。研究表明，将AMF从磷匮乏的环境转到磷充足的环境中培养时，AMF细胞质中会快速聚集磷并且形成高浓度的多聚磷酸盐（Ezawa et al.，2003）。多聚磷酸盐由根外菌丝向根内菌丝的转运可能是由胞质环流或者管泡系统完成的（Olsson et al.，2002）。磷在丛枝及根内菌丝中释放后，围丛枝膜（peri-arbuscular membrane）上的植物磷转运蛋白（Pht1家族）能够完成对磷的转运，促进植物对磷的吸收（Smith et al.，1990）。菌根共生条件下，一些植物Pht1家族成员会被强烈诱导表达（Kikuchi et al.，2014）。AMF共生促进磷的吸收利用有赖于宿主植物与AMF之间释放信号物质并被对方特异性受体识别，进而引发AMF和宿主植物相应特异性基因的表达，从而调控AMF共生体形成所需的特定受体蛋白及组织形态的形成。其中，AMF释放的可扩散性信号分子-菌根因子（Myc-factor）能够调控植物特定基因表达，对菌根共生体形成和功能发挥具有重要作用（Maillet et al.，2011）.

（陈保冬　徐丽娇　姜雪莲）

#### 9.2.1.1 菌根因子

菌根因子是AMF分泌物中的一类信号分子,可以帮助植物识别有益微生物,这与根瘤菌分泌的Nod因子功能非常类似。AMF萌发孢子渗出液(germinated spores exudates,GSE)中包含菌根因子在内的活性分子(Navazio et al.,2007)。研究表明,用GSE处理可以促进植物侧根发生,增加植物根表面积,以及诱导共生信号通路基因的表达(Mukherjee et al.,2011)。

Maillet等(2011)分离获得一种菌根因子——脂质几丁寡糖(Myc-LCOs)。质谱分析结果表明,AMF(*Glomus intraradices*)侵染的根器官组织培养物和萌发孢子渗出液中的这种活性分子,是由16碳(18碳)饱和脂肪酸或者含有1~2个不饱和键的不饱和脂肪酸乙酰化的四聚壳寡糖组成,其结构与Nod因子相似。还有研究表明,菌根因子包括脂质几丁寡糖(Myc-LCOs)、短几丁质四聚体和五聚体(Myc-Cos)(Genre et al.,2013)。尽管Myc-LCOs与通过固氮根瘤菌释放的Nod因子显示出强烈的相似性,但是在AMF中它们的合成代谢途径尚不清楚。由于AMF所产生的这类分子的量只有pg级,远远低于研究所需用量,所以研究者只能利用细菌基因工程方法合成Myc-LCOs并研究其功能(Limpens et al.,2015)。研究表明,菌根因子在诱导信号转导和植物基因表达、根内淀粉积累、糖代谢和磷元素的吸收利用等过程中具有重要作用(Gutjahr et al.,2009;Limpens et al.,2015;姜雪莲,2015;徐丽娇等,2017)。

#### 9.2.1.2 菌根因子的作用效应

菌根因子的可能受体是与Nod因子受体激酶NFR5/NFP相似的LysM受体激酶,一旦这种激酶的活性丧失,植物即将失去形成根瘤和AM的能力(Opden Camp et al.,2011)。菌根因子被受体识别之后,通过共生信号转导通路诱导皮层细胞核内钙离子振荡进而激活下游基因表达。姜雪莲(2015)以外源添加AMF(*Rhizophagus irregularis* DAOM197198)萌发孢子泌出物(GSE)的方式,采用基因组和代谢组分析技术揭示了GSE对玉米(*Zea mays* L. B73)根系基础生理代谢的影响。研究结果表明,GSE处理6h后,与对照处理相比,玉米根系中基因表达和代谢物质相对含量无显著差异,但GSE处理24h后,玉米根系中的基因表达出现明显变化,这些基因主要涉及氨基酸代谢、糖代谢、脂肪酸代谢和信号转导等生理过程;与基因组结果相类似,GSE处理6h对植物代谢组无显著影响,代谢相关产物的变化主要发生在GSE处理

24h后，其中氨基酸代谢、糖代谢、脂肪酸代谢相关代谢物质以及尿嘧啶、腐胺、亚精胺等物质的相对含量显著增加（见图9.2.1）。这些试验结果证明，含有菌根因子的AM真菌GSE能够改变玉米根系中碳代谢和氮代谢相关基因表达和代谢产物含量，宿主植物能够对AM真菌GSE做出迅速响应，这为AMF侵染做好了准备。

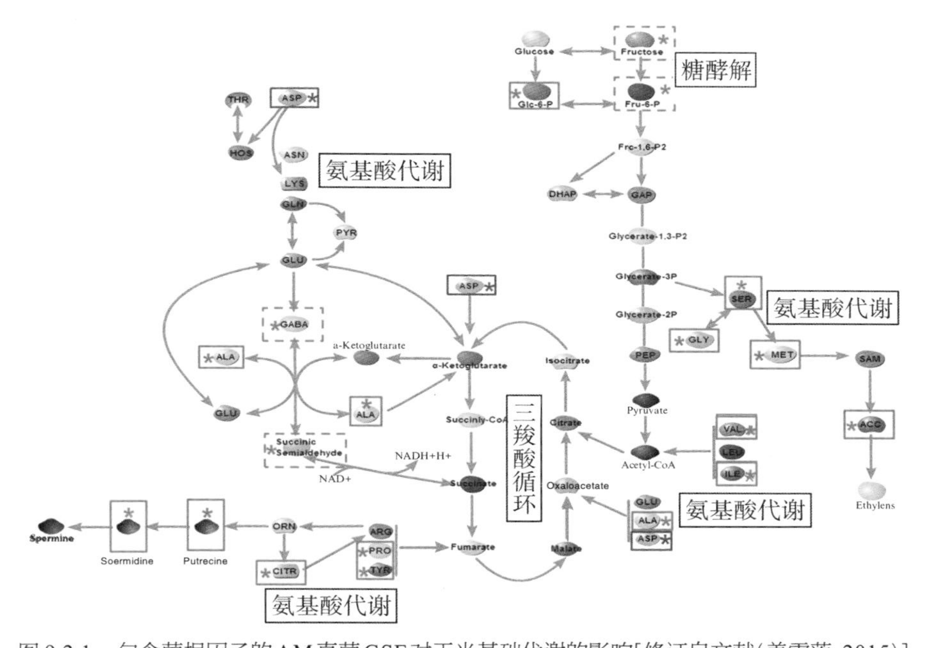


图9.2.1　包含菌根因子的AM真菌GSE对玉米基础代谢的影响[修订自文献（姜雪莲，2015）]

注：红色实线方框中为GSE在24h处理下出现显著差异的代谢物质（质谱图相似性>600）；红色虚线方框中为GSE在24h处理下出现显著差异的代谢物质（200<质谱图相似性<600）。*，$P<0.05$；**，$P<0.01$。

徐丽娇等（2017）采用分室培养系统，以模式植物玉米（*Zea mays* L. B73）和AMF（*Rhizophagus irregularis* DAOM197198）为材料，研究低磷（$10mg \cdot kg^{-1}$）和高磷（$100mg \cdot kg^{-1}$）条件下，包含菌根因子的菌根分泌物对邻体非菌根化玉米碳、磷代谢相关基因表达的影响。分室培养系统由0.45μm微孔膜分隔成三个分室（供体室、缓冲室和受体室），以供体室为AM分泌物来源，通过微孔膜阻止根系和真菌对邻体植物直接影响，同时实现分泌物在分室间的扩散（见图9.2.2）。利用实时荧光定量PCR观测了AMF自身以及玉米碳磷代谢相关基因的表达情况。

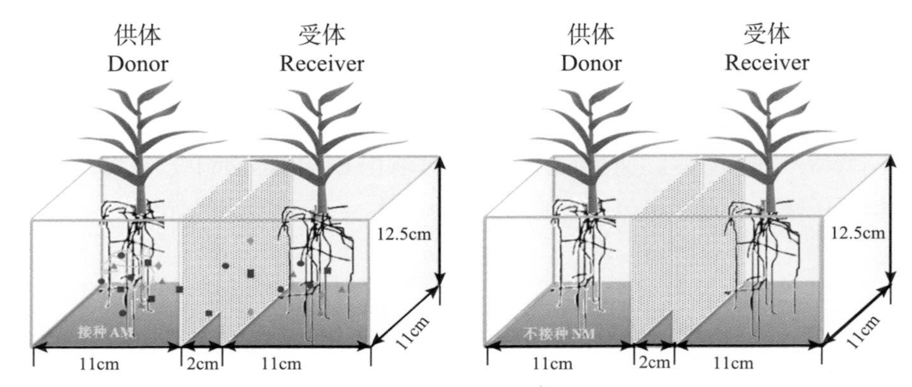


图9.2.2　分室培养系统图示[修订自文献(徐丽娇等,2017)]

注:以0.45μm微孔滤膜区隔不同分室。AM和NM分别代表供体植物接种AMF和不接种对照处理。

结果表明,低磷条件下,接种AMF显著提高了宿主植物干重和磷浓度,上调AMF磷转运蛋白基因 *GiPT* 和碳代谢相关基因:*N*-乙酰葡糖胺(GlcNAc)转运蛋白基因(*NGT1*)、GlcNAc激酶b基因(*HXK1b*)、GlcNAc磷酸变位酶基因(*AGM1*)、UDP-GlcNAc焦磷酸化酶基因(*UAP1*)、几丁质合酶基因(*CHS1*)、GlcNAc-6-磷酸去乙酰化酶基因(*DAC1*)、葡糖胺-6-磷酸异构酶基因(*NAG1*),以及玉米碳、磷代谢相关基因:磷转运蛋白基因 *Pht1.2*、*Pht1.6*、磷酸烯醇式丙酮酸羧化酶基因(*PEPC*)、甘油-3-磷酸转运蛋白基因(*G3PT*)、无机焦磷酸化酶基因(*TC289*)和苹果酸合酶基因(*MAS1*)的表达(见图9.2.3);在AM分泌物受体室中,仅高磷浓度处理显著增加玉米地上部、地下部干重和磷含量,AM分泌物处理对其无明显促进作用。低磷条件下AM分泌物显著上调玉米磷转运蛋白基因 *Pht1.2*、*Pht1.6* 及碳代谢相关基因 *G3PT*、*PEPC*、*TC289* 和 *MAS1* 的表达水平,高磷条件下基因没有上调(见图9.2.4)。研究结果证实,与高磷条件相比,低磷条件下AM分泌物能够较大幅度地上调植物碳磷代谢相关基因表达,对植物生理调节作用更为明显,这也为AM帮助宿主植物抵御磷饥饿提供了重要证据。

综上所述,在AMF与植物相互作用过程中,AMF能够通过菌根因子对植物和自身碳磷代谢基因的调控,促进共生体系的建成,进而直接参与和调控宿主植物的磷营养。当前的研究未能分析和测定菌根因子的动态变化,还不能直接建立菌根因子和植物对磷吸收利用的直接关联,将来的研究可直接收集或纯化菌根因子,更为直接地考察菌根因子的作用,以期全面揭示AM共生体系调控植物磷营养的生理和分子机制。

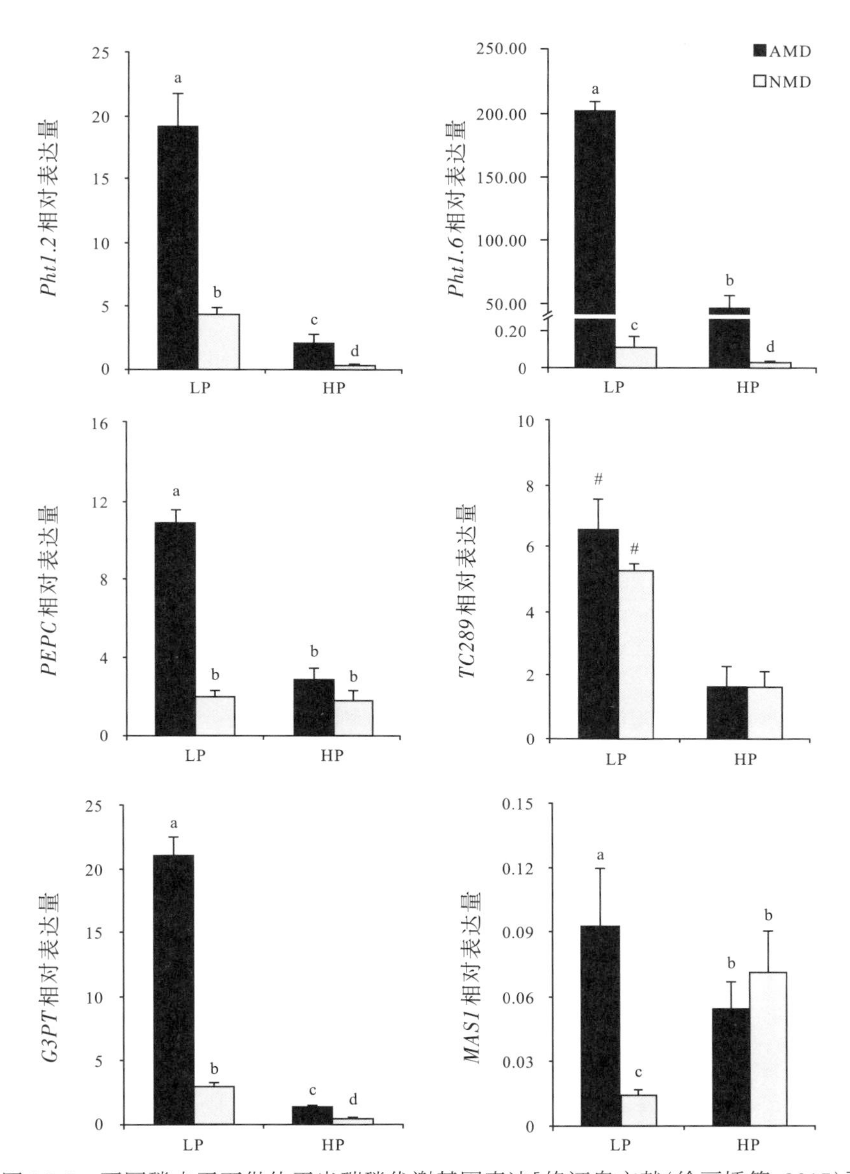


图9.2.3　不同磷水平下供体玉米碳磷代谢基因表达[修订自文献(徐丽娇等,2017)]

注:LP,低磷处理;HP,高磷处理;AM和NM分别表示接种AMF和不接种对照处理,D代表AM分泌物供体植株。柱形上方标示不同字母代表相应处理之间在5%水平有显著性差异。"#"表示相同接种处理不同磷水平之间在5%水平有显著差异。*Pht1.2*、*Pht1.6*,磷转运蛋白基因;*PEPC*,磷酸烯醇式丙酮酸羧化酶基因;*G3PT*,甘油-3-磷酸转运蛋白基因;*TC289*,无机焦磷酸化酶基因;*MAS1*,苹果酸合酶基因。

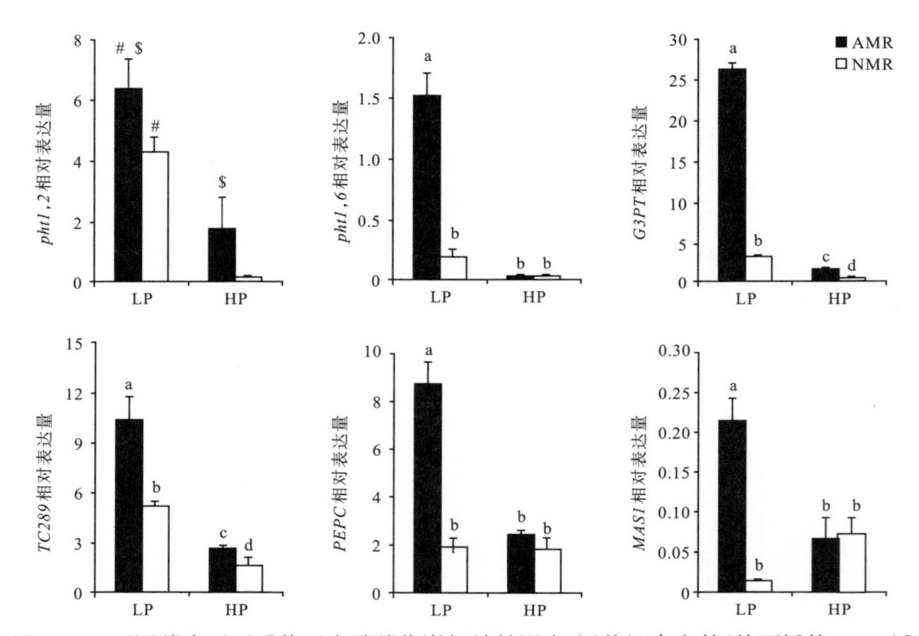


图 9.2.4　不同磷水平下受体玉米碳磷代谢相关基因表达[修订自文献(徐丽娇等,2017)]

注:LP,低磷处理;HP,高磷处理;AM和NM分别表示接种AMF和不接种对照处理,R代表AM分泌物受体植株。柱形上方标示不同字母代表相应处理之间在5%水平有显著性差异。"#"表示相同接种处理不同磷水平之间在5%水平有显著差异,而"$"代表在相同磷水平下不同接种处理之间在5%水平上有显著差异。*Pht1.2*、*Pht1.6*,磷转运蛋白基因;*PEPC*,磷酸烯醇式丙酮酸羧化酶基因;*G3PT*,甘油-3-磷酸转运蛋白基因;*TC289*,无机焦磷酸化酶基因;*MAS1*,苹果酸合酶基因。

(陈保冬　徐丽娇　姜雪莲)

## 9.2.2　独脚金内酯与磷的吸收利用

氮和磷是植物生长发育过程中不可或缺的两类关键营养元素(López-Bucio,2003)。其中,磷是构成细胞生物膜、核酸、蛋白质和多种酶的重要成分之一;此外,磷在植物的种子萌发、花粉发育以及生命延续的过程中都起着关键性作用(Rausch et al.,2002)。通常情况下,磷在植物细胞中主要以无机磷形式存在,浓度一般大于10mmol·$L^{-1}$,植物体内总磷含量占干重的0.05%~0.50%(Vance et al.,2003);磷在土壤中主要以无机磷和有机磷两种形态存在，而土壤中大部分的磷都是难以被植物直接吸收和利用的有机态磷（Jungk et al.，1993；Marschner，2012），经土壤微生物分解的有机态磷成为无机磷酸盐（$H_2PO_4^-$）后才可以被植物利用。在植物体的磷吸收受到胁迫时，植物会通过调控自身的根系形态来适应对土壤磷吸收的能力，而理想的根系形态是植物在养分胁迫条件下高效利用养分的生理基础，植物根系形态除受诸多外界环境影响外，还受到内部因素的影响，如植物激素。

独脚金内酯（strigolactone，SL）是植物中普遍存在的一种新型植物激素，其生态学和生物学功能逐渐被学者证实，如直接或间接抑制植物侧芽萌发产生分枝（Czarnecki et al.，2013），诱导植物地下部根系的生长发育（Koltai et al.，2010；Rasmussen et al.，2012；Ruyter-Spira et al.，2011），刺激根寄生植物种子的萌发（López-Ráez et al.，2011）。现存天然独角金醇类化合物和人工合成GR24。独脚金内酯最早是从棉花的根际分泌物中分离得到的一类小分子萜类化合物（Cook et al.，1966；1972）。独脚金内酯的合成主要是通过质体中的甲基赤藓糖醇途径（Matusova et al.，2005），其合成途径中的类胡萝卜素裂解双加氧酶7和8（carotenoid cleavage dioxygenase 7/8，CCD7/CCD8）在2008年被首次发现（López-Ráez et al.，2008）；此外，异构酶DWARF27（D27）、细胞色素P450单加氧酶（more axillary growth 1，max1）和侧分枝氧化还原酶（lateral branching oxidoreductase，LBO）也会参与独脚金内酯的合成过程。水稻体内的有关独脚金内酯的研究显示，至少有3个基因（*D10*、*D17*/*HTD1*和*D27*）参与独脚金内酯的合成，还有至少3个基因（*D3*、*D14*/*D88*/*HTD2*和*D53*）参与独脚金内酯的信号转导过程（Xie et al.，2010；Zhou et al.，2013）。

#### 9.2.2.1　独脚金内酯与磷等养分的吸收利用

独脚金内酯的生物合成过程不仅受环境条件的调控，还会受到营养状况等因素的影响（Xie et al.，2010）。研究表明，低磷浓度能够刺激植物合成更多独脚金内酯，研究人员通过对苜蓿（豆科）及番茄和水稻（非豆科）的研究发现，低磷浓度下的作物根系和根系分泌物中的独脚金内酯的合成和分泌能显著增加；再次转入正常供磷后，其根系和根系分泌物中的独脚金内酯的合成与分泌将会显著降低（López-Ráez et al.，2008；Umehara et al.，2010；Yoneyama et al.，2007）。与此同时，低磷浓度也会诱导独脚金内酯相关基因的表达，如对水稻进行低磷胁迫1d能够诱导其体内的独脚金内酯合成基因

*D10*、*D17*和 *D27*的表达量显著上调(Umehara et al.,2010),这说明低磷胁迫诱导独脚金内酯合成是在转录水平上的调控。此外,独脚金内酯还参与氮代谢的响应过程,如低氮条件下独脚金内酯的信号途径对水稻根系的发育(Sun et al.,2014)和拟南芥的茎分枝(de Jong et al.,2014)至关重要。

一直以来,病原菌对宿主植物侵染的机制研究都是学者们关注的热点,如水稻稻瘟病菌、大豆尖孢镰刀菌等。最新研究表明,独脚金内酯能够介导宿主植物参与生物胁迫过程,如应对某些特定细菌或真菌的防御反应(Marzec,2016)。Stes 等(2015)通过对拟南芥中的独脚金内酯生物合成突变体(*max1*,*max4*)研究发现,其突变体能够降低对 *Rhodococcus fascians*侵染的抵抗力;而对番茄中的独脚金内酯缺失突变体(*ccd8*)研究发现,该突变体的叶片极易受到灰霉病和叶斑病病菌的交替侵染(Torres-Vera et al.,2014)。Nasir 等(2019)通过对比分析水稻独脚金内酯生物合成与信号转导突变体(*D17*、*D14*)和野生型水稻研究发现,独脚金内酯参与水稻抵抗稻瘟病的防御反应,同时刺激水稻的糖代谢参与该防御过程。

#### 9.2.2.2 独脚金内酯通过调控共生微生物改变磷的吸收

根瘤菌是一类特殊的共生微生物,能够促进宿主植物根系养分的吸收利用,如活化土壤中难溶性的磷(Qin et al.,2011),以及促进植物根系对磷的吸收利用(Bianco et al.,2010)。研究结果表明,独脚金内酯在豆科作物与根瘤菌的相互作用过程中能够刺激豆科作物根部结瘤(nod)的产生(Soto et al.,2010;Foo et al.,2011);而且,独脚金内酯对豆科作物根部的结瘤数量具有至关重要的作用(Foo et al.,2014)。与AMF的作用机制相同,独脚金内酯的主要作用是在根瘤菌分生组织和细胞分化过程中,改变植物分生组织的发育过程,进而导致独脚金内酯参与到豆科-根瘤菌的相互作用中,同时,根瘤菌会向宿主作物提供可直接利用的氮源,如铵态氮或氨基酸,而植物也会为根瘤菌提供有机酸和能量(Markmann et al.,2009)。此外,最新研究发现,在有关水稻的独脚金内酯的生物合成或信号转导过程中,其可通过显著富集的代谢通路直接或者间接地调控水稻的根际微生物群落,通过影响微生物相互关系特别是关键节点类群的变化来实现对微生物群落的调控(Nasir et al.,2019)。

独脚金内酯不仅能够“检测”丛枝菌根真菌(AMF)是否存在,还能够“刺激”AMF的代谢,促进菌丝的分枝,提高宿主的抗旱、抗盐碱性以及对磷和氮的吸收(Akiyama et al.,2005;Foo et al.,2013;Gomez-Roldan et al.,2008;Mayzlish-Gati et al.,2012)。宿主植物与菌根真菌建立共生关系后,外生或内生菌根真菌都能够促进宿主植物根系对磷的吸收能力,主要体现在缩短磷离子与植物根系的距离、提高磷吸收效率以及增加土壤有效磷吸收面积等方式(Bazin et al.,2013;Sonja et al.,2003)。研究表明,在养分亏缺条件下,宿主植物通过增加独脚金内酯的合成来刺激AMF对作物根系的侵染,从而促进宿主作物和AMF共生体的建立(Aroca et al.,2013)。Liu等(2015)研究发现,低温条件下,水稻根系能够分泌更多的独脚金内酯,这是宿主植物向AMF发出的"求救"信号;同时,宿主水稻和AMF共生关系的建立,将有助于加强真菌磷、氮等向植物传递,促进宿主回馈碳给AMF,AMF通过对共生体呼吸代谢的调节减轻低温对水稻带来的伤害(见图9.2.5)。

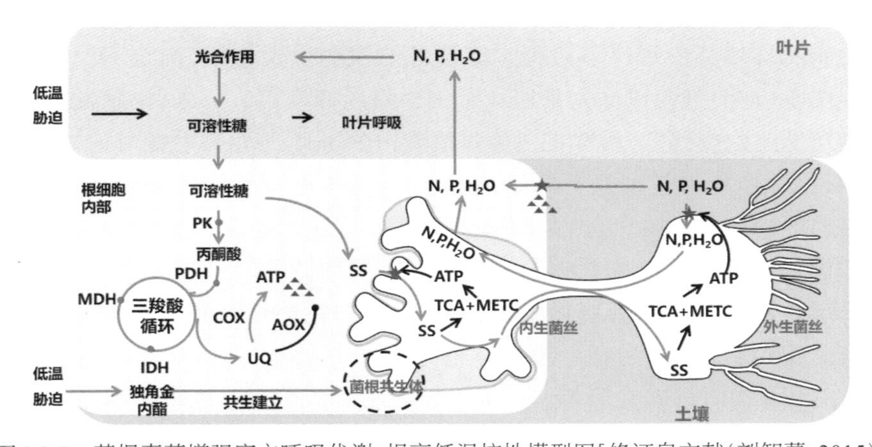


图9.2.5　菌根真菌增强宿主呼吸代谢,提高低温抗性模型图[修订自文献(刘智蕾,2015)]

独脚金内酯是近些年发现的新型植物激素,在调控植物生长发育中具有重要作用。它不仅能抑制地上部分枝从而改变植物的生长构型,促进植物根生长和根毛发育,还能建立与根际微生物的关系,如激发共生菌的菌丝分枝从而促进共生菌和植物建立共生关系;在养分贫瘠条件下能刺激产生独脚金内酯的产生。此外,独脚金内酯还参与宿主的抗病原菌的防御反应过程。

(田春杰　常春玲)

## 9.2.3 小分子肽与根系发育调控和磷等养分的吸收利用

小肽(small peptide)、小肽激素或小肽信号分子,通常都是指长度为5~60个氨基酸的肽段,比较宽泛的是指长度少于100个氨基酸的蛋白(Hsu et al.,2018;Matsubayashi,2014;李文凤等,2019)。系统素(systemin)是国际上第一个报道的植物源小肽,参与了番茄病虫害引起的伤害反应。目前已知植物源小肽发挥了重要的生物学功能,参与了细胞增殖(Iminet al.,2013;Djordjevic et al.,2015)、根系发育(Delay et al.,2013;Mohd-Radzman et al.,2015;Taleski et al.,2016,2018;Patel et al.,2018)、花粉育性(Okuda et al.,2009;Takeuchi et al.,2012,2016;Higashiyama et al.,2015)、气孔开关(Takahashi et al.,2018;Qu et al.,2019)、矿质元素的吸收和调控(Taleski et al.,2018)、抵御病虫害(Stotz et al.,2009a,2009b;Ziemann et al.,2018)等生长发育和环境适应等诸多过程。同传统的植物激素相似,小肽不仅可以参与局部响应,而且可以作为长距离系统信号发挥作用。另外,小肽发挥其生物学功能的浓度很低,甚至在飞摩尔浓度($10^{-15}$mol)下也可发挥其调控作用。同时,小肽也具有其固有的特点,小肽本质上由氨基酸组成,外源施加基本不会对环境构成风险,这点是传统植物激素所不具有的,而过多施加传统激素如生长素的人工合成产物2,4-D会对环境构成风险;另外,从来源来看,几乎所有植物都会产生植物激素,而小肽具有物种特异性和环境诱导性的特征。迄今,小肽作为新型激素或信号分子,已经成为近年来的研究热点(Hsu et al.,2018;李文凤等,2019)。基于此,本节就近30年来植物小肽的研究进展做一个初步总结,同时就这些方面仍然存在的问题进行讨论,为未来的研究提供参考。

### 9.2.3.1 植物源小肽

1921年班廷(Banting)和他的同事发现并纯化了胰岛素(insulin),揭开了小肽研究的序幕。随后,Sanger解析了胰岛素的蛋白结构,发现其由长度分别为21和30个氨基酸的两条小肽通过二硫键构成(Rosenfeld,2002)。20世纪80年代,科学家成功克隆了胰岛素的编码基因(Bell et al.,1980)。在对胰岛素进行深入研究的基础上,科学家提出了界定小肽激素的三个条件(主要是针对动物系统):①分子小(＜60个氨基酸);②可以分泌;③影响一定的生理学过程(Rosenfeld,2002)。

胰岛素的发现打开了动物中小肽研究的大门,相关研究得以日益深入。相较于动物中小肽研究的蓬勃发展,植物中小肽的研究相对滞后。系统素参与调控了番茄对病虫害引起的伤害做出的反应(Pearce et al.,1991;McGurl et al.,1992),作者通过大量的生化和生物学研究直到1991年才在伤害番茄叶片中得以成功鉴定;成熟的系统素由具有200个氨基酸长度的原系统素蛋白经过酶解加工而来。

经过近30年的研究,目前普遍认为植物源小肽按来源可以分成三类:①原前体蛋白加工而成,如系统素类;②由独立的小ORF(蛋白阅读框)直接翻译而来,如IMA1类(Grillet et al.,2018);③由位于编码正常大小蛋白的5'端或3'端非翻译区(UTR)上的小ORF编码而来。第一类小肽一般是从原分泌蛋白靠近羧基端(C端)经过一系列酶解加工最后成熟而来。这类前体蛋白的氨基端(N端)往往含有由16~30个氨基酸构成的信号肽(又叫导肽),指引前体蛋白分拣到内质网和高尔基体中,然后再在这些亚细胞器中进行进一步加工,诸如切除信号肽以及多次蛋白酶解和(或)翻译后修饰,或者分泌到细胞外再由胞外肽酶进一步降解切割,最终产生长度各异的活性肽。分泌型小肽一般较小,长度为5~30个氨基酸,但如果该小肽富含半胱氨酸,其长度也可多达60个氨基酸(Matsubayashi,2014;Tavormina et al.,2015)。

如图9.2.6所示,第二和第三类小肽都直接来自短的ORF,但其本质却不同,主要体现在,编码第二类小肽的基因是一个独立完整的基因。由于这类小肽编码基因的ORF较短,遗传学上很难获得T-DNA插入缺失突变体,另外加上功能冗余,因而该类小肽的鉴定难度较大。据报道,模式植物拟南芥基因组中共含有这类小ORF(sORF)共606285个,其中570948个位于基因间(Hanada et al.,2007)。另外,通过转录组数据分析,在非模式植物木棉中也报道有12852个sORF(Yang et al.,2011)。综上,迄今研究表明,植物基因组中含有如此大量的sORF,给研究这些sORF的功能加大了难度。当然,目前的研究也带来一些疑问:是否这些基因组预测的sORF都可以转录出转录本?或者在何种生长发育或环境逆境下可以转录?转录组分析发现的sORF是否可以翻译成小肽?在何种条件下可以翻译出小肽?这些鉴定或预测的sORF是否绝大多数都是假阳性?由于sORF序列短,通过T-DNA随机插入技术而获得相应突变体的成功率较低,这为从正向遗传学来解答这些sORF的功能带来了挑战。现今基因靶向编辑技术的发展为揭示这一类sORF及其蛋白产物(小肽)的生物学功能提供契机。

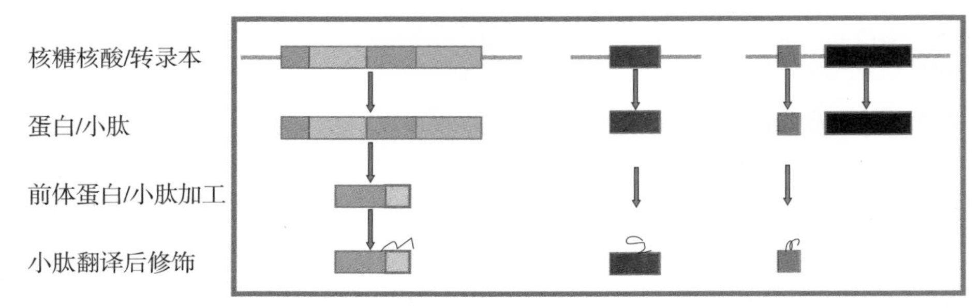


图 9.2.6　植物源小肽的来源[修订自文献(李文凤等,2019)]

第三类小肽也来自 sORF,但其编码的 sORF 不是独立的基因,而是位于一个正常基因的 UTR。目前在植物中发现的主要是位于 5'UTR 起始密码子上游的 sORF(uORF),而位于 3'端下游的 sORF(dORF)目前在植物中还基本未见报道。该 sORF 的翻译往往影响到其正常 ORF 的翻译,在功能上主要在翻译水平上对目标基因编码蛋白的丰度进行调控。例如,硼是植物必需的微量元素,缺硼可导致植物生长发育受阻,但过多的硼也会导致植物毒害,因此,植物必须保持胞内硼稳态。植物是如何实现硼稳态的呢?对拟南芥的研究表明,硼转运通道蛋白 NIP5;1 是维持硼稳态的一个关键因子,其表达量受到严格的调控。NIP5;1 的 5'UTR 具有一个由 6 个核苷酸构成的 sORF(AUG-UAA),参与了对 NIP5;1 的调控:当硼过多时,蛋白翻译机器核糖体停转在 AUG－STOP 上,反复起始翻译,抑制了 NIP5;1 自身的翻译,同时导致 NIP5;1RNA 的降解;而在硼不足时,则大量翻译合成 NIP5;1 蛋白,增强对胞外硼的吸收。这样这个位于 5'UTR 的 uORF 以硼浓度依赖的方式调控 NIP5;1 转录本(RNA)的稳定性以及蛋白翻译效率,从而调控了 NIP5;1 的表达,最终调控细胞内硼稳态(Tanaka et al.,2016)。

#### 9.2.3.2　小肽的筛选和鉴定

从研究历史来看,植物源小肽的筛选鉴定一直是一个挑战。早期植物源小肽的鉴定多以系统素的鉴定为参考,主要涉及以生物学功能分析为指导的、大量的生物化学纯化技术。通过这些技术手段陆续鉴定到参与细胞增殖的小肽 PSK(Yang et al.,1999)、富含羟脯氨酸的系统素类似物 HypSys(Pearce et al.,2001)以及维管系统干细胞命运调节小肽 TDIF(Ito et al.,2006)等。总体而言,系统素在植物系统中被首次报道以后,植物小肽的研究也取得了一系列进展,国际上近 30 年的研究鉴定了多种参与植物生长发育和环境适应的小肽。即使如此，相较于动物中鉴定到的小肽数量，植物中鉴定到的信号肽总体偏少，功能相对单一（Farrokhi et al.，2008；Butenko et al.，2009；Olsson et al.，2018），小肽产品的开发应用受到极大的限制。图9.2.7显示了迄今为止植物小肽鉴定的主要技术方法。

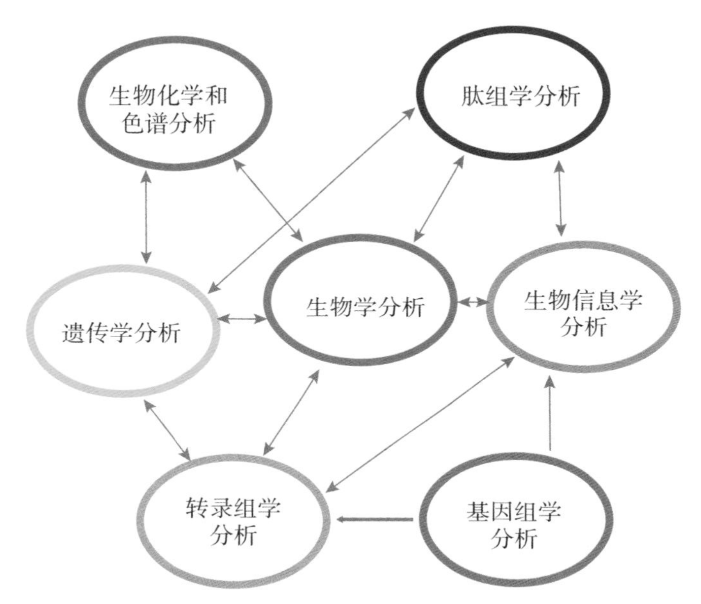


图9.2.7　植物小肽的鉴定技术[修订自文献（李文凤等，2019）]

#### 9.2.3.3　传统生化技术和新型组学方法

传统的生化分离纯化方法鉴定小肽的最大挑战是小肽分子量小、含量低，往往需要大量的生物材料，由此需要巨大的人力和物力投入。例如，植物源第一个小肽——系统素的鉴定就耗费了大量的人力和物力。采用传统的生化分析纯化技术，结合多步反向液相色谱和强阳离子交换液相色谱分析，最终从27kg番茄叶片中获得大约1μg活性肽，仅对其生物活性进行测试就用了3万多株番茄幼苗。随后通过氨基酸含量和序列分析，最终揭示了系统素的氨基酸序列（AVQSKPPSKRDPPKMQTD）（Pearce et al.，1991）。由此可知，采用传统的生化结合液相分离纯化技术再加上生物学功能分析来研究植物内源小肽，技术难度大、耗时费力、成本高、通量低。

随着质谱仪器的发展和相应的分析软件以及计算机的开发应用，在动物中专门用来研究小肽的肽组学（peptidomics）技术应运而生。该技术在植物中显示了一定的应用前景，但是该技术在植物小肽的鉴定中仍然有以下几点限制因素：①植物组织复杂，除了含有植物特有的细胞壁组织外，还富含各种次级代谢产物，再加上植物内源极低的信号肽浓度，这样给植物内源小肽的分离鉴定带来了极大的困难；②小肽分子量小，其氨基酸序列中可能不含有人们常用的胰肽酶的酶解位点，或者酶解出来的片段过小，超出了质谱检测最低限（4个氨基酸）；③蛋白质或肽段的质谱鉴定在很大程度上取决于对蛋白数据库的检索和比对，目前还缺乏物种特异的植物小肽数据库，增加了鉴定结果的假阳性率。直到2014年，随着质谱仪器灵敏度的提高，Chen等（2014）在番茄中人工构建了针对番茄所有蛋白C末端的假定的小肽数据库，从番茄叶片中不仅成功鉴定到受伤害诱导的系统素，验证了前人的结果，而且鉴定到14个新型的、茉莉酸甲酯诱导的、参与防御反应的信号肽；进一步对一个来自病程相关蛋白1（PR-1b）C端的小肽CAPE1研究，发现外源添加人工合成的ng级小肽就可以显著诱导抗病反应，为将来作物保护的生物防治提供了广阔的应用前景。

第一，相较于一次只能鉴定少量小肽的传统的生化技术，肽组学技术具有巨大的优势，一次可以鉴定十几到几百个小肽，并且可以鉴定到小肽翻译后的各种修饰，显著提高了鉴定的通量；但正如上面所述，植物内源小肽含量低，同时缺乏完善的小肽数据库，这无疑增加了鉴定结果的假阳性率。为了降低假阳性率，往往需要更为严谨的搜库参数以及后续的生物学验证实验，增加了工作量。第二，肽组学鉴定的小肽只能表明其存在，但无法判断其有无活性，还需要生物学、分子遗传学等实验来证明其生物学功能，这也进一步增加了工作量。第三，由于不知道小肽产生的原蛋白到底在何处降解，因此目前还没有标准的小肽数据库可以通用，同时肽组学技术对质谱仪灵敏度和精确性的要求较高。综上所述，肽组学技术在植物内源小肽鉴定中具有广阔的应用前景，目前该技术仍然不成熟，还需要进一步完善。

#### 9.2.3.4 经典遗传学方法

探讨基因功能最经典的方法无疑是敲除该基因，获得该基因的突变体，然后将其和野生型进行比较，观察其表型变化，检测各种生理生化指标的改变。但是基于突变体表型筛选的传统正向遗传学对于小肽的鉴定效果并不理想，只能鉴定到为数不多的小肽，这主要是因为小肽及其前体来源广、复杂程度高，并且存在功能冗余，单一基因的突变体往往没有表型，从而极大地限制了通过正向遗传学的突变体表型研究来发现小肽和其生理功能的研究。

模式植物拟南芥中通过该方法筛选鉴定的小肽主要有以下几个，分别简述如下。1999年，国外科学家在揭示拟南芥茎尖干细胞命运决定因子的研究中，通过正向遗传学克隆了拟南芥编码小肽CLV3(CLAVATA3)的基因(Fletcher et al.,1999)，该基因调控了茎尖干细胞的数目(Fletcheret al.,1999;Kondo et al.,2006;Ohyama et al.,2009)，但成熟CLV3的功能结构还是通过生化分析和质谱技术才得以阐明(Kondo et al.,2006;Ohyama et al.,2009)。通过该方法，科学家在2003年鉴定到另一个小肽基因IDA(inflorescence deficient in abscission)，但是IDA小肽结构和序列仍然未知(Butenko et al.,2003)。2003年以后，拟南芥中再没有通过经典遗传学鉴定到任何小肽基因，由此表明具有明显表型的、功能没有冗余的小肽基因的突变体可能已经被筛选完毕(Matsubayashi,2014)。近期，我们通过基因编辑技术在拟南芥的缺失突变编码*ima1*小肽的基因及其同源基因*ima3*中都没有发现任何表型变化，直到拟南芥中缺失包括*ima1*在内的所有8个小肽基因，才发现IMA1参与了植物对铁的吸收和体内铁稳态的调控，由此表明IMA各个成员间存在一定的功能冗余，单个小肽基因突变并不能很好地用于研究小肽的功能(Grilletet al.,2018)。

#### 9.2.3.5 生物信息学分析技术

无论是传统的生化分析、经典遗传学还是肽组学技术，目前在植物内源小肽筛选鉴定方面都有一定的局限性。对拟南芥基因组分析发现，与动物相比，植物含有10倍以上小肽转运蛋白和受体。据此推测，植物理论上应该比动物含有更多的小肽，这可能和植物的复杂性、不可移动性以及无时无刻需要适应多变的外界环境相关，但目前已知的事实却恰恰相反，动物中鉴定到的小肽数量远远大于植物中鉴定的数量。因此，植物中还有大量的小肽亟待进一步挖掘鉴定。

植物中鉴定到的小肽数量逐渐增加，有利于对小肽自身和前体蛋白序列结构及其降解位点进行归纳分析，从而揭示一些保守的序列特征模块，加上越来越多的植物基因组被测序解析，以及转录组技术的发展，这些前期研究和组学技术为生物信息学从全基因组水平来鉴定已知小肽的同源物和预测新型小肽奠定了基础。早在2001年,随着拟南芥基因组序列的成功解析,就有研究报道从全基因组水平上对CLV3的同源物进行生物信息学分析,鉴定到一组信号肽,统称为CLE肽。CLE肽的C端拥有一个含有14个氨基酸的功能域——CLE功能域(Cock et al.,2001;Oelkers et al.,2008)。随后,在鉴定DEVIL和ROTUNDIFOLIA4小肽的基础上,通过生物信息学的同源比对,在拟南芥中和其他21个物种中都成功鉴定到DVL/RTFL的基因家族(Guo et al.,2015)。

除了同源比对,生物信息学分析还可以用来预测新型的小肽。Hanada等(2013)通过搜寻拟南芥基因组中所有介于30~100个密码子(也就是编码10~33个氨基酸长度的小肽)的sORF,最后从基因间隔区找到7901个sORF。同样的,通过查询小于120个密码子的sORF,在大豆中预测到766个sORF(Guillen et al.,2013)。Yang等(2011)通过分析小于200个密码子的转录组学数据,在木棉中鉴定到1282个sORF,其中611个得到蛋白组学数据支持,这表明这些sORF是可以翻译出肽的转录本。

生物信息学分析与其他技术手段相结合,不仅可以有效鉴定小肽而且可以验证小肽的生物学功能。Hara等(2007)首先通过生物信息学分析,在拟南芥全基因组水平上筛选出氨基酸数目,预测为分泌蛋白的基因153个,然后通过过表达所有153个基因,鉴定到编码小肽*epf1*基因;过表达该基因显著降低气孔密度。Ohyama等(2008)根据已知分泌小肽的原蛋白结构特征,结合生物信息学分析,筛选出那些结构相似的、预测为分泌蛋白的基因,然后再结合质谱分析,从而成功鉴定到C端编码小肽1(CEP1);该小肽参与了拟南芥侧根发育。Matsuzaki等(2010)结合生物信息学分析和生物学分析,成功鉴定了拟南芥根尖生长因子(root meristem growth factor,RGF)家族的相关小肽,这些小肽可以成功挽救由于TPST(tyrosylprotein sulfotransferase)基因功能丧失导致的根尖缺失。近来,通过对单细胞转录组学数据的分析,成功鉴定到一些参与生殖过程的富含半胱氨酸的小肽分子(Okuda et al.,2009;Sprunck et al.,2012)。

上述研究显示,在植物内源小肽鉴定方面,生物信息学的筛选再结合其他技术手段具有强大的优势,主要原因是其成功克服了基因功能冗余和丰度低给小肽鉴定带来的障碍,同时也避免了传统生化分析技术的烦琐、耗时和对技术要求高的缺点。因此,这是未来小肽鉴定和功能研究的发展方向。

#### 9.2.3.6　小肽的调控

随着对植物小肽研究的深入，我们不仅对小肽的来源和鉴定有了一定的理解，而且对小肽的加工、成熟、修饰以及分泌的调控也有了进一步的认识。根据小肽发挥的作用位置，总体上可以将植物源小肽分为两大类：分泌型和非分泌型。非分泌型小肽主要在胞内起作用，也就是起局部信号作用，但少数情况下，该类小肽也可以被送到胞外，担任细胞间的信号分子。如系统素虽然是非分泌型小肽，但随着伤害发生，系统素从伤害细胞释放出来，在质外体空间随蒸腾流到达非伤害部位引起抗性反应（Pearce et al.，1991）。分泌型小肽往往发挥长距离信号作用，根据肽段氨基酸组成又可以进一步分为翻译后修饰小肽和富含半胱氨酸小肽两类。富含半胱氨酸小肽一般含有偶数个半胱氨酸残基（典型的为6个或8个），参与分子内二硫键的形成；形成分子内二硫键的小肽结构稳定，不易被蛋白酶进一步降解。翻译后修饰类小肽一般较富含半胱氨酸小肽小，在成为有活性的功能小肽之前，该类小肽往往需要一系列的成熟过程。首先是长度调控，这类小肽长度一般少于20个氨基酸，典型长度一般在10个氨基酸左右，由蛋白酶多次降解加工而成。与动物小肽及酵母相似，这类植物小肽由较大的前体蛋白降解而来。这些前体蛋白在N端含有分泌信号序列，蛋白翻译后指导该类蛋白进入内质网和高尔基体，随后在这些细胞器内，切除N端信号序列，完成第一步加工，然后蛋白酶在靠近C端发生多轮降解加工，产生特定长度的小肽（Matsubayashi，2014）。在动物中，前体蛋白的切割一般发生在C端成对碱性氨基酸之间，如赖氨酸-赖氨酸、赖氨酸-精氨酸、精氨酸-赖氨酸及精氨酸-精氨酸之间，肽键的切割由subtilisin/kexin-like原激素转化酶完成（Fuller et al.，1988；Rehemtulla et al.，1992），切割完成后，末端碱性氨基酸由羧肽酶移除（Fuller et al.，1988）。但研究发现，植物小肽的加工过程和动物小肽及酵母显著不同，主要体现在三个方面：①在靠近成熟小肽N端的前体蛋白中，并没有发现成对的碱性氨基酸；②体外实验发现植物蛋白酶可以切割CLV3前体蛋白单个精氨酸的N端，也有学者报道位于三叶草成熟小肽CLE36 N端上游两个氨基酸处的甲硫氨酸和丝氨酸是前体蛋白的切割点；③拟南芥中的一个AtSBT1.1在体内负责PSK4的起始加工，但是切割位点是位于成熟小肽上游的亮氨酸-组氨酸之间。

这些研究表明，植物小肽的起始加工位点与最后成熟小肽的边界序列没有特定的关系,植物小肽信号的蛋白降解加工是一系列复杂的生化过程。首先是蛋白酶内切产生初步小肽,随后外切蛋白酶对小肽进一步修剪,如去除末端几个氨基酸。发挥修剪作用的外切酶可能为含锌的羧肽酶SOL1(Casamitjana-Martinez et al.,2003)。迄今对于植物体内由哪些蛋白酶来切割哪些原蛋白,以及某个或某类蛋白酶又如何决定切割位点的分子机制,还很不清楚。有一种解释是原蛋白翻译后修饰阻止了体内复杂的蛋白降解系统对原蛋白的随机降解,只允许特定蛋白酶(类)接近特定位点,从而产生切割。蛋白内切酶产生的初级小肽又是如何面对如此丰富的蛋白外切酶的挑战而保持一定长度的呢?一种解释是成熟小肽末端的脯氨酸可能赋予初级小肽抵挡外切酶的降解,例如CLE类小肽在第4、7和9位都含有保守的脯氨酸(见图9.2.8)。

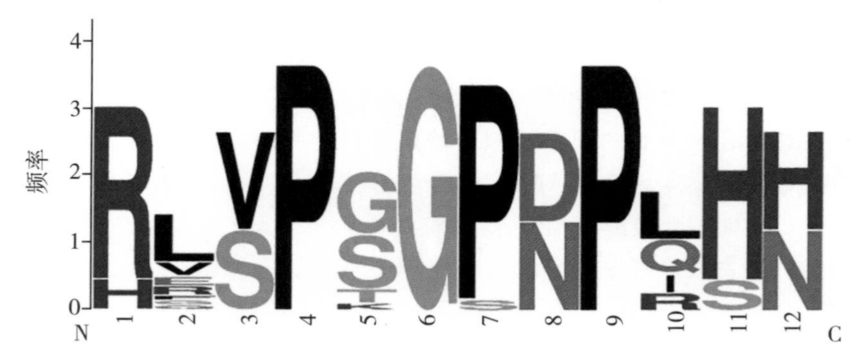

图9.2.8 CLE类小肽的氨基酸序列保守性[修订自文献(李文凤等,2019)]

除了长度调控外,分泌型小肽还通常含有翻译后修饰,其中主要的翻译后修饰有三类:酪氨酸硫酸化(tyrosine sulfation)、脯氨酸羟基化(proline hydroxylation)和羟脯氨酸阿拉伯糖基化(hydroxyproline arabinosylation)。分泌蛋白的酪氨酸硫酸化修饰在动植物中都存在。植物中带有该修饰的小肽,如PSK(Matsubayashi et al.,1996)、PSY(Amano et al.,2007)和RGF(Matsuzaki et al.,2010)等,其中PSK是植物中第一个报道有修饰的小肽。介导该修饰的酶为TPST(tyrosylprotein sulfotransferase),催化了硫酸根从3'-磷酸腺苷-5'-磷酰硫酸(3'-phosphoadenosine 5'-phosphosulfate,PAPS)向酪氨酸苯环转移(Hanai et al.,2000)。缺失*TPST*基因的拟南芥地上部矮小、叶片白化、早衰,根部表现为根极短,根尖原基活性显著下降。究其原因就是突变体丧失了对RGF小肽的硫酸化修饰,从而无法维持根尖干细胞的活性。这些研究表明了小肽酪氨酸硫酸化的重要性。目前对于硫酸化修饰的具体分子机制还不是十分明确,但研究发现酪氨酸硫酸化的最基本要求是酪氨酸的N端必须连接一个天冬氨酸(也就是DYxxxxxx),如果一个酪氨酸附近的酸性氨基酸越多,该酪氨酸硫酸化的可能性就极显著地增加(Hanai et al.,2000)。

除了PSK小肽家族,目前发现植物中几乎所有修饰小肽都发生脯氨酸的羟基化修饰。脯氨酸羟基化由2-酮戊二酸依赖性双加氧酶家族(2-oxoglutarate-dependent dioxygenase)的脯氨酰-4-羟化酶(prolyl-4-hydroxylase)介导完成,需要2-酮戊二酸和氧气为共同的底物(Myllyharju,2003)。脯氨酰-4-羟化酶是一个跨膜蛋白,亚细胞定位于内质网和高尔基体复合物中。拟南芥中总共有13个该酶的编码基因,缺失该酶基因导致根毛极性生长丧失(Velasquez et al.,2011)。

一些小肽如PSY1、CLV3、CLE2、CLE9和CLE-RS2的羟脯氨酸进一步发生修饰,主要是羟基和阿拉伯糖反应形成O型阿拉伯糖链(Okamoto, Shinohara et al.,2013)。羟脯氨酸O-阿拉伯糖基转移酶(hydroxyproline O-arabinosyltransferase,HPAT)负责羟脯氨酸第4位上β糖苷键的连接。最近发现拟南芥HPAT是一个跨膜蛋白,亚细胞定位于高尔基体,属于糖基转移酶(glycosyltransferase,GT)8号家族(Ogawa-Ohnishi et al.,2013)。缺失拟南芥HPAT基因导致多种表型:下胚轴变长、细胞壁加厚受阻、早花、早衰。HPAT1和HPAT3双突变体显著影响花粉管生长,进而导致雄性不育。缺失豌豆和三叶草中拟南芥HPAT的同源基因*nod3*和*rdn1*导致高度结瘤的表型,有力支持了CLE小肽的羟脯氨酸O型阿拉伯糖基化可以抑制根际微生物的过度结瘤(Okamoto et al.,2009)。综上所述,小肽的糖基化修饰在植物生长发育和防御中起到多种多样的作用。

#### 9.2.3.7 小肽调控植物根系的发育和磷营养应答

根系是植物直接接触土壤的器官。小肽在调控植物根系发育方面的作用越来越引起科学家的关注(Chiatante et al.,2018)。一切根系的发育都起始于根尖的分生组织(root apical meristem,RAM)。RAM是植物地下部的干细胞(Garay-Arroyo et al.,2012),有RAM发育而成的根称为主根。除了不定根外,其他侧根都发端于主根。侧根上可以进一步产生次级侧根(Chiatante et al.,2010)。根系的发育受到一系列的分子网络调控,除了转录因子、激酶等调控蛋白外，植物激素、小肽及外界环境因子等对根系的发育和重塑都起到直接或间接的调控作用，其中小肽在根系发育中主要起信号分子的作用。

根尖分生区RAM可以分为两个功能域：增值域（proliferation domain，PD）和过渡域（transition domain，TD）（Pacheco-Escobedo et al.，2016）。RAM功能的维持是根系发育的前提条件，其中可移动信号分子小肽的受体激酶CLAVATA1（CLV1）、受体激酶ARABIDOPSISICRINKLY4（ACR4）以及小肽CLE（CLAVAT3/embryo surrounding region-related）构成的调控模块发挥了主要作用（Stahl et al.，2013；Czyzewicz et al.，2016）。CLV1和ACR4形成复合体，定位在和胞间连丝相关的特殊质膜上，通过调控胞间连丝孔道的通透大小，从而调控信号分子能否通过胞间连丝并发挥作用（Stahl et al.，2016）。CLE类小肽首先在分化的柱细胞（differentiated columella cells）里形成，然后移动到RAM里，与CLV1及ACR4形成的复合体结合，启动调控作用。目前发现拟南芥和其他植物里，CLE基因主要有CLE40、CLE10和CLE12。其中CLE40最为重要，过表达CLE基因，导致RAM变小（Ito et al.，2006）。CLE40/ACR4/CLV1信号模块又是如何起作用的呢？下游底物是什么？一种假设是这个模块磷酸化了在RAM中表达的WUS（WUSCHEL）的同源蛋白WXO5（wuschel related homeobox 5）。WOX5磷酸化后限制了该蛋白向邻近细胞的扩散，从而维持了静止中心（quiescent centre，QC）的干细胞（stem cell，SC）的属性。机制上，这可能是通过抑制转录因子CDF4（cycle dof factor 4）的功能实现的。已有报道表明，CDF4负责根柱干细胞（columella SCs）的分化（Pi et al.，2015），也就是CDF4活性降低有利于保持干细胞状态；反之，细胞将分化成熟。

侧根通常发端于主根木质部薄壁细胞的干细胞，但在玉米、水稻、小麦及胡萝卜中发现韧皮部薄壁细胞的干细胞也能产生侧根。韧皮部薄壁细胞的干细胞产生侧根的机制目前还不是很清楚。相反，木质部薄壁细胞的干细胞产生侧根的机制特别是在拟南芥中的机制已经研究得很深入，其中小肽起到重要的调控作用。同样的，侧根的形成也受到相似的三个主要成分构成的信号模块调控。主要的小肽有cle-like（CLEL）/golven（GLV）/root growth factor（RGF）、C-terminally encoded peptides（CEPs）、auxin-responsive endogenous polypeptide 1（AREP1）、CLE、influorescence deficient in abscission（IDA）、rapid alkalinization factor 1/19/23（RALF1/19/23）（Chiatante et al.，2018）。RGF类小肽涉及薄壁细胞分裂抑制，CEP类小肽减少侧根数目，

CLE、IDA、RALF类小肽涉及侧根突破外部组织(皮层和表皮)。

缺氮抑制侧根发生和小肽基因CLE1、CLE2、CLE3、CLE4、CLE5和CLE7的累积一致,表明这些小肽在氮缺乏时负调控了侧根的发生。进一步的机制研究表明,CLV1定位在韧皮部的伴胞,而CLE类小肽在韧皮部薄壁细胞里形成,随后CLE小肽扩散到伴胞里,与CLV1结合,激活了下游信号,进而抑制了侧根原基(lateral root primordium,LRP)的形成(Araya et al.,2014)。

磷也是植物必需的大量元素,缺磷导致拟南芥侧根增多、增长。研究发现,缺磷导致根分生组织形态改变。这与小肽基因*RGF1*、*RGF2*、*RGF3*在基因的上调表达一致。已有研究表明,同时突变3个*RGF*基因,导致根分生组织明显比野生型短,但任何单个基因突变都没有显著影响根分生组织,这表明该三个小肽基因存在功能冗余。但在缺磷条件下,只有突变*RGF2*基因导致主根生长明显受阻,而*RGF1*和*RGF3*的突变并没有与野生型有显著差异,这表明*RGF2*是在缺磷条件下促进根径向生长的主要调控因子(Cederholm et al.,2015)。

#### 9.2.3.8 问题与展望

作为信号分子的植物内源小肽和传统植物激素相似,往往起到“四两拨千斤”的作用。外源添加ng级甚至fg级小肽,就可以提高番茄抵抗病虫害的能力,提高植物对氮的吸收,增加植物铁含量。本节初步总结了近30年来植物小肽在来源、鉴定和调控方面的研究进展,重点介绍了植物小肽分离鉴定的几种方法,指出了每种方法的优势和局限性。虽然植物小肽的研究已经取得一些进展,但挑战仍然巨大,主要体现在如下几个方面。①近十年来,各种组学技术日新月异,尤其是近年来基因组和转录组学相关研究已从模式植物拟南芥、水稻等成功延伸到各种经济作物甚至是目前看起来并没什么经济价值的植物。随之而来的是,越来越多的已知植物信号肽的同源物和新型小肽,特别是一些物种特异性和环境适应性的信号肽,将被进一步发掘和鉴定。如何高效地验证如此海量的小肽的生物学功能并在生产中充分利用如此丰富的小肽资源是未来研究的重要方向和巨大挑战。②小肽分子量小、浓度低,很难获得T-DNA插入突变体,通过传统遗传学和生物化学方法来鉴定小肽不仅难度大,而且费时耗力。未来包括小肽在内的新基因的功能研究,可能都将采用“生物信息学预测-突变体表型-基因身份鉴定”这一套综合方法。

总之，植物小肽是一个新兴的、极具前景的研究领域，但是其数量多、来源和加工成熟机制复杂，生物学功能研究难度大，目前植物小肽研究技术手段总体还不够成熟，给植物小肽的研究增加了难度，但同时也为植物小肽的研究提供了更大的契机。一旦将功能性小肽开发成产品并应用到生产中，就可以减少农药化肥等的施用量，起到减肥增效、保护生态环境的效果；同时小肽产品的开发应用可以提高果蔬的品质和林木的材质等，为现代高质农业生产服务。

（兰　平）

# 第10章 土壤-根系-微生物的协同作用机制与氮磷生物有效性

## 10.1 土壤生物协同作用对碳氮磷转化的驱动机制

生物捕食关系是土壤食物网的基石，其稳定性依赖负反馈循环效应。具体而言，捕食者丰度的增加导致猎物种群数量下降，反过来又抑制捕食者种群的进一步增加(Djigal et al.,2004)。然而，大量的理论和实证研究表明，捕食者也可以对被捕食者产生正反馈效应，反之亦然(Ingham et al., 1985;Brown et al.,2004)，其潜在机制包括土壤养分矿化的增强(Diehl et al.,2000)、新生境的定殖(Ingham et al.,1985)以及躲避捕食的物理和生理性状的出现(Cressman et al.,2009)。捕食者与猎物之间的相互作用关系同时受到正、负效应的调节，并且可能受到时空变化的影响。因此，深入研究不同类型土壤中微生物群落与土壤动物之间的生态关系至关重要。

### 10.1.1 红壤线虫-微生物相互作用对碳转化的影响

#### 10.1.1.1 红壤团聚体中SOC的动态变化

针对中亚热带典型的瘠薄旱地红壤，建立长期有机培肥(猪粪)试验，设置4个处理：不施肥对照(M0,0kg $N \cdot hm^{-2} \cdot a^{-1}$)、低量有机肥处理(M1,150kg $N \cdot hm^{-2} \cdot a^{-1}$)、高量有机肥处理(M2,600kg $N \cdot hm^{-2} \cdot a^{-1}$)和高量有机肥+石灰处

理(M3,600kg N·$hm^{-2}$·$a^{-1}$+3000kg·$hm^{-2}$3$a^{-1}$)。研究结果表明,施肥处理对大团聚体和中团聚体的比例($P$<0.05)的影响明显,与不施肥对照组(M0)相比,高肥处理下(M2和M3)大团聚体显著增加了39.6%,而中团聚体显著降低34.2%($P$<0.05)。易分解底物的添加显著改善土壤结构并影响团聚体比例(de Gryze et al.,2005)。与小团聚体相比,团聚体层次模型预测大团聚体中的SOC含量更高(Tisdall et al.,1982)。团聚体大小和SOC含量之间的不一致关系可归因于土壤质地和化学特征的差异,土壤有机质是土壤团聚体等级发育中主要的交联剂(Oades et al.,1991),但是对于老成土和氧化土,铁铝氧化物可以直接作为大团聚体的交联剂,这类团聚体致密且机械稳定性高,但水稳性较差。施肥后,在施肥处理下SOC输入量增加,其在团聚体中的作用得到提升(Peng et al.,2015)。

如图10.1.1所示,活性、慢性和惰性碳库(active, slow and resistant pools,即$C_a$、$C_s$和$C_r$)的库容大小同时受施肥处理和团聚体大小的影响($P$<0.001)。活性碳和慢性碳分别占总碳库的3.3%~6.4%和14.4%~32.2%。与不施肥对照组M0相比,施肥显著增加了3个碳库,小团聚体中$C_a$、$C_s$和$C_r$比大团聚体和中团聚体更高($P$<0.05)。土壤团聚体中LA的比例为46.6%~66.8%,SA为22.4%~36.3%,MA为10.8%~17.1%。与碳库容相似,施肥处理下活性碳库的周转速率($K_a$)和慢性碳库的周转速率($K_s$)显著增加($P$<0.05),$K_a$显著高于$K_s$。然而,$K_a$和$K_s$随着团聚体粒径的增大而增加,小团聚体中两种碳库的周转速率(5.15×$10^{-2}$mg·$g^{-1}$·$d^{-1}$和0.84×$10^{-4}$mg·$g^{-1}$·$d^{-1}$)显著低于中团聚体(5.59×$10^{-2}$mg·$g^{-1}$·$d^{-1}$和1.16×$10^{-4}$mg·$g^{-1}$·$d^{-1}$)和大团聚体(5.94×$10^{-2}$mg·$g^{-1}$·$d^{-1}$和1.28×$10^{-4}$mg·$g^{-1}$·$d^{-1}$)(Jiang et al.,2018),小团聚体中碳库受到更多的物理保护,且生物对其的分解活性较低(John et al.,2005)。高肥改良处理中添加石灰导致大团聚体中$K_a$显著降低,但小团聚体中$K_s$明显增加($P$<0.05)。新输入的碳库优先进入大团聚体中,大团聚体中的碳库比小团聚体中的碳库周转更快。大团聚体中不稳定的活性碳库更有利于促进微生物对碳库的降解。

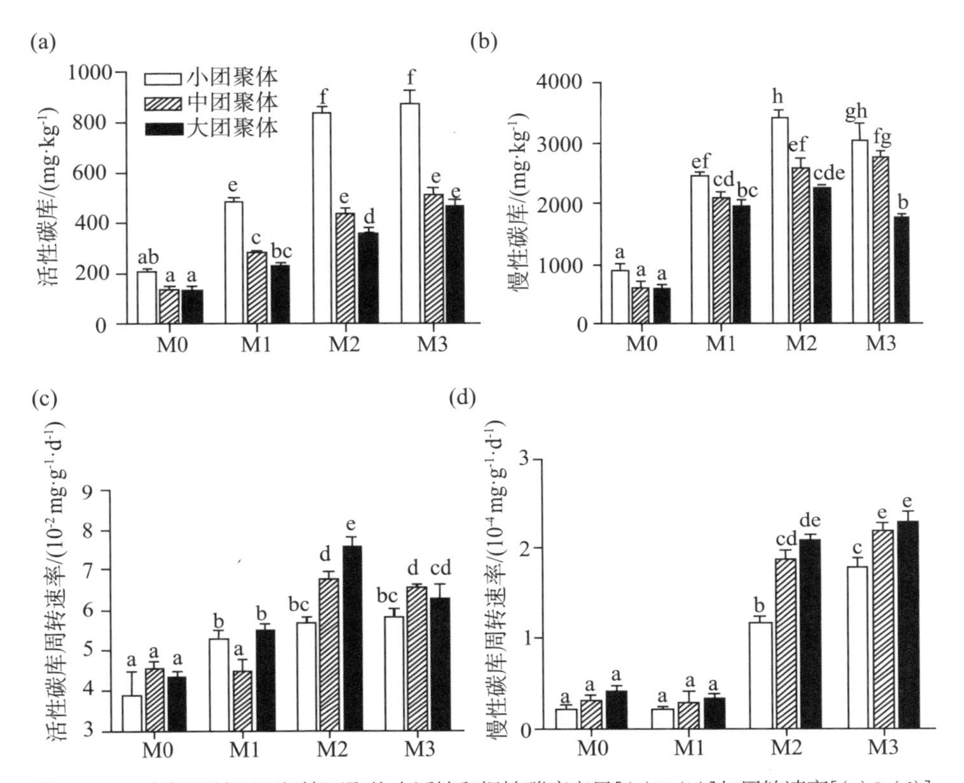


图10.1.1　有机肥处理下红壤团聚体中活性和慢性碳库容量[(a)&(b)]与周转速率[(c)&(d)]

注:不同字母表示结果之间差异达到显著水平($P<0.05$)。

### 10.1.1.2　微生物群落对土壤团聚体SOC库的影响机制

微生物群落组成会影响土壤SOC分解和周转过程,微生物生物量大小、群落结构和功能活性等决定了SOC的矿化过程。随着施肥量增加,细菌和真菌比值(the ratio of bacteria to fungi,B/F)显著增加,但革兰阳性菌和革兰阴性菌比值(the ratio of Gram-positive to Gram-negative bacteria,GP/GN)显著下降(见图10.1.2)。B/F($P<0.001$)和GP/GN($P=0.008$)在不同团聚体上显著分异,B/F在小团聚体中最高(2.17±0.05),中团聚体(2.06±0.06)和大团聚体(1.98±0.09)依次降低。与真菌生物量相比,B/F主要受细菌生物量的影响,B/F的显著增加提示小团聚体中微生物群落向细菌优势的转变,小团聚体中高SOC和TN含量为细菌提供了与真菌竞争资源的优势。与B/F相似,GP/GN在小团聚体(1.95±0.09)中最高,其次是中团聚体(1.89±0.07)和大团

聚体(1.59±0.08),GP/GN与小团聚体中SOC库容和周转速率显著相关(见图10.1.2)。革兰阳性菌和放线菌具有调控SOC库容和周转速率的生态功能。微生物对不同底物的偏好性和对不同SOC库的贡献存在差异,微生物的改变反映了团聚体中SOC的含量和化学组成的差异(Smith et al.,2014)。革兰阴性菌优先利用新鲜有机肥作为SOC来源,而革兰阳性菌更偏好利用难分解SOC(Kramer et al.,2006)。因此,小团聚体中的革兰阳性菌可能维持了高SOC库容。

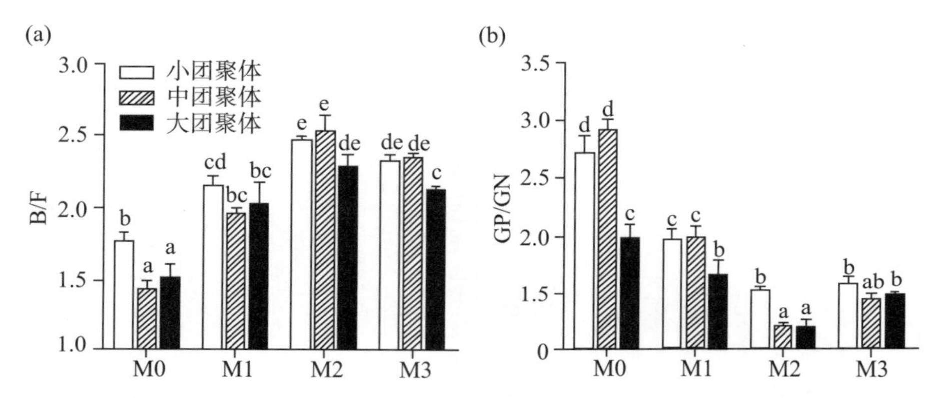


图 10.1.2　有机肥处理下红壤团聚体中细菌/真菌比值(a)和革兰阳性菌/革兰阴性菌比值(b)

注:不同字母表示结果之间差异达到显著水平($P < 0.05$)。

#### 10.1.1.3　线虫捕食对土壤团聚体SOC库的影响机制

土壤动物的种群动态与SOC固定和土壤食物网相关,其中线虫占据中心位置。在酸性红壤中,线虫群落以食细菌线虫为主,其主要或完全以细菌为食(见图10.1.3)。细菌丰度和群落组成受到线虫捕食自上而下的调控作用(Rønn et al.,2012)。食细菌线虫的丰度与B/F呈正相关,表明食细菌线虫捕食显著改变了微生物群落组成。食细菌线虫选择性捕食特性可能导致微生物群落组成的变化,这主要取决于线虫取食器官的物理限制和对细菌化学信号的反应。不同细菌受线虫捕食的影响差异明显,细菌可以通过物理保护(如细菌形状、菌丝和生物膜)(Bjørnlund et al.,2012)和化学保护(如色素、多糖)来抵抗线虫的捕食作用(Jousset et al.,2009)。头叶线虫属显示出对革兰阴性菌的特殊偏好性(Salinas et al.,2007),食细菌线虫通常偏好捕食革兰阴性菌(如假单胞菌)而非革兰阳性菌,因为革兰阴性菌较薄的细胞壁更容易被线虫消化(Rønn et al.,2002)。选择性捕食特性被认为对食细菌线虫的适合度及微生物的群落动态变化至关重要。

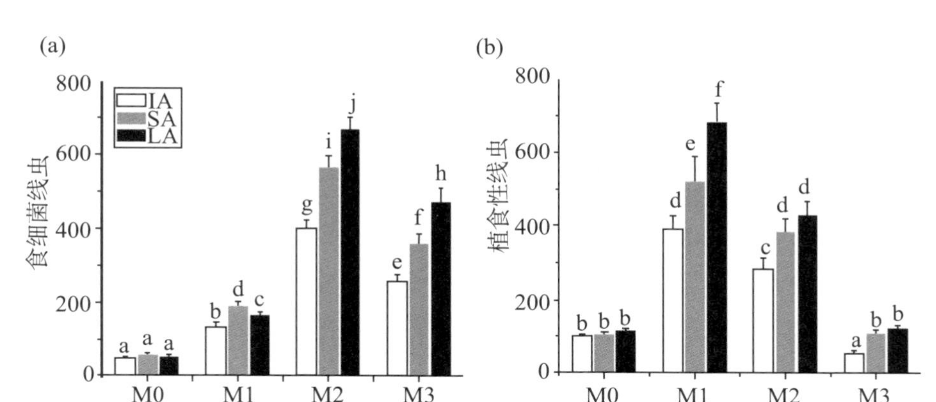


图10.1.3 有机肥处理下红壤团聚体中食细菌线虫(a)和植食性线虫(b)数量

注:不同字母表示结果之间差异达到显著水平($P < 0.05$)。

食细菌线虫改变微生物群落的能力可以反馈于微生物活性,并影响SOC库容和周转速率。具体而言,食细菌线虫与细菌之间的联系构成了土壤中细菌降解途径,确保能量通过细菌能量通道流向更高的营养级(Bonkowski et al.,2009)。长期施肥处理下线虫的总数显著增加。食细菌线虫(46.6%)是线虫群落中最丰富的营养类群(Jiang et al.,2013)。食细菌线虫中以Protorhabditis(31.5%)和Rhabditis(5.6%)为优势种群。土壤团聚体中的食细菌线虫的丰度和组成差异显著,大团聚体中食细菌线虫的优势类群原杆属数量显著高于中团聚体和小团聚体($P<0.05$)。线虫依赖于土壤孔隙中的水膜生存,其身体直径为30~90μm,可在适宜的土壤孔径中自由移动(Quénéhervé et al.,1996)。大团聚体中高丰度的食细菌线虫促进了高度复杂的线虫-细菌网络结构形成以及对土壤养分转化的调控功能的发挥。在中团聚体和大团聚体中,食细菌线虫捕食通过改变微生物群落结构(B/F)刺激SOC库容和周转速率(Jiang et al.,2018a;2018b)。食细菌线虫对细菌的选择性捕食会降低土壤代谢熵,促进大团聚体中SOC积累(Jiang et al.,2013)。大团聚体中食细菌线虫-微生物相互作用可能会增加食细菌线虫和细菌之间的协作关系,对SOC库和周转速率产生更大的影响。捕食者丰度的变化显著改变了被捕食者群落的多样性和群落结构,捕食者丰度的增加对微生物群落内特定类群(如关键物种)及养分循环具有正向调控作用(Duffy et al.,2003)。

(孙 波 蒋瑀霁)

## 10.1.2 土壤线虫-微生物协同作用对氮转化的影响

### 10.1.2.1 施肥处理和团聚体对氨氧化微生物丰度的影响

红壤中氨氧化古菌（AOA）和氨氧化细菌（AOB）的丰度受施肥处理和团聚体影响显著（$P<0.001$）。施用有机肥处理下土壤具有较高养分水平，可以维持较高的AOA和AOB丰度。相比于对照处理M0，高肥改良M3处理下AOA的*amoA*基因拷贝数由$1.26\times10^8$copies·$g^{-1}$soil增加到$4.00\times10^8$copies·$g^{-1}$soil，AOB的*amoA*基因拷贝数则表现为高肥改良M3（$1.29\times10^8$copies·$g^{-1}$soil）＞高肥M2和低肥M1处理（分别为$6.21\times10^7$copies·$g^{-1}$soil和$3.54\times10^7$copies·$g^{-1}$soil）＞M0处理（$4.96\times10^6$copies·$g^{-1}$soil）（Jiang et al.，2014）（见图10.1.4）。就团聚体而言，小团聚体中AOA丰度最高，其*amoA*基因拷贝数比中团聚体和大团聚体增加了近1.8~2.0倍。聚类推进树分析显示，SOC是AOA丰度的影响因子（32.5%），在添加厩肥的秸秆激发式还田处理下，土壤中含有大量SOC，刺激了AOA群落的生长（Ai et al.，2013）。AOA丰度与SOC显著正相关（$r=0.546$，$P<0.001$），小团聚体中SOC含量较高更适合AOA生存，AOA具有混合营养或异养生长的多种生存策略（Walker et al.，2010）。土壤pH和AOB丰度显著相关，与AOA丰度无显著相关性，土壤pH是AOB丰度的主控因子（37.9%）。AOA的生态位可以分布于更宽的pH范围内，这使得其中一些特定类群能够在高酸性土壤中生存（Erguder et al.，2009）。随着有机肥施用量的增加，AOA/AOB呈现了明显下降趋势，AOA/AOB的*amoA*基因拷贝数的比值范围为2.3~44.6，提示酸性土壤中AOA丰度更高。AOA/AOB与AOB丰度显著相关（$r=-0.513$，$P=0.001$），表明AOA/AOB的变化由AOB丰度的变化所主导。同时，AOA/AOB随着土壤pH的降低而增加（$r=-0.482$，$P=0.003$），特定基因丰度的变化趋势反映了氨氧化古菌和细菌对利用氨浓度的偏好性，或者其他与pH相关的生理和代谢差异。由于铵的电离，可利用氨的浓度随着pH的降低而降低，这被认为是低pH下土壤硝化作用降低的主要原因（de Boer et al.，2001）。

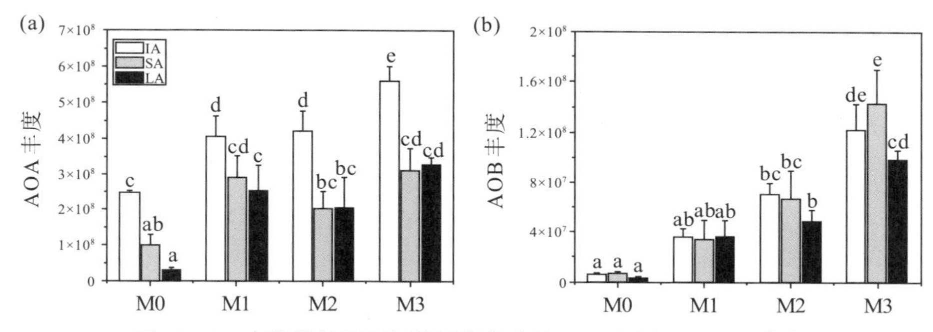


图 10.1.4 有机肥处理下红壤团聚体中的AOA(a)和AOB(b)丰度

注:不同字母表示结果之间差异达到显著水平($P<0.05$)。

### 10.1.2.2 线虫捕食对氨氧化微生物群落和土壤硝化潜势的影响

AOB丰度与土壤硝化潜势显著关系($r$=0.888,$P$<0.001),土壤硝化潜势受到AOB丰度(19.9%)的影响比AOA丰度(5.6%)更大。尽管AOA在酸性红壤中的丰度较高,但AOB在高氮土壤环境中主导了土壤硝化潜势(Jia et al.,2009)。AOA和AOB生长对底物氨浓度的要求不同,氨氧化古菌的自养生长以土壤矿化来源的氨作为底物,表明AOA对硝化潜势的贡献在低肥力的土壤中可能更为显著(Martens-Habbena et al.,2009)。需要注意的是,AOA丰度与硝化潜势存在较弱的显著相关($r$=0.567,$P$<0.001),因此AOA可能也参与了土壤的硝化作用。虽然学术界对AOA特定代谢功能基因的认识不断深入,但对AOA在其原位环境中的生活方式和生态功能仍不清楚。

食细菌线虫数量与AOB丰度和硝化潜势呈正相关($r$=0.521,$P$=0.001;$r$=0.654,$P$<0.001)。此外,食细菌线虫捕食对AOB丰度变化的贡献率(6.1%)高于对AOA丰度变化的贡献率(3.4%)。食细菌原生动物的捕食作用导致硝化细菌增加,增强了土壤硝化的作用(Jiang et al.,2014)。食细菌线虫与硝化潜势之间呈正相关关系,表明食细菌线虫捕食可能提高了AOB丰度,其中食细菌线虫的优势属原杆属(*Protorhabditis*)与AOB丰度显著正相关($r$=0.580,$P$<0.001)。食细菌线虫能通过体表携带作用有效地促进微生物在土壤中定殖。食细菌线虫通过特异性捕食刺激AOB丰度增加而增强AOB定殖。土壤性质分别解释了AOA和AOB群落结构变异的62.7%和58.1%,线虫捕食则分别解释了11.7%和19.5%。线虫添加的土壤微域实验证明了食细菌线虫的捕食改变了氨氧化微生物中的群落组成(Xiao et al.,2010)。食细菌线虫通过选择性取食某些特定的细菌类群,直接或间接影响

不同细菌种群之间的竞争平衡,使整个细菌群落结构发生显著变化(Rønn et al., 2012)。然而,目前缺乏直接证据验证线虫的捕食机制,仍需要加强生态生理学的研究,以加深对酸性土壤中线虫-氨氧化微生物相互作用影响生态功能的理解。

#### 10.1.2.3 土壤团聚体对线虫-氨氧化微生物网络结构的影响

为了明确线虫对氨氧化微生物的捕食机制,我们通过对网络模型分析,进一步研究了酸性红壤不同粒级团聚体中线虫-氨氧化微生物的网络结构,并揭示了线虫-氨氧化菌复杂的相互作用关系。网络中的正相关可能表示生物间执行相似或互补功能等合作关系,而负相关可能表示生物间直接的竞争或捕食关系。三种团聚体网络的平均聚类系数和模块系数显著高于具有相同节点数的随机网络,这表明团聚体网络具有典型的小世界和模块化特征。土壤团聚体对线虫-氨氧化微生物网络结构具有显著影响(见图10.1.5)。具有不同取食习性和体型大小的线虫在土壤中的分布不仅取决于团聚体的粒径大小,还取决于土壤结构中养分资源的可用性(Neher,2010)。大团聚体由小团聚体发育形成,大团聚体被认为由真菌菌丝和植物根系结合在一起而成,并且可以为植食性线虫提供更多定殖的场所(Wang et al.,2006)。大团聚体中食细菌线虫和植食性线虫的丰度高于中团聚体和小团聚体中的对应值,大团聚体内部的孔隙结构空间更适合线虫存活(Zhang et al.,2013)。网络特征值分析进一步揭示了网络的高等级拓扑结构组成,小团聚体网络中模块簇所含节点占网络中总节点数的一半。与小团聚体网络相似,中团聚体和大团聚体网络仅有一个模块簇占各自网络中总节点数的57%和73%。大团聚体网络中食物

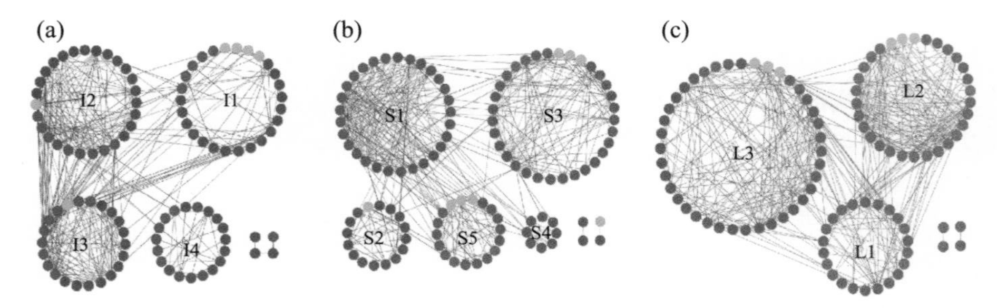


图10.1.5 不同红壤团聚体中线虫-氨氧化微生物共发生网络结构。(a)小团聚体(<0.25mm);(b)中团聚体(0.25~2mm);(c)大团聚体(>2mm)

注:红色圆圈,AOA;蓝色圆圈,AOB;绿色圆圈,食细菌线虫;紫红色圆圈,植食性线虫。

网络结构复杂，其内部包含的功能节点数（功能模块簇含有69个节点和286条边）大于中团聚体（功能模块簇含有61个节点和227条边）和小团聚体（功能模块簇含有49个节点和224条边）网络中的对应值。网络模块并非单独存在的，而是形成模块簇，其高阶结构反映了网络模块间的功能依赖性。

#### 10.1.2.4　土壤团聚体对线虫-氨氧化微生物网络节点拓扑结构的影响

三种团聚体中存在共有节点，超过节点总数的1/3。这些共有节点中以AOB为主，特别是对于*Nitrosospira*第3a簇（7个节点）和第10簇（4个节点）。根据模块内连接指数$Z$和模块间连接指数$P$，可以确定每个节点在网络中的拓扑角色，网络中所有节点可以分为4类：外围节点、连接枢纽、模块枢纽和网络中心（Olesen et al.，2007）。关键微生物在土壤微生物网络中仅占约2%，三种团聚体网络中均有两个节点被推测为关键节点，每个网络包含一个模块枢纽和一个连接枢纽。小团聚体I3模块中的*Nitrosospira*第10簇（OTUAOB61）、中团聚体S3模块中的*Nitrosospira*第9簇（OTUAOB100）和大团聚体L3模块中的*Nitrosospira*第3a簇（OTUAOB57）这3个节点可能是模块枢纽，而*Nitrososphaera*第1.1簇（OTUAOA9）被归为连接枢纽（见图10.1.6）。

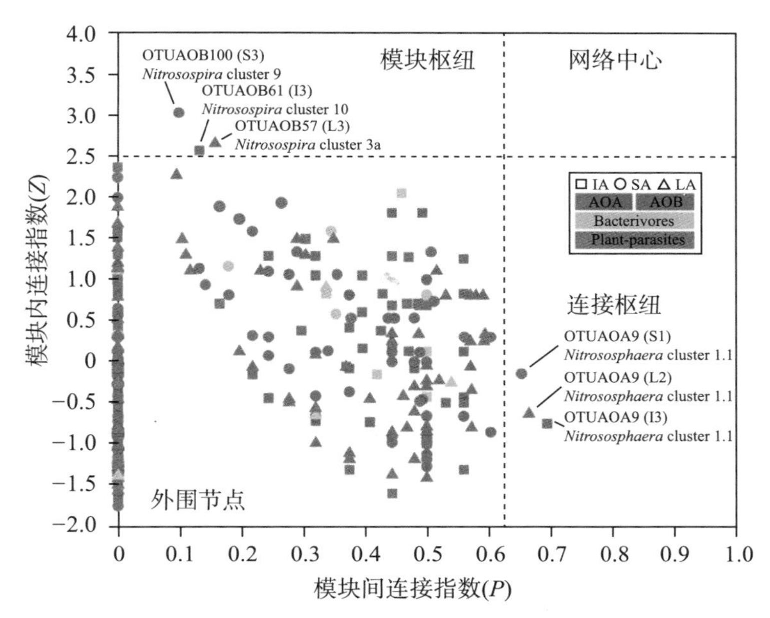


图10.1.6　不同红壤团聚体中线虫-氨氧化微生物共发生网络中的关键微生物

注：红色，AOA；蓝色，AOB；绿色，食细菌线虫；紫红色，植食性线虫。正方形，小团聚体（＜0.25mm）；圆圈，中团聚体（0.25~2mm）；三角形，大团聚体（＞2mm）。

网络模块枢纽在网络中具有较高的连接度(17~20)和聚集系数(0.33~0.51),模块枢纽和连接枢纽被认为是微生物网络中的关键物种,生物网络中含有模块枢纽会形成物种间复杂的相互作用关系(Montoya et al.,2006)。当生态系统导致微生物群落组成发生改变时,关键微生物将随之变化。土壤pH与三个网络模块枢纽的丰度显著相关($P<0.001$),是模块枢纽丰度变化的主控因子。连接枢纽与网络中的模块枢纽有相似度较高的连接度(17~22),但其聚集系数较低(0.18~0.21)。研究发现,泉古菌中 *Candidatus Nitrososphaera gargensis* 是土壤中普遍存在的微生物物种(Pester et al., 2012; Bates et al., 2010),并被推测为微生物网络中的关键微生物(Barberán et al.,2012)。据推测,泉古菌门作为氨氧化微生物可能在氮循环中具有重要作用(Leininger et al.,2006)。食细菌线虫与OTUAOA9显著正相关($r$=0.361,$P$=0.031),提示食细菌线虫的捕食导致了泉古菌在团聚体中的普遍分布。总体而言,特定的关键物种从生态系统中去除或消失后,通常整个网络结构和功能会产生显著变化。然而,生物物种损失的影响还取决于物种在网络中的特定位置以及与其他物种的相互作用(Eiler et al., 2012)。目前,我们仍然缺乏对物种损失如何影响复杂生物群落的深入理解,对能否通过分析生态网络的动态性质来进行验证也未明确。

(孙　波　蒋瑀霁)

## 10.1.3　土壤线虫-微生物协同作用对磷转化的影响

### 10.1.3.1　施肥处理和团聚体对根际产碱性磷酸酶细菌丰度的影响

施肥处理和团聚体均显著影响玉米根际产碱性磷酸酶(ALP)细菌的丰度($P<0.05$)。随着猪粪施用量增加,ALP解磷菌的丰度(*phoD*, copies·$g^{-1}$ soil)提高,高肥处理下含有更高ALP解磷细菌丰度,遵循高肥改良M3≈高肥处理M2>低肥处理M1>不施肥对照M0总体趋势。与M2和M3处理下的大团聚体和中团聚体相比,小团聚体中ALP解磷菌数量明显增加(见图10.1.7)。ALP解磷菌的丰度与ALP活性显著正相关($r$=0.965,$P<0.001$),两者均受土壤pH的显著影响。食细菌线虫数量与ALP解磷菌丰度($r$=0.783,$P<0.001$)和ALP活性($r$=0.843,$P<0.001$)呈正相关,在施肥处理和团聚体的

相互作用下,食细菌线虫捕食显著提高了玉米根际解磷细菌的丰度。土壤pH是决定ALP解磷菌丰度和ALP活性的主控因素之一。大团聚体中食细菌线虫捕食对ALP解磷菌丰度的贡献(路径系数:0.57,$P<0.001$)高于中团聚体(路径系数:0.29,$P=0.026$)和小团聚体(路径效率:0.32,$P=0.022$)(Jiang et al.,2017)的对应值。添加和不添加线虫的微域实验验证了线虫捕食对ALP解磷菌的丰度和活性的正反馈效应。食细菌线虫增强了ALP解磷细菌的丰度和ALP活性,这可能是因为土壤ACPs主要来源于植物和真菌(Tabatabai,1994)。Meta分析显示,食细菌线虫的捕食作用导致土壤微生物生物量和细菌丰度分别降低16%和17%(Trap et al.,2016)。微域实验显示,食微生物线虫对微生物区系的适度捕食可以刺激微生物的生长繁殖,其原因可能是某些特定的食细菌线虫以衰老的细菌为食,通过增加细菌群落的整体活性从而刺激土壤养分的转化过程(Ingham et al.,1985)。此外,线虫也可以通过体表或消化系统的携带作用将细菌分散到新的生态位,以便在异质土壤环境中进行有效定殖(Neher,2010)。

#### 10.1.3.2 施肥处理和团聚体对产碱性磷酸酶细菌多样性与群落结构的影响

如图10.1.7所示,ALP解磷菌多样性指数(Shannon和Chao1指数)与其丰度变化具有相似趋势,遵循M3≈M2>M1>M0规律,同时随着土壤团聚体粒径的增大而减小。ALP解磷菌群落结构中优势菌群主要为α-变形菌纲(45.4%)、放线菌门(8.5%)、β-变形菌纲(7.5%)和γ-变形菌纲(5.0%)。ALP解磷菌群落结构在3种团聚体中明显分异(78.8%),特别是ALP解磷菌的α-变形菌纲和γ-变形菌纲丰度在团聚体中存在显著差异($P<0.05$)。置换多变量方差分析表明,ALP解磷菌群落结构变异受到施肥处理的影响(61.5%)大于团聚体的影响(9.7%)。食细菌线虫数量与ALP解磷菌多样性($r=0.675$,$P<0.001$)和丰度($r=0.715$,$P<0.001$)呈正相关。线虫捕食在驱动ALP解磷细菌的群落动态变化中具有重要作用,食细菌线虫捕食可以促使细菌进化出应对捕食的新策略或获取无捕食压力的空间,从而产生新的生存机会来促进细菌多样化形成。线虫对ALP解磷菌群落组成有显著影响(22.3%),食细菌线虫的贡献率最大(13.5%),尤其在大团聚体中食细菌线虫与ALP解磷菌群落结构呈显著正相关关系(路径系数:0.44,$P<0.001$)。食细菌线虫选择性捕食与γ-变形菌($r=0.878$,$P<0.001$)和β-变形细菌($r=-0.812$,$P<$

0.001)呈正相关关系,而与放线菌没有相关性($r$=0.014,$P$=0.936)。食细菌线虫偏好捕食革兰阴性菌,可能是因为它们细胞壁薄,更容易被线虫消化(Salinas et al.,2007)。此外,食细菌线虫的选择性捕食也取决于其取食器官的物理限制和特异性检测不同种群的细菌产生的化学信号(Bonkowski et al.,2009),选择性捕食有利于增强食细菌线虫自身适应性以及对细菌群落动态变化的影响。

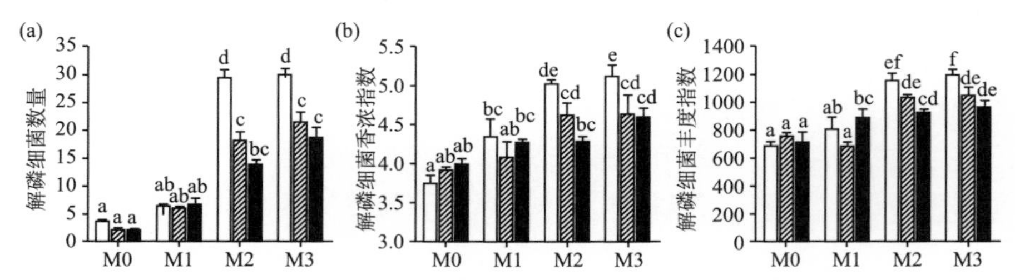


图 10.1.7 有机肥处理下团聚体中的解磷细菌数量(a)和多样性指数[(b)&(c)]

注:图中不同字母表示结果之间差异达到显著水平($P<0.05$)。

#### 10.1.3.3 线虫-解磷细菌相互作用网络与相互作用验证

Newman(2006)基于共发生网络模型分析,揭示了玉米根际食细菌线虫-AL细菌共发生网络,网络模块系数大于0.4,网络具有典型的模块结构特征,网络中的平均路径长度、平均聚类系数和模块系数均高于相同节点的Erdös-Réyni随机网络。线虫-ALP细菌网络结构在不同团聚体中明显分异,3种团聚体的网络中正相关连接数均多于负相关连接数,大团聚体中网络平均连通性和模块系数比中团聚体和小团聚体网络的对应值更高,而平均路径长度的变化趋势相反(见图10.1.8)。施加有机肥,促进大团聚体形成,其内部孔隙空间更适合于食细菌线虫生活,而更高密度的食细菌线虫建立了更复杂的食细菌线虫-ALP细菌网络关系。特别是,大团聚体网络中食细菌线虫优势类群*Protorhabditis*显示出与ALP细菌更强的正相关性。根据网络节点属性,α-变形菌纲的中慢生性根瘤菌属(*Mesorhizobium*)是网络中模块枢纽,推测其是影响ALP活性的关键解磷菌,食细菌线虫的原杆属与模块枢纽OTU2517($r$=0.861,$P$=0.006)、OTU1444($r$=0.822,$P$=0.009)和OTU1352($r$=0.958,$P$<0.001)显著正相关,大团聚体中食细菌线虫对*Mesorhizobium*的强烈正向作用可能对ALP细菌和ALP活性影响更高(Jiang et al.,2017)。这些

关键物种充当了整个微生物群落生态功能的“把关者”,对生物地球化学循环有重要贡献。ALP解磷菌群落与氨氧化细菌和古菌群落不同,后者占据了三种团聚体中的两类关键物种:模块枢纽和连接枢纽(Montoya et al.,2006;Jiang et al.,2015)。我们推测ALP解磷菌群落比氨氧化微生物更容易被线虫捕食。

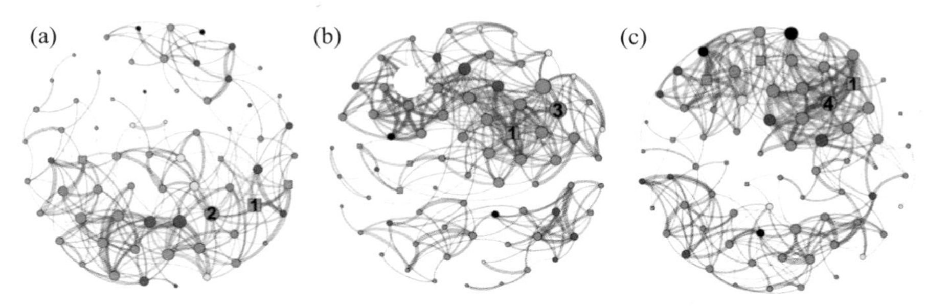


图10.1.8　不同红壤团聚体中线虫-解磷细菌共发生网络结构。(a)小团聚体(<0.25mm);(b)中团聚体(0.25~2mm);(c)大团聚体(>2mm)

(孙　波　蒋瑀霁)

## 10.2　根系-微生物交互作用对氮磷吸收转运的驱动机制

### 10.2.1　豆科作物(大豆)根系与固氮菌的交互作用

大部分豆科植物能与根瘤菌共生形成根瘤,将大气中的氮气还原为氨,实现生物固氮,为农业生态系统提供氮源。生物固氮在可持续农业发展中具有不可替代的作用。大豆是重要的粮油类豆科作物,不仅能特异地从土壤中招募固氮类微生物,在根内或者根际富集,还能与固氮类微生物中的根瘤菌互利共生形成根瘤,进行生物固氮,为作物提供氮营养。因此,解析大豆与固氮类微生物的交互作用,特别是大豆与根瘤菌的交互作用,对减少氮肥施用和发展绿色可持续农业具有重要意义。本节主要从大豆的根际微生物出发,概括大豆与固氮类微生物交互作用的研究进展,同时结合近年来的研究成果,对豆科作物根系与固氮菌的交互作用进行总结与展望。

随着社会的不断发展,农业生产与环境保护的关系日益受到人们的关注。在提高粮食产量的同时,如何保护环境已成为农业与环境领域内的研究热点。氮既是作物生长发育必需的营养元素,也是植物粮食产量提高的主要因素。目前,氮肥的大量施用与低利用率等问题,已造成了严重的环境污染。我国耕地面积不到世界的10%,化肥的消耗量却超过世界的30%(郑亚萍等,2011),过量施肥所造成的环境污染问题尤为严重。因此,充分利用豆科植物的生物固氮作用,提高氮利用率,减少化肥施用,发展绿色可持续农业十分必要。

大豆不仅富含蛋白和脂肪,还含有丰富的维生素和人体所需的微量元素,具有健脑、保健和抗癌等功能(王绍东等,2014)。由于其具有较高的营养和保健价值,大豆越来越受到世界人民的青睐,全球消费量逐渐升高,供需矛盾日益突显。作为世界大豆第一进口大国,我国大豆进口量逐年增加(刘忠堂,2004);2017年已超过9000万吨,占总消费量的80%以上(唐宇等,2018)。作为豆科作物,大豆天然具有招募和富集固氮类微生物的功能,并且还能与固氮微生物中的根瘤菌互利共生,行使生物固氮功能。据统计,全球固氮总量的70%都来源于生物固氮,生物固氮是地球上最大规模的天然氮肥工厂(李欣欣等,2016)。生物固氮分为自生固氮、联合固氮和共生固氮3种形式(Santi et al.,2013)。其中,豆科植物与根瘤菌形成的共生固氮体系是3种固氮形式中固氮效率最高的,约占生物固氮的60%以上(李欣欣等,2016;张秋磊等,2008)。生物固氮是通过根瘤菌中的固氮酶将大气中的氮气转化为$NH_3$,再进一步通过植物体内的谷氨酰胺转移酶合成谷氨酰胺,供植物生长所需。在此过程中,豆科植物为根瘤菌的生长提供碳源及其他养分。因此,通过生物固氮,在减少施加外源氮肥的条件下也能保证大豆的产量,减少对化学氮肥的依赖,降低环境污染,保护生态平衡(Biswas et al.,2014;Qin et al.,2012;Li et al.,2017)。综上可见,研究大豆与根际、根内微生物的交互作用,特别是大豆与固氮微生物的交互作用,对提高大豆固氮能力具有重要意义。

尽管在20世纪50年代,由于根瘤菌接种技术的推广,大豆产量有明显的增长(薛德林等,2005),但与一些主要的大豆生产国相比,我国的根瘤菌实际应用发展较为缓慢。接种根瘤菌在我国大豆生产中的实际应用比例不到5%(官凤贞等,2012)。尽管推广面积小,但是利用接种根瘤菌或其他固氮菌改变大豆的农艺性状,从而提高产量的报道不少。刘勇等(2015)通过研究不同的自生固氮菌对大豆的促生作用,发现不同的菌株促生效果差异较大,混菌接种对生物量等指标促进作用最大。Qin等(2012)研究发现,接种根瘤菌不仅显著提高了大豆植株的氮含量，而且显著提高了植株的磷含量。程鹏等（2013）研究发现，在不施氮肥的条件下接种根瘤菌，大豆的主茎节数和单株粒重均显著高于未接种根瘤菌的大豆；在施氮肥的条件下，接种根瘤菌大豆的株高、主茎节数和单株粒重均显著高于未接种根瘤菌的大豆。王志刚等（2012）研究了东北黑土区大豆根际促生菌群落构成，发现大豆根际具有大量的促生菌种，包括自身固氮菌、解磷菌、溶磷菌和硅酸盐细菌等。朱宝国等（2015）发现，同时施用根瘤菌与组合菌能显著提高大豆株高、叶面积、SPAD（single-photon avalanche diode，单光子雪崩二极管）值、干物质积累和根瘤数，增加产量。杨升辉等（2014）研究发现，接种根瘤菌能促进夏大豆的籽粒灌浆，提高有效荚数和粒数。毕银丽等（2014）认为，同时接种丛植菌根真菌和根瘤菌，能最大限度地促进大豆生长。张爱媛等（2015）研究发现，在接种根瘤菌的同时配施1%的钼肥，能促进大豆生育后期干物质积累，提高结荚期的生长速率。张彦丽等（2012）研究发现，接种根瘤菌能够增加根部、地上部的生物量和磷含量，并且不同菌种接种在不同大豆品种上的效果不同，表现为分别增加了蛋白或者脂肪的含量。

根际是指受植物根系活动影响，在物理、化学和生物学性质上不同于土体的部分微域环境。根际不仅是根系养分吸收、物质交换的重要界面，还是植物与土壤微生物或者根际微生物相互作用的重要界面（Nihorimbere et al.，2012；Hirsch et al.，2013）。宿主植物与根际微生物也存在共生相互作用的关系。植物以根际沉积的形式，为根际微生物提供光合固定的碳水化合物；而根际微生物则具有提高土壤养分有效性，分泌激素促进根系生长，抑制病原微生物保持植物健康等作用。据估计，宿主植物20%~50%的光合产物被运送到地下根部（Kuzyakov et al.，2000）；其中17%左右的碳源以根际沉积的形式，分泌到根际，作为微生物生长的碳源（Jones et al.，2009），导致土壤微生物在植物根际的富集，也就是所谓的根际效应。

豆科植物作为第三大类的被子植物，在全球大约有750属，20000种（Doyle et al.，2003）。大部分的豆科植物能够与土壤中的根瘤菌共生，形成根瘤，行使生物固氮功能，为农业生态系统输入氮源（Qin et al.，2011；Pandey et al.，2016）。由于豆科植物能与土壤中的根瘤菌进行分子对话与共生固氮，因此豆科植物在与土壤微生物相互作用方面，有别于其他植物（Turner et al.，2013；Mendes et al.，2014；Hartman et al.，2017）。研究发现，豆科植物根际富集了大量具有固氮功能的微生物菌群（Xu et al.，2009；Mendes et al.，2011；

Lu et al.,2017;Wang et al.,2017;Zhong et al.,2019),这说明豆科类植物可能更倾向于从土壤中招募具有固氮功能的微生物菌群。

由于大豆根系分泌物的筛选作用以及根际含有较多来源于宿主植物的碳源物质,因此大豆根际微生物的密度显著高于土壤中微生物菌群的密度。同时,由于种属的特异性,大豆根际微生物的多样性显著低于土壤微生物的多样性(Xu et al.,2009;Mendes et al.,2011;Lu et al.,2017;Wang et al.,2017;Zhong et al.,2019)。在门分类水平上,大豆根际的优势微生物菌群主要为变形菌门、放线菌门、拟杆菌门和厚壁菌门(见图10.2.1)(Mendes et al.,2011;Zhong et al.,2019)。在属分类水平上,大豆根际显著富集了大量的具有固氮功能的微生物,例如根瘤菌属、固氮菌属、慢生根瘤菌属和快生根瘤菌属等(Mendes et al.,2011;Zhong et al.,2019)(见图10.2.2)。在这些具有固氮功能的微生物里,只有根瘤菌能与大豆互利共生形成根瘤,发挥生物固氮的功能。因此,根瘤菌成为豆科植物与微生物相互作用研究的典型与重点。

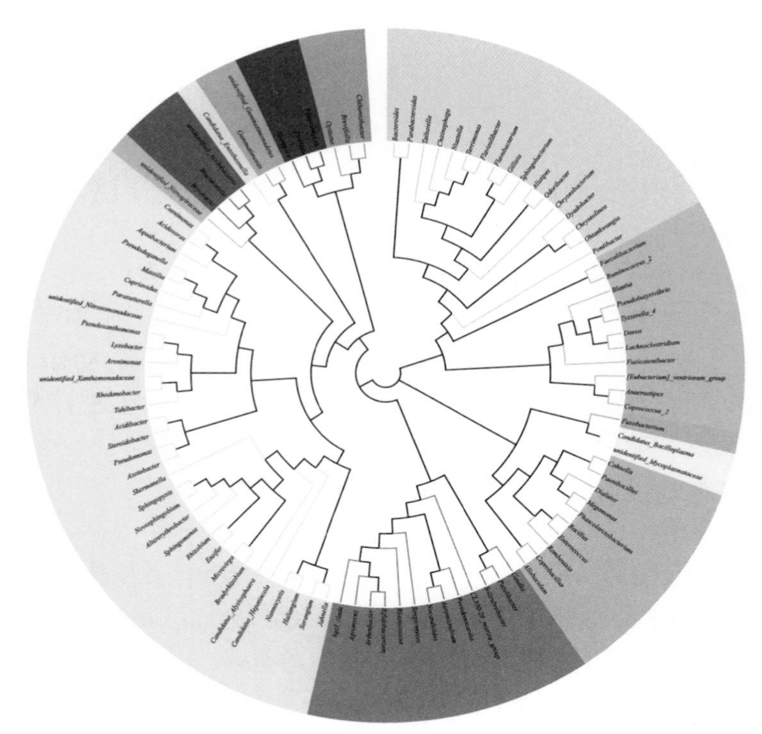

图10.2.1 大豆根际优势细菌的进化树分析

注:大豆根际细菌丰度前100物种的进化树分析。

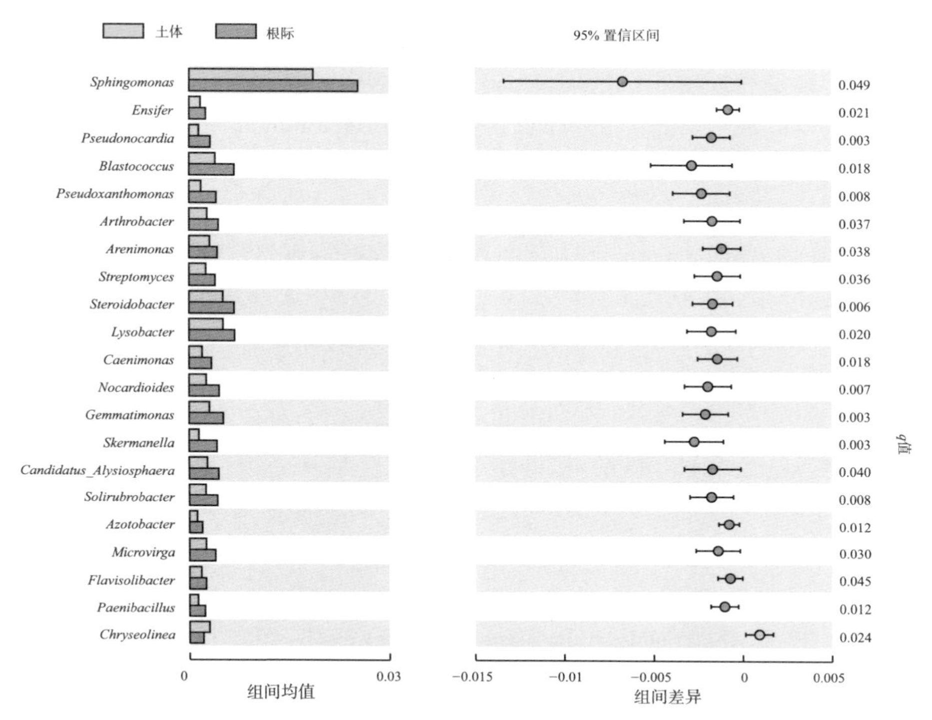


图 10.2.2 大豆根际显著富集的细菌

注：属分类水平上大豆根际从根围土壤中显著富集的细菌。

#### 10.2.1.1 根瘤菌与大豆的分子对话与侵染

根瘤菌诱导大豆产生结瘤反应，形成侵染线侵染大豆的过程，需要复杂的分子对话(Gage et al.，2004)(见图10.2.3)。大豆根系分泌类黄酮物质，具有诱导根瘤菌向大豆根部的趋化作用，导致根瘤菌在大豆根际富集和根表定殖；诱导根瘤菌参与结瘤相关基因的表达，导致根瘤菌合成和分泌结瘤因子(node factor)。结瘤因子一方面诱导植物根毛发生畸形和卷曲，另一方面诱导植物皮层细胞发生分裂。卷曲的根毛将黏附在上面的根瘤菌包裹起来，被包裹的根瘤菌分泌酶类，破坏植物细胞系，刺激植物的根毛细胞发生内陷并形成“侵染线”。侵染线穿过表皮、皮层诱导内皮层细胞发生分裂，同时侵染线前段破裂，释放根瘤菌。释放的根瘤菌经胞吞作用进入细胞内(Oldroyd，2013；Takuya et al.，2014)。目前已知参与调控该识别与侵染过程的主要分子机制如下(见图10.2.4)：细胞膜上的受体NFR1(nod factor receptor 1)和NFR5(nod factor receptor 5)参与结瘤因子的识别。NFR1和NFR5主要是通过膜外的LysM(Lysin Motif)结构域感受结瘤因子,形成异源二聚体,共同识别结瘤因子(Madsen et al.,2003;Radutoiu et al.,2003)。结瘤因子被识别后,激活下游的信号级联反应,包括富亮氨酸重复受体激酶SYMRK(leucine-rich repeat receptor-like kinase)(Stracke et al.,2002)、核孔蛋白NUP133(nucleoporin 133)和NUP85(nucleoporin 85)(Kanamori et al.,2006;Saito et al.,2007;Groth et al.,2010),最终引起根表皮细胞质内钙振荡。钙振荡激活依赖钙离子和钙调蛋白CCaMK(calcium calmodulin-dependent protein kinase),以及活化的CCaMK磷酸化下游信号组分*IPD3*(interacting protein of does not making infection 3)(Tirichine et al.,2006;Yano et al.,2008)。磷酸化的*IPD3*结合在结瘤起始基因*NIN*(nodule inception)的启动子上,诱导*NIN*的表达。*NIN*通过诱导细胞核因子Y(nuclear factor Y,NF-Y)基因亚基和其他基因的表达,驱使皮层细胞增殖(Soyano et al.,2013;Singh et al.,2014)。NSP1(nodulation signaling pathway 1)和NSP2(nodulation signaling pathway 2)作为GRAS(gibberellic insensitive,repressor of GA1-3 mutant;scarecrow)类转录因子,位于钙振荡下游,其突变导致无法形成正常根瘤(Wais et al.,2000;Catoira et al.,2000)。NSP1和NSP2结合早期结瘤基因*ENOD*(early nodulin)的启动子,如*ENOD11*的启动子,调控根瘤的起始(Kalo et al.,2005;Smit et al.,2005;Heckmann et al.,2006;Murakami et al.,2006)。

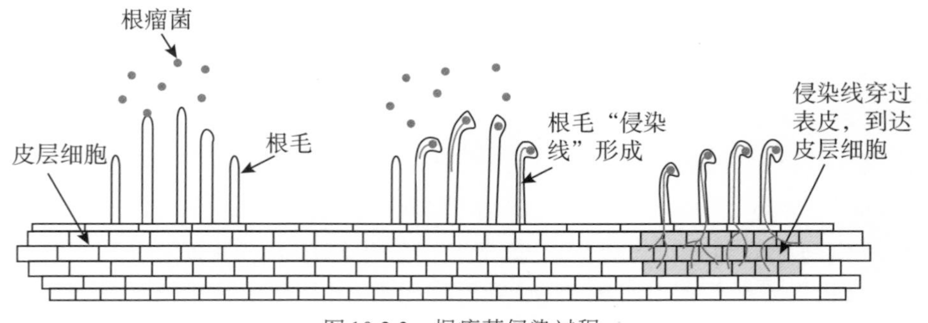


图10.2.3　根瘤菌侵染过程

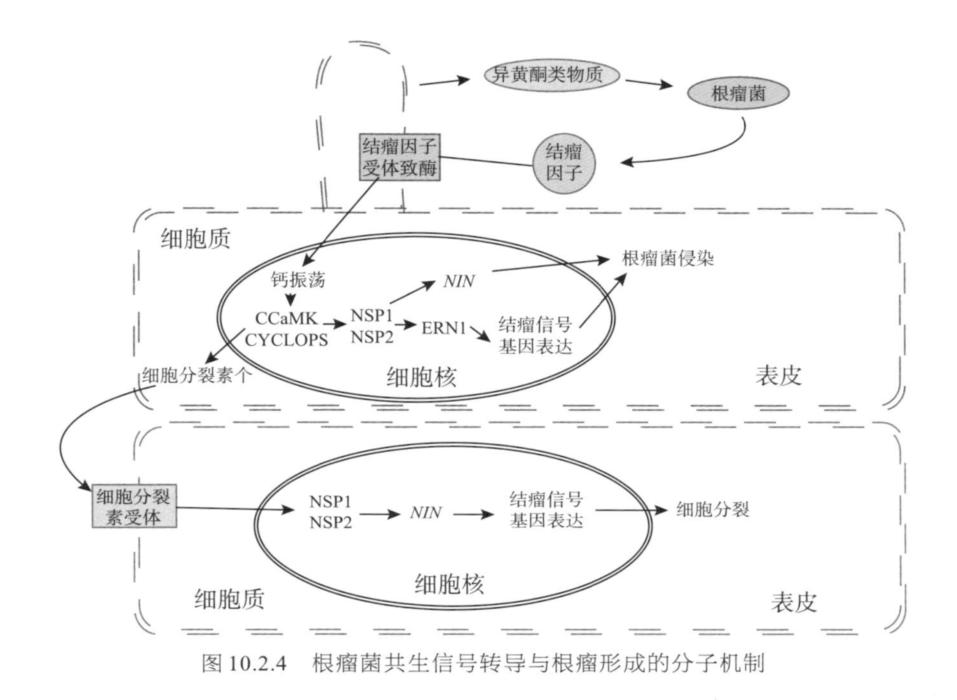


图10.2.4 根瘤菌共生信号转导与根瘤形成的分子机制

### 10.2.1.2 根瘤的发育与生物固氮

随着根瘤的成熟,根瘤菌在共生体膜内进一步分化成类菌体这一共生形态。类菌体合成大量的固氮酶系统,在根瘤内进行共生固氮。能固氮的根瘤,被称作有效根瘤。有效性高的根瘤中,其类菌体能向宿主植物提供更多的氮素营养。生物固氮通过固氮酶将空气中的氮气还原为氨,固氮酶行使固氮功能需要厌氧环境,而根瘤菌是专性需氧细菌。因此,根瘤在共生固氮的同时,诱导豆血红蛋白产生。豆血红蛋白能够高效结合氧,为固氮酶营造无氧的环境,行使固氮功能(Shimoda et al.,2009)。通常有效根瘤由于含有运输氧气的豆血红蛋白而呈微红色,白色或绿色根瘤由于缺少这种蛋白而不能固氮,被称作无效根瘤。随着根瘤的衰老,根瘤中豆血红蛋白含量降低,颜色变褐变黑。

根据现有的研究结果可知,影响根瘤菌与宿主大豆共生结瘤的因子主要有根瘤菌与宿主大豆的遗传特性和环境因素两个方面。

(1)根瘤菌与宿主大豆的遗传特性

**根瘤菌的遗传特性**。Sanjuan和Olivanes(1989)研究发现,结瘤效率基因

*nfeC*(nitrogen fixation efficiency C)能够提高根瘤菌菌株的竞争结瘤能力。Xi等(2009)研究发现,嘌呤合成基因*purL*(purine L)在根瘤菌与大豆共生的全过程都发挥了重要的作用。Huang等(2004)发现,脯氨酸代谢相关基因(proline metabolism relative gene A,*pmr*A)的突变导致根瘤菌的结瘤能力显著减弱。Monika和Janczarek(2009)研究发现,根瘤菌的胞外多糖(exopolysaccharide,EPS)在决定共生结瘤的过程中起着重要作用。同样,根瘤菌的运动性与趋化性对其快速定殖和共生结瘤起了重要作用(Brencic et al.,2005)。细菌素是由某些细菌产生的对亲缘关系较近的其他细菌种类或菌株生长有抑制作用的次生代谢物。据报道,根瘤菌产生的细菌素对共生结瘤影响较大。产生细菌素的工程菌株的占瘤率显著高于不产生细菌素的菌株(Robleto et al.,1997)。

**宿主大豆的遗传特性。**Cregan和Keyser(1989)的研究表明,大豆不同品种也限制了结瘤的菌株类型。Josephson等(1991)的研究结果表明,菌株的竞争结瘤能力对宿主植物品种的遗传特性有一定的依赖性。品种对竞争结瘤能力的影响可以看成是宿主对某些菌株结瘤的限制作用造成的。Rasooly(1993)研究发现,大豆的隐性基因*rj1*能抑制多数大豆慢生根瘤菌结瘤。大豆的遗传特性和接种根瘤菌均显著改变大豆与根际微生物的相互作用模式(Zhong et al.,2019)。由图10.2.5可见,控制大豆结瘤性状的数量性状(quantitative trait locus,QTLs)位点显著影响了大豆的根际微生物组成和网络构成。田间接种试验表明,接种根瘤菌可以改变大豆根构型。大部分大豆基因型接种根瘤菌后,根构型变浅,并且定位到了控制根瘤菌接种改变根构型的QTLs(Yang et al.,2017)。同时,利用遗传群体的遗传信息结合群体的结瘤性状,定位到调控大豆生物固氮(biological nitrogen fixation,BNF)和地上部生物量(shoot dry weight,SDW)的3个主要的QTLs位点:*qBNF-C2*、*qBNF-O*和*qBNF-B1*(Yang et al.,2017)。对根瘤数目多、根瘤体积小的亲本大豆FC2和根瘤数目少、根瘤体积大的亲本大豆FC1杂交的后代群体进行田间试验,最终定位到控制单个根瘤重的QTLs位点*qBNF-16*和*qBNF-17*(Yang et al.,2018),单个根瘤重的变异率分别为59.0%和18.6%。

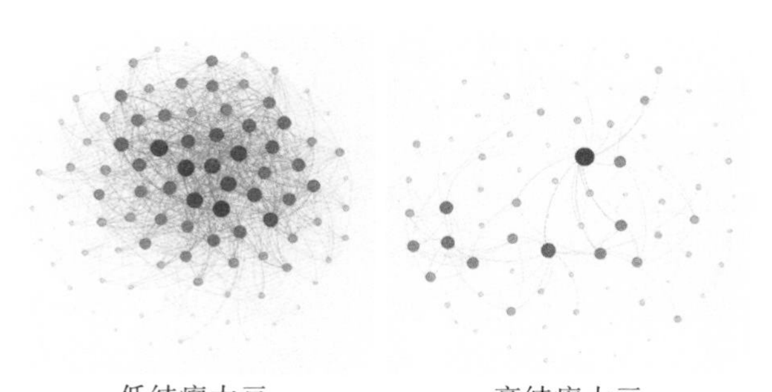


图10.2.5　不同遗传特性大豆的根际微生物网络分析

**宿主大豆的自主调控机制**(autoregulation of nodulation,AON)。当豆科植物的根瘤达到一定数目时,根瘤的形成会受到宿主植物的抑制,这种现象称为自主调控机制(Nutman,1952)。AON信号途径的起始是根瘤菌侵染后,诱导豆科植物根部产生一种信号短肽,称为RIC1和RIC2(Reid et al.,2011)。该信号肽被根瘤菌诱导后,从豆科植物的根部运输至地上部,通过与地上部的受体激酶GmNARK相互作用(Searle et al.,2003)来与受体结合,诱导地上部产生结瘤抑制信号SDI(shoot-derived inhibitor),并将该信号向根部输送,从而抑制根部结瘤(Ferguson et al.,2014)。有研究表明,茎部产生的细胞分裂素(cytokinins)可以作为SDI,运输至根部抑制结瘤(Sasaki et al.,2014)。最新的研究结果表明,从地上部往地下部输送的信号分子主要是*miR2111*。在非侵染条件下,大量的*miR2111*从地上部往地下部运输,通过抑制*TML*基因的表达,使植物处于易被根瘤菌侵染的状态;而在根瘤菌侵染的条件下,从地下部往地上部运输的RIC1和RIC2激活了*GmNARK*,导致*miR2111*的转录被抑制,不能往地下部运输,提高了地下部TML的蛋白水平,导致受根瘤菌侵染后的根部很难再继续与其他根瘤菌共生并形成根瘤,从而达到精细调控根瘤数量的目的(Tsikou et al.,2018)。

(2)环境因素

**土壤因素**。①土壤pH:根瘤菌对土壤的酸碱度比较敏感,土壤的pH过高或过低都会抑制根瘤菌的生长,从而影响根瘤菌与大豆的共生结瘤。因此,有针对性地分离和纯化适应不同土壤条件的根瘤菌,对提高不同土壤条件下的豆科植物结瘤效果十分重要。程凤娴等(2008)通过从瘦瘠的酸性土壤中分离出适应酸性土壤的大豆根瘤菌,发现分离到的根瘤菌菌株在极酸性的土壤中仍能与大豆共生固氮。②土壤温度:不同的根瘤菌菌株对温度的敏感性不同，相对较高的温度有利于根瘤菌在根表的定殖，而低温则会降低土著微生物的竞争作用(Kennedy et al.,1988)。温度还影响根瘤菌结瘤因子的组成和数量(Olsthoom,2000)。③其他土壤因素：主要指土壤水分、土壤质地和土壤肥力等。含水量少或者干旱的土壤会抑制根瘤菌的运动性，导致结瘤能力下降。同时，根瘤菌在质地较轻和较粗的土壤中的运动能力和定殖能力相对于在质地较重和较细的土壤中高；通气性差的土壤不利于根瘤菌的存活(Lawrence,1987)。土壤有机质和土壤含氮量都与土著根瘤菌的数目呈正相关关系(胡振宇,1994)。研究表明，土壤中磷、钾和有机质含量的增加有利于根瘤菌与大豆的共生固氮(窦新田,1997)。

**外源微生物**。外源微生物能够影响根瘤菌与大豆根系间的相互作用。已有研究表明，同时接种固氮螺菌和根瘤菌能显著促进共生，提高生物固氮效率(Wani et al.,2007;Cassan et al.,2009)。同时接种固氮菌或者芽孢杆菌和根瘤菌也能显著增加根瘤的数目，提高生物固氮效率(Burns et al.,1981;Atieno et al.,2012)。我们研究发现，接种外源根瘤菌能显著改变大豆根际微生物的菌群，某些微生物的相对丰度发生变化，例如 *Flavobacteriia*、*Chryseobacterium*、*Pseudomonadales*、*Bradyrhizobium* 等属微生物的相对丰度在接种外源根瘤菌后，变化显著(见图 10.2.6)。

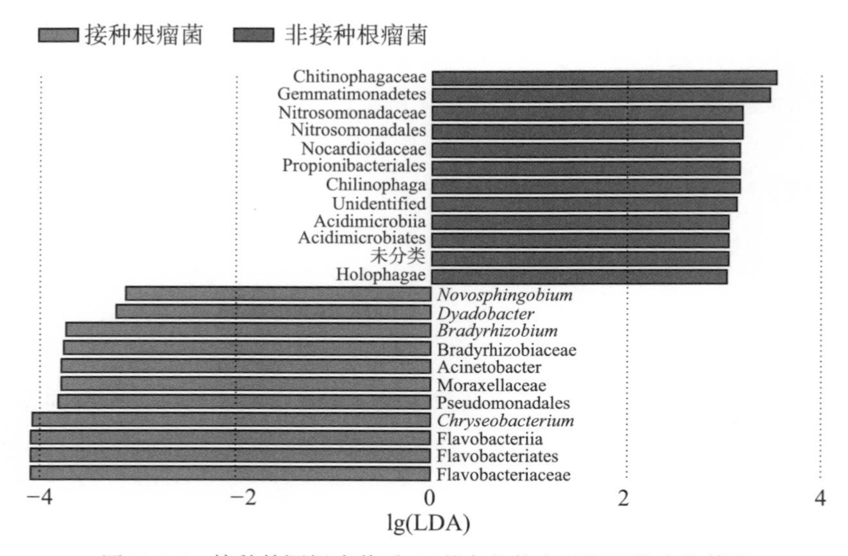


图 10.2.6　接种外源根瘤菌后，显著变化的大豆根际微生物菌群

总之，从目前豆科与根际微生物菌群的相互作用研究来看，豆科（大豆）的根际特异性地富集固氮类微生物，说明豆科（大豆）具有特异富集固氮微生物的功能。在这类固氮微生物中，豆科（大豆）能特异地与其中的根瘤菌共生形成根瘤，进行共生固氮。豆科植物与根瘤菌的相互作用研究已取得初步认识，形成了基本的调控网络。豆科（大豆）与微生物的相互作用受多种因素影响，包括豆科（大豆）、根瘤菌的遗传特性及环境因子等。大豆本身存在的自主调控途径和复杂的环境因素都对结瘤固氮有显著的影响。其中，对处于主导地位的宿主植物的遗传特性调控与固氮微生物相互作用的认识还较浅显，将是未来研究的重点，同时以宿主植物的遗传特性与相互作用微生物的特异性为性状，进行微生物辅助育种，也将是未来研究的前沿与热点。

（钟永嘉　廖　红）

### 10.2.2　作物（以玉米为例）与丛枝菌根真菌的交互作用

丛枝菌根真菌（AMF）一直是自然生态系统的“隐秘施惠者”，陆地上85%以上的植物可以被AMF侵染，主要通过菌丝扩大根系吸收范围，增加植物对矿质营养的吸收，从而显著改善植物的营养状况。但AMF自身无法进行光合生产，必然要从宿主植物根系中获取光合产物并转化为自己的生物量，这就使之成为光合产物的一个重要的库。在农业生态系统中，菌根是联系土壤、真菌、作物的中心环节，菌根际也就成为土壤生命活动最为活跃和集中的圈层，对土壤-作物系统的物质循环具有非常重要的调控作用。这里以大宗作物玉米为例，从种植玉米对土壤AMF的影响、土壤AMF保育对玉米的影响以及土壤AMF-玉米共生体系的应用等3个方面阐述作物-AMF的交互作用。

#### 10.2.2.1　种植玉米可以提高沿海滩涂因围垦而降低的AMF多样性

我国拥有丰富的沿海滩涂资源，其中2/3可开发为农业生产用地，但滩涂土壤属于滨海盐土，如何合理地开发利用是一个亟须解决的难题。滩涂盐碱地围垦过程中土壤含盐量等会随着围垦时间的延长而改变，植被也会随之发生演替。土壤微生物在土壤形成和养分循环等方面起着重要作用，其中，AMF在植物初生和次生演替中发挥特殊作用，并可促进植物养分吸收和提高植物抗逆(如盐胁迫)能力,故在滩涂盐碱地的围垦过程中应给予更多关注。新中国成立以来,江苏省沿海地区新围垦了约23万公顷的土地。在围垦早期,由于土壤盐分含量高,仅碱蓬等盐生植物可以生长;随着围垦时间的延长,土壤盐分含量逐渐下降,一些非盐生植物(如茅草)开始生长并成为主要植被类型;到围垦后期,土壤盐分含量较低,人们开始大面积种植玉米等作物。由于AMF和宿主植物紧密相关,伴随着围垦过程中植被类型的演替,AMF群落亦会发生变化。鉴此,本节主要通过高通量测序技术来研究围垦及植被演替过程中AMF群落结构及多样性的响应情况,并探究环境因素的作用与影响机制。

2013年7月,在江苏省东台市弶港镇对周边土地的围垦情况进行调查,然后选取1979、2007和2011年等3个不同年份围垦的盐碱地(32°44′42"N~32°46′53"N,120°49′45"E~120°55′43"E)进行采样,不同围垦区有明显的海堤为界,选取裸地(bare land,BL)、碱蓬(*Suaeda salsa*,SS)、茅草(*Imperata cylindrical*,IC)和玉米(*Zea mays*,ZM)等4种植被状态的土壤:在2011年围垦区采集裸地(2011BL)和碱蓬(2011SS)两种植被状态土壤;在2007年围垦区采集裸地(2007BL)、碱蓬(2007SS)和茅草(2007IC)等3种植被状态土壤;在1979年围垦区采集裸地(1979BL)、茅草(1979IC)和玉米(1979ZM)等3种植被状态土壤;每个年份每个植被状态的土壤样品均采3个重复样(样区之间间隔3~10m)。利用Illumina高通量测序技术获得20474条目标序列和742个可操作分类单元(operational taxonomic units,OTUs),包括球囊霉科(Glomeraceae)、巨孢囊霉科(Gigasporaceae)、无梗囊霉科(Acaulosporaceae)和原囊霉科(Archaeosporaceae)4个科,其中球囊霉科和球囊霉属(*Glomus*)分别是优势科、属,而巨孢囊霉科主要存在于2011和2007年围垦的裸地中;围垦过程(围垦的不同阶段以及植被演替)中,随着土壤EC降低和$NO_3^-$-N上升,无梗囊霉科和巨孢囊霉科均呈下降趋势,而球囊霉科则呈上升趋势(见图10.2.7)。同时,AMF多样性指数($H'$、*ChaoI*)随着土壤EC的下降或$NO_3^-$-N的上升而逐渐下降,而AMF多样性指数$Ea$则随着pH的下降而增加(见图10.2.8)。结果表明,在过去30多年的围垦中,AMF的群落结构和多样性发生了很大变化,主要驱动因子是土壤EC和$NO_3^-$-N(见图10.2.9)。在围垦前期,植被的形成会降低AMF多样性,且不同类型植被的影响亦有所不同;在围垦后期,自然生长的茅草会降低土壤AMF多样性,而种植玉米则可增加土壤AMF多样性。

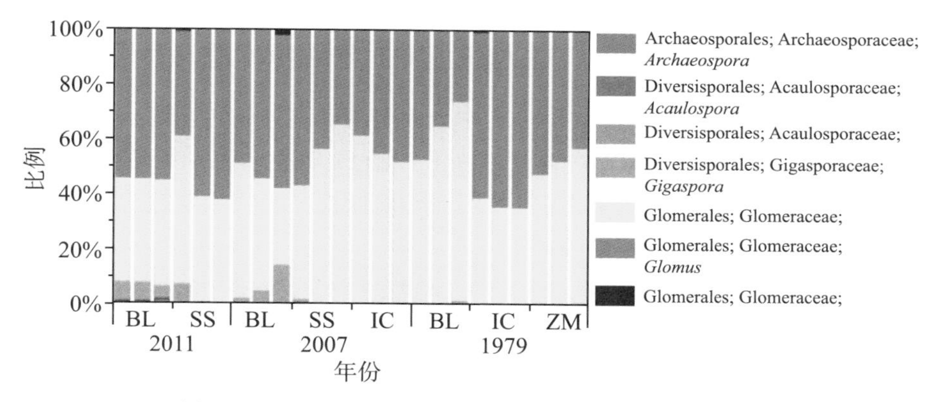


图10.2.7　不同围垦年份不同植被土壤的AMF群落组成

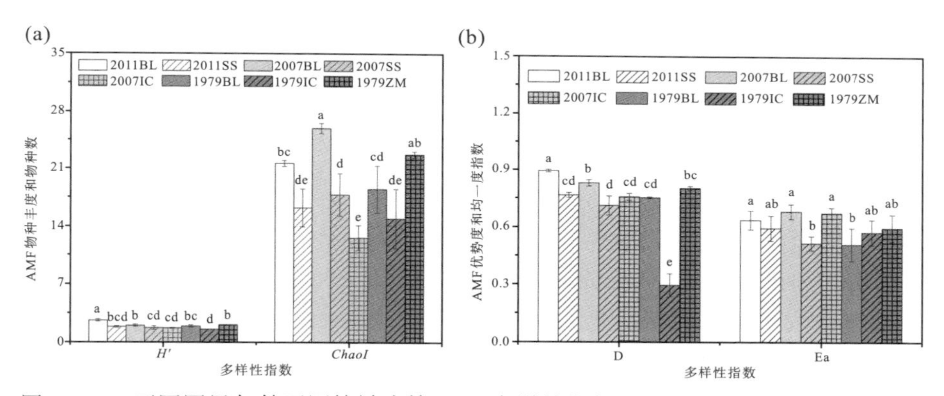


图10.2.8　不同围垦年份不同植被土壤AMF多样性指数比较。(a)物种丰度和物种数；(b)优势度和均一度指数

注：不同字母表示结果之间差异达到显著水平($P<0.05$)。

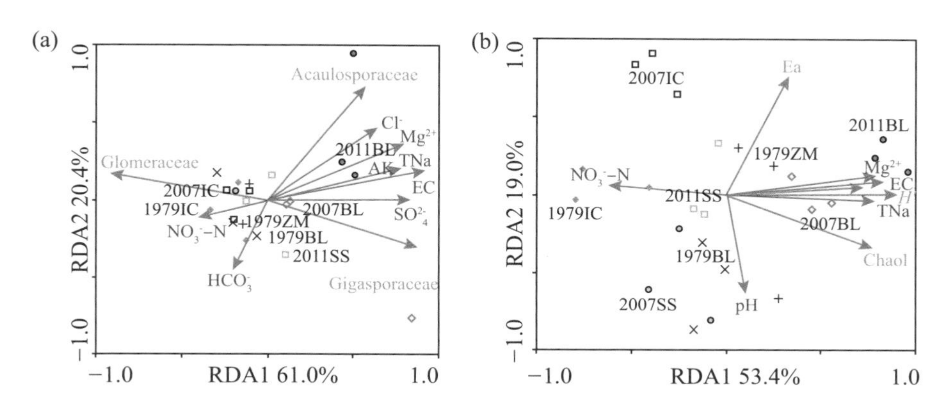


图10.2.9　土壤AMF群落特征与土壤化学性质的冗余分析。(a)AMF优势科；(b)AMF多样性指数

#### 10.2.2.2 免耕可以维持较高AMF多样性、侵染率和玉米磷利用效率

20世纪中叶，世界各国的科技工作者在寻求提高劳动生产效率、降低粮食生产成本的有效措施中，对农业生产上耗能最大的土壤耕作问题做了大量研究和探讨。随着社会的发展，人们的环境保护与经济效益意识增强，农业生产能否减少耕作甚至免耕呢？

所谓免耕，是指在作物播前不用犁、耙整理土地，直接在茬地上播种，播后作物生育期间不使用农具进行土壤管理的耕作方法。

20世纪60年代初，美国率先在农业生产中尝试免耕。随后Phillips等(1984)在多年研究实践的基础上出版了《免耕农业：原理与实践》(*No-Tillage Agriculture*:*Principles and Practices*)一书，这对推动免耕技术的发展起到了积极的作用。90年代以来，随着新型免耕播种机和新型除草剂、土壤调理剂的不断出现，免耕技术得以在全球普遍推广。以美国为例，1998年常规耕作农田面积下降到36%，而免耕等保护性耕作面积则上升到37%。我国华北平原玉米-小麦两熟制农田中，90%以上的玉米已采用免耕种植技术。为推进免耕技术在农业生产中的应用并发挥其在粮食增产稳产和生态环境保护中的作用，加强对免耕土壤生态过程研究已成为当前的重要任务。

我们依托河南封丘始于2006年6月的玉米-小麦轮作免耕定位试验平台(35°04′N，113°10′E)，供试土壤为轻质黄潮土，设有翻耕(conventional tillage，CT)和免耕(no tillage，NT)处理，每个处理4个重复，常规施肥管理。具体而言，翻耕处理组的6月和10月采用人工翻地和播种，免耕处理组的6月和10月不翻地直接播种，所有处理在作物收获时移除地上部分的全部秸秆。2009年6月27日和9月20日(玉米拔节期和收获期)、2010年3月31日和6月8日(小麦拔节期和收获期)分别采集土样(见图10.2.10)，发现免耕处理组AMF群落结构的变异幅度(内圈)明显小于翻耕处理组(外圈)，翻耕处理组AMF的香农指数、均一度指数、优势度指数从玉米拔节期至玉米收获期均显著升高(见图10.2.11)，而免耕处理组没有相似变化(即更为稳定)。4个采样时间，免耕与翻耕处理组AMF物种丰度均没有显著差异，两个相邻采样时间之间也没有显著变化；但与免耕处理组相比，翻耕处理组在玉米拔节期对AMF产生不利影响，到玉米收获期得到恢复；小麦从播种到拔节期时间较长，翻耕对AMF的不利影响已经恢复。免耕处理组AMF侵染率始终呈现高于翻耕处理的趋势，在玉米和小麦拔节期土壤碱性磷酸酶活性显著高于翻

耕处理组(见图10.2.12)。免耕对土壤全磷无影响,但在玉米拔节期能显著提高土壤速效磷含量,加上AMF侵染率的提高,因而有利于提高玉米磷利用效率。

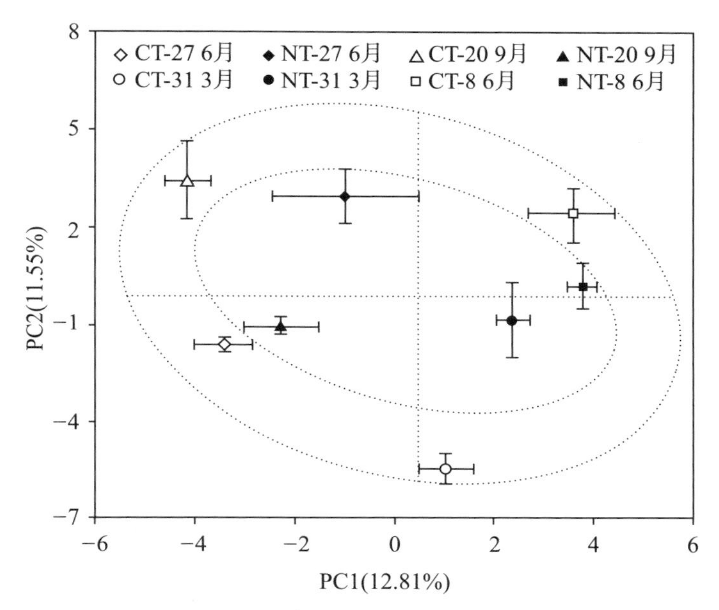


图10.2.10　土壤AMF群落结构主成分分析

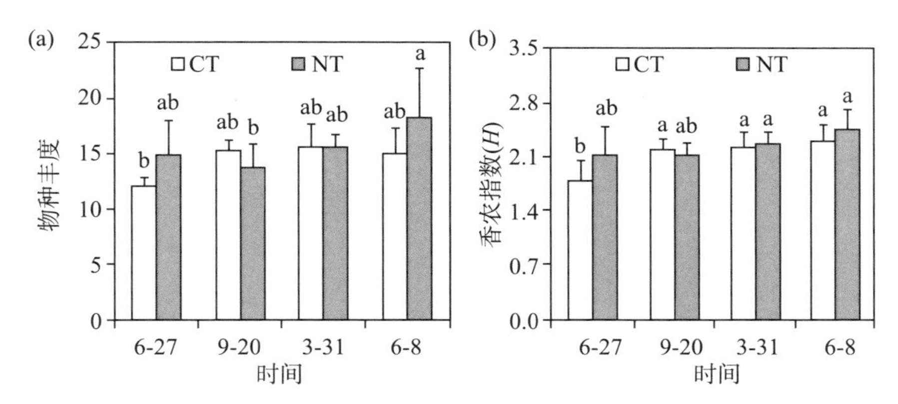


图10.2.11　土壤AMF多样性指数季节动态变化。(a)物种丰度;(b)香农指数;(c)均一度;(d)优势度

注:不同字母表示结果之间差异达到显著水平($P<0.05$)。

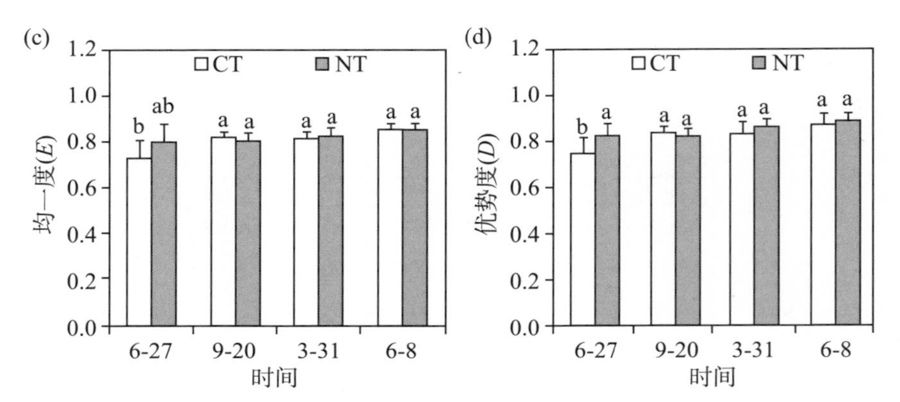


图 10.2.11　土壤AMF多样性指数季节动态变化(续图)。(a)物种丰度;(b)香农指数;(c)均一度;(d)优势度

注:不同字母表示结果之间差异达到显著水平($P<0.05$)。

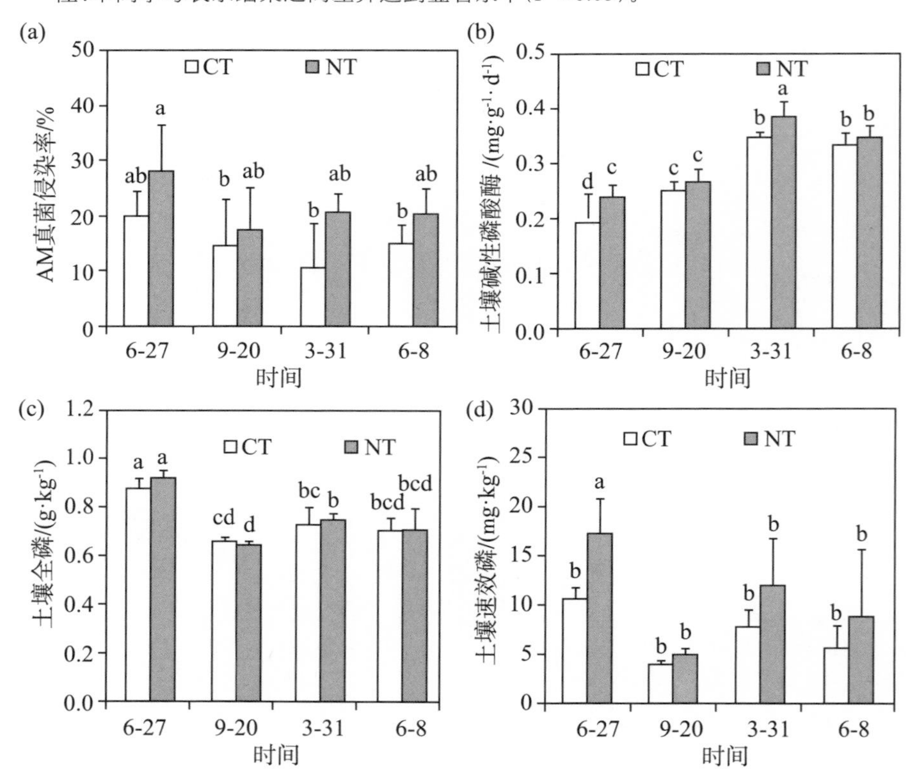


图 10.2.12　AMF侵染率与土壤供磷情况季节动态变化。(a)AMF侵染率;(b)土壤碱性磷酸酶;(c)土壤全磷;(d)土壤速效磷

注:不同字母表示结果之间差异达到显著水平($P<0.05$)。

#### 10.2.2.3　间作玉米可以促进AMF对辣椒的侵染并提高其磷利用效率

间作套种是具有中国特色的种植制度。我国能以占世界10%的耕地养活世界22%的人口,以间作复种为主体的多熟种植模式起着决定性作用。间作是集约化生产地区普遍采用的立体种植方式,其目的在于通过某些途径更有效地开发利用各种资源,从而起到增产、增收作用,即间作效应。合理的间作能够利用复合群体内作物的不同特性,增强对灾害天气的抗逆能力,具有稳产保收作用。虽然间作套种可以从物质生产等多个方面提升农田生态系统的服务功能,但间作作物之间也存在对生产资源的竞争,适当的竞争是不可避免的,竞争过于激烈则可能引起间作的失败。因此,间作的基本原则就是想方设法充分发挥增产效应,克服资源竞争,以实现最终目的。玉米对提高单位面积产量具有重要作用,在间作农业中也占据着特殊地位。大面积种植玉米常会因为通风条件差而发生“烧堂”现象,故以间作辣椒为代表的高矮搭配种植模式应运而生。玉米-辣椒间作在空间上形成了垂直高差,整个系统的光热资源得到充分利用,具有明显增产潜力和经济效益。间作系统地下部的相互作用是间作成败的关键,其强大且相互穿插的混合根系及对土壤养分的高效截获是作物有效利用营养的主要原因,而玉米与辣椒根系之间的相互作用也会导致根系分泌物和根际微生物等发生变化,如能了解它们对土壤养分活化和迁移规律的影响,将为缓解作物间的养分竞争提供科学依据。

采集江苏南京江宁蔬菜大棚土壤布置温室盆栽试验,设置玉米-辣椒隔根间作(Sep)、仅菌丝能穿过(半隔,Semi-Sep)两个处理,正常施肥管理。隔根条件下玉米根系的AMF侵染率显著高于辣椒根系、玉米室土壤AMF的种群丰度也显著高于辣椒室(见图10.2.13)。与隔根相比,半隔条件下辣椒与玉米根系AMF侵染率均显著升高,辣椒室土壤AMF的种群丰度也显著升高,达到与玉米室一致的水平;半隔条件下玉米与辣椒地上部与地下部生物量均没有明显变化,但辣椒的磷吸收比(即占玉米与辣椒吸收总量的比例)及其产量均显著提高(见图10.2.14)。隔根条件下玉米室与辣椒室土壤酸性磷酸酶活性相当,但玉米室土壤速效磷含量显著低于辣椒室(见图10.2.15);半隔条件下玉米室土壤酸性磷酸酶活性显著升高,但两室土壤速效磷含量均显著降低,且玉米室仍显著低于辣椒室。结果表明,半隔条件下形成的菌丝网络同时促进了AMF对两种作物根系的侵染,但主要增强了辣椒的磷竞争力,玉米室土壤酸性磷酸酶活性的提高也同样只对辣椒磷吸收具有促进效应。因此,间作玉米可通过菌丝网络提高辣椒磷利用效率。

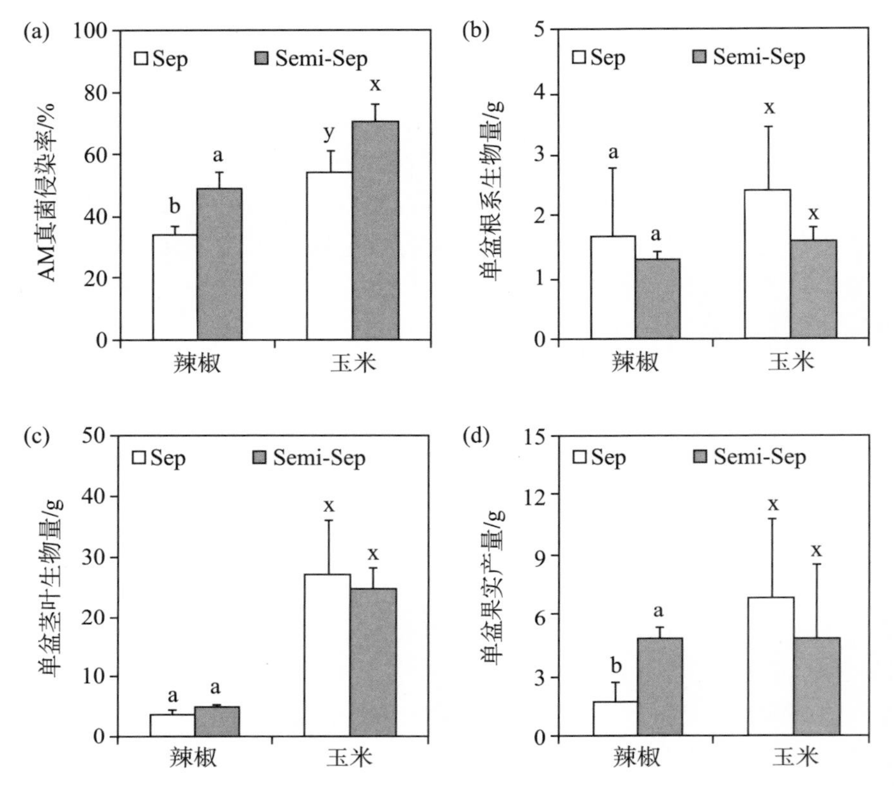


图 10.2.13 AMF侵染率与植株生长状况。(a)AMF侵染率;(b)根系生物量;(c)茎叶生物量;(d)果实产量

注:不同字母表示结果之间差异达到显著水平($P<0.05$),玉米与辣椒分开统计。

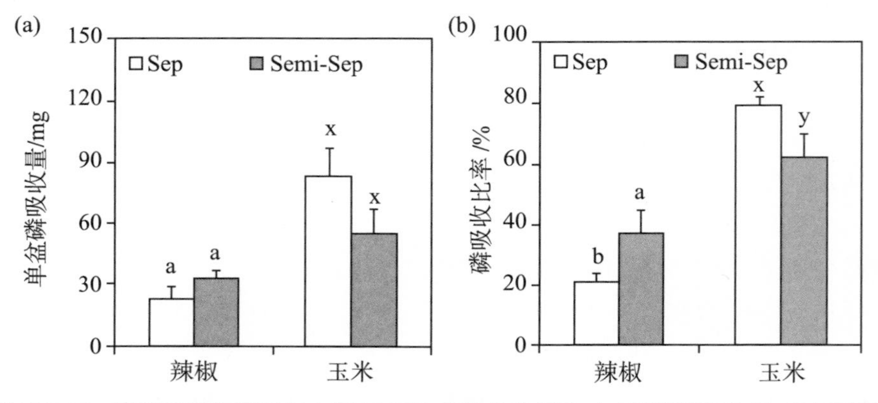


图 10.2.14 植株磷吸收状况与土壤AMF生长及供磷活性。(a)植株磷吸收量;(b)植株磷吸收比率;(c)土壤AMF数量;(d)土壤酸性磷酸酶活性

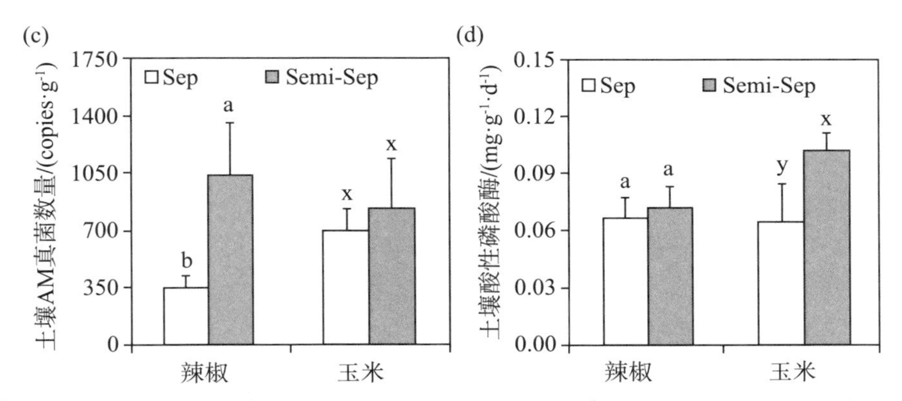


图 10.2.14　植株磷吸收状况与土壤AMF生长及供磷活性(续图)。(a)植株磷吸收量;(b)植株磷吸收比率;(c)土壤AMF数量;(d)土壤酸性磷酸酶活性

注:不同字母表示结果之间差异达到显著水平($P<0.05$),玉米与辣椒分开统计。

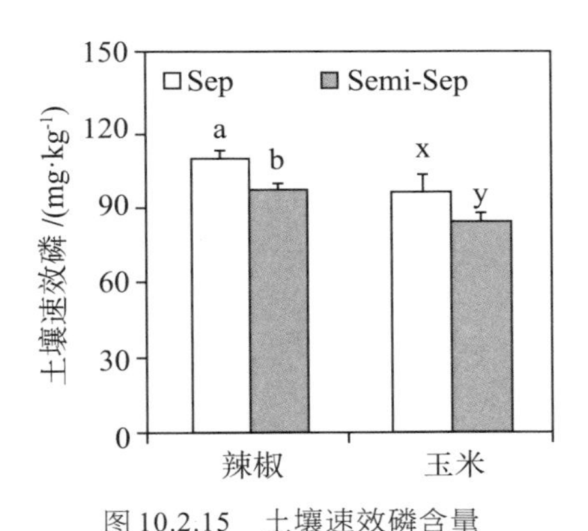


图 10.2.15　土壤速效磷含量

注:字母表示结果之间差异达到显著水平($P<0.05$),玉米与辣椒分开统计。

(胡君利　崔向超　林先贵)

## 10.2.3　作物(大豆-玉米间作)与固氮菌和菌根真菌的交互作用

根系能够与根际微生物产生,形成互惠互利的共生体系,是维护土壤健康、提高植物对矿质养分吸收的重要途径之一。目前,研究最多的根系共生系统为根瘤共生系统和菌根共生系统。根瘤菌和AMF是土壤微生物群落的重要组成部分。根瘤菌是一类广泛分布于土壤中的革兰阴性细菌,通过侵染豆科植物根系形成根瘤,进而固定空气中的分子态氮形成氨,为宿主植物提供氮素营养，在中、低氮条件下，可补充或代替土壤中缺少的氮（Herridge et al., 2008; Oldroyd et al., 2008）。AMF属于内生菌根中一种很古老的真菌，能与陆地80%以上的植物共生（Wang et al., 2006），通过菌丝网扩大根系吸收面积而显著增强植物对矿质养分，尤其是对土壤磷的吸收（Zhu et al., 2003）。因此，充分发挥根系共生体系在农业生产中的作用，对作物氮、磷营养高效吸收及可持续生态农业的发展均具有重要意义。

豆科植物与非豆科植物的间作、套作，不仅可以利用品种多样性提高对空间和养分的利用效率，还能充分利用植物-微生物相互作用体系，减少对化学肥料的依赖，在改良土壤结构的同时，大幅度提高或维持作物产量。在传统农业种植方式上，大豆-玉米间作是比较普遍且具有明显产量优势的栽培模式。大量研究表明，间作系统的经济产量明显高于单作大豆或玉米（李志贤等，2010; Zhang et al., 2015），尤其是在同时接种根瘤菌及菌根真菌的条件下，双接种显著提高间作玉米的AMF侵染率、增加大豆根瘤数目、提高作物的生物量和氮含量（Meng et al., 2015）。盆栽及根系分隔试验发现，双接种的大豆-玉米间作体系中总吸氮量比单接AMF菌根、根瘤菌和不接种对照平均分别增加22.6%、24.0%和54.9%（李淑敏等，2011）。在大田中，间作大豆-玉米的吸氮量和生物量比单作时分别增加55.7%和27.9%，进而显著提高玉米产量（刘均霞等，2008）。虽然间作大豆-玉米与单作大豆的产量相比持平或呈现降低趋势，但已有研究表明，间作的豆科作物固氮效率明显高于单作。例如，在豌豆-大麦间作系统中，豌豆中的氮约82%来源于生物固氮，而单作只有62%（Jensen, 1996）；在大豆-玉米间作系统中，大豆中的氮约55%~70%来源于生物固氮（Wang et al., 2016）。同时，在两种作物共生期间，豆科作物固定的氮可以向禾本科作物转移，转移的这部分氮不仅是间作系统中禾本科作物的重要氮源（Ta et al., 1989; Meng et al., 2015），还是提高禾本科作物产量的主要贡献者。因此，豆科植物的生物固氮以及间作中豆科作物向禾本科作物的氮素转移一直受到研究者的关注。

与根瘤菌不同，AMF没有宿主专一性，能够侵染多种植物根系，通过外生菌丝连接形成共生菌丝网络（common mycorrhizal network, CMN）（Giovannetti et al., 2004），进行养分传输和物质交换。共生菌丝网络相当于一个养分交易市场，而微生物与植物的关系好比交易市场的合作伙伴或买卖双方。共生菌丝网络促进了植株间含碳有机物质、矿物质养分和水分的传递，成为最直接有效的通道，是微生物与宿主和谐、互惠互利共生的保障。

当菌丝网络连接两株间作植物时,CMN将根据寄主植物对不同养分的需求规律,对吸收的土壤养分进行分配。在亚麻-高粱的间作系统中,亚麻生物量提高了298%,而高粱仅提高了7%。说明在此间作系统中,CMN将更多的碳、氮和磷分配给亚麻,减少了对高粱的分配(Walder et al.,2012)。利用 $^{15}N$ 示踪技术研究发现,接种AMF后玉米和花生的 $^{15}N$ 原子百分超与对照组相比都有所增加,说明氮素可通过CMN双向传递(艾为党等,2000)。通过 $^{13}C$ 与 $^{15}N$ 标记实验发现,在大豆-玉米间作系统中,双接种根瘤菌和AMF时,玉米在间作系统中具有更强的间作优势,通过土壤微生物共生系统,促进玉米生长、增加产量,是间作中的主要受益者;而大豆不仅是生物固氮的贡献者,还是CMN中光合碳的主要贡献者(Wang et al.,2016)。

AMF和根瘤菌紧密联系、相互作用,进而影响养分效率、植物生长以及作物产量。在间作系统中,AMF和根瘤菌互惠互利的协同增效作用主要包括以下几个方面(见图10.2.16)。

第一,AMF的菌丝数量较大,可以延伸到根系耗竭区外吸收矿质养分,尤其是对扩散系数低、难以移动的土壤磷的吸收。研究发现,外生菌丝的外延作用能吸收8~27cm处根围的土壤养分(Hattingh et al.,1973;Rhodes et al.,1975)。同时菌丝直径较小(2~4μm),远小于根毛直径(10μm左右),因此根外菌丝能够进入根毛无法触及的土壤间隙,增强土壤磷的空间利用率。

第二,根瘤固定的氮,一方面可通过CMN直接转移给禾本科作物;另一方面,氮从豆科根系中分泌渗漏,即豆科植物通过根系分泌一定数量的氮素化合物,以无机态氮、氨基酸、根瘤和根系脱落物等形态沉积在根际,被非豆科作物吸收。间作中氮素转移的数量一般为25~155kg·hm$^{-2}$ N(Stern,1993),主要取决于作物的间作组合方式、作物生育期、土壤肥力水平等因素。

第三,由于固氮产物向非豆科作物转移,降低了豆科作物根际环境的有效氮素水平,因此AMF的侵染显著促进了豆科植物根瘤的形成,增加根瘤数目、促进根瘤的生长及提高生物固氮能力,同时菌根侵染率也明显提高。

第四,间作植物根构型的差异与微生物共生互相影响而提高养分效率。禾本科,例如玉米,一般为须根系作物,根系发达密集,对养分和水分的竞争能力都强于豆科作物,这种竞争也可能会造成豆科根际氮水平降低而提高其固氮能力。此外,根构型会影响生物固氮,浅根型大豆更易结瘤,具有更高的共生效率。作物的中、细根易被 AMF 侵染形成共生关系。相反,接种 AMF 和根瘤菌,同样会改变根构型。当在低氮且其他养分充足的水培条件下,接种根瘤菌会使大豆根体变小、变细。然而,在养分不均一的大田条件下,AMF 和根瘤菌均促进根系发育,使根体增大、吸收根增多(Li et al., 2016)。

第五,共生体改变了土壤中根系周围的生态环境,继而影响菌根根际、根瘤际微生物的种类组成和数量,使植物被病菌感染的机会减少。这种通过微生物相互作用增强植物对土传病原菌的拮抗作用,亦是间作优势的主要因素之一(雍太文等,2012;Gao et al.,2014)。

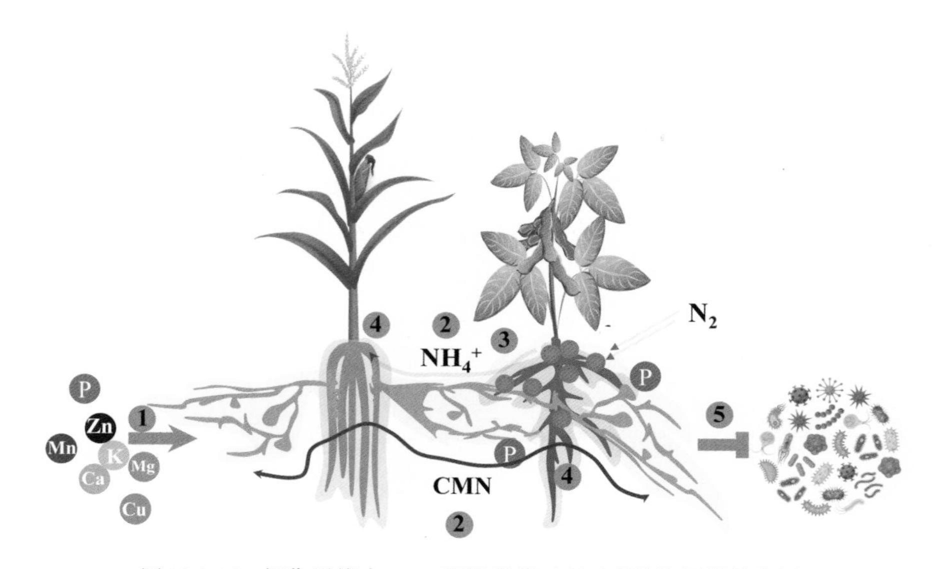


图 10.2.16　间作系统中 AMF 和根瘤菌互惠互利的协同增效作用

磷在土壤中易被固定、难移动,是限制豆科生物固氮能力及作物生产力的主要因素之一。共生系统对土壤难溶磷具有较强的活化作用,能够显著提高磷的有效性,并促进作物对土壤磷的吸收。共生体系提高养分效率的可能机制主要包括以下几个方面。

第一,根瘤及 AMF 共生系统可通过增强分泌物来提高间作植物的氮、磷养分效率。根瘤菌不仅能够与豆科植物形成共生系统、固定空气中的 $N_2$,还具有活化难溶态磷和有机磷的能力(Abd-Alla, 1994;Alikhani et al., 2006)。根瘤菌在 $Ca_3(PO_4)_2$ 固体培养基中会形成明显的溶磷圈;在难溶态磷或有机磷为磷源的液体培养基中培养，pH会显著降低而培养液中磷的有效性明显增加（Alikhani et al.，2006；Qin et al.，2011）。根瘤菌本身还能分泌吲哚乙酸（indole-3-acetic acid，IAA）和胞外多糖等物质（Kumari et al.，2009；Qin et al.，2011），暗示了在共生系统中，微生物对宿主根系生长及根际微生物环境具有一定的调控作用。接种根瘤菌后，大豆根际及根瘤际释放大量的质子和有机酸，进一步促进难溶态磷的利用（Qin et al.，2011）。AMF亦能促使根系分泌物增加，并刺激土壤微生物生长及群落变化（Marschner et al.，2006；Barea et al.，2002；Toro et al.，1998），提高土壤磷的有效性。因此，在AMF和根瘤菌双接种条件下，植物对氮、磷营养元素的吸收速率及吸收量显著高于单接种处理（李淑敏等，2004；李淑敏等，2011）。

第二，微生物-宿主植物共生时，会诱导特异磷转运子的表达，促使养分有效运转。在大豆生物固氮体系中，根瘤获取磷主要有两个途径：直接途径和间接途径。其中，直接途径是通过根瘤中高表达的磷转运子，例如*GmPT7*，尤其是在磷充足条件下，介导外界磷的直接吸收（Chen et al.，2018）；而间接途径是通过低磷增强表达根瘤特异的磷转运子，例如*GmPT5*，促进根瘤在磷缺乏条件下，从宿主根系中抢夺磷，进而增强生物固氮能力（Qin et al.，2012）。在菌根真菌中，自1995年从*Glomus versiforme*中分离得到第一个磷转运子后，相继在*Glomus intraradices*和*Glomus mosseae*中鉴定出新的磷转运蛋白（Maldonado-Mendoza et al.，2001；Benedetto et al.，2005）。菌根真菌的磷转运子具有较高的*K*m值和*V*max值，对土壤磷具有更强的转运能力。在共生体中，第一个参与菌根磷吸收的转运子*MtPT4*首先在紫花苜蓿中分离获得，该蛋白定位于丛枝菌根共生膜上，是共生体磷转运所必需的。*MtPT4*突变会诱导丛枝降解，这种降解同时受到氮水平的调控，低氮可维持*MtPT4*突变体中丛枝的生长周期（Burleigh et al.，1997；Javot et al.，2011）。菌根真菌及调控菌根诱导的宿主磷转运子基因的表达，可实现微生物共生体中磷的高效吸收和转运。此外，AMF获取的磷，亦可通过CMN系统运输给根瘤，通过共生协作提高生物固氮中磷的利用。

第三，共生体通过诱导磷酸酶促进有机磷的活化，提高养分再利用效率。Ezawa等（1999）通过化学染色法发现，AMF侵入植物体内的根内菌丝存在酸性磷酸酶和碱性磷酸酶，并认为这些酶对体内多聚磷酸盐的降解和运输有重要作用。同时，AMF可通过分泌磷酸酶提高有机磷的有效性。然而，根内菌丝和丛枝在植物体内存在不断形成、发育与快速退化的过程。因此，共生结构的降解及磷循环对宿主植物磷的再利用至关重要。最近,大豆中发现一个紫色酸性磷酸酶基因——*GmPAP33*,介导了丛枝退化过程中磷脂的水解。该基因受AMF诱导表达,主要定位于含有丛枝的共生细胞中。*GmPAP33*水解底物包括磷脂酰胆碱(phospholipids phosphatidylcholine,PC)和磷脂酸(phosphatidylglycerol,PA),菌根退化时可能通过两种途径参与磷脂降解过程(见图10.2.17)。首先,菌根退化会形成PC,而PC会直接被*GmPAP33*水解形成PA,PA进一步被*GmPAP33*水解;其次,PC在磷脂酶D(phospholipase D,PLD)的作用下形成PA,PA被*GmPAP33*水解,最终均能释放无机磷(phosphate,Pi)及二酰甘油酯(diacylglycerol,DAG)。超量表达*GmPAP33*提高了磷的再利用效率,因此在接种菌根真菌条件下,过表达该基因增加了大豆磷含量和产量,而干涉植株则表现相反结果(Li et al.,2018)。

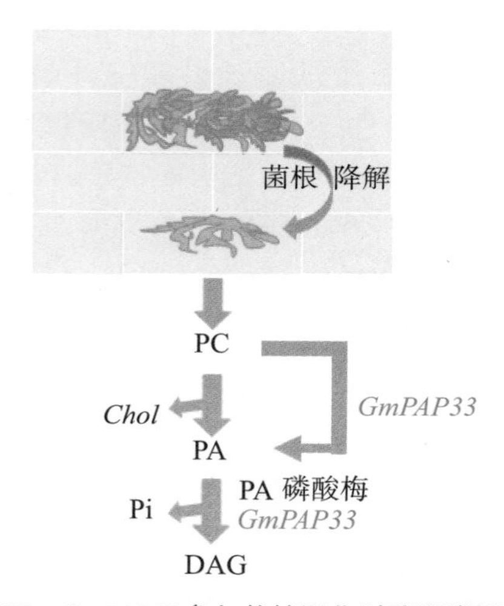


图10.2.17 *GmPAP33*参与丛枝退化时磷脂降解的模式

第四,调控根构型的基因同时调控微生物共生。研究表明,过表达一个细胞壁β-扩张蛋白基因(*GmEXPB2*),一方面,可以直接通过松弛细胞壁,增加根瘤菌侵染线形成数量、加快根瘤原基、根瘤早期维管束的发育,从而增加根瘤的数量和重量;另一方面,可以间接通过调控根构型,增加根毛区长度及根毛密度,扩大根瘤菌与大豆根系的接触面积,进而促进大豆结瘤以及提高固氮酶活性等,最终增加大豆在高、低磷条件下的生物量及产量(Li et al.,2015)。

第五,根瘤菌和AMF享有一些共同的共生调控途径。例如,共生受体样蛋白激酶(symbiosis receptor-like kinase,SymRK)是两种共生体早期应答链式反应所必需的激酶(Singh et al.,2012);一些调控结瘤固氮的重要受体蛋白,同时调控了AMF的共生(Guillotin et al.,2016),暗示两者与宿主共生过程中存在协同促进的作用。

AMF和根瘤菌共生系统不仅改善了宿主植物的氮、磷营养,而且促进了对其他营养元素(如硫、硼、锌、铜、钙、镁和钾)的吸收(Kiers et al.,2011;Nouri et al.,2015)。此外,共生体的结构对土壤重金属及离子毒害具有吸附、螯合和改善其在植物体内分配等作用(Ferrol et al.,2016;Gomes et al.,2015)。由此可见,充分挖掘AMF和根瘤菌共生的生理与分子机制,发挥两者的协同促进作用,对提高间作体系的生产力、养分利用效率,对保障粮食安全及生态环境安全等均具有重要意义。

(李欣欣　廖　红)

## 10.3 作物根-茎-叶氮磷吸收和转运机制及调控

### 10.3.1 作物氮高效吸收和转运的分子生理机制

氮是植物生长发育所必需的矿质营养元素之一,占植物干重的1%~5%。氮素是蛋白质、核酸和核蛋白的重要组成成分,同时也是叶绿素的主要成分,可影响光合作用(Aerts et al.,2000;Ludewig et al.,2007)。在农业生产中,氮肥的施用对于保证粮食作物的产量起着极其关键的作用。研究表明,我国在过去几十年稻麦产量的大幅增加与其生产过程中增投的二十余倍的氮肥用量紧密相关(Kant et al.,2011),其中水稻产量从20世纪50年代的2.0t·ha$^{-1}$增加到21世纪初期的6.6t·ha$^{-1}$(Ju et al.,2015),增加幅度比世界平均增幅高50%(Peng et al.,2010)。自2011年以来,我国自主培育的超高产水稻品种产量超过13.9t·ha$^{-1}$,最高可达17.1t·ha$^{-1}$(Yuan,2017)。得益于氮肥投入对粮食产量带来的巨大收益,在水稻生产中,氮肥施用走向另一个极端——为了使粮食产量最大化,水稻种植户通常施用远超过水稻生长所需求的氮肥,一方面,水稻生长受到影响,氮素利用率大大降低;另一方面,氮肥的过量投入也带来了众多的环境问题,如藻类暴发、水体富营养化等(Peng et al.,2010;巨晓棠等,2014;张福锁等,2008)。因此,提高水稻的氮素利用率及其生产效率仍是一个持续关注的重要研究课题。

土壤中植物可以直接利用的两种无机氮素形态为铵(ammonium,$NH_4^+$)态氮和硝(nitrate,$NO_3^-$)态氮(Xu et al.,2012)。水稻长期生长在淹水环境下,土壤缺氧抑制硝化作用,铵态氮是其主要的氮素营养来源(Sasakawa et al.,1978;Balkos et al.,2010),故水稻对铵态氮的吸收和利用是其氮素营养高效的关键。了解水稻的铵响应特征,明确其吸收、同化特点以及可行的匹配措施促进氮素高效利用是提高水稻氮素利用效率的重要环节。

#### 10.3.1.1 水稻的氮(铵)响应特征

(1)化肥氮施用对土壤氮水平的影响

研究表明,土壤化肥氮的施用量很高,以太湖流域为例,水稻生长季单季化肥氮的投入量最高达到366kg·$ha^{-1}$(Wang et al.,2004),年施氮量最高达520kg·$ha^{-1}$(李伟波等,1997)。氮肥投入过高,会造成施肥后短期氮营养过量,而植物不能及时利用(Dobermann et al.,2002;Wang et al.,2007)。其一,氮肥会通过淋溶、挥发、反硝化、径流等途径损失到环境中,从而造成环境风险(Galloway et al.,2008)。其二,过量施用氮肥会造成植物不能及时利用而导致体内游离铵过量积累,引发铵毒害(Kronzuker et al.,2002;Liu et al.,2017;Li et al.,2014),降低氮素吸收利用率和农学利用率(张福锁等,2008),使得氮肥利用与农学效应之间出现不同步现象。其三,作物对养分的吸收存在最佳时期(陈东义等,2009;田秀英等,2003),氮肥的施用时期对水稻氮素利用效率的影响较大(田秀英,2003)。农业生产中,施肥时期与作物对氮素的需求受农艺管理措施的限制,在时间和空间上不能很好地匹配,虽施用的氮肥总量超出作物的总需求,但在强烈需氮时期(如水稻分蘖期),仍会发生相对缺氮现象。其四,由于施肥和作物田间布局(肥料离作物根区的远近)的不均匀性,土壤中氮素的分布也不均匀。因此,氮素缺乏与过量现象在田间共存。

(2)生理水平的铵响应特征

缺氮会导致水稻矮小,分蘖少,叶片小、呈黄绿色,成熟提早(Dobermann et al.,2000;胡军林,2008),叶片光合氮不足,容易造成光损伤,最终导致减产(Chen et al.,2003)。过量施氮也会降低现行高产水稻的产量。田间氮肥施氮量超过300kg·$ha^{-1}$时,一些高产品种,如淮稻5号、连粳7号根的生长和籽粒总产量与施氮量为200kg·$ha^{-1}$时相比没有增加,且光合氮素利用效率、氮素利用效率及收获指数均降低(Ju et al.,2015)。水培研究结果证明,铵过量供应会造成许多生理过程紊乱(如离子失衡、光呼吸增加),从而抑制水稻根系及地上部的伸长(Ranathunge et al.,2014;Liu,2013;Araya et al.,2016),内部高铵积累导致邻近水稻根尖厚壁组织中木栓质及木质素含量增加,根构型及其解剖结构发生改变,从而限制养分吸收(Ranathunge et al.,2016);生物量显著下降(Sun et al.,2017),铵同化酶谷氨酰胺合成酶(glutamine synthetase,GS)、谷氨酸合酶(glutamate synthase,GOGAT)和谷氨酸脱氢酶(glutamate dehydrogenase,GDH)的活性也显著降低(Zhong et al.,2017),碳水化合物、淀粉、蔗糖以及光合色素、叶绿素、胡萝卜素等的合成显著降低,饱满稻粒比例及籽粒产量也显著降低,与田间高氮供应结果相一致(Ranathunge et al.,2014)。

(3)组学(分子)水平的铵响应特征

水稻铵响应的转录组研究表明,水稻对根外铵供应状态(缺氮和足量供铵-10mmol·$L^{-1}$)的响应,很大程度上与其内部碳水化合物的代谢密切相关,碳-氮代谢相关基因的协同调控可能是水稻响应铵态氮供应状况的一个重要特征,而且这一调控可以发生在供氮态势改变的几个小时之内(Yang et al.,2015a)。内环境铵过量时,根部的防御和信号途径在引导水稻适应胁迫环境方面起着主导作用,地上部参与黄酮类及氨基酸代谢的差异表达基因显著上调,在通过调整能量代谢来提高水稻耐铵能力过程中扮演着重要角色,植物激素,如脱落酸及乙烯也很可能在水稻耐铵机制中发挥重要作用(Sun et al.,2017)。同时,铵过量会诱发活性氧(reactive oxygen species,ROS)伤害,血红素加氧酶1能够提高水稻的抗氧化防御能力,增强水稻应对过量铵态氮胁迫的环境(Xie et al.,2015)。目前在水稻的$NH_4^+$响应方面,高铵的毒害机制是如何启动的还不是很清楚,(出现生长表型前)水稻内部铵过量的生理和分子机制需要进一步探索。

#### 10.3.1.2 铵吸收系统

铵态氮是植物可以直接从土壤中吸收利用的一种重要氮源。淹水性土壤类型中硝化细菌的活性受到强烈抑制,铵态氮成为主要氮素形态,对于生长在这种土壤类型中植物(如水稻)的氮营养尤为重要。土壤中铵态氮含量在几个数量级(0.1~10mmol·$L^{-1}$)的幅度内变化(Miller et al.,2007)。为了适应这种急剧变化的养分供应强度,植物进化出高亲和铵吸收系统与低亲和铵吸收系统(Wang et al.,1993)。高亲和铵吸收系统在外界铵浓度低于 mmol·$L^{-1}$的状况下起主要作用,其对铵态氮的吸收动力学符合米氏方程,在 mmol·$L^{-1}$达到饱和吸收速率(Wang et al.,1993)。生理条件下,植物对铵态氮的吸收主要是由铵转运体(ammonium transporters,AMTs)负责完成(von Wirén et al.,2004;Ludewig et al.,2007;Loqué et al.,2009)。

(1)铵转运体研究方法

铵转运功能研究方法主要有以下几种。①AMT基因的敲除或者超表达体系。如将模式植物拟南芥中的3个铵转运蛋白敲除后,其对铵的吸收降低了约90%(Yuan et al.,2007a)。拟南芥AtAMT1;1和AtAMT1;3对铵吸收的贡献分别为30%~35%(Loqué et al.,2006),AtAMT1;2为18%~26%(Yuan et al.,2007a)。②酵母功能互补手段。将酵母铵吸收缺失突变体31019b中的铵吸收系统(Δ*mep1*,Δ*mep2*,Δ*mep3*,*ura3*)敲除,不能在低浓度(<5mmol·$L^{-1}$)铵作为唯一氮源的培养基上生长(Marini et al.,1997)。将外源铵转运蛋白OsAMT1;1转入能使其恢复生长,表明该蛋白具有吸铵功能(Yang et al.,2015)。③蛙卵电生理技术。空白蛙卵在铵浓度≤1mmol·$L^{-1}$的条件下不产生背景电流,将外源铵转运蛋白OsAMT1;1或OsAMT1;3注射到蛙卵中表达,检测到明显的铵内流电流,表明这两个蛋白具有铵吸收能力(Yang et al.,2015b;Hao et al.,2016)。

(2)铵转运蛋白底物运输的结构基础

功能性的AMTs/MEP/Rh(酵母中AMT的同源蛋白称作membrane transporters,MEP;动物中AMT的同源蛋白称作rhesus,Rh)是由3个相同或者不同的单体形成的三聚体(Blakey et al.,2002;Yuan et al.,2013)。每个单体由9~12个跨膜区组成,形成一个非连续的疏水性孔道,介导铵的吸收。铵运输孔道主要有一个面向胞外的$NH_4^+$结合位点,一个由两个苯丙氨酸残基组成的苯丙氨酸门控,一个存在两个组氨酸的中间部分,还有一个位于细胞质的末端。简言之,位于外口的氨基酸残基S219利用其氢键(H键),另外一个残基W148利用其π键共同结合$NH_4^+$,通过由F107和F215共同组成的门控往孔道内深入,位于孔道中段的H168和H318负责$NH_4^+$脱$H^+$,以及结合$NH_3$分子的作用(见图10.3.1)。在细胞质末端,V314和F31在$NH_3$通过非连续性孔道进入细胞质中起直接作用(Khademi et al.,2004;Zheng et al.,2004)。

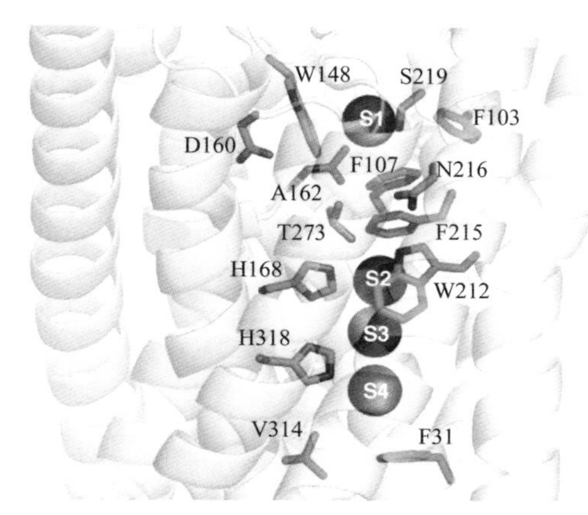


图10.3.1 大肠杆菌铵转运体B铵运输孔道[引自文献(Lamoureux et al.,2010),已获得*Transfusion Clinique et Biologique*的版权许可]

(3)铵转运蛋白的调控特征(磷酸化)

磷酸化过程可以调控AMT功能。将拟南芥AtAMT1;1的T460突变成A,模拟该位点的去磷酸化状态时,发现AtAMT1;1还保留有吸铵功能;而将T460突变成模拟该位点磷酸化状态的D时,失去功能,说明T460的磷酸化状态对于AMT1;1的功能至关重要(Loqué et al.,2007)。AtAMT1;2(T472)和AtAMT1;3(T464)相应位点突变成A/D产生类似结果(Neuhäuser et al.,2007;Yuan et al.,2013),说明这种磷酸化调控在AMT可能具有普遍性意义。质外体中的铵是T460磷酸化的信号分子,其磷酸化强度对于质外体铵具有时间依赖性和浓度依赖性:植株暴露于铵中时间越长,磷酸化信号越强;所处质外体铵浓度越大,磷酸化信号越强(Lanquar et al.,2009)。AMT1;1被CBL1/CIPK23蛋白激酶磷酸化后,植株的铵吸收急剧减少(Straub et al.,2017)。

(4)铵转运蛋白的应用

将烟草NtAMT1;3超表达可使烟草产量显著增加(Fan et al.,2017)。在水稻中,Hoque等(2006)通过超表达OsAMT1;1获得超表达水稻株系,研究结果表明,OsAMT1;1的超表达株系能够增强水稻对铵的吸收和积累。同时,Kumar等(2006)报道,在低铵浓度下,根部铵的内流及吸收比野生型要高。Ranathunge等(2014)的研究表明,在低铵供应下,OsAMT1;1超表达株系中,氮代谢途径相关基因的表达丰度也相应增加,氮同化产物、叶绿素、淀粉、糖类及产量比野生型有更大的提高,表明在低氮营养时,OsAMT1;1有提高氮利用效率、促进作物生长及提高粮食产量的潜力(Ranathunge et al., 2014)。而在高铵供应下,超表达株系的产量反而低于野生型,这很可能与水稻AMT的铵吸收功能受到底物铵在体内积累的自发抑制的特征紧密相关(Yang et al.,2015b),过多的氮并没有转化成生物量或产量,植株碳-氮代谢平衡失调是重要原因(Nunes-Nesi et al.,2010)。

#### 10.3.1.3 铵同化

在农田及生态系统中,$NH_4^+$逐渐成为最主要的氮素形式(Britto et al., 2002),吸收过多或过少$NH_4^+$都会对作物产量和品质造成不良影响,过多吸收还会污染环境,同时增加生产成本。因此,$NH_4^+$的同化极其重要。

(1)铵同化途径

关于植株体内$NH_4^+$的同化代谢途径,研究认为主要有两条:一条是谷氨酰胺合成酶-谷氨酸合成酶循环,主要是两种酶进行连续的催化反应。$NH_4^+$先在谷氨酰胺合成酶催化下,通过ATP进行供能,和谷氨酸缩合形成谷氨酰胺(glutamine, Gln),随后在烟酰胺腺嘌呤二核苷酸(nicotinamide adenine dinucleotide, NADH)或者铁氧还蛋白(ferredoxin, Fd)的参与下,谷氨酰胺中的$NH_4^+$转移到α-酮戊二酸(α-ketoglutarate, 2-OG),生成两个分子的谷氨酸。另外一条则是谷氨酸脱氢酶的催化,在NAD(P)H参与下,通过谷氨酸脱氢酶催化,$NH_4^+$和2-OG缩合形成谷氨酸,但是由于谷氨酸脱氢酶具有双重性,因此该反应是可逆的(见图10.3.2),通常在高等植物中,该反应是朝向谷氨酰胺降解为$NH_4^+$和2-OG方向进行(Glevarec et al., 2004; Masclaux-Daubresse et al.,2006)。所以,在植物体内氮素含量较低的时候,谷氨酸脱氢酶并不会和GS-GOGAT循环起竞争作用,这个时候,谷氨酸脱氢酶主要起着降低谷氨酰胺的作用。GS-GOGAT循环仍然是高等植物中主要的铵同化途径,有大约95%的氨同化都是通过该循环完成(Lea et al.,2011)。经过铵同化,植物合成的谷氨酸和谷氨酰胺,将会作为氮的供应体,进一步合成其他含氮化合物(von Wettstein et al.,1995)。

(2)铵同化酶

植物中主要有GS1和GS2两个GS的同工酶,GS1主要位于细胞质中,GS2则主要在线粒体或者叶绿体中(Thomsen et al.,2014; Li et al.,2006)。已知GS1在不少植物中都存在3~5个基因编码;GS2主要在光合组织中表达(Hirel et al.,1982; McNally et al.,1983),其表达会受光照及氮水平的影响,光照对GS2的调控主要发生在转录水平和转录后水平(McNally et al., 1983)。植物中GOGAT主要存在两种形式Fd-GOGAT和NADH-GOGAT。其中Fd-GOGAT的活性占总活性的96%(Hecht et al., 1988),它存在于叶绿体基质中,可以同化还原反应和光呼吸作用产生的铵(Suzuki et al., 1984a; Suzuki et al., 1984b),也可被光诱导(Cullimore et al., 1981);NADH-GOGAT主要参与植物叶片韧皮部组织含氮化合物的运输,其表达受到铵的诱导(Hayakawa et al., 1994; Yamaya et al., 1995)。

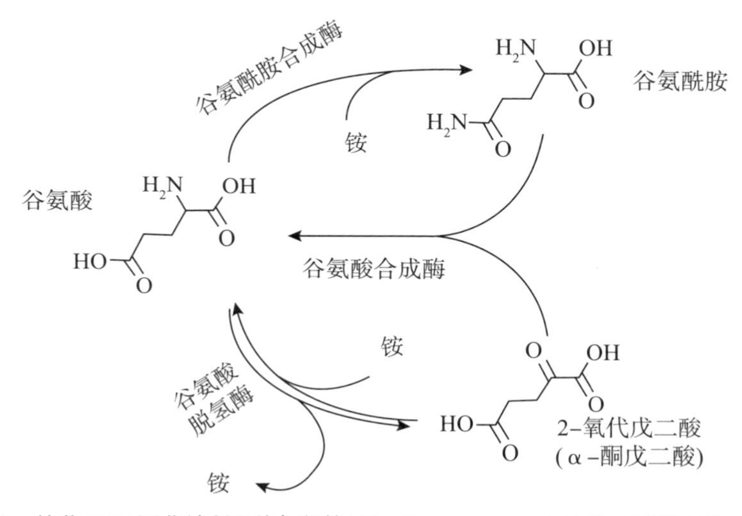


图10.3.2　植物$NH_4^+$同化途径[引自文献(Bittsánszky et al., 2015),已获得*Plant Science*的版权许可]

水稻中组成GS-GOGAT循环的铵同化基因包括细胞质中GS1家族的*OsGS1;1*、*OsGS1;2*、*OsGS1;3*,以及两个编码NADH-GOGAT的基因*OsNADH-GOGAT1;1*和*OsNADH-GOGAT1;2*(Yamaya et al., 2014)。通过逆转录转座子*Tos17*插入*OsGS1;2*或*OsNADA-GOGAT1*获得突变体的研究表明,*OsGS1;2*及*OsNADA-GOGAT1*对水稻根部铵的同化起着重要作用[见图10.3.3(a)](Yamaya et al., 2014)。*OsGS1;2*和*OsNADA-GOGAT1*均定位于凯氏带外侧的细胞,负责同化这些细胞形态中的铵,由此同化产生的谷氨酰胺、谷氨酸通过凯氏带进入皮层和中柱(Tabuchi et al., 2007),两者在保护根表面外侧两大细胞免受铵毒害方面起重要作用(Hachiya et al., 2012; Britto et al., 2001)。*OsGS1;1*和*OsNADA-GOGAT2*主要定位于水稻的成熟叶片(Tabuchi et al.,

2007)，两者中任何一个被敲除都会促使铵的同化速率强烈降低(Tabuchi et al.,2007)，并且出现类似缺氮的症状(Yamaya et al.,2014)。在成熟叶片中，*OsGS1;1*的转录本是*OsGS1*主要的同基因产物；在韧皮细胞中检测到的OsGS1蛋白也主要是*OsGS1;1*mRNA的翻译产物；在衰老的叶片中，谷氨酰胺是可移动氮源长距离运输的主要形式，*OsGS1;1*在叶部产生谷氨酰胺过程中起着中心作用[见图10.3.3(b)](Yamaya et al.,2014)。破坏*OsGS1;1*的功能会导致水稻生长速率及籽粒灌浆水平的严重下降(Tabuchi et al.,2005)；*OsNADA-GOGAT2*的启动子研究表明，在完全舒展的叶片中，*OsNADA-GOGAT2*的组织定位和*OsGS1;1*一致(Tamura et al.,2011)，表明在衰老过程中，*OsNADA-GOGAT2*为水稻叶片维管组织*OsGS1;1*的生化反应提供谷氨酸盐。这些结果均表明，*OsGS1;1*及*OsNADA-GOGAT2*在衰老器官中从分解代谢的蛋白质、核酸以及叶绿体中催化产生谷氨酰胺从而促进氮素的再利用过程中起着重要作用(Yamaya et al., 2014)。*OsGS1;3*特异性地在水稻小穗状花序表达(Tabuchi et al.,2007)，与玉米*ZmGln1;2*(Martin et al.,2006)及大麦*HvGS1;3*(Goodall et al.,2013)类似，由于其在小穗状花序的表达特征，*OsGS1;3*很可能在小穗状花序成熟过程中参与储藏积累蛋白质(Yamaya et al.,2014)。

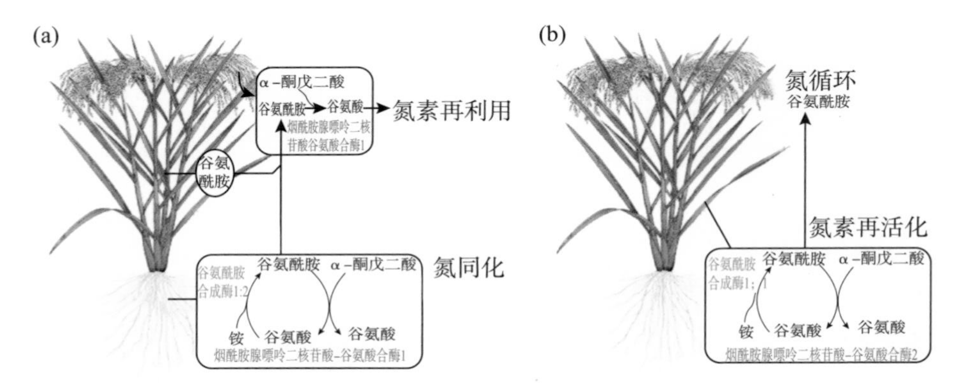


图10.3.3　水稻铵同化作用示意。(a)水稻根部铵同化主要路径示意；(b)水稻地上部基于谷氨酰胺合成以促进氮素再利用示意[引自文献(Yamaya et al.,2014)，已获得*Journal of Experimental Botany*的版权许可]

(3)铵同化基因的应用

鉴于铵同化在水稻氮素利用中的重要性，近年来，已有不少通过超量表达*GS*基因以期提高氮素利用效率的报道。不过，超表达*GS*基因的结果不尽相同,Limani等(1999)的研究表明,即使增加了*GS*基因的表达丰度,对生物量和产量仍然没有提升,如在百脉根中超表达*GS*基因,生物量反而降低;在紫花苜蓿中超表达*GS1*基因,超表达植株的*GS*基因活性并没有增加(Ortega et al.,2001);超表达*OsGS1*;*1*和*OsGS1*;*2*的水稻植株,其籽粒的总氨基酸含量和籽粒产量反而降低(Cai et al.,2009)。有研究表明,单子叶植物中使用Ubiquitin、Actin1等启动子效果良好,而双子叶植物中使用35S启动子方具有较好的效果(Lee et al.,2004)。这种通过超表达*GS*基因得到负面效果的原因可能与作者使用了不合适的启动子有关,也可能是通过超表达*GS*基因增强了植株对氮的利用率,比如在杨树中超表达松树*GS*基因,在低氮和高氮条件下,转基因杨树叶片的干重都增加,其中低氮处理下增加幅度高达112%,高氮处理下增加26%(Man et al,2005),而超表达*OsGS*的水稻可以明显提高植株对氮素的吸收利用,尤其在低氮条件下效果较为明显(Sun et al.,2005);Brauer等(2011)在水稻中超表达*OsGS1*;*2*,发现,转基因水稻株系在籽粒灌浆期时,氮素的转运分配效率提高,高氮处理下可以增加小穗的产量,不过籽粒总产及饱粒比例并未增加。可见,在合适的启动子驱动下超表达*GS*基因可以提高水稻的氮素积累,但同化物向籽粒分配不足难以形成有效的增产效应(Bao et al.,2014;Brauer et al.,2011)。

如上所述,单纯调控对氮素的吸收或利用往往会引起水稻碳-氮失调而导致植株贪青、同化物向籽粒分配不足,虽提高了氮素的利用效率,但难以形成有效的增产效应。因此,提高水稻氮高效的同时需考虑碳的有效匹配。

#### 10.3.1.4 氮素光合生理

光合作用是植物体赖以生存的基础,植物通过该过程将大气中的$CO_2$转化为能量物质储存在体内,同时光合作用也是植物体各种代谢活动源源不断的驱动力。氮素作为植物生长发育过程中必需的大量元素,参与植物体叶绿素、蛋白质和核酸的合成,籽实品质及产量形成等生理生化过程。植物根系吸收的无机氮素通过GS-GOGAT循环形成并储存在植物体内,再通过光合作用提供的碳骨架形成生物大分子参与到植物体新陈代谢过程中,光合碳代谢与氮素同化关系异常密切。

(1)光合碳代谢和氮素同化的相互关系

碳-氮代谢都需要光合同化和其他电子传递链所产生的能量,光合碳代谢与叶片$NO_2^-$同化都发生在叶绿体内。通过根系吸收的$NO_3^-$在硝酸还原酶

(nitrate reductase,NR)的作用下还原成$NO_2^-$,在质体中再通过亚硝酸还原酶(nitrite reductase,NiR)形成$NH_3$。或者$NO_3^-$通过长距离运输后到达叶片,被还原成$NO_2^-$后进入叶绿体,通过同样的过程被还原成$NH_3$再同化利用。叶绿体中$NO_2^-$的还原不仅需要光反应形成的铁氧还蛋白($Fd_{red}$),还需要碳代谢过程中合成的丙酮酸作为碳骨架。由于高等植物结构更加复杂,其氮素生理代谢随氮源种类(包括$NH_4^+$、$NO_3^-$、$NO_2^-$等)、时间和生态尺度、发育阶段以及植物种类的不同而差异较大,增加了研究的难度。因而协调解决高等植物光合碳-氮代谢之间的相互关系(宋建民等,1998),光合同化力在碳-氮代谢之间的分配,生产中农业栽培管理过程中遇到的产量与品质之间负相关的矛盾,在选育高产优质农作物新品种方面具有重要意义。

(2)氮素同化需要光合作用提供能量和碳骨架

从氮代谢的整个过程看,植物体内$NO_3^-$还原成$NO_2^-$需要通过NAD(P)H提供$2e^-$,光合碳代谢中间产物苹果酸-草酰乙酸(Mal-OAA)跨叶绿体膜的穿梭是NADH主要来源,光反应过程中形成的铁氧还蛋白($Fd_{red}$)为叶绿体$NO_2^-$还原提供了$6e^-$的直接来源(Elrifi et al.,1988;宋建明等,1998;Johnson et al.,2014)。光合碳代谢在氮的光合生理中起到重要作用,可通过光合电子传递链为植物体氮代谢提供还原剂。$NH_4^+$通过谷氨酰胺合成酶(GS)催化形成谷氨酰胺(Gln),植物体内的GS主要有叶绿体中的和细胞质中的两类,叶绿体中的GS的催化反应需要光合过程中的光反应提供ATP作为还原驱动力(Vézina et al.,1987;薛娴等,2017)。谷氨酰胺(Gln)到谷氨酸(Glu)的转化不仅需要$Fd_{red}$,还需要α-酮戊二酸作为该过程的碳骨架(Boex-Fontvieille et al.,2014),由谷氨酸合酶(GOGAT)催化生成谷氨酸。光合氮代谢的整个过程与光合碳素同化过程存在紧密的耦联关系。目前,在植物体中已经发现两种类型的GOGAT存在形式:一种依赖于NADP和$Fd_{red}$,另外一种就是叶绿体内依赖于$Fd_{red}$,且活性较高的GOGAT,而第二种是主要的存在形式(Huppe et al.,1994;Foyer et al.,2011)。

(3)氮素生理代谢和光合碳同化是融合进行的过程

植物体氮素吸收同化和光合碳同化相辅相成,核酮糖1,5二磷酸羧化酶(ribulose-1,5-bisphosphate carboxylase/oxygenase,Rubisco)和磷酸烯醇式丙酮酸羧化酶(phosphoenolpyruvate carboxylase,PEPC)是碳素同化的两个关键酶,其中Rubisco本身就是叶片储藏氮素较多的生物大分子,叶绿体蛋白中的氮含量占到叶片总氮含量的80%左右,而仅Rubisco中的氮素就占$C_3$和$C_4$

植物叶片的50%和20%左右(Mcallister et al.,2012)。PEPC是$C_4$植物基础碳代谢的重要组成部分,草酰乙酸作为的PEPC作用产物,为TCA循环提供了重要原料,促进了植物体光合代谢过程。若氮素供应不足,则植物对氮素的吸收利用会受到严重影响,氮素的供应水平也可通过影响光合作用显著影响碳素的固定(Foyer et al.,2011)。

(4)氮素同化和光合碳代谢相互调节

碳素代谢的调节、氮素代谢的调节、光合-碳-氮代谢方向的调节是光合碳、氮代谢之间调节的三个方面。它们之间不仅存在着协同作用,而且存在能量和代谢的竞争作用(Reich et al.,2006;Boex-Fontvieille et al.,2014)。因此,对这两种代谢途径进行良性调节可以使二者的关系变得协同高效,同化力的协调分配将更有利于植物体内碳氮平衡(Zheng et al.,2009;Foyer et al.,2011)。

在实际的农业生产当中,叶片含氮量不仅与土壤有效态的氮素营养关系密切,还与光照条件有关。一般生长于弱光下的叶片氮含量往往要低于生长于高光下的叶片,低氮含量会严重影响叶绿素的合成,光合能力也相应较低(魏海燕等,2009;薛娴等,2017)。但在光照强度较弱的条件下,低氮含量叶片的光合速率反而会高一些,我们认为这是植物对外界环境适应的自动调节机制。总之,正常的氮素供应会促进叶绿素的合成,延缓其降解,增强光合作用和植株物质生产,有利于通过改善氮素光合生理来提升氮素利用效率。

#### 10.3.1.5 提高水稻氮素利用效率的碳匹配措施

碳、氮是构成植物最基本的元素,碳-氮代谢在植株体内的动态变化直接影响着光合产物的形成、转化以及矿质营养的吸收、蛋白质的合成等。碳代谢为氮代谢提供代谢需要的碳源和能量;而氮代谢同时又为碳代谢提供酶和光合色素,且碳-氮代谢需要共同的还原力、ATP和碳骨架,碳氮代谢联系密切,两者协调程度不仅影响作物的生长发育进程,而且关系到其产量和品质的高低(阳剑等,2011)。碳-氮代谢的平衡在很大程度上决定植物的经济产量,碳同化不足时,植物对氮素的吸收和利用会受到严重影响,而氮素供应水平也可显著影响光合作用中$CO_2$的固定(Zheng,2009; Reich et al.,2006)。

(1)外源添加碳源对水稻生长的影响

蔗糖是植物光合作用的产物,能够转移到根部,是体内协同铵同化的主要碳源(Wind et al.,2010)。外源蔗糖可以显著升高烟草叶片中GS的活性

(Morcende et al., 1998),缓解高$NO_3^-$胁迫对叶用莴苣生长的抑制(王志强等, 2008)。拟南芥中,根部$NO_3^-$的吸收和同化与地上部光合产物蔗糖的水培紧密耦联(Lejay et al., 2003),蔗糖可以缓解高$NH_4^+$胁迫的对拟南芥生长的抑制,增加GS和GDH的酶活性,加速铵同化,减少植株体内游离铵含量,减轻高$NH_4^+$胁迫对拟南芥的毒害作用(李祎等,2019)。在水稻中,外源蔗糖能够促进根部铵的同化进而提高碳的同化能力(Zhou et al., 2016),可见,高氮(铵)环境下,碳源的匹配是促进包括水稻在内的植物氮素利用的重要调控措施。

(2)FACE增碳对水稻生长及产量的影响

随着人类活动的日益加剧,大气$CO_2$浓度已经从从工业革命前的280 ppm上升到目前的~400ppm(Meinshausen et al., 2011),预测2050年至少达到550ppm,2100年将上升至730~1020ppm(Meehl et al., 2007)。大气$CO_2$浓度的增加(free air $CO_2$ enrichment, FACE)使得人们开始关注其对主要粮食作物(如水稻、小麦)生长发育和产量的影响。利用人工FACE平台进行的多年研究表明,尽管$CO_2$浓度变化幅度很大,但高$CO_2$浓度下供试水稻均表现为增产(杨连新等,2009)。Ainsworth等(2005)对97个独立试验数据进行分析,水稻产量随$CO_2$浓度的增加呈增加趋势。利用FACE对日本粳稻品种Akitakomachi进行研究,1998、1999、2000年3年平均增产为12.8%(Kim et al., 2003)。对我国粳稻武香粳进行14年多的研究显示,产量增加超过10%(黄建晔等,2004; Yang et al., 2006),与日本粳稻研究结果相近;与粳稻相比,籼稻和杂交稻产量增幅较大,籼稻品种扬稻6号增产20%左右(刘红江等,2009),杂交籼稻汕优63和两优陪九分别增产34%和30%(Liu et al., 2008; Yang et al, 2009)。

(3)气孔增碳原理及应用

气孔保卫细胞吸收钾离子,细胞膨压增大促使气孔开放,钾对保卫细胞运动的控制是其调控功能的关键环节之一。气孔是植物水分蒸腾和获取光合$CO_2$的主要门户,气孔运动具有两方面的生理意义。一方面,气孔水分蒸腾所产生的蒸腾拉力为作物长距离养分运输提供驱动力,有助于根系吸收的养分通过质流向地上部输送。另一方面,在非胁迫(如干旱等)情况下,气孔的高效开放为作物光合作用底物$CO_2$的输入和碳水化合物的合成提供保障。因此,除了人工增碳提升$CO_2$浓度之外,还可操控优秀气孔调控基因的分子以促进气孔开放,增加$CO_2$的获取,也是一个经济环保的途径。已有研究表明,气孔开放型钾离子通道对于气孔的开放起主导作用,拟南芥中

KAT1和KAT2两个保卫细胞定位的$K^+$吸收通道缺失会导致气孔无法开放(Lebaudy et al.,2008)。在玉米中,其保卫细胞钾离子通道ZmK2.1(KZM1)在感应胞外$K^+$增加状况下调控气孔的开放(Philippar et al.,2003; Su et al.,2005;Wang et al.,2016)。超表达*Zmk2;1*的转基因水稻的气孔开度、光合与蒸腾效率均有显著增加,同时伴随15%~30%的植株氮积累量升高[见图10.3.4(a)]和近20%的产量提升[见图10.3.4(b)]。利用*ZmK2;1*(或其水稻同源基因*OsKAT3*)气孔高效开放型转基因水稻为宿主,把铵吸收(转AMT)-同化(转GS)氮高效协同模式组装进来,形成气孔高效(增碳、增强蒸腾拉力)-氮高效吸收与利用聚合调控模式,很可能会有效改善水稻中可能的钾低效及氮的农学效应不足的缺陷,在提高氮钾吸收利用效率的同时,促进其对水稻产量提升的潜力。

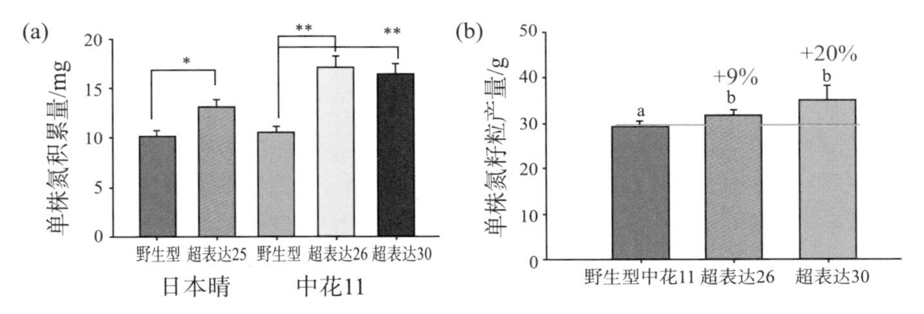


图10.3.4 超表达*ZmK2;1*水稻氮素积累及产量指标。(a)超表达*ZmK2;1*水稻植株氮素积累量;(b)超表达*ZmK2;1*水稻籽粒产量

(苏彦华 杨顺瑛)

### 10.3.2 酸性土壤上作物氮磷高效利用与耐铝的协同机制

铝毒是酸性土壤上作物生长的主要毒害限制因子,氮磷缺乏是酸性土壤上作物生长的主要养分限制因子。氮磷与铝在土壤-植物系统中发生着各种各样的相互作用,了解酸性土壤上作物氮磷高效利用与耐铝的协同机制,可以为协同提高酸性土壤上作物氮磷效率和耐铝能力提供理论支撑,从而充分发挥酸性土壤上的作物生产潜力。

#### 10.3.2.1 酸性土壤限制作物生长的主要因子

在世界范围内，酸性土壤（定义为pH＜5.5的土壤）的面积约39.5亿公顷，占地球无冰盖陆地总面积的30%，其中约25亿公顷耕地和潜在可耕地属于酸性土壤，占耕地和潜在可耕地总面积的54%（von Uexküll et al.，1995）。我国酸性土壤主要分布于南方红壤地区，遍及15个省份，面积达218万平方千米，约占全国土地总面积的22.7%（赵其国，2015）。据估计，我国南方红壤地区用全国27%的耕地支撑着全国43%的人口（He et al.，2001）。酸性土壤主要分布于高温多雨地区，气候条件适宜农业生产，作物生产潜力巨大，但是由于酸性土壤存在养分贫瘠、铝毒、锰毒等胁迫因子，作物生长受抑，巨大的气候生产潜力不能充分发挥（Zhao et al.，2014；孙波等，2015）。降低酸性土壤中胁迫因子对作物生长的抑制作用，充分挖掘酸性土壤上作物生产潜力，对于保障粮食安全具有重要意义。

铝毒是酸性土壤限制植物生长的主要因子（沈仁芳，2008）。为了充分发挥酸性土壤上的作物生产潜力，以往研究主要侧重于提高作物耐铝能力。除铝毒外，酸性土壤还包括一系列其他限制因子，如锰毒、铁毒、缺氮、低磷、缺钙镁等（Zhao et al.，2014）。植物铝毒最直观的表型是抑制根系生长（沈仁芳，2008）。根系是植物吸收养分和水分的主要器官，根系生长受抑会降低植物养分吸收效率。在铝毒条件下，植物根系生长较小，养分吸收能力降低，酸性土壤上作物养分吸收利用效率会低于正常土壤。我国主要粮食作物的肥料利用率一般在30%左右（张福锁等，2008），酸性土壤肥料利用率可能更低。充分挖掘酸性土壤上作物生产潜力，不仅需要增强植物耐铝能力，还需要增强植物对养分的吸收利用能力，两者相辅相成。因此，提高酸性土壤植物养分利用效率意义重大，但是如何提高铝毒条件下植物的养分效率并没有引起人们的足够关注。系统分析土壤-植物系统中铝和养分间的相互作用及其与植物养分高效利用之间的关系，有助于发挥酸性土壤上作物生产潜力。

提高酸性土壤作物生产力，可从挖掘作物本身遗传潜力方面考虑，可以在酸性土壤上直接种植一些耐酸性土壤能力强的作物，但是这些作物可能只具有某一方面的耐逆能力，如有些作物品种耐铝可能不耐低磷。我们可以系统解析作物适应酸性土壤多重共存胁迫因子能力的基因型差异的机制，并耦合这些机制，利用传统杂交育种或者目前的分子标记辅助育种手段，提高作物对酸性土壤多重胁迫因子的协同适应能力，耐逆和养分高效并重，从而发挥酸性土壤上作物的生产潜力，保护生态植被的完整性，实现酸性土壤的可持续利用(张玲玉等，2019；沈仁芳等，2019)。

#### 10.3.2.2　酸性土壤上作物氮高效利用与耐铝的协同机制

氮是植物需要量最多的矿质营养元素。为了获得作物高产，投入大量氮肥是一条主要途径，但是大量氮肥的施用加剧了农田土壤酸化(Guo et al.，2010；蔡泽江等，2011；Liang et al.，2013a)。我国南方红壤地区的一些旱地，由于长期施用单一化学氮肥，导致土壤严重酸化(pH＜4.5)，玉米和小麦生长严重不良，甚至绝收，氮、磷、钾等养分吸收迅速降低(蔡泽江等，2011)。氮肥诱导的土壤酸化导致土壤中可溶性铝增加，严重抑制作物根系生长，降低作物氮吸收效率。在我国南方高温多雨的条件下，未被作物吸收的氮残留在土壤中，极易通过流失或挥发的方式损失到环境中，对生态环境构成威胁。对于酸性土壤，提高氮肥利用率，降低氮肥施用量，具有减缓土壤酸化、保障国家粮食安全和保护生态环境三重意义。土壤酸化的减缓可以改善作物生长，提高作物产量和氮肥利用率，降低氮肥损失。土壤-根系-微生物三者相互作用的微区域是氮素行为最为复杂、最为活跃的区域，是氮进入作物体内的"门户"，该区域的氮素行为与作物氮肥利用率、氮肥损失密切相关，了解土壤-根系-微生物相互作用中的氮素行为是提高酸性土壤氮肥利用率的关键。

铵态氮和硝态氮是植物可以利用的两种主要无机氮源，土壤中的铵硝比例主要受土壤硝化微生物的控制。酸性土壤一般硝化能力较弱。提高酸性土壤pH可以增强其硝化能力，但是对于高pH增强酸性土壤硝化能力的机制一直不清楚。氨氧化细菌(AOB)和氨氧化古菌(AOA)是土壤硝化作用过程的两个关键因子。可通过添加石灰提高土壤pH的方法，研究两种酸性土壤(江西土壤和安徽土壤，pH相近)在不同pH下的硝化作用、硝化微生物丰度和化学因子(钙和铝)的变化。结果表明，高pH增强了安徽土壤的硝化作用，但是没有改变江西土壤的硝化作用。相应地，高pH仅诱导了安徽土壤AOB丰度，但是对江西土壤AOB和AOA、安徽土壤AOA均没有影响。同时，培养过程中，安徽土壤并没有因为铝离子含量的升高而导致硝化作用降低。这些结果表明，高pH增强酸性土壤硝化能力是因为高pH增强了AOB的活性，而不是增强了AOA的活性，也不是因为高pH降低了铝离子的浓度(Che et al.，2015)。

这为理解土壤酸化和硝化作用的机制提供了重要信息，也可以帮助我们理解土壤-植物系统氮铝相互作用机制。

酸性土壤由于硝化能力弱，铵态氮在无机氮源中所占比例较高，所以提高铵态氮利用能力对于酸性土壤氮肥利用率的提高至关重要。铝是土壤中最丰富的金属元素，却不是植物必需元素；相反，铝毒是酸性土壤限制植物生长的主要因子。水稻是小籽粒作物中最耐铝的种类，但是对于水稻耐铝的确切机制一直不清楚。铵态氮和硝态氮是植物可以利用的两种主要无机氮源。水稻不仅耐铝，而且偏好铵态氮。通过研究发现，与硝态氮相比，铵态氮降低了水稻根系铝积累，减轻了水稻铝毒，铵态氮减轻、硝态氮加重水稻铝毒主要通过两个机制完成（Zhao et al.，2009）。机制一，生长介质pH原因：水稻吸收铵态氮降低溶液pH，吸收硝态氮升高溶液pH，pH在3.5~5.5，pH越低，水稻根系积累铝越少。机制二，根系表面电荷原因：铝离子带正电荷，带正电荷的铵根离子增加根系表面正电荷，使水稻根系吸附铝能力降低；相反，带负电荷的硝酸根增加根系表面负电荷，使水稻根系吸附铝能力升高。进一步研究发现，铵态氮降低了根系细胞壁吸附铝的化学基团（特别是果胶和半纤维素）含量，这导致铵态氮条件下水稻根系吸附铝较少（Wang et al.，2015）。胡枝子是酸性土壤先锋植物，铵态氮也减轻了胡枝子的铝毒，其机制是铵根离子与铝离子竞争根系细胞壁阳离子吸附位点（Chen et al.，2010）。铝在铵态氮供应下甚至能促进胡枝子和水稻生长（Chen et al.，2010；Zhao et al.，2013）。酸性土壤硝化能力较弱，铵态氮在无机氮源中所占比例较高，同时，铝毒是酸性土壤限制植物生长的主要因子。因此，铵态氮减轻植物铝毒、铝促进铵态氮条件下植物生长具有重要农学和生态学意义，不仅有助于制定酸性土壤养分管理策略，而且可以用来解释大量本土植物广泛分布于酸性土壤的自然现象，其原因之一可能是铝与铵态氮的协同作用帮助这些植物适应酸性土壤。

粳稻和籼稻是水稻的两个亚种。粳稻品种一般耐铝，籼稻品种一般不耐铝；粳稻一般偏好铵态氮，籼稻一般偏好硝态氮。通过分析30个水稻品种（15个粳稻和15个籼稻）的耐铝和铵硝偏好能力，发现粳稻耐铝且喜铵、籼稻不耐铝且喜硝，水稻的耐铝能力与铵态氮利用能力之间呈极显著正相关关系，与硝态氮利用能力之间呈极显著负相关关系（Zhao et al.，2013）。上述关系不仅存在于水稻内部不同品种之间，也存在于在不同植物种类之间：茶树等偏喜铵植物耐铝甚至喜铝，水稻等偏喜铵植物耐铝，大麦、小麦等喜硝植物非常不耐铝。因此，耐铝植物偏好铵态氮、不耐铝植物偏好硝态氮是自然界一条普遍规律。植物铵硝偏好与耐铝耦联有土壤学基础。一般酸性土壤硝化能力较弱，铵态氮在无机氮源中所占比例较高；中性和石灰性土壤硝化能力较强，无机氮源以硝态氮为主。同时，铝毒一般发生在酸性土壤，中性和石灰性土壤一般不存在。这样就形成了酸性土壤-铝毒-铵态氮、石灰性土壤-无铝毒-硝态氮的土壤分布格局，相应地，植物进化出了耐铝植物偏好铵态氮、不耐铝植物偏好硝态氮的自然规律（见图10.3.5）。据此，构建了土壤-植物系统氮铝耦联和作用模式，提出了协同提高酸性土壤作物氮效率和耐铝能力的观点（Zhao et al.，2014；赵学强等，2015；Zhao et al.，2018）。

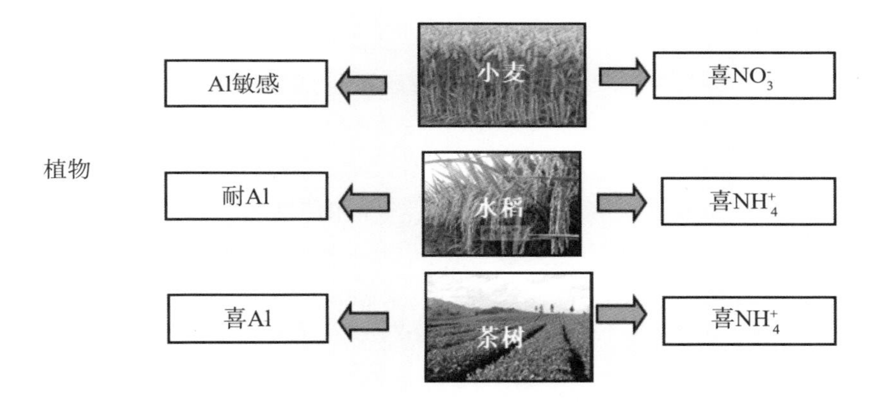


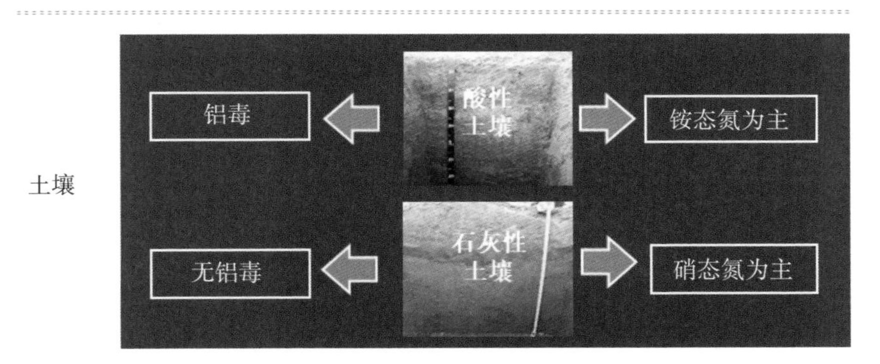


图10.3.5　土壤-植物系统氮铝耦联规律

#### 10.3.2.3 酸性土壤上作物磷高效利用与耐铝的协同机制

北方石灰性土壤中，磷主要以各种形态的Ca-P存在。在南方高温多雨、强烈风化条件下，酸性土壤中盐基离子大量淋溶，脱硅富铁铝化，磷与铝、铁形成Al-P和Fe-P酸性土壤，对磷的固定能力强，磷的有效性很低。根据土壤总磷含量和磷素形态特征，我国土壤磷素养分供应潜力从北到南整体上逐渐递减（蒋柏藩等，1979）。酸性土壤固定磷的能力很强，磷的有效性很低，磷是酸性土壤各种养分中的作物生长最大限制因素（鲁如坤等，2001）。在酸性土壤中，作物根系生长被严重抑制，磷素吸收显著降低，进一步加剧了作物磷素缺乏。磷素缺乏是酸性土壤限制作物生产潜力发挥的主要因子，施用磷肥是解决酸性土壤上作物缺磷的主要途径。为了满足不断增加的人口对粮食的需求，肥料用量在持续增长，肥料利用率却在降低。我国主要粮食作物的氮肥和钾肥利用率在30%左右，而磷肥利用率却只有10%左右（张福锁等，2008）。未被作物吸收利用的磷极易被固定（特别是在酸性土壤上），积累在土壤中，通过径流、渗漏和侵蚀等方式进入水体（朱兆良等，2013），在我国南方多雨条件下情况更为严重，是水体富营养化和蓝藻暴发的重要因素之一。另外，磷肥的主要来源磷矿石是一种不可再生资源，据估计，世界磷矿储量在未来50~100年内将被耗竭，但是磷肥的需求量仍在不断增加，磷肥短缺将是未来农业面临的重大问题（Cordell et al.，2009）。因此，增强作物对酸性土壤中磷的利用，提高磷肥利用率，降低磷肥施用量，具有保护生态环境和节约资源的重要意义。

胡枝子是一种强耐酸性瘠薄土壤的植物种类，被誉为酸性土壤上的先锋植物，也被认为是改良酸性土壤，为其他植物创造立地条件的优选植物。不同种类的胡枝子耐酸性土壤的能力差异很大。二色胡枝子（*Lespedeza bicolor*）是一种耐铝胡枝子，截叶胡枝子（*Lespedeza cuneata*）是一种不耐铝胡枝子，前者在铝胁迫下根系能够分泌苹果酸和柠檬酸，将生长介质中的毒性铝离子络合，降低了铝对胡枝子的毒害，而后者在铝胁迫下不分泌这些有机酸，所以耐铝能力较差（Dong et al.，2008）。二色胡枝子在酸性土壤中可以生长，因为其较耐铝，添加石灰降低铝毒后，生长并没有显著改善，但是当施入磷肥后，生长显著改善，且在同时使用磷肥和石灰条件下生长最好（孙清斌等，2009），表明低磷胁迫是酸性土壤中限制耐铝胡枝子生长的主要因子。而对于不耐铝截叶胡枝子，在各种处理下生长均很差，只有在同时施磷和石灰条件下,生长才能稍微改善(孙清斌等,2009),表明截叶胡枝子不适宜在酸性土壤种植。胡枝子是一种豆科植物,氮素供应一般不是限制因子。在酸性土壤种植胡枝子时,除了考虑铝毒外,还要考虑磷缺乏,才能实现胡枝子良好生长和发挥生态植被功能。

铝固定了土壤中的磷,但过多的铝会抑制植物根系生长,降低磷的吸收和利用,进一步加剧酸性土壤中植物磷素的缺乏(赵学强等,2015)。因此,酸性土壤作物磷高效的一个前提是作物必须具有较强的适应铝毒的能力,特别是在强酸性土壤中。磷和铝在土壤-植物系统中会发生多种多样的相互作用,很多相关研究已有报道(Chen et al.,2012)。磷对不同植物铝毒的影响效果不一样:磷减轻耐铝胡枝子铝毒而没有减轻铝敏感胡枝子铝毒(Sun et al.,2008);磷减轻耐铝和铝敏感水稻铝毒(张启明等,2011);磷加重了小麦铝毒(张富林等,2010; Shao et al.,2015)。整体上,三种植物的耐铝能力为水稻＞胡枝子＞小麦。这些结果表明,磷能否减轻植物铝毒取决于植物耐铝能力,对铝敏感植物,植物体内的磷反而会加重铝毒,而不是磷总是能够减轻铝毒(Chen et al.,2012)。对已有的磷铝相互作用研究结果进行系统归纳分析后,发现土壤中铝会固定磷,降低磷的有效性,但是植物体内积累少量铝却会提高植物对磷的吸收(Chen et al.,2012; Zhao et al.,2014;赵学强等,2015)。同样,土壤中磷降低铝毒,植物中的磷却能够增加植物对铝的吸收,暗示植物并不是越多吸收磷越好。另外,植物磷高效与耐铝能力有关。耐铝荞麦品种比不耐铝荞麦品种体内磷含量高(Zheng et al.,2005),磷高效的大豆品种耐铝能力也较强(Liao et al.,2006)。铝毒和低磷共调节的根系有机酸分泌是大豆协同适应酸性土壤的主要机制(Liang et al.,2013b)。将一个编码铝胁迫下小麦根系苹果酸外排的基因*TaALMT1*转入大麦中,显著提高了大麦在酸性土壤上的吸磷能力(Delhaize et al.,2009)。这些结果表明,植物对低磷和铝毒的协同适应与植物磷高效关系密切。

因此,铝毒对植物磷利用具有重要影响,而且植物耐铝能力与磷效率具有一定关联,利用这种关联机制,我们可以提高铝毒胁迫下植物磷素利用效率。例如,种植既耐铝又磷高效的作物品种,挖掘耐铝且磷高效的作物基因,或者通过调控磷肥施用,同时增强作物耐铝和耐低磷能力。

(赵学强)

### 10.3.3 作物根系生长对氮磷吸收和转运的影响机制与水分调控

随着工农业的发展，我国磷资源匮乏问题越来越严重。农田缺磷严重影响作物的生长发育，进而影响粮食产量（王庆任等，1999）。一些研究表明，土壤中有效磷浓度通常小于10μmol·$L^{-1}$，这个浓度低于作物最佳生长所需的最低磷水平，所以在农业中生产中我们需要向土壤中施用磷肥，以维持作物的生长需要（鲁如坤，2003）。然而，由于土壤中磷的利用率较低和易被土壤固定，我国农田磷累积的问题较大，继续大量施用磷肥会造成磷矿资源浪费和环境污染。

磷是限制作物高产的主要元素之一。在中国约有2/3的耕地缺磷，因而长期以来增施磷肥是保证作物高产的有效方法。但施用磷肥面临着几个严重问题。第一，磷矿资源极度紧缺。第二，植物对施入土壤中的磷肥利用率很低。第三，磷会在土壤中大量积累而不能被植物所利用，不仅造成巨大的资金浪费，而且会因水土流失和磷素随降雨或灌溉水向地下渗漏，造成严重的环境污染。因而通过筛选和利用磷高效的基因型植物，不仅可提高植物对土壤中磷的利用效率，减少投资，还可以减少对环境造成的污染（李春俭，1999）。

为了增加自身体内的磷利用效率，相关基因会加快细胞、蛋白质、DNA的降解，再利用其中的磷素（李利华等，2009）。磷脂为生物膜的主要脂类。一方面，低磷情况下，水稻可以替换生物膜中的磷脂来释放磷酸供给植物所需。同时降低叶绿体类囊体膜上的磷脂，增加硫酯、双半乳糖甘油二酯，使光合作用继续进行（Essigmann et al.，1998；Kobayashi et al.，2006）。另一方面，低磷情况下，水稻会改变呼吸和光合成途径来应对胁迫。三羧酸循环中需要很多酶参与，但在低磷情况下会抑制糖酵解过程，诱导形成其他三个通路（Goldstein et al.，1988；Hammond et al.，2004）。正常情况下，糖酵解途径需要3-磷酸甘油酸激酶与丙酮酸激酶协同参与；低磷情况下，胁迫水稻通过不合成非磷酸化NADP-3磷酸甘油醛脱氢酶和磷酸烯醇式丙酮酸磷酸酶，保证糖酵解的顺利进行。

同时，根际环境中氮磷养分匮乏通常会刺激植物根系的生长以增加吸收面积，提高养分的空间有效性，即根系的生物学形态响应机制。不同类型和品种的作物根系在土壤中的空间分布（根构型）不同，由于氮磷养分在土壤中的移动性不同，不同作物根构型对养分利用的贡献也不同。

对移动性强的氮素而言，根系夹角变小、碳消耗减少及根系深扎有利于高效吸收土壤氮素（Lynch et al.，2013）。针对长期耕作施肥导致有效磷含量沿土壤剖面逐渐下降的特征，浅根系有利于作物对表层土壤有效磷的吸收（Wang et al.，2010）。根际养分不足可诱导根系分泌质子、有机酸等物质活化局部养分，即根系的生物化学适应机制，该机制对植物缺磷的响应明显，但对缺氮的响应并不显著。玉米根外质子分泌有益根际养分活化（Taylor et al.，2012），而根内质子分泌可以软化细胞壁促进根细胞伸长（Fan et al.，2004）。在根质子分泌的网络作用途径方面，Shin等（2007）针对烟草和拟南芥研究了14-3-3蛋白在控制质子泵和养分离子通道活性的作用机制。有研究表明，在低磷胁迫下，番茄体内14-3-3蛋白TFT7能提高根尖细胞伸长区的质子外排（Xu et al.，2012）；在土壤干旱条件下，水稻根尖14-3-3蛋白累积促进生长素转运进而提高根系质子外排（Xu et al.，2013）。因此，植物14-3-3蛋白在应对土壤环境胁迫，调控根尖分泌质子促进根系生长方面起到重要作用。

土壤低磷条件下，植物根系首先感受并传递磷信号，随后植物本身通过自身生理机制的改变，进一步影响机体代谢来适应低磷环境（Lynch et al.，1998；Lynch J，1995）。植物吸收养分的主要器官是根系，在低磷环境下，根系形态变化及生理适应性反应是植物有效吸收土壤磷的主要机制（Hai et al.，2001；刘慧等，1999）。

根系形态的改变，主要包括主根伸长、侧根及根毛密度增加，这些变化主要有糖类、生长素、细胞分裂素等生长因子调节（Niu et al.，2012）。图10.3.6表明，在水分及低磷处理下，水稻（日本晴）与旱稻（中旱3号）生理响应不同，低磷（LP）情况下，旱稻根系伸长更多，水稻则没有变化。

郭玉春等（2003）研究表明，在低磷环境下，水稻叶片积累的蔗糖加强向韧皮部和根系的运输，进而增加了根系干重、减少了地上部干重，根冠比显著增加。同时，低磷环境中水稻根系也会发生较大变化，种子根和不定根鲜重增加，主根和不定根的直径变小，水稻地上部的生长素合成与生长素从地上部到根系的极性运输发生变化，促进了水稻根系的伸长（黄荣等，2012）。我们的实验结果表明，在水分及磷处理下，低磷时中旱3号根系伸长速率最快，日本晴则没有较大变化（见图10.3.7）。

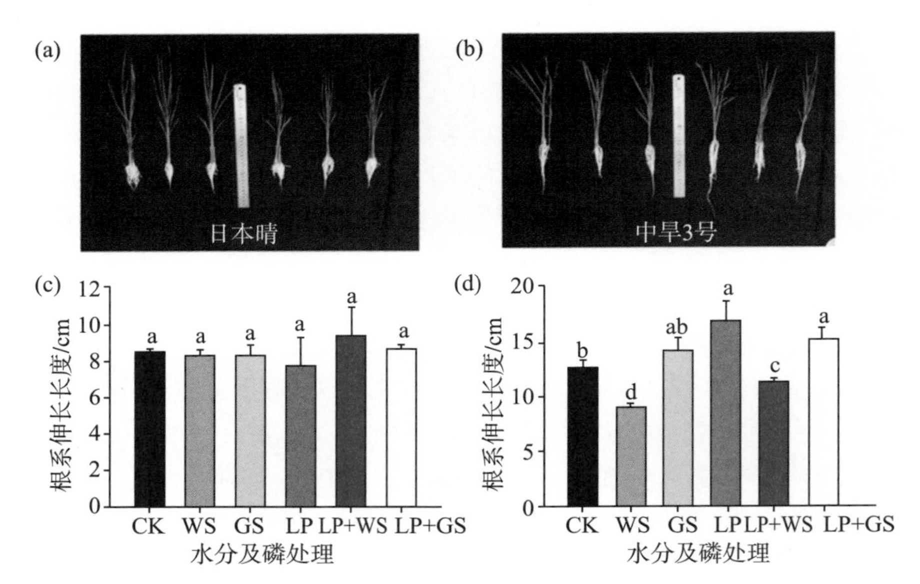


图 10.3.6　水稻与旱稻对水分及磷处理的响应。(a)日本晴表型图；(b)中旱 3 号表型图；(c)日本晴根系伸长长度；(d)中旱 3 号根系伸长长度

注：不同字母表示结果之间差异达到显著水平($P<0.05$)。CK，对照；WS，水分胁迫；GS，水分干湿交替；LP，低磷；LP+WS，低磷与水分胁迫；LP+GS，低磷与水分干湿交替。

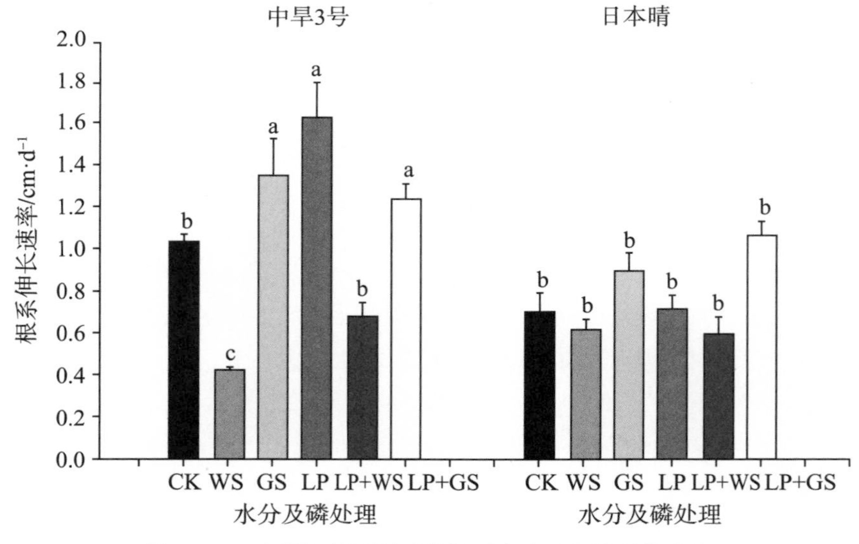


图 10.3.7　水稻与旱稻根系伸长对水分及磷处理的响应

注：不同字母表示结果之间差异达到显著水平($P<0.05$)。CK，对照；WS，水分胁迫；GS，水分干湿交替；LP，低磷；LP+WS，低磷与水分胁迫；LP+GS，低磷与水分干湿交替。

随着分子生物学的发展，越来越多的基因被证明参与到水稻高效利用土壤磷的机制中。经过研究发现，蛋白激酶基因(phosphorus-starvation tolerance 1, *PSTOL1*)可以促进根系生长，改变水稻根系构型，促进水稻吸收磷素，在低磷土壤中此基因超表达株系的产量可以提高60%以上(Gamuyao et al., 2012)。此外，转录因子(rice Pi traffic facilitator, *OsPTF1*)也可以促进根系发育，在低磷土壤中，*OsPTF1*超表达水稻的分蘖数、生物量和磷含量均提高20%(Yi et al., 2005)。*OsPHF1*超表达水稻在低磷土壤中具有更高的产量和有效分蘖(Ping et al., 2013)。

根系活化作用是耐低磷水稻吸收土壤磷素的优势，其主要体现在根系质子分泌和有机酸上(明凤等，2000；Hai et al., 2001)。在水分及磷处理下，水稻(日本晴)与旱稻(中旱3号)质子分泌速率有明显差异，整体来看，旱稻质子分泌速率明显高于水稻，低磷及水分干湿交替下，根系质子分泌速率明显增加，这一结果表明旱稻可能比水稻耐低磷性更强(见图10.3.8)。

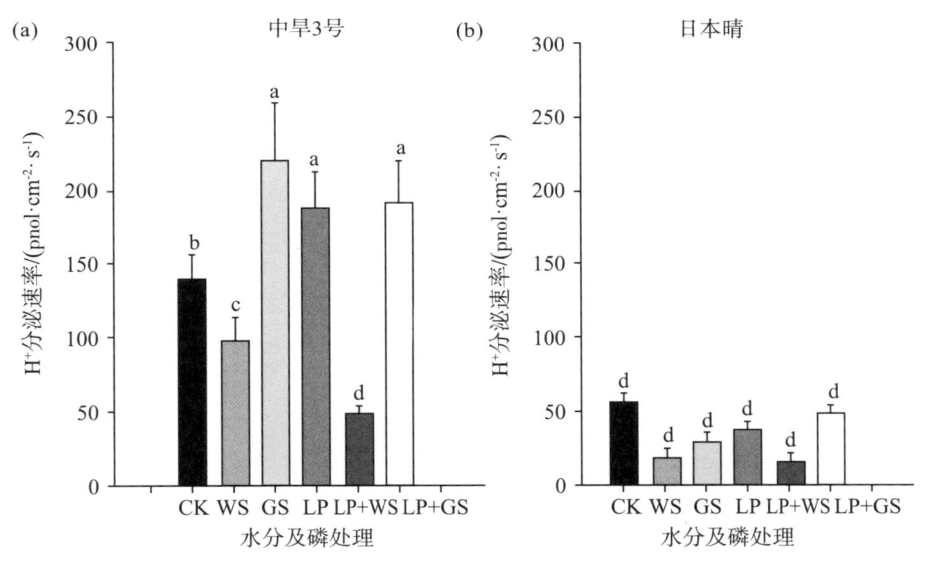


图10.3.8　旱稻与水稻$H^+$分泌速率对水分及磷处理的响应。(a)旱稻(中旱3号)；(b)水稻(日本晴)

注：不同字母表示结果之间差异达到显著水平($P<0.05$)。CK，对照；WS，水分胁迫；GS，水分干湿交替；LP，低磷；LP+WS，低磷与水分胁迫；LP+GS，低磷与水分干湿交替。

分泌到根际的有机酸通过溶解、酸化等方式将土壤中固定的磷活化，利于吸收。分泌的质子也会将根际土壤酸化，释放难溶磷(李春俭，1999)。水稻根系分泌物中可检测到苹果酸、乙酸、柠檬酸和琥珀酸等4种有机酸，低磷环境下，磷高效水稻品种根系分泌有机酸显著增加，用于活化磷素，促进对根系磷素的吸收（明凤等，2000；李德华等，2006）。缺磷水稻根系中酸性磷酸酯酶活性增加，一方面，促进水稻体内有机磷的利用；另一方面，通过分泌来分解土壤有机磷，利于水稻根系吸收磷（郭玉春等，2003）。低磷胁迫下水稻根系的质膜 $H^+$-ATPase活性升高，根际质子的分泌增加，土壤固定的难溶性磷被活化，水稻根系对磷的吸收提高（Zhang et al.，2011）。质膜 $H^+$-ATPase基因 *OsA8* 敲除后，水稻对磷的吸收和转运能力显著降低（Chang et al.，2009）。李永夫等（2006）的研究结果显示，低磷处理20d后，8个基因型的水稻根系分泌质子活性显著升高。根据图10.3.9结果，水分及磷处理下水稻根系质子分泌速率显著加快，从而促进根系伸长，大田根系剖面得出同样的结论。在田间试验中，我们发现低磷及水分干湿交替处理可以最大限度地促进根系下扎，从而更好地利用水分与养分。

图10.3.9　大田水稻根系对水分及磷处理的响应。(a)对照；(b)水分干湿交替；(c)水分胁迫；(d)低磷；(e)低磷与水分干湿交替；(f)低磷与水分胁迫

总之，我们通过分析作物高效利用土壤磷生物学的机制，构建了肥料养分持续高效利用的理论、方法和技术体系，实现化学肥料减施情况下作物的持续高产，提高磷肥利用率的目标。

（许卫锋）

# 第11章　氮磷高效利用的土壤-生物功能调控与技术原理

## 11.1　外源生物对根圈土壤氮磷供应的调控与技术原理

### 11.1.1　外源有益微生物的筛选及对玉米的促生作用

根际促生细菌(plant growth promoting rhizobacteria,PGPR)是对可定殖于植物根系,占据有利生态位,生态功能活跃,并能促进植物生长的一类细菌的统称(Wu et al.,2005)。它的概念最早由Kloepper等于1980年提出,后经Kapulnik等于1981年进行补充并逐渐发展为现在我们所熟悉的概念(Kloepper et al.,1980;Kapulnik et al.,1981)。根际促生细菌的种类繁多,主要集中于20多个属,包括假单胞菌属、芽孢杆菌属、荧光假单胞菌属、产碱菌属、节杆菌属、固氮菌属等(Saharan et al.,2011)。

养分是除水分和温度以外,影响植物生长最重要的因素之一。根际促生细菌可以有效增加植物生长所需养分的有效性,提高根系在有限土壤空间中对养分的吸收效率,主要通过以下几个途径实现。①生物固氮。氮元素是影响植物生长和作物产量最重要的营养元素。虽然空气中有大量的氮气(约78%),但是却不能被植物直接吸收利用,需要固氮菌经过生物固氮作用将本不能被植物直接利用的氮气转化为氨氮(Kim et al.,1994)。实际上,生物固氮量约占所有形式固氮量的2/3(Rubio et al.,2008),由于生物固氮不像工业固氮需要苛刻的温度和压力条件，它可以在自然条件下完成，既能节约工业固氮的成本，又不会污染环境，所以固氮菌可以作为生物肥料为作物提供氮素，从而减少化肥氮的投入。②生物解磷。对植物而言，磷元素是除氮素以外最重要的营养元素，在植物生长过程中参与了绝大多数的代谢活动，比如能量转化、信号转导、光合作用、呼吸作用等（Anand et al.，2016）。事实上，土壤中有大量的磷素以无机和有机态的形式存在，但是其中有近99%的磷处于难溶、沉淀或被固定的形态，导致其不能被植物所吸收利用。溶磷菌是一类可以通过分泌有机酸、质子、磷酸酶等物质将土壤中难溶的有机或无机态磷素经过溶解或矿化反应转化为可以被植物吸收利用的一元、二元磷酸根离子的根际促生细菌（Kpomblekou et al.，2003；Narula et al.，2000；Hinsinger，2001）。它包含了芽孢杆菌、肠杆菌、欧文氏菌、假单胞菌等多个属，同时有些溶磷菌还兼具固氮，促铁元素、锌元素吸收等作用。③生物解钾。钾元素是继氮、磷之后植物生长第三重要的营养元素，在植物进行酶、蛋白合成和光合作用等过程中起十分重要的作用。植物缺钾容易导致根系发育迟缓，籽粒不饱满，产量下降等问题，而土壤中的钾素约有90%都以不溶态存在，可溶性钾素含量很低（Parmar et al.，2013），故解钾菌通过产生和分泌有机酸来溶解土壤中难溶的钾素这一过程就显得尤为重要（Bahadur et al.，2017）。具有解钾能力的菌属有芽孢杆菌、氧化亚铁硫杆菌、假单胞菌和伯克霍尔德菌等（Liu et al.，2012）。④合成嗜铁素。铁元素作为植物生长和合成蛋白的重要因子，参与了呼吸作用、光合作用等一系列植物代谢活动。铁元素是地壳中含量占第四位的大量元素，但常以三价铁的形式存在，很难被植物同化（Ammari et al.，2006），产嗜铁素菌可以通过产生的嗜铁素为铁载体，帮助植物对铁素的吸收同化，提高植物对铁素的吸收能力。

另外，还有很多可促进植物对其他元素和营养物质吸收能力的菌作为根际促生细菌在发挥其重要的功能，比如钙、镁和锌等植物不可或缺的大量元素以及中微量元素。作为生物肥料功能的根际促生细菌，其促生机制属于直接促生机制。据统计，全球人口总数到2050年将突破90亿，随着人口数量不断增长，全球对粮食作物产量和质量的需求也日益增加。然而，土壤退化、耕地面积减少、地力下降、农田生态环境遭到破坏等一系列问题使全球农业面临巨大的挑战。在当前情况下，走可持续发展道路，推行农业可持续发展战略，成为解决这一全球问题的关键。显然，通过增加化肥和农药的使用量来增加作物产量的做法无异于涸泽而渔。近年来,越来越多的研究结果表明,离开了土壤微生物的帮助,农业生产可持续性将难以实现(Vaxevanidou et al.,2015;Patil et al.,2014)。因此,研究拥有促进植物生长、增加作物产量、抑制土传病原菌、改善土壤微生物群落结构等功能,并且不会对环境造成污染的根际促生细菌,具有十分重要的价值和意义(Calvo et al.,2014;Singh et al.,2017a,b)。

#### 11.1.1.1 材料和方法

(1)根际促生细菌的筛选实验

利用Luria-Bertani(LB)培养基(胰蛋白胨$10g\cdot L^{-1}$,蛋白提取物$5g\cdot L^{-1}$,氯化钠$10g\cdot L^{-1}$,琼脂粉$20g\cdot L^{-1}$,pH 7.0)从有机肥原料中分离可培养细菌。准确称取3g有机肥于灭过菌的50mL锥形瓶中,加入27mL灭过菌的生理盐水(0.85%NaCl),密封状态下放入28℃,$150r\cdot min^{-1}$的摇床2h,然后取出静置30min,在超净工作台中取上清液100μL均匀涂布在LB固体培养基上,用灭菌封口膜封好口后置于28℃恒温培养箱中,24h后用灭菌接种环挑取单菌落于全新的LB平板上划线培养,直到划线平板出现单菌落为止。挑取单菌落于15mL试管中(试管中提前准备5mL灭过菌的LB培养液),试管密封置于28℃,$150r\cdot min^{-1}$摇床中,24h后取出在超净工作台中调$OD_{600}$=1.0,利用解磷固体培养基(葡萄糖$10g\cdot L^{-1}$,磷酸三钙$5g\cdot L^{-1}$,氯化镁$5g\cdot L^{-1}$,硫酸镁$0.25g\cdot L^{-1}$,氯化钾$0.2g\cdot L^{-1}$,硫酸铵$0.1g\cdot L^{-1}$,琼脂粉$20g\cdot L^{-1}$,pH 7.0)对分离到的细菌进行初筛,从试管中取100μL菌液点接于解磷固体培养基上,将培养基密封置于28℃恒温培养箱中培养,观察并统计出现透明圈的菌株。利用解磷液体培养基进行溶磷能力定量实验并检测溶磷后体系pH,准备足量250mL灭过菌的锥形瓶,每个锥形瓶加入100mL灭菌的解磷培养液,挑选之前出现过透明圈的菌株,重新获得种子液(即小试管摇床制得)后在超净工作台中调$OD_{600}$=1.0,然后分别接种于准备好的解磷培养液中,接种量为千分之一。接种完毕后密封置于28℃,$150r\cdot min^{-1}$摇床中,用钼锑抗——分光光度计比色法测定,并计算7d后各锥形瓶中的可溶磷浓度。同时,用pH计检测锥形瓶内液体的pH。

筛选到的细菌利用16S rDNA方法进行分类鉴定。PCR扩增所用引物为细菌16S rDNA通用引物,上游引物27F:5'-AGAGTTTGATCCTGGCTCAG-3';下游引物1492R:5'-TACGGCTACCTTGTTACGACTT-3'。PCR反应体系

(20μL)为:GC buffer I (TAKARA),$2.5mmol \cdot L^{-1}$ $Mg^{2+}$、$0.2mmol \cdot L^{-1}$ dNTP、1U HotStarTaq polymerase (Takara)、1μL template DNA,上游引物27F 1μL,下游引物1492R 1μL,模板DNA 2.5μL,$ddH_2O$ 8μL。PCR反应条件为:95℃预变性3min,94℃变性1min,55℃退火1min,72℃延伸1min,30个循环,72℃延伸10min。PCR产物用1.5%琼脂糖凝胶电泳进行检测。16S rDNA PCR产物经纯化后测序。测序所得基因序列提交到NCBI网站(http://blast.ncbi.nlm.nih.gov)进行Blast比对。最后将已筛选到的细菌摇种子液(方法同上),在超净工作台中将菌液和已灭菌的80%甘油按照体积比1:1混合均匀,密封后依次置于－80℃冰箱长期保存。

(2)室内发芽实验

利用筛选到的细菌,通过浸种(菌液$OD_{600}$=1.0,浸种时间12h)的方式进行发芽实验,通过测定第七天玉米芽长和根长来验证其促生能力。把保存于－80℃冰箱的菌种在超净工作台中接于15mL灭菌试管中(试管中事先已加入5mL已灭菌LB培养液),密封后置于28℃,$150r \cdot min^{-1}$摇床中,24h后取出,在超净工作台中按照千分之一接种量接种到装有100mL已灭菌LB培养液的250mL锥形瓶中,密封后置于28℃,$150r \cdot min^{-1}$摇床中,24h后调$OD_{600}$=1.0,然后将适量已消毒过的玉米种子浸没于锥形瓶中的菌液里,摇匀后静置12h,将菌液倒掉,小心取出玉米种子,整齐排列在已用75%乙醇擦洗晾干过的发芽盘上,定期补充无菌水,在第7天时用直尺测量种子的芽长和根长。

(3)温室盆栽实验

将上述筛选到的细菌利用浸种($OD_{600}$=1.0,浸种时间12h,操作步骤同室内发芽实验)的方式进行玉米盆栽实验,播种方式为直播。每个处理设5个重复,第30天时对玉米幼苗进行生理指标检测,测定指标有株高、茎粗、叶绿素、叶片含氮量及叶片含水率。株高用卷尺测量,茎粗用游标卡尺测量,叶绿素、叶片含氮量和叶片含水率均由SPAD便携式叶绿素仪进行测定。

(4)大田实验

本实验在吉林省公主岭市(43°31′52″N,124°49′31″E)进行了为期一季的玉米田间实验,利用前期筛选得到的几株细菌制得的菌液作为微生物处理(下文用W表示)与不同施肥量进行搭配,共设不施氮肥、常量施肥、减氮20%、减氮40%、常量施肥+W、减氮20%+W、减氮40%+W等7个处理。实验地占地约1.24亩,每个处理4个重复,共28个小区。实验小区采取随机分布,每小区长6.4m,宽4.6m,小区面积$29.44m^2$。种植行间距65cm,株间距

23cm。4月20日施肥,26日播种。实验施肥具体标准,氮磷钾采用单料肥,即尿素、过磷酸钙和农用硫酸钾以常量施肥为例,每亩施尿素40.00kg,过磷酸钙66.67kg,农用硫酸钾16.00kg。W浓度为$10^8$CFU·$mL^{-1}$,用量为5.00L·亩$^{-1}$,实验用玉米品种为吉单558。

对玉米生长指标的测定为从喇叭口期开始第一次指标测定,检测指标为株高和茎粗,之后每隔一个月调查1次。对玉米产量的测定为玉米成熟后,每小区随机选取3个$2m^2$样方的玉米为一个混合样,后续进行晾晒、脱粒、称重、烘干称重等一系列流程,按照国家标准玉米粒18.0%含水量计算每个小区的产量,然后根据小区面积算出每个处理的亩产量。

#### 11.1.1.2 结果与分析

(1)根际溶磷细菌的筛选及鉴定

用LB培养基从不同发酵程度的有机肥中分离得到92株细菌,通过解磷固体培养基的初筛,出现明显透明圈的有5株。通过对5株菌进行溶磷能力的定量测试可知,溶磷能力最强的是菌株S2,可溶磷浓度为565.5mg·$L^{-1}$,其次是菌株S1,可溶磷浓度为449.1mg·$L^{-1}$,均显著高于另外3株菌(S3、S4、S5),这3株菌的溶磷能力相近,溶液中可溶磷浓度分别是99.3mg·$L^{-1}$、109.2mg·$L^{-1}$和101.9mg·$L^{-1}$,彼此之间无显著差异(见表11-1-1)。

表11-1-1 5株菌的溶磷能力

| 处　理 | 可溶磷浓度/mg·$L^{-1}$ | pH |
|---|---|---|
| CK | 36.9±1.2a | 7.22±0.07d |
| S1 | 449.1±43.0c | 4.49±0.08a |
| S2 | 565.5±23.9d | 4.24±0.17a |
| S3 | 99.3±2.4b | 6.59±0.29c |
| S4 | 109.2±8.9b | 5.49±0.12b |
| S5 | 101.9±35.3b | 5.75±0.40b |

注:同列不同字母表示结果之间差异达到显著水平($P<0.05$)。

在溶磷终点(7d)时,溶液中pH以S2最低,其次是S1,两者之间无显著差异,但它们与另外3株菌的终点pH有显著差异。另外,菌株S3的终点pH显著高于菌株S4、S5(见表11-1-1)。5株菌的溶磷能力和溶磷终点时pH之间的关系除了S1、S2在溶磷能力上有显著差异,而终点pH无显著差异,以及S3

与S4、S5在溶磷能力上无显著差异，而终点pH有显著差异之外，从整体趋势上看，两者基本显现出对应的关系。

根据以上结果，对S1、S2和S3进行16S rDNA测序，根据Blast比对结果可知，菌株S1属于柠檬酸杆菌属(*Citrobacter* sp.)，S2和S3属于芽孢杆菌属(*Bacillus* sp.)。

(2)溶磷细菌对玉米生长的促进作用

玉米种子萌发第7天时，经过S1菌液浸种处理的种子的芽长最长，显著长于其他处理。另外，在所有处理中，除了S3外，其余各处理的芽长都显著长于CK。从根长上看，经过S1处理的种子的根长最长(见表11-1-2)。

**表11-1-2　不同菌株处理对玉米种子萌发及生长的影响**

| 处　理 | 芽　长/cm | 根　长/cm |
|---|---|---|
| S1 | 12. 8±1. 5d | 17. 7±2. 9bc |
| S2 | 10. 3±2. 1bc | 13. 0±1. 7a |
| S3 | 8. 8±1. 1ab | 12. 8±3. 3a |
| S4 | 10. 5±1. 5bc | 15. 4±2. 3ab |
| S5 | 10. 4±1. 5bc | 15. 1±2. 6ab |
| CK | 8. 0±2. 0a | 12. 7±2. 8a |

注：同列不同字母表示结果之间差异达到显著水平($P<0.05$)。

(3)溶磷细菌对温室玉米生长的促进作用

不同菌株处理下，玉米盆栽第30天时的株高和茎粗无显著差异，叶绿素、叶片含氮量和叶片含水率则表现出显著差异。其中，S1处理的表现最好，其次是S2，再次是S3，这3个处理的叶绿素、叶片含氮量和叶片含水率与CK相比均有显著差异(见表11-1-3)。

**表11-1-3　不同菌株处理下温室玉米的生长指标**

| 处　理 | 株　高/cm | 茎　粗/cm | 叶绿素/% | 叶片含N/% | 叶片含水/% |
|---|---|---|---|---|---|
| S1 | 38.8±6.0a | 0.65±0.12a | 24.1±1.1d | 1.7±0.1c | 35.2±1.6d |
| S2 | 43.6±4.2a | 0.67±0.05a | 22.2±3.7cd | 1.5±0.3c | 32.5±5.4cd |
| S3 | 38.1±4.0a | 0.70±0.06a | 21.0±2.6bc | 1.5±0.2bc | 30.8±3.7bc |
| S4 | 41.1±4.1a | 0.71±0.06a | 18.6±0.7ab | 1.3±0.1b | 27.1±1.1ab |
| S5 | 38.7±5.9a | 0.68±0.02a | 15.9±0.6a | 1.1±0.1a | 23.3±0.9a |
| CK | 40.4±2.9a | 0.64±0.05a | 15.8±1.8a | 1.1±0.1a | 23.1±2.7a |

注：同列不同字母表示结果之间差异达到显著水平($P<0.05$)。

(4)溶磷细菌对田间玉米的增产作用

在喇叭口期,不同处理间的株高无显著差异;在茎粗方面,除减氮20%处理显著大于其他各处理外,其余各处理间均无显著差异(见表11-1-4)。在抽雄期,不施氮肥处理的茎粗显著小于其他各处理,其余各处理间均无显著差异。将减氮20%组合处理与不施氮肥和常量施肥单独列出作对比,可以看到,随着玉米的生长发育,不施氮肥的处理显著差于其他处理,而减氮20%的各处理之间差异并不显著。

表11-1-4 不同时期玉米生长情况

| 处 理 | 喇叭口期 | | 抽雄期 |
|---|---|---|---|
| | 株 高/cm | 茎 粗/cm | 茎 粗/cm |
| 不施氮肥 | 94.9±9.7a | 2.64±0.18a | 2.85±0.14a |
| 常量施肥 | 96.3±8.9a | 2.76±0.32ab | 3.33±0.29bc |
| 减氮20% | 108.6±6.4a | 3.12±0.20b | 3.33±0.11bc |
| 减氮40% | 95.3±7.4a | 2.58±0.15a | 3.11±0.12abc |
| 常量施肥+W | 91.8±10.8a | 2.60±0.33a | 3.37±0.16bc |
| 减氮20%+W | 96.4±7.6a | 2.85±0.15ab | 3.24±0.25abc |
| 减氮40%+W | 91.9±6.9a | 2.61±0.10a | 3.22±0.19abc |

注:同列不同字母表示结果之间差异达到显著水平($P<0.05$)。

通过测产可知,常量施肥+W处理的亩产显著高于没有搭配微生物的前四个处理以及减氮40%+W的处理,但它与减氮20%+W处理之间无显著差异。减氮20%之后,玉米亩产量与常量施肥相比略有提高,但差异不显著,但是当减氮20%+W处理之后,其亩产就显著高于常量施肥。另外,搭配微生物后,减氮20%与单独减氮20%的亩产量相比也无显著差异。减氮40%+W处理的产量显著高于单独减氮40%的处理,说明在土壤中氮素养分不足时,添加外源微生物可以促进玉米产量的增加(见表11-1-5)。

表11-1-5 微生物组合处理对玉米产量的影响

| 处 理 | 亩产量/kg |
|---|---|
| 不施氮肥 | 784.26±38.52a |
| 常量施肥 | 854.07±75.06ab |
| 减氮20% | 923.57±31.74bc |
| 减氮40% | 773.20±21.91a |

续表

| 处 理 | 亩产量/kg |
|---|---|
| 常量施肥+W | 1021.62±68.91d |
| 减氮 20%+W | 960.13±41.07cd |
| 减氮 40%+W | 933.53±27.47bc |

注:同列不同字母表示结果之间差异达到显著水平($P<0.05$)。

另外,不施氮肥和减氮40%处理下的玉米棒比较短小,常量施肥、减氮20%和减氮20%+W处理的玉米棒较长,其中以减氮20%+W处理的玉米棒最长,籽粒排布更紧密(见图11.1.1)。

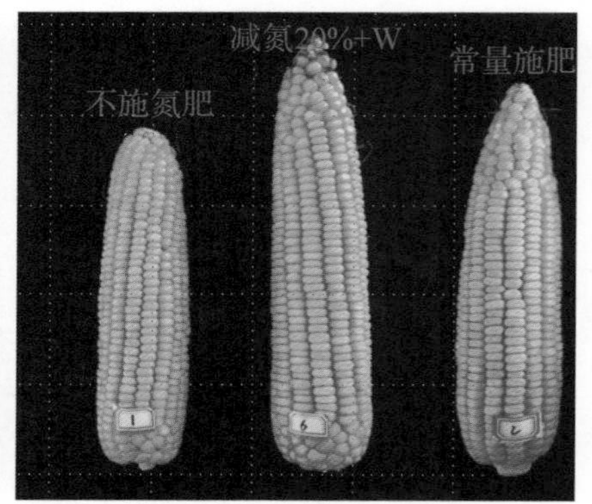


图11.1.1 不同处理的玉米外形

### 11.1.1.3 讨论与总结

我们筛选到的S1和S2菌株的解磷能力在目前已知的高效解磷细菌中位居前列(杜雷等,2017;虞伟斌等,2010;Elizabeth et al.,2007),在解磷液体培养基中的7d溶磷量分别可达449.1mg·$L^{-1}$和565.5mg·$L^{-1}$。根据这两株菌溶磷终点的pH可以推断其溶磷机制是产生了有机酸和质子$H^{+}$,虽然两株菌在溶磷能力上有显著差异,但在终点pH上无显著差异,说明S2菌株除了上述解磷机制外可能还存在其他解磷机制。另外,菌株S3与S4、S5相比,三者在溶磷能力上无显著差异,而在终点pH上,菌株S3显著高于S4、S5,一方面,可能菌株S3的解磷机制与其余4株菌有较大差异,即不通过产生质子或有机酸等酸性物质来溶解难溶性磷;另一方面,可能菌株S3可以分泌碱性磷酸酶或其他碱性物质来中和体系中产生的酸，这对于缓解根际土壤酸化将起到一定作用，但同时，也可能会由于其缓冲作用导致体系溶磷能力降低。

室内发芽实验表明，玉米种子经过菌液处理后，其芽长和根长均有增加，说明实验所用细菌对玉米具有促生作用。其中，以S1处理的促生效果最好，且与CK和其他处理有显著差异。这主要是因为菌株S1可以产生IAA（前期定性实验已验证）。我们中大田实验用是复合菌株处理，是希望通过多菌株组合的方式扩大菌群体系的生态位，增强其定殖能力和与土著微生物的竞争能力，最终使得体系的促生能力达到最优状态。

在温室实验结果中，菌株S1和S2在叶绿素、叶片含氮量和叶片含水率三个指标上的表现均显著好于CK，这与室内发芽实验的结果基本一致。各处理间株高和茎粗没有显著差异的原因，可能是由于实验用土为从东北采集而来的黑土，其土质优良，营养丰富，本身即可满足玉米自然生长的必要条件，导致不同处理间在株高和茎粗上的差异不明显，但是从叶片指标上看，S1和S2处理后的玉米叶片质量明显有了提高，叶片质量提高之后将会进一步促进植株光合作用的进行以及营养元素和水分的运输，从而达到促生的效果。

大田实验表明，从生长指标上看，微生物处理在玉米生育前中期可以一定程度上促进植株生长。从产量上看，一方面，我们在不降低产量的前提下，可以减少20%施氮量以降低肥料投入，但在施氮量减少40%的情况下，产量发生了显著降低的现象，说明减氮20%是一个比较恰当的选择；另一方面，微生物菌液搭配施肥的应用方式对玉米产量的提高具有较好的效果，尤其在常量施肥和施氮量减少比例较大（减少40%）的情况下增产效果更加明显。这主要是因为作为根际促生细菌的微生物菌液施用之后，改善了玉米根际微生物群落结构，提高了根际范围内氮磷等营养元素的有效性，促进了玉米根系对营养元素的吸收利用。这种促生作用在减氮40%下的表现更加明显，而单独减氮20%的处理本身就对改善土壤中碳-氮平衡以及调控土壤菌群和提高作物产量有较好的作用，所以在此基础上搭配微生物菌液后对产量的提高反而没有其他处理明显。减氮20%+W处理的产量作为所有处理中第二高产量的处理，显著高于常量施肥的处理。

（李建刚　申民翀）

## 11.1.2 丛枝菌根真菌田间应用现状及促效措施

在农田养分循环过程中，土壤微生物起着举足轻重的作用，不同时空尺度下的土壤、根系与微生物三个系统的协同作用影响着土壤氮、磷等养分的转化过程，从而影响作物氮、磷等养分的吸收（孙波等，2015）。其中，菌根对植物生长和营养吸收的促进作用尤为显著。丛枝菌根真菌（AMF）是菌根真菌中分布最广、与农业生产关系最为密切的一类内生菌根真菌，与植物共生形成的菌根是植物间及植物根系与土壤之间的纽带，菌根通过菌丝网格可以在不同植物间传递营养物质和信息，显著影响土壤中碳、氧、磷养分循环（Walder et al.，2012），在农业生产和土壤环境保护方面具有十分重要的作用（Hamel et al.，2006；Gianinazzi et al.，2010；Smith et al.，2011）。

土壤磷素是调控 AMF 和宿主共生关系的主要因子（Bolan，1991；Kathleen et al.，2002）。AMF 能显著增加作物对磷素的吸收，尤其是在土壤低磷条件下（Ortas，2012），提高磷素利用效率，可促进作物生长、提高产量（Raiesi et al.，2006；Watts-Williams et al.，2012）。若这种共生关系被破坏，则有可能降低作物的生长和产量（Thompson，1987）。造成破坏的原因通常是土壤中有效磷浓度增加，根系侵染受到抑制（Kahiluoto et al.，2001；Alguacil et al.，2010）。此外，AMF 能够动员有机氮，增加氮素的植物有效性（Leigh et al.，2009；Barrett et al.，2011），从有机态中转化的氮素最高可占总有效氮的 32%（Leigh et al.，2009）。同时，接种 AMF 还能够提高豆科植物的固氮能力（Ibijbijen et al.，1996）。

### 11.1.2.1 丛枝菌根真菌应用现状

AMF 能与大多数的农作物形成共生关系，其生态功能不容忽视，其在农业生产中的有益作用也从盆栽实验扩大到田间尺度。然而，农田土壤中 AMF 的数量和种类限制着其有益作用的发挥，即使可以通过接种外源菌剂得到改善，但仍会受到植物与真菌之间复杂的生态学和进化动力学关系的影响。AMF 对土壤环境比较敏感，土壤环境的差异导致人工繁殖的 AM 菌剂田间应用效果不稳定，难以重复室内试验效果。Smith 和 Read（2008）发现密集型农业生产可抑制 AMF 的繁殖，耕作、高量施肥（尤其是磷肥）、杀菌剂以及高频率的休耕都会显著降低 AMF 的丰度（Cavagnaro et al.，2011；Karasawa et al.，2011；Schnoor et al.，2011）。因此，目前仍无 AMF 菌剂大规模应用于田间生产。过去研究者认为农田土著AMF的效果不明显是由于菌根侵染率低,大量的研究试图通过外源菌根接种剂来促进作物的菌根侵染,但是结果显示接种获得正效应的比例非常低,人为添加菌剂的作用只是暂时的,如果想要在农田土壤中建立起一个功能性的AMF群落,就必须考虑到接种所带来的长期效应,引入的外源的菌剂能否成功地与一种作物或者是轮作的作物建立起长期共生关系。值得欣慰的是,长期频繁耕种的农业土壤中存在着一些适应其环境的AMF,多是一些常见种,如摩西球囊霉。这也是不同土壤类型中广泛存在的一类土著菌根真菌。

影响菌根形成过程的因素主要有以下两个方面(Verbruggen et al., 2013)。

(1)农田土壤条件

Diaz等(1992)认为土壤类型影响菌种对植物的侵染和效果,可能是不同菌种对土壤类型适应性的原因;而农田土壤对物种选择的差异可能受到不同管理方式的影响,相比自然生态系统,它们容易被更少数的一些物种所占领,这些物种能够很好地适应农田的条件(Oehl et al., 2010; Schnoor et al., 2011)。外来菌剂需要与当地的土壤条件相匹配,比如土壤养分状况,Pagano等(2013)认为土壤含水量和有效磷浓度将会对AMF群落结构产生影响,高水平的磷浓度将会抑制根系侵染和AMF的生长,从而限制AMF群落的扩大(Smith et al., 2008)。Sheng等(2012)用18年大田试验表明,施用磷肥降低了AMF对玉米的侵染率,耕作增加了土壤容重、玉米生物量根表面积等,但是降低了土壤总碳和总氮浓度以及AMF的侵染和细根的比例。但也有研究表明施用磷肥可以增加AMF群落结构的多样性,不施磷肥的对照土壤中AM群落主要被*Glomus intraradices*和*Glomus claroideum*两种菌株主导,这可能是这两种菌株最适合在低磷条件下生长(Wakelin et al., 2012);另外还有土壤类型和pH也会影响AMF的侵染(Oehl et al., 2010),土壤质地会通过淹水性、通气性和对养分有效性的限制等途径影响菌根的作用效果(Joshi et al., 1995),Clark和Zeto(1996)发现球囊霉属的三种菌株在酸性土壤中对养分吸收的能力相似,而在碱性土壤中,*Glomus etunicaturn*和*Glomus intraradices*能比*Glomus diaphanum*吸收更多的养分;Sivakumar(2013)分析了14块甘蔗田中23个菌种,结果表明根系侵染率和土壤孢子数与土壤pH(6.1~7.8)呈正相关,而与有效磷、有效氮及土壤EC值均呈负相关关系。从季节上来区分,夏季更有利于菌根的生长。

（2）当地生物的兼容度

群落组成通常受到优先效应的显著影响，即某个群落里最初的物种决定了这个群落最终的组成。优先效应对真菌种类选择的影响甚至超过了施肥（Dickie et al.，2012）。Lekberg等（2012）研究了物理干扰是否会对AMF群落造成影响，或者促进某一菌株的生长，结果表明外界干扰不会对物种的组成产生直接影响，而优先效应是群落之间产生差异的关键原因。想要建立一个新的分类群就必须与当地的这些适应性强的物种竞争。因为土壤环境能够容纳的生物数量是固定的。如果分配给AMF的植物配额减少，那么就会造成一些农田土壤容量减小的现象。比如种植一些非宿主植物，或者是养分投入过高和其他一些不利的环境因素。AMF和根际细菌是否协同作用取决于土壤的养分状况和根系的生理性平衡（Cosme et al.，2013）。对于外来菌株来说，如果群落数量减少到一定程度，将会因为土著菌株的竞争压力过大而被淘汰出局。因此，宿主植物的丰度对共生关系的建立至关重要，越来越多的研究表明一些AMF类群是"专一"的，而另一些是"通用"的（Öpik et al.，2012）。Gosling（2013）等认为，宿主的类型对AM菌根群落多样性的影响远远超过土壤磷浓度，尤其是磷浓度较高的情况下。间作是农业生产中常用的一种栽培方式，如果能添加一种"通用型"的菌剂，利用牧草来提供附加的菌剂来源，那么在其他土壤条件不变的情况下，将会加强这种共生关系。那些由于长期的管理失误造成的AMF种类缺乏的地区，尤其需要通过添加菌剂的形式加以改善（Wagg et al.，2011）。更重要的是，这些地区能为引入的菌株提供更好的兼容性，因为多样性水平低也就意味着还有更多的空间未被占领。如果说AMF的多样性水平低是由土壤微生物环境相对简单造成的，那么建立一个匹配度较高的共生环境，则可以从中直接获得收益。在实际生产过程中，直播的作物可以通过调整农艺措施增强土著菌根对植物的促进作用，而采取移栽种植的作物，则通过苗期接种菌剂的方式提高产量和质量，使其更适合大面积应用（Ortas，2012）。

近二十年来，菌根真菌的商品化菌剂的种类在不断增加，有些国家菌剂的生产已经商业化，如美国、英国、法国和日本等国均有AM菌剂出售，其在蔬菜、花卉和果树、牧草等的生产上产生了显著的经济和生态效益。我国虽然近年来在AMF的研究上发展迅速，但至今国内仍没有大规模的AM菌剂工厂化和商业化生产，较高的繁殖成本限制了AMF在农田中的广泛应用（弓明钦等，1997；刘静等，2012）。

#### 11.1.2.2 提高丛枝菌根真菌应用效果的措施

冯固等(2010)认为,增加菌根效应的途径应该同时包括接种菌剂和调控栽培耕作措施增加土著AMF的丰度和繁殖体数量、提高真菌的活力。为了提高AMF的应用效果,主要通过以下措施展开研究。

(1)改善土壤环境

1)调节肥料施用

有研究表明,减少化肥的施用,特别是控制磷肥的投入,将有利于菌根的侵染和孢子的萌发(Alguacil et al.,2010;Shukla et al.,2012),同时也要关注不同养分元素的比例。陈宁等(2007)研究了不同氮磷比例的营养液对AMF生长发育的影响,结果表明在浓度为Hoagland营养液浓度1/5的基础上,氮磷比例4:2最有利于AMF生长。Gryndler等(2009)指出土壤有机质的含量会影响AMF菌丝的形成,因此适量添加有机肥能够促进AMF侵染,达到作物产量最大值(Gosling et al.,2010)。

2)改变耕作措施

Maiti等(2011)采用玉米与马豆轮作的方式,增加了AMF接种效果。其中根系侵染率从22.7%增加到42.7%,作物磷吸收从11.2%增加到23.7%。间作系统中,土壤中根系的密度更大,能够不间断支持AMF的繁殖。Oka等(2010)发现,与前季休闲或种植非AM菌根植物相比,种植AM菌根植物可促进后作大豆根系AMF的定殖、大豆生长,提高地上部磷含量和大豆产量;前作种植菌根植物,后作大豆的磷肥施用量可以从政府推荐量150kg $P_2O_5 \cdot ha^{-1}$降低到50kg $P_2O_5 \cdot ha^{-1}$而不降低大豆产量。Higo等(2010)发现,前作物大豆接种AMF可显著增加后茬玉米根系AMF的侵染和玉米的生长。前作种植AMF宿主植物,如向日葵、大豆、马铃薯等提高了AMF扩繁能力,有利于后茬玉米生长发育(Karasawa et al.,2002)。

耕地休闲期间缺乏宿主植物会导致真菌生存能力下降,冬季耕地休闲尤其不利于AMF的保持和繁殖(Kabir et al.,1997)。与休耕相比,对于肥料过量积累的蔬菜地,填闲作物(catch crops)可以促进土壤微生物生长、阻控设施菜田土壤功能的衰退(王芝义等,2011;田永强等,2012)。采用AMF的宿主植物(AM-host plants)作为覆盖作物(或填闲作物),可以维持或增加AMF接种体,对后作物的AMF的侵染率具有很大贡献(Kabir et al.,2000;Karasawa et al.,2002)。许多绿肥品种容易被AMF所侵染形成菌根,菌根依赖性强。高粱、洋葱、大麦、玉米、苜蓿、三叶草、花生、芦笋、百喜草、苏丹草等都可被用作AMF宿主植物。

刘润进等(2000)认为,果园覆草能促进AMF发育,原因是覆草改善了土壤水分、肥力、透气性和温度等生态条件,从而增加了新根密度,有利于AMF的侵染和发育。Kabir和Koide(2002)发现,与休耕相比秋季种植燕麦(AMF宿主植物)作为越冬覆盖作物可以显著增加来年春季甜玉米的菌根定殖、根外菌丝密度和土壤团聚体的稳定度。Arihara和Karasawa(2000)、Karasawa等(2002)实验表明,前季种植菌根植物,后作玉米植株的磷吸收、产量和地上部生物量较之前季种植非菌根植物显著增加。Karasawa(2011)在大豆上的实验也表明,前作种植丛枝菌根植物,后作大豆的产量显著提高,主要是菌根侵染增加而导致的增产效果。

(2)添加外源物质

AMF无法进行光合作用,必须从宿主植物中获取光合作用产物供自身的生命活动需要。因此,研究者希望通过人为调节外源碳源、氮源、活性物质种类和数量,来提高AMF产孢量和侵染率来降低AM菌剂生产成本和提高其田间使用效果(杨中宝等,2005)。Angela等(2001)的研究发现,有机物质存在时,AMF菌丝的生长加快,菌丝、泡囊、总定殖率与土壤有机质含量呈正相关。有研究者通过添加有机肥刺激AMF的生长(Hammer et al.,2011),胡君利等(2008)发现菇渣能够促进AMF对绿豆的侵染,小麦秸秆、葡萄渣及牛粪组合的堆肥能提高AMF对细香葱的侵染(Ustuner et al.,2009)。董昌金等(2006)研究表明,类黄酮(hesperitin)能显著促进AMF对宿主植物(玉米、棉花)根段的侵染。马继芳等(2011)通过调控外源生化因子的碳氮比值,指出碳氮比为4:1和1:2时较利于产孢;加有机氮源或活性物质,如酒石酸铵、腐殖酸铵和根浸出液等,可提高AMF的侵染率。但是目前这些措施仍停留在盆栽实验阶段。也有研究表明,有机物料的添加不一定能提高AMF对作物的侵染,甚至可能抑制菌根的侵染,即降低AMF的活性。Faria等(2009)研究表明,松树、粟和黎豆树叶浸提液抑制了AMF侵染大豆、玉米和四季豆根系。这些研究表明,添加有机物料对AMF的影响效果尚不确定。

徐萍(2014)研究了不同农作物秸秆对玉米根系AMF侵染的影响,发现水稻、小麦秸秆显著抑制了AMF对根系的侵染和玉米的生长,添加20%小麦秸秆时,根系侵染率从对照的34%降为12%;而小麦秸秆添加比例为10%时,玉米地上部生物量从对照的单株0.55g降为单株0.28g。直接添加农作物秸秆不利于AMF的侵染和作物的生长,可能是因为秸秆碳氮比过高,分解后影响了培养基质的碳氮比平衡。而采用农作物秸秆制成的水浸提液与AMF结合施用的结果表明,水稻、小麦、玉米和番薯秸秆浸提液显著提高了AMF对番茄根系的侵染,其中水稻、番薯秸秆浸提液添加可使根系侵染率增加将近一倍。水稻浸提液处理的番茄生物量及地上部磷含量均显著增加,增加幅度分别为34%和30%。陈静洁等(2015)发现,土壤添加蔗糖、葡萄糖可以显著提高外源AMF对番茄根系的侵染、增加番茄地上部生物量和磷钾养分吸收量,而添加麦芽糖、淀粉对AMF侵染率和番茄生长均无显著影响。

除了提供碳源,添加的有机物质在分解过程中可能释放的化合物及其次生代谢产物都会影响AMF的侵染(Gryndler et al.,2009)。与化感作用有关的类黄酮是一类由植物分泌的具有生物活性的小分子次生代谢产物,它是植物和AMF进行交流的重要信号物质(Weston et al.,2013)。徐萍(2014)发现,6种从农作物秸秆浸提液中提取到的酚酸化合物中,低浓度(50~100$\mu mol \cdot L^{-1}$)的丁香酸、香草酸、咖啡酸、没食子酸以及对羟基苯乙酸促进了AMF对番茄幼苗的侵染,其中增加幅度最大的为丁香酸的处理,其侵染率从对照的24%增加到45%。而且丁香酸和没食子酸也显著增加了番茄幼苗的地上部鲜重,提高幅度分别39.3%和37.1%;番茄植株干重为丁香酸(单株1.24g)和香草酸(单株1.29g),显著高于对照(单株0.96g)。此外,Cosme和Wurst(2013)报道细胞分裂素也可能是一种刺激根系AMF菌丝生长的植物信号物质。直到现在,AMF侵染与有机物料是否是协同作用仍是争论的焦点,其起作用的物质及机制尚不清楚。

(董晓英)

### 11.1.3　水稻与丛枝杆菌共生机制及氮磷利用

水稻(*Oryza sativa*)是人类重要的粮食来源,超过一半的世界人口以稻米为主食,为20%的世界人口提供了膳食能量。根据联合国粮农组织(UN Food et al.,2019)的统计,2017年世界水稻产量达到7.7亿吨,中国占27.8%,种植面积达到3.1亿公顷。而AMF则可侵染80%的地球维管束植物根系形成共生体(symbionts)(Smith et al.,2008),并可侵染豆科植物形成更为复杂的植物根系-根瘤菌-菌根真菌共生体(何树斌等,2017)。因此,植物根系-AMF共生体是自然界中比豆科植物-根瘤菌共生体更为普遍存在的植物根系-微生物共生体。

作物根系-AMF共生体在农业生产中得以广泛应用(Gianinazzi et al.,2002)。大量的研究证实作物根系-AMF共生体不但提高土壤磷、氮等养分生物有效性(Smith et al.,2008;Guether et al.,2009)和保障水分供给缓解旱情(Wu et al.,2006),有效地促进农作物生长和增产;而且可控制土传病原菌(Pozo et al.,2007)、减轻污染物危害(Leyval et al.,2002)、改良土壤结构(Degens et al.,1996)、减少农田径流氮输出及减轻水环境富营养化压力(van der Heijden,2010; Zhang et al.,2016)。Naher等(2013)综述了AMF对一系列旱生作物的增产和生物防治的功能。

虽然湿生植物根系-AMF共生体早于1979年发现(Bagyaraj et al.,1979),但相对于旱生作物,水稻根-AMF共生体的研究则非常少。早期研究发现,植物根-AMF共生体对土壤$O_2$和$CO_2$浓度非常敏感(Saif,1981;1983;1984)。因此,水稻长期被认为是非AMF植物或者淹水种植方式引起的厌氧环境使水稻-AMF共生体难以维系。但在双季稻模式下水稻根AMF侵染率仍可检出(Ilag et al.,1987)。Sharma等(1988)在灭菌水稻土中接种AMF亦获得了水稻生长的正响应结果。本节将系统性地阐述水稻根-AMF共生体的存在证据和群落结构、对水稻养分利用和产量效应等方面,并展望其研究和应用前景。

#### 11.1.3.1 水稻根-AMF共生体

AMF属于真菌界球囊菌门(Glomeromycota),被分为四个目,即多孢囊霉目(Diversisporales)、球囊霉目(Glomerales)、原囊霉目(Archaeosporales)和类球囊霉目(Paraglomeraes)。AMF以穿透侵染植物根维管束细胞形成丛枝体(arbuscule)和囊泡(vesicle)为特征,主要侵染苔藓(Bryophyte)、蕨类(Pteridophyta)、裸子植物(Gymnospermae)和被子植物(Angiospermae)等地球上90%的植物根(Smith et al.,2008)。植物根-AMF共生体通过AMF侵染寄主植物根系形成共生结构获取植物光合作用产物(有机碳源),同时在根外土壤中形成巨大菌丝体网络,增加寄主植物根系比表面积和提高土壤营养元素(如磷、氮、锌等)和水分的生物有效性。作为AMF从寄主植物获取有机碳源的交换(tradeoffs),植物根-AMF共生体通过菌丝体和根系共生界面向寄主植物提供营养元素和水分供其生长所需。相关过程如图11.1.2所示。

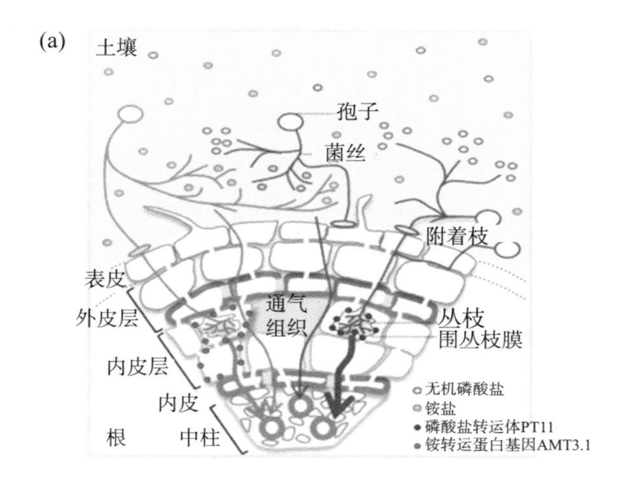


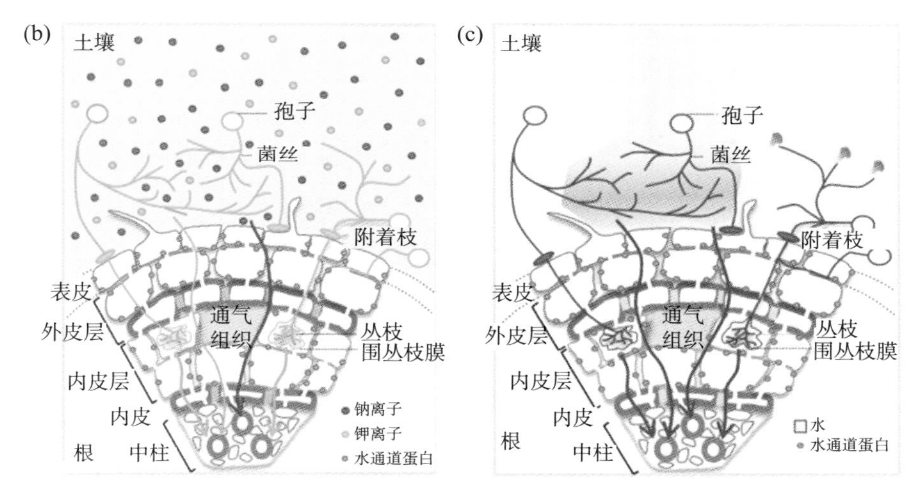


图11.1.2 不同胁迫下植物根-AMF共生体对养分(a)、盐分(b)和水分(c)的吸收示意[引自文献(Mbodj et al.,2018),已获得*Rhizosphere*的版权许可]

与大多数旱作作物根系可被AMF侵染一样(简称为AMF植物),水稻也是AMF作物。世界各个植稻区均有报道水稻根系AMF的自然侵染现象(见表11-3-1),其侵染率从未检出有60%以上,存在极大的水稻生育期差异。在美国密西西比州、阿肯色州、得克萨斯州和路易斯安那州4个植稻州的10个样地历时3年(2014—2016年)的水稻根AMF侵染率调查发现(见图11.1.3),在淹水前苗期的水稻根AMF侵染率为1.8%~61.4%(Bernaola et al.,2018)。在广东、江西、湖北和江苏4个省份7个样地的水稻根AMF侵染率为

0.5%~19.5%，最高达到29.2%（Chen et al.，2017），广东4个双季稻高产区晚稻抽穗期（5.0%~7.4%）和成熟期（9.3%~17.6%）的水稻根AMF侵染率要高于分蘖期（0~0.6%），而苗期根系则未被侵染（Wang et al.，2015）。相应地，在AMF接种盆栽和小区试验亦报道了未接种处理对照的水稻根AMF自然侵染率，比如黑龙江拉林河流域水稻全生育期为1.8%~19.4%（Zhang et al.，2015a；2015b；2016a；2016b；2017）、日本东京府中市成熟期水稻根系AMF侵染率可达到15%~20%（Salaiman et al.，1997b）。

不同的种植方式和水分管理显著影响着水稻根系AMF的自然侵染率。在意大利帕维亚（Pavia）植稻区持续两年的研究发现，长期淹水单一植稻常规田块水稻根系未检出AMF侵染，而五年轮作（稻-稻-黄豆-玉米-冬季谷物）有机稻田水稻根系有0~34%的AMF自然侵染率，苗期（未淹水前）自然侵染率可达到25%，但淹水种植两个月后未能检出，不淹水处理水稻根系AMF自然侵染率高达34%（Lumini et al.，2011）。在泰国植稻区的常规密植淹水稻田和疏植烤田高产稻田中，水稻苗期、分蘖期、抽穗期、成熟期等4个时期的根系均检出AMF自然侵染，侵染率为10%~40%；疏植烤田高产稻田的水稻根系AMF自然侵染率在整个生育期均显著高于常规密植淹水稻田（Watanarojanaporn et al.，2013）。我国黑龙江拉林河流域稻田全生育期水稻根系AMF自然侵染率为1.8%~19.4%，淹水生长期仅为1.8%~9.1%，而分蘖期和黄熟期的排水烤田可分别使AMF自然侵染率提高到19.4%和15%（Zhang et al.，2015b）。盆栽试验亦发现，经淹水生长后成熟期落干烤田使水稻根系AMF侵染率大幅提高，比如从淹水生长期的12.8%~16.1%增加到收获时的43%~50%（Sivaprasad et al.，1990）或从淹水生长期的32%增加到收获时的40%（Solaiman et al.，1996）。另外，施肥亦对水稻根系AMF自然侵染率有影响。Lumini等（2011）发现，水稻苗期（淹水前）不施化肥处理AMF侵染率（25%）是施化肥处理的5~10倍。而施用有机堆肥则能显著提高泰国水稻各个生长期的根系AMF自然侵染率（Watanarojanaporn et al.，2013）。

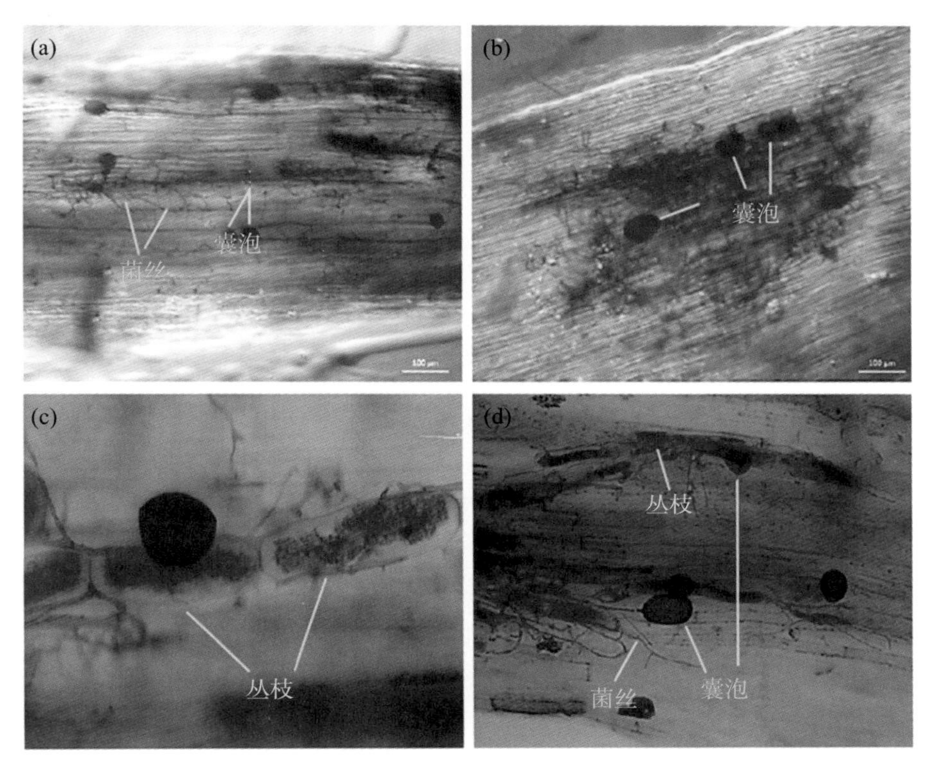


图11.1.3　美国密西西比州(a)、阿肯色州(b)、得克萨斯州(c)、路易斯安那州(d)植稻区水稻根系-AMF共生体染色图[引自文献(Bernaola et al.,2018),已获得*Rice Science*的版权许可]

无论水稻根系AMF自然侵染率高低,稻田土壤AMF群落丰度均高于根系侵染的AMF群落,且不受种植方式、水分管理和施肥与否的影响(Lumini et al.,2011;Wang et al.,2015)。例如,在泰国稻田水稻根系分离到的AMF只有*Glomus*和*Acaulospora*属,且常规密植淹水稻田水稻根系仅检出*Glomus*属(Watanarojanaporn et al.,2013)。相对于染色镜检等传统分析手段,高通量测序可给出较系统的土壤AMF群落和植物根系AMF侵染群落的分析(Salvioli et al.,2013)。Xu等(2017)应用高通量测序分析了我国江西、广东和海南各3个野生稻区和栽培稻区的水稻根AMF自然侵染群落;共测序了376346个Glomeromycota门片段,其中Archaeosporales目(96228片段,25.6%)、Diversisporales目(62820片段,16.7%)、Glomerales目(30407片段,8.1%)、Paraglomerales目(3253片段,0.9%);聚类为38个OTUs,其中11个是Glomerales(29.0%)、7个是Archaeosporales(18.4%)、4个是Diversisporales

(10.1%);野生稻根系检出9个AMF属,而栽培稻根系仅检出5个AMF属。在广东2个双季稻高产区晚稻4个生长期的根系和根际土壤中共检出639个测序片段,其中Glomeraceae科(411片段,15种系)、Paraglomeraceae科(188片段,2种系)、Claroidenglomeraceae科(39片段,1种系);抽穗期和成熟期根系侵染AMF多样性要显著高于分蘖期,苗期则未检出;同时,根际土壤AMF群落多样性显著高于根系侵染的AMF群落,两个产区具有较高的相似性(Wang et al.,2015)。

#### 11.1.3.2 水稻根-AMF共生效应

水稻根-AMF共生效应的表征主要以水稻(籽粒、千粒重、总生物量等)增产效应、植株性状(株高、有效分蘖数等)改良效应和养分(氮、磷等)传输效应等为主,但近年来由于自然水体的富营养问题,农田减排环境效应亦被重视。

早在20世纪90年代前后,相关学者通过灭菌土壤盆栽试验表明AMF水稻苗(接种*Glomus fasciculatum*)移栽淹水种植可分别增产籽粒和稻秆生物量24%~31%和17.3%,但对水稻株高和有效分蘖数等性状没有显著影响(Sivaprasad et al., 1990)。其后,Solaiman和Hirata(1995; 1996; 1997a; 1997b)进行了一系列盆栽试验及大田小区试验;虽然灭菌土壤接种AMF可显著增加水稻根系AMF侵染率,但其盆栽试验增产效应正负均有,AMF水稻苗的田间小区试验有显著的增产效应,与其AMF水稻苗育苗苗床有关,湿苗床AMF苗处理(淹水培育)增产13%,而干苗床AMF苗处理(60%田间持水量培育)增产21%。Diedhiou等(2016)在灭菌盆栽土壤中分别接种*Glomus aggregatum*、*Glomus intraradices*以及两种混合,第一年均较对照处理显著增产,最大增产量达到2.5倍,并显著缩短生长期(混合接种最多缩短达37天),但第二年增产效应降低,仅*Glomus aggregatum*单接种处理呈显著增产,且生长期亦显著缩短。然而,他们在淹水种植小区试验中混合接种*Glomus aggregatum*和*Glomus intraradices*的8个品种水稻AMF苗处理的增产效应正负均有,第一年仅2个品种水稻AMF苗处理显著增产,其余均减产但不显著;第二年则有4个品种水稻AMF苗处理显著增产,但有2个品种水稻呈显著减产。中国的相关研究亦证实AMF接种可显著提高水稻根系AMF的侵染率,无论是灭菌的盆栽试验(Bao et al.,2019)还是未灭菌的田间小区试验(Zhang et al.,2015;2016)。在黑龙江拉林河流域的一系列田间小区试验表明,AMF水稻苗(即苗期接种AMF)可显著提高生物量(9%)和籽粒产量

（28.2%），但对千粒重等性状指标不显著；同时，AMF水稻苗处理显著地增加了小区水稻对氮磷的吸收，提高了水稻籽粒的蛋白含量（达7.4%），降低了稻田$N_2O$排放以及氮磷面源的排放（Zhang et al.，2015a；2015b；2016a；2016b；2016c；2017）（见表11-1-6）。

#### 11.1.3.3　水稻根-AMF共生效应研究和应用展望

水稻是大田作物，在田间生产时进行土壤灭菌和AMF接种实际操作困难，并且需要投入大量的人力和物力。虽然AMF接种或者水稻根-AMF共生体对高投入精细管理的大田水稻增产具有一定的不确定性，但AMF接种苗对稻田养分高效利用以及减少$N_2O$和氮磷面源排放的环境效益已经引起了广泛的兴趣。研究表明，稻田土壤或者水稻根际土壤中AMF群落非常丰富，并且不受水分管理和施肥的影响（见图11.1.4）（Lumini et al.，2011；Wang et al.，2015），但水稻根系AMF自然侵染率低是制约其大田应用的关键。通过稻田管理，比如泰国稻农采用的疏植烤田高产模式，可以有效地提高水稻根系-AMF自然侵染率，但产量增产和养分吸收利用率未能显著提高（Watanarojanaporn et al.，2013）。另外，接种当地土壤湿筛获得的土著AMF和商用的AMF菌种具有显著的水稻根-AMF共生效应（见表11-1-6），这预示着水稻品种与AMF品种间存在匹配性的科学问题（Mbodj et al.，2018）。因此，在大田种植环境下如何构建一个相互匹配的具有增产和高效养分利用率的水稻根-AMF共生体是未来将水稻根-AMF共生体应用于大田水稻生产的关键科学问题。

面向大田水稻种植增产或平产但有效提高养分利用率和环境减排的实际应用目标，解决水稻品种和AMF品种间匹配问题首先需明确水稻品种和AMF品种间是否存在匹配关系，揭示其匹配的生理生化机制并表征其增产及养分利用性能。这一研究的推进将促进对水稻根系与AMF之间识别体系、信号物质及适宜环境等耦合机制的深入研究，提供比侵染率更为深刻的水稻根-AMF共生体功能性表征指标，也为后续优化农田管理措施和耕作制度提供理论依据。该研究的关键在于水稻根系与AMF间的识别（或匹配）、体系信号物质及其应答机制。水稻根系-AMF共生体形成和侧根构型调控分子机制已有相关探索（Chiu et al.，2018）。近年来，植物学家研究表明，多数植物分泌的独脚金内酯（strigolactone）一类化合物具有促进植物种子萌发、根毛伸长、地上部分枝以及与AMF共生促菌丝体分枝等功能，被认为是植物普遍存在的新型植物

表 11-1-6 已报道的水稻根系-AMF共生体研究

| 地区 | 盆栽/小区试验/大田 | 土壤处理 | AMF接种 | 水分管理 | 根系AMF侵染率/% | 生物量增产/% | 养分吸收增加/% | 文献 |
|---|---|---|---|---|---|---|---|---|
| 日本东京府中市(Fuchu) | 盆栽 | γ射线辐射灭菌 | 育苗期长期稻田土壤100g(含335个*Glomus* sp.孢子),水稻种子直播 | 淹水、不淹3周后淹水、不淹水、淹水3周后不淹水 | 分蘖期(60d):淹水、不淹3周后淹水处理为2%~12%,不淹水处理为35%<br>收获(140d):淹水处理未检出,所有不淹水处理均小于10% | 不淹水、淹水3周后不淹水处理籽粒产量极低;淹水、不淹水3周后淹水处理籽粒产量无差别;AMF接种处理差异不显著 | AMF接种处理籽粒氮磷钾含量显著增加 | Solaiman et al.,1995 |
| 日本东京府中市(Fuchu) | 盆栽 | γ射线辐射灭菌 | 长期稻田土壤湿筛*Glomus* sp.孢子,育苗期接种1200孢子,4周苗移栽 | 淹水、淹水-收获前30d落干烤田 | 移栽后AMF侵染率从48.3%逐渐下降<br>收获期前30d落干烤田处理在收获期根系AMF侵染率(约40%)高于全生育期淹水处理(32%) | AMF接种处理对整个生育期的地上部分生物量影响不显著,但根生物量由显著增加;籽粒产量仅在全生育期淹水处理显著增加(17.5%);总生物量均显著增加 | AMF接种处理籽粒磷吸收量略高 | Solaiman et al.,1996 |

续表

| 地　区 | 盆栽/小区试验/大田 | 土壤处理 | AMF接种 | 水分管理 | 根系AMF侵染率/% | 生物量增产/% | 养分吸收增加/% | 文　献 |
|---|---|---|---|---|---|---|---|---|
| 日本东京府中市(Fuchu) | 盆栽 | γ射线辐射灭菌 | 长期稻田土壤湿筛 *Glomus* sp.孢子,育苗期接种100孢子,水稻种子直播 | 苗期35d不淹水,成苗后淹水 | 分蘖早期侵染率达到51.4%，收获期为36.2% | AMF接种处理显著增产达10% | AMF接种处理显著增加氮磷吸收量 | Solaiman et al., 1997a |
| 日本东京府中市(Fuchu) | 盆栽和小区 | 育苗土壤γ射线辐射灭菌，盆栽土壤和小区均未灭菌，前作为大豆 | 长期稻田土壤湿筛 Glomus sp.孢子，育苗期接种5000孢子，5周苗移栽 | 苗期:干苗床(60%田间持水量)和湿苗床(淹水)<br>盆栽:移栽后淹水3~5cm<br>小区:移栽后52d落干3d,然后淹水,第95d落干 | 移栽时:干苗床约55%,湿苗床约22%<br>成熟期在盆栽和小区均＞30%<br>未接种处理成熟期可达到15%~20% | AMF接种处理的小区籽粒显著增产达21%(干苗床)和13%(湿苗床);盆栽籽粒产量有增加但不显著 | – | Solaiman et al., 1997b |

续表

| 地　区 | 盆栽/小区试验/大田 | 土壤处理 | AMF接种 | 水分管理 | 根系AMF侵染率/% | 生物量增产/% | 养分吸收增加/% | 文　献 |
| --- | --- | --- | --- | --- | --- | --- | --- | --- |
| 中国广东 | 盆栽 | 高压蒸汽灭菌 | *Rhizophagus irregularis* | 干苗床，4周苗移栽后分不淹水、持续淹水1~2cm、每10d淹水1~2cm | 拔节后期：不淹水70.9%，持续淹水16.2%，间歇淹水67.5%<br>抽穗后期：不淹水84.4%，持续淹水31.4%，间歇淹水72.5% | – | AMF向植株输送磷不受淹水影响，AMF显著促进磷向叶传输；植株向AMF输出碳量则随淹水而降低 | Bao et al., 2019 |
| 中国黑龙江 | 小区 | 未灭菌 | *Rhizophagus irregularis* | 20dAMF苗移栽到小区，对照为未接种AMF苗 | 在分蘖后期、抽穗期和成熟期AMF自然侵染率为5.7%~13.0%，而AMF苗处理则为20.7%~33.9% | AMF苗处理籽粒增产28.2% | AMF苗处理籽粒碳氮比值显著降低，增加蛋白含量7.4% | Zhang et al., 2017 |

续表

| 地 区 | 盆栽/小区试验/大田 | 土壤处理 | AMF接种 | 水分管理 | 根系AMF侵染率/% | 生物量增产/% | 养分吸收增加/% | 文 献 |
|---|---|---|---|---|---|---|---|---|
| 中国黑龙江 | 小区 | 未灭菌 | *Rhizophagus irregularis* | 20d AMF苗移栽到小区，对照为未接种AMF苗 | 整个生育期水稻根系AMF自然侵染率为1.8%~19.4%，淹水生长期仅为1.8%~9.1%，而分蘖期和黄熟期烤田可分别使AMF侵染率提高到19.4%和15%；苗期AMF接种（即AMF侵染水稻苗）可使水稻全生育期根系AMF侵染率显著提高（17.6%~45%），淹水生长期为17.6%~25.8%，而烤田的分蘖期和黄熟期分别提高到45%和40% | AMF苗处理的整个生育期水稻生物量高于未接种处理，成熟期生物量增加约9% | AMF苗显著降低$N_2O$排放 | Zhang et al., 2015b |

续表

| 地区 | 盆栽/小区试验/大田 | 土壤处理 | AMF接种 | 水分管理 | 根系AMF侵染率/% | 生物量增产/% | 养分吸收增加/% | 文献 |
|---|---|---|---|---|---|---|---|---|
| 中国黑龙江 | 小区 | 未灭菌 | *Glomus mosseae* | 6周AMF苗移栽到小区，对照为未接种AMF苗；在分蘖后期落干烤田7d，在成熟期落干烤田34d | 整个生育期水稻根系AMF自然侵染率平均为2.5%，AMF苗处理侵染率为12.4%~19.5%；施肥水平提高降低AMF苗处理侵染率，而对自然侵染率影响不显著 | AMF苗处理的水稻生物量增加效应随施肥水平提高而降低；穗数显著提高但千粒重增加不显著 | AMF苗处理地上部氮吸收量显著增加，而磷吸收量在低施肥水平时为正效应 | Zhang et al., 2015a; 2016a; 2016b |
| 美国密西西比州、阿肯色州、得克萨斯州和路易斯安那州 | 大田 | 未灭菌 | 未接种 | 淹水种植 | 苗期未淹水前AMF自然侵染率1.8%~61.4% | – | – | Bernaola et al., 2018 |
| 中国广东、江西、湖北和江苏 | 大田 | 未灭菌 | 未接种 | 淹水种植 | AMF自然侵染率平均为0.5%~19.5%，最高达到29.2% | – | – | Chen et al., 2017 |
| 中国广东 | 大田 | 未灭菌 | 未接种 | 淹水种植 | AMF自然侵染率分蘖期为0~0.6%、抽穗期为5.0%~7.4%、成熟期为9.3%~17.6%，而苗期根系则未被侵染 | – | – | Wang et al., 2015 |

续表

| 地　区 | 盆栽/小区试验/大田 | 土壤处理 | AMF接种 | 水分管理 | 根系AMF侵染率/% | 生物量增产/% | 养分吸收增加/% | 文　献 |
|---|---|---|---|---|---|---|---|---|
| 意大利帕维亚(Pavia) | 大田 | 未灭菌 | 未接种 | 淹水种植 | 长期淹水单一植稻常规田块水稻根系未检出AMF侵染，五年轮作(稻-稻-黄豆-玉米-冬季谷物)有机稻田水稻根系AMF自然侵染率为0~34%；在苗期(淹水前)不施化肥处理AMF侵染率(25%)是施化肥处理的5~10倍；但淹水2个月后水稻根-AMF共生体消失，不淹水施肥处理水稻根系AMF侵染率高达34%，但不施肥处理为18% | – | – | Lumini et al.,2011 |

续表

| 地区 | 盆栽/小区试验/大田 | 土壤处理 | AMF接种 | 水分管理 | 根系AMF侵染率/% | 生物量增产/% | 养分吸收增加/% | 文献 |
| --- | --- | --- | --- | --- | --- | --- | --- | --- |
| 泰国呵叻府(Nakhon Ratchasima) | 大田 | 未灭菌 | 未接种 | 分为常规密植淹水稻田和疏植烤田高产稻田 | 在水稻苗期、分蘖期、抽穗期和成熟期根系均检出AMF侵染，侵染率为10%~40%；疏植烤田高产稻田各个生长期的水稻根系AMF侵染率均显著高于常规密植淹水稻田，而施用有机堆肥可进一步显著提高两种植方式各生长期的AMF侵染率；侵染根系的AMF只有*Glomus*和*Acaulospora*属，而常规密植淹水稻田水稻根系仅检出*Glomus*属 | 籽粒无显著增产，但总生物量和根干重以疏植烤田高产稻田显著高于常规密植淹水稻田；株高无显著差异 | 水稻磷吸收量在两种种植体系间没有显著差异，但施用有机堆肥可提高水稻磷吸收量 | Watanarojanaporn et al.，2013 |

激素（Koltai, 2014）。独脚金内酯化合物的结构共性由一个三环内酯（tricyclic lactone，被命名为A、B、C环）和一个丁烯烃酸内酯（butenolide，被命名为D环）功能团通过烯醇型脂（enolic ether）桥接（见图11.1.5）。

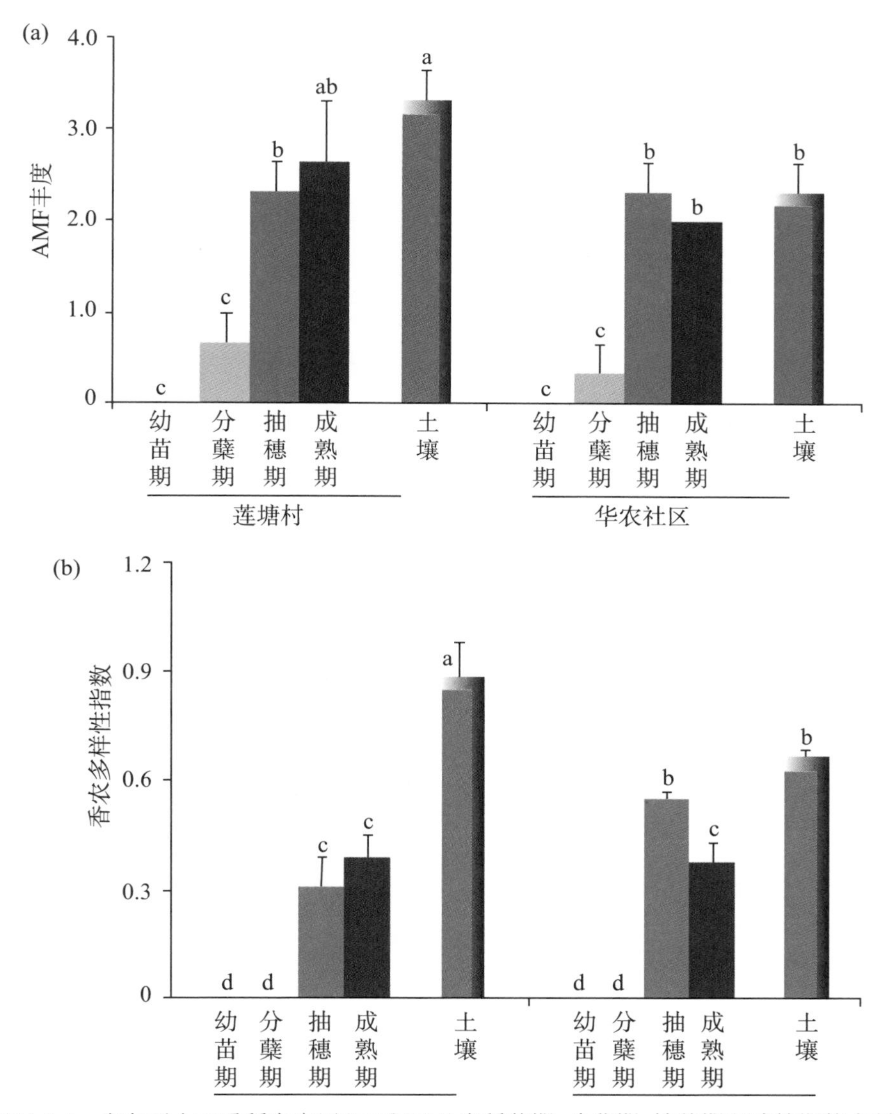


图11.1.4　广东两个双季稻高产区（LT和HN）晚稻苗期、分蘖期、抽穗期和成熟期的水稻根系侵染AMF群落和根际土壤群落比较[引自文献（Wang et al.，2015），已获得*Applied & Environmental Microbiology*的版权许可]

注：不同字母表示结果之间差异达到显著水平（$P<0.05$）。

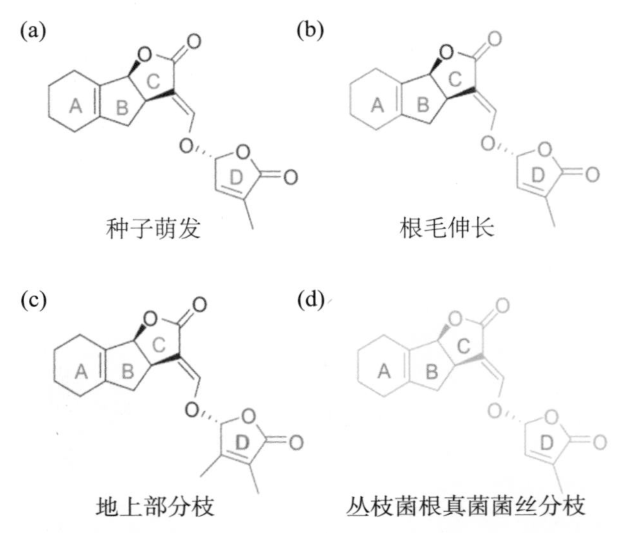


图 11.1.5　独脚金内酯不同功能区示意[引自文献(Koltai,2014),已获得*Plant Science*的版权许可]

迄今为止,植物学家已鉴定了不少于19种独脚金内酯类化合物,在籼稻(*Oryza indica*)、粳稻(*Oryza japonica*)等栽培水稻根系分泌物中已鉴定出普遍存在的metoxy-5-desoxystrigol和orobanchol 2种独脚金内酯化合物(Shtak et al., 2018)。Kountche等(2018)比较了独脚金内酯结构类似化合物(methyl phenlactonates, MP1和MP3)与标准结构类似化合物GR24(见图11.1.6)对共生体前期AMF孢子萌发和根系AMF侵染全过程的调控作用,结果发现GR24($10^{-7}$mol·$L^{-1}$)处理具有最高的*Glomus margorita*孢子萌发率,而MP1和MP2则抑制AMF孢子萌发;但对水稻根系AMF侵染率的影响,MPs和GR24相当,并在后期(7周)AMF侵染具有促进作用。因此,结合独脚金内酯等激素调控功能的水稻根-AMF匹配机制研究将有利于实现面向大田水稻种植有效提高养分利用率和环境减排实际应用目标。

在明确水稻根-AMF品种匹配或共生体形成信号物质(植物激素)调控机制的基础上,通过优化田间管理措施和耕作制度(绿肥-水稻轮作),施用独脚金内酯等信号物质在大田环境促进土著AMF孢子萌发并提高其在水稻根系的侵染率,从而实现增产和养分高效利用目标。

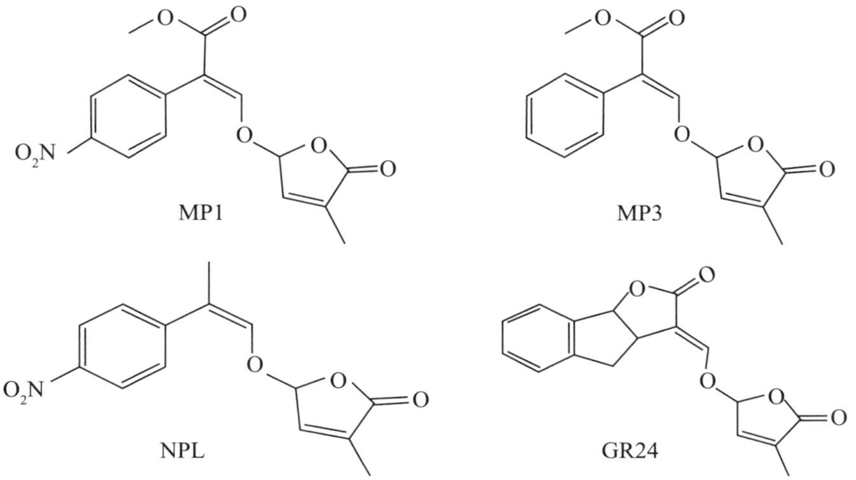

MP1 MP3

NPL GR24

图11.1.6 独脚金内酯结构类似化合物[引自文献(Kountche et al.,2018),已获得*Heliyon*的版权许可]

综上所述,在大田条件下应用水稻根-AMF共生体是未来实现高产稳产、减肥高效、面源氮磷减排的重要技术途径之一,但尚需要深入研究水稻品种和AMF品种是否存在匹配现象及其生理生化机制,是否可利用植物激素等信号物质来调控水稻与土著AMF间的侵染过程,提高水稻根-AMF的自然侵染率等关键科学问题。根据上述机制,将该技术物化成可操作的大田农事措施,以实现减肥增效、面源氮磷及氮氧化物温室气体减排的环境友好型可持续农业生产目标。

(俞 慎)

## 11.2 氮磷高效利用的地上-地下生物功能调控与技术原理

### 11.2.1 根际激发效应对氮磷的高效调控

植物生长通常受到养分可利用性的限制,可通过调节地下碳分配来改善土壤养分(如氮、磷等)的可利用性。植物总的地下碳分配约占光合碳的5%~33%,其中根系泌出碳约占地下碳分配的15%。越来越多的研究表明,根系泌出碳驱动的微生物的生长与分解活性，即根际激发效应（rhizosphere priming effect，RPE），是改善土壤养分可利用性的重要调控机制之一。

#### 11.2.1.1 根际激发效应及其影响因素

激发效应（priming effect）的定义最早由Bingenmann等（1953）提出，指的是新鲜有机残体促进土壤氮的矿化现象（Kuzyakov，2010）。根际激发效应的研究始于20世纪90年代（Dormaar，1990），是指由根际过程（根系分泌物投入、植物根系和根际生物区系动态、根际水分养分动态等）改变土壤原有机质分解速率的现象（Kuzyakov，2002；Cheng et al.，2014）。

根际激发效应与普通激发效应存在一些差别。第一，普通激发效应研究通常采用简单的化合物（如糖类、氨基酸等）来模拟复杂的根系分泌物（Kuzyakov，2002；2010）。第二，普通激发效应研究通常选择在试验开始时一次性加入底物，或分几次加入（Qiao et al.，2014），而根际激发效应研究是连续不断地向土壤中输入底物。第三，普通激发效应的"热区"（hot spot）是人为添加形成的，处于静态；而根际激发效应随着根系的生长处于不断变化之中（Kuzyakov et al.，2015）。第四，普通激发效应可看作是土壤对底物添加的简单响应，而根际激发效应是植物与土壤之间一系列物理、化学、生物以及环境因子相互作用的结果（Cheng et al.，2014）。目前，基于室内或温室试验的结果，根际激发效应可使土壤有机质的分解速率平均加快1.6倍（Huo et al.，2017），最高可达4.8倍（Cheng et al.，2003）。因此，可以说根际激发效应是仅次于温度和水分的、调控土壤碳和养分矿化的第三大因子。

根际激发效应的强度和方向受植物功能属性调控。例如，豆科作物由于具有根瘤而导致其根际激发效应强度大于其他作物。在相同处理下，大豆（*Glycine max*）的激发效应明显强于小麦（*Triticum aestivum*）和高粱（*Sorghum bicorlor*）（Fu et al.，2002）；白羽扇豆（*Lupinus albus*）产生较强的正激发，而鹰嘴豆（*Cicer arietinum*）产生显著的负激发（Wang et al.，2016）。进一步发现，正常大豆（有根瘤）的根际激发效应是无根瘤品种的2倍（Zhu et al.，2012）。另外，根际激发效应强度和方向也受作物物候影响。Cheng等（2003）发现，大豆和小麦的根际激发效应强度沿开花期、灌浆期、幼苗期依次降低。此外，根际激发效应还受到基因类型（Mwafulirwa et al.，2016）、光合作用（Kuzyakov et al.，2001）、生物量（Huo et al.，2017）、混（栽）作方式（Pausch et al.，2013；Yin et al.，2018）等因素影响。总之，根际激发效应的植物种间差异，可能主要受控于植物功能属性，如根系构型、菌根类型，以及根系分泌物的数量与质量等，其潜在机制仍需深入研究。

土壤属性也对根际激发效应产生重要影响。例如，土壤氮有效性与根际激发效应关系密切。施氮既能提高草本植物的根际激发效应（Cheng et al.，1998；Lu et al.，2018），又能降低玉米和小麦根际激发效应的强度，其中高氮浓度添加使玉米（*Zea mays*）的激发大于小麦，而在低浓度氮添加下二者差异不明显（Liljeroth et al.，1994）。我们的研究结果显示，不同施氮梯度下，玉米根际激发效应呈现规律性变化（见表11-2-1）。再如，土壤增温5℃可使向日葵和大豆的根际激发效应增强5倍（Zhu et al.，2011）。$CO_2$浓度倍增能使白羽扇豆根际激发效应增加47%~78%，而小麦无明显变化（Xu et al.，2017）。另外，土壤水分（Dijkstra et al.，2007）和干湿交替（Zhu et al.，2013）以及根系的穿插和根系泌酸能力（Keiluweit et al.，2015；Wang et al.，2016）也被认为是根际激发效应的主要调控因子。

目前，我们对田间或野外条件下的根际激发效应还知之甚少。基于$C_3$-$C_4$转换法（Cheng，1996），Kumar和Kuzyakov（2016）发现田间条件下施氮和不施氮玉米的根际激发效应强度分别为35%和126%；Su等（2017）发现大豆的根际激发效应随植物物候、地点和年际而变化，变幅为0.4%~135%。我们的研究结果显示田间条件下玉米根际激发效应变幅为21%~124%（见表11-2-1）。上述证据表明，田间条件下的根际激发效应与室内的结果比较类似，但是由于田间复杂的环境以及方法的限制，其根际激发效应研究充满了挑战。

**表11-2-1　施肥对作物根际激发效应的影响**

| 作物类型 | 施氮量/($kg \cdot ha^{-1}$) | 氮肥类型 | 生长天数 | 土壤类型 | 实验地点 | 激发效应/% | 数据来源 |
|---|---|---|---|---|---|---|---|
| 玉米 | 130 | $NH_4NO_3$ | 47 | 壤土 | 室内 | 133 | Liljeroth et al.，1994 |
| 玉米 | 26 | $NH_4NO_3$ | 47 | 壤土 | 室内 | 196 | Liljeroth et al.，1994 |
| 玉米 | 160 | 尿素 | 50 | 壤土 | 室内 | 34.5 | Kumar et al.，2016 |
| 玉米 | 0 | $NH_4NO_3$ | 105 | 黑土 | 野外 | 45.2 | 未发表数据 |
| 玉米 | 100 | $NH_4NO_3$ | 105 | 黑土 | 野外 | 20.6 | 未发表数据 |
| 玉米 | 150 | $NH_4NO_3$ | 105 | 黑土 | 野外 | 79.5 | 未发表数据 |
| 玉米 | 0 | 尿素 | 60 | 黑土 | 野外 | 53.0 | 未发表数据 |

续表

| 作物类型 | 施氮量/($kg·ha^{-1}$) | 氮肥类型 | 生长天数 | 土壤类型 | 实验地点 | 激发效应/% | 数据来源 |
|---|---|---|---|---|---|---|---|
| 玉米 | 80 | 尿素 | 60 | 黑土 | 野外 | 87.5 | 未发表数据 |
| 玉米 | 135 | 尿素 | 60 | 黑土 | 野外 | 123.9 | 未发表数据 |
| 玉米 | 190 | 尿素 | 60 | 黑土 | 野外 | 85.9 | 未发表数据 |
| 玉米 | 240 | 尿素 | 60 | 黑土 | 野外 | 56.4 | 未发表数据 |
| 小麦 | 130 | $NH_4NO_3$ | 47 | 壤土 | 室内 | 33 | Liljeroth et al.,1994 |
| 小麦 | 26 | $NH_4NO_3$ | 47 | 壤土 | 室内 | 196 | Liljeroth et al.,1994 |
| 小麦 | 100 | $NH_4NO_3$ ($aCO_2$) | 28 | 砂壤 | 室内 | 42 | Cheng et al.,1998 |
| 小麦 | 100 | $NH_4NO_3$ ($eCO_2$) | 28 | 砂壤 | 室内 | 73 | Cheng et al.,1998 |

#### 11.2.1.2 根际激发效应与氮磷利用效率

(1)根际激发效应与微生物总氮矿化

由于目前根际激发效应研究主要侧重对土壤有机碳分解速率的影响，即通过土壤源呼吸(soil-derived $CO_2$)的变化来表征(Dijkstra et al.,2013)，人们对根际激发效应如何影响土壤氮矿化方面的理解还很肤浅(Yin et al.,2018)。因为碳和养分(尤其是氮)的多数代谢过程都是耦合在一起的，所以理论上根际激发效应应该与有机氮矿化的变异存在耦合关系。正的根际激发效应往往会伴随着土壤有机氮矿化速率的显著提高(相比不种植物的对照处理)(见图11.2.1)。这一现象已经被报道多次(见表11-2-2)。例如，Dijkstra等(2009)采用盆栽实验，将2种树种幼苗——弗里蒙特三角叶杨(*Populus fremontii*)和美国西黄松(*Pinus ponderosa*)种植在3种不同的土壤类型(林地土壤、农田土壤和草地土壤)中，发现土壤总氮矿化速率(gross nitrogenmineralization,GNM)显著提高并与根际激发效应呈正相关。Zhu等(2014)发现，农作物(大豆、向日葵)引起正的根际激发效应的同时也提高了土壤总氮矿化速率，幅度分别为45%~79%和10%~52%。Murphy等(2015)添加葡萄糖(模拟根分泌物)发现根际激发效应和总氮矿化速率均显著提高。

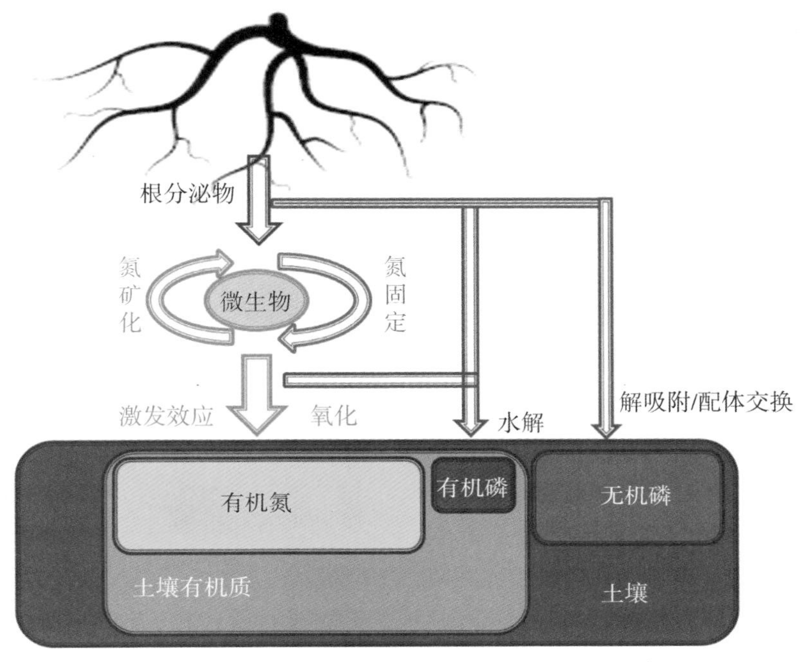


图11.2.1　根际激发效应与土壤氮磷矿化关系示意

然而,引起这种现象的机制仍不十分清楚(Cheng et al.,2014)。人们提出了如下假说来解释这一现象。

表11-2-2　根际激发效应与土壤总氮矿化速率和植物氮吸收的关系

| 植物种类 | 根际激发效应/% | 总氮矿化速率 | 总氮固持速率 | 植物氮吸收 | 文献 |
|---|---|---|---|---|---|
| 三角叶杨、美国黄松 | 54~114 | + |  | + | Dijkstra et al.,2009 |
| 杰克松、云杉和西部铁杉 | 56~244 | + | + |  | Bengtson et al.,2012 |
| 大豆、向日葵 | 27~245 | ? |  |  | Zhu et al.,2014 |
| 美国草原优势种 | 60~110 |  |  | ? | Nie et al.,2016 |
| 大麦 | 20~100 |  |  | + | Mwafulirwa et al.,2017 |
| 落叶松、水曲柳和杉木 | 26~146 | ? |  | + | Yin et al.,2018 |

注:+表示显著提高;? 表示未得到一致结论;空白表示未观测。

1)微生物氮挖掘假设(microbial nitrogen mining hypothesis)(Craine et al.,2007)。在养分可利用较低的土壤环境中,微生物利用根际释放的含碳化合物(通常富含高能量)合成胞外酶(Brozostek et al.,2013);氧化酶的合成能够通过氧化还原过程释放土壤有机质中的氮，以满足微生物自身的氮需求（Craine et al.，2007）。

2）养分竞争假说（nutrient competition hypothesis）（Cheng，1999）。植物根系的养分吸收使得养分（尤其是氮）可利用性进一步贫化，微生物生长和活性受到抑制，根际激发效应和土壤总氮矿化速率下降（Dijkstra et al.，2010；Pausch et al.，2013；Yin et al.，2018）。这一抑制作用在养分可利用性较低的土壤环境中更为明显。Fontaine 等（2011）提出了“土壤库”（soil bank）的概念，综合上述两种机制将土壤养分可利用性和植物的养分需求整合到了一起。当土壤养分（尤其是氮）可利用性较高时，根际激发效应较低，微生物以氮固持（microbial nitrogen immobilization）为主。当土壤养分可利用性较低时，根际激发效应较高且土壤总氮矿化速率较高。总之，作为土壤氮转化的“过渡库（transition pool）”，微生物通过氮矿化和固持作用显著影响植物氮吸收（见图 11.2.1）。

（2）根际激发效应与植物氮吸收

根际激发效应所引起的总氮矿化速率提高是否会提高植物的氮吸收？这仍然是一个悬而未决的问题，仅有少数实验对该问题进行了回答。Dijkstra 等（2009）发现，6 个土壤类型-植物组合中，有 5 个组合的净氮矿化速率和植物的氮吸收与根际激发效应存在显著的正相关关系，这表明根际激发效应显著增强了植物体的氮吸收。Yin 等（2018）以我国主要经济树种日本落叶松（*Larix kaempferi*）、水曲柳（*Fraxinus mandshurica*）和杉木（*Cunninghamia lanceolata*）为研究对象，也发现了类似的规律。然而，草本植物的研究却并不完全支持这一说法。Nie 和 Pendall（2016）发现，$CO_2$浓度倍增条件下，$C_3$植物氮吸收与根际激发效应之间存在着显著的正相关关系，但是$C_4$植物却没有。他们推测这可能与$C_3$植物根生物量和属性（root traits）有关。Cheng（2009）发现，伴随着根际激发效应的提高，土壤矿质氮含量提高的幅度远小于土壤有机质本身的碳氮比。这表明一部分被矿化出来的氮被固持在微生物体内或者被返回到土壤库中，虽然土壤碳氮化合物强烈的异质性也起到一定作用。

植物根分泌物的质和量可能是影响和控制微生物氮矿化与固定的主要原因之一。比如，在$CO_2$浓度升高的条件下，根系泌出碳速率的提高所引起的土壤氮矿化速率的加快被认为是阻止“渐近性氮限制”（progressive nitrogen limitation）现象出现的主要原因，即二氧化碳“施肥效应”由于氮限制的出现而不能继续维持(Luo et al.,2004;Phillips et al.,2011)。而根分泌出碳提高所引起的微生物氮固定也会增强植物的氮吸收(Bengtson et al.,2012),其原因可能是原生动物的捕食效应,即所谓的微生物循环(microbial loop)(Clarholm,1985)。另一方面,模型和野外实验的结果表明,根系分泌物质量的提高(如碳氮比的降低)能够引起土壤氮矿化速率的显著加快(Drake et al.,2013)。

(3)根际激发效应与植物磷吸收

目前,有关根际激发效应对磷吸收的影响还未见报道。Dijkstra 等(2013)猜测,根际激发效应不会影响磷可利用以及植物磷吸收的提高(见图 11.2.1)。这是因为与氮的多形态不同,大部分磷主要以无机形态储存在土壤中(Walker et al.,1976),这部分磷的释放主要通过吸附和解吸附过程完成(Sanyal et al.,1991)。而比例较小的有机磷多数以单酯或二酯的形式储藏在土壤有机质中,可在磷酸酶的水解作用下得以释放(Nannipieri et al.,2011)。由于没有涉及氧化过程,上述这两个过程均不产生$CO_2$,即不产生激发效应(Dijkstra et al.,2013)。

根际微生物利用根分泌物合成磷酸酶是影响根际磷可利用性的主要途径(Chen et al.,2002;Dakora et al.,2002)。但是目前仍不清楚来自微生物合成的和植物分泌的磷酸酶各占多大比例(George et al.,2011)。根际分泌物也可以通过解吸附和配体交换过程使得矿物结合态的磷(mineral-associated phosphorus)可利用性提高进而被植物吸收(Dakora et al.,2002;George et al.,2011)。

## 11.2.2 氮磷高效利用的根际调控

根际是陆地生态系统的主要活动中心,指位于植物根系周围、受根系影响的狭窄(几毫米范围)土体,是地球上最活跃的界面之一。根际包含难以计数的微生物和无脊椎动物。其中,细菌种群密度比非根际土壤高4~7个数量级(Foster,1988),微型无脊椎动物密度比非根际土壤高出100倍左右(Lussenhop et al.,1991)。自1904年德国微生物学家路伦兹·喜尔得纳(Lorenz Hiltner)首次提出根际概念以来,根际研究持续受到关注,根系-微生物-土壤互用就是研究热点之一。在农业生态系统中,存在于根际的微生物对作物生长、营养和健康有着深刻的影响。现代农田管理措施如科学施肥和保护性耕作就是优化根系-微生物-土壤相互作用的有效调控手段。

(1)施肥与根系-微生物-土壤相互作用的根际过程

施肥能直接或间接改变农田生态系统的养分平衡,从而影响土壤的物理、化学和生物学特性。整合分析结果表明,施肥显著提高了土壤微生物量、菌群丰度以及与有机质分解转化相关酶的活性,在东北农田黑土配施有机物料,可显著提升土壤肥力水平(肖琼等,2018)。施肥能提高土壤养分有效性,进而影响根系生长与生理活性主导的根际过程(Shen et al.,2013)。例如,铵态氮和磷分开局部供应有利于作物根际养分资源优化配置,易于形成高效养分获取的根系属性特征,提高作物对氮磷养分的获取和利用效率(王昕等,2013)。氮素水平对根系生长发育有明显调控效应:低氮可促进根系发育,有机氮有抑主根促侧根发育的效应,而局部供氮促进侧根伸长(王启现等,2003)。其中,低氮促进玉米根系纵向伸长,高氮则促进玉米横向伸展(王艳等,2003),当根层养分浓度控制在临界水平时,玉米主根与侧根协调发育,显著提高土壤养分、水分利用效率(Shen et al.,2013;王昕等,2017)。当土壤有效磷(Olsen-P)达到 $20mg\cdot kg^{-1}$时,小麦根系具有较高的磷吸收能力,可提高产量;而当磷过量时,小麦根分泌物释放速率、磷利用效率降低(Teng et al.,2013)。由此可见,改变根际养分供应水平能显著调控根系吸收能力及根际过程,从而提高作物的养分捕获和利用能力(Shen et al.,2011;2013)。

(2)保护性耕作与根系-微生物-土壤相互作用的根际过程

保护性耕作(conservation agriculture)是指通过免耕、少耕、地表微地形改造技术及地表覆盖(残茬和秸秆覆盖)、合理种植等综合配套措施,减少农田土壤侵蚀,保护农田生态环境,并使得生态效益、经济效益及社会效益协调发展的可持续农业技术(张海林等,2005)。

免耕和秸秆覆盖能增加土壤有机质的输入,提高土壤保水性。东北黑土区保护性耕作长期定位试验显示,黑龙江省海伦黑土免耕秸秆覆盖比常规耕作显著提高0~90cm土层土壤含水量,尤其是春季干旱期的土体储水量(刘爽和张兴义,2012)。同样,吉林省梨树黑土免耕秸秆覆盖5年后,有机质(0~5cm)比常规垄作增加29%,土壤含水量高30%~78%(董智等,2013),而耕作模式(免耕+深松+根茬还田+秸秆覆盖)因具有保肥、增产和改良土壤等功效而被推荐为该地区的保护性耕作典型模式之一(张洋等,2018)。免耕和秸秆覆盖能影响土壤大型动物和微生物功能多样性。例如,吉林省梨树黑土免耕秸秆覆盖8年后,土壤大型动物多样性显著高于常规垄作(Jiang et al.,2018)。采用Biolog技术,董立国等(2010)和向新华(2013)分别发现两年免耕和十年免耕土壤微生物的碳源利用率、丰度指数和多样性指数均高于常规耕作。张旭(2017)发现,十五年免耕秸秆覆盖能显著提高春小麦和豌豆土壤微生物不同碳源底物利用能力,并且两种作物播前和收后土壤微生物对糖类、羧酸类、氨基酸类及胺类碳源利用的差异性主要受免耕和秸秆覆盖调控。总之,长期免耕秸秆覆盖(还田)既改变了土壤理化和生物学性质,又使作物根系发生形态和生理可塑性响应,进而影响和调控根系-微生物-土壤相互作用的根际过程。

综上所述,根系-微生物-土壤存在着复杂的相互作用。养分和水分调控作物的根系功能属性和根际过程,而作物功能属性可塑性变化又深刻影响根际养分和水分的生物有效性;平衡施肥和保护性耕作等措施通过改变根系功能属性特征,进而调控根系-微生物-土壤相互作用的根际过程;根际激发效应是土壤中普遍存在的一个自然过程,可作为根系-微生物-土壤相互作用的定量表征参数。根际激发效应被认为是植物和根际微生物在进化过程中形成的资源获取策略(Cheng et al.,2014),两者在根际形成了既竞争又互惠的关系,植物侧重于氮素等养分的获取,而微生物侧重于碳和能源的获取(Kuzyakov et al.,2013)。

根际过程是制约养分从土壤进入植物体的关键环节,采用合理的生态措施,达到作物功能属性和根际环境条件的精准定向调控,增强作物养分资源高效利用的生物学潜力,对于维持可持续作物生产至关重要。根系生长发育既需要合适的土壤物理化学参数阈值(见表11-2-3),又能通过根系属性可塑性影响根际过程,还能通过合理的生态调控措施改善和强化根系-微生物-土壤相互作用过程。根际激发效应可能调节了根际养分的可利用性而影响植物与微生物对养分的利用效率(见图11.2.2),在农田生态系统研究根际激发效应对作物根际碳投入、养分矿化以及氮素等养分获取的影响,将有助于深入理解根际激发效应的生态重要性。

目前,有关根际激发效应与作物养分和水分高效利用的研究仍处于相对滞后状态。未来研究重点包括以下几个方面。①探讨田间自然条件下,作物根际激发效应的变幅及其影响因素。②阐明根际激发效应与作物养分高效利用的关系及其调控机制。③研究不同生态调控模式如何影响作物根系功能属性,以及如何通过根际调控强化作物对养分的高效利用。

上述科学问题已成为限制我们深入理解农田生态系统作物-微生物-土

壤相互作用机制的关键点。因此，未来该领域的进一步研究将为阐明根际激发效应及其在作物养分高效利用与根际调控机制方面的作用提供新思路。

**表 11-2-3　根系生长的土壤理化参数范围**

| 土壤条件 | 阈　值 | | 参考文献 |
|---|---|---|---|
| | 最小值 | 最大值 | |
| 土壤容重/($g·cm^{-3}$) | — | 1.4 黏土 | Watson et al.，2014 |
| | — | 1.8 砂土 | Watson et al.，2014 |
| 土壤孔隙/mm | 0.05~0.50，根直径 | — | Hamblin，1986 |
| | 0.0005~0.0500，侧根和根毛 | — | |
| 穿透力/kPa | 0.1 | 2.0~2.5 | Coder，2007 |
| 气孔空间/% | 10 | 60 | Coder，2007 |
| 含水量/% | 12 | 40 | Hamblin，1986 |
| 土壤氧含量/% | 4 | 21 | Hamblin，1986 |
| 土壤温度/℃ | 4 | 34 | Hamblin，1986 |
| pH | 3.5 | 8.2 | Hamblin，1986 |
| 总氮/($g·kg^{-1}$) | 0.5 | 2.0 | Roy et al.，2006 |
| 有效磷/($mg·kg^{-1}$) | 10 | 35 | Geisseler et al.，2016；Ray et al.，2016 |
| 钾/($mg·kg^{-1}$) | 40 | 160 | Geisseler et al.，2016；Mallarino et al.，2003 |

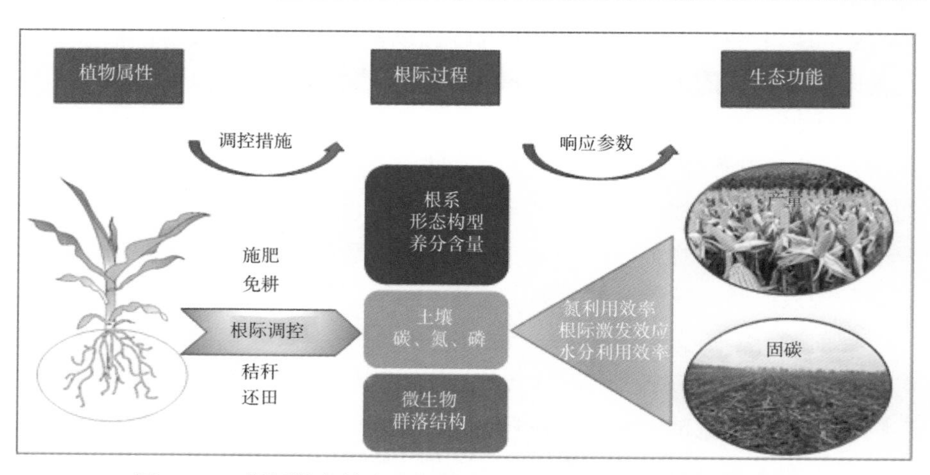


图 11.2.2　根际激发效应与作物养分高效利用的关系与调控途径

（王　朋　霍常富　阴黎明　程维信）

### 11.2.3 北方潮土区作物高效吸收利用氮磷的生态调控

潮土为分布于黄淮海平原最为广泛的土壤类型，现有面积约2570万公顷，主要由黄河冲击物发育而成。它是受地下潜水作用，经过耕作熟化而形成的一种半水成土，因有夜潮现象而得名。潮土腐殖质积累过程较弱，具有腐殖质层（耕作层）、氧化还原层及母质层等剖面层次，沉积层理明显。由于其质地轻、耕性良好、矿物养分丰富，所以具有较大的利用和改造潜力。

潮土地区最普遍的种植制度为冬小麦-夏玉米一年两熟制，而这种高复种指数、高利用强度的种植制度对潮土本身的养分消耗很大。在20世纪80年代初，化肥未大量施用前，潮土的肥力已退化到中、低水平（全国土壤普查办公室，1998）。因此，通过施用化肥快速补充养分，满足作物生长需求和提高作物产量成为最有效的途径，同时化肥投入种类和数量也存在一定的时空变异。以河南省为例，小麦种植每季氮肥用量为3.9~861kg $N \cdot ha^{-1}$，平均为234.6kg $N \cdot ha^{-1}$；磷肥（$P_2O_5$）用量为15.5~362.1kg $P_2O_5 \cdot ha^{-1}$，平均为75.2kg $P_2O_5 \cdot ha^{-1}$（李欢欢等，2009）。大量研究表明，当前化肥施用水平普遍偏高，严重降低了肥料利用率。在保证产量的前提下，提高养分利用率需要减少养分损失，增加养分库容。北方潮土不仅具有很高的硝化势，而且存在有利于氨挥发的环境条件。因此，气态和淋溶损失是降低潮土氮肥利用率的两个最主要过程（张佳宝等，2019）。灌溉与施肥是控制$NO_3^-$-N迁移的关键因素，水分补给是$NO_3^-$-N淋溶损失发生与否的控制因素，水分补给的多少和$NO_3^-$-N在根层下界面处于土壤溶液中浓度的大小是影响其淋失量的关键。在北方潮土区，水渗漏和$NO_3^-$-N淋溶状况非常严重，全耕作年土壤水渗漏量达到273.9mm，为灌溉水量的60.6%；$NO_3^-$-N淋溶达到81.8kg $\cdot ha^{-1}$，为氮输入总量的15.7%（朱安宁等，2003）。该地区氮肥损失的另一重要途径为氨挥发，主要发生在玉米追肥后，其损失量远远大于小麦季氨挥发损失量（杨文亮等，2012；Yang et al.，2014）。前人研究结果表明，施用有机肥或有机肥与化肥混施是提升土壤养分库容和作物产量效果的重要途径之一（Cai et al.，2006）。因此，需要寻求适宜的作物高效吸收利用氮磷的调控措施，为提高氮磷肥料利用效率提供数据支撑和技术支持。

#### 11.2.3.1 不同水氮耦合条件对作物产量和养分利用效率的调控效果

水氮耦合长期定位试验始于2006年，试验包含5个施氮水平。施氮处理为连续每季施氮0kg N·ha$^{-1}$(F0)、150kg N·ha$^{-1}$(F150)、190kg N·ha$^{-1}$(F190)、230kg N·ha$^{-1}$(F230)和270kg N·ha$^{-1}$(F270)。氮肥分基肥和追肥两次施用，其中小麦基施40%，其余60%作为追肥于返青期施用；玉米基施60%，其余40%作为追肥于大喇叭口期施用。在作物重要需水期，如果土体(0~170cm)水分亏缺(土体田间持水量与储水量的差值)超过100mm便进行灌溉，水分处理在灌溉时分别达到20cm(W20)、40cm(W40)、60cm(W60)土层的田间持水量，并增设F190为雨养处理。该实验设置5个氮肥处理和3个水分处理，及1个雨养耕作模式，每个处理3个重复，共48个小区，小区面积48m$^2$(8m×6m)，并随机排列。

由表11-2-4可以看出，氮肥施用显著提高了作物产量，但作物产量并不随施氮量增加而线性递增，当单季施氮量达到或超过190kg N·ha$^{-1}$后，作物最高产量并无显著差异。玉米单产显著高于同等管理条件下的小麦产量，年度产量构成中小麦所占比例不足40%。水氮耦合效应在玉米和小麦生长季都表现得比较明显。不施氮条件下，作物产量随灌溉量增加明显下降，可能是由于灌溉量增大后，土体中无机氮向下迁移超过作物根系主要分布区导致氮营养缺乏加剧；虽然灌溉可以带入部分氮，但是带入的氮量较小，也许低于因灌溉量增加而引起的氮向下迁移量。在施氮条件下，随着灌溉量增大，作物产量显著增加，但是水氮耦合增效在低氮处理(150kg N·ha$^{-1}$)下并不显著，可能的原因是该施氮水平下氮供给虽然可以满足作物正常生长需要，但不能满足水分条件充足情况下作物生长更高的营养需求。同一施氮水平，作物最高产量基本出现在最大灌溉条件下；而所有施氮水平下，最高产量出现在190kg N·ha$^{-1}$条件下，并且该施氮水平下水氮耦合增效显著。因此，可以看出，该实验条件下，氮肥报酬递减的拐点可能出现在单季施氮量190kg N·ha$^{-1}$附近。

施氮量低于190kg N·ha$^{-1}$条件下，玉米季平均氮肥表观利用率高于小麦，且不同作物生长季氮肥表观利用率对灌溉量增大的反馈不尽一致，玉米反馈较小，小麦则随灌溉量增大而明显提高；而高于该施氮水平后，小麦季平均氮肥表观利用率高于同处理下的玉米，并且小麦玉米季氮肥表观利用率随灌溉量增大均呈明显升高的趋势。这表明随着施氮量增加，玉米季氮损失或残留明显高于小麦季。对于小麦季，水分和氮肥均是限制作物生长的重要因子；而在玉米季，低氮条件下，水分并非作物生长的限制性因子，氮供给可能是限制性因素，而当施氮量等于或高于190kg N·ha$^{-1}$后，灌溉量增加能显著提高小麦玉米氮肥表观利用率，由此也充分证明了水分调控对提高氮肥利用率的可行性。

**表11-2-4　不同水氮耦合处理对作物产量和氮素利用的影响**

| 处理 | 籽粒含氮量/(g·kg$^{-1}$) | | 作物吸氮量/(kg N·ha$^{-1}$) | | 氮肥当季利用率/% | | 产量/(t·ha$^{-1}$) |
|---|---|---|---|---|---|---|---|
| | 小麦 | 玉米 | 小麦 | 玉米 | 小麦 | 玉米 | |
| F0W20 | 15.9(0.2)a | 7.2(0.5)a | 30(5)a | 44(8)a | — | — | 4.29 |
| F0W40 | 15.9(0.4)a | 7.2(0.4)a | 25(2)a | 42(5)a | — | — | 4.13 |
| F0W60 | 15.7(0.4)a | 7.0(0.3)a | 25(3)a | 42(3)a | — | — | 3.97 |
| F150W20 | 21.9(1.1)bcd | 10.6(0.4)bc | 128(5)cde | 141(1)c | 59.4(6.0)a | 68.4(6.5)a | 8.56 |
| F150W40 | 21.3(1.1)bc | 10.5(0.2)bc | 124(6)bcd | 140(0)c | 60.3(7.9)a | 67.7(3.9)a | 8.74 |
| F150W60 | 20.7(1.2)b | 10.3(0.3)b | 119(9)bc | 139(4)c | 62.9(7.2)ab | 66.7(4.0)a | 8.75 |
| F190W0 | 24.7(0.8)f | 10.8(0.4)bc | 112(8)b | 129(1)b | 46.3(5.4)ef | 51.1(3.2)d | 8.56 |
| F190W20 | 23.1(0.5)de | 10.8(0.2)bc | 128(5)cde | 140(2)c | 46.9(4.4)cd | 50.6(4.0)c | 8.44 |
| F190W40 | 22.5(0.6)cde | 10.5(0.3)bc | 125(2)bcde | 144(4)cd | 49.2(3.7)de | 55.8(4.1)c | 9.27 |
| F190W60 | 22.5(1.1)cde | 10.8(0.4)bc | 141(9)ef | 150(4)de | 58.6(6.1)bc | 59.0(5.2)b | 9.10 |
| F230W20 | 23.7(1.0)ef | 10.6(0.5)bc | 134(4)cdef | 138(4)c | 40.4(7.4)ef | 42.8(3.7)f | 8.63 |
| F230W40 | 22.8(0.7)de | 10.8(0.8)bc | 131(16)cde | 147(10)cd | 42.6(6.9)f | 47.2(4.9)e | 8.85 |
| F230W60 | 22.7(0.1)cde | 10.8(0.3)bc | 136(4)def | 155(7)e | 51.1(4.8)ef | 51.1(4.1)de | 9.65 |

续表

| 处 理 | 籽粒含氮量/(g·kg⁻¹) | | 作物吸氮量/(kg N·ha⁻¹) | | 氮肥当季利用率/% | | 产 量/(t·ha⁻¹) |
|---|---|---|---|---|---|---|---|
| | 小麦 | 玉米 | 小麦 | 玉米 | 小麦 | 玉米 | |
| F270W20 | 23.1(1.0)de | 11.1(0.1)c | 139(12)def | 152(2)de | 39.2(4.5)f | 39.9(2.3)g | 8.98 |
| F270W40 | 23.4(0.3)def | 11.1(0.1)bc | 149(16)f | 151(2)de | 42.2(6.8)f | 39.8(2.3)g | 8.68 |
| F270W60 | 23.6(0.7)ef | 11.0(0.5)bc | 148(9)f | 154(6)e | 46.9(6.8)f | 43.7(3.8)fg | 9.28 |

注：不同字母表示结果之间差异达到显著水平($P<0.05$)；“(　)”里数字表示标准误差。

#### 11.2.3.2 有机肥替代化肥对作物产量和养分利用效率的调控效果

长期定位试验均位于河南封丘中国科学院封丘农田生态系统试验站内(35°00′N，114°32′E)，始于1989年，试验包含5个施肥处理，分别为有机肥(OM)、有机无机配施(1/2OM)、氮磷钾平衡施肥(NPK)、缺素施肥(NP、NK、PK)、不施肥对照(CK)。具体施肥操作和农事管理措施参照文献(钦绳武等，1998；Xin et al.，2017)。

不同施肥处理下作物20年的平均产量结果[见图11.2.3(a)]表明，施肥对小麦和玉米的产量影响显著，不施磷肥(NK)处理的小麦和玉米产量均小于1.0t·ha⁻¹。不施磷肥与对照处理小麦产量无显著性差异，NK处理玉米产量(84.8kg·ha⁻¹)较CK略有增加。总体而言，各处理玉米籽粒产量均高于小麦。各年平均产量最高的是NPK处理，其烘干重量为11.6t·ha⁻¹；1/2OM和OM处理的作物籽粒年产量分别为11.4t·ha⁻¹和9.8t·ha⁻¹。无论小麦和玉米，大多数年份NPK和1/2OM处理下的粮食产量没有显著差异。小麦秸秆产量高于粮食产量的施肥处理。玉米秸秆产量低于籽粒产量。此外，施磷还能显著提高秸秆产量。在1/2OM处理和NPK处理下，秸秆平均产量无显著差异。1/2OM、NPK和OM处理对夏玉米秸秆产量的影响不显著，但OM处理小麦秸秆产量显著低于1/2OM处理和NPK处理。

我们计算了小麦、玉米和总体磷肥表观利用率，由于玉米产量较高，磷肥投入相对较少，因此玉米的磷肥利用率高于小麦。20年来小麦-玉米体系NPK、1/2OM和OM处理的平均磷肥表观利用率分别为53.7%、59.9%和

61.7%。图11.2.3(b)为1990—2009年不同施肥制度下冬小麦和夏玉米的年磷肥表观利用率变化情况。小麦磷肥利用率呈明显的上升趋势,为25.1%~62.2%。近年来,由于玉米对磷的吸收高、磷的输入低,玉米的年磷肥利用率偶尔超过100%,平均磷肥利用率达到75.2%。

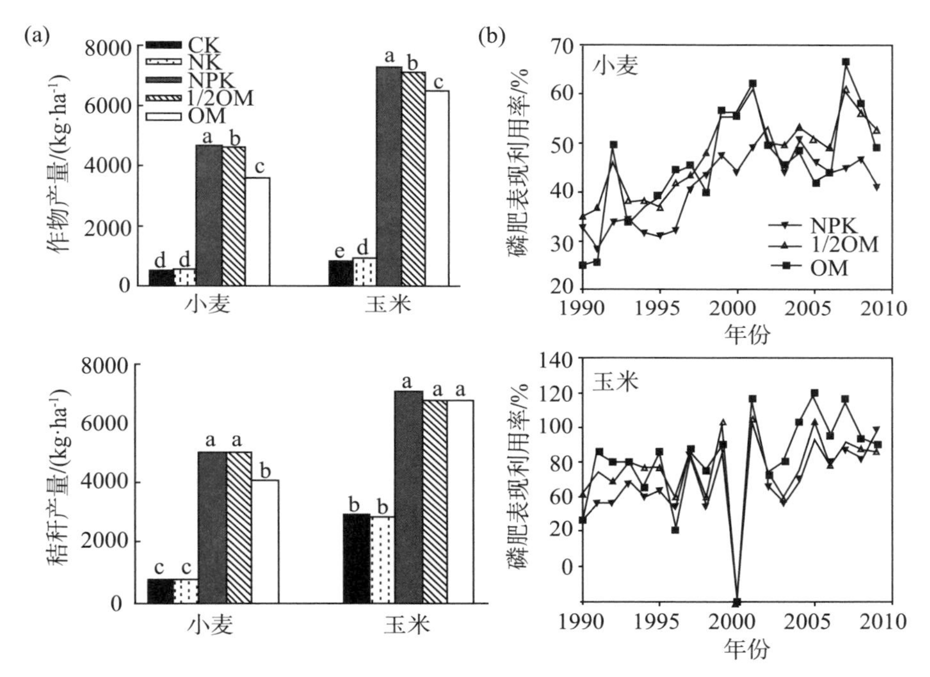


图11.2.3　小麦和玉米20年产量和养分利用率。(a)平均籽粒产量和秸秆量;(b)小麦和玉米磷肥利用率的变化趋势

注:不同字母表示结果之间差异达到显著水平($P<0.05$)。

通过20年不同施肥试验发现,为了提高作物产量,施用化肥是必要的,用有机肥完全替代化肥虽然提高了磷素的利用效率,但却造成了产量的下降。结果表明,在黄淮海平原合理施用化肥可以获得较高的作物产量和相对较高的磷利用效率,但综合考虑地力培育与农业环境可持续性,用有机肥替代一半以下的化肥投入可能成为今后农业施肥的重要替代措施。

(3)基于原位堆腐的激发式秸秆还田对养分利用效率的调控效果

基于原位堆腐的激发式秸秆还田试验从2010年开始,施肥量为210kg $N\cdot ha^{-1}$(玉米40%为拔节期追施,60%为孕穗期追肥);PK肥拔节期一次性施入,施用量为105kg $P_2O_5 \cdot ha^{-1}$,105kg $K_2O \cdot ha^{-1}$(即N:$P_2O_5$:$K_2O$=1:0.5:0.5)。设置10个处理,每个处理4个重复,共计40个小区。各处理如下:秸秆移除+常规NPK施肥(NSFR);秸秆还田(覆盖土表)+常规施NPK肥(SFR);秸秆埋入行间+常规施肥(ISFR);秸秆+8%鸡粪行间掩埋+常规施肥(ISOM1);秸秆+16%鸡粪行间掩埋+常规施肥(ISOM2);秸秆+24%鸡粪行间掩埋+常规施肥(ISOM3);秸秆+8%化学氮肥行间掩埋+常规施肥(ISFR1);秸秆+16%化学氮肥行间掩埋+常规施肥(ISFR2);秸秆+24%化学氮肥行间掩埋+常规施肥(ISFR3);秸秆+商用促腐剂行间掩埋+常规施肥(ISDFR)。

氮肥当季利用率在不同作物生长季差异显著,同一处理下,不同作物季氮肥当季利用率也存在较大差异,这与作物生长以及作物的氮吸收有较大关系(见图11.2.4)。不同秸秆还田措施对冬小麦和夏玉米的氮肥利用率均有较大影响,而小麦季秸秆还田措施提高氮肥利用率的效果更明显。常规施肥下,不同秸秆还田方式对小麦季节的氮肥利用率表现为NSFR＞SFR＞ISFR,而玉米季有相反的反馈表现。小麦季秸秆行间掩埋并配施鸡粪和化学氮肥,各处理的氮肥利用率截然不同,随配施鸡粪量的增加而增加,不同量的化学氮肥对小麦季氮肥利用率的影响没有明显差异;而玉米季配施不同量的鸡粪和化学氮肥其氮肥利用率基本相似;秸秆行间掩埋配合施用商用促腐剂小麦和玉米的氮肥利用率处于中等水平。

分析农田氮素平衡,可了解氮素的盈余状况。按照农业生态学的观点,氮输入包括氮肥、还田秸秆、灌溉水和自然降雨。氮输出包括作物携出(籽粒和秸秆)、(化肥、土壤)氮的损失。我们中,农田生态系统氮素表观平衡根据氮输入输出的差减法计算,计算公式为:氮表观平衡($kg \cdot ha^{-1}$)=进入土壤中的氮素总量($kg \cdot ha^{-1}$)−被作物吸收的氮素总量($kg \cdot ha^{-1}$),计算过程中,忽略了未监测的氮输入和氮损失,主要包括:①播种、大气沉降、自然降雨和灌溉的氮输入;②水分渗漏引起的氮淋失以及氨挥发损失的氮素;③由于土壤水、热条件的变化而激发的其他氮损失,如硝化、反硝化;④农田日常管理和田间监测,灌溉、采样等对土壤的扰动也可能对氮输入以及输出的监测、氮平衡的估算造成影响。

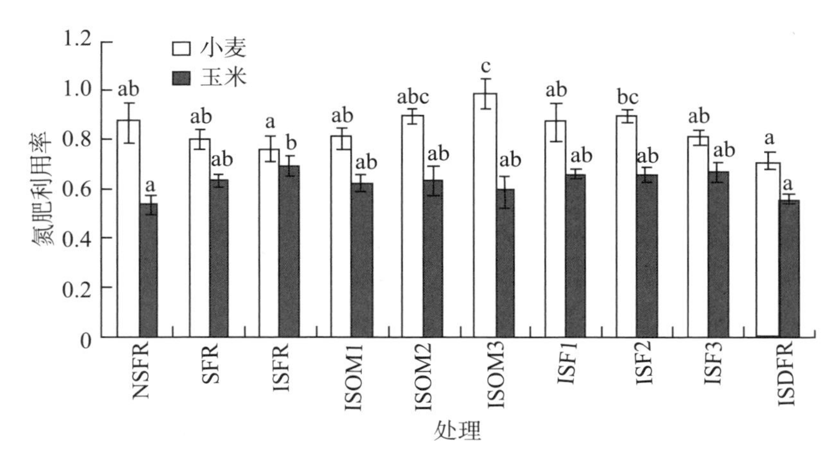


图11.2.4 不同作物生长季节氮肥利用率

注:不同字母表示结果之间差异达到显著水平($P<0.05$)。

我们中,秸秆还田、氮肥和鸡粪施用以及作物吸收利用分别作为氮输入和输出最主要的方式。土壤中的氮素实际积累量要高于表观平衡量,因为作物所需氮素很大一部分是从土壤中吸收的,吸收量随土壤类型和施肥水平等因素不同。图11.2.5显示了不同秸秆还田方式对冬小麦-夏玉米生长季以及周年生产中氮素表观平衡的影响。在施总氮相同的条件下,各处理冬小麦-夏玉米生长季、周年的氮素盈余不同。常规施肥不同秸秆还田方式对小麦和周年的农田氮素表观平衡有较大影响,其表现为秸秆移除时氮素盈余量低于秸秆覆盖和秸秆行间掩埋,主要是由于秸秆还田增加了氮素表观的输入量。秸秆行间掩埋下,配施不同量的鸡粪,小麦季和周年的氮素表观平衡随配施鸡粪量的增加而减小,而玉米季有相反的反馈状况;配施化学氮肥的小麦、玉米以及周年氮素表观平衡处理间基本一致;配合施用商用促腐剂,各生长季以及周年的氮素平衡处于中上等水平。

根据潮土有机质低、保水保肥性能差的特点,通过一系列的试验研究发现,北方潮土区提高养分利用率的生态调控基础是提升土壤有机质,配合水肥管理和耕作管理。前期工作提出的有机肥替代化肥技术、基于原位堆腐的激发式秸秆还田技术和“五季连免、一季深翻”的少免耕技术都是适于该地区的调控技术。今后的研究和实践中,需要进行多层次、多技术的综合应用。

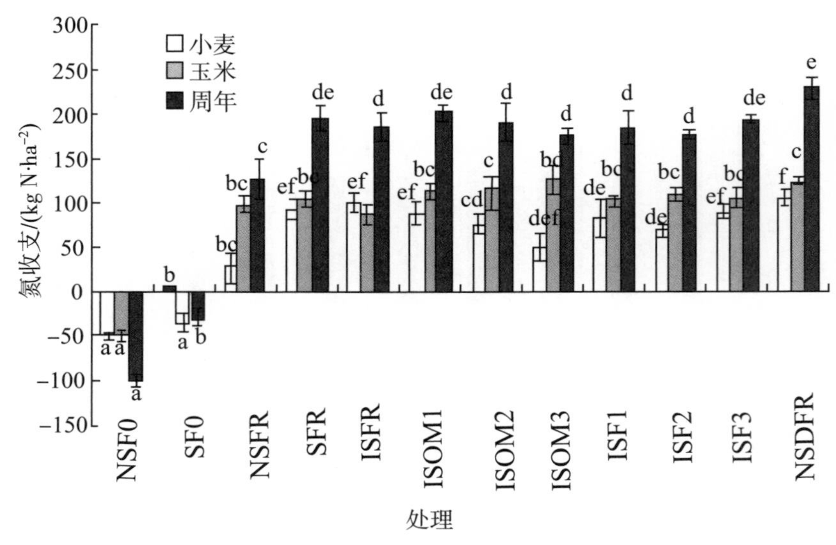


图 11.2.5　不同作物生长季和周年的氮素表观平衡

注：不同字母表示结果之间差异达到显著水平（$P<0.05$）。

（张丛志　信秀丽）

## 11.2.4　南方红壤区作物高效利用氮磷的调控措施

我国南方红壤区（长江以南、云贵高原以东地区，包括海南、广西、广东、福建、江西、湖南、湖北、浙江、安徽）总土地面积为217.96万平方千米，占全国土地面积的22.7%，跨越热带、亚热带，具有丰富的光、热、水、土和生物资源，在我国经济发展中有着举足轻重的地位（赵其国，1995）。南方红壤区位于热带、亚热带地区，高温多雨，矿物风化和土壤淋溶作用较强，土壤多为酸性土壤，阳离子交换量低，保水保肥性差，土壤肥力低下，尤其是缺少氮素和磷素。研究表明，南方红壤区中，68%的耕地为中低产田，普遍缺少有机质和氮素，全部旱地和60%水田缺磷（孙波等，1995）。

作为植物所需的大量元素，氮磷在作物增产中发挥重要作用。因此，为了提高作物产量，需要施加氮磷肥。然而，氮肥在作物增产中的贡献率为50%，甚至更低，磷肥对作物增产的贡献率则为10%（Baligar et al.，1986a；Baligar et al.，1986b）。为满足粮食需求，我国投入了大量化肥，2008年投入了$3.3\times10^7$t氮肥，占全球当年氮肥消耗量36%（于飞等，2015）；2003年，我国磷肥消费量达到1.03×10⁷t,占世界当年磷肥消费量30%(张福锁,2008)。虽投入了大量化肥,但我国粮食作物产量并没有随着化肥消费量成比例增加。我国粮食作物的氮肥、磷肥利用效率分别为约27.5%和15%~20%(张福锁等,2008;Xu et al.,2016),表明作物只吸收了化肥的20%~33%,其余的化肥残留在环境中。施加化肥不仅要保障国家粮食供应,而且要最大限度地降低其对环境的负面影响。因此,提高化肥利用率是非常重要的。

本节综述了南方红壤区作物高效利用氮磷的调控措施,主要概述了肥料施加、南方酸性土壤改良、地下生物和农业管理对作物高效利用氮磷的影响,为今后的研究提供一定的借鉴和思路。

#### 11.2.4.1　肥料施加

化肥是农业发展的基础,粮食产量的重要保障,主要包括氮肥、磷肥和钾肥三大类。近30年来,随着经济快速发展和人口增加,我国已成为世界上最大化肥生产国和消费国。自1977年以来,我国粮食总产量增加了约73%,但化学肥料投入量增加了467%左右(沈仁芳等,2017)。粮食产量与化肥的施加量不成比例,说明作物对肥料的利用率比较低。这一现象在南方红壤区尤为突出,其原因如下:①南方高温多雨,施加的氮肥会通过挥发、淋溶和径流等途径损失;②南方农田土壤多为酸性土壤,铝铁含量较高,易形成难溶性磷酸盐;③南方土壤矿物多为1∶1型高岭石类矿物,其表面的$OH^-$会与磷酸根离子发生阴离子交换,磷酸根离子被吸附在土壤颗粒表面,从而降低了磷的有效性(于天一等,2014;Stephenson et al.,1987)。

许多学者通过短期盆栽实验和长期肥料定位试验研究了施加肥料对作物高效利用氮磷的影响。肥料施加时需要考虑很多方面,如肥料种类、施肥料量、施肥时间(基肥和追肥时间)、施肥位置等(王火焰等,2013)。李冬初等(2004)在湖南丘陵区红壤稻田上研究有机肥料、无机肥料肥料配施对水稻氮素利用率的影响,发现相比于单施加无机肥料,有机肥料、无机肥料配施可将早稻氮素利用率提高至40.07%。Nishikawa等(2012)报道畜禽粪便是一种良好的有机肥,可以代替部分化学肥料,长期施加畜禽粪便会提高水稻产量和水稻氮素利用率。有研究曾报道在浙江衢州红壤酸性水稻土上施加有机肥能够减少土壤对磷的固定,从而增加土壤中磷的有效性,促进植物对磷的吸收利用(倪仲吾等,1990)。因此,有机肥料、无机肥料配施可以促进作物高效利用氮磷。同时,田间水分管理对作物氮磷利用也有重要影响。

孙永健等(2011)设计不同灌水方式及不同氮肥处理实验,研究水分管理与氮肥运筹管理对稻株氮素、磷素在各营养器官分配的影响;结果显示,适当灌水方式(“湿、晒、浅、间”灌溉)及合适氮肥(基肥:蘖肥:孕穗肥=3:3:4)施加会促进水稻对氮磷的吸收利用。赖丽芳等(2009)采用土壤养分状况系统研究法,平衡了土壤中的中微量养分后,研究氮磷平衡施用对玉米产量和氮磷利用率的影响;数据表明,氮、磷、钾是玉米产量的限制因子,且限制顺序是磷>钾>氮,平衡施肥后玉米氮磷利用率最高。可见,肥料中元素配比、施肥量对其利用率有着重要作用。目前,平衡肥料研究主要在肥料中营养元素的配比。同时,施加肥料的时间也是影响作物高效利用氮磷的一个重要方面。郑圣先等(2005)对包膜控释肥料在不同温度淹水土壤条件下的养分释放动态变化进行了研究,结果表明相较于施尿素,水稻控释肥料施后氨挥发量占施氮量的2.2%,有效降低了氨挥发量。此外,控释肥料能够减少$N_2O$排放量、氮淋失量(Yan et al.,2000)。关于控释肥料的研究有很多,但大多数控释肥料营养元素单一,一般都是氮,磷和钾较少。最后,肥料施加的位置也很重要。王火焰等(2013)提出通过根区施肥来提高作物养分利用。根区施肥是将肥料施加到植物活性根系分布区域,使得肥料养分扩散范围与植物根系活动范围达到最佳匹配的施肥模式。最近研究表明,在优化肥料品种、施肥量、施肥时间的基础上,根区施肥可以提高作物氮磷利用率。

#### 11.2.4.2 南方酸性红壤改良

南方红壤区农田土壤酸化程度、面积都在加剧,土壤酸化导致盐基阳离子大量流失、活性铝溶出、一些重金属离子活化等,对植物产生毒害作用,影响作物对养分的吸收利用。因此,为了提高作物产量,改良酸性土壤非常必要。

目前,常见的酸性土壤改良方式有两大方面。一是源头控制,即减少化肥使用量和控制酸沉降;二是使用改良剂,即使用石灰、有机物料、工矿企业废弃物、其他改良剂(如生物炭)。本节重点介绍施加改良剂对作物氮磷利用率的影响。

(1)石灰对作物氮磷利用率的影响

石灰是传统农业生产中应用广泛、经济又便捷的酸性土壤改良剂之一。施用石灰可明显地降低表层土的酸度和活性铝含量,增加盐基饱和度和表层土交换性$Ca^{2+}$含量(蔡东等,2010),提高作物对养分吸收,最终改变作物生长。

矫威(2014)在田间试验的数据表明,施加石灰类和氨基酸类均可提高土壤有机质、有效磷、速效钾含量,降低碱解氮含量,增加水稻中各器官的氮、磷、钾含量,油菜荚壳中氮量和籽粒中磷含量,从而提高水稻对养分的吸收,促进水稻生长。另外,在安徽酸性黄红壤上施加白云石的田间试验结果表明,施加白云石,油菜对氮、磷的吸收分别增加了11.1~21.5kg·$ha^{-2}$、1.1~7.6kg·$ha^{-2}$,促进了油菜的生长,提高了油菜氮磷利用率(武际等,2006)。陈琼贤等(2005)研制出的营养型酸性土壤改良剂(nutritive soil modifier, NMS,主要成分是CaO和MgO)在玉米盆栽实验表明,一定量改良剂配施氮肥,是促进玉米吸收氮的有效方法。NMS的加入会提高土壤中有效磷含量,促进当季作物(玉米)对磷的吸收,即促进了玉米高效利用磷(郭和蓉等,2004)。当营养型酸性土壤改良剂为50kg/亩时,玉米产量增幅最大且为11.31%,玉米氮肥利用率增加6%(N)、磷肥利用率增加5.8%($P_2O_5$)(郭和蓉等,2007)。

(2)有机物料对作物氮磷利用率的影响

有机物料含有丰富的营养元素,在农业上使用有机物料改良酸性土壤已有很长的历史。在土壤中施加有机物料不仅能够中和土壤酸度,提高土壤肥力水平,改善土壤环境,而且还能够增加土壤微生物活性,促进作物对养分吸收。有机物料可以与土壤活化的重金属螯合,降低重金属对土壤以及植物的毒害作用。有机物料用于改良酸性土壤的机制如下:①有机物料中含有一定碱度,可以中和土壤中酸性物质;②有机物料可以与土壤中活化铝离子络合,降低铝毒;③施加有机物料后,可以减少氮肥的施加,减少硝化作用和反硝化作用,降低氮的流失;④提高土壤的缓冲能力(Conacher, 1998)。目前,用于改良土壤的有机物料种类很多,如农作物秸秆、动物粪便(猪粪使用较多)等。

植物物料(如作物秸秆等)由于含有一定的灰分碱度和矿物质含量,可以改善土壤酸度,促进作物养分吸收,提高作物养分利用率。Kretzschmar等(1991)通过长期田间试验和短期实验室栽培实验,研究在酸性土壤上施加作物秸秆对狼尾草磷吸收的影响,结果表明,施加作物秸秆可以缓解铝毒,促进作物根生长,最终促进狼尾草对磷的吸收,产量增加。Rebafka等(1993)在非洲酸性土壤上连续3年施加作物秸秆,研究其对花生的影响,数据表明施加作物秸秆后会降低土壤中Al、Mn含量,促进花生根瘤菌固氮作用,提高花生产量。吕焕哲等(2007)设计玉米盆栽实验,研究水稻秸秆对酸性土壤铝毒的影响，结果显示，施加水稻秸秆可以显著降低土壤中交换性铝、吸附态羟基铝、有机络合态铝含量，玉米主根伸长，且根伸长量与土壤中活性铝含量呈极显著负相关；植株磷含量显著升高。

动物粪便（如猪粪等）由于含有一定碱性物质和大量盐基离子，通过中和土壤中酸性物质、增加土壤缓冲能力来缓解土壤酸化；动物粪便中含有氮、磷、钾，会提高酸性土壤肥力，利于作物生长。Wang等（2017）认为，在南方红壤农田区长期施加猪粪不仅可以提高土壤pH，缓解土壤酸化，且会增加土壤中有效氮含量。Zhang等（2009）研究表明，长期无机有机肥配施可以显著地增加土壤中有机碳（soil organic carbon，SOC）和总氮含量，提高作物产量，但是在施加动物粪便时需注意动物粪便中其他成分，如重金属和抗生素等，若不注意可能造成土壤重金属、抗生素等污染。

（3）工矿企业废物对作物氮磷利用率的影响

除了利用石灰和有机物料改良酸性土壤，土壤科学研究工作者发现某些矿物和工业废弃物也能够改良土壤的酸化，如白云石、磷石膏、粉煤灰和碱渣等矿物和制浆废液污泥等工业废弃物。由于工矿企业废物含磷量较高，施加这类废弃物主要提高作物的磷利用率。

白云石化学成分为$CaMg(CO_3)_2$，其在酸性土壤中与$H^+$发生化学反应产生$Ca^{2+}$、$Mg^{2+}$，从而消耗土壤中的酸度，增加土壤中的盐基阳离子。李昂（2014）使用白云石作为土壤调理剂研究其对酸性土壤的影响，结果表明白云石的施用可以显著提高土壤pH，对减缓土壤铝毒害有较长的持效性，增加作物产量。白云石可以明显地提高玉米地上部生物量、株高、根长，且在一定的施用量范围内随着施用量增加而增加。

磷石膏是指在磷酸生产中用硫酸处理磷矿时产生的固体废渣，其主要成分为$CaSO_4 \cdot 2H_2O$，此外还有一定量的$PO_4^{3+}$、$F^-$、$Fe^{3+}$、$Al^{3+}$、未分解的磷矿粉和酸不溶物等。磷石膏不但可以用来改良盐碱地，还可作为一种酸性土壤底层土的改良剂。Alva等（1990）提出用磷石膏改良心土层的理论，概括为“自动加石灰效应”，即土壤与硫酸钙发生反应后，$SO_4^{2-}$与$OH^-$之间交换反应产生碱度，该效应的具体反应如下：

$$Al(OH)_3+CaSO_4 \rightarrow Al(OH)SO_4+Ca(OH)_2$$

$$Al_2SiO_3(OH)_4+2CaSO_4+2H_2O \rightarrow 2Al(OH)SO_4+H_2SiO_3+2Ca(OH)_2$$

磷石膏改良红壤的效应研究表明（叶厚专等，1996），在施用氮磷钾肥基础上，施用磷石膏具有明显增产和改善心土层的效果；施加磷石膏后土壤耕层和心土层的有效钙、有效硫、有效磷含量相比于对照明显增加,促使土壤由酸性向微酸性转变,提高土壤农化性质;试种作物花生茎叶中Ca、S含量增加,Mg含量降低,促进作物对磷的吸收。

碱渣是指工业生产中制碱和碱处理过程中排放的碱性废渣,包含铵碱法制碱过程中排放的废渣和其他工业生产过程排放的碱性废渣。碱渣成分主要包括碳酸钙、硫酸钙、氯化钙等钙盐和少量二氧化硫等。碱渣溶液偏碱性,pH约为10,可用于改良酸性和微酸性土壤,加强有益微生物活动,促进有机质的分解,补充土壤元素不足。

制浆造纸废液处理产生的污泥是一种富含有机质和多种微量元素的碱性材料,可以改善土壤结构、中和土壤酸性、增加可溶性钙含量、促进有机质分解。有关木质素污泥对酸性土壤及植物的影响研究表明,加入一定量的木质素污泥不仅可以改善土壤酸性环境,且对小麦、玉米生长发育有积极作用(穆环珍等,2004)。

工业副产品虽然在一定程度上可以改善土壤酸碱性,对植物和微生物的生长有积极作用,但工业副产品中可能含有一些重金属,对土壤健康可能造成威胁。

(4)新型改良剂对作物氮磷利用率的影响

生物炭是农作物秸秆、畜禽粪便等农业废弃物在缺氧或者无氧条件下低温(小于700℃)裂解制备的富含碳固体。生物炭主要结构是芳香族碳,同时也有一部分易分解的脂肪族碳和矿物组分。生物炭具有以下特点:①机组分含量约60%;②无机组分中普遍存在$K^{+}$、$Na^{+}$、$Ca^{2+}$、$Mg^{2+}$等阳离子;③为粉状颗粒,具有多孔性,表面积巨大。生物炭研究领域的权威专家Lehman曾指出,生物炭在气候改善、固体废弃物利用、能源生产和土壤改良四大方面具有很高的应用价值(O′laughlin et al.,2009)。

生物炭含有较多盐基离子,这些盐基离子以碳酸盐或者氧化物的形式存在,会与$H^{+}$发生中和反应;含有一些有机官能团,在土壤中发生质子化作用。因此,生物炭对缓解土壤的酸化、提高作物氮磷利用率有作用。

生物炭在提高作物产量的应用最早可以追溯到现代社会之前(Eden et al.,1984)。通过总结大量的研究,酸性土壤中,施加生物炭对作物产量提升效果主要表现如下几个方面:①生物炭含有一定矿质元素,可以为植物生长提供直接的营养元素(Chan et al.,2008);②生物炭具有碱性物质,可以改善土壤酸度,降低活性铝含量,减缓铝对作物的毒害,促进根系生长发育,利于作物对养分的吸收(Major et al.,2010);③生物炭与土壤中的微生物相互作用,改善根系环境,促进根系生长,最终提高作物产量。

研究表明,将花生秸秆炭和油菜秸秆炭施于酸性土壤中,土壤pH均提高,交换性酸含量降低,交换性$Ca^{2+}$、$Mg^{2+}$、$K^{+}$、有效磷含量和盐基饱和度均有所增加,促进作物磷吸收(李九玉等,2015)。生物炭含有许多芳环结构和有机含氧官能团,添加到土壤后会显著增加离子交换的位点,使土壤团聚体表面交换活性提高,从而显著提高土壤阳离子交换量(cation exchange capacity,CEC)水平。生物炭中元素丰富,为土壤提供了K、Na、Ca、Mg、P等营养元素。Biederman等(2013)对317项独立研究进行了Meta分析(Meta-analysis),结果表明,生物炭的添加导致土壤中氮、磷、钾含量增加。

虽然生物炭具有改良酸性土壤的作用,但也存在一些不足之处,如制备生物炭成本高;不同生物炭性质差异很大;目前生物炭在改良酸性土壤方面只是处于实验室阶段或者田间小区试验阶段,还没有进入广泛使用阶段。

#### 11.2.4.3 地下生物

地下生物是土壤生态系统元素转化和物质循环的主要驱动者,是土壤肥力形成和保育的核心动力,是维持土壤健康和生态服务功能的重要保障。地下生物包括根系分泌物、土壤微生物和土壤动物三大类。地下生物数量巨大,如全球根系生物量占地上生物量的3/4(Whitman et al.,1998),根系分泌物中有机物占植物碳同化量15%~25%(施卫明,1993)。地下生物基本上参与了土壤养分转化、迁移、固定和植物吸收等过程,对地上植物养分利用率具有重要的影响。反之,地下生物和土壤养分循环也会受到地上植物的影响(沈仁芳等,2017)。因此,地下生物与植物之间紧密联系,相互依存,共同影响着植物的氮磷利用率。

(1)根系分泌物对作物氮磷利用的影响

根系分泌物从广义上是指根系生长过程中释放到介质中的全部有机物质,但有时狭义上指通过根系溢泌作用进入土壤中的可溶性有机物。广义上的根系分泌物主要包括四种类型:①渗出物,由细胞被动地扩散出来的一类相对分子质量低的化合物;②分泌物,细胞在代谢过程中主动释放的物质;③黏胶质,包括根冠细胞、未形成次生壁的表皮细胞和根毛分泌的粘胶状物质;④分解和脱落物,成熟根段表皮细胞自分解产物、脱落根冠细胞、根毛和细胞碎片(高子勤等,1998)。

根系分泌物通过改变根际pH直接影响土壤养分可利用性，或者与土壤微生物相互作用间接改变其可利用性。由于磷在土壤中的移动性差，根系分泌物主要提高磷的有效性。根际pH变化和根系分泌物与微生物相互作用会直接、间接地影响根际磷有效性。根系分泌有机酸改变土壤团聚体结构，减少团聚体对磷的吸附；与土壤中铁铝发生螯合作用，将正磷酸根离子从复合物中置换下来，提高土壤有效磷含量。周冀衡等(2005)以烟草根系分泌物为对象，研究缺磷条件下分泌物对磷活化能力的影响，数据表明，缺磷条件下分泌物对磷的活化能力增加了2.50%~111.66%，且分泌物磷活化能力受pH影响。木豆根系在缺磷条件下分泌一种有机酸类物质番石榴酸，对难溶性磷酸盐有很强螯合能力，从而促进植物对磷的吸收利用(Ae et al., 1990)。许多研究表明，根系分泌物中，柠檬酸和草酸对磷的活化能力是最高的。根系分泌物中一般含有柠檬酸，但白羽扇豆分泌的柠檬酸可能是响应磷胁迫后产生的特定根系分泌物，其含量占植物干重的0.3%(Liu et al., 2004)。根系分泌物对提高磷有效性的作用较小，主要是依靠作物庞大的根系增加其对磷的吸收；此外，在缺磷或低磷环境下，作物根系会释放出酸性磷酸酶适应环境(Dinkelaker et al., 1989)。

(2)土壤微生物对作物氮磷利用的影响

土壤中聚居的微生物有细菌、真菌、古菌、藻类和病毒等，它们对土壤肥力的形成、转化以及植物养分吸收利用有着极其重要的作用。

氮的一个突出特点是在空气中的含量很高(78%)，固氮微生物可以将其转化为作物可吸收氮，为植物生长提供大量的氮源，如1995年，全球生物固氮量占植物需氮量的3/4(沈世华等，2003)。土壤中这类固氮微生物主要是细菌，对pH很敏感，因此在酸性土壤中固氮量下降，加剧了酸性土壤的氮缺乏(赵学强等，2015)。现阶段，许多学者研究了氮循环对作物氮利用率的影响。Aseri等(2008)接种了根际促生菌(*Azotobacter chroococcum*和*Azotobacter brasilence*)、丛枝菌根真菌(*Glomus mosseae*和*Glomus fasciculatum*)，研究其对石榴的影响，结果表明接种后，石榴的氮利用率提高了，石榴产量得到增加。丛枝菌根真菌促进作物高效利用氮的可能原因在于，土壤颗粒大多数带负电荷，铵根离子被吸附在土壤颗粒表面，菌丝会扩大植物养分吸收空间，增加植物对氨态氮的吸收。焦晓光(2004)通过农田试验研究硝化抑制剂双氰胺(dicyandiamide, DCD)对土壤中有效氮和小麦氮吸收的影响，数据显示，添加硝化抑制剂后，土壤中氨态氮含量增加，硝态氮含量下降，显著抑制氨态氮的氧化，小麦氮吸收量增加了0.26%~6.79%。添加硝化抑制剂抑制硝化过程，减少氮的损失，提高氮利用率；但对于喜硝植物而言，过多的铵会对其造成毒害。不论从哪一方面讲，反硝化过程都应该被抑制。因此，在氮循环过程中应该遵循的原则是“促进固氮，控制硝化，抑制反硝化”（赵学强等，2015）。

土壤中磷易与铁、铝等形成难溶性无机磷化合物；而有机磷占全磷的50%，但需经磷酸酶和某些微生物活动后才可利用（Shand et al.，1994）。土壤有机磷的年矿化率在2%~4%，其矿化率主要取决于土壤微生物活动和磷酸酶活性（赵少华等，2004）。土壤微生物活动可提高土壤中有效磷含量，能够将土壤中不可利用磷转化为可利用磷的微生物称为溶磷菌或解磷菌。有学者研究解磷菌对植物磷吸收的影响，结果表明相比于对照（灭菌土壤），不灭菌土壤中植物磷吸收量增加了79%~342%；吸收量增加的原因是解磷菌会释放有机酸（Gerretsen，1948）。解磷菌解磷的机制如下：①分泌有机酸，如外生菌根真菌可分泌草酸、乳酸、顺反丁烯二酸等（徐冰等，2000）；②分泌一些解磷的酶类物质如核酸酶、植酸酶、磷酸酶等；③与其他元素生物地球化学循环发生耦联，从而释放磷，如硫杆菌在氧化硫的过程中会溶解难溶性磷酸盐，增加土壤有效磷含量（Ghani et al.，1994）。土壤中存在一种古老的高等植物与微生物共生现象——菌根，根据共生体结构，可分为外生菌根、内生菌根和一些特殊菌根如兰科菌根等（贺纪正等，2015）。Heijden（2010）曾报道丛枝菌根真菌能为植物贡献90%的磷。菌根真菌的解磷机制为：①分泌有机酸和$H^+$，酸化根际土壤，促进土壤矿物溶解释放磷；②有机酸阴离子会与金属离子$Fe^{3+}$、$Al^{3+}$发生螯合作用，置换铁铝矿物中的磷（徐冰等，2000）；③分泌磷酸酶类解磷物质。菌根真菌菌丝不仅扩大植物的吸收面积，增加植物对养分的吸收，也会促进磷向易溶性转变，且与解磷菌有正交互作用，进一步改善土壤磷可利用性。秦芳玲等（2000）通过盆栽试验研究了接种解磷菌与菌根真菌对红三叶草氮磷含量影响。实验数据表明，菌根真菌的接种会提高植物含氮量和磷吸收量；而且这两种菌之间存在正交互作用，这种正交互作用的机制可能是菌根增加了解磷菌的数量，而菌根与解磷菌相互作用促进土壤中磷酸酶的活性（李晓林等，2000）。

（3）土壤动物对作物氮磷利用的影响

土壤动物指长期或一生中大部分时间生活在土壤或地表凋落物层中的动物，主要包括原生动物、螨类、跳虫、蚯蚓、节肢动物等。它们直接或间接地参与土壤中物质能量的转化，是土壤生态系统中不可分割的组成部分。土壤动物通过取食、排泄、挖掘等生命活动破碎生物残体，使微生物、有机质与土壤混合，为微生物活动和有机质进一步分解创造了条件。土壤动物活动使土壤物理性质（通气状况）、化学性质（养分循环）以及生物化学性质（微生物活动）均发生变化，对土壤肥力及作物养分吸收起着重要作用。

#### 11.2.4.4　农业管理

精确农业是根据田间产量和环境因素变化，精确地调整各种农艺措施，以获取最高产量和最大经济效益，同时保护生态环境。精准施肥是精确农业中最关键的技术，首先是收集土壤理化性质和作物产量数据，结合作物生长模型和养分需求规律得到最佳施肥方案。我国的精确农业技术发展也很快，危常州等（2002）学者建立了以综合肥料效应为核心的基于地理信息系统（geographic information system，GIS）的棉田推荐肥料系统和土壤养分管理应用系统；张书惠等（2003）基于Map Info软件建立了田间土壤信息数据库，用于施肥决策的做出和实施变量施肥效应的分析。精准施肥体现在施肥量、施肥时间、施肥方式等各个方面。实施精准施肥，不仅可以提高作物肥料利用率，而且可以降低生产成本，减少环境污染。

（王　超　沈仁芳）

# 第四篇

# 土壤微生物技术

# 导　言

土壤微生物对于土壤的性质和功能起着至关重要的作用，然而其功能与遗传信息的异质性极其巨大与复杂。显微镜成像技术克服了人类认识土壤微生物的第一个障碍，平板培养技术则推动了土壤微生物理论和应用研究的巨大发展，然而近年的分子生态学研究表明，每克土壤中的微生物可高达1.8万种，并且其中超过99%的土壤微生物种类难以通过传统的培养方法分离和研究。许多从环境中分离的微生物细胞会因无法适应新的生长条件而进入一种“活的非可培养状态”（viable but nonculturable，VBNC），即能够维持一定的代谢功能，但是并没有进行生长繁殖，最终甚至死亡。所以目前我们对土壤微生物的了解仍非常有限。同时，越来越多的研究表明，具有重要工业、农业和医学应用前景的微生物在土壤环境中的数量通常极少，属于稀有物种（rare species），对这些宝贵而稀少的微生物资源的深度挖掘和定向调控面临巨大的瓶颈。微生物学科的发展历史表明该学科的发展与繁荣跟微生物研究技术的突破密切相关，先进技术是微生物研究进步的决定性推动力。在近年的土壤微生物研究中，新技术、新方法不断涌现，推动了土壤微生物学的迅猛发展，包括基于高通量测序技术的各类土壤组学技术（Handelsman et al.，1998）、基于稳定同位素的各种标记物示踪技术（Boschker et al.，1998）、基于个体细胞特性的单细胞筛选及分析技术（Wang et al.，2010）、基于大数据分析的生物信息学技术（Blow，2008；Teeling et et al.，2012）等。

以高通量测序技术的出现为起点，土壤组学技术迅速发展成为一个不依赖于培养的微生物研究技术体系。该体系以从土壤中提取的微生物群落DNA、mRNA、蛋白和代谢产物等信息为研究对象进行分析，因此这些方法被称为土壤宏基因组、宏转录组、宏蛋白组和代谢组技术。由于这些组学技术的发展，我们在环境微生物方面的认识有了很大进步。利用这些土壤组学技术获得的信息可以有效地帮助研究人员更好地了解微生物的系统发育及生理代谢多样性，获得暂时没能培养的微生物的相关信息。比如，研究表明，生活在土壤、淡水、海水、空气等环境中的微生物，其系统发育的多样性远远高于纯培养研究结果(Hugenholtz et al.,1998;Curtis et al.,2005)。不过单纯的基因组、转录组和蛋白组仅能反映物种组成的序列和遗传信息，在脱离生命基本单元，也就是"细胞"存在的条件下，很难将功能活性与特定的微生物种类精确结合。

稳定性同位素探针技术(stable isotope probing,SIP)是目前条件下研究土壤生物功能最重要的技术手段之一，事实上也几乎贯穿了整个现代生物学发展的过程。SIP技术是稳定性同位素示踪标记手段同分子生物学方法相结合而发展的先进技术，能将特定的物质代谢过程与复杂的环境微生物群落物种组成直接耦合。它由一系列技术策略组成，主要包括稳定性同位素标记基质的选择、合适生物标志物的鉴定、环境样品的标记培养、被标记生物标志物的提取分离和纯化检测等(葛源等,2006)。通过现有的下游分子生物学检测技术，选择合适的分子标志物并对同位素掺入情况进行分析，即可在不需要纯培养的条件下完成对代谢相关的微生物群体的研究。目前，根据生物的细胞物质组成，常见的SIP方法主要包括磷脂脂肪酸(phospholipid fatty acid)PLFA-SIP、DNA-SIP、RNA-SIP和蛋白质-SIP。PLFA作为分子标志物能够较灵敏地指征细胞活性，适合于对微生物群落的动态监测。DNA-SIP技术的基本原理源于经典的DNA半保留复制实验(Meselson et al.,1958)。构成DNA的碳、氮和氧元素都可以作为DNA-SIP的同位素来源，但考虑到不同元素在核酸中的比例及微生物利用底物的特异性，目前已有的绝大多数DNA-SIP主要利用$^{13}C$底物开展示踪实验。RNA-SIP与DNA-SIP的基本原理相似，通过提取环境样品总RNA并进行等密度梯度离心即可获得标记RNA，从而鉴定和分析目标功能微生物的组成，并将环境微生物的功能和分类联系起来。蛋白质-SIP的报道则始于2008年混合微生物体系的研究(Jehmlich et al.,2008)。作为生命基础的大分子物质之一，蛋白质可占细菌生物量的50%，是生物各种生命活动和代谢功能的直接执行者和催化剂。除了常用的碳、氮稳定性同位素外，硫元素($^{32}S$)理论上也是蛋白质-SIP的标记材料。

细胞是构成生命活动的基本单元。传统研究中习惯使用“平均值”表征生物组织或者微生物群落的特性。但越来越多的研究显示,生物组织或者微生物群落中的细胞存在着极大的多样性,即使同基因型细胞也具有异质性(Wang et al.,2010)。随着现代物理化学技术的快速发展,相对于群体细胞研究而言,能够反映个体细胞特性的单细胞技术(single cell technology)在全世界范围内得到了广泛关注。单细胞技术指的是利用特异性荧光标记、细胞形态学特征、细胞光学特征等分选标准,从总微生物群落中分选出大量的微生物单细胞,并通过高通量筛选策略对单细胞个体的分类地位、生理特征、生化功能等进行一系列分析,认识微生物群落中单细胞的异质性、多样性,并从单细胞水平上探索该微生物群落代谢多样性的研究技术。单细胞技术包括上游的单细胞分选技术(single cell sorting technology)和下游的单细胞分析技术(single cell analysis technology)。前者包括基于形态的微流控技术、基于荧光标记的流式分选技术、基于细胞光学特征的拉曼光谱分选技术等;后者简单来说就是多组学技术在单细胞水平的应用,包括单细胞基因组学及转录组学技术等(Walker et al.,2008,Yilmaz et al.,2012,Blainey,2013)。

土壤微生物数量、组成、变化特征及分布格局研究对于土壤养分循环、土壤生产力形成、微生物与植物交互作用以及区域土壤生产力演变研究至关重要。传统的土壤科学体量不大,而新一代土壤微生物组学技术使土壤数据呈爆发式增长,对数据存储、管理、分析和应用提出了新的挑战。近20年来,国外如美国农业部自然资源保护局(Natural Resources Conservation Service, NRCS)的 WSS(Web Soil Survey),国际土壤参比信息中心(International Soil Reference and Information Center,ISRIC)的Soil Data Hub等可提供区域甚至全球的土壤科学数据服务;国内中国科学院南京土壤研究所也提供了中国土壤数据库的数据下载和浏览服务。国际上建立的一些生物信息数据库系统已经服务于全球科学家,比如欧洲生物信息研究所(European Bioinformatic Institute,EMBI)提供包括基因组学、蛋白质组学、化学信息学、转录组学以及系统生物学等数据库。微生物群落研究相关的数据库,如MG-RAST、CAMERA、MMCD等专业数据库,以及NCBI等通用数据库,不仅提供数据检索、查询等服务,而且可以进行高通量数据处理和分析。目前国内也运行一些微生物数据库系统,比如Agrida,它是由国家农业科学数据共享中心提供的微生物基因库,类似的还有中国微生物与病毒主题数据库、能源微生物功能基因组专业数据库等。建设我国自己的土壤生物信息数据库及数据分析等研究基础平台,不仅有利于提升我国土壤生物研究的水平,而且对于维护我国生物信息安全具有战略意义。

21世纪生物学研究最显著的特征是从微观到宏观,也就是采用先进的技术,从微观的尺度,研究宏观尺度下如复杂环境中生物的表型变异规律,准确认知生物多样性的形成机制、驱动因素及演化方向。开发及发展土壤微生物研究技术,为从细胞群落或生态系统的宏观角度破译微生物生物形态、表型和功能的演化规律提供关键技术支撑,将极大地丰富土壤学理论体系,也将为21世纪合成生物学奠定重要的理论基础。

# 第12章　土壤微生物组与单细胞新技术及应用

## 12.1　土壤微生物宏基因组技术

宏基因组学(metagenomics)是在1998年由Handelman最先提出的一种概念,指的是直接对微生物群体中包含的全部基因组信息进行研究的手段。之后,metagenomics有了新的定义,即“绕过对微生物个体进行分离培养,应用基因组学技术对自然环境中的微生物群落进行研究”的学科。宏基因组学技术也因此被认为是继发明显微镜以来微生物研究方法史上最重要的进展。它规避了对样品中的微生物进行分离培养,提供了一种对不可分离培养的微生物进行研究的途径,更真实地反映样本中微生物的组成、相互作用情况,同时在分子水平对其代谢通路、基因功能进行研究。

### 12.1.1　土壤微生物宏基因组的研究意义

近年来,宏基因组学作为环境微生物学的前沿研究,被广泛应用于来自陆地、土壤、海洋、河湖水、肠道,以及像深海底床和酸矿等极端生境的环境样品微生物群落组成分析研究。尽管宏基因组技术本身还存在着一些局限性,但它为土壤微生物的研究提供了一种有效的研究策略,尤其是对于99%以上不能获得纯培养的土壤微生物来说,宏基因组学不仅是研究土壤微生物生态学的坚实基础,还是我们获得土壤中各种基因资源的一个有效手段。

(蔡元锋　贾仲君)

### 12.1.2 土壤微生物宏基因组分析的技术难点

土壤微生物宏基因组学是DNA测序技术快速发展的直接产物。20世纪90年代,DNA测序价格昂贵,土壤环境中微生物数以百万计,直接利用环境样品中的全部微生物基因组DNA进行测序,几乎无法想象。因此,最初的宏基因组测序策略是在克隆文库构建阶段需要引入多种文库筛选策略(贺纪正等,2012),目的是将宝贵的测序通量集中于感兴趣的类群或功能。21世纪初,DNA测序技术发生了跨越式的发展,出现了多种基于不同测序原理的第二代(Shendure et al.,2008)和第三代高通量测序技术(Rhoads et al.,2015)。因此,直接测定土壤中微生物群落的整体DNA序列,开展真正意义上的土壤宏基因组学研究不仅在技术上可行,而且是目前深刻理解土壤微生物重要生态环境功能的最佳途径之一。这一方法学突破实现了单一生物过程研究向生物群落水平的研究转变,能够在更高更复杂的整体水平上定向发掘土壤生物的系统功能。

目前土壤宏基因组学在方法上也渐趋成熟,从DNA的提取、测序文库的构建到测序都有比较标准化的技术流程。

第一个难点,也是主要的难点仍然是在海量数据的生物信息学分析上,包括序列数据的拼接和注释。序列拼接的困难在于对于微生物组成异常复杂的土壤样本来说,虽然高通量测序可以获得海量的短序列,但获得高质量的拼接结果仍然比较难,并且拼接过程会造成大量微生物信息的丢失。不过,随着测序技术的进步,测序长度不断增加,并且通过二代、三代测序技术的结合,能够兼顾测序通量和测序长度的问题,这一问题的难度会逐渐降低,在不久的将来可能不再是问题。

第二个难点在功能注释及鉴定方面,宏基因组分析相关的许多生物信息学工具,包括MG-RAST(meta genome rapid annotation using subsystems technology)、MEGAN(metagenome analyzer)等,均依赖于现有的数据库,而在环境样品中往往会检测到大量的、已有数据库中没有的基因序列,因此宏基因组数据中常常有大量的序列无法鉴定(Huson et al.,2009)。可以预见,这将是一个短期内无法明显改善的问题。

第三个难点在宏基因组数据的解释层面,即如何用获得的宏基因组数据解释观察到的环境微生物过程和现象并揭示其机制。主要体现在以下方面:土壤微生物类群的界定存在多种标准,依据有限的基因序列信息难以精确鉴别各类土壤微生物的身份，同时会造成物种组成和功能组成的注释分析结果相互联系比较困难。另外，微生物间的相互作用关系在物质、能量、信息循环中起到了至关重要的作用（Zhou et al.，2011）。然而，土壤微生物数量和种类都很巨大，微生物种内及种间的相互作用关系仍具有很大的认识盲区，主要源于微生物群落庞杂、细小和难以培养的属性，微生物物种间的相互作用往往无法像宏观生态中予以观察和定性，因此给相关的研究工作提出了挑战。最后，土壤微生物生态学领域尚未发展出成熟的理论模型以揭示土壤微生物功能过程及现象。

（蔡元锋　贾仲君）

### 12.1.3　土壤微生物基因组技术应用策略及发展趋势

最初，宏基因组学和高通量DNA测序技术的出现和应用为最大限度地认识未培养微生物的遗传组成和生命活动带来了新的机遇。2004年，《科学》（*Science*）期刊报道了Sargasso海洋宏基因组的研究，首次发现海洋泉古菌含有氨单加氧酶基因（*amoA*）序列（Venter et al.，2004），并在随后的土壤宏基因组研究中再次得到确认（Schleper et al.，2005）。这两个研究首次揭示了氨氧化古菌的存在，从而使得硝化微生物的研究取得革命性的突破（Könneke et al.，2005；Hatzenpichler et al.，2008）。此外，Grosskopf等（1998）通过克隆测序的方法研究水稻根际古菌的微生物群落结构，发现32个克隆序列中有22个可能为未知的产甲烷菌，形成4个独立的族，分别命名为Rice Cluster-Ⅰ（RC-Ⅰ）、RC-Ⅱ、RC-Ⅲ、RC-Ⅳ族。随后的大量研究表明，RC-Ⅰ在土壤环境特别是水稻土中广泛分布。基于RNA的稳定同位素核酸探针技术（Lu et al.，2005）和宏基因组学的RC-Ⅰ全基因组代谢网络重建（Erkel et al.，2006）表明，RC-Ⅰ是稻田土壤产甲烷过程的重要微生物驱动者。

不过，迄今为止，仍然难以通过直接测序获得环境中某些活性微生物的全部基因组，特别是当这些微生物在整体微生物中处于数量上的劣势时。稳定性同位素示踪复杂土壤环境中微生物核酸DNA（DNA-stable isotope probing，DNA-SIP）技术，能够显著降低土壤微生物群落的复杂度，提高目标土壤DNA筛选效率。宏基因组与DNA-SIP技术结合对于揭示活性微生物作用机制具有重要的科学意义。通过DNA-SIP技术，我们能够得到具有生态功能的活性微生物类群的DNA，如氨氧化微生物或甲烷氧化微生物等，通过高通量测序等技术可以得知该活性微生物的物种信息与潜在功能。分离得到的目标微生物的DNA也可能面临含量过低而无法满足宏基因组测序DNA需求量的问题。多重置换扩增（multiple displacement amplification，MDA）全基因组扩增技术可以在某种程度上解决这一难题（Chen et al.，2008）。MDA具有基于PCR的全基因组扩增无法比拟的优点：模板DNA量要求低，最低一个细胞即可满足全基因组扩增的需求；对于GC含量相差不大的基因扩增偏好性约为3~5倍；且大多数产物片段＞10kb，最高可达70kb（Dean et al.，2002）。然而，基于微生物纯菌基因组MDA扩增结果表明，DNA的GC含量对MDA的偏好性影响很大。2006年，Pinard等（2006）利用MDA扩增纯菌株*Halobacterium* species NRC-1（GC含量68%）和*Campylobacter jejuni*（GC含量32%）全基因组，发现微生物基因组中重复序列和高GC含量都会显著增加全基因组扩增的偏好性。针对混合菌株DNA的MDA扩增实验也证实了这种扩增偏好性对物种组成比例的显著改变（Abulencia et al.，2006）。同位素标记的目标微生物DNA极可能与高GC含量的非标记微生物基因组DNA具有相同或相似的浮力密度，导致超高速密度梯度离心后重浮力密度梯度区带中不仅含有大量的同位素标记DNA，而且存在大量的高GC含量的非标记微生物基因组DNA。根据目标微生物DNA的GC含量组成，针对性设计随机引物，将有可能避免高GC含量的非目标微生物对MDA的影响，有效解决这一问题。

此外，宏基因组技术和其他多组学技术的联合使用是另一个主要的发展趋势（Hultman et al.，2015；White et al.，2017）。这源于宏基因组技术揭示的仅仅是微生物的潜在代谢功能，要想解析土壤微生物实际的活性代谢状态，其他组学（转录组、蛋白质、代谢组）数据是必不可少的。例如，Verrucomicrobia的代表常存在于土壤基因组中，但最近的一项研究表明，根据宏转录组数据，它们的基因表达水平很低（White et al.，2016）。通过将宏基因组学技术和宏转录组学技术组合，研究人员证明亚硝化单胞菌和亚硝化螺菌，而不是氨氧化古菌，主导了一些污水中的硝化作用（Yu et al.，2012）。基于这一趋势，有研究人员提出异表型（metaphenome）的概念，定义为在微生物基因组（宏基因组）和环境（可用资源；空间、生物和非生物限制）中编码的表达功能的产物（Jansson et al.，2018）。因此，未来的土壤微生物研究极可能将进入大数据分析时代。

（蔡元锋　贾仲君）

### 12.1.4　土壤微生物宏基因组技术的展望

随着高通量测序技术的快速发展,未来土壤组学研究的核心将从大规模的序列测定转向科学问题导向的土壤生物组学研究,实现数据导向与问题导向的快速转变。基础性分析和存储平台的建设是土壤生物信息分析的前提。绝大多数研究者的关注焦点并非土壤组学信息分析本身,而是如何快速有效地获得序列所隐含的科学意义。因此,如何制定数据获取和保存的统一规范,实现环境样本的信息标准化,有效存储和实现海量数据的初步分析,是我国建立土壤生物信息平台的关键内容。此外,随着土壤组学技术的快速发展,新的统计算法和分析策略也层出不穷,如何针对主要的瓶颈步骤实现重点突破,也是土壤生物信息面临的挑战。例如,分析如何高效结合实验技术和超算技术的发展,快速、准确地对微生物群落的宏基因组进行有效的拼接和重组,依然存在大量的理论与技术问题。同时,新的计算机技术,如图形处理器(graphics processing unit,GPU)和超算技术的发展也为土壤组学分析提供了更便捷的解决方案。如何有效地利用这些新的资源和技术,为大型生物信息运算提供通用的算法和接口,也是土壤生物信息学特别值得关注的内容。

(蔡元锋　贾仲君)

## 12.2　基于液滴微流控的微生物单细胞高通量培养分选技术

本节将围绕未培养微生物现状和液滴微流控技术、液滴微流控技术的特点及液滴微流控在微生物分离培养中的应用展开讨论。

### 12.2.1　未培养微生物现状和液滴微流控技术

单细胞微生物无处不在,是地球上最多样化和丰富的生命形态,是地球生态环境系统的重要组成部分。尽管在过去的20世纪中微生物学已经取得了惊人的进步,但我们仅是触到了微生物世界的表面。据统计,目前自然界中超过99%的微生物仍然未在实验室条件下分离培养,这被认为是微生物学的"暗物质"问题(Marcy et al.,2007)。对微生物的分离培养不仅有助于认识微生物多样性及其代谢特征,而且还可加深对环境微生物参与生态学过程的理解并有利于重新构建生命之树,这对于解释地球生命的进化及演变过程提供重要的参考价值,赋予科学意义,同时未培养微生物是发现及挖掘新基因资源和活性代谢物质的重要宝库。

大部分的微生物在实验室中无法进行培养,环境分离的微生物细胞会因无法适应新的生长条件而进入一种“活的非可培养状态”(viable but nonculturable,VBNC),即能够维持一定的代谢功能,但是并没有进行生长繁殖。培养的主要限制包括对目标微生物物种缺乏认识,对多样性认识的限制、对环境中的生化和物理条件影响缺乏了解、对生物与非生物之间的相互作用缺乏了解,以及实验室条件难以模拟自然条件下的微生物相互作用生态系统等(Alain et al.,2009)。为了解决经过实验室培养后缺少大部分微生物的问题,国内外科学家尝试了很多不同的方法和策略,包括优化培养基法(Nichols et al., 2008)、共培养法(Terekhov et al., 2018)、原位培养法(Kaeberlein et al.,2002;Nichols et al.,2010)、细胞微囊包埋技术(Zengler et al.,2002)、结合大批量培养和质谱鉴定的培养组学(culturomics)(Lagier et al.,2016)、微流控(microfluidics)技术(Ma et al.,2014;Shemesh et al.,2014),以及高通量培养技术(Connon et al.,2002)等。

传统的微生物研究手段大都是在种群水平上对微生物进行研究,无法反映微生物群体中个体间在遗传和生理代谢水平的差异。因此,单细胞水平的相关研究方法对于分析和了解微生物在自然界复杂环境中的状态具有重要意义。微流控技术是指在微米尺度下进行流体操控的技术,是一个集微纳加工、化学、光学、生物学和流体力学等多学科交叉的新领域。利用微流控技术可以将实验室所涉及的样品处理、反应、分析以及细胞培养等一系列操作集成到微通道操作单元中,具有高通量、集成化、低成本等显著优势(Whitesides,2006)。其中,液滴微流控是微流控技术的重要分支,其特点是在微通道中用不相溶的载液相将样品和试剂分割为飞升至纳升级的液滴(Teh et al.,2008),作为独立的反应器,实现生物样品的分隔、反应、扩增和检测,为加快难培养微生物的分离培养提供了新的思路。本节将首先简要介绍液滴微流控技术的特点,以及基于液滴微流控的高通量微生物分离培养技术在土壤等复杂微生物群落的分离培养和筛选中的应用。

(胡倍瑜 徐冰雪 贠娟莉 陈栋炜 杜文斌)

### 12.2.2 液滴微流控技术的特点

利用液滴作为独立的单细胞微反应器具有诸多优势，主要具有以下特点：液滴体积小，液滴的体积通常在飞升至纳升左右，极大地降低了试剂消耗；利用微流控生成的液滴大小均一，可进行定量混合反应和检测；样品消耗少，对于样本量有限的样品分析有巨大优势；液滴生成通量高，通量可达到$10^2$~$10^6$液滴/s；每个液滴可以作为一个微反应器，油相包裹避免了液滴的交叉污染；试剂混合效率高，利用微流控芯片可以高效地实现对液滴进行试剂加注和混合（Shang et al.，2017）。

液滴微流控的主要操作单元包括液滴的产生、操控和检测。液滴微流控的功能单元：利用液滴作为微反应器进行生物培养和分析，需要多种液滴操作单元对液滴进行操控。液滴的操控单元主要有以下几种。

（1）液滴生成单元

液滴的生成方式多种多样，而最常用的方式是通过特殊的几何通道结构来让分散相连续均匀地分散到连续相中。常用的方式有"T"形通道、"十"字形通道、流动聚焦等（Thorsen et al.，2001）[见图12.2.1（a）]；通过多个水相液流汇流以后生成液滴，可以实现液滴多组分的精确调控。

（2）试剂混合单元

液滴内试剂的快速混合对于精确控制生化反应至关重要。液滴内试剂的混合方式也较多，常用的是通过一个连续的"U"形通道结构来实现液滴内试剂的快速混合（Song et al.，2003；Obexer et al.，2017）[见图12.2.1（b）]。

（3）液滴的分割单元

液滴分割指将一个液滴分割成两个更小的液滴，这对于提高液滴生成通量和同组分液滴的复制备份来说具有重要意义。常见的方式是利用特定的通道结构设计如"Y"形通道来实现液滴的分裂（Link et al.，2004）[见图12.2.1（c）]。

（4）液滴的融合单元

对液滴进行可控制的融合在生物分析中是非常关键的一步。目前的液滴融合方式主要分为主动融合和被动融合等方式，被动融合主要通过设计特殊通道结构来控制液滴流速从而实现融合（Niu et al.，2008），而主动融合的方式主要通过微电极施加介电电场实现融合（Abate et al.，2010）[见图12.2.1（d）]。

（5）液滴的分选单元

液滴的分选是一项重要的液滴操控技术，是选择性地将某些液滴从众多液滴中分离出来，在功能生物筛选分析中至关重要。常用的分选方式如基于介电力的FADS（fluorescence activated droplet sorting）分选（Baret et al.，2009）[见图12.2.1（e）]、基于声波的SAW（surface acoustic wave）分选（Franke et al.，2009）、基于芯片结构的DLD分选（deterministic lateral displacement）等（Joensson et al.，2011）。

（6）液滴捕获和阵列化单元

液滴的捕获是将液滴置于特定的位置进而有利于后续的分析，主要是通过设计特定的芯片构型来实现液滴捕获（Huebner et al.，2009）[见图12.2.1（f）]。阵列化也是对接外部检测和提取系统的重要功能单元。

基于上述特点和优势，液滴微流控在微生物单细胞培养、单细胞功能酶和代谢产物筛选、工业微生物适应进化和改造、单细胞全基因组测序、大规模微生物相互作用研究等方面已经展现出重要应用和发展前景。

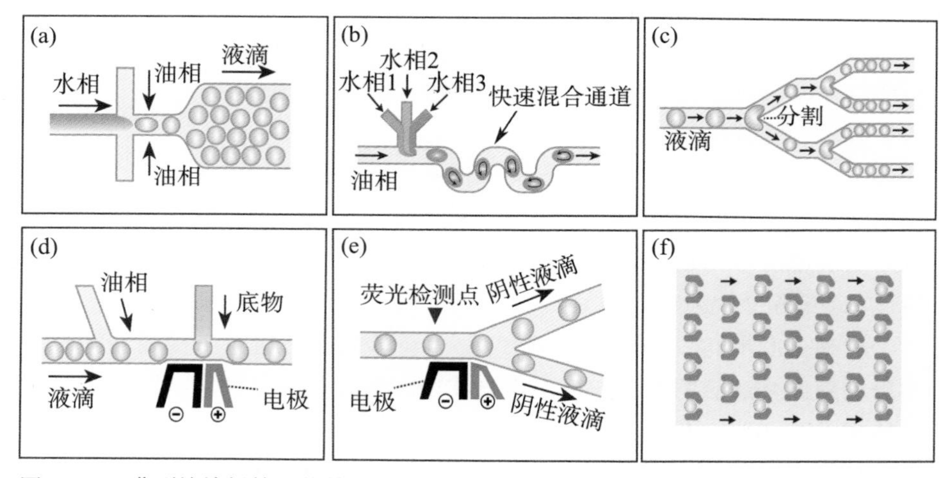


图12.2.1　典型液滴操控功能单元示意图。（a）“十”字形结构液滴生成芯片示意；（b）连续的“U”形通道结构进行液滴内试剂混合芯片示意；（c）“Y”形通道结构分裂液滴芯片示意；（d）介电场控制的液滴融合芯片示意（pico-injection）；（e）荧光激活液滴分选芯片（fluorescence activated droplet sorting，FADS）示意；（f）阵列化液滴捕获和观察分析芯片示意

（胡倍瑜　徐冰雪　贠娟莉　陈栋炜　杜文斌）

## 12.2.3　液滴微流控在微生物分离培养中的应用

随着人类微生物组计划(Human Microbiome Project,HMP)、地球微生物组计划(Earth Microbiome Project,EMP)等国际科学计划的提出,微生物的研究也进入了一个崭新的时代。微生物研究方法也从原来的单一方法研究发展到组学研究甚至是多组学研究,如基因组学技术、代谢组学技术和培养组学(culturomics)技术等。而微生物的分离培养在微生物的研究中仍然具有不可替代的作用,对于微生物培养组,开发多种多样的微生物分离培养新方法、新技术对于微生物的分离培养具有至关重要的意义。下面将介绍我们利用微流控技术在未培养微生物、功能微生物和微生物资源开发方面做的一些尝试。

### 12.2.3.1　基于微流控液滴阵列化技术的高通量微生物单细胞培养

目前环境中可培养微生物类群仅占1%,而传统的琼脂平板分离培养存在培养效率低、工作量大、试剂消耗多、培养周期长,以及优势微生物对慢生长微生物的抑制和竞争等问题。我们于2016年开发了基于微流控液滴划板培养(microfluidic streak plate,MSP)方法,将微生物菌悬液和培养基混合,然后利用微流控制备单细胞油包水液滴,利用一个自动螺旋涂布平台,将液滴沿等间距螺旋轨道写入矿物油覆盖的平皿中培养[见图12.2.2(a)]。通过这种方式,可以在实验室常用的9cm平皿中生成几千至上万个皮升至纳升体积的液滴的螺旋分布阵列,极大地提高了微生物的单细胞培养效率。我们利用MSP培养平台对土壤样品的多环芳烃的富集菌群进行高通量液滴阵列单细胞分离培养,同时对比了MSP培养与传统琼脂平板培养的差异。高通量测序的结果表明,MSP培养获得物种的数目高于传统琼脂平板培养方法约20%[见图12.2.2(b)],使更多的稀有微生物类群得到覆盖和分离培养[见图12.2.2(d,e)]。我们对MSP分离的菌株进行了多环芳烃降解效率的分析,其降解效率显著高于传统琼脂平板分离得到的菌株[见图12.2.2(c)]。通过MSP培养成功分离到分离培养到了强荧蒽降解能力的*Mytobacterium*和*Blastococcus*类群,其中*Blastococcus*是该类群首次发现具有荧蒽降解活性(Jiang et al.,2016)。以上结果表明,MSP培养与传统的琼脂平板培养方法相比,具有高通量、低成本、易操作、分离低丰度类群成功率高等优势,在土壤微生物稀有和特殊功能类群的分离培养中具有一定潜力。

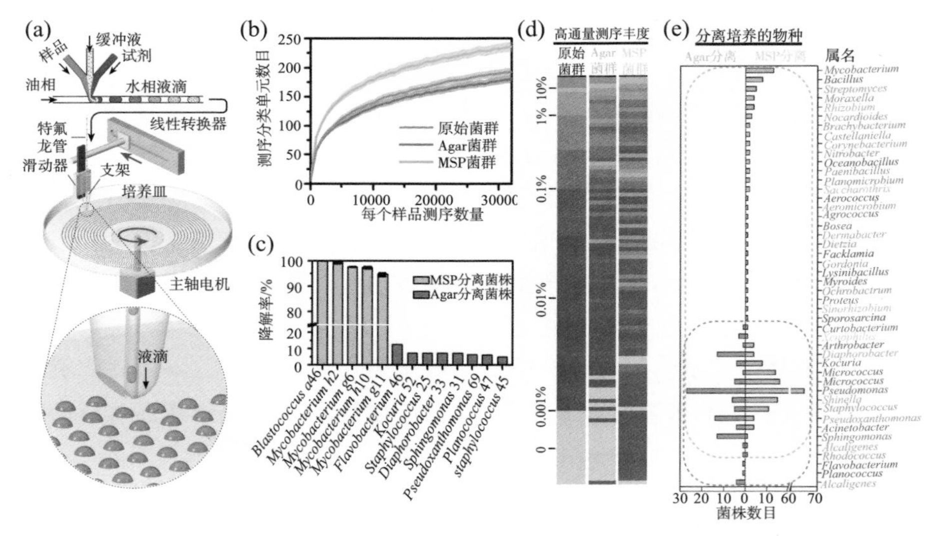

图 12.2.2 MSP培养平台。(a)MSP液滴阵列培养平台示意;(b)原始菌群(community)、MSP培养菌群(MSP菌群)和琼脂平板培养菌群(Agar菌群)的高通量测序分类单元稀释曲线;(c)琼脂平板和MSP分离培养菌株多环芳烃降解率对比;(d)原始菌群、MSP培养菌群和琼脂平板培养菌群的高通量测序分类单元丰度热图;(e)琼脂平板分离培养与MSP分离培养菌株类群及数量对比

### 12.2.3.2 利用微流控芯片实现趋化微生物的自动分选和培养研究

细菌趋化性(chemotaxis)是细菌适应环境变化、优化生存方式的重要生物属性。趋化微生物在土壤中普遍存在,其对土壤微生物群落结构、土壤养分循环、土壤有机污染物降解等有重要影响。对趋化细菌的分析定量和分离培养是认识和利用微生物趋化作用的基础,因此开发新颖有效的趋化细菌研究方法就显得至关重要。传统细菌趋化研究方法耗时长、重现性差、定量困难,而微流控借助微尺度精确扩散控制及高通量等优势,在趋化细菌的分析定量和分离培养中具有巨大潜力。我们针对微生物趋化的定量分析和趋化菌的富集分离,开发了基于层流趋化-液滴单细胞培养微流控芯片系统,以及基于微流控滑动芯片(SlipChip)的定量分析分离系统。本小节主要介绍这两种方法的原理及其应用。

我们开发了基于微流控液滴的趋化细菌的趋化分选培养平台。该微流控芯片由两部分构成:第一部分通过在芯片中形成有趋化物浓度梯度的层流流体,趋化细菌在该区域向趋化物方向游动;第二部分可将上一步趋化的细菌进行单细胞包裹,生成油包水的液滴导入特氟龙毛细管进行培养;两部分集成在一个芯片中,可同时完成趋化菌群的趋化和分离培养[见图12.2.3(a)]。由于微液滴能够实现基于泊松分布的单细胞分离培养,我们可以基于液滴培养之后的阳性率,对细菌的趋化特性进行定量分析。培养后的液滴可以逐一导出到大体积的液体培养基或琼脂平板上扩大培养,并用于进一步的鉴定和分析。利用具有趋化天冬氨酸(Asp)能力的大肠杆菌RP437和不具趋化Asp能力的大肠杆菌RP1616,我们成功验证了该芯片进行趋化分离培养的可行性。进一步将该芯片用于模拟环境样品中趋化菌群的分离培养,将具有趋化硝基氯苯的睾酮丛单胞菌CNB-1和不具有趋化硝基氯苯的大肠杆菌RP437混合作为模拟样品[见图12.2.3(b)]。实验结果中,利用该芯片CNB-1被显著地富集。上述基于液滴微流控的趋化菌群分离培养芯片,实现了趋化菌群的趋化、分离、单细胞液滴生成、培养等功能单元的集成,丰富了趋化菌群的研究手段,可以应用于土壤细菌的趋化性研究以及复杂群落中功能微生物的开发和利用(Dong et al.,2016)。

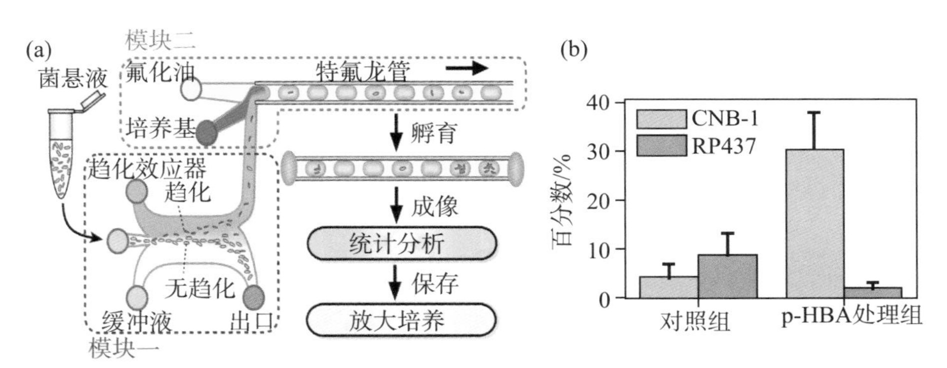


图12.2.3　连续趋化分选及培养的微流控系统。(a)液滴趋化芯片工作示意;(b)睾酮丛单胞菌CNB-1和大肠杆菌RP437对硝基氯苯(p-HBA)的趋化统计

滑动芯片是利用微结构互补的平板,在油相保护下对注入的样品进行定量分割、混合、反应和检测的一种微流控装置,它借助液滴微流控技术油水相间隔的相同原理,可以实现无需外部流体驱动装置的批量反应筛选(Du et al.,2009)。基于滑动芯片技术,我们开发了简易且可重复使用、同时不需要复杂微流控仪器驱动的趋化细菌研究装置——基于浓度梯度扩散的趋化细菌分离滑动芯片(Shen et al.,2014),这也是首次将滑动芯片应用于细胞趋化分析。该芯片由上下两块带有微通道玻璃芯片组成,两块芯片重

叠组合后连接成连通的芯片，然后通过两块玻璃芯片的相对滑动，可以组成不同通道构型来进行细菌的趋化实验。该芯片的使用主要分为三步：首先，装载样品即将趋化物、趋化细菌和缓冲液分别用移液器加入对应通道；其次，细菌趋化即滑动玻璃芯片至趋化构型后等待细菌趋化；最后，将趋化的细菌定量和收集培养或片上显微成像分析[见图12.2.4(a)]。我们利用实验室具有趋化Asp能力的大肠杆菌RP437和不具趋化Asp能力的大肠杆菌RP1616证明了该芯片对于趋化细菌的定量和分离培养的有效性[见图12.2.4(b)&(c)]。基于上述方法，我们进一步将该芯片应用于咪唑啉酮类除草剂降解菌的趋化菌分选和培养。利用这种方式我们获得了对咪唑啉酮类除草剂具有广谱降解能力的趋化菌群，与分选前的富集菌群相比，趋化菌群对除草剂的降解率提升了约10%；通过生物多样性分析发现，趋化菌群中的苍白杆菌属(*Ochrobactrum*)、类芽孢杆菌(*Paenibacillus*)和大洋杆菌属(*Oceanibaculum*)中的细菌可能与咪唑啉酮类除草剂降解率的提高有关[见

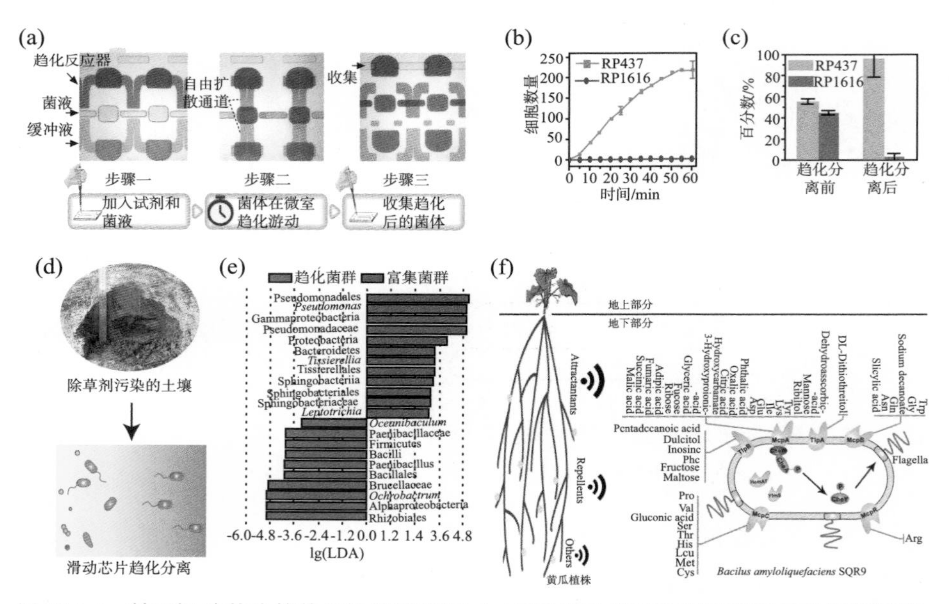


图12.2.4　基于滑动芯片的趋化性筛选系统。(a)滑动芯片的实物以及筛选趋化细菌的操作步骤；(b)*E. coli* RP437和RP1616在滑动芯片中对Asp的趋化统计分析；(c)趋化分离前样品和趋化分离后样品中RP437和RP1616细胞数量比例变化；(d)利用滑动芯片趋化筛选咪唑啉酮类降解菌示意；(e)利用滑动芯片趋化筛选到的具有咪唑啉酮降解活性的菌株以及趋化筛选和富集筛选的菌株对比；(f)利用滑动芯片趋化分离研究黄瓜根系微生物示意

图12.2.4(d)&(e)]。我们与南京农业大学张瑞福教授团队合作,将该芯片应用于植物根系促生菌 *Bacillus amyloliquefaciens* SQR9的趋化性质研究,对黄瓜根系分泌物中的趋化性物质进行了SQR9菌株趋化性定量分析,为进一步研究SQR9的趋化机制奠定了基础[见图12.2.4(f)]。

#### 12.2.3.3　基于液滴微流控的固着液滴生物被膜动态培养和定量分析

细菌生物被膜在土壤和其他生境中普遍存在,它可以帮助微生物抵御多种不利的生存环境,与疾病感染、微生物耐药、废水处理和生物地球化学循环等密切相关,在工业、生态学、医学上都有重要意义(Battin et al., 2003; Davies, 2003; Flemming et al., 2010)。研究和分析微生物被膜的结构、生长过程以及与抗菌药物及材料的相互作用等都具有重要意义,开发建立新颖的实验室生物被膜培养和分析的方法就至关重要。近几年,微流控技术越来越多地被应用于生物被膜的研究中,对于实现生物被膜生长的定量生物学研究具有重要意义。我们前期也开发了基于微流控的连续流动生物被膜研究平台(Yu et al., 2015),该平台为研究抗生素与PslG蛋白联用对微流控系统中生物被膜的瓦解机制研究提供了有效的分析研究工具[见图12.2.5(e)]。然而,对于长时间生物被膜培养,连续流生物被膜研究存在剪切力不稳定、易发生堵塞等问题。利用液滴微流控技术,我们开发了基于液滴微流控的动态固着液滴生物被膜培养系统(dynamic sessile-droplet habitat, DSH)。在该芯片的通道底部,我们设计了50~200μm的圆形亲水图案阵列,通过控制连续流动的油水间隔液流,实现亲水图案上的生物被膜接种及剪切力作用下的生物膜生长和抗生素耐药性研究[见图12.2.5(d)]。DSH系统可以实现定量控制起始生物被膜微生物的细胞数量,同时可以原位实时定量分析生物被膜的生长状态[见图12.2.5(b)]。利用该平台,我们实现了铜绿假单胞菌PAO1(*Pseudomonas aeruginosa*)及其突变株的生物膜的生命周期定量研究,以及生物膜的抗生素敏感性的定量分析。利用DSH,我们发现了依赖附着面积的生物被膜的生长、剪切流下生物被膜周期性脱落和生物被膜条带(biofilm streamer)的形成等生物学现象,这为定量研究生物被膜提供了新的平台(Jin et al., 2018)。DSH系统与连续流动芯片[见图12.2.5(a)&(c)]相比,具有试剂消耗量少、长时间培养不容易发生污染、长时间流体剪切力稳定性高等独特优势,有望在生物被膜的定量研究中得到进一步应用。

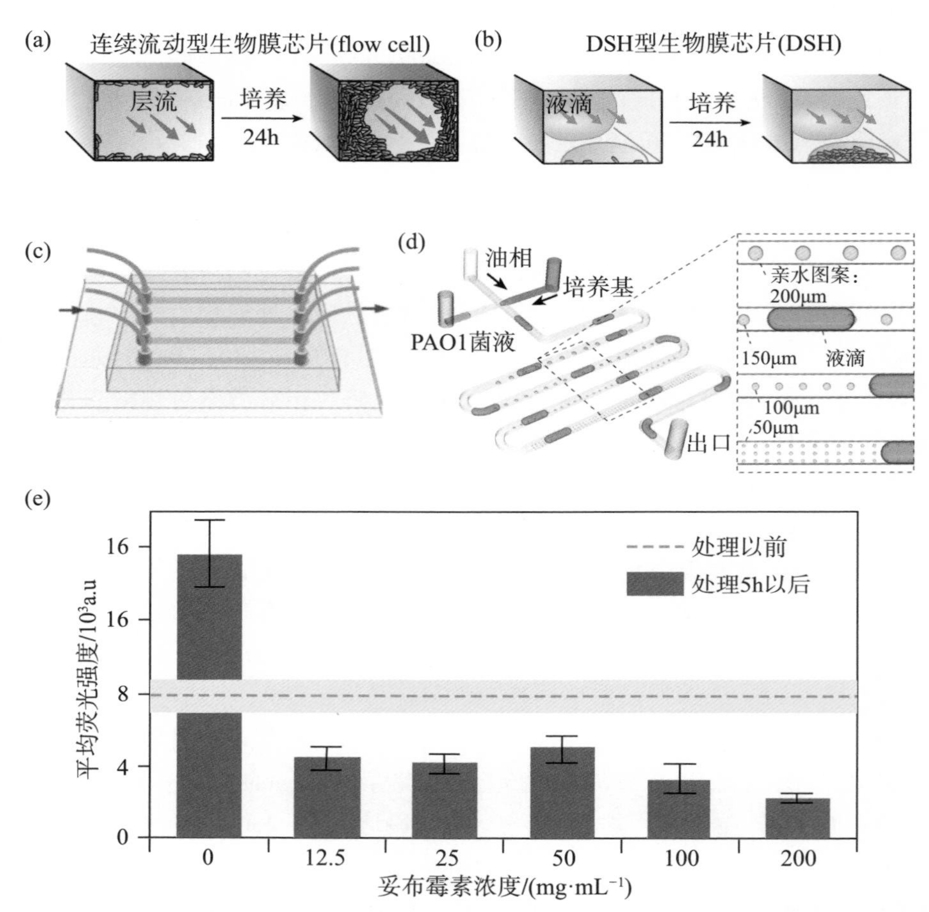


图 12.2.5 动态固着液滴生物被膜培养系统(DSH)。(a)固着液滴生物被膜动态培养芯片的3D示意;(b)利用DSH观察PAO1生物膜生长;(c)连续流动型生物被膜研究芯片示意图;(d)DSH型生物膜芯片示意;(e)利用DSH测试PAO1生物膜抗生素敏感性分析

### 12.2.3.4 基于荧光激活液滴分选的微生物酶资源的开发利用

土壤中栖息着数量巨大、种类繁多的微生物类群,其巨大的微生物多样性和代谢多样性对于微生物资源的开发具有重要意义,而充分开发和挖掘土壤中潜在的微生物酶资源对于是解决目前人类在工业、农业和医药等方面遇到的问题的重要手段。传统的微生物酶筛选系统耗时耗力且效率低下等问题制约了新型微生物酶的发现速率,近几年出现的基于液滴微流控的

荧光激活液滴分选(fluorescence activated droplet sorting,FADS)技术,可以实现超高通量单细胞筛选(大于$10^6$个/h),同时极大地降低了筛选的成本。目前该平台已经成功应用于β半乳糖苷酶(Baret et al.,2009)、辣根过氧化物酶(Schekman, 2010)、α淀粉酶(Sjostrom et al., 2014; Huang et al., 2015)、醛缩酶(Obexer et al.,2017)、纤维素酶(Najah et al.,2014)等的筛选。我们基于液滴微流控技术自主搭建了一套更加集成化和便携化的高通量荧光激活液滴分选平台,该平台可以实现每小时百万级微反应体系的筛选,同时还可以保证极高的分选准确率(99%)。借助该平台,我们建立了微生物脂肪酶的高通量筛选流程,该流程主要包括单细胞包裹微生物生成液滴、微生物培养、脂肪酶底物注入液滴以及有脂肪酶活性的荧光液滴筛选[见图12.2.6(a)]。通过该平台,我们成功分离到了11个种属的47株具有脂肪酶活性的菌株[见图12.2.6(b)],其中从西藏热泉中分离的*Serratia marcescens* Y2具有良好的脂肪酶活性[见图12.2.6(c)&(d)](Qiao et al., 2017)。利用FADS平台对于土壤微生物酶资源开展筛选和挖掘,需要进一步开发针对不同酶类(如脱卤酶、有机磷降解酶、淀粉酶、纤维素酶等)开发特异性酶活性检测荧光探针,提高检测的特异性和灵敏度。

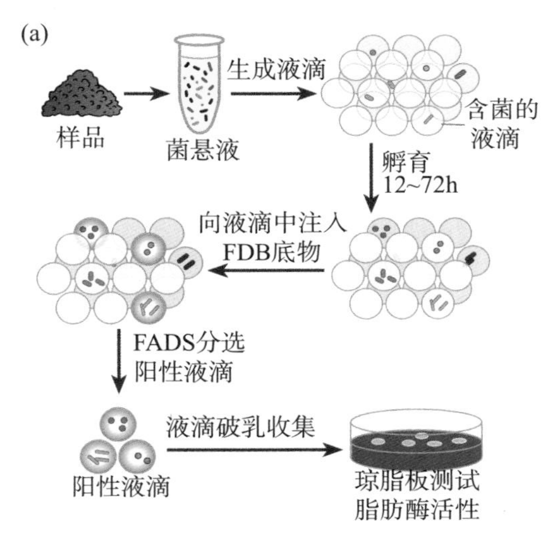


图12.2.6　基于FADS的脂肪酶高通量筛选示意。(a)利用FADS平台筛选产脂肪酶菌株的流程;(b)利用FADS筛到的具有脂肪酶活性菌株的进化树;(c)部分菌株的脂肪酶酶活性测定;(d)P-NPP法检测分析菌株*Serratia marcescens* Y2的脂肪酶活性

注:FAD,氰戊菊酯降解菌。

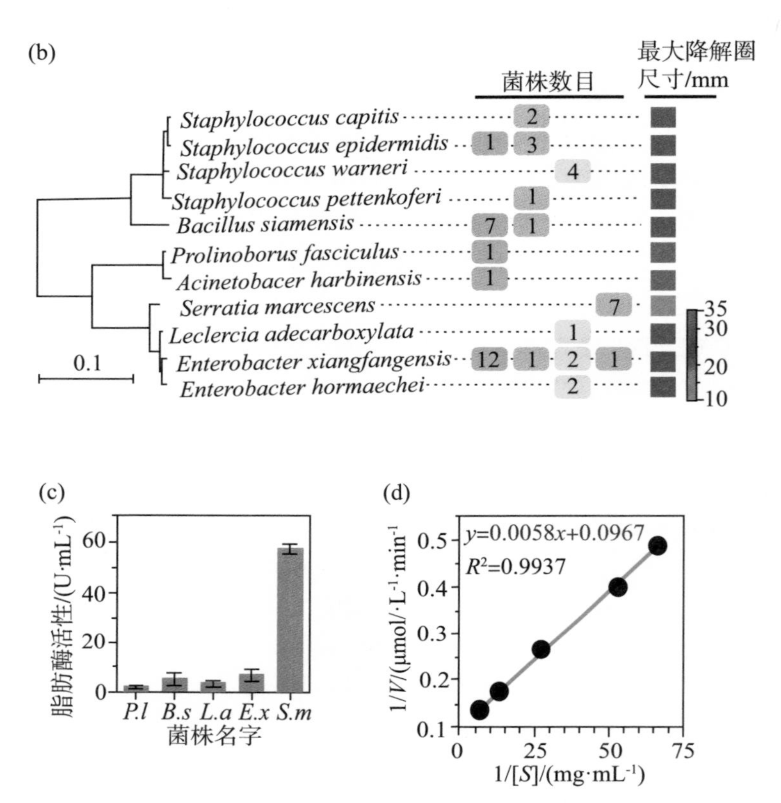


图 12.2.6　基于FADS的脂肪酶高通量筛选示意(续图)。(a)利用FADS平台筛选产脂肪酶菌株的流程;(b)利用FADS筛到的具有脂肪酶活性菌株的进化树;(c)部分菌株的脂肪酶酶活性测定;(d)P-NPP法检测分析菌株 *Serratia marcescens* Y2的脂肪酶活性

注:FAD,氰戊菊酯降解菌。

### 12.2.3.5　界面纳升注射微滴制备与混合技术及单细胞测序应用

单细胞基因组测序技术为我们了解单个细胞的异质性及基因信息提供了前所未有的研究手段(Rinke et al.,2014;Stepanauskas et al.,2017;Lan et al.,2017)。然而,多数难培养微生物的单细胞由于其基因组含量仅为飞克级(原核微生物),因此扩增和测序难度较大。我们团队最近开发了一种新型的界面纳升注射技术(interfacial nanoinjection,INJ),并将INJ与流式细胞荧光激活细胞分选(fluorescence activated cell sorting,FACS)平台相结合,建立了FACS-INJ单细胞分选分析流程[见图12.2.7(b)]。INJ技术可以

将传统的生化反应体系微缩在一个纳升体积的油包水微液滴体系中，在96或384孔板上自动完成纳升级的反应[见图12.2.7(a)]，有效降低了单细胞扩增的污染风险。FACS作为目前最高效的单细胞分选技术，在单细胞基因组研究方面具有其他技术不具备的高通量及高选择性。我们的INJ-FACS耦合技术实现了单细胞表型分析、基因型分析、基因表达分析以及微生物全基因组扩增测序(Yun et al.,2019)。我们利用INJ-FACS平台对西南印度洋深海沉积物样品中的单细胞微生物进行了分选和扩增，结果显示该方法获得的单细胞基因组污染度＜5%，与其他方法相比具有更好的基因组均一度和完整度[见图12.2.7(c)]。另外，我们与中国科学院南京土壤所贾仲君课题组合作，将INJ-FACS方法应用至水稻土中甲烷氧化菌菌群的研究中(贾仲君等,2017)，通过比较富集和未富集土壤样品中总核酸提取物、土壤总细胞核酸提取物及单细胞基因组扩增产物这三种方法获得的基因组产物扩增子测序信息，发现获得的甲烷氧化群落结构信息各有特点，每种方法获得的结果侧重点有所不同。该研究为科研工作者在选择研究方法方面给予了详细的建议和指导[见图12.2.7(d)]。上述基于液滴微流控的单细胞分选和扩增技术，克服了传统微流控单细胞扩增流程过于繁杂的缺陷，有望大规模应用于各种样品微生物单细胞基因组的分选和扩增，为解析未培养和难培养微生物的基因与遗传特性方面发挥积极作用。

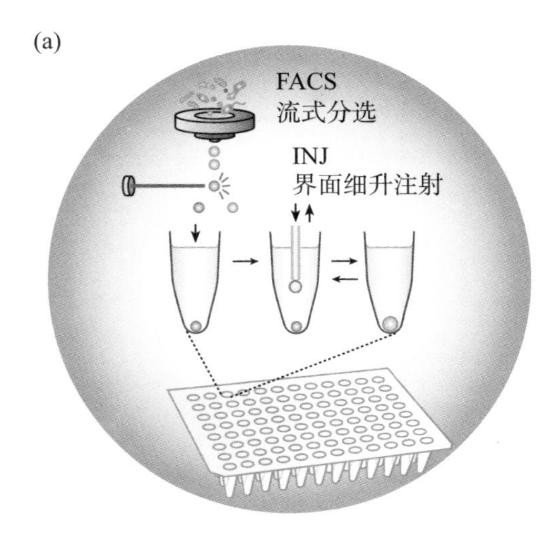


图12.2.7　基于界面纳升注射技术的未培养微生物单细胞测序技术及应用。(a)界面纳升注射微滴制备INJ技术；(b)INJ单细胞测序流程；(c)深海沉积物单细胞测序数据；(d)土壤微生物单细胞测序与其他技术的比较

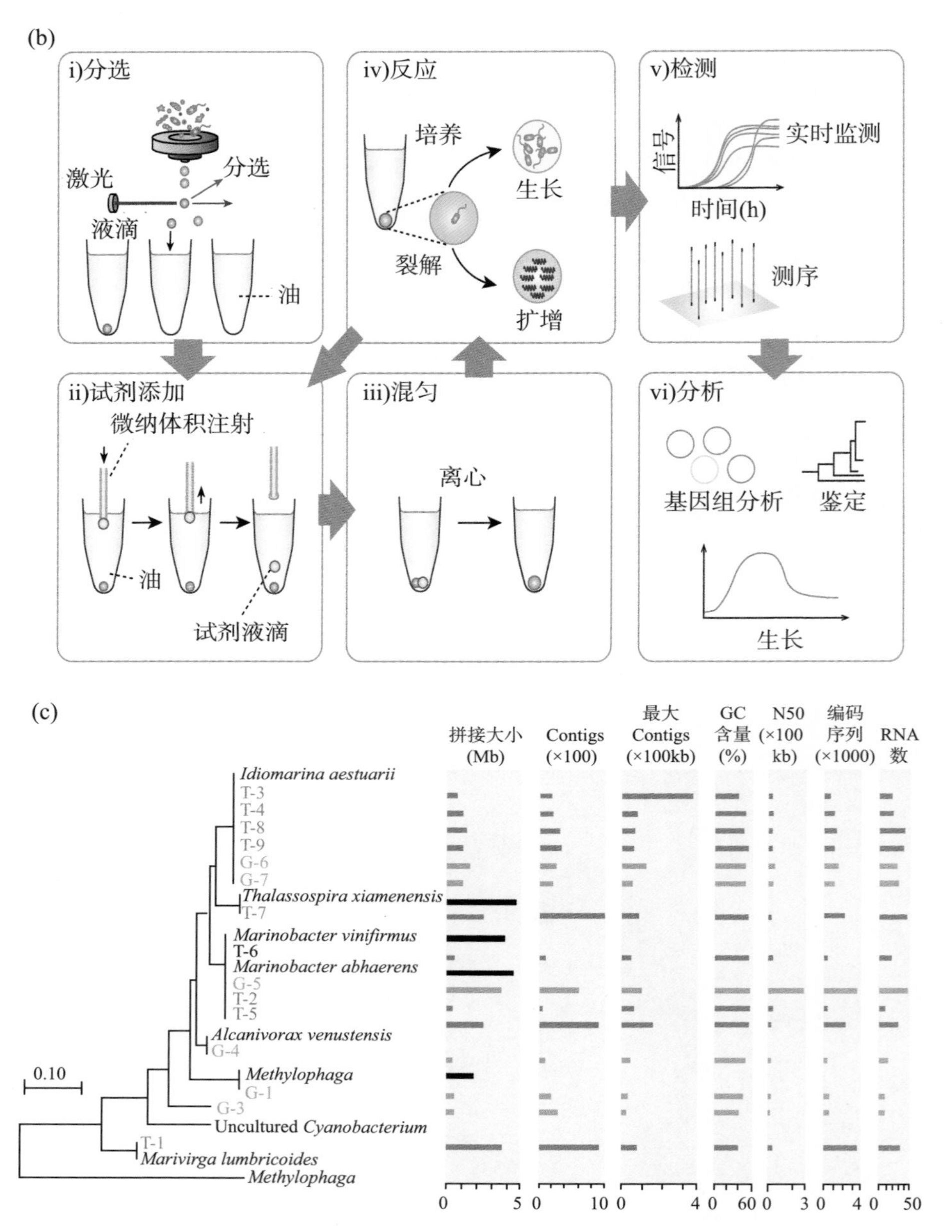


图 12.2.7 基于界面纳升注射技术的未培养微生物单细胞测序技术及应用(续图)。(a)界面纳升注射微滴制备 INJ 技术;(b)INJ 单细胞测序流程;(c)深海沉积物单细胞测序数据;(d)土壤微生物单细胞测序与其他技术的比较

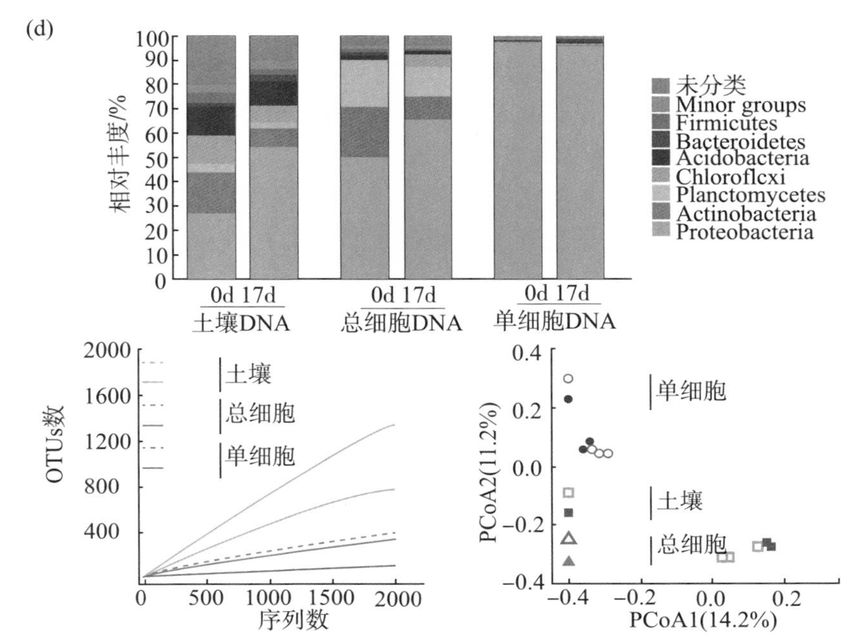


图12.2.7　基于界面纳升注射技术的未培养微生物单细胞测序技术及应用(续图)。(a)界面纳升注射微滴制备INJ技术;(b)INJ单细胞测序流程;(c)深海沉积物单细胞测序数据;(d)土壤微生物单细胞测序与其他技术的比较

微生物是地球上分布最广泛、生物量最大、生物多样性最丰富的生命形式。针对未培养微生物的深入研究,对认识地球生态系统、解决人类健康和工农业生产面临的问题具有深远影响。随着科学技术的进步,微生物的研究也进入组学时代,宏基因组学、宏代谢组学、培养组学和蛋白质组学等新技术的应用,为认识微生物的组成、结构和功能提供了越来越丰富的工具。微生物学研究,一方面向宏观的微生物菌群层次发展,另一方面也逐渐深入到对微生物单细胞层次的研究。这两方面的研究都需要研究技术进步的推动。我们的研究充分发挥微流控技术高通量、单细胞、自动化等优势,开发基于微流控的高通量微生物培养分选新技术,通过液滴培养、趋化分析、生物被膜培养,单细胞分选、单细胞测序等手段,通过构建基于微流控的高通量培养组学,为解析微生物的物种和生理功能多样性,实现微生物功能菌株选育和进化改造,推动微生物结构和功能的研究提供新的平台和手段。

（胡倍瑜　徐冰雪　贠娟莉　陈栋炜　杜文斌）

## 12.3　土壤微生物宏蛋白质组技术

土壤微生物在地球环境形成过程中发挥着主导作用，是生物地球化学、养分循环，以及自然和人为废弃物降解的驱动者。这些重要的反应大多都在由蛋白质组成的微生物酶的催化下进行。因此，蛋白质可以认为是地球物质平衡的催化剂。土壤微生物宏蛋白质组学以土壤蛋白质为研究对象，剖析所有参与土壤微生物生命活动的蛋白质。这些生命活动不仅包括土壤微生物的基础代谢，还包括土壤微生物应对环境的响应和适应、矿质元素的活化和吸收及有机物降解等代谢过程。本节主要简述土壤微生物宏蛋白质组技术的发展及其在土壤生态系统功能分析、土壤污染评价和修复等领域的应用，为土壤营养元素循环、土壤污染治理等方面的研究提供理论基础和功能蛋白数据库。

### 12.3.1　土壤微生物宏蛋白质组学概述

土壤是陆地生态系统的重要组成部分，是土壤生物的栖息地、大气和水体的调节剂，为植物生长发育提供养分，在物质养分以及污染物循环、转化和降解中发挥着至关重要的作用（Dominati et al.，2010）。土壤微生物组分复杂，数量巨大，功能多样，是土壤生态系统的核心组分，直接影响土壤物质循环、土壤团聚体结构的变化、土壤污染物的迁移和转化等宏观过程。然而，目前绝大部分土壤微生物是不可培养的，传统的分离培养方法不能反映土壤中微生物群落的组成和功能。随着基于土壤中微生物 DNA 和 RNA 的分子生物学技术的发展，这一问题得到了解决。土壤微生物宏基因组学和宏转录组学研究直接对土壤中微生物的 DNA 和 RNA 进行提取和高通量测序，在基因和转录水平上剖析土壤微生物群落的种类和丰度（贺纪正等，2012；韩丽丽等，2017）。基于核酸测序的组学技术在一定程度上揭示了土壤微生物的多样性、群落结构和功能，以及微生物对环境的响应。然而，生物的遗传物质 DNA 经转录和翻译后合成蛋白质才能成为功能性酶类，这些酶类才是土壤相关生命活动的催化剂和最终执行者。DNA、mRNA 和蛋白质的表达水平往往存在一定的差异（Griffin et al.，2002）。因此，以核酸为基础的土壤微生物宏基因组学和宏转录组学研究不能完全精准地表示发挥功能的关键微生物群落及其应对环境的变化。因此，有必要在蛋白质水平对土壤微生物进行全面剖析，更精准地反映土壤微生物的功能和活性。根据土壤中蛋白质的来源，土壤蛋白质可以分为胞内蛋白质、胞外蛋白质和土壤总蛋白质。胞内蛋白质主要指来源于土壤微生物的细胞内蛋白质，胞外蛋白质主要来自裂解的细胞、细胞分泌的酶或其他活性蛋白，而土壤总蛋白质代表了土壤中所有可能来源的蛋白质。土壤微生物宏蛋白质组学从土壤样品中直接提取蛋白质，通过质谱技术高通量地鉴定蛋白质种类和丰度及其微生物来源。土壤微生物宏蛋白质组学可以全面剖析土壤微生物群落特征、土壤微生物群落结构和功能之间的因果关系，以及土壤系统对环境变化的敏感响应（Renella et al.，2014；Starke et al.，2019）。

（郑　璐　兰　平）

## 12.3.2　土壤微生物宏蛋白质组技术的发展

土壤微生物宏蛋白质组技术主要包括土壤微生物蛋白质提取技术与质谱数据鉴定和分析技术两个部分。鉴于土壤的特有性质，这两个部分都有不同于常规蛋白质组学的难点和技术要点。下面将分别对这两个技术的发展和技术难点、要点进行阐述。

### 12.3.2.1　土壤微生物蛋白质提取技术

土壤组分极其复杂，微生物蛋白质种类繁多但是含量则相对较低；同时，土壤中腐殖酸等干扰物质多，很多微生物胞外蛋白质和土壤中的有机质、黏土和单宁酸等形成了复合物，这些因素都大大地增加了土壤微生物蛋白质提取和纯化的难度（Burns et al.，2013；Herbst et al.，2016）。过去十几年来，国内外研究者对土壤蛋白质的提取方法进行了一系列的探索、改进和比较，目前取得了一定的进展（Benndorf et al.，2007；Chourey et al.，2010；Taylor et al.，2010；Bastida et al.，2012；Keiblinger et al.，2012；Bastida et al.，2014；Johnson-Rollings et al.，2014；王小丽等，2012；熊艺等，2016）。Benndorf等（2007）最早采用碱裂解法（0.1M NaOH）裂解土壤中的微生物，提取微生物总蛋白，进一步采用苯酚萃取去除腐殖酸等杂质。但是提取的蛋白质经聚丙烯酰胺凝胶电泳（sodium dodecyl sulfate polyacrylamide gel electrophoresis，SDS-PAGE）鉴定条带不清晰，还是存在较多的杂质，通过液相色谱-串联质谱法（liquid chromatography-tandem mass spectrometry，LC-

MS/MS)鉴定的蛋白质数量较少。Chourey等(2010)提出了土壤微生物蛋白质直接提取法(SDS-TCA法)。实验采用碱性含有SDS的Tris缓冲液煮沸裂解土壤微生物细胞,进一步加入TCA沉淀蛋白质,丙酮沉淀纯化蛋白质。SDS-TCA法提取的土壤蛋白质在大小、定位和功能上没有偏好性,可用于土壤微生物群落的生态学研究,该方法广泛采用于后续的土壤宏蛋白质组学研究中(Hultman et al.,2015;Bastida et al.,2015;2016)。Wang等(2011)采用柠檬酸缓冲液和SDS缓冲液分别来提取土壤微生物胞外和胞内蛋白,通过二维电泳检测到的近1000个蛋白点,包括一些高分子量和相对分子质量低的蛋白质。在土壤蛋白提取过程中,腐殖酸等干扰物质的去除是蛋白质提取特有的难点。提取缓冲液的种类和pH(Murase et al.,2003)、聚乙烯基聚吡咯烷酮的添加(Masciandaro et al.,2008)、苯酚抽提(Keiblinger et al.,2012)以及通过三价铝离子的腐殖酸凝结(Mandalakis et al.,2018)等都可以在一定程度上去除共提取的腐殖酸,提高蛋白质纯度。目前,土壤DNA和RNA提取中高效试剂盒已被广泛使用,但是最近几年商业化土壤蛋白提取试剂盒才出现并得以应用。NoviPure®土壤蛋白提取试剂盒(MoBio)的蛋白质提取效果相对较好,目前在土壤宏蛋白质组学研究中得到应用(Butterfield et al.,2016;Yao et al.,2018)。与土壤微生物胞内蛋白质,土壤胞外蛋白的丰度更低,而且极易与土壤中的其他物质形成复合物或被土壤微生物分泌的蛋白酶降解。因此,提取的难度非常大。磷酸盐、焦磷酸盐及柠檬酸盐缓冲提取液(Watanabe et al., 2007; Masciandaro et al., 2008; Wang et al.,2011)在提取土壤蛋白质种类中存在偏好性,提取后有机质等杂质还是比较多,效果欠佳。Johnson-Rollings等(2014)提出了一种提取土壤胞外活性蛋白的方法,采用$K_2SO_4$缓冲液,通过加水稀释后透析、超滤浓缩等方法获得土壤胞外蛋白提取液,并首次检测到了土壤胞外蛋白质中的几丁质酶活性。目前,只提取土壤胞外蛋白质,鉴定到的蛋白质数量仍相对较少,而直接提取土壤总蛋白质,得到的效果较好,后续质谱鉴定到的蛋白质数量也相对较多,也更能反映土壤微生物群落的特征。此外,Nicora等(2018)还建立了一种从同一土壤样品中提取代谢产物、蛋白质和脂类的方法(MPLEx),可以用于土壤微生物多组学研究中。

#### 12.3.2.2 土壤微生物蛋白质质谱鉴定和分析技术

土壤蛋白质的质谱定性和定量鉴定能力随着质谱仪器灵敏度和精密度

的提高而不断增强。早期的土壤蛋白质组学大多采用SDS-PAGE或二维凝胶电泳(two-dimensional gel electrophoresis,2-DE)进行蛋白质分离,再采用基质辅助激光解析串联飞行时间质谱(matrix-assisted laser desorption/ionization tandem time-of-flight mass spectrometry,MALDI-TOF/TOF-MS)技术进行质谱分析(Wang et al.,2011;Lin et al.,2013)。这种技术鉴定到的蛋白质数量较少,且基于凝胶的蛋白质分离技术无法分离极端分子量、极端等电点和极疏水性的蛋白质。在水稻根际土壤蛋白的MALDI-TOF/TOF-MS质谱鉴定中,研究者获得了287个蛋白点,且有超过1/3的蛋白点无法进行鉴定(Wang et .al.,2011)。显然,基于该方法鉴定到的蛋白质数量和种类只是实际存在的微生物蛋白质的一小部分。目前,最常用的质谱技术是LC-MS/MS,它显著地提高了土壤宏蛋白质组学中鉴定到的蛋白质数量(Listgarten et al.,2005)。该技术采用反向高效液相色谱或强阳离子交换色谱结合反向高效液相色谱的二维色谱技术对蛋白酶酶解的肽段进行富集和分离,然后再通过串联质谱进行分析。目前,通过LC-MS/MS技术鉴定到土壤蛋白质数量可以达到几千个。在针对多年冻土、冻土活动层和热喀斯特沼泽的宏蛋白质组学研究中,研究者采用LC-MS/MS技术对提取出的土壤蛋白质进行质谱分析,以宏基因组测序结果预测到的蛋白质序列以及已解析的相关土壤微生物基因组中的蛋白质序列作为参考序列数据库,再进行质谱结果匹配,最终检测到了近7000种蛋白质(Hultman et al.,2015)。虽然这一数量的蛋白质无法代表土壤微生物中所有的蛋白质,但是它在一定程度上反映了土壤微生物群落中活跃的功能蛋白质,为我们剖析土壤微生物群落功能提供了一个全新可靠的视角。

土壤蛋白质组学研究中另外一个难点是质谱数据的分析。不同于宏基因组学和宏转录组学中使用的核酸测序技术,宏蛋白质组学是通过质谱结果与参考蛋白质数据库通过虚拟酶解得到理论多肽相匹配,才能定性蛋白质的种类和微生物来源(Heyer et al.,2017)。土壤微生物群落极其复杂,还包含很多不可培养的未知微生物种类。因此,如何构建一个合适的参考蛋白质序列数据库是蛋白质质谱鉴定的首要条件,这也将影响鉴定的蛋白质的种类和数量(Yadav et al.,2012)。在前期的土壤微生物宏蛋白质组学研究中,普遍采用来自NCBI等公共数据库的微生物蛋白质序列作为参考数据库(Wang et al.,2011;Lin et al.,2013;Bastida et al.,2014)。显然,这种数据库特异性较差,鉴定的蛋白质数量也相对较少。近几年,随着多组学技术的发展,越来越多的研究者将宏基因组测序结果预测组装的蛋白质序列作为参考蛋白质数据库(Butterfield et al.,2016;Yao et al.,2018)。Yao等(2018)在长期施肥处理的定位点的土壤中平均鉴定到了7000多种蛋白质。此外,肠道微生物蛋白质数据分析表明,整合公共数据库序列和宏基因组测序预测的蛋白质序列作为参考数据库可以显著提高鉴定出的蛋白质数量(Xiao et al.,2018)。Hultman等(2015)采用整合参考数据库鉴定的蛋白质数量相对较高。Xiong等(2021)系统比较了公共数据库和宏基因组数据库对土壤宏蛋白质组学结果的影响。结果表明,采用宏基因组数据库的分析具有更高的特异性,但是两种数据库得到的差异蛋白质所富集的生物学过程和分子功能类似,因此公共数据库在一定程度上也可以满足探索微生物蛋白质功能响应的需求。

基于蛋白质的稳定同位素探针(protein-based stable isotope probing, Protein-SIP)可以有效监测微生物群落中的具有代谢活性的微生物(Jehmlich et al.,2016)。利用不同的稳定性同位素($^{13}C$、$^{15}N$、$^{18}O$、$^{34/36}S$)或者多重同位素标记可以分析复杂微生物群落中活跃的微生物参与碳氮底物或者极低浓度污染物的代谢能力。Starke等(2016)对添加$^{15}N$标记烟草粉末的土壤微生物的氮循环进行了分析,通过Protein-SIP可以解析能够对氮源进行快速响应的主要微生物类别和代谢特征。Lünsmann等(2016)通过$^{13}C$标记甲苯,可以解析根际土壤微生物中降解甲苯的主要微生物类群及其降解途径。值得注意的是,由于同位素的引入极大地增加了质谱数据分析的数据量和复杂度,所以通常需要专门的软件对数据进行分析,例如MetaProSIP(Sachsenberg et al.,2015)。

(郑 璐 兰 平)

### 12.3.3 土壤微生物蛋白质是土壤生态系统的指纹特征

土壤微生物蛋白质的组成和含量复杂多变,不仅受自然地理气候等因素影响,而且对人类活动有着灵敏的响应。可以说,土壤蛋白质组直接或间接地反映了土壤的各项指标,是土壤生态系统的实时指纹特征(Schulze et al.,2005;Masciandaro et al.,2008;Khalili et al.,2011)。不同土壤生态的土壤蛋白质的来源和种类随着土壤垂直深度、季节以及植被的变化而变化。研究表明,来自森林落叶层的蛋白质的分布和含量随着土壤结构的变化而变化，土壤层加深，土壤有机质的含量随之下降，蛋白质含量也随之下降（Schulze et al.，2005），而且冬季土壤蛋白质的种类和含量要比夏季高50%。根际土壤微生物受植物种类和品种的影响。可以说植物，特别是根系分泌物对根际土壤微生物群落结构具有选择塑造作用。Wang等（2011）对不同农作物根际土壤蛋白进行了分析，在水稻根际土壤中鉴定的蛋白质主要参与能量代谢、蛋白质合成、二级代谢和核酸代谢，还包括一些信号传导蛋白和抗性蛋白，这些代谢途径与土壤的养分循环（碳、氮循环）密切相关。在水稻、甘蔗和地黄根际土壤蛋白中都检测到了来源于植物的保守蛋白甘油醛-3-磷酸脱氢酶、根谷氨酰氨合成酶根同工酶A、果糖-2-磷酸醛缩酶和蛋白酶体α亚基等。这些来源于植物的保守蛋白体现了植物根际土壤蛋白的特征，也表明了土壤-植物根系-微生物之间的相互作用，可以作为农田土壤中农作物和微生物相互作用的生物标记蛋白。Hultman等（2015）通过多组学分析解析了永久冻土、季节性融化的活性层和热岩溶沼泽土壤微生物群落特征，揭示了不同融化状态的土壤中的微生物的功能潜力和活性。永久冻土微生物群落的基本功能潜力低于解冻的土壤，但是在永久冻土也鉴定到了丰度相对较高的冷休克蛋白等，这可能有利于微生物适应冷冻环境。热岩溶沼泽土壤中有大量来自产甲烷菌的蛋白质，这些蛋白质参与甲烷生成、氮代谢、铁转运及冷胁迫和氧化还原诱导的响应蛋白等，这也表明了热岩溶沼泽土壤中快速甲烷生成的作用机制。在干旱和半干旱气候下，土壤中有机碳的利用率严重抑制了微生物群落的活力。Bastida等（2016）通过土壤微生物宏基因组学和宏蛋白质组学解析了微生物群落、活性多样性和生态多样性与溶解有机碳（dissolved organic carbon，DOC）之间的关系。随着土壤DOC含量的提高，参与染色质、复制、核苷酸代谢、转录和信号转导的蛋白质丰度显著增加，而参与碳代谢、辅酶代谢、无机离子运输、细胞内转运、脂类运输代谢的蛋白质则反而减少。可以说，土壤微生物蛋白质有效体现了土壤生态系统的功能特征。

人类在农牧业生产中对土壤进行的开发利用也显著影响了土壤微生物蛋白质的组成和含量。研究发现，与未经开发的森林、牧场相比，伊朗Zagros地区开垦过的森林和草原土壤中的土壤胞外蛋白质含量分别下降了64%和55%（Khalili et al.，2011）。Lin等（2013）通过土壤蛋白质组学发现，与新种植的甘蔗根际土壤相比，甘蔗截根苗种植对土壤酶活力、微生物群落的分解代谢多样性及土壤蛋白表达水平产生了显著的影响。在甘蔗截根苗种植的土壤中,很多与碳代谢、氨基酸代谢和胁迫响应的植物蛋白质以及与膜转运和信号转导相关的微生物蛋白质的丰度显著增加。Yao等(2018)对巴拿马热带雨林中17年的施肥定位实验中的土壤进行宏蛋白质组学分析。研究发现,与正常施磷土壤相比,缺磷土壤的微生物群落具有更强的多糖(淀粉、纤维素和半纤维素)降解能力。淀粉磷酸化酶和葡聚糖1,4-β葡糖苷酶、纤维素酶、半乳糖激酶等在缺磷土壤中蛋白质丰度显著高于正常土壤。尤为显著的是,磷脂酶、核酸酶、磷酸转运酶等蛋白质丰度在缺磷土壤中显著诱导增加,这也表明土壤微生物可以在缺磷条件下更有效地获取生命活动所必需的磷酸盐。不同的农业种植和施肥方式都将显著改变土壤-根系-微生物生态系统中的生理生化过程以及三者之间的相互作用,而这也将直接影响土壤质量、作物健康和产量。

(郑 璐 兰 平)

### 12.3.4 土壤微生物蛋白质在土壤污染评价和修复中的应用

土壤位于自然环境的中心位置,环境中大约90%的污染物通过各种途径最后都承载于土壤(周东美等,2000)。工业生产快速发展的同时也造成了严重的环境污染,污染物质在环境中积累、迁移和转化,最终严重危害土壤圈的良性物质和生态平衡。土壤的理化性质是传统的土壤污染评价重要指标,但存在一定的局限性,对污染的响应也相对滞后。土壤微生物蛋白质的种类和含量会随着环境的细微变化而发生变化,对土壤环境有着灵敏的响应。因此,土壤蛋白质组学分析被认为是有效的土壤污染的评价方法(张曦等,2012)。早期的研究就发现,与未污染的土壤相比,镉污染导致土壤总蛋白含量显著下降,而施用石灰可以提高镉污染土壤的蛋白质含量,但是镉胁迫下,土壤中小分子量的蛋白质含量增加,这可能由于重金属诱导微生物合成了胁迫响应蛋白(Singleton et al.,2003)。

土壤微生物功能多样强大,也是土壤修复的潜在的主导者。土壤的微生物修复就是利用微生物的代谢功能,吸收、转化、清除或降解环境污染物,从而实现土壤功能和活力的恢复。Benndorf等(2007)通过土壤蛋白质组学分析发现除草剂2,4-二氯苯酚醋酸(2,4-dichlorophenoxy acetic acid,2,4-D)污染堆肥土中含有2,4-D降解相关蛋白,例如2,4-D双加氧酶等。多环芳烃(polyaromatic hydrocarbons,PAHs)是原油生产加工过程中产生的环境污染物。Guazzaroni等(2013)通过土壤微生物宏基因组学和宏蛋白质组学的联合解析研究了土壤生物修复在多环芳烃污染土壤修复中的微生物作用机制。其中的宏蛋白质组学研究对污染土壤中以多环芳烃萘作为唯一碳源的微生物进行富集培养后再进行蛋白质提取,以便于更好地分析参与多环芳烃降解的土壤微生物及其功能酶。研究共鉴定到1116种蛋白质。分析表明,土壤生物修复对多环芳烃污染土壤的微生物功能群落结构产生了巨大的影响。其中,132种蛋白质只能在未修复的土壤中检测到,大部分来源于固氮螺菌属和丛毛单胞菌属;而有402个蛋白质只能在修复后土壤中检测到,94%来源于假单胞菌。污染的土壤中参与萘降解的蛋白质大量诱导表达,例如未修复的土壤中的萘加双氧酶α,β亚基,修复后土壤中的水杨醛脱氢酶。污染的土壤中也具有能够降解芳香族有机物的微生物,而土壤生物修复将刺激这些微生物生长繁殖。该研究通过蛋白质组学初步构建微生物经多羟基化中间体降解芳香族有机物的代谢网络。

土壤的过度使用和农业用地的废弃造成了严重的土壤退化,在干旱和半干旱地区尤为严重。为解决土壤退化问题,有机废物(如污水污泥和堆肥等)已被用于土壤修复,可以有效提高土壤中有机质的含量,有利于微生物生长、土壤肥力恢复、土壤质量提升(Crecchio et al.,2004)。Bastida等(2015)通过土壤微生物宏蛋白质组学技术对西班牙干旱退化的土壤上使用有机改良剂后微生物介导的修复机制进行研究。研究共鉴定到1351个蛋白质组,主要来源于细菌。土壤修复后,来源于土壤中优势菌株α变形菌门(α-Proteobacteria)的根瘤菌目(Rhizobiales)的蛋白质丰度显著提高,而红螺菌目(Rhodospirillales)的蛋白质丰度则低于未修复土壤的。修复后,土壤中细胞壁、细胞膜、包膜生物中相关的蛋白质丰度提高,而污泥改良土壤中能量产生和转化的蛋白质的相对丰度高于堆肥修复土壤和未修复土壤。细胞内参与能量产生和转化、信号转导、碳运输和代谢、复制、翻译,核糖体结构和生物发生都在修复后发生了显著的变化,这也表明有机改良剂土壤修复能极大地改变土壤微生物的生态系统。

土壤中具有巨大的微生物资源,是天然的土壤修复剂。我们急需有效地了解并利用土壤微生物进行土壤修复。然而,土壤中90%以上的微生物是不可培养的,尤其是极端环境下的微生物。土壤微生物宏蛋白质学的出现为这一设想提供了理论基础和高效的筛选方法。土壤蛋白质组分中对于环境污染物变化具有敏感性和显著响应的蛋白质,可以作为快速高效检测土壤质量的变化以及土壤修复评估的生物标志。进一步地，应用土壤微生物宏蛋白质组学可以寻找污染、退化土壤缺失的功能蛋白质，发掘土壤中各种潜在的功能酶类，为土壤修复提供丰富的生物资源。

过去，受技术水平限制，我们对土壤蛋白的认识只有冰山一角，大量土壤微生物蛋白质及其功能未被我们发现并利用。随着土壤微生物宏蛋白组学以及土壤微生物多组学研究的开展，我们将更好地了解土壤微生物群落及其功能，为农业生产和环境保护提供理论依据和蛋白质资源。

（郑　璐　兰　平）

## 12.4　土壤微生物单细胞拉曼分析分选和基因组测序

土壤微生物组对于土壤生态系统的功能起着至关重要的作用，但是其中绝大多数微生物难以培养，无法依赖传统的培养手段进行功能识别、机制解析与资源挖掘。同时，目前广泛采用的元基因组分析技术通常难以将活体表型、功能基因与微生物个体直接对应联系起来，从而使得对土壤菌群功能机制的深入研究受限。因此，土壤微生物组的单细胞分析装备与技术体系具有重要的意义。本节以土壤菌群为例子，重点介绍基于拉曼光谱的单细胞功能表征、单细胞分选与基因组测序技术和装备体系的进展，并讨论该领域的当前所面临的瓶颈与发展方向。这一连接单细胞光谱学和单细胞遗传学的桥梁，不仅能为土壤微生物组的功能快检、过程监控和资源挖掘提供一个全新的解决方案，还将推动“单细胞表型组-基因组”作为一种新的生物大数据类型，服务于“数据科学”驱动下的土壤菌群研究和应用。

### 12.4.1　单细胞拉曼技术是检测土壤微生物功能的有效手段

土壤微生物是土壤中乃至生态系统的重要组成部分，在土壤的形成与发育、有机质分解、物质转化与能量传递、地球生物化学循环与生物修复等方面均起着重要的作用。土壤微生物对于土壤的性质和功能所起的关键作用主要是通过微生物自身多种多样的代谢方式和生理功能来实现的，然而其功能与遗传信息的异质性巨大又复杂。分子生态学研究表明，每克土壤中的微生物大约有1.8万种，超过了地球环境中已知的所有原核生物总数（16177种）。然而，研究表明超过99%的土壤微生物为难培养微生物，无法通过传统的培养方法进行分离和研究。同时,越来越多的研究表明,具有重要工业、农业和医学应用前景的微生物在土壤环境中的数量通常极少,属于稀有物种(rare species),对这些宝贵而稀少的微生物资源的深度挖掘和定向调控面临巨大的瓶颈,且在纯培养状态下与菌群状态下细胞功能时常迥异。因此,开发单细胞精度的不依赖于培养的原位或近原位代谢活性的测量及其基因组的测定方法迫在眉睫(Michael et al.,2003; Rinke et al.,2013)。

拉曼光谱(SCRS)是一种非标记的散射光谱,是分子键被激发到虚能态却尚未恢复到原始态所引起的入射光被散射后频率发生变化的现象。每个单细胞SCRS由分别对应于一类化学键的超过1500个拉曼峰组成,反映的是特定细胞内化学物质的成分及含量的多维信息。因此,SCRS表征的是该细胞在该条件和该时间点下所有代谢物的组成及相对含量。代谢物组成能快速响应细胞生理状态(如底物利用活性)或细胞所处微环境(如底物谱)的变化。例如,给细胞饲喂稳定同位素标记特定位点的底物分子后(这些特定位点与底物分子均可理性设计与人为控制),代谢该底物的细胞之拉曼光谱会发生特征性的"红移"。故每个SCRS可被视为一张超过1500个"像素"的高分辨率"照片",用于表征单细胞精度的"底物代谢活性"与"代谢状态"[而其在细胞群体或群落中的集合则称作拉曼组或元拉曼组(Xu et al.,2017)]。

与荧光、近红外等其他光谱技术相比,SCRS在菌群的活体单细胞分析方面具有诸多特色(Xu et al.,2017)。第一,活体分析,反映生理状态:水分子没有很强的拉曼信号,不会对细胞的拉曼测量产生干扰,因此可在细胞的生理状态下非侵入式地进行拉曼成像。第二,无需遗传操作或荧光标记:对于大部分细胞尚难以实时遗传操作或荧光标记的肠道菌群来说,这一点尤其重要。第三,提供丰富的表型信息,从而分辨复杂功能。这意味着在针对一个细胞测量其代谢活性的同时,还能够分辨它的种类、状态、环境应激性等。第四,拉曼测量的非侵入性还意味着代谢表型测量与识别后的细胞能通过拉曼活细胞分选(Raman-activated cell sorting,RACS),与下游的单细胞核酸分析联动(Raman-activated cell sorting et al.,RACS-SEQ),从而测定与之相对应的基因组。

在土壤微生物组的研究领域,根据土壤微生物的单细胞功能对其进行物种的深度解析意义重大。早期已有文献报道了一种对单个未培养的土壤古细菌进行基因组研究的方法(Kvist et al.,2007)。该方法使用Cy3标记探针并以此进行荧光原位杂交探测以检测目标微生物细胞，并使用微操纵设备分离出具有荧光信号的单细胞，随后将分离出的单细胞基因组用作模板来进行多重置换扩增（multiple displacement amplification，MDA）（Kvist et al.，2007）。另外，还有科研人员从土壤中分离得到了TM7分离株（Podar et al.，2007）。他们使用靶向的荧光原位杂交探针（fluorescence in situ hybridization，FISH）对TM7细菌进行荧光标记，然后使用流式细胞仪从样品中筛选出荧光细胞。该实验中多重置换扩增的DNA来自5个被分选的单细胞，且其16S rRNA序列相关性超过99.5%。这两项研究均表明，即使感兴趣的物种不是土壤微生物中的高丰度物种和可培养的物种，通过单细胞的技术手段仍然可以得到目的细胞的部分基因组数据信息（Walker et al.，2008）。但是，这些基于荧光标记的单细胞技术手段需要已知序列的探针识别，因此对土壤微生物组中的未知物种无能为力，且目前很少有基于功能性单细胞基因组水平的功能性分析报道。在这种情况下，迫切需要解决与探针标记无关的单细胞功能识别和分类的技术要求。近期，拉曼介导的稳定同位素标记技术（Raman-stable isotope probing，Raman-SIP）在土壤功能微生物识别中的应用报道陆续涌现。例如，$^{15}N_2$-SIP是当前鉴定固氮细菌和生物固氮定量的最直接手段（Angel et al.，2018；Chalk et al.，2017），将$^{15}N_2$-SIP与单细胞水平的形态表征关联有更为显著的优势，这使得科研人员无须进行培养就能够在诸如细菌-原生生物共生体等复杂群落中对固氮微生物进行分布成像（Tai et al.，2016）。在此背景下，识别与$N_2$相关的指示性拉曼谱带是$^{15}N_2$-SIP耦合拉曼光谱这一方法是否可行的关键一环。在土壤生态系统中，中国科学院城市环境研究所首次证明，$^{15}N_2$诱导的细胞色素C（cytochrome C，Cyt c）共振拉曼带的位移是$N_2$固定的敏感和稳健的指标，使用该生物标识物能够在单细胞水平识别和成像固氮菌，这一论点在人工微生物群落和真实的土壤微生物群落中都得到了验证（Cui et al.，2018）。

另外，目前对于解有机磷菌（phosphate solubilizing bacteria，PSB）的研究主要集中在土壤生态系统中。利用PSB的解磷作用提高磷在土壤中的生物利用度是当前保证磷的可持续农艺用途和减轻磷危机的有效策略。2019年，中国科学院城市环境研究所利用氘水（$D_2O$）的稳定同位素标记结合单细胞拉曼光谱，开发了无须培养的方法来表征PSB的存在及检验其活性（见图12.4.1）（Li et al.，2019）。该研究表明在有机磷存在的条件下，PSB比非PSB能表现出相对较大的活跃度。衍生于$D_2O$的D活性同化的C-D键，其拉曼谱峰被确定为解有机磷菌的生物标识物。C-D比率(即C-D和C-H谱峰强度的百分比)被进一步确定为有机磷释放活性的半定量指标。通过应用拉曼成像,单细胞拉曼结合$D_2O$在人工混合的土壤细菌培养物中甚至在复杂的土壤群落中都能清晰地识别出PSB。目前,土壤中关于解有机磷菌的报道较少,主流的研究模式还是基于纯培养的培养基筛选和基于元基因组层面的16S rRNA进化地位分类解析。因此,上述土壤生态系统中PSB的应用进展无疑为土壤领域解有机磷菌新物种的资源挖掘及功能解析提供了强有力的理论基础。

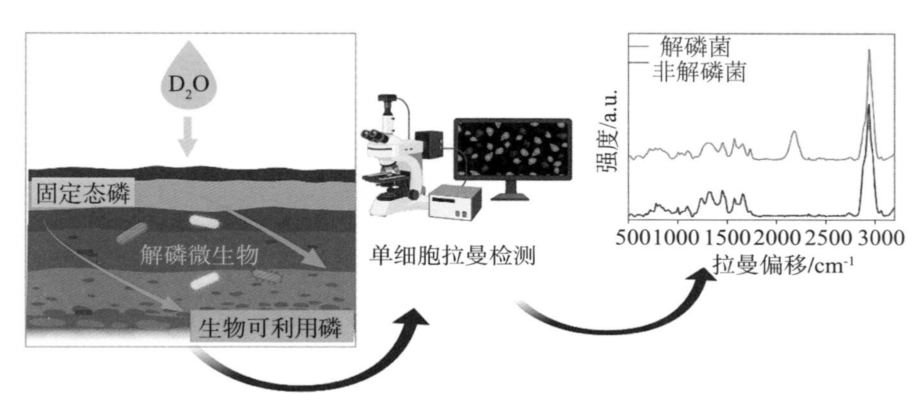


图12.4.1　用$D_2O$的拉曼谱峰表征土壤生态系统中解有机磷菌的实验流程示意

(荆晓艳　马　波　徐　健)

## 12.4.2　土壤微生物单细胞分选的方法学

基于各种光谱技术的单细胞功能识别与表征基础之上,利用光谱激活的细胞分选技术,能够分离出特定功能的单细胞,测定与该功能相对应的基因型,甚至是转录组、蛋白组、代谢组、表观组等单细胞功能基因组,从而在单个细胞精度上建立"表型-基因型"关联。如前所述,拉曼光谱是一种无损非标记的单细胞表型识别手段,在基于微生物组或工程细胞库的细胞功能筛选中均具有广阔的应用前景。如何在拉曼识别后高通量地分选目标表型细胞,即拉曼激活细胞分选(Song et al.,2016; Zhang et al.,2015b),并用于下游培养、组学分析等环节,对于细胞表型测试平台的构建同样重要。近年来,一系列基于拉曼光谱的单细胞分选技术和核心器件先后面世,其中包括拉曼光镊分选(Raman-activated cell tweezer,RACT)(Eriksson et al.,2007;Huang et al.,2009; Lau et al.,2008;Xie et al.,2005)、拉曼弹射分选(Raman-activated cell ejection,RACE)(Jing et al.,2018)、拉曼光钳液滴分选(Raman-activated gravity-driven cell encapsulation,RAGE)(Xu et al.,2020;Jing et al.,2021)、拉曼微流分选(Raman-activated microfluidic sorting,RAMS)(McIlvenna et al.,2016;Zhang et al.,2015a)、拉曼微流液滴分选(Raman-activated single-cell droplet sorting,RADS)(Wang et al.,2017b;2020)等。这些新工具有效耦合了单细胞拉曼表型测量和基因型分析(或培养),为在单细胞水平解析表型和基因型的关系提供了重要手段。目前基于光谱的单细胞分析分选方法有如下几类。

(1)拉曼激活弹射分选(RACE)

RACE的基本原理是在拉曼测量基片上溅射一层薄膜,将样品点在该薄膜上并封装接收微孔阵列,对细胞进行拉曼检测后,特定细胞可通过施加一束脉冲激光在目标细胞位置的基体芯片上,该细胞将被弹射剥离到收集微孔内,可灵活实现单个微孔内收集单个细胞或多个细胞。受光斑尺寸的影响,直接弹射一般用于小细胞的弹射分离,针对大细胞及细胞团,可对目标细胞区域先进行激光切割(RAMD),然后进行弹射。该方法操作相对灵活简单,分选准确率高。然而,拉曼分析分选时的激光辐射对细胞的生理活性会造成一定损伤,而在RACE的干片模式下,导热、散热较为困难,辐射造成的细胞活性损伤有可能更为显著。此外,出于激光辐射引起胞内核酸损伤等可能的原因,弹射后细菌单细胞测序的覆盖度一般不超过20%,因此基因组拼装相对困难(Jing et al.,2018;Song et al.,2017)。

(2)拉曼激活光镊液滴分选(RAGE)

RAGE是中国科学院青岛生物能源与过程研究所单细胞中心开发的一种耦合拉曼光镊和液滴单细胞包裹导出的拉曼细胞分选技术。RAGE克服了单一光镊力难以实现目标细胞脱离焦平面导出的问题,通过耦合液滴微流控技术,完成了目标单细胞的精准分选和快速导出。同时,拉曼检测于水相中进行,能最大限度地保持细胞生理活性,并能够精确匹配每个细胞与之相对应的拉曼光谱表型,实现“所测即所得”。此外,分选后的单细胞已经包裹在油包水微液滴中,因此可直接耦合后续的单细胞培养和组学分析。我们的数据表明,细菌细胞通过RAGE系统分选之后其存活率基本不受影响,可直接耦合下游的单细胞培养。而在与RAGE直接耦合的单细胞核酸扩增与测序中，由于液相拉曼检测对于目标细胞的保护作用，该技术首次实现了精确到一个细菌细胞、全基因组覆盖度超过92%的土壤菌群的RACS-Seq，为土壤微生物组原位代谢功能研究提供了一个强有力的新工具(Jing et al.，2021)。上述两种拉曼细胞分选技术均是在细胞静止或相对静止状态下完成，其通量尚无法满足高通量的细胞表型功能分选需求，发展流式拉曼单细胞分选技术是必由之路。

(3)拉曼光镊分选(RACT)

该技术借助微流控技术实现细胞、流体的精确控制，利用光镊技术捕获流动状态下的单细胞，从而延长拉曼采集时间以获取高质量拉曼图谱。当识别到目标表型时，通过光镊将细胞拖离至分选通道实现目标细胞的高准确度分选。通过该分选技术并耦合稳定同位素(氘水)标记技术，实现了小鼠肠道菌群中代谢活性菌的筛选，在单细胞基因组学、微观宏基因组学和细胞培养等领域具有广泛应用前景。但由于光镊力较弱，因此无法捕获高速流动状态下的单细胞，也无法快速操纵目标细胞至分选通道，由此导致其分选通量无法进一步提高(Lee et al.，2019)。

(4)拉曼激活微流分选(RAMS)

受限于拉曼信号弱这一先天性缺点，首先需要解决高速流动状态下细胞拉曼采集这一瓶颈问题，中国科学院青岛生物能源与过程研究所单细胞中心开发了该种基于介电单细胞捕获释放的拉曼激活微流分选技术，解决了上述瓶颈，率先实现了拉曼流式细胞分选(Zhang et al.，2015a)。RAMS系统通过集成基于介电的单细胞捕获释放和电磁阀吸吮技术，实现了高速流动状态下单细胞的捕获、拉曼采集、释放和分选，通量达~60个细胞/min，可实现高速流动状态下单细胞的捕获，从而完成拉曼信号的获取。

(5)拉曼激活液滴分选(RADS)

在RAMS技术的研究基础上，为了进一步提高通量，中国科学院青岛生物能源与过程研究所单细胞中心建立了拉曼激活液滴分选技术(见图12.4.2)来提高拉曼细胞分选通量和系统的稳定性(Wang et al.，2017b)。单细胞经液滴包裹后，通过耦合介电可实现超高通量分选。液滴包裹不仅可以保护细胞免受分选过程中的损伤，还能够与分选后细胞的培养、DNA、RNA、蛋白等的提取与分析等无缝衔接。由于采用介电液滴分选技术，RADS系统是目前已公开报道工作中分选通量最高的RACS系统，通量达数百个细胞每分钟，与此同时，针对雨生红球藻中虾青素含量的分选准确率达到95%以上,分选后细胞存活率达93%(Wang et al.,2017b)。通过进一步集成介电单细胞捕获技术(pDEp),克服了流动过程中弱拉曼信号难以检测的瓶颈问题,基于该平台首次实现了基于拉曼光谱的酶活筛选(Wang et al.,2020)。

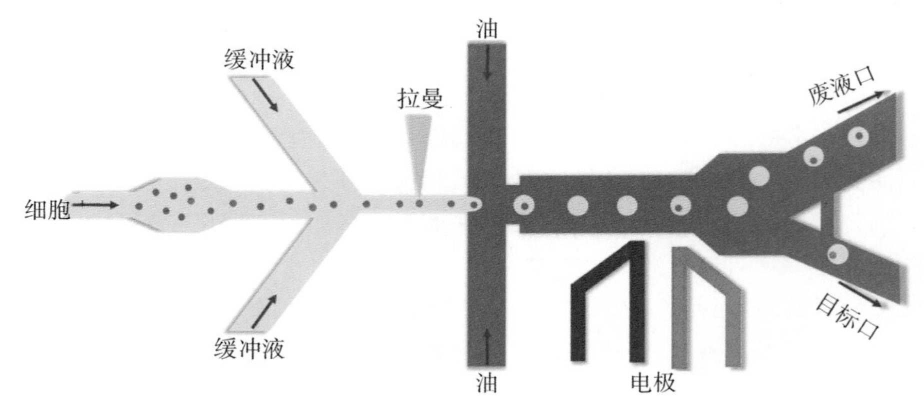


图 12.4.2 RADS系统示意

上述单细胞拉曼分选技术家族的建立与拓展为目前RACS尚难解决的应用问题提供了新的解决方案,同时也为土壤微生物单细胞表型检测和筛选提供了新且强有力的技术手段。

(荆晓艳　马　波　徐　健)

## 12.4.3 土壤微生物单细胞拉曼分析-分选-测序的仪器化与应用

中国科学院青岛生物能源与过程研究所的单细胞中心(http://www.single-cell.cn/)开发了首台土壤单细胞拉曼分选-测序仪(RACS-Seq Soil)(见图 12.4.3)。RACS-Seq Soil中整合了原创的单细胞微液滴光镊拉曼分选(RAGE)芯片,利用光镊力锁定表型测量后的目标细胞,并借助超稳流路,将功能单细胞包裹于微液滴(pL体系)中,"所见即所得"地获取目标单细胞,轻松地跨越了微观与宏观操作之间的屏障。RACS-Seq Soil中整合的微液滴光镊拉曼分选-裂解-核酸扩增技术(RAGE-Seq),大幅度地降低了微生物单细胞的核酸偏好性。因此,单个土壤微生物细胞全基因组序列覆盖度可达92%以上,远高于对照组。高覆盖度的单细胞基因组序列是超高精度细胞鉴定与追踪的前提,也是构建高质量功能单细胞遗传图谱的关键。

RACS-Seq Soil是土壤样品之单细胞代谢表型测量、单细胞拉曼分选、单细胞基因组解析和单细胞培养的一体化仪器系统。它基于稳定同位素标记底物饲喂单细胞拉曼光谱技术，不需分离培养、在单细胞精度直接鉴定微生物种类，并测量各种代谢相关表型（及其细胞间异质性），进而通过单细胞微液滴光镊拉曼分选与低偏好性核酸扩增技术，完成高覆盖度、与代谢表型相关联的单细胞基因组测序。此外，还能在复杂菌群中直接耦合单细胞分离与单细胞微液滴培养。RACS-Seq Soil为土壤菌群代谢功能快检和机制研究提供了新一代装备，立足于服务针对土壤微生物组的单细胞代谢功能分析、分选及基因组分析的全流程，为RACS-Seq技术体系的通量化、标准化及针对不同样品类型在不同实验室中的推广奠定了基础。

图12.4.3 土壤单细胞拉曼分选-测序仪简介（封面与目录）

最近，研究人员以中国黄海近海真光层的新鲜海水为模式，用$^{13}C$-$NaHCO_3$饲喂其微生物组，然后通过测量海水拉曼组中各个单细胞拉曼图谱上$^{13}C$峰的动态特征，从而分辨在海水中活跃固定与代谢无机碳的单细胞群。进而基于“All-in-One”单细胞拉曼分选与测序器件，分选这些原位固碳单细胞群，并测定其DNA序列，以重构出基因组草图（见图12.4.4）。研究人员发现，在该海域，固定与代谢无机碳的优势物种为 *Synechococcus* spp. 和 *Pelagibacter* spp.，两者都含有类胡萝卜素，并且均将无机碳源中的 $^{13}C$ 整合入细胞中。与这些功能相吻合，*Synechococcus* spp. 和 *Pelagibacter* spp. 的基因组上都带有类胡萝卜素合成、光能量捕获和 $CO_2$ 固定所需的关键基因。除此之外，*Pelagibacter* spp. 还拥有β胡萝卜素、视紫质合成和固定 $CO_2$ 的代谢通路。

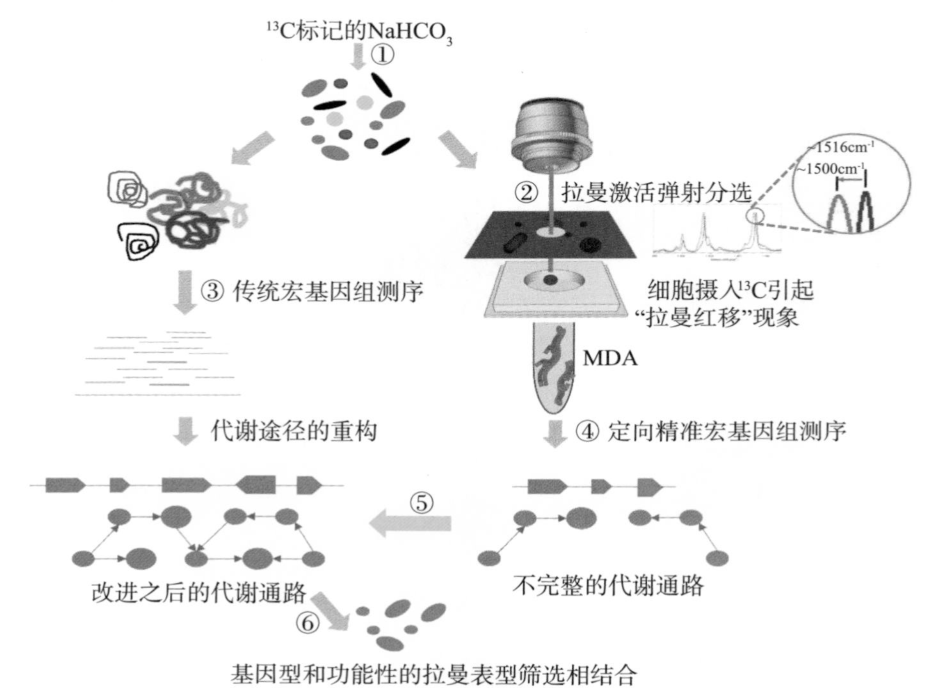


图 12.4.4　RGM 技术应用于环境微生物固碳菌的研究流程示意

作为海洋中数量最丰富的细菌类群，*Pelagibacter* spp. 是否在海洋中原位固定 $CO_2$，业界一直众说纷纭。这一工作为该重大问题的回答贡献了崭新的证据，并提出了相应的分子机制。同时，RGM 技术的建立为在各种时空尺度探讨环境微生物组中二氧化碳固定的“Genome-Phenome”关联机制，奠定了方法学基础。如上所述，单细胞中心建立了拉曼介导的靶向元基因组技术（ramanome-guided metagenomics，RGM），在实际应用中证明了从复杂环境样品中不经分离培养而直接分辨固定二氧化碳的细胞，并直接解析重建基因型的可行性。通过单细胞拉曼光谱表征与识别细胞原位固碳功能，然后准确地分选出特定固碳功能的单细胞,并与基因组测序相耦合。由于其不依赖于细胞培养而且不需荧光标记细胞,因此RGM技术为环境微生物组原位功能研究提供了崭新的思路与方法。

在土壤功能微生物组的研究领域,碳、氮、磷等代谢循环是群落与环境相互作用的物质基础,也是解析土壤微生物驱动地球物质循环的关键。然而,土壤生境下物质循环微生物群落中的细胞大多尚难分离培养,且细胞个体间具遗传多样性和代谢异质性,故通常难以建立底物原位代谢活性与其基因组的关联。如前所述,应用$^{15}N_2$-SIP耦合拉曼光谱对不可培养的固氮菌群的研究都只是停留在表观型层面,没有深入到单细胞组学层面。同理,和土壤固氮微生物的研究类似,当前对于解有机磷菌的识别和验证也只是停留在拉曼光谱的表观型层面,并未深入到单细胞组学阶段。基于此,我们提出了稳定同位素示踪单细胞拉曼识别-分选-测序创新方法学策略,在生命基本单元水平刻画土壤功能微生物群落底物代谢及其机制。这一创新的共性方法学将作为一种强有力的工具服务于土壤微生物驱动地球元素循环科学问题的解决,同时在单细胞精度刻画物质代谢循环群落中底物代谢异质性及其基因型基础的崭新数据类型,将服务于物质循环中菌群-环境相互作用机制研究。上述这些努力为土壤微生物组原位功能的快速检测和机制解析提供了新平台、新工具。

（荆晓艳　马　波　徐　健）

### 12.4.4　土壤微生物单细胞分析分选的发展趋势和展望

土壤复杂生境下,针对活体无损、非标记式、提供全景式表型、分辨复杂功能、快速高通量且低成本、与组学分析联动等挑战,单细胞光谱成像与分选具有重要的特色与优势。这一贯通光谱学与遗传学、连接单细胞表型组与单细胞功能基因组的桥梁,正在迅速延伸与拓宽。然而,其潜力的挖掘与实现还需要诸多方面的努力,同时也带来了巨大的机遇。

（1）基于光谱的单细胞表型组测量

一方面,多种荧光探针的并行或复合使用,能够拓展在单细胞中同时检测的靶标分子数目,但是由于多色荧光之间的相互干扰,多个基因功能表型的同时检测仍然是重要挑战(Xu et al.,2017)。另一方面,尽管基于单细胞拉曼光谱的拉曼组能够在无需探针的前提下测量底物代谢活性、产物谱、环境应激等诸多表型，但是针对单个细胞，并行地测量这些表型的“全景式”表型组分析，还需证明其可行性。同时，单细胞层面的表型测量不可避免地带有基因表达的随机性所引入的噪声，因此这些噪声的定量和溯源是从单细胞光谱表型推断细胞群体或群落层面的表型，乃至区分单细胞状态变化与基因型变化的关键。

（2）“靶标分子特异性”与“全景式表型测量”兼顾的单细胞光谱成像

基于荧光探针的设计实现靶标分子高特异性的检测是荧光光谱的特色，而拉曼光谱能够对自然界几乎任何细胞直接分析多种表型，两者之间的优势互补、耦合使用，以及实现“靶标分子特异性”与“全景式表型测量”的兼容性，将大大拓展潜在的应用领域，是很有前景的研究方向。例如，新近提出的生物正交标记受激拉曼散射显微活细胞成像技术，基于炔基单一化学键标记的受激拉曼散射，突破了成像标记基团的尺寸极限，而且炔基报告基团几乎没有拉曼背景干扰，即在拉曼光谱上“生物正交”。炔基代谢标记生物分子技术和受激拉曼显微成像技术的结合，实现了活细胞的脂类、核酸、蛋白质和糖类的特异性拉曼成像（Hong et al.，2014；Li et al.，2017）。同时，荧光光谱和拉曼光谱的联用在肿瘤检测等方面已有一定应用。此外，在单细胞水平上光谱参数与电学参数、力学参数等的并行测量与分选，将把单细胞表型组在合成生物学的应用推向新的维度，同时这一技术将在动物、植物、微生物等领域的高通量表型监测和分子育种等方面扮演更为重要的角色（Bochner，2008；Rozman et al.，2014；郭庆华等，2018）。在这一方面，除了多模态检测与分选原理及核心器件的创新，人工智能与大数据技术也将发挥不可或缺的作用（Nitta et al.，2018）。

（3）单细胞“成像—分选—测序—培养—大数据”全流程的标准化、装备化与智能化

一方面，在一定程度上，对于拉曼、红外等非标记式光谱来说，单细胞光谱信号质量与细胞承受的激发光能量呈正相关关系。因此，光谱采集可能对细胞及其核酸造成损伤，导致分选后单细胞培养成活率低、单细胞基因组扩增效率低，同时也阻碍了光谱采集-分选流程通量的提高。虽然我们的前期数据表明，流式拉曼检测和微液滴包裹能显著提高激光照射后细胞的活性（Wang et al.，2017a）并且提高拉曼分选后核酸扩增与测序的质量，但是如何在保证细胞活性与信号质量的同时，继续大幅度地提高测量与分选的通量，这仍需要创新的解决方案。另一方面，单细胞拉曼、红外光谱的测量

与分析的方法学还在不断优化中，其实验流程、计算分析以及数据等方面离标准化均还有相当距离。因此，迫切需要通过业界的合作，针对各种细胞类型和应用场景来建立相应的技术标准与装备标准，为将来基于分子光谱的单细胞“表型组-基因组”大数据的互换与共享奠定基础。

此外，单细胞光谱测试设备的原理各异，故适合测量的细胞类型与状态也不尽相同。例如，由于光合色素的存在，光合细胞往往需要一个“淬灭”过程才能测量拉曼全谱，所以这有可能影响分析与分选的速率。因此，构建一套完全自动化的合成生物铸造平台，还需要考虑光谱检测原理与细胞性质之间、各种表型测试设备之间，以及基因型设计和合成等环节与细胞表型测试环节之间，在工作原理、操作过程和分析通量等方面的不同要求。在此基础上，借助大数据和云计算，一系列针对特定单细胞测试、分选、测序与培养需求的新型装备与技术服务网络将不断涌现。

（荆晓艳　马　波　徐　健）

# 第13章　土壤微生物系统功能及其原位表征技术

随着微生物学新技术和新手段的发展日新月异，学术界在微生物群落结构、组成等方面的认知不断提高，但是对于土壤中微生物驱动的碳氮转化过程尚缺乏有效解读，技术瓶颈在于目前还无法从海量土壤微生物中直接甄别发挥作用的功能群。具有特定功能的微生物通常在数量上并不占优势，也可能有些微生物变化是瞬时的，对功能影响很小，只有关键微生物的缺失或竞争力的减弱才会影响生态系统功能包括有机质转化和养分循环。因此，土壤碳氮转化过程研究必须从原位鉴别参与特定生态过程的微生物类群，即只有活跃的或具有竞争力的微生物才可能成为土壤有机质或碳氮转化的关键推动力(Blagodatskaya et al.，2013)。同时在时间尺度下，从基因到群落的活体微生物信息可以表征微生物参与和竞争的过程，而死亡残留物的信息可以指示微生物代谢和转化过程，以及对土壤有机质动态的长期控制作用。

由于同化和稳定化过程是土壤有机碳积累的关键，只有利用从基因到群落再到微生物产物积累的系统评价，定量区分标记底物在土壤中的去向，以及在不同来源微生物标识物中的富集，才能系统研究微生物过程与功能和土壤碳氮周转的关联，探讨土壤有机碳循环周转的微生物调控机制，回答微生物过程与功能研究中，微生物“做没做，做什么，留下什么?”这一系列问题，建立过程与结果的关联，在分子生物学研究关注的微生物“是否存在”的问题的基础上，实现从基因水平到群落水平的功能研究，在时间上建立微生物过程与功能的关联。

## 13.1　稳定同位素示踪土壤微生物标记技术

稳定同位素标记（如$^{13}C$、$^{15}N$等）与现代分子生物学相结合，可以通过示踪复杂环境中的功能微生物核酸（deoxgribonucleic acid/ribonucleic acid，DNA/RNA），在分子水平上鉴定驱动生态系统重要过程的微生物（蔺中等，2012；Fan et al.，2014）。稳定同位素核酸探针（DNA-SIP）技术可将复杂环境中微生物物种的组成及其生理功能进行耦合分析，实现单一微生物生理过程研究向微生物群落生理生态研究的转变，能在更复杂的整体水平上定向发掘重要微生物资源。然而，DNA-SIP技术仍处于一种定性描述阶段，有效分离稳定性同位素标记DNA、定量判定其标记程度仍是主要技术难点。因此，需要在群落水平研究土壤中微生物来源物质的底物代谢和周转特征。这些特异性的微生物来源物质被称为微生物的"分子标识物"。根据其不同的分解和稳定特性，土壤微生物标识物可分为活体标识物和微生物残留物标识物。活体标识物仅存于活体微生物细胞中，在微生物死亡后迅速分解转化，主要代表是磷脂脂肪酸（phospholipid fatty acid，PLFA），其对微生物群落结构与功能指示作用比较明确（Rinnan et al.，2009；Semenov et al.，2012）。微生物残留物是能够在土壤中稳定存在的土壤微生物生长和代谢的产物，其中氨基糖（amino sugars，AS）是重要的微生物细胞壁残留物标识物，可用来指示和评价土壤微生物在土壤碳氮转化循环中的长期或积累贡献（Glaser et al.，2006；He et al.，2011；Liang et al.，2015；Shao et al.，2017）。因此，微生物活体和残留物信息的互补是研究土壤碳氮微生物转化的关键。把同位素示踪技术和DNA或稳定的微生物标识物（PLFA和AS）测定相结合，可探讨从基因水平的存在功能到群落水平的响应与适应，研究土壤关键元素循环过程的微生物功能和驱动机制，并明确不同的底物代谢途径和产物（微生物残留物）的稳定化过程如何影响土壤碳、氮循环和有机碳固存的连续过程（Smith et al.，2014）。

### 13.1.1　稳定同位素核酸探针技术

稳定同位素核酸探针（DNA-SIP）技术由一系列技术组成，主要包括稳定性同位素标记基质的选择、生物标识物的鉴定、环境样品的标记培养、被标记微生物标识物的提取分离和纯化检测等（葛源等，2006）。2000年，英国科林·默雷尔（Colin Murrell）教授的实验室采用$^{13}C$标记的甲醇培养森林土壤，发现了甲基营养微生物以及酸性细菌具有同化甲醇的功能(Radajewski, et al., 2000),从而开拓了稳定性同位素示踪环境微生物DNA的研究领域。DNA-SIP技术同样基于核酸半保留复制原理,但主要将复杂环境中参与标记底物代谢过程的微生物作为研究对象。除磷元素以外,几乎所有具有生物学意义的元素均有2种或更多的稳定性同位素,且重同位素与轻同位素组成的化合物具有相同的物理化学和生物学特性。因此,利用重同位素示踪活性微生物能够反映其基本生理代谢特征。采用稳定性同位素如$^{13}C$-标记底物对土壤样品进行培养后,同化利用标记底物的微生物细胞不断分裂、生长、繁殖并合成$^{13}C$-DNA,通过提取环境微生物基因组总DNA并以氯化铯为离心介质进行超高速密度梯度离心将$^{13}C$-DNA与$^{12}C$-DNA分离后,进一步利用分子生物学技术分析$^{13}C$-DNA的分类水平,将能揭示培养微域中同化标记底物的微生物,从而将特定的物质代谢过程与复杂的微生物群落物种组成直接耦合,在群落水平上明确参与底物代谢的功能微生物,并结合高通量测序、宏基因组测序等分子生物学技术揭示复杂环境中微生物重要的生理代谢过程(Neufeld et al., 2007; Chen et al., 2010)。

在环境样品的培养体系中,加入适量的同位素标记底物是标记成功的重要因素之一。加入的标记底物越多,产生的标记DNA可能就会越多。然而,过量的标记底物会导致目标微生物和非目标微生物之间的交叉污染,从而影响微生物功能评价的可靠性。另外,准确判断超高速离心后不同浮力密度核酸DNA中$^{13}C$-DNA的富集程度,即$^{13}C$-DNA和$^{12}C$-DNA的分离程度也是DNA-SIP的关键步骤,目前判断的方法包括变性梯度凝胶电泳(denaturing gradient gel electrophoresis, DGGE)、实时荧光定量(quantitative real-time polymerase chain reaction, qPCR)、克隆文库或者高通量测序等分子生物学技术,用来分析比较重层和轻层DNA群落结构差异,确认$^{13}C$-DNA在分层中的位置(Jia et al., 2009; Xia et al., 2011; Wang et al., 2014)。

微生物DNA的标记程度可利用超高速密度梯度离心获得的各浮力密度层DNA的$^{13}C$丰度进行判断。DNA中的$^{13}C$丰度($\delta^{13}C$)可采用同位素比例质谱仪(isotope ratio mass spectrometry, IRMS)耦合元素分析仪进行测定(见图13.1.1)(Haichar et al., 2008; Ai et al., 2015),计算公式如下:

$$\delta^{13}C(‰)=[(R_{sample}/R_{standard})-1]\times 1000 \tag{13.1}$$

其中,$R={}^{13}C/{}^{12}C$,$R_{sample}$和$R_{standard}$分别代表样品和标准物质(pee dee belemnite, PDB)的$^{13}C$同位素比值。

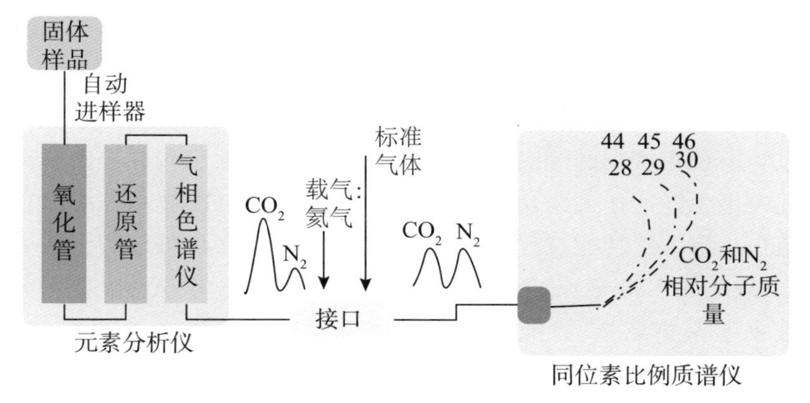


图13.1.1　元素分析仪-同位素比例质谱仪测定原理示意

另外，利用qPCR技术也是确定微生物DNA标记程度的重要手段。qPCR是在PCR反应体系中加入荧光染料或者荧光探针，利用荧光信号累积实时监测整个PCR反应进程，通过对标准曲线和未知模板的比对分析，对特定的DNA片段进行定量分析，从而获得该基因片段在环境样品中的绝对或相对丰度。该技术具有操作简单、快速高效、灵敏度高的特点。在以往的微生物研究中，qPCR技术多被用于土壤中细菌和古菌的16S rRNA基因等的定量比较分析(Lueders et al.，2004；Jia et al.，2009；Xia et al.，2011；Wang et al.，2014)。

对于超高速密度梯度离心获得的各浮力密度层DNA，首先利用通用引物扩增其中的土壤微生物16S rRNA和18S rRNA基因，纯化PCR产物后上机测序，步骤为：用于测序的通用引物含有11个碱基的特异Tag标签，用以区分不同的分层样品。通用引物和PCR扩增反应见表13-1-1。获得扩增产物后，利用Agarose Gel DNA Fragment Recovery Kit Ver. 2.0试剂盒(Takara)切胶纯化并将其溶于30μL DNase-free $H_2O$。进一步通过2.0%琼脂糖凝胶电泳检测PCR产物纯化效果，利用微量紫外分光光度计(NanoDrop ND-1000 UV-Vis)测定纯化后PCR产物的浓度。将分层样品16S rRNA和18S rRNA基因的PCR纯化产物分别等摩尔数混合，上机测序分析。

DNA-SIP以$^{13}C$-标记物质代谢过程为导向，在基因水平上将特定的物质代谢过程与复杂的微生物群落组成直接耦联(贾仲君，2011；Hungate et al.，2015)。然而，在复杂的土壤系统中，微生物在同化外源底物过程中会产生大量的次生代谢产物,标记底物不可避免地通过食物链由一种过程中的功能微生物流向其他过程中的功能菌群,从而产生底物“交叉效应”(Kong et al.,2011)。尽管利用DNA-SIP技术无法跟踪微生物对底物的“原位”利用,但可以解析特定底物诱导的微生物响应,从而相对甄别和评价土壤碳氮周转过程中微生物的作用与功能。但是,仅依靠DNA-SIP技术无法建立真菌和细菌在土壤碳氮转化过程中的策略和功能的关联,也难以和土壤有机碳(soil organic carbon,SOC)循环建立直接联系。因此,DNA-SIP技术需要和其他技术手段相结合,才能明确微生物底物利用策略对SOC循环的调控作用。

**表13-1-1 通用引物和PCR扩增反应**

| 引物名称 | 引物序列(5′-3′) | 目的基因 | PCR过程 | 分子鉴定 | 参考文献 |
|---|---|---|---|---|---|
| 515F | GTG CCA GCM GCC GCG G | 细菌16S rRNA基因 | 95℃,3.0min;35×(95℃,30s;55℃,30s;72℃,30s终点读板);熔解曲线65.0~95.0℃,增量0.5℃,0:05+终点读板 | 实时PCR和高通量测序 | (Stubner,2002) |
| 907R | CCG TCA ATT CMT TTR AGT TT | — | — | — | (Xia et al.,2011) |
| 515F | (Barcode 1–90)GTG CCA GCM GCC GCG G | 细菌16S rRNA基因 | 95℃,3.0min;35×(95℃,30s;55℃,30s;72℃,30s终点读板);熔解曲线65.0~95.0℃,增量0.5℃,0:05+终点读板 | 高通量测序 | — |
| 907R | CCG TCA ATT CMT TTR AGT TT | — | — | — | (Wang et al.,2014) |

续表

| 引物名称 | 引物序列（5′-3′） | 目的基因 | PCR过程 | 分子鉴定 | 参考文献 |
|---|---|---|---|---|---|
| EUK1A | CTGGTTGATCCTGCCAG | 真核18S rRNA基因 | 95℃，3.0min；35×（95℃，30s；55℃，30s；72℃，30s终点读板）；熔解曲线65.0~95.0℃，增量0.5℃，0:05+终点读板 | 实时PCR | （Dìez et al.，2001） |
| EUK516R | ACCAGACTTGCCCTGG | | | | （Bailly et al.，2007） |
| EUK528F | （Barcode 1-90）GCGGTAATTCCAGCTCCAA | 真核18S rRNA基因 | 95℃，3.0min；35×（95℃，30s；55℃，30s；72℃，30s终点读板）；熔解曲线65.0~95.0℃，增量0.5℃，0:05+终点读板 | 高通量测序 | （Zhou et al.，2017） |
| EUK_706R | AATCCRAGAATTTCACCTCT | — | — | — | — |

（张旭东　王辛辛　卢　佳）

## 13.1.2 活体标识物（磷脂脂肪酸）的同位素标记-色谱-质谱或同位素比例质谱技术

磷脂脂肪酸（PLFA）是微生物细胞膜的组分。虽然PLFA标识物方法对微生物的鉴定灵敏度较低，但是由于响应迅速，并且考虑到微生物在种属水平的功能冗余（Schimel et al.，2012），不同种类PLFA的$^{13}$C富集动态可指示土壤微生物功能群落对特定外源碳底物代谢的参与程度（Rinnan et al.，

2009;Semenov et al.,2012;李增强等,2016),并提供有关微生物间相互作用及代谢功能等信息(Bai et al.,2016)。通过对底物代谢诱导产生的功能微生物群落进行动态甄别,分析微生物底物利用策略在时间和空间上的分异,可以深入探讨维持微生物功能和群落稳定性的机制。由于稳定同位素标记技术日臻完善,特别是气相色谱-质谱(gas chromatography-mass spectrography,GC-MS)和气相色谱-燃烧-同位素比例质谱(gas chromatography-combustion-isotope ratio mass spectrometry,GC-C-IRMS)等技术的应用,为PLFA中各组分的准确定量和稳定同位素组成分析提供了有效的分析手段。

当利用 $^{13}C$ 标记的底物进行土壤样品培养时,如果外源底物参与细胞膜组分的形成,新合成的PLFA中必然含有重同位素 $^{13}C$,从而在质谱碎片的质核比(质量数)上有所区分。利用GC-MS检测(工作原理见图13.1.2)可获得不同种类PLFA的特征质谱及 $^{13}C$ 掺入后的同位素峰碎片。根据 $^{13}C$ 在PLFA分子中的分布和富集强度,可评价不同微生物群落对底物的选择性利用特征。

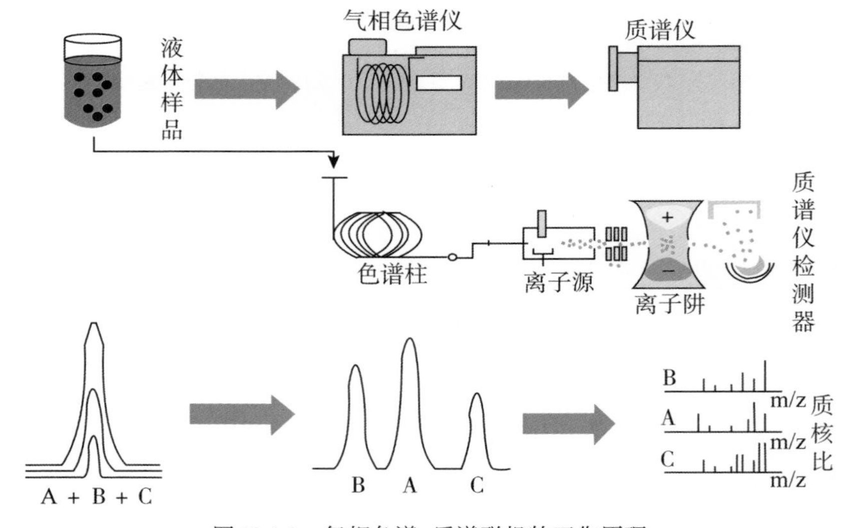


图13.1.2 气相色谱-质谱联机的工作原理

以培养前土壤样品中PLFA的特征碎片($F$)的天然同位素的相对强度为对照,根据 $^{13}C$ 在相应碳原子数($Nc$)上的强度变化计算 $^{13}C$ 掺入各PLFA的比例,并以原子百分超(atom percentage excess,APE)表示。计算公式如下:

$$APE=(Re-Rc)/[(Re-Rc)+1]\times100 \tag{13.2}$$

其中，*Re* 为处理样品同位素富集比例，对于 $^{13}C$ 处理样品，$Re=[(F+Nc)/F]$；*Rc* 为同一次测量中空白样品相应的碎片峰的同位素比例。

根据土壤中PLFA的含量和同位素富集比例，可进一步分别求算标记的PLFA数量，计算公式如下：

$$C_L=C_T\times APE/100 \tag{13.3}$$

其中，$C_T$ 和 $C_L$ 分别为特定的PLFA含量和标记PLFA含量。

GC-MS技术与PLFA分析相结合既可以对种类多样的PLFA进行定性鉴定，也可以定量研究微生物对外源碳的利用情况，从而直接将土壤微生物群落与生态功能建立联系。例如，通过跟踪丰度 $^{13}C$ 标记醋酸盐在PLFA中的富集和分布，Arao（1999）发现 $^{13}C$-醋酸盐主要被细菌利用或促进真菌菌丝生长。另外，把 $^{13}C$ 标记的植物残体培养和PLFA的GC-MS分析技术相结合，可研究有机质降解与微生物群落结构变化之间的关系（Malosso et al.，2004）。

与GC-MS相比，GC-C-IRMS对 $^{13}C$ 比例检测具有极高的灵敏度。由于土壤中同位素稀释效应的存在，GC-C-IRMS比GC-MS更多地应用于土壤微生物群落对碳源的选择性利用研究。在利用GC-C-IRMS测定的过程中，样品进入GC通过色谱柱进行分离，在色谱柱的出口连接一个氧化装置将分离的不同脂肪酸甲酯燃烧成 $CO_2$，而后导入IRMS中测定。通过获得 $^{13}CO_2$（相对分子质量为45）和 $^{12}CO_2$（相对分子质量为44）的比例，测定不同的PLFA中 $^{13}C/^{12}C$ 的比例（$\delta^{13}C$ 值）。土壤样品每种PLFA $\delta^{13}C$ 值的计算公式如下：

$$\delta^{13}C_{PLFA}=[(N_{PLFA}+1)\times\delta^{13}C_{FAME}-\delta^{13}C_{MeOH}]/N_{PLFA} \tag{13.4}$$

其中，$\delta^{13}C_{FAME}$ 是甲酯化反应后的PLFA的 $\delta^{13}C$ 值（即FAME的 $\delta^{13}C$ 值），$N_{PLFA}$ 是每个PLFA的碳原子数，$\delta^{13}C_{MeOH}$ 是甲醇的 $\delta^{13}C$ 值。

利用PLFA定量与GC-C-IRMS的 $^{13}C$ 富集比例测定相结合，可以区分微生物群落对外源活性碳的响应（Ziegler et al.，2005；Dungait et al.，2011）。Rinnan和Bååth（2009）探讨了葡萄糖对PLFA动态的影响，结果表明在整个培养期间，利用 $^{13}C$-葡萄糖“新”合成的物质不断参与微生物群落的再循环，导致在不同PLFA中的再分配。根据不同微生物来源的PLFA $\delta^{13}C$ 值的变化，可阐明微生物对植物残体不同组分的选择性利用，以及残体降解过程中微生物群落结构的变化（Rubino et al.，2009；Stromberger et al.，2012）。此外，根据 $C_3$ 和 $C_4$ 植物中不同的 $\delta^{13}C$ 值，可利用 $^{13}C$ 天然同位素与GC-C-IRMS技术结合研究森林向农田转化对土壤微生物碳转化的影响（Mehring et al.，2011）以及土壤微生物参与“新”“老”碳周转的功能（Yevdokimov et al.，

2013)。Apostel等(2015)指出$^{13}$C-PLFA的分析可以区分不同微生物组分并且可以比较不同微生物的碳利用特征。徐国良等(2015)利用稳定同位素标记的凋落物进行培养时发现,试验初期PLFA的$\delta^{13}$C显著升高,表明土壤微生物群落组分显著同化了凋落物新碳,并且在微生物作用下,凋落物"新"碳可以很快地被重新利用,参与到碳循环中。因此,$^{13}$C-PLFA技术与GC-C-IRMS的结合具有明显的生物化学指示意义,已被广泛应用于土壤生态系统的碳循环研究。但是,由于IRMS是通过测定化合物燃烧产生的$CO_2$中的$^{13}$C比例推测化合物的同位素富集,因而无法获知$^{13}$C在PLFA分子中的分布,以及外源碳向PLFA碳骨架的选择性富集。因此,应根据实验目的选择GC-MS或GC-C-IRMS技术进行$^{13}$C-PLFA分析。

(张旭东　王辛辛　卢　佳)

### 13.1.3　微生物残留物标识物(氨基糖)的同位素标记-色谱-质谱或同位素比例质谱技术

土壤微生物残留物标识物主要用氨基糖来表征。氨基糖是土壤微生物细胞壁的组成物质(Chantigny et al.,1997;Glaser et al.,2004),是重要的土壤微生物残留物标识物。不同的氨基单糖具有异源性,胞壁酸的唯一来源是细菌;氨基葡萄糖主要来源于真菌,其特性可作为土壤真菌和细菌残留的定量比较指标。利用特异性来源的微生物残留物标识物对土壤碳氮同化的"记忆效应"(He et al.,2011),可研究土壤碳、氮循环过程的微生物功能和驱动机制;通过对微生物底物利用速率和积累动态的表征(Bai et al.,2013),可了解微生物群落组成的连续性变化和底物-微生物的调控与反馈作用,阐明微生物对碳氮转化贡献的持续影响。由于氨基糖在土壤中稳定存在,只有利用同位素示踪手段,并结合GC-MS或IRMS技术,将新形成的微生物残留物或代谢物(含有标记的重同位素)和土壤中原有的(非标记)相同残留物或代谢物组分明确区分开来,才能进一步探究土壤微生物在土壤碳、氮循环转化中的作用和贡献(Ding et al.,2011;He et al.,2011)。

土壤微生物残留物氨基糖的变化与土壤碳氮的可利用性及其耦合机制具有密切关系,对于土壤有机质周转和肥力调控具有重要的作用(Knicker,2011;Zeglin et al.,2013;Zhang et al.,2015)。土壤微生物可利用外源输入的碳源(如$^{13}$C标记的葡萄糖)进行生长代谢并形成微生物残留物。如果$^{13}$C

标记底物参与化合物碳骨架的形成，新形成的氨基糖中必然含有重同位素 $^{13}C$，利用 GC-MS 可以区分质谱碎片的质核比（质量数）（He et al.，2005；He et al.，2006）。计算培养样品同位素掺入比例时，以各原土为对照样品，培养样品中氨基糖的同位素比例变化可以用原子百分超（atom percentage excess，APE）来评价，计算公式如下：

$$APE=(Re-Rc)/[(Re-Rc)+1]\times 100 \tag{13.5}$$

其中，$Re$ 为处理样品同位素富集比例，对于 $^{13}C$ 处理样品，$Re=[(F+Nc)/F]$；$Rc$ 为同一次测量中空白样品相应的碎片峰（$Nc$）的同位素比例。若待测化合物有多个碎片峰，将各碎片同位素比例进行加权平均后即为该化合物中 $^{13}C$ 同位素富集比例。

根据土壤中氨基糖的含量和同位素富集比例，可进一步分别求算标记的氨基糖数量，计算公式如下：

$$C_L=C_T\times APE/100 \tag{13.6}$$

其中，$C_T$ 和 $C_L$ 分别为氨基糖总量和标记氨基糖含量。APE 代表的是含有同位素的即新合成的氨基糖占土壤中该种化合物总量的比例，反映了氨基糖在一定条件下的循环转化速率。土壤氨基糖总量反映了微生物残留物或代谢物在土壤中的长期积累，而标记部分代表了新近生成的化合物数量，通过了解土壤氨基糖的积累-分解动态，可推测真菌和细菌对碳氮的利用能力、时间特征，以及养分诱导的微生物群落结构与功能的变化，在分子水平上探讨土壤碳、氮循环的调控机制。

利用 GC-C-IRMS 进行氨基糖同位素比例测定时，经色谱分离的特定化合物样品进入燃烧室并被顺序定量转化成 $CO_2$ 以进行该化合物 $\delta^{13}C$ 测定。土壤样品中每种氨基糖的 $\delta^{13}C$ 值是由衍生物的 GC-C-IRMS 分析和衍生试剂的元素分析仪—同位素比例质谱（elemental analysis-isotope ratio mass spectrometry，EA-IRMS）计算而来，计算公式如下：

$$\delta^{13}C_{Amino\ sugars}=(N_{Der}\,\delta^{13}C_{Der,corr}-F-N_{Acet}\delta^{13}C_{Acet})/N_{Amino\ sugars} \tag{13.7}$$

其中，N 分别代表衍生物（$N_{Der}$）、最初氨基糖的分子（$N_{Amino\ sugars}$）和乙酸酐的乙酰基（$N_{Acet}$）中碳原子的数目；$F$ 是校正因子，用作偏差补偿，包括如 EA-IRMS 和 GC-C-IRMS 的测量、衍生过程中所产生的歧视效应及数量依赖性等引起的测定偏差（Glaser et al.，2005）。

微生物残留物与稳定同位素技术相结合，有利于评估微生物对碳氮转化贡献的持续影响。He 等（2011）发现，氨基葡萄糖和胞壁酸同位素富集动态分别能够反映真菌和细菌的生长特征,可用“记忆效应”指示标记底物转化过程中微生物群落的动态变化和碳氮利用的连续性变化及其响应与适应关系。在碳源严重受限条件下,氨基糖可被优先分解利用以补充土壤中碳源的不足(Solomon et al.,2001)。土壤中胞壁酸含量较低,但在调节和平衡碳氮元素供给与需求方面能力较强,因而不易在土壤中积累(Amelung,2003;He et al.,2011);氨基葡萄糖稳定性高于胞壁酸,但在碳源缺乏时也可部分分解(李晓波等,2011)。微生物残留物/代谢物作为土壤有机质的重要组成部分,也可通过生物量的产生和降解的耦合作用(Lü et al.,2013)进一步参与并调节土壤碳、氮循环,对于土壤有机质周转和肥力调控具有重要的作用。

(张旭东　王辛辛　卢　佳)

## 13.2　基于膜进样质谱法的稻田硝酸根还原过程研究

反硝化、厌氧氨氧化(Anammox)和硝酸根异化还原为铵(DNRA)3个途径主导的硝酸根还原过程决定了稻田生态系统约50%的氮肥去向,准确定量这些途径造成的氮素损失和盈余,阐明其相互关系及关键影响因素对于更加可靠的评价稻田生态系统硝酸根还原过程的环境效应,以及寻找潜在氮素调控措施具有重要的理论指导意义。

水稻田作为一类特殊的人工湿地,是我国农田生态系统的重要组成部分,提供了全国约65%人口的口粮。由于水稻生长过程中需淹水栽培,所以水稻土不论在结构、功能还是物质循环过程方面均显著有别于旱地土壤(徐琪等,1998)。我国水稻田氮肥投入量高,约占世界水稻田氮肥用量的37%,但水稻田氮肥利用率低下(28.3%~41.0%)(张福锁等,2008),显著低于其他主要产稻国(彭少兵等,2002)。水稻田氮肥投入量高而利用率低,导致大量的活性氮经各种途径损失进入环境,引发一系列的农学和环境问题,如土壤酸化、水体富营养化和氮氧化物排放导致的大气污染等。稻田生态系统氮素损失过程中,因水稻土氧化层与还原层分异导致的硝化-反硝化损失是最主要的途径,损失量可达水稻田施氮量的34%~41%(Ju et al.,2009;朱兆良,2008)。通过反硝化作用,投入稻田生态系统的氮肥最终会以气体形式($NO$、$N_2O$和$N_2$)离开水稻田土壤进入大气,降低了氮肥的利用率和土壤肥力,同时该过程中产生的$NO$和$N_2O$也对气候有不利影响。此外,稻田生态系统还有一部分去向不明的氮素，约占施氮量的13%（朱兆良，2008），这些未知去向的氮素很可能与新近发现的一些氮素损失新途径[如厌氧下，硝酸根或铁锰氧化物可作为氨氧化的电子受体，将氨氧化为$N_2$，导致氮素损失（Yang et al.，2012；Zhu et al.，2011）]有直接关联。反硝化损失的氮素和未知去向的氮素占稻田氮肥投入量的比例高达47%~54%，具体到氮素转化过程层面，反硝化和新发现的氮素损失途径都涉及硝酸根的还原过程。如何通过准确量化硝酸根还原过程的发生速率，明确其关键限制因素，进而实现对该过程的调控，最大限度地降低硝酸根还原过程导致的氮素损失和负面环境效应，具有十分重要的理论与现实意义，已成为当前土壤氮素研究的一个热点和前沿问题。

### 13.2.1　稻田硝酸根还原过程

稻田生态系统中硝酸根的还原过程主要包括反硝化、Anammox和DNRA（Ishii et al.，2011）。过去有关稻田硝酸根还原过程的研究大多集中在反硝化方面。反硝化是硝酸根被反硝化微生物逐步还原成$N_2$的过程，凡是对反硝化微生物活性及群落结构能产生影响的因素都可能对反硝化产生潜在影响，如硝态氮浓度、温度、pH、溶解氧以及有机碳等（Saggar et al.，2013）。反硝化过去一直被认为是活性氮最终以稀有气体$N_2$离开土壤、水体等内生循环而回归大气的唯一途径，直到20世纪90年代，Anammox过程的发现打破了这一传统认知，为氮素循环增添了新内容（Vandegraaf et al.，1995）。目前有关稻田土壤Anammox作用的研究还相对较少，主要集中在Anammox速率测定及菌种的鉴定方面。如在高铵态氮输入的水稻土中，Zhu等（2011）检测到了Anammox菌及其活性，所发现的Anammox菌主要属于*Kuenenia*、*Anammoxoglobus*和*Jettenia*，不同深度土壤中Anammox过程产生的$N_2$占总$N_2$产生量的比例为5%~37%（Zhu et al.，2011）。我国典型水稻土中的研究结果显示，Anammox强度具有很大的空间变异，其脱氮量占总$N_2$产生量的贡献为0.6%~15.0%（Yang et al.，2014；Shan et al.，2016）。而日本一块临近溪谷的水稻土的研究结果显示，不同土壤剖面Anammox的脱氮强度占总$N_2$产生量的比例为1%~5%（Sato et al.，2012）。另外，稻田土壤中也存在Anammox发生的热点区域，如水稻根际。有研究显示水稻根际Anammox的作用强度和对总$N_2$产生量的贡献均显著高于非水稻根际土壤，其主要原因是根际周围的氧化还原梯度为Anammox菌提供了很好的栖息环境，进而刺激了Anammox菌的活性（Nie et al.，2015）。DNRA被认为是氮素循环的“捷径”，20世纪80年代便确认了该过程的存在（Cole et al.，1980）。相比于反硝化和Anammox，DNRA过程实现了将易流失的硝态氮转化为植物易利用的铵态氮，有利于氮素在土壤中滞留。过去研究认为，厌氧条件下，反硝化比DNRA更易发生，因为DNRA过程需要消耗更多的能量，因此，只有在大量易氧化态有机物和强还原条件下（即高的$C/NO_3^-$）才能进行（Rutting et al.，2011；Yin et al.，2002）。但是近期很多研究表明，DNRA过程的发生对环境条件的要求可能并不像过去认为的那样严格，相比于反硝化，DNRA对氧气的存在并不十分敏感，在好氧情况下，DNRA比反硝化更具竞争力（Bengtsson et al.，2000；Roberts et al.，2012）。研究显示，在并不完全厌氧的热带和温带森林土壤中具有很高的初级DNRA转化速率，并且DNRA是这些土壤中硝酸根的主导消耗过程（Rutting et al.，2008；Silver et al.，2005），影响DNRA转化速率的主要因素包括底物可利用性（易分解碳/硝态氮比例）、土壤Eh及pH等（Huygens et al.，2007；Rutting et al.，2008；Silver et al.，2001）。相对于其他生态系统，农田特别是稻田生态系统DNRA的研究还较少（Rutting et al.，2011），而稻田土壤特有的干湿交替过程以及水稻根系的泌氧过程很可能会有利于DNRA过程的发生。一项有关稻田土壤DNRA过程的研究发现，DNRA可以在pH为5~8时发生，且偏碱性环境可能更利于DNRA的发生（殷士学，2000），但是pH对稻田DNRA过程的影响机制，学术界目前并不清楚。

（单　军　魏志军　李承霖）

### 13.2.2　硝酸根还原过程研究方法

尽管反硝化、Anammox和DNRA主导的硝酸根还原途径决定了稻田生态系统约50%的氮肥去向。然而，稻田硝酸根还原过程的研究一直受困于测定方法的限制，对这些过程造成的氮损失和盈余还无法准确地定量。同时，以往多数研究多只针对硝酸根还原的某一或某两个过程独立开展，也还缺乏同一体系中反硝化、Anammox和DNRA的速率、各自贡献及关于其相互关系的研究。

#### 13.2.2.1　传统研究方法

对于反硝化研究而言，因为大气背景$N_2$浓度高达78%，要在如此高$N_2$背景环境中直接测定反硝化产物$N_2$，需要方法的精度达到0.1%，一般方法难以满足此要求（Butterbach-Bahl et al.，2002）。以往采用的稻田反硝化研究方法主要包括乙炔抑制法和差值法（Groffman et al.，2006）。这两种方法缺陷都很明显，乙炔抑制法虽然简单快捷、成本低，但是会严重低估土壤反硝化速率，并且特别不适用于淹水环境。对于差值法而言，所有其他氮素去向测定的误差都累积到了反硝化过程中（David et al.，2006），导致结果变异非常大。由于稻田土壤厌氧氮素转化过程的复杂性，揭示不同硝酸根还原过程的速率大小和贡献高低，必须借助于$^{15}N$同位素示踪手段（Thamdrup，2012）。目前，国际上用于测定并区分反硝化和Anammox潜势的方法是基于气相色谱-同位素比值质谱仪法的$^{15}N$同位素配对技术，该方法将高丰度的$^{15}NO_3^-$或$^{15}NH_4^+$（>99%的$^{15}NO_3^-$或$^{15}NH_4^+$，100~400μM）加入体系，经适当时间的预培养，通过计算反应最终产物$N_2$及其同位素组分（$^{29}N_2$、$^{30}N_2$）的比例从而实现对反硝化和Anammox速率的测定和区分（Holtappels et al.，2011）。该方法尽管能成功区分和测定反硝化、Anammox的速率和各自贡献，但由于需要事先预培养消耗掉体系内的背景$^{14}NO_3^-$以避免干扰，致使该方法测定结果仅能代表相对潜势，是否能反映田间原位特征并不清楚。对于DNRA速率的测定，目前采用较多的也是基于气相色谱-同位素比值质谱仪法的$^{15}N$示踪实验，即向厌氧体系内加入一定量的$^{15}NO_3^-$，通过测定实验起止时刻的$^{15}NH_4^+$的量来推算DNRA的发生速率。在测定过程中，该方法需要复杂的脱气步骤。

#### 13.2.2.2　MIMS的方法体系

基于$N_2$/Ar测定原理的膜进样质谱（membrane inlet mass spectrometer，MIMS）法的出现和快速发展（Kana et al.，1994），使得直接、精确测定淹水环境溶解性$N_2$成为可能，极大地推动了淹水环境硝酸根还原过程的研究。美国马里兰大学的凯那（Kana）等最早将MIMS应用于直接测定淹水环境脱氮产物$N_2$的方法，测定精度可高达0.03%（Groffman et al.，2006；陈能汪等，2010），被美国自然科学基金会的反硝化研究网络推荐用来测定湿地的脱氮速率。MIMS方法体系不仅能测定体系内的净$N_2$通量，实现不添加$^{15}N$标记物而直接测定体系内的净脱氮速率，还能最大限度地代表野外原位情况下的$N_2$产生速率(李晓波等,2013)。同时,由于MIMS也可以测定溶解性$N_2$的同位素组成,通过和$^{15}N$同位素配对方法结合,也能区分不同的具体脱氮过程,比如反硝化和Anammox潜势(Cook et al.,2006)。此外,进一步通过与$^{15}NH_4^+$化学氧化(次溴酸钠氧化法)相结合,MIMS可以通过测定$^{15}NH^{4+}$被氧化过后形成的$^{29}N_2$和$^{30}N_2$的量来实现对$^{15}NH_4^+$的间接测定,从而可以很方便地推算DNRA的发生速率(Yin et al.,2014;Shan et al.,2016)。与基于气相色谱-同位素比值质谱仪法的硝酸根还原过程研究方法相比,基于MIMS的研究方法可直接在线测定水样中的溶解性$N_2$及其同位素组分,避免了基于气相色谱-同位素比值质谱仪法的复杂的脱气步骤可能带来的分析误差,同时MIMS还具有测定速率快(每小时测定约20个样品)和所需样品量少(<10mL)等优点。因此,通过MIMS直接测定水样溶解性$N_2$,以及将MIMS方法与$^{15}N$同位素配对和$^{15}NH_4^+$化学氧化法相结合,可实现对稻田净脱氮、反硝化、Anammox和DNRA等过程速率的准确定量,为深入研究稻田生态系统硝酸根还原过程提供了方法基础。

#### 13.2.2.3 利用MIMS法测定稻田硝酸根还原过程

MIMS的主要组成部分如图13.2.1所示,包括蠕动泵、恒温水浴、液氮冷阱、真空系统、四级杆质谱仪和计算机数据采集系统等6个部分。样品经不锈钢毛细管输送到连接真空系统的密闭容器中,真空入口内部的一段不锈钢管用硅酮管代替,将其作为半透膜。因为气体扩散易受温度影响,在样品到达半透膜之前一定要调整其温度达到预设值,所以样品在进入真空系统前会流经一段很长的不锈钢毛细管,使样品温度严格控制在预设的恒温水浴温度范围内。高稳定性的蠕动泵的使用和样品经过半透膜后的层流特性能使样品流动均匀,最大限度地保证信号平稳。温度和流速均恒定的水样进入真空系统并与半透膜接触后,水样中水蒸气和$CO_2$、$CH_4$等杂质干扰气体被液氮的冷阱冷凝去除,目标气体(如$N_2$、$O_2$和Ar)进入四级杆质谱仪进行离子化,而后不同质荷比的离子经过振荡电场分离后进入检测器分析。检测器包含法拉第筒检测器(Faraday Cup)(用于检测$^{28}N_2$、$^{32}O_2$和Ar)和二次电子倍增检测器(secondary electron multiplication detector,SEM),SEM可以将一些微弱的信号放大,便于高精度检测分析。一般用MIMS测定$N_2$同位素组分(如$^{29}N_2$、$^{30}N_2$)时要开启SEM,以增加测定的灵敏度。

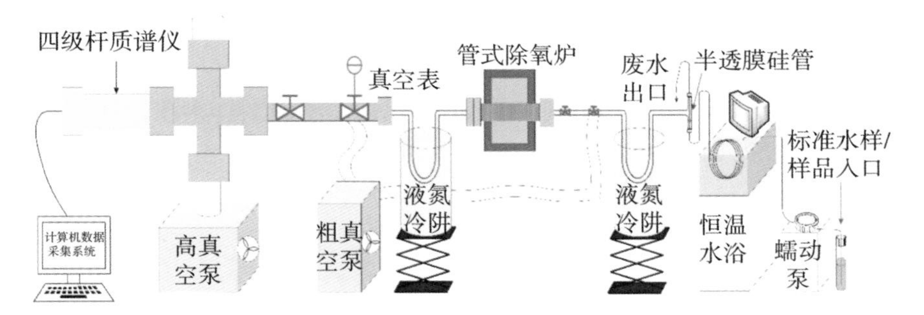


图13.2.1　膜进样质谱组成部件和运行示意

通过将MIMS装置与流通式(flow-through)培养系统联用,可以实现不添加$^{15}N$标记物而直接测定体系内的反硝化速率,能最大限度地代表稻田原位情况下的$N_2$产生速率(Li et al.,2013)。在密闭的flow-through培养体系中,反硝化过程的终端产物$N_2$的溶解浓度的变化可以通过计算得到。在一段时间内,反硝化速率可以根据不同培养时间$N_2$浓度和时间做线性回归得到,直线斜率即是土柱上覆水中$N_2$浓度变化速率($\mu mol\ N_2 \cdot L^{-1} \cdot h^{-1}$),进一步结合土柱横截面积($m^2$)与上覆水体积(L),即可换算得出净脱氮速率($\mu mol\ N_2\text{-}N \cdot m^{-2} \cdot h^{-1}$)。利用该方法,我们首次将MIMS应用于直接测定淹水稻田净脱氮速率研究(Li et al.,2014),发现基于原状土柱培养所测定的反硝化速率与相对应的各处理小区田面水$N_2$浓度具有很好的相关性,说明MIMS法可以用来比较不同处理淹水稻田反硝化速率的差异;采用MIMS法测得的稻田平均脱氮量占施氮量的6.7%±1.7%(Li et al.,2014),介于传统($N_2$+$N_2O$)−$^{15}N$法和$^{15}N$−差值法测定的结果之间,但由于MIMS法可以直接测定反硝化终端产物$N_2$,无须借助$^{15}N$−标记肥料,因此在很大限度上避免低估或者高估稻田反硝化速率,具有很好的应用前景。

通过将$^{15}N$同位素配对技术和MIMS联用,可以实现稻田土壤反硝化和Anammox潜势的测定,具体为,采用稻田土壤泥浆微培养系统或利用无扰动底泥采样器(奥地利,Uwitec)采取0~10cm的原状稻田土壤和田面水,置于PVC密闭培养装置。预培养7d以消耗掉系统内的$NO_3^-$和$O_2$。在相同的实验装置内,同时开展3组实验处理:①向系统加入100$\mu mol \cdot L^{-1}$的$^{15}NH_4^+$(丰度98.2%);②向系统加入100$\mu mol \cdot L^{-1}$ $^{15}NH_4^+$(丰度98.2%)和100$\mu mol \cdot L^{-1}$ $^{14}NO_3^-$;③向系统加入$^{15}NO_3^-$(丰度99.3%)。其中,处理①的目的是验证前期预培养后,系统中背景$NO_3^-$是否已消耗完全;处理②的目的是证明Anammox过程是否发生；处理③用来监测系统中生成$N_2$的量和同位素组成（$^{28}N_2$、$^{29}N_2$和$^{30}N_2$）。以处理③为例，预培养结束后，开始采集第一个水样作为0h的样品，然后分别在1h、2h、4h、6h取样，每次3个重复，分析培养期间水样中溶解性$N_2$的量和同位素组成，参考Thamdrup和Dalsgaard（2002）中的公式，计算反硝化和Anammox的速率。利用基于MIMS的$^{15}N$同位素配对方法，我们研究了太湖地区两条河流中Anammox发生速率的年季变化（Zhao et al.，2013），发现两条河流Anammox潜势的最高值都出现在夏季，最低值都发生在冬季，Anammox对总$N_2$产量的贡献为0.8%~17.5%。进一步对11种典型中国稻田土壤反硝化和Anammox脱氮过程的速率和各自贡献研究发现，反硝化是稻田土壤的主导脱氮途径，对总$N_2$产生量的贡献达90.6%~95.3%，而Anammox同样不可忽视，对总$N_2$产生量的贡献占比分别为4.7%~9.4%（Shan et al.，2016）。此外，基于$^{15}N$-IPT方法测得的总$N_2$产生速率和土柱近似原位培养法测得的净脱氮速率呈显著正相关关系（$R^2$=0.85，$P<0.01$），表明室内泥浆$^{15}N$-IPT方法测得的脱氮速率可以在一定程度上反映原位情况下稻田土壤的脱氮速率，但$^{15}N$-IPT方法测得的总脱氮速率仅占土柱近似原位培养法测定结果的30%，显著低估原位情况下稻田土壤的净脱氮速率。

通过将$^{15}NH_4^+$化学氧化法和MIMS联用可以实现稻田土壤DNRA速率测定（Yin et al.，2014），具体为：向与测定反硝化和Anammox速率完全一样的培养系统内中加入100μmol·L$^{-1}$的$^{15}NO_3^-$（99.12%），并进行厌氧密闭培养，在实验的起止时刻，利用次溴酸钠将系统中的$^{15}NH_4^+$氧化为$^{29}N_2$和$^{30}N_2$，通过MIMS测定生成的$^{29}N_2$和$^{30}N_2$浓度，推算系统中$^{15}NH_4^+$的浓度，并根据公式计算出DNRA的速率（见图13.2.2）。利用该方法，我们系统测定典型中国稻田土壤DNRA的发生速率和影响因素（Shan et al.，2016），发现DNRA的发生速率为0.03~0.54nmol N·g$^{-1}$·h$^{-1}$，对硝酸根还原过程的贡献占比为0.54%~17.63%，同时，相关分析显示，土壤碳氮比、溶解性有机碳/硝酸根（DOC/$NO_3^-$）和土壤硫酸根含量是影响稻田土壤DNRA过程的关键因素。此外，我们也利用该方法探究了土壤理化因子（温度、pH和碳源可利用性）对稻田土壤DNRA发生速率的影响。在实验的温度范围内（5~35℃），DNRA速率随温度的升高呈现指数级的增加（$R^2$=0.84），但当温度低于20℃时，DNRA速率并无明显的增加趋势；DNRA过程发生的最适宜pH为7.3，当土壤pH低于和高于7.3时，DNRA的活性均受到显著抑制；碳源的量（C/N）和可利用性（DOC/$NO_3^-$）均是影响稻田土壤DNRA过程的重要因素，只有当体系内的C/N高于

12时，稻田土壤DNRA的发生速率才被显著促进，随着DOC/$NO_3^-$含量降低，DNRA速率显著降低。

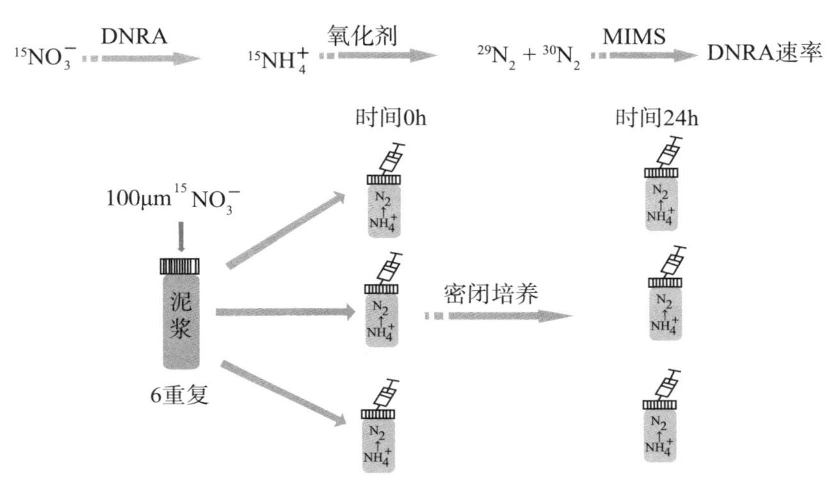


图13.2.2 基于MIMS和$^{15}NH_4^+$化学氧化法测定稻田土壤DNRA速率的过程示意

（单 军 魏志军 李承霖）

## 13.3 微生物参与策略表征及群落功能的定量评价技术

土壤微生物参与介导土壤有机碳(soil organic carbon，SOC)的形成及在SOC分解和稳定过程中的作用越来越受到重视(Schimel et al.，2012；Gleixner，2013；Trivedi et al.，2016)。然而，在众多微生物存在的条件下，微生物如何参与SOC转化及其控制机制是需要深入探讨的科学问题。此外，还需对微生物参与策略表征及群落功能进行定量评价。在陆地生态系统中，SOC循环由外源底物(“新”碳)输入所驱动(de Nobili，2001)。相对分子质量低的底物(如葡萄糖、氨基酸等)作为土壤中最为活跃的碳，影响并控制微生物底物利用策略和代谢过程(van Hees et al.，2005；de Graaff et al.，2010；Strickland et al.，2012)。因此，利用高活性底物(如葡萄糖)，结合$^{13}C$标记技术进行土壤样品的模拟培养，结合稳定同位素核酸探针技术(nucleic acid stable isotope probing，DNA-SIP)、同位素标记-微生物活性标识物(phospholipid fatty acid and stable isotope probing，PLFA-SIP)和微生物死亡残留物(Amino sugars and stable isotope probing，AS-SIP)表征技术，可探讨外源底物同化和功能微生物群落变化的动态关联。根据$^{13}C$在核酸(nucleic acid,DNA)和不同来源PLFA中的分布及时间分异性,从基因水平到群落水平评价土壤微生物在底物转化过程中的参与策略和功能,最终通过微生物残留物(氨基糖)的累积和稳定化过程研究SOC循环过程的微生物功能和驱动机制。

## 13.3.1 同位素标记培养实验

试验中选用两种供试土壤,黑土(0~20cm)采自吉林省公主岭市国家黑土监测基地(海拔206m,43°36′N、124°40′E)长期玉米连作土壤;红壤(0~20cm)采自江西省鹰潭市余江区中国科学院红壤生态试验站(海拔65m,28°15′N、116°55′E)低产旱田土壤。

供试土壤经预培养后,采用$^{13}C$-葡萄糖为标记底物,加入微宇宙培养瓶中标记目标微生物。培养组合为:土壤+水,作为未培养对照组;土壤+葡萄糖(glucose)+硝酸铵($NH_4NO_3$),作为对照组;土壤+$^{13}C$-葡萄糖(99atom% $^{13}C$-glucose)+硝酸铵($NH_4NO_3$),作为实验组。底物添加量为1mg $C\cdot g^{-1}$土壤和0.1mg $N\cdot g^{-1}$土壤;底物每周加入1次,连续添加8周。以培养前土壤样品为对照,分别在1周、3周、6周和8周进行破坏性采样,取5g置于-80℃条件下用于分子生物学分析。

(何红波)

## 13.3.2 基因水平的微生物功能研究

利用FastDNA®Spin Kitfor Soil(MP Biomedicals公司)试剂盒提取土壤基因组总核酸,基于不同分子质量的核酸的浮力密度的不同,利用超高速密度梯度离心将$^{12}C$-DNA及$^{13}C$-DNA分离,通过对不同浮力密度的氯化铯溶液的等体积回收,得到不同标记程度的核酸。

利用同位素比例质谱仪测定离心后不同浮力密度层核酸的$^{13}C$丰度可以看出,黑土和红壤的核酸主要集中在密度为1.739~1.748$g\cdot mL^{-1}$(即3层、4层、5层、6层)的浮力密度层,出现一个明显的$\delta^{13}C$峰值,而相邻其他各浮力密度层的$\delta^{13}C$值均相对较低(见图13.3.1)。在密度为1.711~1.722$g\cdot mL^{-1}$(即9层、10层、11层)的浮力密度层,$^{13}C$-葡萄糖处理下的分层核酸和葡萄糖处理下的分层的核酸的$\delta^{13}C$值趋势一致，均未出现明显的峰值，表明密度梯度离心已经成功地将重层DNA($^{13}C$-DNA)和轻层DNA($^{12}C$-DNA)分离。

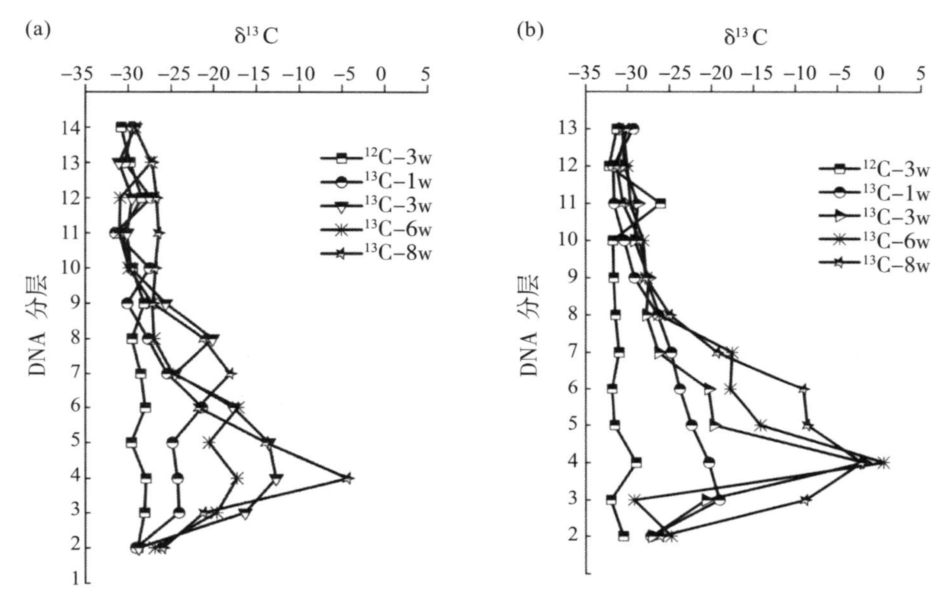


图13.3.1　浮力密度层DNA的$\delta^{13}C$值。(a)黑土不同浮力密度层DNA的$\delta^{13}C$值(同位素富集比例)；(b)红壤不同浮力密度层DNA的$\delta^{13}C$值(同位素富集比例)

为进一步证实重层核酸和轻层核酸的有效分离，采用实时荧光定量(quantitative real-time polymerase chain reaction, qPCR)技术对各浮力密度层的核酸(DNA)进行定量分析(引物和扩增条件见表13-1-1)，从而确定不同密度梯度分层样品中16S rRNA和18S rRNA的相对丰度。从定量结果可知(见图13.3.2)，随着浮力密度的增加，$^{13}C$-葡萄糖标记处理分层核酸中16S rRNA和18S rRNA基因的拷贝数均高于未标记葡萄糖处理下核酸的峰值，表明$^{13}C$-葡萄糖标记处理样品的细菌和真核生物的核酸被成功标记。随着底物的连续添加，细菌和真核的细胞有了标记程度加深。$^{13}C$标记后出现的峰值主要集中在1.739~1.748g·mL$^{-1}$(即3层、4层、5层、6层)，而未标记的葡萄糖处理下的峰值主要集中在1.711~1.722g·mL$^{-1}$(即9层、10层、11层)，结果与测定的同位素峰值的分布一致。

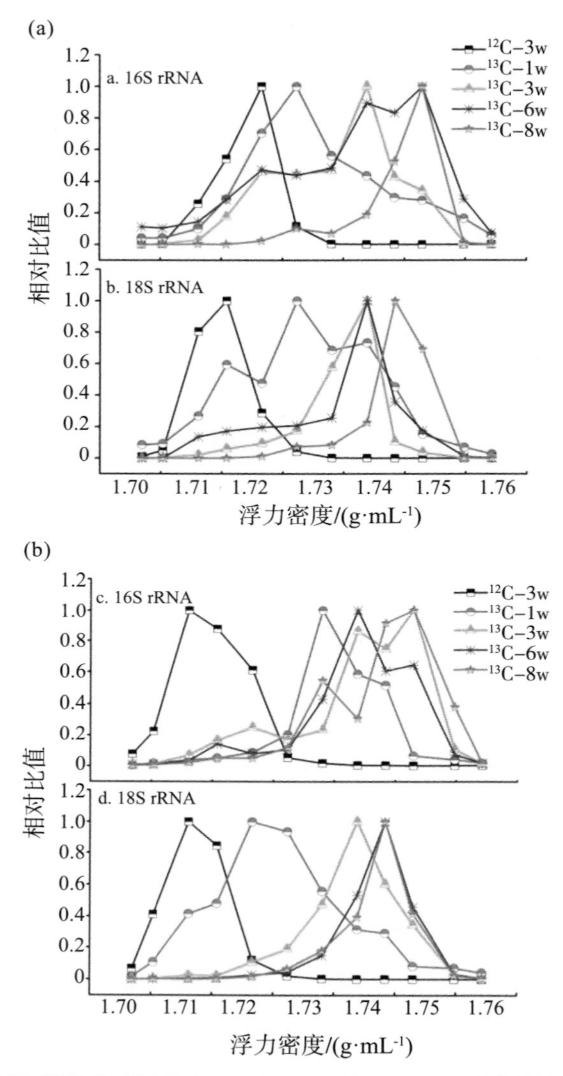


图 13.3.2 不同密度梯度分层样品中，16S rRNA 和 18S rRNA 基因的相对丰度。(a)黑土不同浮力密度层的 16S rRNA 和 18S rRNA 基因的相对丰度；(b)红壤不同浮力密度层的 16S rRNA 和 18S rRNA 基因的相对丰度

注：相对比值通过将每层中的基因拷贝数除以所有层次中最多的基因拷贝数得到。

根据上述 $^{13}$C 的分布以及核酸的定量分析，在培养微域中可选取密度为 1.739~1.748g·mL$^{-1}$ 的浮力密度层为重层核酸的代表层（见图 13.3.1 和图 13.3.2），该重层核酸所代表的土壤微生物主要参与外源葡萄糖利用，是对外源物质响应最为活跃的微生物区系；而密度为 1.711~1.722g·mL$^{-1}$ 的浮力密度层为轻层核酸的代表层,该轻层核酸所代表的土壤微生物可能主要参与土壤原有有机碳的分解过程。

#### 13.3.2.1　细菌微生物群落组成分析

葡萄糖添加对黑土和红壤中细菌群落组成具有明显的影响。在黑土重层微生物区系中[见图13.3.3(a)],在门水平上主要检测到的细菌为变形菌门(Proteobacteria)、放线菌门(Actinobacteria)和厚壁菌门(Firmicutes)。与对照处理相比,变形菌门、放线菌门和厚壁菌门的相对丰度均出现了不同程度的增加,表明变形菌门、放线菌门和厚壁菌门可竞争性参与葡萄糖的利用。变形菌门多被认为是富营养菌,因而对外源活性底物具有偏好利用性(Padmanabhan et al.,2003;Goldfarb et al.,2003;Di Lonardon et al.,2007;Fierer et al.,2007;Morrissey et al.,2017)。虽然目前对于放线菌门的底物偏好利用性仍然存在争议,但是放线菌在活性底物丰富的条件下,响应比较活跃(Eilers et al.,2010;Goldfard et al.,2011;Ai et al.,2015),因而偏好于外源葡萄糖碳的利用。另外,葡萄糖的添加虽然也促进了厚壁菌门对葡萄糖的利用,但是对于厚壁菌门的营养类型的界定(富营养菌或是寡营养菌)仍然存在不确定性,厚壁菌门也可能作为一种“机会主义者”参与底物的利用和生态系统的平衡。与黑土的功能微生物组成相似,有机质含量低的红壤中也主要是变形菌门、放线菌门和厚壁菌门参与葡萄糖的利用[见图13.3.3(b)],说明在土壤环境中,微生物对底物利用的特异性主要由营养类型所决定。但是,两种土壤对外源活性底物的响应程度有显著差异,红壤中优势菌群相对丰度的增加幅度明显高于黑土,说明在有机质含量较低的红壤中,微生物受外源活性底物的干扰较大且可能受到“饥饿效应”的控制。

值得注意的是,在黑土和红壤中,酸杆菌门(Acidobacteria)、绿弯菌门(Chloroflexi)和芽单胞菌门(Gemmatimonadates)(主要在黑土中)也有较高的相对丰度(见图13.3.3)。但是与对照相比,葡萄糖的添加对其相对丰度并未产生显著影响(见图13.3.4),表明这些菌群可能不参与利用葡萄糖。酸杆菌门在活性底物较丰富的环境中丰度较低,说明主要参与利用难分解物质或是有机质的分解和利用(Fierer et al.,2007)。绿弯菌门在以往的研究中主要集中在轻层核酸中,多被定义为寡营养菌(Ai et al.,2015)。芽单胞菌门在$^{13}C$-小麦残留物添加实验中,也主要在轻层核酸中富集(Bernard et al.,2007)。因此,这三种菌群均具有寡营养特性。在本培养实验中,酸杆菌门、绿弯菌门和芽单胞菌门主要富集在对照样本中,表明这三种菌群可能主要参与原有有机质的分解利用(Rawat et al.,2012;Ai et al.,2015;Leff et al.,2015;Banerjee et al.,2016)。

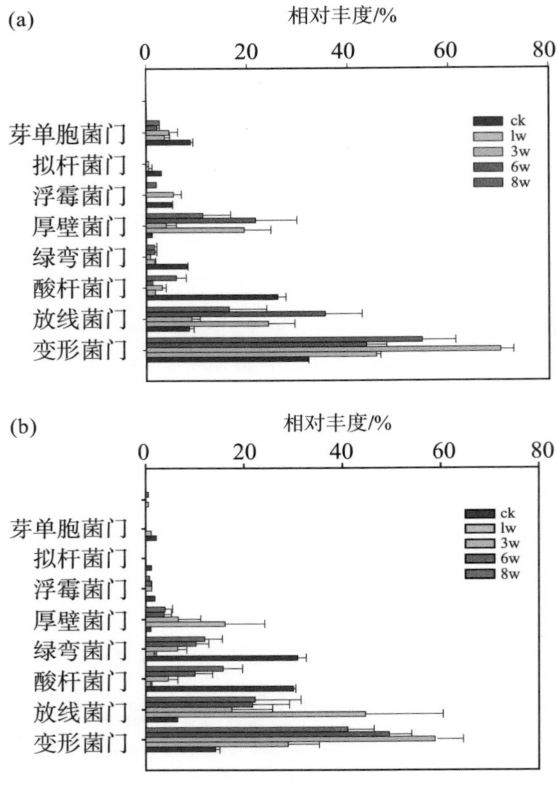


图 13.3.3 不同培养时间下重层微生物区系中细菌门水平的相对丰度。(a)黑土重层微生物区系中细菌门水平的相对丰度;(b)红壤重层微生物区系中细菌门水平的相对丰度

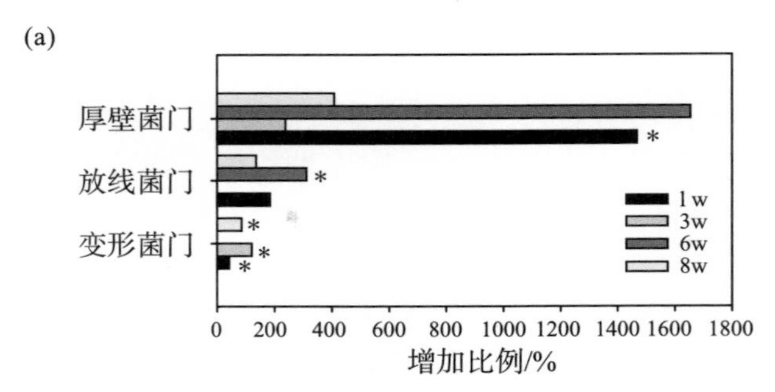


图 13.3.4 不同培养时间下重层微生物区系中细菌门水平的相对增加幅度。(a)黑土重层微生物区系中细菌门水平的相对增加幅度;(b)红壤重层微生物区系中细菌门水平的相对增加幅度

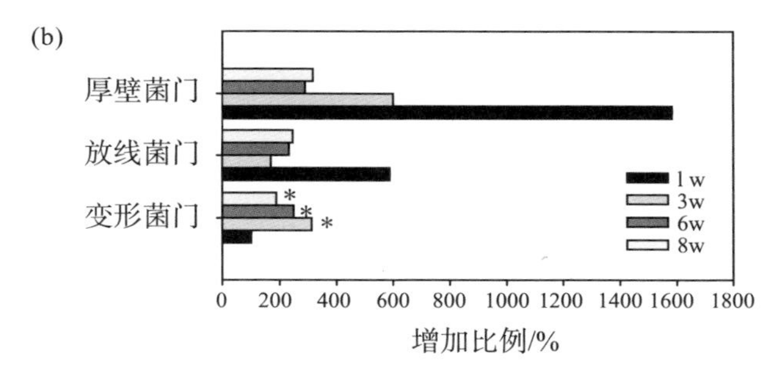


图13.3.4　不同培养时间下重层微生物区系中细菌门水平的相对增加幅度(续图)。(a)黑土重层微生物区系中细菌门水平的相对增加幅度;(b)红壤重层微生物区系中细菌门水平的相对增加幅度

注:相对增加幅度是与对照样本中的相对丰度进行比较计算所得,*代表的是对照样本和处理下样本的相对丰度之间呈显著性差异(Students' test,$P<0.05$)。

### 13.3.2.2　真菌微生物群落组成分析

葡萄糖添加影响了黑土和红壤中真菌门水平丰度的变化(见图13.3.5和图13.3.6)。在两种土壤中,与对照处理相比,子囊菌门(Ascomycota)(40%~80%)和担子菌门(Basidiomycota)在重层核酸中丰度较高,说明子囊菌门和担子菌门主要参与了葡萄糖碳的利用。子囊菌门和担子菌门是土壤中主要的分解者(Bastian et al.,2009;Ma et al.,2013;Dai et al.,2016)。子囊菌门主要参与利用活性有机物质(Ma et al.,2013),因而子囊菌门对葡萄糖具有明显的偏好性,对活性底物的添加可快速响应。担子菌门被认为主要参与利用难分解物质或是植物残体等(Blackwood et al.,2007),但本实验中培养的前期依然检测到了担子菌门对外源活性物质的响应。因此,土壤真菌具有其固有的生态策略(Dai et al.,2016),但是对底物的选择性显著低于细菌。在不同土壤中,子囊菌门和担子菌门对葡萄糖添加做出的响应有所不同,可能说明真菌群落的变化主要受到土壤碳含量的影响(Zhao et al.,2018;Liu et al.,2015),从而导致对底物的偏好性有所不同。和细菌的响应相似,红壤中真菌群落对外源底物的响应快于黑土,说明真菌对外源活性底物的响应可能也受到"饥饿效应"的控制。

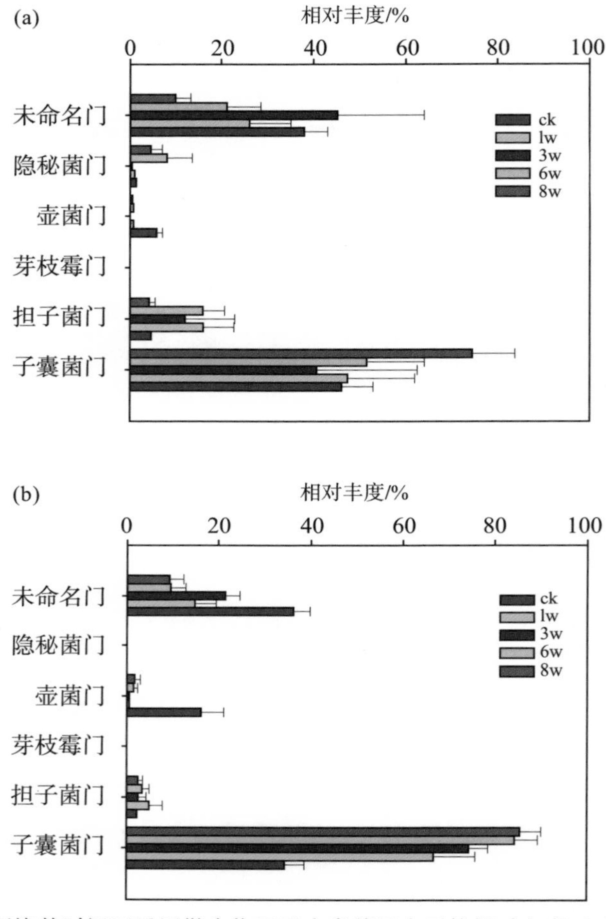


图 13.3.5　不同培养时间下重层微生物区系中真菌门水平的相对丰度。(a)黑土重层微生物区系中真菌门水平的相对丰度;(b)红壤重层微生物区系中真菌门水平的相对丰度

通过分析不同土壤中细菌和真菌对外源底物的响应,我们发现,外源高活性底物(葡萄糖)添加到土壤后,细菌中变形菌门、放线菌门和厚壁菌门对葡萄糖碳的利用响应比较敏感,说明细菌营养级策略控制了底物的利用程度。真菌中子囊菌门和担子菌门对葡萄糖的利用也有所响应,说明底物利用策略在某种程度上也会受到内部固有营养策略的影响,并且土壤有机质的含量也会影响真菌门水平的变化。通过稳定同位素核酸探针技术(nucleic acid stable isotope probing,DNA-SIP)分析,我们可以相对甄别和评价土壤碳氮周转过程中微生物的作用与功能,但是仅仅依靠DNA-SIP技术

很难与SOC循环建立直接联系，并且在分子生物学水平上很难建立真菌和细菌在土壤转化过程中的策略和功能的关联。因此，DNA-SIP技术在研究微生物对外源底物的响应和部分功能评价上具有重要的意义，但是也需要将其和其他技术手段有所关联，才更有助于研究SOC的循环机制，从而更加明确微生物底物利用策略是如何影响SOC循环的。

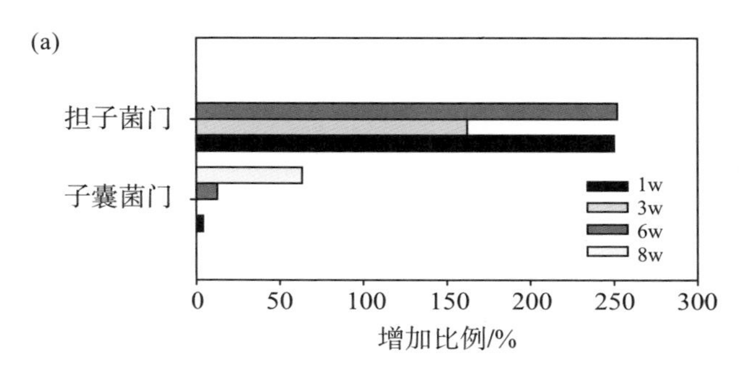


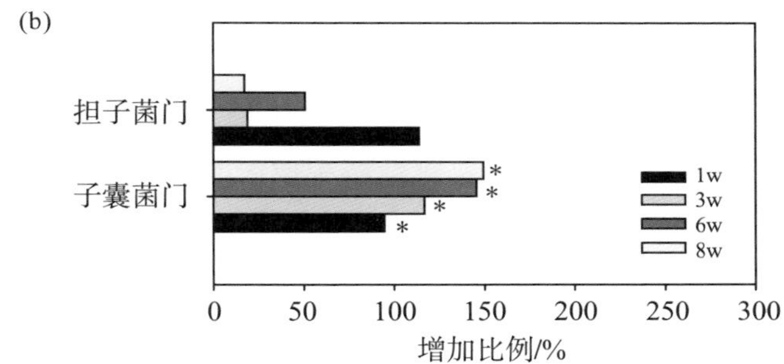


图13.3.6　不同培养时间下重层微生物区系中真菌门水平的相对增加幅度。(a)黑土重层微生物区系中真菌门水平的相对增加幅度；(b)红壤重层微生物区系中真菌门水平的相对增加幅度

注：相对增加幅度是与对照样本中的相对丰度进行比较计算所得，*表示对照样本和处理下样本的相对丰度呈显著性差异(Students' test，$P<0.05$)。

（何红波）

## 13.3.3　微生物群落底物利用策略和微生物残留物特性

采用稳定同位素技术与磷脂脂肪酸分析相结合，分析了微生物群落底物利用策略；采用稳定同位素技术与氨基糖分析相结合，分析了微生物残留物特性。

#### 13.3.3.1 微生物群落底物利用策略

通过采用安装有MIDI系统的气相色谱仪(Agilent 7890,USA)进行磷脂脂肪酸(phospholipid fatty acid,PLFA)定量测定,利用$^{13}C$比例富集的变化表征磷脂脂肪酸同化利用外源底物($^{13}C$-葡萄糖)的周转速率。葡萄糖加入土壤后,通过微生物分解利用刺激了微生物细胞的增殖(见图13.3.7)。$^{13}C$标记的磷脂脂肪酸[$^{13}C$-PLFA]含量即为微生物利用外源物质合成的脂肪酸量,也就是来源于"新"碳的产物。外源活性底物添加后,黑土和红壤中革兰阳性菌、革兰阴性菌、真菌和放线菌的增加趋势具有一致性(见图13.3.8),加入土壤的$^{13}C$-葡萄糖被不同种微生物相继利用,促进了葡萄糖源$^{13}C$在土壤脂肪酸中的存留(Sollins et al.,1996;Zhang et al.,2016),说明$^{13}C$-葡萄糖添加促进了微生物细胞膜数量的增加,从而提高了微生物对外源底物的同化能力(Rinnan et al.,2009;Dungait et al.,2011;Zhang et al.,2013;Zhang et al.,2016)。红壤中多数特定脂肪酸对活性底物的响应快于黑土,短期即以很高的速率利用外源物质而合成自身物质,表明"饥饿效应"控制着微生物对外加活性底物的利用效率。红壤中真菌脂肪酸含量大于黑土中真菌脂肪酸含量,而黑土中放线菌的含量高于红壤中放线菌的含量。说明红壤中真菌对外源底物的同化效率较高,而黑土中放线菌对外源底物的同化效率较高。随着外源底物的不断添加,各特征磷脂脂肪酸的原子百分超(atom percentage excess,APE)在黑土中不断增加而在红壤中逐渐趋于平缓的原因可能在于有机质含量低的红壤中对外源活性物质的响应更容易达到饱和。

不同来源磷脂脂肪酸的$^{13}C$富集比例不同,表明不同种类微生物在葡萄糖碳的循环中发挥着不同的作用。黑土和红壤中以革兰阳性菌为代表的a15:0对外源葡萄糖的响应最敏感,证明土壤中有机碳的转化与微生物群落结构特别是革兰阳性菌放线菌的含量密切相关(Böhme et al.,2005;Billings et al.,2008;Kindler et al.,2009;Rinnan et al.,2009),可能主要与土壤中原有的革兰阳性菌、放线菌的生物量远高于革兰阴性菌、真菌有关(Dungait et al.,2011)。随着培养的进行,真菌来源的18:2ω6,9c的原子百分超增幅高于细菌来源的磷脂脂肪酸,说明活性底物增加提高了真菌对外源底物的利用能力,并在微生物量增加上占据主导地位。有机质含量不同的土壤中$^{13}C$在微生物群落中的转化规律相似(Dungait et al.,2011),但微生物对底物的响应利用却受到自身有机质含量的影响。

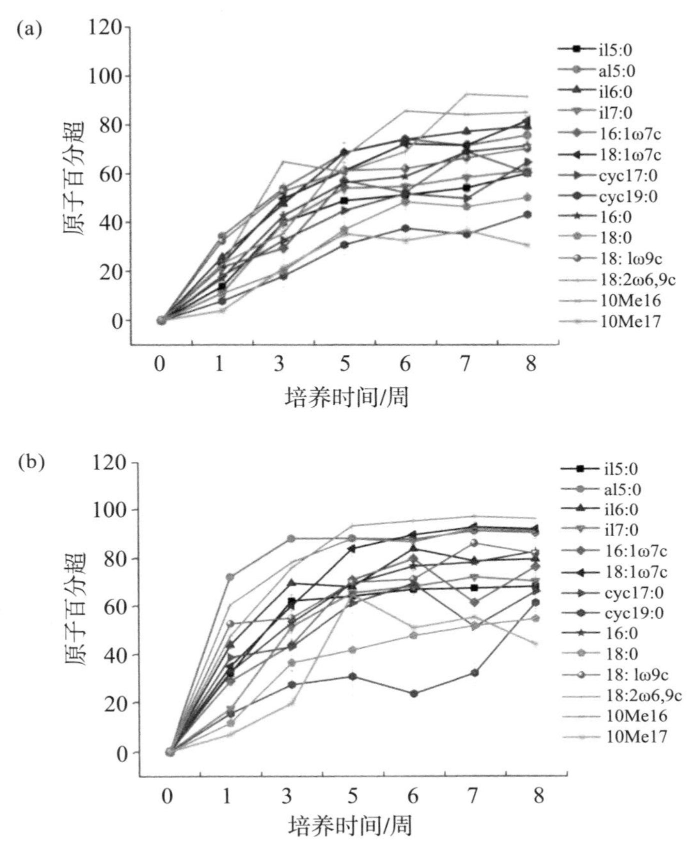


图13.3.7　不同特征磷脂脂肪酸同位素富集比例。(a)黑土中磷脂脂肪酸同位素富集比例；(b)红壤中磷脂脂肪同位素富集比例

革兰阳性菌和革兰阴性菌来源磷脂脂肪酸(phospholipid fatty acid，PLFA)含量的比值可用于指示土壤营养状况(Hammesfahr et al.，2008)，该比值越高表示营养胁迫越强烈。对于两种不同土壤，红壤革兰阳性菌和革兰阴性菌来源PLFA含量的比值高于黑土(见图13.3.9)，说明有机质含量低的土壤由于养分贫瘠更易于利用外源物质，在有机质含量低的土壤中，革兰阳性菌占据优势，对养分的利用、转化起到主导作用，这与革兰阳性菌养分和能量消耗少、自身周转较慢有关。以往研究也表明，微生物同化吸收的葡萄糖源的$^{13}C$主要存在于革兰阳性菌中(Ziegler et al.，2005；Denef et al.，2007；Dungait et al.，2011)，相对分子质量低的有机物如葡萄糖，更有利于革兰阳性菌的生长，使它们有很高的生物量(Tscherko et al.，2004；Billings et al.,2008)。随着培养的进行,革兰阳性菌和革兰阴性菌来源PLFA含量的比值趋于平缓,说明革兰阳性菌和革兰阴性菌利用外源底物的能力趋于一致。在有机质含量较高的黑土中,革兰阴性菌对养分充足环境的适应能力较强,在黑土中占据优势。在整个培养阶段,红壤中革兰阳性菌和革兰阴性菌来源PLFA含量随着培养时间有下降的趋势,表示在连续活性底物输入后红壤的土壤营养胁迫减弱。

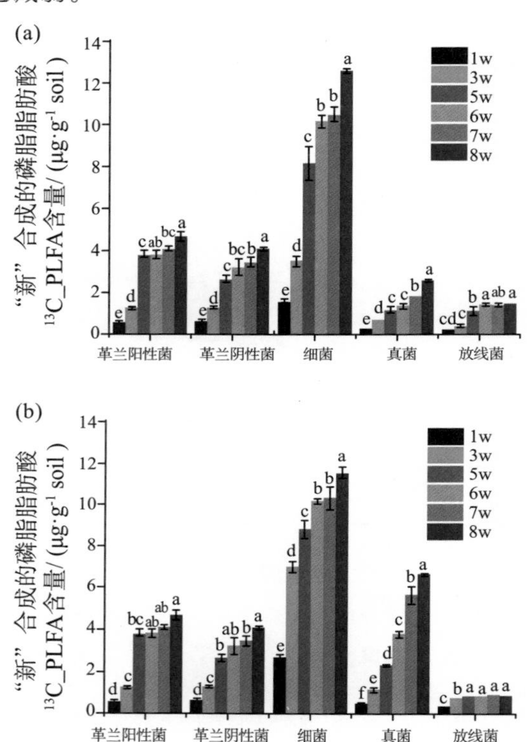


图 13.3.8 利用 $^{13}$C-葡萄糖"新"合成的磷脂脂肪酸 $^{13}$C-PLFA 含量。(a)黑土中利用 $^{13}$C-葡萄糖"新"合成的磷脂脂肪酸 $^{13}$C-PLFA 含量;(b)红壤中利用 $^{13}$C-葡萄糖"新"合成的磷脂脂肪酸 $^{13}$C-PLFA 含量

注:不同字母表示结果之间呈显著性差异($P<0.05$)。

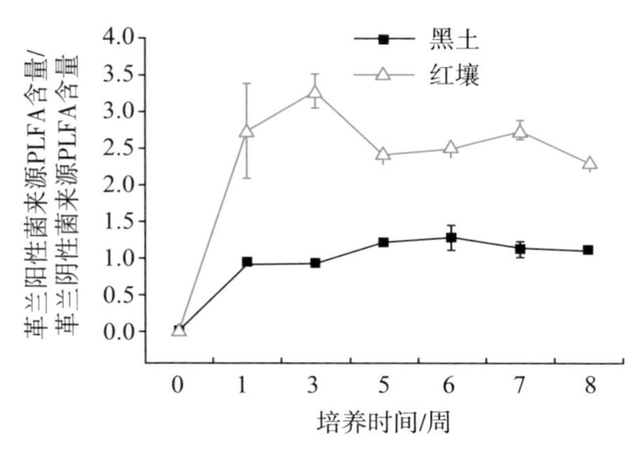


图13.3.9　利用 $^{13}$C-葡萄糖“新”合成的特定磷脂脂肪酸(PLFA)含量的比值

$^{13}$C标记的真菌和细菌磷脂脂肪酸含量之间的比值可以反映外源底物加入对土壤微生物群落底物利用策略以及群落演替的影响。当底物连续添加时,黑土中 $^{13}$C标记的真菌和细菌脂肪酸的比值呈现平缓的增加趋势(见图13.3.10),说明细菌在培养前期对外源底物的添加快速响应,后期真菌对外源底物的响应更加明显(Blagodatskaya et al.,2013)。随着外源底物的连续添加,$^{13}$C标记的真菌逐渐占据优势,影响微生物的底物利用策略以及群落演替。黑土中真菌和细菌在底物利用时存在协同和竞争机制;而红壤中 $^{13}$C标记的真菌与细菌磷脂脂肪酸比值显著增加,说明在培养过程中,葡萄糖源 $^{13}$C首先被细菌同化吸收,但是 $^{13}$C标记的真菌脂肪酸在红壤培养的后期逐渐成为优势群体,真菌与细菌之间存在明显的竞争和接替效应。

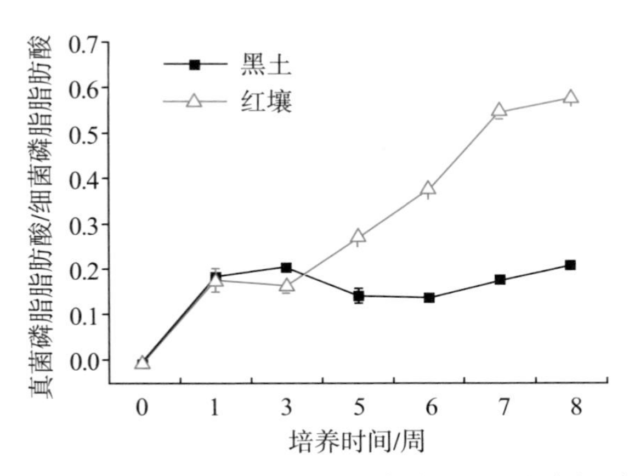


图13.3.10　利用 $^{13}$C-葡萄糖“新”合成的特定磷脂脂肪酸含量的比值

通过对土壤进行微宇宙培养实验发现，外源底物加入使磷脂脂肪酸 $^{13}C$ 富集比例增加，反映了微生物对 $^{13}C$-葡萄糖同化利用的瞬时性特征。细菌磷脂脂肪酸的原子百分超的变化快于真菌磷脂脂肪酸的变化，说明细菌对葡萄糖的利用快于真菌。不同土壤磷脂脂肪酸的原子百分超表征在微生物"饥饿"状态下，更容易优先利用糖类等活性底物。外源活性物质（$^{13}C$-葡萄糖）刺激了微生物细胞膜的生长，表明微生物的底物利用策略会影响微生物群落的变化，从而促进了土壤微生物功能群落对特定外源碳底物（$^{13}C$）诱导的代谢。微生物对活性碳源的利用由低速生长的真菌逐渐接替了快速生长的细菌或与细菌增长趋势一致，说明真菌与细菌对外源物质的利用是不断的竞争演替或是协同共生的。不同土壤微生物对外源物质的响应与土壤有机质有关，活性底物对有机质含量低的土壤"饥饿"微生物生长的刺激作用高于有机质含量高的土壤。因此，外源底物的添加影响了土壤微生物活性组分"新"物质的积累、更新和转化。

#### 13.3.3.2 微生物残留物积累特征

土壤氨基糖经水解、纯化和衍生后[方法见文献（Zhang et al.，1996）]，利用气相色谱进行各氨基糖的定量测定（Zhang et al.，1996；He et al.，2006）。氨基糖的同位素富集比例用原子百分超表征。$^{13}C$ 标记的氨基糖含量为微生物利用 $^{13}C$-葡萄糖合成的自身物质，是土壤中"新"合成的物质，可以体现外源物质的微生物同化以及在土壤中的积累、更新和转化。土壤氨基糖各组分受到特定外源碳底物（$^{13}C$）诱导的合成过程可以表征微生物同化外源物质后的积累能力，而氨基糖的同位素富集比例可以表征微生物对外源底物的同化能力。加入活性底物后，土壤中细菌来源的胞壁酸（muramic acid，MurN）的原子百分超均高于真菌来源的氨基葡萄糖（glucosamine，GluN），表明细菌不仅是葡萄糖初始同化过程的主要参与者，细菌利用外源底物的能力快于真菌，而且细菌来源的微生物残留物的周转也快于真菌（见图 13.3.11 和图 13.3.12）。细菌残留物周转快于真菌的原因在于细菌的细胞生长和分裂过程中都伴随着细胞壁的扩增过程，但真菌的生长还有菌丝的生长，使用于合成细胞壁的碳素比例低于细菌（He et al.，2011；何红波，2005）。红壤中 MurN 的原子百分超在培养的前期大于黑土，说明红壤中细菌对外源底物的初始利用能力高于黑土；随着活性底物的加入，黑土 MurN 的积累高于红壤，说明红壤利用外源物质合成细菌残留物在培养的后期分解作用大于积累作用，其残留物组分可以快速被微生物重新利用，参与土壤有机质的再循环（Gunina et al.，2014；Liang et al.，2015）。

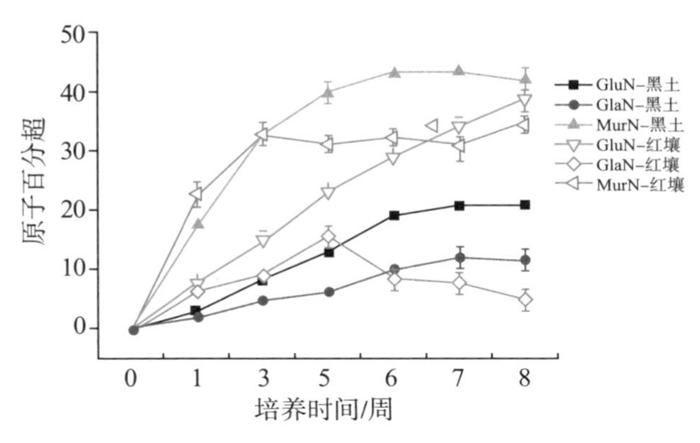


图 13.3.11　氨基糖的同位素富集比例

注：GluN，氨基葡萄糖，来源于真菌；MurN，胞壁酸，源于细菌。

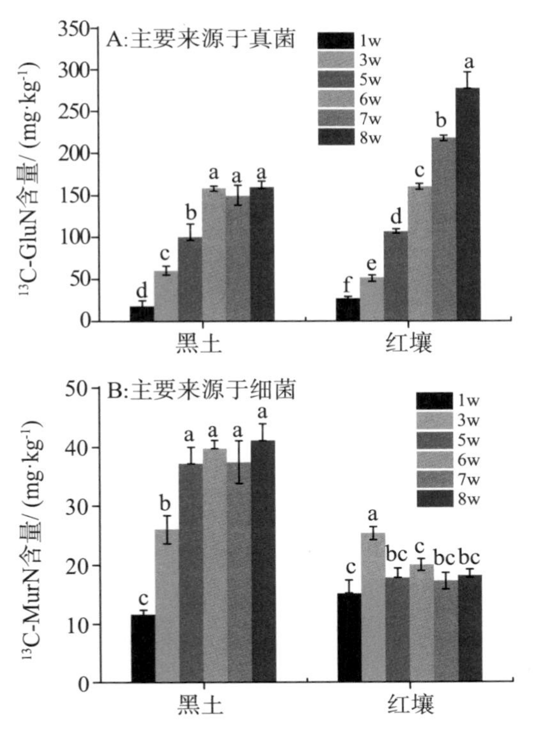


图 13.3.12　利用 $^{13}$C-葡萄糖“新”合成的氨基糖含量。(a)黑土和红壤中利用 $^{13}$C-葡萄糖“新”合成的氨基葡萄糖含量（主要来源于真菌）；(b)黑土和红壤中利用 $^{13}$C-葡萄糖“新”合成的胞壁酸含量（主要源于细菌）

由于MurN唯一来源于细菌，GluN主要来源于真菌，两者的比值可以反映真菌和细菌残留物在有机质积累、转化过程中的相对贡献(见图13.3.13)。外源底物加入土壤后，黑土$^{13}$C-GluN/$^{13}$C-MurN随培养时间呈现增加趋势，说明在培养前期主要以细菌为主利用外源活性物质提高微生物残留物的积累，后期逐渐转为真菌残留物的保留为主。黑土中$^{13}$C-GluN/$^{13}$C-MurN的增加趋势明显弱于红壤，说明黑土中真细菌之间的演替和竞争作用明显弱于红壤。从$^{13}$C-GluN/$^{13}$C-MurN可以看出，在底物培养前期细菌起主要作用(Lemanski et al.,2014)，从而使胞壁酸的积累大于氨基葡萄糖的积累，培养的后期以真菌来源的氨基葡萄糖占据优势地位，真菌成为优势物种，真菌对底物同化的贡献逐渐增加(He et al.,2011;Lemanski et al.,2014)，红壤中真菌和细菌利用外源底物时是不断地进行竞争演替的，而黑土中真菌和细菌在利用外源底物时具有协同共生的能力，从而更有效地把高活性含碳底物转化为土壤有机质(Six et al.,2006;Engelking et al.,2007;Carrillo et al.,2016)。

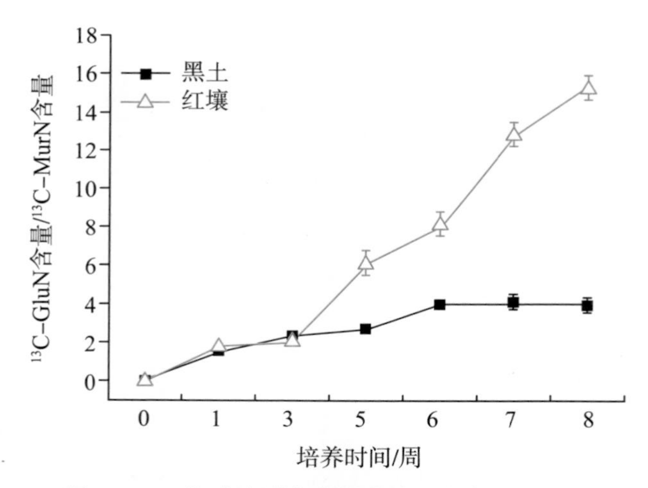


图13.3.13　$^{13}$C标记的氨基葡萄糖和胞壁酸的比值

综上，不同微生物来源的氨基糖对外源物质的响应不同，细菌细胞壁残留物的积累动态比真菌细胞壁残留物更易受到土壤中碳、氮供给的影响，但真菌细胞壁物质对土壤有机质的截获和稳定作用大于细菌。因此，真菌残留物具有相对的稳定性，更易在土壤中积累保存，而细菌残留物的分解作用远大于积累作用，以维持培养微域中的碳、氮平衡。对于不同土壤微生物而言,有机质含量低的红壤由于受到微生物养分条件的制约,当外源活性底物作为碳源和能源加入时,更容易刺激微生物的活性,从而快速利用外源物质合成自身所需养分。黑土中有机质较多,对外源底物的响应慢于红壤,但由于微生物残留物含量较高,其利用 $^{13}C$ 合成的"新"的物质高于红壤,而红壤中真菌的积累量在培养的后期高于黑土,说明真菌更能适应贫瘠的土壤。

以农田土壤黑土和红壤为研究对象,利用稳定同位素核酸探针技术、稳定同位素技术与微生物活性组分(磷脂脂肪酸)、微生物残留物组分(氨基糖)相结合的方法,从基因到群落水平上探讨了微生物对外源碳的响应机制以及微生物群落活性和微生物残留物对SOC循环的调控作用。

在基因水平上,连续添加外源底物($^{13}C$-葡萄糖)时,细菌的主要优势门及其属对外源底物的利用具有特定选择性,无论有机质含量高低,土壤中细菌对外源底物的利用在门水平是由营养级策略决定的。与细菌不同,两种土壤中真菌的主要优势门(子囊菌门和担子菌门)均可同时利用葡萄糖,并无特定的选择性。但有机质含量高的黑土中真菌内在固有的生长策略决定底物利用特征,而有机质含量低的红壤在底物利用时可能会存在一定的诱导机制。

在群落水平上探究了细菌和真菌微生物群落对外源底物的利用策略。当连续添加底物时,细菌和真菌主要选择利用外源底物。此外,黑土和红壤中细菌对活性碳源的竞争能力大于真菌,而真菌在后期对细菌的接替作用体现了不同微生物群落对外源底物利用的策略和功能,并最终影响活性底物在土壤中的稳定化过程。红壤中细菌和真菌对外源底物的响应均快于黑土中细菌和真菌对外源底物的响应,而且红壤中真菌对细菌的接替效应明显高于黑土中真菌对细菌的接替效应,说明有机质含量低的土壤更易受到外源物质的扰动,真菌对底物的同化作用在有机质含量低的土壤中贡献较高。

在微生物残留物水平上探究了细菌和真菌微生物残留物在土壤中的积累和周转。葡萄糖输入使黑土和红壤中细菌残留物标识物胞壁酸快速增加,表明活性外源底物可被细菌快速同化,细菌残留物快速积累,但在后期达到饱和。随着培养的进行,真菌残留物标识物氨基葡萄糖的快速增加表明真菌对外源底物同化的贡献逐渐增加。真菌、细菌比值升高也说明细菌优先利用外源物质,而真菌增殖在培养后期占据主导地位并有利于真菌残留物的积累。不同土壤对外源活性物质的响应有所不同。红壤(有机质含量低的)真菌、细菌来源的氨基糖的比值明显高于黑土(有机质含量高的),并且随着培养时间的延长不断地增加,说明红壤中微生物存在较强的竞争性演替。由于“饥饿”控制机制,有机质含量低的土壤微生物利用活性底物的能力高于有机质含量高的土壤。两种土壤中细菌残留物会重新参与微生物的周转,循环利用;而真菌残留物主要用于积累。

因此,在土壤有机质循环中,外源底物通过影响微生物底物利用策略及其反馈机制控制着SOC的周转和平衡特征。为了探究微生物参与的同化和矿化过程,需要在时间和空间上建立微生物与SOC转化的关联,从而在理论上阐述土壤碳氮的微生物转化过程和驱动机制。土壤有机质为微生物提供主要的能源和碳源,所以土壤有机质的特性,尤其是土壤有机质的活性程度关系到微生物对外源物质的同化过程。而土壤有机碳含量的下降和质量的恶化尚未得到有效遏制。因此,提高施入土壤的有机碳的截获率及改善有机碳的活性,是增加土壤有机碳积累、恢复土壤肥力功能的关键。利用土壤有机碳的转化和土壤氮素转化的关系,同时增强微生物的作用来优化土壤碳、氮循环,为土壤有机碳的可持续管理和氮素的提高提供理论依据。这将是今后研究利用土壤碳、氮循环与微生物的结合来提高土壤肥力的发展趋势。

(何红波)

# 第14章　土壤-微生物系统数据整合集成与分析平台建设

## 14.1　土壤微生物研究规范与标准

标准与规范建设是土壤科学研究的基础，用于规范一系列术语、方法等。国际标准化组织（International Organization for Standardization，ISO）早在1985年就成立了ISO/TC 190土壤质量技术委员会，对土壤质量领域的分类、术语定义、土壤取样、土壤属性测试化验和报告进行了规范。中国国家标准化委员会共发布80项涉及土壤的国家标准，正在实施的有73项，其中土壤微生物方面的标准有6项：《土壤微生物生物量的测定 底物诱导呼吸法》（GB/T 32723—2016）、《实验室测定微生物过程、生物量与多样性用土壤的好氧采集、处理及贮存指南》（GB/T 32725—2016）、《土壤微生物呼吸的实验室测定方法》（GB/T 32720—2016）、《化学品土壤微生物氮转化试验》（GB/T 27854—2011）、《化学品土壤微生物碳转化试验》（GB/T 27855—2011）、《化学农药环境安全评价试验准则第16部分：土壤微生物毒性试验》（GB/T 31270.16—2014）。此外，与土壤微生物相关的标准还有《土壤质量 土壤采样程序设计指南》（GB/T 36199—2018）、《土壤质量 土壤采样技术指南》（GB/T 36197—2018）、《土壤质量 土壤样品长期和短期保存指南》（GB/T 32722—2016）等。

任何科研项目都必须参照一定的标准或规范要求实施，如果有国标，则应优先采用。“土壤-微生物系统功能及其调控”作为国内启动的第一个土壤生物学领域的大型科研项目，更有必要参照国标来实施。但是由于现有的相关标准难以全面覆盖土壤微生物学的研究领域，以及国标制定周期一般都比较长，因此，可以针对性地面向土壤微生物学研究中的重要问题和项目执行中的关键基础技术，组织领域专家专门制定相关规范，以期为本项目相关研究的开展提供标准规范保障。这些在土壤研究项目中不乏先例。比如，我国土系调查项目，为了开展野外工作专门出版了有关土壤野外调查的专著；而我国第一个土壤质量“973”项目也在项目实施之前就制订了周详的样品采集计划、设计方案以及采样方法。本节针对土壤生物学研究中最基础的两项技术，即土壤样品采集方法和土壤微生物基因组DNA提取方法，制定了相关的操作规范。

## 14.1.1 土壤样品采集方法

土壤样品采集是土壤微生物研究的基础，规范化和标准化的土壤样品采集方法是获得高质量微生物数据的先决条件。面向土壤微生物研究的土壤样品采集方法既需要考虑传统土壤采样的影响因素，如土壤空间异质性、采样时间频度以及背景信息采集等方面，又需要考虑土壤微生物研究的特殊性，如采样工具的灭菌消毒、厌氧微生物和好氧微生物的生境差异等因素的影响。

### 14.1.1.1 准备工作

(1)制订采样计划

采样计划包括目的、地点、样点数、采样方法和步骤、后处理和分析等，明确采样任务和要求，并注意查阅前人在同一地点或地区的研究结果。同时，采样前要准备一份根据研究目的而设定的采样报告表格，一般要求包含以下内容：采样确切位点，场地历史、相关细节及特征的综合描述，采样时间，采样当时或临近采样前的天气状况(包括气温、降雨、阳光、云等)，所用器械种类，土样过筛前是否需要干燥，以及所有可能影响后续测试结果的其他因素。

(2)资料收集和现场踏勘

在明确采样目的、任务和要求的前提下，应收集采样区域范围内的土壤图、地质图、交通图、大比例尺地形图等资料，供制作采样工作图和标注采样位点用；收集采样区域土类、成土母质等土壤信息资料；收集采样区域气候资料（温度、降雨量和蒸发量）、水文资料；收集采样区域遥感与土壤利用及其演变过程方面的资料等。

实地采样前根据所收集的资料进行现场勘察，主要考察采样区域的土壤类型、地形、农田等级、植物群落分布状况等。

（3）器具准备

根据采样目的准备相应的器具，可能涉及的器具如下。

工具类：铁锹、铁铲、圆筒取土钻、螺旋取土钻、竹片以及适合特殊采样要求的工具等。

器材类：GPS、照相机、卷尺、比色卡、铝盒、样品袋、样品箱、冰袋、冷藏箱、冰箱、烧杯、量筒等。

试剂类：纯水、盐酸溶液（1∶3）、95%乙醇溶液等。

文具类：样品标签、采样记录表、铅笔、记号笔、资料夹等。

安全防护用品：工作服、工作靴、安全帽、药品箱等。

注意事项：①采样工具和盛放土壤样品的容器必须事先灭菌，或先用采样区内的土壤擦拭，避免外源物质干扰；采集下一个样品前，采样工具先用95%乙醇溶液擦拭干净并晾干；②避免使用会释放溶剂或增塑剂等物质、会吸水的器具来盛放土壤样品。

#### 14.1.1.2　采样设计

（1）划分采样分区

应将整个研究区域划分为适当大小的采样分区。森林和荒漠生态系统的采样分区为10m×10m的正方形，农田、草原和湿地生态系统的采样分区为1m×1m的正方形。根据研究区域内部地形和土壤理化特征空间变异的情况，选择下列方式中的一种进行采样分区划分。

1）简单随机划分：适用于地形起伏小、土壤理化特征均匀的区域，是一种完全不带主观限制条件的布点方法。将研究区域按既定的尺寸划分成网格，每个网格即一个分区；将全部网格编上号码，决定样品采集数量后，随机抽取规定的样品数目的多个号码，其号码对应的分区即为选定的土壤采样分区。随机数可以利用掷骰子、抽签、查随机数表的方法获得，具体方法可见《随机数的产生及其在产品质量抽样检验中的应用程序》（GB/T 10111—2008）。

2）双向随机划分：适用于地形或土壤理化特征具有垂直和水平方向变异的区域。在研究区域内垂直于变异方向划分条带，将每个条带按既定的尺寸划分成相同数量的分区；在行、列上利用随机法为每个分区编号，使每一行和列之间分区编号的排列次序不同（见图14.1.1）；每次按编号顺序选择相同编号的分区进行土壤采样。

| 1 | 2 | 3 | 4 | 5 | 6 |
|---|---|---|---|---|---|
| 2 | 1 | 5 | 6 | 3 | 4 |
| 6 | 5 | 1 | 3 | 4 | 2 |
| 4 | 3 | 6 | 1 | 2 | 5 |
| 5 | 6 | 4 | 2 | 1 | 3 |
| 3 | 4 | 2 | 5 | 6 | 1 |

图14.1.1　采样分区的双向随机排列

3）分块随机划分：适用于地形或土壤理化特征有显著变异的区域。如果根据前期收集的资料发现采样区域内的土壤有明显的几种类型或者所研究的属性有明显变化时，先将区域分成相应的几块，分块内地形条件、群落类型、土壤类型和属性较为一致，不同分块间差异明显。在每个分块内采用1）或2）的方法划分和选择分区进行土壤采样。森林生态系统可根据地形，按坡上、坡中、坡下不同的地形部位进行分块；荒漠生态系统可根据丘顶、丘间地、迎风坡、背风坡分块。

4）系统网格法划分：适用于地形复杂，土壤理化特征变异情况不明的区域。将研究区域按既定的尺寸划分成网格，同时保证网格数量不应小于25个；每个网格即为一个采样分区，在全部采样分区上都进行土壤采样。

（2）确定采样点数

1）由均方差和绝对偏差计算采样点数

$$N = \frac{t^2 s^2}{D^2} \tag{14.1}$$

式中：$N$为采样点数；$t$为选定置信水平（一般选定为95%）在一定自由度下（$N-1$）的$t$值；$s^2$为均方差，可从先前的其他研究或者从极差$R$[$s^2=(R/4)^2$]估计；$D$为可接受的绝对偏差。

举例说明如下：

某地土壤多氯联苯（PCB）的浓度范围0~13.0mg·kg$^{-1}$，若95%置信度时平均值与真值的绝对偏差为1.5mg·kg$^{-1}$，s为3.25mg·kg$^{-1}$，将10作为自由度初

始值进行尝试，则

$$N=2.23^2\times3.25^2/1.5^2=23 \tag{14.2}$$

因为23与初选的10相差较大，所以将23作为自由度，查$t$值，计算得：

$$N=2.0686^2\times3.25^2/1.5^2=20 \tag{14.3}$$

计算结果与设定的自由度值相近，但是仍然相差较大，其原因是土壤PCB含量的变异较大（0~13.0mg·kg$^{-1}$），要降低采样的样品数，就得牺牲结果的置信度（如从95%降低到90%），或放宽监测结果的置信距（如从1.5mg·kg$^{-1}$增加到2.0mg·kg$^{-1}$）。

2）由变异系数和相对偏差计算样品数

$$N=\frac{t^2CV^2}{m^2} \tag{14.4}$$

式中：$N$为样品数；$t$为选定置信水平（一般选定为95%）在式（14-2）的一定自由度下的$t$值；$CV$为变异系数（%），可从先前的其他研究资料中估计；$m$为可接受的相对偏差（%），一般限定为20%~30%。在没有历史资料的地区、土壤变异程度不太大的地区，或者对于较稳定的分析指标，如全量分析，一般$CV$可用10%~30%粗略估计；而变异性大的指标，如有效磷、速效钾等，$CV$可放大至50%左右。

（3）确定采样路线

由于土壤微生物种群和丰度空间分布异质性高，采样应尽可能密集。土壤采样一般分为两种：一是单点采样，即每个样品只采一个点，根据物理性状测定要求可分为原状土采样和扰动土采样；二是混合样品采样，即每个样品是由若干个相邻样点的样品混合而成，样点数目需要根据实际研究情况确定，一般只适用于采集扰动型样品。为了保证所采样品的代表性，绝大多数试验要求采用多点混合采样。

在采集多点组成的混合样品时，采样应沿着一定的路线，按照均匀、随机、等量和多点混合的原则进行。采样点均匀分布可以起到控制整个采样范围的作用；随机定点可以避免主观误差，提高样品的代表性；等量是要求每一点采集土样深度要一致，采样量要一致；多点混合是指把一个采样分区内各点所采集的土样均匀混合成一个混合样品，以提高样品的代表性，一个混合样品由15~20个样点组成。

混合样点的采样路线根据下列情况进行选择。

1）在农田、草地等地形平坦、土壤属性变化缓和的地区，使用非系统布点法进行混合样点设置,即在一个采样分区内使用锯齿形或S形布点的方式采集各混合样点。

2)在森林等地形起伏大的地区使用系统布点法进行混合样点设置,即将采样区域用网格划分为面积相等的几部分,每个网格内布设一个采样点。

(4)确定采样时间和频度

对于通量类观测,至少保证一个生长季,最好是完整的一年。某些化学性质,比如交换性阳离子、pH、氮、活性有机碳,以及土壤生物库(微生物群落、土壤动物)会随着季节、植被物候、气象、样点状况而变化,可能的条件下应考虑数年中的通常状态,最好在这些数据比较稳定的时间采集。在合适的土壤水分状况时采集以方便筛分,并避免在长期干旱、冻害、洪水后立即采样。

(5)确定采样深度和强度

具体的采样深度和强度取决于研究目的。一般情况下,表层采样主要采集耕层或A层土壤,深度多为距表层20cm以内;剖面采样尽量按照发生层采样,若无法划分发生层,也可以按照固定深度采样。根据扰动土体的强度不同,剖面采样分为三种采样强度。

1)最小强度:采集有机层和0~20cm深处矿质土层样品,描述土壤剖面主要发生层或特殊层,对0~20cm样品仅补充采集。

2)较大强度:采集有机层(假若存在)和0~10cm、10~20cm、20~50cm、50~100cm深处矿质土层样品,另外对剖面出现明显变化部分的加密采样;描述土壤剖面的各种发生层次。

3)最大强度:采集整个剖面所有发生层样品,详细描述土壤剖面的全部发生层次。

#### 14.1.1.3 采样步骤

(1)位置选择

根据研究目的,选择土壤样品的采集位点。采样点选在被采土壤类型特征明显的地方,地形相对平坦、稳定、植被良好的地点;坡脚、洼地等具有从属景观特征的地点不设采样点;住宅、围墙、道路、沟渠、田埂、粪坑、堆肥点、坟墓附近等处人为干扰大,可能造成土壤特性错乱,使土壤失去代表性,不宜设采样点;采样点离铁路、公路至少300m;采样点以剖面发育完整、层次较清楚、无侵入体为准,不在水土流失严重或表土被破坏处设采样点;不在多种土类、多种母质母岩交错分布、面积较小的边缘地区布设采样点。

确定采样位置并进行记录。例如，在地图上参照易于辨认的静止物进行标注、使用高精度地图或使用GPS进行定位。如果可行，应在采样点做标记，方便以后重复取样或进行比较试验。

（2）采样现场和土壤信息记录

应系统地记录采样现场的植被、地形、天气、土地利用等状况，以及对土壤进行简单的田间描述。记录内容和格式详见《土壤微生物研究规范—Ⅱ. 采样现场和田间土壤信息记录格式》及《土壤微生物研究规范—Ⅲ. 野外土壤描述》。

（3）采样条件

用于室内研究的土壤样品，应尽可能取含水量适中的土壤，以便过筛。除非研究需要，应避免在长期（＞30d）干旱、冰冻或淹水期间或之后立即采样。如果实验室分析是为了用于监测田间情况，分析测定条件则应和田间条件一致。在分析（如测定氨氧化）之前，土壤样品应该冷冻保存。

（4）采样方法

1）好气状态下土壤样品的采集

i）先去除土壤上面的任何覆盖物，包括植物、可见根系、凋落物，以及可见的土壤动物等。

ii）对于多点混合样，每个采样点的取土深度及重量应均匀一致，土样上层和下层的比例也要相同。采样铲或筒形取样器应竖直向下，入土至规定的深度；斜插或入土角度不同，有可能造成各样点的取土深度不一致。

iii）对于剖面样品，挖开剖面，按照层次，由下往上采集；或者利用土钻从上往下分层取样，需要防止上层土壤对下层土壤的污染。

iv）用于土壤物理性质（容重、孔隙度等）测定的样品，须采集原状土样，样品直接用环刀在各土层中采取。采集土壤结构性的样品时，须注意土壤湿度，不宜过干或过湿，应在不粘铲、经接触不变形时分层采取。在取样过程中须保持土块不受挤压、不变形，尽量保持原状，受挤压变形的部分要弃去。土样采集后小心装入铝盒或保持在环刀内，带回室内分析测定。

v）用于常规分析和长期保存的混合样和剖面样，样品量以1kg左右为宜，用于微生物分析样品量10~25g，用于微生物研究的长期保存样品量50g。

vi）采集的样品量过多时，可用四分法将多余的土壤弃去。四分法是将采集的土样放在盘子里或塑料布上，捏碎、混匀，铺成四方形，画对角线将土样分成四等份；把对角的两份分别合并成一份，保留1份，弃去1份。如果所得的土样仍然很多，可多次重复使用四分法缩分，直至所需重量。

vii)样品采集后立即装入事先准备好的密封塑料袋或广口瓶中。

viii)需要新鲜样品进行测试时应将取出的样品立即放在4℃冷藏箱或者冰袋中保存，尽快送交实验室分析。

2)淹水或潮湿的稻田和湿地土壤样品的采集

i)若土壤已被排干或自然水位在地表以下，则上部土层的样品按与好气状态下土壤样品相同的方式采取；在水位下面的土样用泥炭钻或掘洞器采取。

ii)把淹水状态下采取的各层土样排在塑料布上，经核对后立即装入塑料袋，以手揉搓样袋驱出空气，扎紧袋口，结上标签；再套上另一个塑料袋，扎紧袋口，结上另一份相同的标签。

iii)采集水稻土或湿地等烂泥土样时，四分法难以应用，可改为在塑料盆(桶)中用塑料棒将样品搅匀，取出所需数量的土样。

(5)样品标记

盛放样品的容器要进行清楚的标记，而且标记信息应该是唯一的，使每份样品都和取样点对应。好气土壤在样品袋或容器内外各放置一张标签，用铅笔注明采样地点、日期、采样深度、土壤名称、编号及采样人等。淹水土壤使用不透水的双层样品袋或容器盛放，外层容器的内外各放置一张标签。避免使用从土壤中吸收水分或向土壤中释放溶剂或增塑剂之类的物品作为标签。标记样品的同时在采样报告上做好采样记录。

#### 14.1.1.4 采样报告

采样报告的具体内容取决于采样目的，但一般应包含以下信息。

1)样点位置(需要足够精确，让其他人无需额外的引导即可以找到)。

2)对场地相关细节及特征的综合性描述。

3)场地历史(包括历史使用情况、任何已知的有意或无意的化学或生物物质的添加情况)。

4)样品采集时间。

5)取样时或临近取样前的天气状况，包括气温、降雨、阳光、云等。

6)取样的精确位置。

7)取样所用的器械种类。

8)样品数量、采样区域的面积。

9)取样的深度,如果作为代表土层的样品,应包括该土壤发生层或土层高度的上下限。

10)每份样品的体积或重量。

11)扰动样品还是非扰动样品。

12)单一样品还是混合样品,如果是混合样品应提供采样点的数量及其分布。

13)采样时样品的湿度状况,过筛之前样品是否需要干燥。

14)土壤样品容器,如聚乙烯桶、广口瓶、密封袋、布袋等。

15)土壤样品采集、运输到样品后期处理的时间。

16)所有可能影响后续分析结果的其他因素。

(郭志英　宋　歌　潘贤章)

### 14.1.2　土壤微生物基因组DNA提取方法规范

DNA(脱氧核糖核酸)是任何活的生物体不可或缺的组成部分,其编码的酶负责所有生命活动。通过多种分子方法对提取自不同基质DNA源的DNA序列开展研究,可以为敏锐区分和鉴定不同生物体(细菌、古菌及真核微生物)提供分子标识。

迄今为止,由于环境复杂,如土壤中许多微生物不可培养,且传统微生物学方法欠缺灵敏性,所以大部分传统土壤微生物学质量指标并不能真实反映现实情况。近年来,基于提取土壤核酸扩增的分子生物学方法取得了重要进展,成为基于培养的经典微生物学研究的重要替代方法,并从一个新的视角来解析微生物群落组成、丰富度及结构。基于DNA的微生物多样性分析方法已经在土壤生态学研究中得到确认。

土壤微生物群落或者种群的分子分析结果依赖于两个主要参数:提取能够代表原有细菌群里组成的DNA;PCR偏好性,如引物的选择,扩增DNA的浓度,PCR错误,或者甚至分析所选择的方法。最近,大量文献研究了新的可用于改善土壤DNA的提取、纯化、扩增以及定量的方法。

对土壤DNA直接提取能够深入地认识微生物群落的丰度及结构,它们是确定土壤微生物的生物多样性的参数。基于土壤DNA扩增(聚合酶链反应)的分子方法是非常有前景的,在不久的将来能够成为土壤环境微生物监测的常规工具。

尽管进行DNA提取前,土壤会进行过筛(2mm筛),但是在土壤样品中依然会存在植物残体。因此,植物DNA的残留可能会对土壤DNA的提取结果造成影响。

### 14.1.2.1 技术流程

土壤DNA是指从土壤中活体微生物提取出来的DNA,以及死亡微生物的残留DNA。我们从0.25g的土壤样品中直接提取DNA。通过这种方法能够可靠地分析细菌及古生菌群的整体结构,可以对其进行调整(从1g土壤样品中进行提取)以评价真菌群落的整体结构。将添加了缓冲液之后的土壤进行机械与化学裂解。裂解步骤,例如通过微珠振荡,对于从难裂解的微生物中提取DNA也是非常关键的一步。在短暂离心之后,舍弃土壤残留,使用乙酸钾沉淀蛋白质。离心之后,收集上清液,用冰冷的异丙醇沉淀核酸。离心之后,用70%的乙醇清洗核酸沉淀物,并溶解在无菌超纯水中。通过琼脂糖凝胶电泳法检查DNA的质量,使用分光光度计测定DNA的浓度。该程序的概括性示意图如图14.1.2所示。

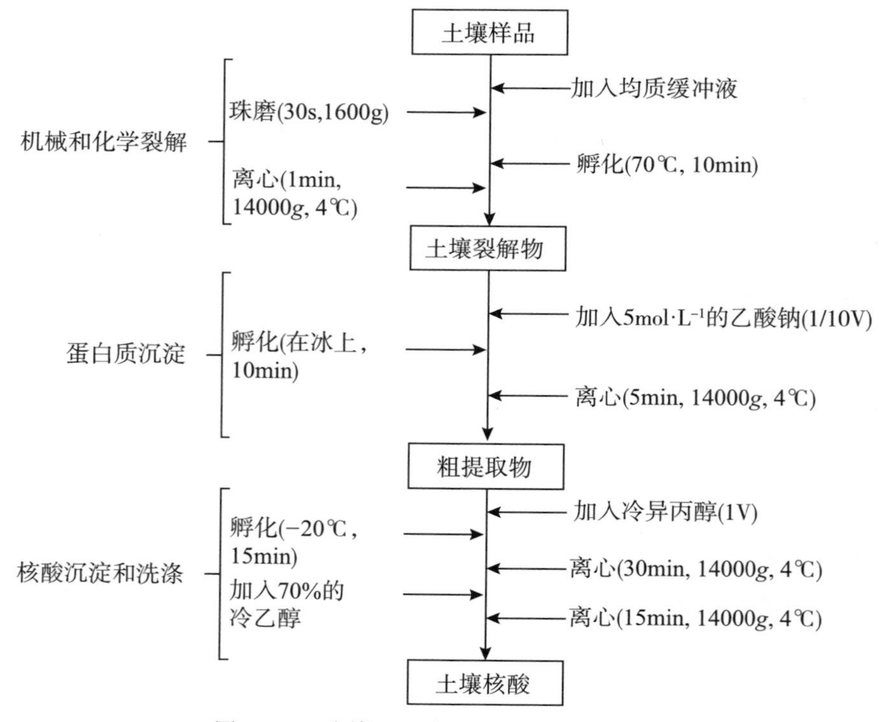


图14.1.2 土壤DNA提取程序的概括性示意

#### 14.1.2.2 实验材料和仪器

(1)土壤样品

采集土壤样品并过筛(2mm筛)。如未立即处理样品,根据GB/T 32725—2016,样品宜可在−20℃下储存最多2年,−80°C或液氮(−180℃)下储存最多10年。如果土壤样品进行了冷冻,那么只能解冻一次。其中的一些储存条件目前还在测试之中。

(2)化学品

1)三羟甲基氨基甲烷(Tris),$C_4H_{11}NO_3$(CAS No. 77-86-1)。

2)乙二胺四乙酸二钠(EDTA),$C_{10}H_{14}N_2O_8Na_2 \cdot 2H_2O$ (CAS No. 6381-92 6)。

3)氯化钠,NaCl(CAS No. 7647-14-5)。

4)十二烷基硫酸钠(SDS),$CH_3(CH_2)_{11}OSO_3Na$(CAS No. 151-21-3)。

5)聚乙烯吡咯烷酮(PVP),$[C_6H_9NO]_n$(CAS No. 9003-39-8)。

i)乙酸钠,$CH_3COONa$(CAS No. 6131-90-4)。

ii)醋酸或者冰醋酸,$CH_3COOH$(CAS No. 64-19-7)。

6)异丙醇,$CH_3CHOHCH_3$(CAS No. 67-63-0)。

7)乙醇,$CH_3CH_2OH$(CAS No. 64-17-5)。

8)分子生物学级水,$H_2O$。

(3)缓冲液及试剂

1)用于土壤DNA提取的缓冲液及试剂(除共价分子)灭菌(120℃,20min),室温下储存。乙醇和异丙醇储存在−20℃。Tris-HCl溶液,$1mol \cdot L^{-1}$:121.14g三羟甲基甲胺,1000mL纯水,用$4mol \cdot L^{-1}$的盐酸将pH调到8.0。

2)EDTA溶液,$0.5mol \cdot L^{-1}$:186.10g乙二胺四乙酸二钠,1000mL纯水,用NaOH溶液($10mol \cdot L^{-1}$)将pH调到8.0。

3)NaCl溶液,$1mol \cdot L^{-1}$:58.44g氯化钠,1000mL纯水。

4)PVP 40溶液,20%:200g聚乙烯吡咯烷酮,1000mL纯水。

5)SDS溶液,20%:200g十二烷基硫酸钠,1000mL纯水。

6)均质缓冲液(在使用之前新配制):100mL $1mol \cdot L^{-1}$ Tris-HCl溶液(pH 8.0),200mL $0.5mol \cdot L^{-1}$ EDTA溶液(pH 8.0),100mL $1mol \cdot L^{-1}$的NaCl溶液,50mL 20%的PVP 40,100mL 20%的SDS溶液,溶解在450mL纯水中。

7)乙酸钠溶液,$5mol \cdot L^{-1}$(pH 5.5):410.15g乙酸钠,溶解在800mL纯水中。添加120mL醋酸,接着用冰醋酸将pH调到5.5。加纯水至1000mL。

8)乙醇溶液,70%:700mL纯乙醇,溶解在300mL纯水中。

9)TE缓冲液:pH 8.0,10mmol·$L^{-1}$ tris-HCl,1mmol·$L^{-1}$ EDTA。

10)玻璃珠(直径106μm)。

11)玻璃珠(直径2mm)。

12)溴化乙啶溶液:5mg溴化乙啶溶解在1000mL纯水中。

13)荧光核酸染剂:480nm激发,520nm发射。

14)纯DNA(100ng·μ$L^{-1}$)。

15)TBE缓冲液×10:pH 8.0,108g三羟甲基氨基甲烷,55g硼酸,40mL 0.5mol·$L^{-1}$ EDTA溶液(pH 8.0)溶解在1000mL纯水中。

16)TBE缓冲液×1:100mL TBE缓冲液×10,溶解在900mL纯水中。

(4)仪器设备

1)微珠破碎设备,击打频率范围为100~2600次·$min^{-1}$,振荡幅度在16mm。

2)分光光度计,可使荧光核酸染剂在480nm下激发,在520nm下对双链DNA进行定量。

(5)DNA提取步骤

1)土壤样品的准备:提取之前,在2mL离心管中称取0.25g(等量干重)土壤,或立即将土壤样品置于液氮中冷冻,并将其保持在-80℃,直至使用。

2)机械与化学裂解:向土壤样品中加入0.5g 106μm玻璃珠(戴面罩进行保护)和2个(直径2mm)的玻璃珠子。加入1mL均质缓冲液。使用玻璃珠破碎系统(管支架提前放在-20℃下)1600*g*条件下振荡土壤样品30s(振幅为16mm)。在70℃下孵育10min。在14000*g*(4℃)下离心1min。小心地收集上清液,将其转移至新的2mL离心管中。

3)蛋白质沉淀:向所获得的上清液中加入5mol·$L^{-1}$乙酸钠溶液(pH 5.5),加入的量为上清液体积的1/10。通过涡旋混合,并在冰上孵育10min。在14000*g*(4℃)下离心5min。小心地收集上清液,将其转移到新的1.5mL离心管中。

4)核酸沉淀及清洗:由于异丙醇挥发诱发危害,在通风橱中完成所有这些步骤。液体与固体废弃物应作为化学垃圾进行处理。

向所获得的上清液中加入等体积的冰冷异丙醇(-20℃)。将样品在-20℃下培养15min。在14000*g*(4℃)下离心30min。小心地移除上清液。用70%的冷乙醇清洗核酸沉淀物(不要使沉淀物再次浑浊)。在14000*g*(4℃)下离心15min。移除任何乙醇的残留物,让核酸沉淀物在37℃下干燥15min。将核酸沉淀物悬浮在100μL的超纯水或TE缓冲液(pH 8)中。

5)核酸储存:将土壤DNA等分(4×25μL),并将DNA样品储存在－20℃下直至使用。DNA提取物不宜反复冻融。

(6)土壤DNA的质量与含量确定

1)土壤DNA的质量与纯度:土壤DNA的质量和长度的检测采用1%琼脂糖凝胶在TBE缓冲液电泳。用适当的染色剂(如5mg·$L^{-1}$溴化乙啶溶液)对凝胶进行染色。土壤DNA纯度采用分光光度法于260nm波段分析,以及340nm波段腐殖酸物质分析来评价。化学和机械裂解是关键步骤,该步骤宜足以裂解微生物的代表性部分,并避免DNA断裂。仍呈浅褐色的DNA提取物,需进一步进行DNA提纯。

2)土壤DNA含量:使用荧光核酸染色剂测定土壤DNA含量,该染色剂在插入DNA双螺旋时发出荧光。将标准DNA量(5ng、10ng、20ng、50ng、100ng、150ng和200ng纯DNA)与荧光定量的值之间建立校准曲线,用于估计从土壤中所提取DNA的量。使用荧光光度计进行测量。使用有关软件进行分析。

土壤DNA含量也能通过在1%的琼脂糖凝胶电泳解析土壤DNA提取物,用溴化乙啶进行染色,并在相机下拍照来确定。在每个凝胶中都包含纯DNA的稀释液以及建立标准线的DNA浓度(1000ng、500ng、250ng、125ng、62.5ng、31.25ng)。结合溴化乙啶的强度,建立标准曲线,估算土壤DNA浓度。

当土壤DNA受腐殖酸污染低(340nm波段处)及蛋白质污染低(A260/A280平均为1.6)时,也可通过分光光度法在260nm处测定土壤DNA含量。

(7)土壤DNA提纯

用于土壤DNA提纯的程序包括以下两个步骤。

亲和柱:由交联聚乙烯吡咯烷酮(PVPP)组成,特异性结合腐殖酸物质;

排斥柱:简要说明PVPP柱子的制备,将92~95mg(约1.2cm高)的PVPP粉末放到微旋转层析柱上,然后加入400μL的$H_2O$,离心各个管子(1000*g*下2min)。重复该步骤2次。对于琼脂糖柱来说,将1mL的琼脂糖4B放在微旋转层析柱中并离心(1100*g*下2min),然后加入500μLTE缓冲液(Tris-EDTA,pH 8)清洗层析柱,进行离心(1100*g*下2min)。制备层析柱后,首先通过PVPP柱(1000*g*,10℃下4min)离心样品来纯化土壤DNA提取物。接着收集洗出液,然后在1500*g*的条件下离心4min(10℃),使其通过琼脂糖柱。

(郭志英　潘贤章)

## 14.2 土壤微生物数据的空间分析与挖掘

土壤微生物地理学是研究土壤微生物时空分布规律及其形成机制的一门科学。新一代高通量测序(next generation sequencing, NGS)和组学(omics)技术的应用极大地推动了土壤微生物地理学研究的发展,使其成为继宏观动植物地理学之后的又一生物地理学研究热点。目前,简单相关分析与回归分析是研究土壤微生物多样性与环境因素间关系的常用方法;以机器学习算法为代表的数据挖掘方法和以空间插值为代表的空间分析方法也逐步得到了应用,在揭示微生物多样性时空分布格局及其驱动因子方面具有特殊优势。本节依托项目建立的土壤微生物数据综合分析平台,对目前常用的微生物多样性数据挖掘与空间插值方法进行介绍,并以内蒙古高原草地土壤微生物多样性分析进行示例。

### 14.2.1 数据挖掘方法

揭示环境因子对微生物群落分布格局的驱动作用一直以来是微生物地理学的主要任务。在早期相关的研究中,研究者通常借助以简单相关性分析为代表的单因子分析方法量化各环境因子对多样性的影响程度和影响趋势。随着相关研究的深入,研究者逐渐发现土壤微生物多样性的时空分布格局是由多种环境因素共同控制的。多因子分析方法通常可以衡量多种环境因素对群落多样性的相对贡献,因此能够更好地揭示土壤微生物多样性与环境因素间的关系。

#### 14.2.1.1 单因子分析

在概率论和统计学中,指示的是随机变量之间线性关系的方向以及强度,是对自然界和社会中的两种或多种现象是否线性相关进行定量分析的一种方法。相关系数 $r$ 是反映各变量之间相关关系紧密程度及变化方向的指标,其值通常为−1~1。接近−1或1时,说明线性关系越强;接近0时,说明线性关系越差。在相关分析中,常用的相关系数有以下几种。①Pearson简单相关系数:反映定距连续变量之间的线性关系强弱;②Spearman等级相关系数:用于度量定序变量(研究对象的大小顺序组成的变量)间的线性相关关系;③Kendall $r$ 相关系数:用非参数检验方法来衡量定序变量间的线性相关关系。

相关分析在土壤微生物相关研究中有着广泛的应用。Wang等(2015)在内蒙古草原土壤细菌多样性与环境因素间关系的研究中，通过沿降雨梯度采集土壤样品，Pearson相关分析的结果表明，土壤细菌群落α-多样性与干旱指数的相关性最强，模型拟合结果显示微生物多样性随着干旱指数的增加呈现指数增长的趋势。Hu等(2017)在研究人为污染对河流微生物共生网络模式的影响时，通过相关分析发现，微生物群落α-多样性与可溶解性无机氮、硝态氮、亚硝态氮、pH、铵态氮等多种理化属性呈显著负相关，这可能是由于污染物的排放造成河流中养分含量升高，进而抑制作用微生物群落α-多样性。

#### 14.2.1.2　多因子分析

影响土壤微生物多样性的因素多种多样，既包括土壤理化属性，又包括气候和地形因素，这些影响因素在不同研究区域、不同研究尺度下通常表现出不同的特点，这无疑增加了微生物多样性空间分布及其影响因素研究的难度。在相关分析的基础上，通过多因子分析方法能够从众多影响因素中揭示土壤微生物多样性的驱动因素，进而能够建立预测模型，实现微生物多样性的时空分布和变化预测研究。

(1)逐步回归分析

逐步回归是一种多元线性回归数据分析方法，通过反复执行回归模型中自变量的“进入”和“剔除”过程，能够有效减小回归模型中变量间多重共线性(自相关)对模型预测结果的影响，增强模型的泛化能力。逐步回归的主要思路是：在全部自变量中，按照其对因变量贡献度，由大到小地逐个引入回归方程；同时，在引入新的自变量后，可能会降低已经被引入的自变量的贡献度，需要将其从方程中剔除。从回归模型中引入或者剔除变量都是基于某一预先设定的准则，以保证在引入新变量前回归方程中只含有对因变量影响显著的自变量。在针对土壤微生物多样性的研究中，与使用简单相关分析方法针对单一因素分析不同，逐步回归方法可以同时针对多种影响因素展开分析，而且所揭示的影响因素可以避免多重共线性的影响。例如，在研究古尔班通古特沙漠生物土壤结皮中蓝藻和微藻群落时，Zhang等(2011)利用逐步回归方法发现群落α-多样性(Shannon指数)主要由总磷、有效磷以及土壤深度等因子决定。

(2)偏最小二乘回归分析

与逐步回归方法类似,偏最小二乘回归(partial least squares regression, PLSR)也是一种多元统计数据分析方法。PLSR是建立在自变量与因变量基础上的双线性因子模型,采用对自变量 $X$ 和因变量 $Y$ 都进行分解的方法,从变量 $X$ 和 $Y$ 中同时提取成分(通常称为因子),再将因子按照它们之间的相关性从大到小排列,最后选择因子进行建模。该方法将多个自变量通过正交变换的方式生成不相关的潜变量,同时保证生成潜变量与因变量间的线性关系最大化,通过这种方式可以消除原有自变量间的多重共线性,建立的回归模型通常具有较好的泛化能力。与逐步回归方法不同的是,所有自变量在PLSR模型中都会发挥作用,对自变量多重共线性的约束体现在模型的回归系数上。目前,该方法直接用于土壤微生物多样性的研究相对较少,但Lallias等(2014)在评价影响水域生态系统中小型动物多样性的主要环境因子时,通过引入PLSR方法发现在不同的流域(泰晤士河和梅西河),多样性的环境影响因素存在较大差异。

(3)支持向量机

支持向量机(support vector machine,SVM)是近年来发展起来的一种机器学习算法,在解决小样本以及非线性问题中表现出了许多特有的优势,既能够解决分类问题,又能够解决回归建模的问题。本质上来说,SVM是一种二分类模型,其基本思想是求解能够正确划分训练数据集,并且能够保证几何间隔最大的分离超平面。当所处理的问题线性不可分时,SVM通过借助核函数这一中间环节将原有变量转换到高维空间,解决在原有空间线性不可分的问题。因此,该方法在解决非线性问题方面通常具有较好的表现,而通常土壤微生物多样性与环境影响因素间并非简单的线性关系。目前,有研究者利用SVM等机器学习方法对土壤微生物动态进行预测研究,研究发现SVM方法在预测土壤细菌种群数目时具有较高的预测精度(Jha et al., 2018)。

(4)随机森林

随机森林(random forest,RF)是由决策树发展而来的一种机器学习算法,通过对建模样本和自变量进行随机选择的方式随机建立多棵决策树,共同组成用于分类或回归建模的"森林"。RF模型给出的最终结果依赖于所有决策树的预测结果。对于分类问题,以所有决策树选择最多的类型作为预测结果;对于回归预测,以所有决策树预测结果的均值或者其他综合指标作为预测结果。该方法计算效率高,在一定程度上能够克服模型过拟合以及不稳定的缺点,在刻画变量间的非线性关系方面也具有较好的表现。因此,该方法在土壤属性预测与土壤类型划分等相关研究中得到了广泛应用,并展现出了较好的效果。RF在土壤微生物多样性领域的应用相对较少,但在生态学领域,Delgado等(2016)利用RF模型针对生态系统多功能性的影响因子研究中发现,与海拔、年均温、年降雨量、土壤pH等影响因子相比,微生物多样性是影响生态系统功能多样性的关键因素。

(5)结构方程模型

结构方程模型(structural equation modeling,SEM)融合了因子分析、回归分析以及路径分析技术,但并不直接针对自变量分析,而是基于由自变量转化的潜变量的一种统计分析方法。该方法既能够判别各变量之间的关系强度,只能对整体模型进行拟合和判断。SEM方法需要基于先验知识预先设定系统内变量(包括显变量和潜变量)之间的依赖关系。它的优势在于对多变量交互关系的定量研究,能够将各因素间的因果关系定量化,用于揭示影响土壤微生物多样性的环境因子时,能够定量表征各因子的贡献,有利于发现环境因子对土壤微生物多样性影响的内在过程。在具体研究中,可以将各类环境因子(显变量)综合表征为土壤、气候和地形等各类潜变量,进而研究它们对微生物多样性的影响强度。例如,Maestre等(2015)利用SEM模型研究了干旱度对全球干旱地区土壤微生物多样性的直接和间接影响,发现干旱指数强烈影响了土壤pH、土壤有机碳和植被覆盖,进而影响土壤微生物多样性。

以上介绍的单因子和多因子数据挖掘方法在揭示微生物多样性与环境因子之间关系的研究中具有重要作用。当前相关研究,已并不局限于利用单因子分析方法对影响微生物多样性的单个因子进行评价,而更多的是利用多因子分析方法综合分析多种环境因子对土壤微生物多样性的影响。随着微生物高通量数据和环境数据的不断丰富,基于多层人工神经网络的深度学习方法会越来越多地应用于微生物生态学的相关研究中。

(王昌昆　刘　杰)

### 14.2.2 空间插值方法

空间插值方法可以利用已有空间样本值来估计其他未知样点上的值，从而预测土壤微生物多样性在整个空间上的连续分布情况，实现土壤微生物多样性分布由点到面的扩展。空间插值主要有确定性插值和地统计插值两种方法。

#### 14.2.2.1 确定性插值方法

确定性插值方法直接通过周围观测点的值来内插或者通过特定的数学公式来内插，而较少考虑观测点的整体空间分布情况。常用的插值算法包括反距离加权插值（inverse distance weighted，IDW）法、全局多项式插值（global polynomial interpolation，GPI）法、径向基函数插值（radial basis function，RBF）法等。基于地理学第一定律——相似相近的原理，IDW方法直接根据未知样点与邻近已知样点间的距离作为确定各邻近已知样点权重的依据。GPI法局多项式插值基于已知样点，通过数学函数（多项式）定义平滑表面来实现未知样点处目标属性的预测，该方法在揭示目标属性具有渐变趋势的应用中使用较多。RBF法是一系列精确插值法的组合，它得到的函数是一个随距离变化而变化的函数。

#### 14.2.2.2 地统计插值方法

地统计插值方法建立在对观测点的空间自相关分析基础之上，依据自然现象的空间变异规律进行插值，从而得到无偏最优估计量，并且能够计算出插值精度与不确定性。Kriging插值方法是其代表性方法。地统计分析具有检验、模拟和估计空间特征的作用，对我们认识不同尺度生态学功能与过程具有重要意义。20世纪80年代开始有学者将该方法引入生态学研究中。近年来，许多研究开始讨论空间环境因素对微生物多样性分布的影响，地统计插值方法等的使用将有助于我们更好地认识微生物生态过程（Karimi et al.，2018；王强等，2010）。

（王昌昆　刘　杰）

## 14.2.3　草地土壤微生物多样性与环境因子关系研究

基于本节所述及的数据挖掘及空间分析方法，本部分以内蒙古高原草地生态系统为对象，针对草地土壤微生物多样性与环境因子间的关系进行示例分析，重点介绍单因子相关分析、多因子分析中的逐步回归和PLSR，以及空间分析方法在土壤微生物多样性数据分析与空间表达方面的应用。

### 14.2.3.1　研究区及相关数据介绍

（1）土壤样品及理化属性分析

研究区域位于内蒙古自治区赤峰市和锡林郭勒盟的交界，地处内蒙古高原，平均海拔1000m以上。该区域属于温带大陆性季风气候，干旱与寒冷为其主要气候特点，年平均气温为0.78~6.6℃，年降雨量为250~400mm。采样区利用类型为草地，在未经人为扰动且草地面积较大的自然土壤分布区，以5点混合采样方法采集土样，共采集17个土壤样品。采集土壤样品分成两部分：一部分样品过2mm筛，放入－20℃的冰箱保存，用于土壤DNA的提取；另一部分样品自然风干，用于土壤理化性质的测定。测定的土壤理化属性包括pH、有机质、全氮、全磷、速效磷以及可溶性有机碳，测定方法参照《土壤农化分析》（鲍士旦，1980）；土壤微生物群落数据基于16S rDNA高通量测序技术获取，经生物信息分析之后获得土壤微生物群落α-多样性（Chao1指数）。

（2）气候和地形数据

研究区内降雨及温度数据从全球气候数据集（http://worldclim.org）获取，本示例所用数据为1970—2000年的均值数据；干旱指数AI（aridity index）从CGIAR-CSI（CGIAR consortium for spatial information）农业大数据平台（https://cgiarcsi.community）获取，所用数据为1950—2000年的均值数据；高程数据为SRTM 90m分辨率数据集（http://srtm.csi.cgiar.org）。所采集土壤样品的理化属性、α-多样性以及气候和地形数据描述性统计结果见表14-2-1。

表14-2-1　土壤样品数据描述性统计（$n$=17）

| 变　量 | Max | Min | Mean | SD | CV |
|---|---|---|---|---|---|
| Alt./m | 1305.70 | 635.44 | 1044.85 | 209.61 | 20.06 |
| pH | 8.82 | 6.94 | 7.87 | 0.62 | 7.82 |
| SOM/($g \cdot kg^{-1}$) | 52.21 | 5.42 | 26.42 | 14.20 | 53.73 |
| CNRatio | 12.94 | 8.36 | 10.55 | 1.04 | 9.89 |

续表

| 变　量 | Max | Min | Mean | SD | CV |
|---|---|---|---|---|---|
| TP/($g \cdot kg^{-1}$) | 1.12 | 0.32 | 0.70 | 0.24 | 34.29 |
| AP/($mg \cdot kg^{-1}$) | 5.39 | 1.74 | 3.22 | 0.97 | 29.96 |
| DOC/($mg \cdot kg^{-1}$) | 351.70 | 62.70 | 194.84 | 77.84 | 39.95 |
| PREC/mm | 394.00 | 265.00 | 326.00 | 39.00 | 12.00 |
| Tavg/℃ | 6.60 | 0.78 | 2.30 | 1.78 | 77.24 |
| AI | 0.50 | 0.32 | 0.41 | 0.05 | 11.28 |
| Chao1指数 | 4699.34 | 3927.33 | 4285.47 | 205.16 | 4.79 |

注：Alt，海拔；SOM，土壤有机质；CNRatio，碳氮比；TP，总磷；AP，速效磷；DOC，可溶性有机碳；PREC，年均降雨量；Tavg，年均气温。Max，最大值；Min，最小值；Mean，平均值；SD，标准差；CV，变异系数。AI计算公式，平均降雨量/潜在蒸发量；潜在蒸发量计算公式，0.0023×辐射×（年均气温+17.8）×温度波动范围×0.5。

#### 14.2.3.2　微生物多样性数据挖掘

（1）单因子分析

环境因子与Chao1指数间的Pearson相关分析结果表明，研究区域内土壤微生物多样性（Chao1指数）与年均温相关性最高，相关性系数为0.682（见表14-2-2）。研究区域内气候寒冷，1970—2000年的温度均值为2.3℃，而且与其他影响因子相比，温度因子在本区域内具有较高的变异性，因此，温度可能是调节该地区土壤微生物多样性的主要环境因素。该发现与Zhou等（2016）针对北美森林微生物多样性的研究结果相吻合，表明温度在控制微生物活性和生长方面具有重要作用。

**表14-2-2　环境因子与Chao1相关分析结果**

| 指　数 | Tavg | CNRatio | SOM | Alt | pH | PREC | TP | AP | AI | DOC |
|---|---|---|---|---|---|---|---|---|---|---|
| Chao1指数 | .682** | −.660** | −.625** | −.542* | .338 | .266 | −.378 | −.400 | −.421 | −.475 |

注：*，$0.01 < P < 0.05$；**，$P < 0.01$。各因子及单位同表14-2-1。

相关分析结果表明，土壤碳氮比和有机质与Chao1指数之间呈现出极显著负相关关系（见表14-2-2）。Liu等（2014）在研究东北黑土微生物群落时，也得出了相似的结果。这种负相关关系，可能是土壤有机质含量较高造成的。我们区域草地土壤根系发达,而气候比较寒冷,有机质分解速率较慢,导致了土壤有机质的积累(5.42~52.21g·$kg^{-1}$,见表14-2-1),在相对较高的有机质环境中,有机质可能会抑制土壤微生物群落的多样性(Liu et al., 2014)。

在地形因子中,海拔可以通过影响植被组成、土壤温度、土壤水分以及土壤养分等来影响土壤微生物多样性。但Chao1指数与pH、降雨量和干旱指数间并未发现存在显著相关关系,这可能是因为这些环境因子在我们区域内的变化幅度较小。此外,相关分析结果表明,总磷、速效磷、可溶性有机碳的含量变化幅度虽然较大,但这些因子可能并不是本区域土壤微生物多样性的控制因子。因此,对该区域土壤微生物多样性没有显著性影响。

(2)多因子分析

在进行土壤微生物多样性与环境因子建模分析时,可以采用多种方法,如逐步回归、偏最小二乘回归、支持向量积、随机森林等,但受限于研究区采集土壤样品数量以及所获取的环境因子有限,本节仅使用逐步回归和PLSR方法进行建模预测分析。

1)逐步回归建模:土壤、气候及地形环境因子中,纬度、高程、碳氮比、可溶性有机碳和年均气温被选入逐步回归模型的自变量子集(见表14-2-3)。留一交叉验证(leave-one-out cross validation)结果显示,Chao1指数的预测值与实测值线性拟合优度($R^2$)达到0.62,RMSE为127.81(见图14.2.1)。

表14-2-3 细菌物种丰度与环境因子逐步回归结果

| 变 量 | 估计值 | $t$值 | $P$ |
|---|---|---|---|
| Intercept | 4285.4700 | 200.7970 | <0.0001 |
| Lat | −357.0100 | −4.8100 | 0.0005 |
| Alt | −556.6300 | −4.3150 | 0.0012 |
| CNRatio | −108.2600 | −3.8840 | 0.0025 |
| DOC | 74.7300 | 2.2170 | 0.0486 |
| Tavg | −495.3500 | −3.6990 | 0.0035 |

注:Intercept,截距;Lat,纬度;Alt,变程;CNRatio,碳氮比;DOC,可溶性有机碳;Tavg,年均气温。

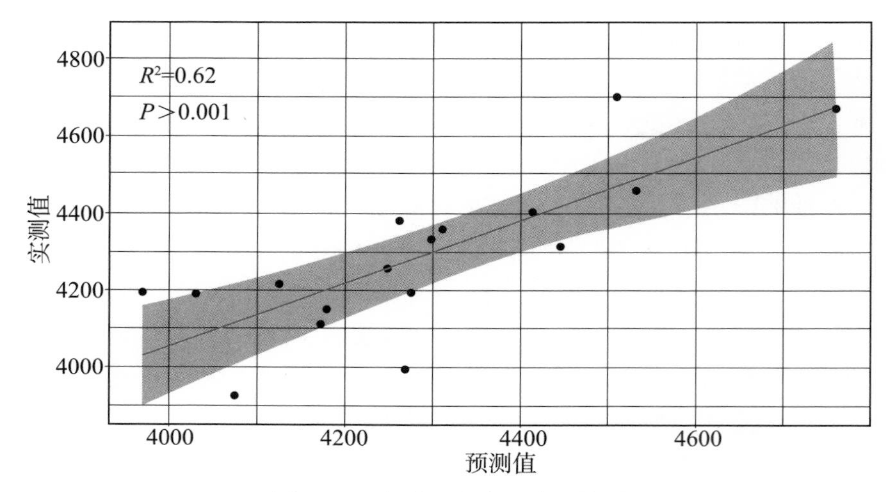


图 14.2.1 逐步回归交叉验证结果

2）偏最小二乘回归建模：基于土壤、气候及地形环境因子，建立了 Chao1 多样性的 PLSR 预测模型。留一法交叉验证结果显示预测值与实测值 $R^2$ 为 0.4，RMSE 为 153.74（见图 14.2.2），该预测精度明显低于逐步回归结果，这可能是样点数量较少导致的。

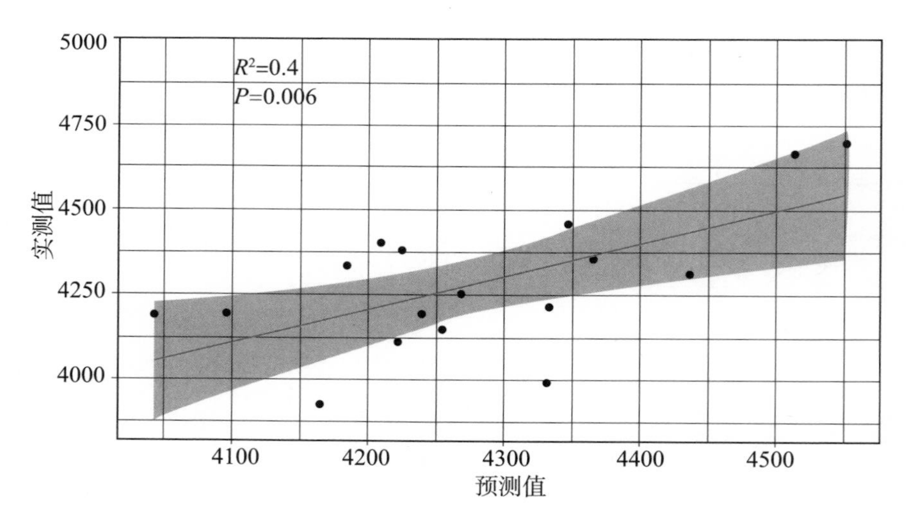


图 14.2.2 PLSR 交叉验证结果

### 14.2.3.3　微生物多样性空间分布预测

土壤微生物多样性的空间连续表达，是揭示土壤微生物空间分布格局及驱动因子的重要手段。可以通过多因子分析方法构建环境因子数据对土壤微生物多样性的预测模型，实现未知区域多样性的预测，进而实现土壤微生物多样性预测由点到面的空间拓展；也可以直接通过空间插值方法实现微生物群落多样性预测的空间拓展。建模预测方法要求环境因子数据能够覆盖整个研究区域，通常需要栅格数据格式，之后才能利用数据挖掘方法（以逐步回归方法为例进行分析）构建预测模型实现未知区域的空间预测；而空间插值方法（以确定性插值和地统计插值为例）仅利用多样性数据就可以获得空间分布结果。

（1）回归建模预测

基于可获取的研究区域环境栅格数据（高程、降雨量、年均温及干旱指数），利用逐步回归方法针对土壤微生物多样性（Chao1 指数）构建的预测模型如式（14.5）所示。其中，降雨和干旱指数因子是模型的预测因子，留一法交叉验证结果显示多样性预测值与实测值线性拟合优度为 0.6，RMSE 为 128.6（见图 14.2.3）。

$$\text{Chao1} = 4557.61 + 5.16 \times \text{PREC} - 4711.53 \times \text{AI} \tag{14.5}$$

基于构建的逐步回归预测模型对研究区域范围内的土壤微生物多样性进行预测，预测结果如图 14.2.4 所示。

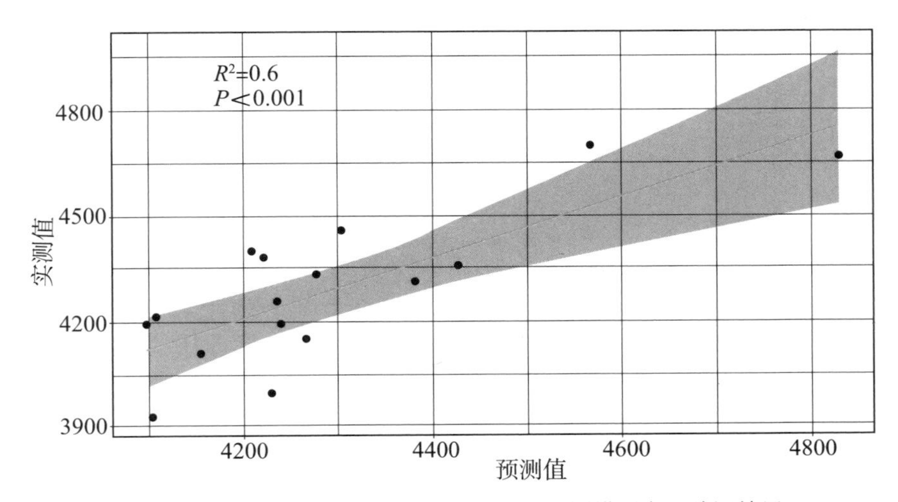


图 14.2.3　基于环境栅格数据的逐步回归预测模型交叉验证结果

图 14.2.4 基于逐步回归方法预测的土壤微生物多样性空间分布

(2)确定性插值

利用IDW方法对Chao1指数进行空间插值分析,留一法交叉验证结果显示多样性预测值与实测值线性拟合优度为0.36,RMSE为163(见图14.2.5),土壤微生物多样性空间分布预测结果如图14.2.6所示。

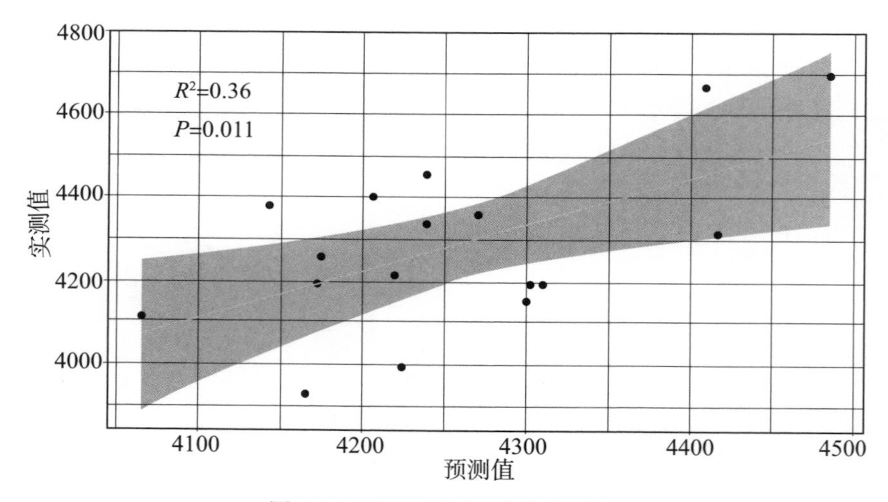


图 14.2.5 IDW方法交叉验证结果

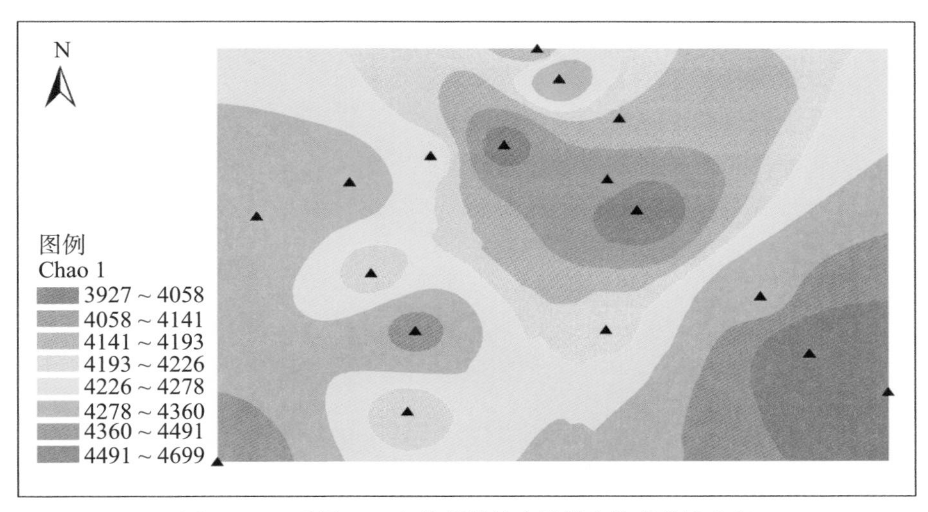


图 14.2.6　采用IDW方法预测的土壤微生物多样性分布

(3)地统计插值

利用地统计方法(Kriging插值)对Chao1指数进行空间插值分析,留一法交叉验证结果显示Chao1指数的预测值与实测值线性拟合优度为0.32,RMSE为164.8(见图14.2.7),地统计方法预测的土壤微生物多样性空间分布结果如图14.2.8所示。

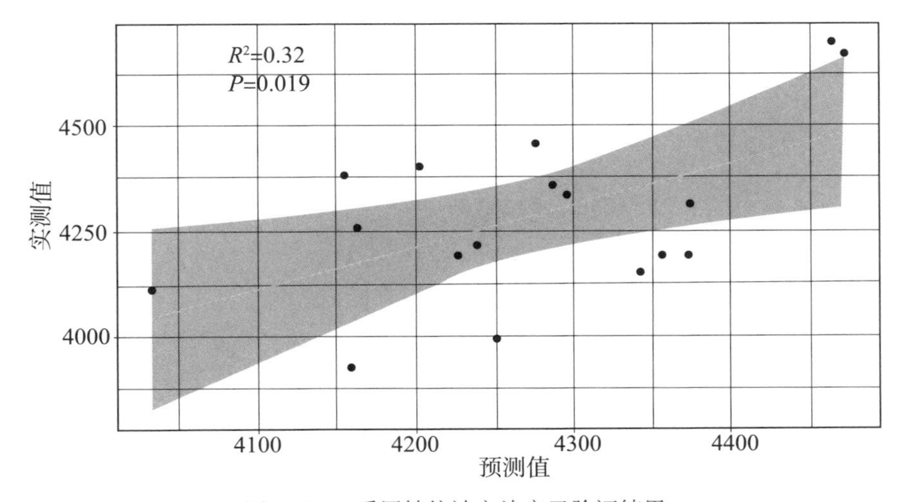


图 14.2.7　采用地统计方法交叉验证结果

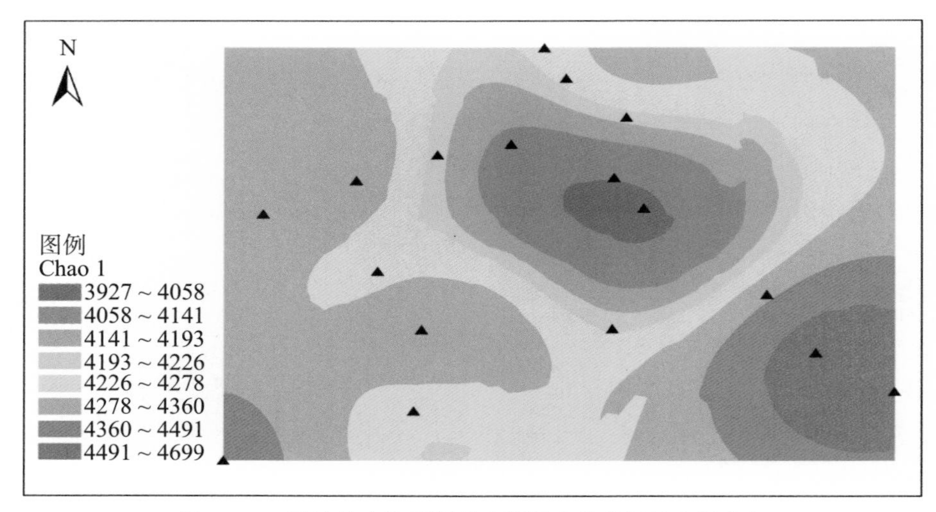


图 14.2.8　地统计方法预测的土壤微生物多样性空间分布

以上3种微生物多样性空间分布预测方法的预测结果均表明，研究区域内土壤微生物多样性呈现东南部较高、东北部较低的空间分布趋势，而西部区域多样性介于前两者之间。与IDW和Kriging方法的预测结果相比，建模预测方法能够更详细地显示研究区域内部土壤微生物多样性的差异，交叉验证结果进一步表明建模预测方法据具有更高的预测精度（$R^2$最大、RMSE最小），并且逐步回归方法预测的空间分布结果不存在“牛眼”现象（极值点周围产生同心圆区）。然而，由于本示例的样点数据及环境变量较少，难以全面对比分析三种方法的表现。但当土壤样点和环境因子较多时，这些方法理论上都能够有效实现土壤微生物多样性的空间表达。

（王昌昆　刘　杰）

## 14.3　土壤微生物数据库特征与平台服务

经过规范整理的土壤数据库，尤其是包含土壤微生物相关信息的数据库，可以对土壤微生物研究提供基础性的支撑。土壤空间数据库中的土壤分布图、土壤属性图等可以为土壤微生物采样设计、土壤微生物地理研究以及土壤微生物分布制图等提供帮助；土壤属性数据可以支持土壤微生物数据挖掘，从而探索土壤微生物地理分布规律；农田土壤养分等数据可以支持土壤微生物C、N、P等分循环研究等。

传统的土壤数据库主要强调土壤数据的生产、集成、整合及管理等。随着农业、资源、环境研究对土壤信息需求量的急剧增加，对于土壤数据共享的要求也越来越高。而且用户对数据共享界面的要求越来越高，需要更加美观的界面和更加便利的体验，尤其在功能上不能仅仅满足于数据获取，而且需要能够对数据进行初步的分析和可视化。因此，能够承担数据下载、数据可视化分析和私有数据管理等复合多功能的土壤数据平台建设，成为目前国内外土壤数据库建设的主要发展方向。本节内容主要介绍土壤-微生物系统数据整合集成与分析平台的相关功能及其应用。

## 14.3.1 土壤及微生物数据库平台发展现状

### 14.3.1.1 土壤数据库及信息系统发展现状

(1)土壤数据库与信息系统起源及发展

土壤学对于数据的积累一直比较重视，土壤信息已由各个国家收集了100多年，联合国粮食及农业组织(Food and Agriculture Organization of the United Nations，FAO)收集了近50年，与欧盟收集的时间相当。虽然土壤数据积累重视程度在国内外都比较高，但是受限于信息技术发展，早期的数据通常未被数字化、未按照标准化格式保存，也未采用数据的方式来管理，而是记载于纸质文件中，对土壤数据的管理、使用和共享造成障碍。

自20世纪70年代起，得益于地理信息系统和计算机技术的发展，土壤数据库及土壤信息系统建设开始起步。1972年，加拿大农业研究所土地资源研究中心开始研发加拿大土壤信息系统(Canadian Soil Information Service，CanSIS)，这是国际公认最早的土壤信息系统。1975—1986年，该信息系统运行在该中心自己编写的计算机程序上，后来迁移到环境系统研究所(Environmental Systems Research Institute，ESRI)的Arc/INFO系统上，并经过不断更新，目前仍在运行。1975年，第一届国际土壤信息系统会议在新西兰的惠灵顿召开，并成立了相应的工作组，它被国际土壤学会接纳并列入土壤发生、分类及地理学组，土壤信息系统作为土壤学科中的一个分支由此得到确认。20世纪90年代，土壤信息系统进入快速发展时期，建立了比较完备的国家级、洲际级或国际级土壤信息系统，包括美国国家土壤信息系统(National Soil Information System，NASIS)、欧洲土壤信息系统(European

Soil Information System,EUSIS)等。

土壤信息系统的发展离不开相关国际组织的努力,除了国际土壤联合会(1998年更名为国际土壤科学联合会)等学术组织的积极推动以外,联合国教育、科学及文化组织(United Nations Educational, Scientific and Cultural Organization,UNESCO)也十分重视土壤的农业基础作用,出版了《世界土壤地图》(1971—1981年),开始开发一个全球土壤数据库。1995年以后,经联合国FAO、环境规划署、联合研究中心(Joint Research Center, JRC)、国际应用系统分析研究所(International Institute for Applied Systems Analysis,IIASA)和国际土壤参比信息中心(International Soil Reference and Information Centre,ISRIC)的共同努力,对世界土壤图进行了区域更新,特别是在土壤和地体数据库(Soil and Terrain Database,SOTER)项目的推动下,于2006年发布了第一个修订后的全球产品协调世界土壤数据库(the Harmonized World Soil Database),空间分辨率为1km。土壤制图领域最近的工作重点是使用数字土壤制图技术—土壤特性空间连续制图,而不是利用相关土壤特性的土壤关联制图。以这种方式生产的第一批全球修订产品已经问世。其他全球地图,比如土壤资源世界参考基地(World Reference Base,WRB),则以FAO/UNESCO原始土壤地图作为主要信息来源进行生产。

(2)国内外重要的土壤信息系统和平台

1)CanSIS:从1972年开始,加拿大农业研究所土地资源研究中心开发CanSIS。该系统早期曾是土壤地理信息系统领域的世界领先者,可以根据需要进行修改和开发。后来,由于基于商业地理信息系统软件的信息管理方式的兴起,该系统因很难进行交换信息,并且维护最初的CanSIS软件成本较高而不具备优势。1986年,该中心将数据转移到ESRI的ARC/INFO软件这个商业软件中。从1994年开始,文件被转换成超文本,CanSIS成为第一批在互联网上的联邦网站之一。1996年,加拿大完成了加拿大土壤景观(Soil Landscapes of Canada,SLC)的初步版本。同年,CanSIS开发了世界上第一个完全分布式的因特网制图应用程序,制图服务器可以基于另一台服务器实时提供的数据生成图件。1997—2003年,部署了WMS(Web Map Service)和WFS(Web Feature Service)服务。2003—2009年,作为国家土地和水资源信息系统(National Land and Water Information System,NLWIS)大皇冠项目的一部分,CanSIS工作人员充分参与了地理信息系统的开发。2009年末,CanSIS组织被转移到新的农业环境服务部门,出现了一系列新的数据集、地图、应用程序和基于XML的数据服务。

CanSIS提供了对加拿大国家土壤数据库(National Soil DataBase,NSDB)的公开访问,该数据库包含加拿大所有地区的土壤、景观和气候数据,并且是联邦和省级实地调查收集或由土地数据分析项目创建的土地资源信息国家档案。NSDB包括不同规模的地理信息系统,以及每个命名土壤系列的特征。它包含以下链接:①大型(1∶30万至1∶100万)生态区域数据集;②1∶50万加拿大的土壤地图和土地潜力数据库、1∶20万大草原的农业生态资源区(Agroecological Resource Areas,ARAs)数据库,其中,ARAs是指基于生态气候区划、地形地貌和土壤特征等条件判断的,具有大致相似农业潜力的地区(相当于加拿大的农业生态区),但仅覆盖加拿大的三个草原省份;③SLC由一系列地理信息系统覆盖,显示了全国土壤和土地的主要特征,它们是依据现有的土壤调查地图,以1∶100万的比例尺编制完成,并根据基于永久自然属性的统一的国家土壤和景观标准来组织相关信息;④加拿大土地清单,是加拿大农村综合性多学科土地清单,覆盖面积250多万平方千米,比例尺为1∶25万,该图绘制了农业、林业、野生动物、娱乐和野生动物的土地能力图,尽管这些信息大部分陈旧,仅在一些地区可以获得更好的信息,但这些信息在很大程度上仍然有效,许多司法管辖区仍将其用于土地利用规划;⑤覆盖加拿大大部分重要农业地区的不同规模(1∶2万至1∶25万)的详细土壤调查。加拿大为其他公共投资国家的土壤信息服务树立了一个榜样,包括对土地资源进行垂直整合的生物物理评估,从土壤、土地利用、气候数据的基本汇编到多用途土地适宜性的全谱解释,以及公开所有数据集等方面。

2)NASIS及其土壤信息系统:在20世纪60年代末,美国开始采用计算机记录估算的土壤性质以及土壤调查中确定的各种土壤类型。20世纪80年代中期,又建立了美国各个州土壤调查数据库(State Soil Survey Database,SSSD)。SSSD是基于国家土壤调查数据的关系数据库,旨在为美国国家自然资源保护局(National Resource Conservation Service,NRCS)土壤工作人员提供存储和管理国家土壤调查数据、发布报告的材料。该原型是在科罗拉多州开发的,在1987年发布,供州土壤工作人员使用。1994年,NASIS数据库在各州使用。2000年,与美国国家统计局的数据库合并成一个集中式国家数据库。

NASIS有对约25万处土壤的野外详细描述,这些描述主要用于土壤描述和土壤图单元各物理和化学性质的支持性文件。其中约有3.2万个可获得完整的实验室数据。NASIS还有约35万个土壤图单位和约100万个土壤图单位组成部分的数据。2003年底,美国建立了土壤数据仓库(Soil Data Warehouse)和土壤数据超市(Soil Data Mart),以及存储所有官方土壤调查数据的土壤调查地理数据库(Soil Survey Geographic Database,SSURGO),并作为该数据的中心交付点。土壤数据仓库存储了2003年以来的各种版本的数据,而土壤数据超市仅提供当前版本的数据,以便分发给广泛的客户,包括公众。数据的下载是由各个土壤调查区域完成的。2005年,美国网络土壤调查(Web Soil Survey,WSS)上线,向公众提供土壤数据集市中信息的访问和在线查看。

WSS是一个网络应用程序,它为生产者、政府机构、顾问等提供电子访问和在线查看相关土壤和相关信息的服务,使其做出明智的土地使用和管理决策。使用WSS时,客户可以勾勒出他们感兴趣的地理区域(Area of Interest,AOI),并获得可用的土壤调查地图以及相关的地图单元数据和解释;可以为该AOI生成显示土壤解释,各种物理和化学土壤特性、土壤质量的专题地图等;也可以生成表格数据报告,如来自土壤数据超市的报告。这些信息可以在线查看,也可以生成PDF文件进行下载或打印。

Web土壤调查应用程序的增强功能仍在继续。一个新版本已在2008年夏天发布。此版本主要加强了搜索功能,帮助用户在系统中定位所需信息。用户可以输入关键字或字段,系统将返回一个或多个指向包含关键字或字段的链接。该版本还包括一个距离测量工具、一个直接链接到土壤相关术语表的链接、用户从土壤数据超市下载被裁剪到AOI边界的原始数据的能力,以及将土壤和专题地图平铺到多个页面的能力。

3)SOTER和SOTWIS:土壤-地体数字化数据库(SOTER)是目前使用比较广泛的系统,它为改善世界土壤和地形资源变化的制图、建模和监测提供了数据。SOTER方法允许对地形、岩性、地表形态、坡度、母岩、土壤的独特且经常重复的模式的区域进行绘图和特征描述。这种方法类似于自然地理或土地利用系统图。SOTER于1986年由FAO、ISRIC在国际土壤科学会的主持下发起。该方案的目标是建立一个全球土壤数据库,比例尺为1:100万,将成为粮农组织和教科文组织世界土壤地图的继承者。尽管全球覆盖的SOTER从未实现,但SOTER数据库本是为不同地区开发的。SOTER由描述地图单元的图(采用GIS多边形格式)、一组地形和土壤数据关系数据库表格(采用MS Access或Postgre SQL格式)组成。表中的信息可以链接到地图单元。

SOTWIS数据源于SOTER。SOTER中的土壤剖面数据往往不完整,这阻碍了它们在定量研究中的应用。为了克服这一点,在世界土壤排放清单(World Inventory of Soil Emission Potential,WISE)项目执行期间制定统一的Taxo-transfer规则。根据这些土壤剖面,得出了20~100cm深度内18种土壤性质的统一数据集。土壤性质包括有机碳、总氮、pH、阳离子交换量、盐基饱和度、铝饱和度、碳酸钙和石膏含量、可交换钠、电导率、容重以及砂、粉土、黏土组分等。SOTWIS数据库已得到广泛应用,包括土壤退化对粮食供应的影响评估、土壤易受污染性评估、土壤有机碳储量建模及其在国家和区域水平的长期变化评估。一个重要的应用是为协调世界土壤数据库中SOTER所覆盖的部分进行了资料更新。

新的高分辨率数据源,如SRTM数字高程模型和MODIS卫星图像的使用,以及21世纪前十年定量土壤景观建模和计算机科学技术的发展,为开发SOTER数据库提供了新的可能性。欧盟资助的e-SOTER项目(2008—2012年由ISRIC管理)开发了一种通过利用新的数据源和建模方法开发SOTER数据库的定量方法。

4)土壤网格系统(SoilGrids):为了缩小土壤数据需求和可用性之间的差距,ISRIC发布了一个名为SoilGrids的全球土壤信息系统。SoilGrids第一个版本是2014年发布的1km空间分辨率的土壤属性预测分布图,证明了可以在自动化框架中使用全球汇编的土壤剖面数据来生成土壤属性和类别的空间预测。该系统第一版存在一些局限性。Mulder等(2016)利用更详细的土壤剖面数据和地图发现,SoilGrids可能高估了法国有机碳含量的低值。此外,Griffiths等(2016)将其与英国国家数据相比,发现pH被低估了。后来,该研究组在2017年发布了SoilGrids 250m数据产品,对SoilGrids的分辨率和数据质量进行了提升。目前数据已经可以在网上进行下载。

SoilGrids使用机器学习算法预测全球范围内7个深度(0cm、5cm、15cm、30cm、60cm、100cm、200cm)的基本土壤性质,包括有机碳、容重、阳离子交换量、pH、土壤质地和颗粒含量等。其算法(包括随机森林、梯度增强)模型是通过从全球15万个地点收集的土壤观测数据和其他相关数据集训练出来的。它们与200个全球环境协变量一起使用,主要来源于MODIS土地产品、SRTM DEM提取产品、气候图像、全球地形和岩性图。采用R语言进行统计计算。采用云计算和贴片技术解决了SoilGrids数值复杂性问题。目前,生成的地图以250m的空间分辨率导出,并在开放式数据库发布。使用交叉验证统计数据验证了地图的预测精度。土壤性质和深度的预测精度各不相同，通常为总方差的55%~85%。SoilGrids的未来发展包括扩展预测土壤性质集、提高空间分辨率、提高整体预测精度等。SoilGrids主要应用于环境科学、生态学、农业、地质学、水资源等绿色生命科学领域。

目前SoilGrids已经进行了完全的网络共享，支持多种数据的显示、浏览和下载。

5）非洲土壤信息服务：非洲土壤信息服务（Africa Soil Information Service，AfSIS）是一个包含数字土壤地图、土壤剖面数据库、遥感数据和非洲实地数据的数据传播平台。数字土壤地图是一种利用野外和实验室数据，通过土壤推理系统而生成的土壤性质空间数据库。该土壤推理系统主要利用统计模型，通过基于土壤性质与空间协变量的统计关系来推断和预测景观中未观测位置的土壤功能特性，从而实现数字土壤制图。

目前，AfSIS土壤数据包括具有250m空间分辨率的ISRIC SoilGrids数据库、具有18500多个土壤剖面的ISRIC非洲土壤剖面数据库以及世界农用林业中心（World Agroforestry Center，ICRAF）-ISRIC VNIR土壤光谱库。AfSIS还在开展新的地面数据收集工作，其中主要是在撒哈拉以南的非洲进行的新的土壤调查，包括各景观中160个土壤剖面（顶部和下层土样）调查，共有19200个土壤样品。AfSIS传播的遥感产品是各种空间分辨率250~1000m的MODIS产品。此外，AfSIS还以粗略的空间分辨率（5~30km）传播卫星衍生的气候数据产品。

#### 14.3.1.2 土壤微生物数据库发展

（1）通用微生物数据库及平台

尽管计算机数据库于20世纪60年代就开始使用，但是即便到了20世纪90年代，也很少有生物学家关心数据库，因为没有必要组织生物学数据，所以除了生物学文献外，生物学数据相对稀缺（Zhulin，2015）。但是随着基因组测序技术的发展，生物数据量开始爆发式增长。自2008年1月以来，DNA测序的速率超过了著名的“摩尔定律”，生物学家也面临着大数据问题，因此，对基因测序数据的高效组织和有效管理提出了要求。

目前较为广泛应用的微生物数据大部分都存储在公共的宏基因组在线数据库平台中，例如美国阿贡实验室开发的MG-RAST（metagenomic rapid annotations using subsystems technology）（Glass，2010；Meyer，2008）、宏基因组病毒信息学资源(VIROME)(Wommack,2012)、MGnify(原EBI Metagenomics)(Mitchell,2016)、美国能源部联合基因组研究所的整合微生物基因组和宏基因组(IMG/M)(Chen,2017)、metaMicrobesOnline等。这些平台很多都提供内置的注释管道,将用户提交的测序数据与后台的参考测序数据库进行比对,进行物种分类及功能注释。

常用的微生物参考测序数据库包括SEED subsystem、COG、KO、NOG、ggNOG、M5RNA、KEGG、TrEMBL、SEED、PATRIC、SwissProt、GenBank、RefSeq、TIGRfam、TIGR、MetaCyc、GO、NCBI Taxonomy、Database of reference genomes (NCBI)、RDP、Greengenes、MGOL、UniRef 100、BacMap、GOLD等(Dudhagara,2015)。对于土壤微生物研究来说,常用的参考库包括Greengenes、Unite、Silva(Badapanda,2017)、RDP(Cole,2005)、Ez-Taxon(Kim,2012)、eggNOG及KEGG等(李靖宇,2018)。但是要全面解码生态系统,还需要新的工具、框架和假设,来进一步分析、存储、可视化和共享数据集,因为单平台难以进行整体的宏基因组学分析。研究认为,较大的序列读长、精确的组装和注释管道是未来宏基因组学研究的发展方向(Thomas,2012)。表14-3-1总结了近年来主要的微生物数据库。

(2)土壤微生物数据库

在高通量测序时代,微生物数据库往往等同于基因数据库,因为测试数据、中间分析及结果数据量都很大。但是这些数据过于单一。有的虽然具有一些元数据,但缺少相关环境数据。近年来,微生物数据与环境数据整合形成综合性的微生物数据库建设开始被重视,因为它们可以提供一站式数据服务,并通过数据挖掘发现微生物分布特征等更多的信息。比如Disbiome Database,是一个关于不同疾病类型的微生物组成变化的整合数据库,它以标准化的方式收集和呈现已发表的微生物群落-疾病信息,使用Meddra分类系统对这些疾病进行分类,并将微生物与其NCBI、Silva分类相关联,该数据库提供了一个清晰、简明和最新的概述疾病的微生物组成差异(Janssens et al,2018)。

表 14-3-1 主要的微生物数据库

| 主 题 | 库 名 | URL | 简 介 |
| --- | --- | --- | --- |
| 微生物基因组数据库 | IMG | https://img.jgi.doe.gov/ | 微生物基因组与宏基因组的注释、分析综合平台 |
| | MicrobesOnline | http://www.microbesonline.org/ | 比较与功能微生物基因组学的门户 |
| | SEED | http://www.theseed.org/ | 基因组自动注释的门户 |
| | GOLD | https://gold.jgi.doe.gov/ | 基因组和宏基因组序列项目综合信息资源 |
| 微生物多样性数据库 | RDP | http://rdp.cme.msu.edu/ | 核糖体数据库项目 |
| | Silva | http://www.arb-silva.de/ | rRNA 基因数据库 |
| | GREENGENES | http://greengenes.lbl.gov/Download/Sequence_Data/ | rRNA 基因数据库 |
| | BIGSdb | https://pubmlst.org/software/database/bigsdb/ | 细菌分离基因组序列数据库 |
| | EBI metagenomics | https://www.ebi.ac.uk/metagenomics/ | 提交和分析宏基因组学数据的门户 |

Kosina等(2018)介绍了微生物网(WoM:http://webofmicrobes.org)。它是第一个外代谢组学数据库和可视化工具。这种基于网络的数据可视化工具和基于质谱的外代谢组学研究的数据库能够连接微生物、代谢物和环境。Web界面显示了许多主要的特性:①接种或微生物激活前,在控制环境中存在的代谢物;②类似热图的显示,展示微生物活动导致代谢物增加或减少;③显示多个生物体对特定代谢物库作用的代谢网络;④代谢物相互作用评分,表明一个生物体与其环境的相互作用水平、与其他生物体交换代谢物的可能性以及与其他生物体竞争的可能性;⑤可下载的数据集,用于与其他类型的组学数据集集成。由此可见,将微生物特性与环境条件结合起来建立数据平台是一个发展趋势。

土壤微生物主导着陆地生态系统物质循环的各种重要过程,但是其中大部分土壤微生物还不能分离培养,它们的很多功能还未知。虽然宏基因组测序能够揭示微生物的物种信息和功能基因信息,但是通过宏基因组学基因的功能只能预测微生物群落的潜在功能。因此，为了推动土壤微生物组研究，采用创新的方法来揭示极度复杂的土壤微生物组内无数相互作用的细节和不同生物界内或间的相互作用。Jansson和Hofmockel(2018)提出宏表型组概念，认为其可用于解开复杂的微生物代谢相互依存关系，整合微生物组的基因潜力和对资源的利用将会是下一个前沿方法。显然，土壤微生物组内相互作用特性必须与环境条件结合起来统一考虑。

由于土壤是地球陆地生态系统中最重要的，以及各种物理、化学和生物交互活动最频繁的场所，土壤微生物活动涉及土壤养分供应、土壤大气气体交换、土壤养分流失与水体富营养化等生态环境过程。因此，随着高通量测序的普及，土壤微生物研究近年来呈爆发式增长。为了更好地评估土壤微生物群落及其与不同的土壤管理和环境影响相关的过程，需要建立新的微生物数据库。Choi等(2016)建立了一个土壤相关生物922个基因组的数据库Refesoil(888个细菌和34个古菌)，并利用这个数据库评估了土壤中富集的菌门，研究发现与RefSeq相比，Refsoil含有更高比例的装甲菌门、芽单胞菌门、热脱硫杆菌门、酸杆菌门、消化螺旋菌门和绿弯菌门等，这表明这些菌门可能在土壤中富集或在RefSeq数据库中较为稀缺。

土壤微生物数据库建设，与传统起源于微生物的数据库不同，必须考虑土壤微生物的空间及环境条件特殊性，以及在尺度下的广泛变异性。土壤微生物数据库典型的特点是更多依赖于土壤数据、集成微生物数据，以及相应的数据分析功能模块，方便进行土壤微生物地理研究。

(潘贤章　潘　恺　郭志英)

## 14.3.2　土壤微生物数据平台的设计

### 14.3.2.1　土壤微生物数据库建设的必要性

土壤是地球上最多样化的生物栖息地之一，除了包含较大的生物体，如植物的根系、线虫、蚂蚁或鼹鼠，还包含大量的细菌和真菌等微生物群体。每克土壤中微生物数量就可能有数十亿，微生物物种可高达数万甚至数十万。土壤生物具有各种各样的生态功能，成为地球关键元素循环过程的重要驱动者(Torsvik，2002；Veresoglou，2015；朱永官，2017)。然而，传统的实验室培养法分离鉴定的土壤微生物种类数量较少，只是庞大微生物群体中的一小部分。根据国际原核生物分类学委员会资料，平板培养法仅发现原核种类7031种（Achtman，2008）。近年来，高通量测序和生物信息学的快速发展，为大规模、高效低价检测土壤微生物多样性提供了新的技术手段，极大地推动了土壤微生物学的发展。

传统土壤数据库、土种数据库通常体量较小，而高通量测序会产生海量数据。高通量测序产生的一个样本数据即可以数百兆，各种分析过程和分析结果都会产生大量数据。如何进行管理、加工、共享，以及进一步分析又成为新的课题，迫使生物学家不得不加入大数据俱乐部（Marx，2013），参考大数据的存储和管理方法。这种努力反过来又促进了生物专业数据库和参考数据库、标准化与质量控制、数据分析挖掘工具等平台性支撑技术的发展与完善。

然而，已有通用平台对土壤微生物多样性研究重点关注的方向，如土壤微生物物种及功能多样性与环境因子相关性的数据挖掘、土壤微生物多样性空间分布制图等，都难以提供直接的支撑。此外，这些通用平台大都仅对土壤微生物组数据资源进行了整合，尚缺乏与微生物多样性分布有关的环境背景数据资源，如土壤pH、土壤有机碳含量等。相关研究人员不得不重新花费大量时间来发现、获取、整合数据资源，由此影响了工作效率。

2014年开始，中国科学院实施了战略性先导科技专项（B类）“土壤－微生物系统功能及其调控”，该项目的重点研究方向之一就是构建包含数据整合、可视化分析、制图等功能的土壤微生物组数据平台。目前，该平台已经完成了数据集成整合、可视化分析以及空间制图等功能的构建。本节主要对该平台的架构和初步实现的功能进行介绍。

#### 14.3.2.2 平台的架构设计

中国土壤微生物数据平台直接服务于“土壤－微生物系统功能及其调控”先导项目，同时考虑为国内土壤微生物研究提供公共服务平台。为满足项目数据整合集成的要求，并兼顾未来的持续建设发展，平台采用了基于B/S的可扩展架构设计，具体包括基础设施层、数据资源层、应用支撑层、管理业务层、用户服务层5个层次，以及配套的标准规范体系及运维保障体系，其总体架构如图14.3.1所示。

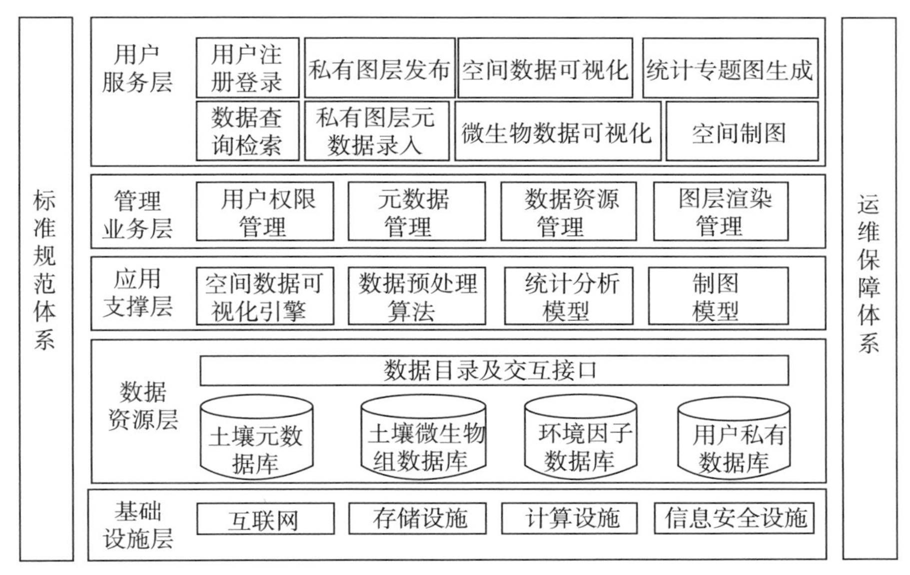


图14.3.1　中国土壤微生物组数据平台总体架构

(1)基础设施层

土壤微生物数据平台基础设施层主要为平台提供足够的数据存储能力、计算能力、网络带宽及信息安全保障等，其组成部分包括网络、服务器、防火墙等硬件设施。土壤微生物组数据具备一定的大数据“4V”特征，即海量的数据规模(volume)、多样的数据类型(variety)、快速的数据增长(velocity)和巨大的数据价值(value)。该平台通过虚拟化等技术将10余台服务器集群的硬件资源池化，以作为土壤微生物组数据存储及计算分析的基础，同时采用了独立的Web服务器用于响应用户请求、提供空间数据引擎及调用模型算法等，从而提升了服务器的安全性和可扩展性。

(2)数据资源层

数据资源层是平台数据资源管理的基础，除了基础的土壤数据库，还包括土壤元数据库、土壤微生物组数据库、环境因子数据库、用户私有数据库以及统一的数据目录和交互接口。其中，数据目录是从元数据库提取数据库关键描述信息生成，包括数据精度、数据来源、投影坐标体系等，交互接口负责控制管理其他层对数据资源层的查询、修改、存储等操作。

平台的数据资源分为开放性数据资源与私有数据资源两大类。所有用户可在线浏览分析开放性数据资源，包括平台收集整合的土壤微生物组数据库、环境因子数据库;而私有数据资源,即用户私有数据库,是由用户通过平台接口上传入库的数据,属于上传者本人所有,其他用户无法浏览或获取。除了访问权限不同,私有数据资源与开放数据资源均可使用平台可视化分析、空间制图等功能,并可进行叠加等交互分析。

(3)应用支撑层

应用支撑层是平台提供用户服务的基础保障,负责提供平台运行环境、工作流程和模型算法等方面的支撑。该平台应用支撑层主要有空间数据可视化引擎、数据预处理算法、统计分析模型和制图模型等模块。其中,空间数据可视化引擎模块采用了ArcGIS Server开发引擎搭建实现,以提升平台应用服务的稳健性和跨浏览器兼容性;数据预处理算法模块主要针对平台空间数据的预处理,包括用户私有数据坐标统一、关系型数据与空间数据转换、制图数据自定义生成等;统计分析模型模块涉及平台微生物组数据及环境数据的常用统计功能,包括相对丰度柱状图、时序数据分析、象限图分析等;制图模型模块集成了土壤学领域常用的空间制图方法,如反距离权重、克里金法等,从而方便用户快速在线制图并导出相关结果。

(4)管理业务层

管理业务层是管理员开展日常管理工作的保障。该平台管理业务层包括用户权限管理、元数据管理、数据资源管理、图层渲染管理等模块。管理员通过本层次持续更新平台开放数据资源,并确保其元数据完整、图层渲染规则合适。由于要管理海量的土壤微生物组数据、环境因子数据及相关元数据,所以平台在实现基础管理配置功能的同时考虑了管理人员操作的便捷性,提供对数据资源的排序、筛选等辅助设置功能。

(5)用户服务层

用户服务层直接与用户交互,由于本平台采用了B/S的架构,平台通过Web直接向用户提供数据与计算服务,从而解决不同操作系统环境下常见的兼容性问题。用户服务具体包括用户注册登录、数据查询检索、私有图层发布、私有图层元数据录入、空间数据可视化、微生物数据可视化、统计专题图生成、空间制图等模块,涵盖土壤微生物组数据及环境因子数据整合集成、处理分析、可视化直至最终多样性分布制图的整个环节,为用户提供微生物数据分析处理的一站式平台服务。

#### 14.3.2.3　土壤微生物数据库建设

(1)数据资源整合

数据资源整合并建库是开展土壤微生物多样性知识发现和分布制图的基础。平台收集整合的数据资源包括土壤微生物组数据、环境因子数据及其他相关数据。整合的数据资源通过元数据库进行统一描述,包括各数据集的数据精度、数据来源、投影坐标体系、采集生产方式、土壤分类体系、数据生产时间等,确保数据具有良好的完整性与可用性。元数据库建设依据国标《土壤科学数据元数据》(GB/T　32739—2016)。

平台开放数据资源中,除用户私有数据库是来源于用户上传外,土壤微生物组数据主要来源于微生物专项分析产生的海量土壤微生物多样性数据,由于专项采用了统一采样、分析的标准规范及方法,确保了该部分数据具备良好的可用性。而环境因子数据主要来源于中国土壤数据库(http://vdb3.soil.csdb.cn/),具体涵盖从90m、100m到1km多分辨率的多尺度土壤类型因子、理化因子、气候因子、生物因子、人为因子等。其中,土壤类型因子包括发生分类、系统分类、美国系统分类、WRB分类等多种土壤分类体系数据;理化因子包括土壤pH、有机质含量、全氮含量、全磷含量等可能影响土壤微生物多样性分布的数据;气候因子包括年均温度、年均降雨量数据;生物因子包括植被指数、覆盖度、生物量等数据;人为因子则包含土地利用、行政区划等数据。除已经成图的土壤空间数据外,原始的土壤样品位置及对其进行实验分析得到的理化属性也通过空间化转换步骤集成到平台开放数据库中。平台整合开放的数据资源为用户通过平台开展与私有数据的叠加分析、研究微生物多样性分布与地理环境相关性、绘制微生物多样性分布图提供数据支撑。平台开放数据资源体系如图14.3.2所示。

(2)数据库实现

数据库采用PostgreSQL数据库代替传统的“关系型数据库+ArcSDE”模式,使平台可直接通过PostgreSQL数据库管理空间数据。与传统的空间数据管理模式相比,PostgreSQL数据库不仅具有开源、免费的优势,还具有更优秀的空间数据管理性能,更适合土壤微生物组数据平台数据管理,具体体现在以下四个方面。

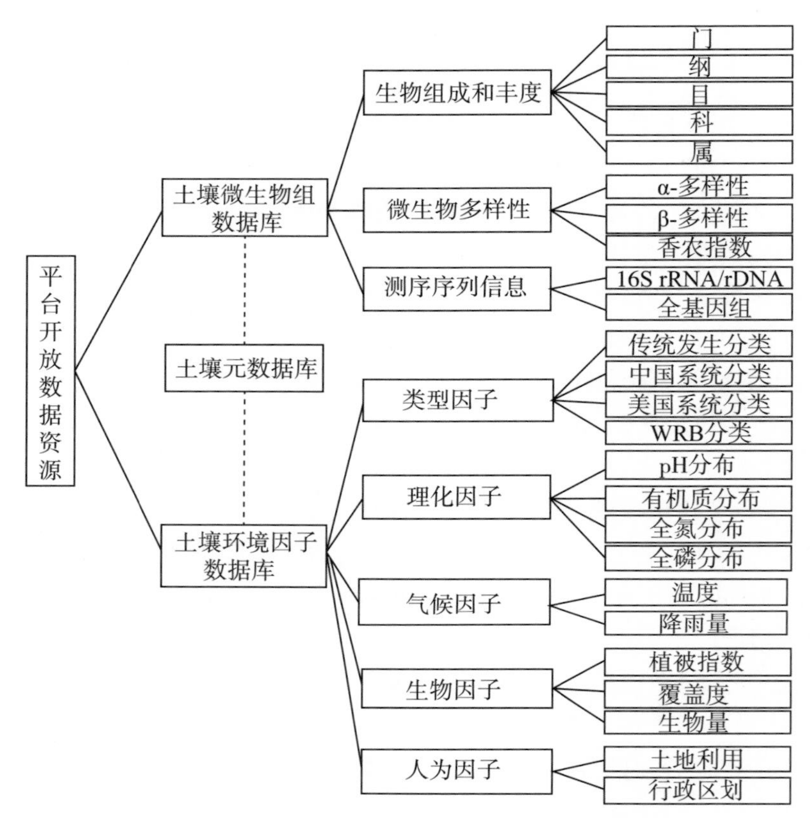


图 14.3.2 中国土壤微生物组数据平台开放数据资源体系

1)可扩展性强:支持PostgreSQL的第三方开源软件很多,有利于提升系统能力的可扩展性。如针对本平台分布式集群的基础设施层架构,有Pgpool、Pgcluste等开源软件支持PostgreSQL,从而解决集群数据传输中读写分离、负载均衡、数据水平拆分等问题。

2)功能完善:PostgreSQL对空间数据存储和分析功能的支持已经很完善,而本平台整合的数据资源以空间数据为主,涉及有关的空间数据分析功能,如空间关系分析、拓扑分析等,在PostgreSQL都有相应的SQL函数支持。

3)兼容性好:PostgreSQL本身是跨平台的数据库软件,在各主流操作系统上都能应用,同时,主流的GIS平台软件,如ArcGIS、Mapinfo、PostGIS等都支持PostgreSQL数据库,这为该平台后续集成其他GIS平台的优势功能奠定了数据库层面的基础。

4)存取效率高:传统的空间数据管理,如Oracle结合ArcSDE,是原生的关系型数据库和外挂扩展的空间数据结构的结合，而采用PostgreSQL统一管理关系型和空间数据，是原生的关系型数据库和原生的空间数据结构（自带空间数据字段）的天然统一，从而提升平台对海量土壤微生物组数据的存取效率。

（潘贤章　潘　恺　郭志英）

## 14.3.3　土壤微生物数据平台的功能

### 14.3.3.1　平台功能设计

在数据资源整合及数据库建设完成的基础上，平台基于NET Web开发框架、IIS发布服务器、C#开发语言，遵循高内聚、低耦合的功能模块实现原则，采用ArcGIS Server作为空间数据管理及相关分析功能的开发引擎，初步建成了基于B/S的中国土壤微生物组数据平台（http://159.226.101.185/microbe），实现了数据管理模块、数据可视化模块、数据分析模块、用户管理模块4个模块建设。建成的功能模块涵盖数据服务前台与业务管理后台，为平台持续提供数据服务、维护与更新数据资源提供了支撑保障。建成的平台功能结构如图14.3.3所示。

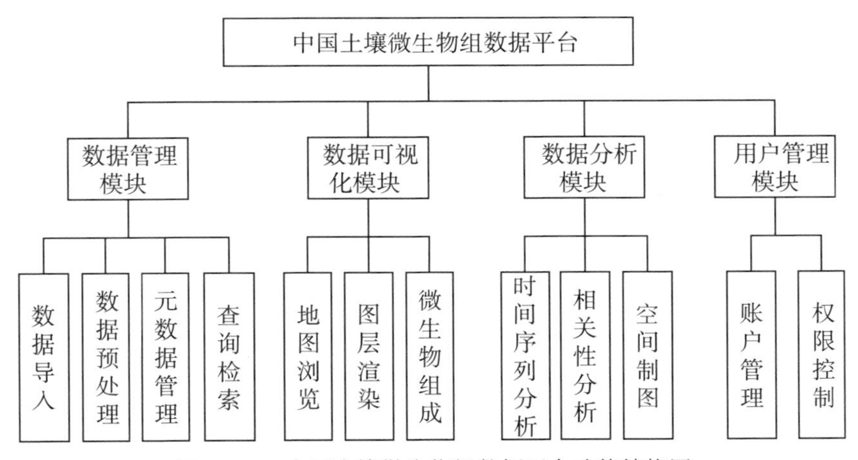


图14.3.3　中国土壤微生物组数据平台功能结构图

（1）数据管理模块

数据管理模块用于支撑平台数据资源的发布、管理及检索，具体包括数据导入、数据预处理、元数据管理、查询检索等功能。平台支持导入的数据格式除常用的空间数据格式.shp和.tif外，同时支持.csv、.xls、.xlsx等多种数据格式。数据导入平台的同时需要上传人员补充元数据信息，包括数据生产者、数据生产时间、投影坐标体系、简要描述等元数据信息。导入平台的数据经过属性数据空间化转化、地理坐标转换等预处理步骤，统一在平台发布，利用平台集成的查询检索工具可以对各图层字段信息进行快速检索以及空间定位。

（2）数据可视化模块

数据可视化模块主要针对平台空间数据浏览展示需求，结合土壤微生物组数据的特点，实现了地图浏览、图层渲染、微生物组成等可视化功能。其中，地图浏览功能包含图层目录、图层选取、视图切换、点查、测距、测面等地图浏览常用工具，为用户浏览使用平台空间数据提供支撑；图层渲染功能根据不同属性字段的类别或数值大小，渲染得到不同颜色图斑或不同大小散点进行展示，从而直观地表达某一属性字段的分布情况；微生物组成可视化是针对土壤微生物组成及丰度数据定制的可视化功能，通过叠加柱状图在地图上可视化地展示目标位置土壤微生物的组成及丰度，并可与平台其他数据，如土壤类型图等进行叠加展示。

（3）数据分析模块

平台数据分析模块通过集成土壤数据常用的统计分析模型，为用户开展土壤微生物多样性分布研究提供支撑。具体包括时间序列分析、相关性分析以及空间制图等数据分析功能。其中，时间序列分析通过折线图结合区域范围选择工具，分析展示目标属性含量在选定区域随时间变化的特征；相关性分析功能则利用象限散点图分析不同属性字段间的相关关系，结合分析得到的相关关系和平台开放数据资源，通过平台制图数据生成工具得到用于空间制图的属性图层，最终选取合适的制图模型，得到目标属性的分布图。

（4）用户管理模块

用户管理模块负责平台账户管理与用户权限控制，为平台访问安全和信息共享安全提供保障。用户分管理员与普通用户两类角色，不同角色用户拥有不同的操作权限。普通用户登录平台后，可以使用平台私有数据上传、元数据修改等私有数据管理功能，并可开展私有数据与平台公开数据的关联分析、空间分布制图等研究。管理员则拥有对平台开放数据资源管理的权限，包括开放数据发布、设置图层渲染规则等，确保平台持续稳定运行。

(5)附加功能——微生物基因测序数据分析

本平台还具有16S rRNA/rDNA基因测序数据分析的功能模块,由于性能相对独立,没有整合进本可视化系统中,在下一节做简单介绍。

(潘　恺　潘贤章)

## 14.3.4　微生物基因测序数据分析

随着高通量测序技术的发展以及海量测序数据的不断积累,测序数据分析技术也在不断革新中。自2000年左右到2022年,扩增测序数据的分析从序列直接注释分类到基于序列相似度的聚类算法,再到后来的基于单碱基变异的非聚类算法等,这一系列的改进为土壤微生物研究提供了强有力的工具。本节涉及的数据分析方法主要是以2015年左右广泛使用的基于聚类算法的数据分析流程为例进行介绍。

### 14.3.4.1　测序数据分析原理与方法

微生物群落高通量测序过程可以理解为是使用测序技术从环境整体微生物群落进行随机抽样的过程,这就要求抽取的样本量大小能够反映环境中微生物群落的整体情况。宏基因组测序对土壤DNA直接进行随机测序,通常需要达到足够高的数据通量,才能够覆盖微生物群落总体。与之相比,扩增子测序更加简便,通过对特定的基因以及特定基因的目标片段进行一定通量的测序,就可以达到群落调查的基本目的,如群落中有什么样的物种、每个物种在群落中所占比例。

常见的用于微生物物种群落调查的扩增子测序技术包括16S rDNA测序、18S rDNA测序、ITS测序及目标区域扩增子测序等。rRNA(核糖体RNA)分子在生物体中普遍存在,其一级结构中既具有高度保守的片段,又具有稳定变化的碱基序列。在漫长的生物进化过程中,rRNA分子保持相对稳定的生物学功能和保守的碱基序列,同时也存在着与进化过程相一致的突变率。rRNA结构可分为保守区(conserved domain)和可变区(variable domain)。保守区的片段反映了生物物种间的亲缘关系,而可变区的片段则能表明物种间的差异。为考察物种间的系统发育情况,那些保守的或高变的特征性核苷酸序列则是不同分类级别生物(如科、属、种)鉴定的分子基础。因此,通过研究rRNA基因序列,可以发现各物种间的系统发生关系。

Woese等(1980)在比较200多种原核生物和真核生物的16S(或18S) rRNA/rDNA的核苷酸序列图谱后,建立了古菌界(包括产甲烷菌、极端嗜盐菌和极端嗜热菌),将生物界重新划分为3域6界系统,即古菌、真菌和真核生物3个域,真核生物又包括原生动物、真菌、植物和动物4界。虽然古菌在细胞结构和和代谢方面更接近于原核生物,但在分子水平的DNA以及转录方面却非常类似于真核生物。16S rRNA基因序列分析结果表明,古菌与真菌之间的同源性差异大于原核与真核生物之间的差异。

细菌rRNA基因按沉降系数分为3种,分别为5S rRNA、16S rRNA和23S rRNA,大小分别约为120bp、1540bp和2904bp(以*Escherichia coli*为例)。5S rRNA的基因序列较短,易于测定,但是由于其缺乏足够的遗传信息,不适用于系统发生分类研究;相反,23S rRNA含有的核苷酸序列较长,但分析较困难。16S rRNA占细菌总RNA量的80%以上,基因序列长短适中,其结构中既有保守区,又有可变区,是较好的生物标志物。16S rRNA在漫长的进化过程中,由于其核苷酸序列、高级结构及生物功能等方面表现出高度稳定性,从而有微生物"化石"之称。16S rRNA成为研究人员最常利用的生物标志物,广泛应用于致病菌检测,微生物生态等相关研究中。现在人们已经认同16S rRNA/rDNA基因序列可用于评价微生物的遗传多态性和系统进化关系,在细菌分类学中可作为一个科学可靠的指标。在分类鉴定一些特殊环境下的微生物时,由于分离培养技术的限制,难以获得它们的纯培养菌株进行生理生化学等指标的分析,这样16S rRNA/rDNA序列分析的优越性就体现出来了。近来,许多研究人员从环境微生态系统中直接分离提取出16S rRNA/rDNA并进行序列分析,研究了包括哺乳动物肠道、沼泽淤泥和反刍动物瘤胃等许多复杂系统的微生物组成情况,发现了一些传统培养法研究未发现的新种类,极大地拓展了人们对环境中微生物多样性的认知。

人们根据16S rRNA基因不同区域序列的变异程度,将其分为9个可变区和9个保守区(见图14.3.5)。

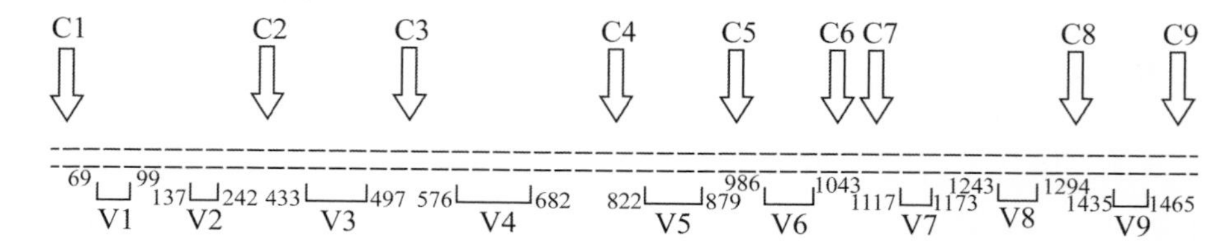


图14.3.5 16S rRNA基因序列的变异程度分区

真菌核糖体基因转录间隔区(internal transcribed spacer, ITS),又叫内转录间隔区,是位于真菌核糖体DNA(rDNA)上18S和26S基因之间的区域片段,主要包括内转录间隔区1(ITS1)、5.8S rDNA、内转录间隔区2(ITS2),其两侧分别是18S RNA基因和26S RNA基因(见图14.3.6)。真核生物rDNA中的18S、5.8S和26S的基因组序列趋于保守,在生物种间变化小,ITS作为非编码区,所受自然选择压力小,在进化过程中变异较快,在绝大多数真菌中表现出序列多态性,表现为种内相对一致,种间差异比较明显,非常适合用于真菌鉴定以及系统发育分析。ITS鉴定快速,分析准确,有效弥补了传统鉴定方法的不足。ITS的序列分析能实质性地反映出属间、种间以及菌株间的碱基排列差异,目前已被广泛应用于真菌属内不同种间或近似属间的系统发育研究。

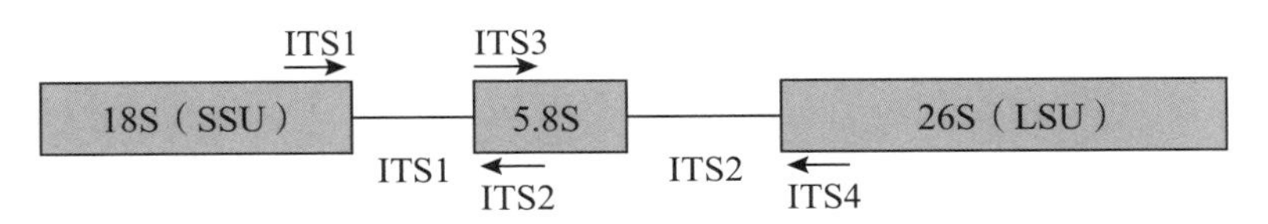

图14.3.6 真菌核糖体基因转录间隔区

需要注意的是,不同真核生物基因组中ITS区域的长度和碱基序列相差很大。例如,老鼠ITS1和ITS2区的长度分别为999bp和1089bp;而在瓢虫的基因组中,ITS1区长度为791~2572bp。具体到真菌多样性研究中,模式菌株酿酒酵母(*Saccharomyces cerevisiae*)ITS1区长度为361bp,ITS2区长度为232bp,粟酒裂殖酵母(*Schizosaccharomyces pombe*)ITS1区和ITS2区长度分别为412~420bp和300bp。

功能基因是指生物体内能够编码特定氨基酸序列的基因,比如微生物体内的*amoA*(氨氧化功能基因)、*pmoA*(甲烷氧化功能基因)、*nifH*(固氮功能基因)等。功能基因测序则是专门针对控制微生物特定功能的基因进行测序,为具有特定功能的微生物的划分提供一定的框架。功能基因的优越性有:①功能基因直接编码氨基酸,与功能直接相关;②功能基因较16S rRNA具有更高的变异性,从这个层面来说,其分辨率更高;③功能基因很少出现水平转移。

以*amoA*基因为例简单介绍。对于氨氧化细菌和氨氧化古菌而言,采用功能基因*amoA*去研究其多样性的重要原因是氨分子($NH_3$)是在氨单加氧酶(AMO)的作用下氧化为羟胺($NH_2OH$),而*amoA*基因直接编码氨单加氧酶。

因此，针对 *amoA* 基因的多样性分析能够清晰地反映氨氧化微生物群落的功能差异。氮素循环中的一个重要过程是硝化，包括氨氧化和亚硝酸盐氧化；而氨氧化是该过程的限速环节。氨氧化过程由氨单加氧酶和羟胺氧化酶分别催化，氨单加氧酶镶嵌在细胞内膜上，由编码 α，β，γ3 个亚基组的 *amoA*、*amoB*、*amoC* 等 3 个基因分别构成的三聚体膜结合蛋白。能够进行氨氧化这一功能的微生物主要是氨氧化细菌和氨氧化古菌，通常针对 *amoA* 基因进行微生物数量和群落结构的分析。氨单加氧酶基因 *amo* 在细菌、古菌体内的排列方式不同。因此，在分析氨氧化细菌和古菌的时候需要采用不同的引物。例如，用于分析氨氧化细菌的常见引物为 1F~2R，用于分析氨氧化古菌的常见引物为 23F~616R。*amoA* 基因较 16S rRNA 基因有更高的变异，对氨氧化微生物多样性解译的分辨率更高，80%*amoA* 基因相似度的两种氨氧化菌只有 3% 的 16S rRNA 基因差异。通常来说，具有某一特定功能的微生物在 16S rRNA 序列上可能有更高的相似性，因此，无法通过 16S rRNA 序列去鉴别其系统发育上的差异，需要采用功能基因对其群落进行分析。

扩增子测序实验环节通常按照如下流程执行。①明确研究对象。首先确定研究对象（细菌、真菌，还是具有某一功能的微生物），再根据研究对象查阅相关文献，确定系统进化标记特征的 DNA 序列以及设计和合成引物。②根据研究对象查阅相关文献确定测序片段，设计并合成引物；提取环境样品总 DNA，对目标片段进行 PCR 扩增。③产物纯化并进行质量检测，建立测序文库，上机测序。

此外，为了平衡测序通量与成本，采用多个样本混合上机检测。为了区分不同样本，会在引物前加一段特异性的已知序列，称为 Barcode 序列或者 Tag 序列或者 MIDs 序列。扩增引物分前、后引物。因此，Barcode 序列可以加在前引物或后引物上，也可以加在后引物上，还可以两端都加。

#### 14.3.4.2 数据分析流程

扩增子数据分析流程具体来说主要有以下几个步骤。①在测序数据下机之后获得原始数据，即粗质量序列；根据每个样本对应的标签序列对原始数据进行数据拆分，获得单个样本的有效序列。②对各样本的有效序列进行质量控制，最常用的方法是平均质量分数法；质控后的数据还可进行进一步的针对性质控，可使用 usearch、ITSx、Metaxa 等方法去除嵌合体序列、优化 ITS 序列和去除宿主污染序列。③对高质量序列聚类 OTUs，将大于一定相似度或者距离小于一定阈值的序列标记为“组”,即OTUs。④注释。海量的序列在上一步中被归并成OTUs。每个OTU对应的物种需要与已知的物种数据进行比对,获得物种谱系信息。⑤构建生物群落矩阵,即以表格形式来表示群落调查的主要结果,通常横行代表样本,纵列表示物种。⑥构建进化树。每个OTU抽取一条代表序列进行多序列比对和进化树构建考察OTUs之间的亲缘关系远近。⑦后续统计分析常见的方法和手段包括物种相对丰度的比较(累积柱状图、热图、面积图等)、稀释曲线分析、α-多样性分析、β-多样性分析(如PCA、NMDS、PcoA、聚类分析等)、物种分析(Venn图分析、LefSe分析差异物种等)和环境因子驱动分析(CCA、envfit、mantel相关性、方差分解、多元回归树等)。

(郭志英)

## 14.3.5　土壤微生物平台的应用案例

### 14.3.5.1　平台应用示例

中国土壤微生物组数据平台的核心是在整合土壤微生物组数据与环境因子数据的基础上,通过回归分析等多种分析方法,建立土壤微生物多样性与环境因子的对应关系,并最终依据相关关系开展土壤微生物多样性空间分布制图。本节以表14-3-2的数据(示例数据,仅供展示)为例,从数据上传、相关性分析、空间制图等环节展示平台在土壤微生物多样性分布研究领域的应用。

(1)数据上传

原始数据以常用的.xlsx格式保存,采样区域为徐州市范围,数据包含样品编号、经纬度、pH以及OTUs属性字段。用户登录平台后,通过前台“上传数据”功能将.xlsx格式文件中的属性数据导入到平台数据库中,同时选择数据存放目录,指定经纬度字段(见图14.3.7),并补充元数据信息,主要包含数据生产者、数据生产时间、数据简要描述等。平台检查上传的数据格式以及指定信息无误后,通过空间化步骤将上传的关系型数据转换成统一地理坐标的空间数据进行发布,成功发布后用户即可开展可视化的地图浏览及分析。

(2)相关性分析

数据上传成功后,利用平台象限图工具进一步分析不同属性间的相关性。首先选取研究字段,本例中即pH和OTUs字段。生成象限图效果如图14.3.8所示。通过象限图发现在研究区域内,土壤微生物OTUs含量与pH含量具备一定的线性关系,进一步得到其线性回归方程为:$Y$=831.68, $X$-1971.8, $R^2$为0.8689,其中$Y$代表OTUs含量,$X$代表pH。

**表14-3-2 土壤微生物多样性分布制图示例数据**

| 编　号 | pH | OTUs | 经　度 | 纬　度 |
|---|---|---|---|---|
| S1 | 7.70 | 4499 | 116.461835E | 34.699124N |
| S2 | 7.87 | 4221 | 116.622811E | 34.573669N |
| S3 | 7.77 | 3534 | 116.792986E | 34.854725N |
| S4 | 5.72 | 2445 | 117.078144E | 34.604111N |
| S5 | 5.84 | 2576 | 116.811384E | 34.638321N |
| S6 | 5.56 | 2737 | 117.041355E | 34.322185N |
| S7 | 6.78 | 4218 | 117.174732E | 34.371785N |
| S8 | 7.17 | 4397 | 116.627411E | 34.813007N |
| S9 | 7.11 | 4847 | 117.193128E | 34.138808N |
| S10 | 4.72 | 1941 | 117.377111E | 34.242007N |
| S11 | 4.41 | 1582 | 117.225323E | 34.428968N |
| S12 | 4.17 | 1218 | 117.501282E | 34.444212N |
| S13 | 4.68 | 2185 | 117.041355E | 34.569864N |
| S14 | 4.49 | 1877 | 117.469087E | 34.161752N |
| S15 | 4.71 | 1917 | 117.648461E | 34.234367N |

图14.3.7　数据上传示例

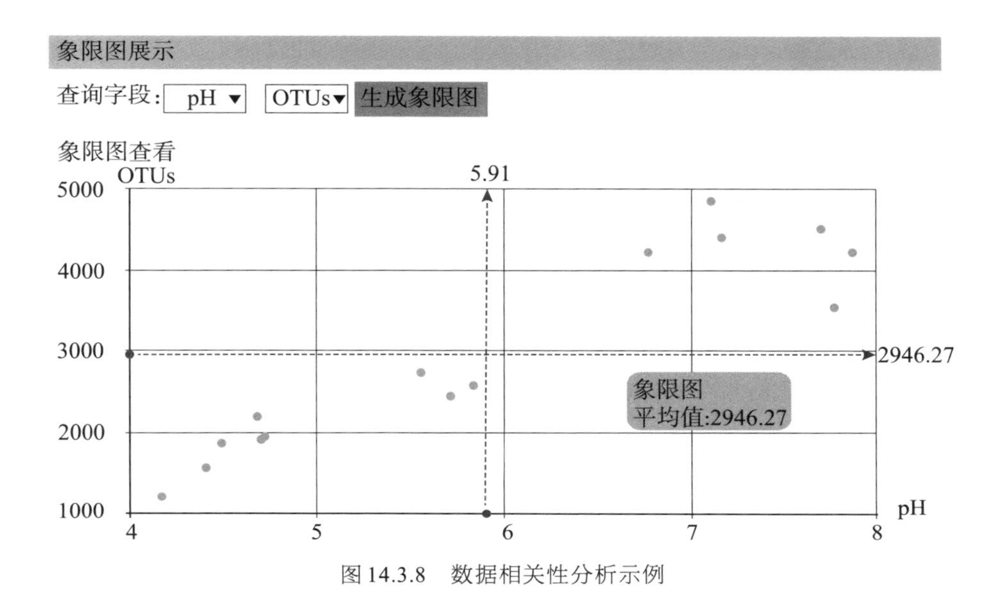


图14.3.8　数据相关性分析示例

(3)空间分布制图

基于得到的土壤微生物多样性与理化因子相关关系,结合平台开放数据资源,进一步开展微生物多样性空间分布研究,具体包括数据准备和空间制图两个步骤。利用平台"制图数据生成"工具,选择开放数据资源中的"二普"典型土种剖面pH数据,输入得到的线性回归方程,生成用于绘制"二普"期间某区域OTUs空间分布图的数据图层。完成数据准备工作后,通过"空间插值制图"功能,选择合适的制图方法,绘制得到"二普"时期的徐州市土壤微生物OTUs分布图,并可以与基于新采集样品绘制得到的现阶段OTUs分布图开展对比分析等研究。

(潘贤章　潘　恺　郭志英)

# 参考文献


艾为党,李晓林.2000.玉米、花生根间菌丝桥对氮传递的研究.作物学报,26(4):473-481.

鲍士旦.2011.土壤农化分析3版.北京:中国农业出版社.

毕银丽,陈书琳,孔维平,等.2014.接种微生物对大豆及其根际土壤的影响.生态科学,33(1):121-126.

蔡东,肖文芳,李国怀.2010.施用石灰改良酸性土壤的研究进展.中国农学通报,26(9):206-213.

蔡观,胡亚军,王婷婷,等.2017.基于生物有效性的农田土壤磷素组分特征及其影响因素分析.环境科学,38(4):1606-1612.

蔡泽江,孙楠,王伯仁,等.2011.长期施肥对红壤pH、作物产量及氮、磷、钾养分吸收的影响.植物营养与肥料学报,17(1):71-78.

参考文献

曹宁.2006.基于农田土壤磷肥力预测的我国磷养分资源管理研究.西北农林科技大学.

曹鹏.2012.土壤古菌的多尺度分布特征及其生态学机制.北京:中国科学院大学博士学位论文.

曹卫东,贾继增,金继运.2001.小麦磷素利用效率的基因位点及其交互作用.植物营养与肥料学报,7(3):285-292.

曹志洪,周健民等.2008.中国土壤质量.北京:科学出版社.

曾德慧,陈广生.2005.生态化学计量学:复杂生命系统奥秘的探索.植物生态学报,29(06):141-153.

陈东义,2009.豫东小麦高产创建中“氮肥后移”技术措施.中国农技推广,25(11):36-36.

陈静,刘荣辉,陈岩贽,等.2018.重金属污染对土壤微生物生态的影响.生命科学,30:667-672.

陈静洁,梁林洲,董晓英,等.2015.土施糖类对丛枝菌根真菌侵染率和产孢的影响.菌物学报,03:394-401.

陈领,宋延龄.2005.生物地理学理论的发展.动物学杂志,4:111-120.

陈能汪,吴杰忠,段恒轶,等.2010.$N_2$:Ar法直接测定水体反硝化产物溶解$N_2$.环境科学学报,30,2479-2483.

陈宁,王幼珊,杨延杰,等.2007.不同氮磷比例营养液对AMF生长发育的影响.植物营养与肥料学报，13：143-147.
陈琼贤，郭和蓉，彭志平，等.2005.营养型土壤改良剂对玉米的增产效果和对土壤肥力的影响.土壤通报，36(3)：463-464.
陈文新，汪恩涛，陈文峰.2004.根瘤菌-豆科植物共生多样性与地理环境的关系.中国农业科学，37(1)：81-86.
程传敏，曹翠玉.1997.干湿交替过程中石灰性土壤无机磷的转化及有效性.土壤学报，(4)：382-391.
程凤娴，曹桂芹，王秀荣，等.2008.华南酸性低磷土壤中大豆根瘤菌高效菌株系的发现及应用.科学通报，53(23)：2903-2910.
褚海燕，王艳芬，时玉，等.2017.土壤微生物生物地理学研究现状与发展态势.中国科学院院刊，32：585-592.
丁恺.2014.内蒙古天然草地细菌和氮循环微生物功能群分布对降水和围栏封育的响应研究.北京：中国科学院大学.
董昌金，姚发兴，赵斌.2006.类黄酮对AMF侵染菌丝生长及酶活性的影响.土壤学报，43(3)：473-477.
董立国，袁汉民，李生宝，等.2010.玉米免耕秸秆覆盖对土壤微生物群落功能多样性的影响.生态环境学报，19：444-446.
董明哲，陈香碧，冯书珍，等.2016.秸秆还田后农田土壤中纤维素的降解特征及其影响因素.生态学杂志，35：1834-1841.
董智，解宏图，张立军，等.2013.东北玉米带秸秆覆盖免耕对土壤性状的影响.玉米科学，21：100-103，108.
窦新田，李新民，王玉峰.1997.黑龙江省土著大豆根瘤菌的数量分布及共生结瘤特性.土壤通报，28(1)：44-45.
杜雷，王素萍，陈钢，等.2017.一株高效解磷细菌的筛选、鉴定及其溶磷能力的研究.中国土壤与肥料，3：136-141.
范业宽，李世俊.2004.Bowman-Cole石灰性土壤有机磷分组法的改进.土壤通报，35(6)：743-749.
冯书珍，陈香碧，何寻阳，等.2015.不同土地利用方式及施肥措施对红壤木质素积累特性的影响.农业环境科学学报，34：1761-1768.
冯书珍，陈香碧，何寻阳，等.2015.长期施肥下亚热带典型农田(旱地)土壤木质素的积累特性.应用生态学报，26：93-100.
冯跃华，张杨珠.2002.土壤有机磷分级研究进展.湖南农业大学学报：自然科学版，28(3)：259-264.
高子勤，张淑香.1998.连作障碍与根际微生态研究□.根系分泌物及其生态效应.应用生态学报,9(5):549-554.

葛源,贺纪正,郑袁明,等.2006.稳定性同位素探测技术在微生物生态学研究中的应用.生态学报,26(5):1574-1582.

弓明钦,陈应龙,仲崇禄.1997.菌根研究及应用.北京:中国林业出版社.

郭和蓉,陈琼贤,郑少玲,等.2004.营养型土壤改良剂对酸性土壤中磷的活化及玉米吸磷的影响.华南农业大学学报,25(1):29-32.

郭和蓉,陈琼贤,郑少玲,等.2007.营养型酸性土壤改良剂对氮素吸收利用的影响.华中农业大学学报,26(2):191-194.

郭继勋,祝廷成.1997.羊草草原土壤微生物的数量和生物量.生态学报,1:78-82.

郭丽娜.2012.科尔沁盐渍化草地土壤生物活性及微生物多样性研究.沈阳:东北大学.

郭庆华,杨维才,吴芳芳,等.2018.高通量作物表型监测:育种和精准农业发展的加速器.中国科学院院刊,33:940-946.

郭英荣,雷平,晏雨鸿,等.2015.江西武夷山黄岗山西北坡植物物种多样性沿海拔梯度的变化.生态学杂志,34:3002-3008.

郭玉春,林文雄.2003.低磷胁迫下不同磷效率水稻苗期根系的生理适应性研究.应用生态学报,14:61-65.

国家林业局.2015.中国林业统计年鉴.北京:中国林业出版社.

韩丽丽,吴娟,马燕天,等.2017.环境微生物转录组学研究进展.基因组与应用生物学,36(12):5210-5216.

韩晓飞,高明,谢德体,等.长期保护性耕作制度下紫色土剖面无机磷变化特征.环境科学,2016,37(6):2284-2290.

郝占庆,于德永,杨晓明,等.2002.长白山北坡植物群落α多样性及其随海拔梯度的变化.应用生态学报,7:785-789.

何电源.1994.中国南方土壤肥力及栽培作物施.北京:科技出版社.

何红波.2005.土壤氨基糖微生物转化与机理探讨.沈阳:中国科学院沈阳应用生态研究所.

何萍,金继运.2012.集约化农田节肥增效理论与实践.北京:科学出版社.

何树斌,郭理想,李菁,等.2017.丛枝菌根真菌与豆科植物共生体研究进展.草业学报,1:187-194.

何亚婷,董云社,齐玉春,等.2010.草地生态系统土壤微生物量及其影响因子研究进展.地理科学进展,29:1350-1359.

何莹.2015.酸性土壤调理剂对石灰性土壤无机磷转化的影响.北京:中国农业科学院.

贺纪正，葛源.2008.土壤微生物生物地理学研究进展.生态学报，28:5571-5582.
贺纪正，陆雅海，傅伯杰.2015.土壤生物学前沿.北京：科学出版社.
贺纪正，袁超磊，沈菊培，等.2012.土壤宏基因组学研究方法与进展.土壤学报，49(1)，155-164.
贺金生，韩兴国.2010.生态化学计量学：探索从个体到生态系统的统一化理论.植物生态学报，34(1):2-6.
胡军林，2008.主要农作物缺氮症状及防治措施.农技服务，1:43.
胡君利，李博，林先贵，等.2008.双孢菇培养基废料对绿豆生长及AMF侵染的影响.生态与农村环境学报，24:61-65.
胡振宇，黄怀琼，刘世全.1994.快生型花生根瘤菌株与土著性根瘤菌竞争结瘤能力的探讨.四川农业大学学报，12:12-18.
华洋林，赵继伦，潘力.2004.嗜碱菌的特性及其应用前景.生命的化学，24:358-360.
黄荣，孙虎威，刘尚俊，等.2012.低磷胁迫下水稻根系的发生及生长素的响应.中国水稻科学，26:563-568.
贾仲君，2011.稳定性同位素核酸探针技术DNA-SIP原理与应用.微生物学报，51:1585-1594.
贾仲君，蔡元锋，贠娟莉，等.2017.单细胞、显微计数和高通量测序典型水稻土微生物组的技术比较.微生物学报，57(6):899-919.
姜雪莲，2015.AMF泌出物在植物基础代谢和响应磷胁迫中的作用机制研究.合肥：中国科学技术大学.
蒋柏藩，顾益初.石灰性土壤无机磷分级体系的研究.中国农业科学，1989，22(3):58-66.
蒋柏藩，鲁如坤，李庆逵.1979.《中国土壤磷素养分潜力概图》及其说明.土壤学报，16(1):17-21.
焦晓光，梁文举，陈利军，等.2004.脲酶／硝化抑制剂对土壤有效态氮、微生物量氮和小麦氮吸收的影响.应用生态学报，15(10):1903-1906.
矫威.2014.不同改良剂对作物生长发育及酸性土壤理化性状的影响.华中农业大学.
巨晓棠，谷保静.2014.我国农田氮肥施用现状、问题及趋势.植物营养与肥料学报，20(04):783-795.
巨晓棠，潘家荣，刘学军，等.2003.北京郊区冬小麦/夏玉米轮作体系中氮肥去向研究.植物营养与肥料学报，9(3):264-270.
赖丽芳，吕军峰，郭天文，等.2009.平衡施肥对春玉米产量和养分利用率的影响.玉米科学，17(2):130-132.
李昂.2014.四种土壤调理剂对酸性土壤铝毒害改良效果研究.北京：中国农业科学院.

李春俭.1999.植物对缺磷的适应性反应及其意义.世界农业,7:35.
李德华,向春雷,姜益泉,等.2006.低磷胁迫下不同水稻品种根系生理特性的研究.华中农业大学学报,25:626-629.
李冬初,李菊梅,徐明岗,等.2004.有机无机肥配施对红壤稻田氮素形态及水稻产量的影响.湖南农业科学,31(03):23-25.
李欢欢,黄玉芳,王玲敏,等.2009.河南省小麦生产与肥料施用状况.中国农学通报,25:426-30.
李靖宇,刘建利,张琇,等.2018.腾格里沙漠东南缘藓结皮微生物组基因多样性及功能.生物多样性,26(7):727-737.
李九玉,赵安珍,袁金华,等.2015.农业废弃物制备的生物质炭对红壤酸度和油菜产量的影响.土壤,47(2):334-339.
李利华,邱旭华,李香花,等.2009.低磷胁迫水稻根部基因表达谱研究.中国科学:生命科学,39:549-558.
李楠,单保庆,张洪,等.北运河下游典型灌渠沉积物有机磷形态分布特征.环境科学,2010,31(12):2911-2916.
李鹏,张敬智,魏亚,等.配方施肥及磷肥后移对单季稻磷素利用效率、产量和经济效益的影响.中国水稻科学,2016,30(1):85-92.
李淑敏,孟令波,张晶.2004.丛枝菌根真菌和根瘤菌对蚕豆吸收有机磷的促进作用.北方园艺,4:54-55.
李淑敏,武帆.2011.大豆/玉米间作体系中接种AMF和根瘤菌对氮素吸收的促进作用,植物营养与肥料学报,17(1):110-116.
李文凤,兰平.2019.植物小肽研究进展I:来源、鉴定和调控.土壤,51(6):1049-1056.
李晓波,张威,田秋香,等.2011.尿素向氨基糖的转化以及对土壤氨基糖库动态的影响.土壤学报,48(6):1189-1195.
李晓林,冯固.2001.丛枝菌根真菌的生态生理.北京:华夏出版社.
李晓林,姚青.2000.VA菌根与植物的矿质营养.自然科学进展,10(6):524-531.
李欣欣,许锐能,廖红.2016.大豆共生固氮在农业减肥增效中的贡献及应用潜力.大豆科学,35(4):531-535.
李永夫.2006.水稻适应低磷胁迫的营养生理机理研究.杭州:浙江大学.
李增强,赵炳梓,张佳宝.2016.13C标记磷脂脂肪酸分析在土壤微生物生态研究中的应用.中国生态农业学报,04:1671-3990.
李志贤,王建武,杨文亭,等.2010.广东省甜玉米/大豆间作模式的效益分析.中国生态农业学报,18(3):627-631.
李忠佩,刘明,江春玉.2015.红壤典型区土壤中有机质的分解、积累与分布特征研究进展.土壤,47(2):220-228.
廖佳丽.测土配方施肥水稻3414肥料效应的研究.中国农学通报,2010,26(13):213-218.
林先贵.2010.土壤微生物研究原理与方法.北京:高等教育出版社.
蔺中,孙礼勇,陈昊,等.2012.稳定性同位素探针技术在土壤功能微生物原位鉴定的应用.农业环境科学学报,31:1-6.
刘秉儒,张秀珍,胡天华,等.2013.贺兰山不同海拔典型植被带土壤微生物多样性.生态学报,33:7211-7220.
刘驰,李家宝,芮俊鹏,等.2015.16SrRNA基因在微生物生态学中的应用:现状和问题.生态学报,35:1-9.
刘光崧.1996.土壤理化分析与剖面描述.北京:中国标准出版社.
刘慧,刘景福.1999.不同磷营养油菜品种根系形态及生理特性差异研究.植物营养与肥料学报,5:40-45.
刘静,刘洁,金海如.2012.丛枝菌根真菌菌剂的生产及应用概述.贵州农业科学,40:79-83.
刘均霞,陆引罡,远红伟,等.2008.玉米/大豆间作条件下作物根系对氮素的吸收利用.华北农学报,23(1):173-175.
刘宁,何红波,解宏图,等.2011.土壤中木质素的研究进展.土壤通报,42:991-996.
刘宁,张威,何红波,等.2010.固相萃取-气相色谱法测定土壤中木质素.分析仪器,6:30-33.
刘润进,李晓林.2000.丛枝菌根及其应用.北京:科学出版社.
刘爽,张兴义.2012.不同耕作方式对黑土农田土壤水分及利用效率的影响.干旱地区农业究,30:126-131.
刘玉槐,魏晓梦,祝贞科,等.2017.土壤原位酶谱技术研究进展.土壤通报,48:1268-1274.
刘智蕾.2015.丛枝菌根真菌提高水稻低温抗性机制:碳、氮代谢及植物激素的作用.长春:中国科学院东北地理与农业生态研究所.
鲁如坤,时正元.2001.退化红壤肥力障碍特征及重建措施Ⅲ.典型地区红壤磷素积累及其环境意义.土壤(5):227-231.
鲁如坤.2003.土壤磷素水平和水体环境保护.磷肥与复肥,18:4-6.
吕焕哲,王凯荣,谢小立,等.2007.有机物料对酸性红壤铝毒的缓解效应.植物营养与肥料学报,13(4):637-641.
马挺,刘如林.2002.嗜热菌耐热机理的研究进展.微生物学通报,29:86-89.
明凤,米国华,张福锁,等.2000.水稻对低磷反应的基因型差异及其生理适应机制的初步研究.应用与环境生物学报,6:138-141.
穆环珍,何艳明,杨问波,等.2004.制浆废液处理污泥改良酸性土壤的试验研究(Ⅱ)——污泥改土对小麦、玉米生长发育的影响.农业环境科学学报,23(4):720-722.
倪仲吾,孙羲,杨肖娥,等.1990.有机无机肥配施对土壤中磷的有效性和水稻生长及产量的影响.土壤通报(04):167-169.
彭剑涛.2010.外生菌根真菌氮、钾营养特性及其对汞胁迫的反应.重庆:西南大学.
彭少兵,黄见良,钟旭华,等.2002.提高中国稻田氮肥利用率的研究策略.中国农业科学,35:1095-1103.
朴世龙,方精云,贺金生,等.2004.中国草地植被生物量及其空间分布格局.植物生态学报,28:491-498.
亓合媛,孙清岚,马俊才.2017.微生物组大数据管理与分析.微生物学报,57(6):932-941.
钦绳武,顾益初,朱兆良.1998.潮土肥力演变与施肥作用的长期定位试验初报.土壤学报,35(3):367-375.
秦芳玲,王敬国.2000.VA菌根真菌和解磷细菌对红三叶草生长和氮磷营养的影响.草业学报,9(1):9-14.
秦红灵,陈安磊,盛荣,等.稻田生态系统氧化亚氮($N_2O$)排放微生物调控机制研究进展及展望.农业现代化研究,2018,39(6):922-929.
秦胜金,刘景双,王国平,等.三江平原不同土地利用方式下土壤磷形态的变化.环境科学,2007,28(12):2777-2782.
全国土壤普查办公室.1998.中国土壤.北京:中国农业出版社.
任海,彭少麟.1999.鼎湖山森林生态系统演替过程中的能量生态特征.生态学报,6:817-822.
邵帅,何红波,张威,等.2017.土壤有机质形成与来源研究进展.吉林师范大学学报(自然科学版),38:126-130.
沈仁芳,孙波,施卫明,等.2017.地上-地下生物协同调控与养分高效利用.中国科学院院刊,32(6):566-574.
沈仁芳,赵学强.2015.土壤微生物在植物获得养分中的作用.生态学报,35(20):6584-6591.
沈仁芳,赵学强.2019.酸性土壤可持续利用.农学学报,9(3):16-20.
沈仁芳.2008.铝在土壤-植物中的行为及植物的适应机制.北京:科学出版社.
沈世华,荆玉祥.2003.中国生物固氮研究现状和展望.科学通报,48(06):17-22.
盛浩,周清,黄运湘,等.2015.中国亚热带山地土壤发生特性和系统分类研究进展.中国农学通报,5:143-149.

施卫明.1993.根系分泌物与养分有效性.土壤(05):252-256.

宋建民,田纪春,赵世杰.1998.植物光合碳和氮代谢之间的关系及其调节.植物生理学通讯,3:230-238.

宋亚娜,林艳,陈子强.氮肥水平对稻田细菌群落及 $N_2O$ 排放的影响.中国生态农业学报,2017,25(09):1266-1275.

宋亚娜,林智敏,林捷.2009.不同品种水稻土壤氨氧化细菌和氨氧化古菌群落结构组成.生态农业学报,17:1211-1215.

宋长青,吴金水,陆雅海,等.2013.中国土壤微生物学研究十年回顾.地球科学进展,28(10):1087-1105.

苏日古嘎,张金屯,王永霞.2013.北京松山自然保护区森林群落物种多样性及其神经网络预测.生态学报,33:3394-3403.

孙波,董元华,徐明岗,等.2015.加强红壤退化分区治理,促进东南红壤丘陵区现代高效生态农业发展.土壤,47(2):204-209.

孙波,廖红,苏彦华,等.2015.土壤-根系-微生物系统中影响氮磷利用的一些关键协同机制的研究进展.土壤,47(2):210-219.

孙波,张桃林,赵其国.1995.南方红壤丘陵区土壤养分贫瘠化的综合评价.土壤(03):119-128.

孙力.2016.新型植物源硝化/反硝化调控剂的挖掘及作用机制研究.北京:中国科学院大学.

孙清斌,董晓英,沈仁芳.2009.施用磷、钙对红壤上胡枝子生长和矿质元素含量的影响.土壤,41(2):206-211.

孙永健,孙园园,刘树金,等.2011.水分管理和氮肥运筹对水稻养分吸收、转运及分配的影响.作物学报,37(12):2221-2232.

唐立.2019.水热因子和放牧对青藏高原高寒草地土壤微生物群落的影响.北京:中国科学院大学.

唐宇,王旭熙,余娇娇.2018.世界大豆生产走势及我国大豆产业复兴策略.南方农业,12(31):88-92.

田林双,戴传超,史央,等.2006.植物残体在不同利用方式红壤中的腐解及对红壤微生物区系的影响.安徽农业科学,34:5603-5606.

田英芳,张晓政,周锦龙.2013.转录组学研究进展及应用.中学生物教学,12:29-31.

田永强,高丽红.2012.填闲作物阻控设施菜田土壤功能衰退研究进展.中国蔬菜,18:26-35.

汪吉东,许仙菊,宁运旺,等.土壤加速酸化的主要农业驱动因素研究进展.土壤,2015,47:627-633.

王斌.2014.土壤磷素累积、形态演变及阈值研究.北京:中国农业科学院.
王海斌,叶江华,陈晓婷,等.2016.连作茶树根际土壤酸度对土壤微生物的影响.应用与环境生物学报,22:480-485.
王火焰,周健民.2013.根区施肥-提高肥料养分利用率和减少面源污染的关键和必需措施.土壤,45(5):785-790.
王平,冯新梅,李阜棣.2001.发光酶基因标记的华癸根瘤菌JS5A16L在紫云英根圈的定殖状态.土壤学报,38(2):265-270.
王启现,王璞,杨相勇,等.2003.不同施氮时期对玉米根系分布及其活性的影响.中国农业科学,36:1469-1475.
王强,戴九兰,付合才,等.2010.空间分析方法在微生物生态学研究中的应用.生态学报,30(2),439-446.
王庆仁,李继云,李振声.1999.高效利用土壤磷素的植物营养学研究.生态学报,19:417-421.
王绍东,夏正俊.2014.大豆品质生物学与遗传改良.北京:科学出版社,42-200.
王小丽,Gonzalez Perez P,叶俊,等.2012.土壤宏蛋白质组学蛋白提取方法及其应用.应用与环境生物学报,18(4):691-696.
王昕,李海港,程凌云等.2017.磷与水分互作的根土界面效应及其高效利用机制研究进展.植物营养与肥料学报,23:1054-1064.
王昕,唐宏亮,申建波.2013.玉米根系对土壤氮、磷空间异质性分布的响应.植物营养与肥料学报,19:1058-1064.
王艳,米国华,张福锁.2003.氮对不同基因型玉米根系形态变化的影响研究.中国生态农业学报,11:69-68.
王雨晴,陈香碧,董明哲,等.2017.红壤丘陵区旱地和水旱轮作地土壤中纤维素降解功能微生物群落特征.农业环境科学学报,36(10):2071-2079.
王芝义,郭瑞英,李凤民.2011.不同夏季填闲作物种植对设施菜地土壤无机氮残留和淋洗的影响.生态学报,31:2516-2523.
王志刚,钟鹏,王建丽,等.2012.东北黑土区大豆根际促生菌生长条件及促生效应.大豆科学,31(2):270-273.
危常州,侯振安.2002.基于GIS的棉田精准施肥和土壤养分管理系统的研究.中国农业科学,35(6):678-685.
魏海燕,张洪程,马群,等.2009.不同氮肥利用效率水稻基因型剑叶光合特性.作物学报,35(12):2243-2251.
吴金水,葛体达,胡亚军.2015a.稻田土壤关键元素的生物地球化学耦合过程及其微生物调控机制.生态学报,35:6626-6634.

吴金水，葛体达，祝贞科.2015b.稻田土壤碳循环关键微生物过程的计量学调控机制探讨.地球科学进展，30:1006-1017.

吴金水，李勇，童成立，等.2018.亚热带水稻土碳循环的生物地球化学特点与长期固碳效应.农业现代化研究，39:895-906.

吴洋.2013.嗜盐菌的嗜盐机制与应用前景.硅谷，13:9-10.

吴则焰，林文雄，陈志芳，等.2013.武夷山国家自然保护区不同植被类型土壤微生物群落特征.应用生态学报，24:2301-2309.

吴则焰，林文雄，陈志芳，等.2014.武夷山不同海拔植被带土壤微生物PLFA分析.林业科学，50:105-112.

武际，郭熙盛，王文军，等.2006.施用白云石粉对黄红壤酸度和油菜产量的影响.中国油料作物学报，28(01):59-62.

向新华.2013.东北黑土区保护性耕作对土壤微生物多样性和作物生长发育的影响.哈尔滨:东北林业大学.

肖琼，王齐齐，邬磊，等.2018.施肥对中国农田土壤微生物群落结构与酶活性影响的整合分析.植物营养与肥料学报，24:1598-1609.

谢小立，王凯荣.2003.湘北红壤坡地雨水过程的水土流失及其影响.山地学报，21(4):466-472.

熊艺，林欣萌，兰平.2016.土壤宏蛋白质组学之土壤蛋白质提取技术的发展.土壤，48(5):835-843.

徐冰，李白.2000.不同外生菌根真菌对难溶性磷的活化.吉林农业大学学报，22(4):76-80.

徐国良，王敏，张卫信，等.2015.土壤跳虫在碳循环中的作用——$^{13}C$示踪研究.生态环境学报，7:1103-1107.

徐丽娇，姜雪莲，郝志鹏，等.2017.丛枝菌根通过调节碳磷代谢相关基因的表达增强植物对低磷胁迫的适应性.植物生态学报，41(8):815-825.

徐明岗，梁国庆，张夫道.2006.中国土壤肥力演变.北京:中国农业科学技术出版社.

徐明杰，张琳，汪新颖，等.2015.不同管理方式对夏玉米氮素吸收，分配及去向的影响.植物营养与肥料学报(1):36-45.

徐萍.2014.作物秸秆对丛枝菌根真菌接种效应的影响及其机理研究.南京:中国科学院南京土壤研究所.

徐琪，杨林章，董元华.1998.中国稻田生态系统.北京:中国农业出版社.

薛德林，胡江春，张仲良，等.2015.微生物有机肥料的研制、生产及应用.腐植酸(02):20-26.

薛娴，许会敏，吴鸿洋，等.2017.植物光合作用循环电子传递的研究进展.植物生理学报,53(02):145-158.
杨林章,孙波.2008.中国农田生态系统养分循环和平衡及其管理.北京:科学出版社.
杨升辉,王素阁,于会勇,等.2014.接种根瘤菌对夏大豆籽粒灌浆特性及品质的影响.大豆科学,33(04):534-540.
杨文亮,朱安宁,张佳宝,等.2012.基于TDLAS-bLS方法的夏玉米农田氨挥发研究.光谱学与光谱分析,11:3107-3111.
杨炎生,信乃诠.1995.中国红黄壤地区农业综合发展与对策.北京:中国农业出版社.
杨云马,孙彦铭,贾良良,等.2016.氮肥基施深度对夏玉米产量,氮素利用及氮残留的影响.植物营养与肥料学报,22(3):830-837.
姚晓东,王娓,曾辉.2016.磷脂脂肪酸法在土壤微生物群落分析中的应用.微生物学通报,43:2086-2095.
叶桂萍.2019.长期施肥对红壤有机碳累积的影响及其微生物机制.北京:中国科学院大学博士学位论文.
叶厚专,范业成.1996.磷石膏改良红壤的效应.植物营养与肥料学报,2(2):181-185.
殷士学.2000.淹水土壤中硝态氮异化还原为铵过程的研究.南京:南京农业大学.
雍太文,杨文钰,向达兵,等.2012.不同种植模式对作物根系生长、产量及根际土壤微生物数量的影响.应用生态学报,23(1):125-132.
于飞,施卫明.2015.近10年中国大陆主要粮食作物氮肥利用率分析.土壤学报,52(6):1311-1324.
于天一,孙秀山,石程仁,等.2014.土壤酸化危害及防治技术研究进展.生态学杂志,33(11):3137-3143.
于兴军,于丹,卢志军,等.2005.一个可能的植物入侵机制:入侵种通过改变入侵地土壤微生物群落影响本地种的生长.科学通报,50:58-65.
虞伟斌,杨兴明,沈其荣,等.2010.K3解磷菌的解磷机理及其对缓冲容量的响应.植物营养与肥料学报,16(2):354-361.
袁红朝,李春勇,简燕,等.2014.稳定同位素分析技术在农田生态系统土壤碳循环中的应用.同位素,27:170-178.
张爱媛,李淑敏,韩晓光,等.2015.根瘤菌与钼肥配施对大豆干物质积累、分配及产量的影响.中国农学通报,31(21):76-81.
张宝贵,李贵桐.1998.土壤生物在土壤磷有效化中的作用.土壤学报(1):104-111.
张福锁,马文奇,陈新平,等.2006.养分资源综合管理理论与技术概论.北京:中国农业大学出版社.
张福锁,王激清,张卫峰,等.2008.中国主要粮食作物肥料利用率现状与提高途径.土壤学报,45(5):915-924.

张富林,张启明,赵学强,等.2010.磷对植物铝毒害作用研究中两种磷铝处理方法比较.土壤学报,47:311-318.

张甘霖,龚子同.2012.土壤调查实验室分析方法.北京:科学出版社.

张海林,高旺盛,陈阜,等.2005.保护性耕作研究现状、发展趋势及对策.中国农业大学学报,01:16-20.

张洪霞.2011.红壤旱地和稻田土壤磷素微生物转化及其有效性研究.长沙:湖南农业大学.

张焕军.2013.长期施肥对潮土微生物群落结构和有机碳转化与累积的影响.北京:中国科学院大学.

张焕军.2015.长期施肥潮土中微生物群落与有机碳累积的关系研究.南京:中国科学院南京土壤研究所博士后研究工作报告.

张佳宝,孙鸿烈,陈宜瑜,等.2019.生态系统过程与变化丛书:农田生态系统过程与变化.北京:高等教育出版社.

张玲玉,赵学强,沈仁芳.2019.土壤酸化及其生态效应.生态学杂志,38(6):1900-1908.

张启明,陈荣府,赵学强,等.2011.铝胁迫下磷对水稻苗期生长的影响及水稻耐铝性与磷效率的关系.土壤学报,48:103-111.

张秋磊,林敏,平淑珍.2008.生物固氮及在可持续农业中的应用.生物技术通报(2):1-4.

张世煌,徐志刚.2009.耕作制度改革及其对农业技术发展的影响.作物杂志(1):1-3.

张书慧,马成林,吴才聪,等.2003.地理信息系统在精确农业变量施肥中的应用.农业机械学报,34(03):97-100.

张曦,李锋,刘婷婷,等.2012土壤宏蛋白质组学在土壤污染评价中的应用.应用生态学报,23(10):2923-2930.

张新时,杨奠安.1995.中国全球变化样带的设置与研究.第四纪研究,1:44-52.

张旭.2017.不同耕作措施对陇中黄土高原土壤微生物功能多样性的影响.兰州:甘肃农业大学.

张彦丽,律凤霞,鄂文弟,等.2012.接种根瘤菌对大豆植株磷素吸收及产量品质的影响.农业科学与技术,13(11):2323-2326.

张洋,王鸿斌.2018.不同耕作模式对黑土区土壤理化性质及玉米生长发育的影响.江苏农业科学,46:58-64.

张月明,乔建军.2017.嗜酸菌耐酸pH平衡机制及潜在应用.中国生物工程杂志,37:103-110.

张玥,孔强,郭笃发,等.2016.黄河三角洲土壤古菌群落结构对盐生植被演替的响应.

中国环境科学,2162-2168.
赵其国.1995.我国红壤的退化问题.土壤,27(06):281-285.
赵其国.2015.开拓资源优势,创新研发潜力,为我国南方红壤地区社会经济发展作贡献——纪念中国科学院红壤生态实验站建站30周年.土壤,47(02):197-203.
赵轻舟,王艳芬,崔骁勇,等.2018.草地土壤微生物多样性影响因素研究进展.生态科学,37:204-212.
赵少华,宇万太,张璐,等.2004.土壤有机磷研究进展.应用生态学报,15(11):2189-2194.
赵学强,沈仁芳.2015.提高铝毒胁迫下植物氮磷利用的策略分析.植物生理学报,(10):1583-1589.
郑华,欧阳志云,王效科,等.2004.不同森林恢复类型对土壤微生物群落的影响.应用生态学报,(11):2019-2024.
郑圣先,肖剑,易国英.2005.淹水稻田土壤条件下包膜控释肥料养分释放的动力学与数学模拟.磷肥与复肥,20(4):8-11.
郑亚萍,郑永美,孙奎香.2011.不同营养元素对共生固氮潜力影响的研究进展.中国农学通报,27(5):49-52.
中国中华人民共和国统计局(NBS),中国人民共和国农业部(MOA).2010.第一次全国污染源调查公告.(2010-02-06)[2021-03-15].http://www.gov.cn/jrzg/2010-02/10/content_1532174.htm.
中华人民共和国国家质量监督检验检疫总局,中国国家标准化管理委员会.2017.国标GB/T 32740—2016.自然生态系统土壤长期定位监测指南.北京:中国标准出版社.
中华人民共和国国家质量监督检验检疫总局中国国家标准化管理委员会.2010.国标GB/T 32725—2016/ISO 10381-6:2009.实验室测定微生物过程、生物量与多样性用土壤的好氧采集、处理及贮存指南.北京:中国标准出版社.
周丹丹,于延庆,吴昊,等.2017.分子伴侣HdeA与底物蛋白SurA作用机制的模拟研究.生物化学与生物物理进展,44:242-252.
周东美,王慎强,陈怀满.2000.土壤中有机污染物-重金属复合污染的交互作用.土壤与环境,9(2):143-145.
周汉昌,张文钊,刘毅,等.2015.土壤团聚体$N_2O$释放与反硝化微生物丰度和组成的关系.土壤学报,52(5):194-202.
周冀衡,李永平,杨虹琦,等.2005.不同基因型烟草根系分泌物对难溶性磷钾的活化效应.湖南农业大学学报(自然科学版),31(03):50-54.
周小奇.2007.放牧对内蒙古草原土壤细菌和甲烷氧化菌群落结构和多样性的影响.

北京:中国科学院研究生院.

朱宝国,洪亚南,张春峰,等.2015.根瘤菌与组合菌对大豆叶部性状、干物质积累几产量的影响.中国农学通报,31(30):92-95.

朱礼学,2001.土壤pH值及CaCO3在多目标地球化学调查中的研究意义.物探仪探计算技术,2:140-143.

朱瑞芬,唐凤兰,张月学,等.2012.不同利用方式对东北羊草草地土壤微生物数量的影响.草地学报,20:842-847.

朱永官,沈仁芳,贺纪正,等.2017.中国土壤微生物组:进展与展望.中国科学院院刊,32(6):554-565.

朱兆良,金继运.2013.保障我国粮食安全的肥料问题.植物营养与肥料学报,2013,19(2):259-273.

朱兆良.2000.农田中氮肥的损失与对策.土壤与环境,9(1):1-6.

朱兆良.2008.中国土壤氮素研究.土壤学报,45:778-783.

俎千惠,王保战,郑燕,等.2014.我国8个典型水稻土中产甲烷古菌群落组成的空间分异特征.微生物学报,2014,54(12):12-20.

Abate A R, Hung T, Mary P, et al. 2010. High-throughput injection with microfluidics using picoinjectors. Proceedings of the National Academy of Sciences of the United States of America, 107(45): 19163-19166.

Abd-Alla M H. 1994. Use of organic phosphorus by Rhizobium legumeinosarum biovarviceae phosphatases. Biology and Fertility of Soils, 8 (3): 216-218.

Aber J, Mcdowell W, Nadelhoffer K, et al. 1998. Nitrogen saturation in temperate forest ecosystems. BioScience, 48: 921-934.

Abulencia C B, Wyborski D L, García J A, et al. 2006. Environmental Whole-Genome Amplification To Access Microbial Populations in Contaminated Sediments. Applied and Environmental Microbiology, 72: 3291-3301.

Achtman M, Wagner M, 2008. Microbial diversity and the genetic nature of microbial species. Nature Reviews Microbiology, 6: 431-440.

Adair K L, Wratten S, Lear G. 2013. Soil phosphorus depletion and shifts in plant communities change bacterial community structure in a long-term grassland management trial. Environmental Microbiology Reports, 5: 404-413.

Ae N E A. 1990. Transaction of International Soil Science Society Congress Symposium Ⅱ: 164-169.

Aerts R, Chapin F. 1999. The mineral nutrition of wild plants revisited: a re-evaluation of processes and patterns. Advances in Ecological Research, 30: 1-67.

Ai C, Liang G Q, Sun J W, et al. 2015. Reduced dependence ofrhizosphere microbiome on plant-derived carbon in 32-year long-term inorganic and organic fertilized soils. Soil Biology and Biochemistry, 80: 70-78.

Ai C, Liang G Q, Sun J W, et al. 2015. Reduced dependence ofrhizosphere microbiome on plant-derived carbon in 32-year long-term inorganic and organic fertilized soils. Soil Biology and Biochemistry, 80: 70-78.

Ai C, Liang G, Sun J, et al. 2013. Different roles of rhizosphere effect and long-term fertilization in the activity and community structure of ammonia oxidizers in a calcareous fluvo-aquic soil. Soil Biology and Biochemistry, 57: 30-42.

Akiyama K, Matsuzaki K, Hayashi H. 2005. Plant sesquiterpenes induce hyphal branching in arbuscular mycorrhizal fungi. Nature, 435(7043): 824-827.

Alain K, Querellou J. 2009. Cultivating the uncultured: limits, advances and future challenges. Extremophiles, 13(4): 583-594.

Aleklett K, Leff J, Fierer N, et al. 2015. Wild plant species growing closely connected in a subalpine meadow host distinct root-associated bacterial communities. Peerj, 3: 1-19.

Alguacil M M, Lozano Z, Campoy M J, et al. 2010. Phosphorus fertilisation management modifies the biodiversity of AM fungi in a tropical savanna forage system. Soil Biology and Biochemistry, 42: 1114-1122

Alikhani H A, Saleh-Rastin N, Antoun H. 2006. Phosphate solubilization activity of rhizobia native to Iranian soils. Plant and Soil, 287 (1-2): 35-41.

Allaband C, McDonald D, Vázquez-Baeza Y, et al. 2018. Microbiome 101: studying, analyzing, and interpreting gut microbiome data for clinicians. Clinical Gastroenterology and Hepatology: the Official Clinical Practice Journal of the American Gastroenterological Association, 17(2). doi:10. 1016/j.cgh.2018.09.017.

Allen A E, Booth M G, Frischer M E, et al. 2001. Diversity and detection of nitrate assimilation genes in marine bacteria. Appl Environ Microbiol, 67: 5343-5348.

Allen C D, Macalady A K, Chenchouni H, et al. 2010. A global overview of drought and heat-induced tree mortality reveals emerging climate change risks for forests. Forest Ecology and Management, 259: 660-684.

Allison S D, Jastrow J D. 2006. Activities of extracellular enzymes in physically isolated fraction of restored grassland soils. Soil Biology & Biochemistry, 38: 3245-3256.

Allison S D, Weintraub M N, Gartner T B, et al. 2011. Evolutionary-economic principles as regulators of soil enzyme production and ecosystem function//Shukla G C, Varma A. Soil Enzymology, 22. Berlin Heidelberg: Springer.

Allison V J, Miller R M, Jastrow J D, et al. 2005. Changes in soil microbial community structure in a tallgrass prairie chronosequence. Soil Science Society of America Journal, 69: 1412-1421.

AmanoY, Tsubouchi H, Shinohara H, et al. 2007. Tyrosine-sulfated glycopeptide involved in cellular proliferation and expansion in Arabidopsis. Proc Natl Acad Sci U S A, 104(46): 18333-18338.

Ameloot n, Neve S, Jegajeevagan K, et al. Short-term $CO_2$ and $N_2O$ emissions and microbial properties of biochar amended sandy loam soils. Soil Biology & Biochemistry, 2013(57): 401-410.

Amelung W, Brodowski S, Sandhage-Hofmann A, et al. 2008. Combining biomarker with stable isotope analyses for assessing the transformation and turnover of soil organic matter. Advances in Agronomy, 100: 155-250.

Amelung W. 2001. Methods using amino sugars as markers for microbial residues in soil// Lal R, Kimble J M, Follett R F, et al. (ed.), Assessment methods for soil carbon. Lewis, Boca Raton, FI: 233-272.

Amelung W. 2003. Nitrogen biomarkers and their fate in soil. Journal of Plant Nutrition and Soil Science, 166 (6): 677-686.

Amundson R, Berhe A A, Hopmans J W, et al. 2015. Soil and human security in the 21st century. Science, 348: 1261071-126107.

Anand K, Kumari B, Mallick M A. 2016. Phosphate solubilizing microbes: an effective and alternative approach as biofertilizers. International Journal of Pharmacy and Pharmaceutical Sciences, 8(2):37-40.

Andam C P, Doroghazi J R, Campbell A N, et al. 2016. A latitudinal diversity gradient in terrestrial bacteria of the genus streptomyces. Microbiology, 7: e02200.

Anderson-Teixeira K J, Miller A D, Mohan J E, et al. 2013. Altered dynamics of forest recovery under a changing climate. Global Change Biology, 19: 2001-2021.

Andrews J H, Harris R F. 1986. *r*-selection and *K*-selection and microbial ecology. Advances in Microbial Ecology, 9: 99-147.

Aneja M K, Sharma S, Fleischmann F, et al. 2006. Microbial colonization of beech and spruce litter—influence of decomposition site and plant litter species on the diversity of microbial community. Microbial Ecology, 52: 127-135.

Angel R, Panhölzl C, Gabriel R, et al. 2018. Application of stable-isotope labelling techniques for the detection of active diazotrophs. Environmental Microbiology, 20: 44-61.

Angel R, Soares M I M, Ungar E D, et al. 2010. Biogeography of soil archaea and bacteria along a steep precipitation gradient. ISME Journal, 4(4): 553-563.

Aoyama M, Angers D A, N'Dayegamiye A, et al. 2000. Metabolism of $^{13}C$ labelled glucose in aggregates from soils with manure application. Soil Biology & Biochemistry, 32: 295-300.

Apel A K, Sola-Landa A, Rodriguez-García A, et al. 2007. Phosphate control of *phoA*, *phoC* and *phoD* gene expression in Streptomyces coelicolor reveals significant differences in binding of PhoP to their promoter regions. Microbiology-SGM, 153: 3527-3537.

Apostel C, Dippold M, Kuzyakov Y. 2015. Biochemistry of hexose and pentose transformations in soil analyzed by position-specific labeling and $^{13}C$-PLFA. Soil Biology and Biochemistry, 80(6): 199-208.

Arao T. 1999. *In situ* detection of changes in soil bacterial and fungal activities by measuring $^{13}C$ incorporation into soil phospholipid fatty acids from $^{13}C$ acetate. Soil Biology and Biochemistry, 31: 1015-1020.

Arao T. 1999. *In situ* detection of changes in soil bacterial and fungal activities by measuring C-13 incorporation into soil phospholipid fatty acids from C-13 acetate. Soil Biology & Biochemistry, 31: 1015-1020.

Araya T, Kubo T, von Wirén N, et al. 2016. Statistical modeling of nitrogen-dependent modulation of root system architecture in *Arabidopsis thaliana*. Journal of Integrative Plant Biology, 58: 254-265.

Araya T, Miyamoto M, Wibowo J, et al. 2014. CLE-CLAVATA1 peptide-receptor signaling module regulates the expansion of plant root systems in a nitrogen-dependent manner. Proc Natl Acad Sci U S A, 111 (5): 2029-2034.

Arihara J, Karasawa T. 2000. Effect of previous crops on arbuscular mycorrhizal formation and growth of succeeding maize. Soil Science and Plant Nutrition, 46 (1): 43-51.

Aroca R, Ruiz-Lozano J M, Zamarreño Á M, et al. 2013. Arbuscular mycorrhizal symbiosis influences strigolactone production under salinity and alleviates salt stress in lettuce plants. Journal of Plant Physiology, 170(1): 47-55.

Arth I, Frenzel P. Nitrification and denitrification in the rhizosphere of rice: the detection of processes by a new multi-channel electrode. Biology and Fertility of

Soils, 2009, 31: 427-435.

Asagi N, Ueno H. 2009. Nitrogen dynamics in paddy soil applied with various 15N-labelled green manures. Plant and Soil, (322): 251-262.

Aseri G K, Jain N, Panwar J, et al. 2008. Biofertilizers improve plant growth, fruit yield, nutrition, metabolism and rhizosphere enzyme activities of Pomegranate (*Punica granatum* L.) in Indian Thar Desert. Scientia Horticulturae, 117(2): 130-135.

Ashman M R, Hallett P D, Brookes P C. 2003. Are the links between soil aggregate size class, soil organic matter and respiration rate artefacts of the fractionation procedure? Soil Biology & Biochemistry, 35: 435-444.

Atieno M, Herrmann L, Okalebo R, et al. 2012. Efficiency of different formulations of *Bradyrhizobium japonicum* and effect of co-inoculation of Bacillus subtilis with two different strains of *Bradyrhizobium japonicum*. World Journal of Microbiological Biotechnology, 28: 2541-2550.

Auguet J C, Barberan A, Casamayor E O. 2010. Global ecological patterns in uncultured Archaea. The ISME Journal, 4: 182-190.

Auguet J C, Casamayor E O. 2008. A hotspot for cold Crenarchaeota in the neuston of high mountain lakes. Environmental Microbiology, 10(4): 1080-1086.

Aulakh M S, Wassmann R, Rennenberg H. 2001. Methane emissions from rice fields-Quantification, mechanisms, role of management, and mitigation options. Advances in Agronomy, 70: 193-260.

Averill C, Cates L L, Dietze M C, et al. 2019. Spatial vs. temporal controls over soil fungal community similarity at continental and global scales. ISME J, 13: 2082-2093.

Ayres E, Steltzer H, Simmons B L, et al. 2009. Home-field advantage accelerates leaf litter decomposition in forests. Soil Biology & Biochemistry, 41: 606-610.

Bååth E, Frostegard A, Pennanen T, et al. 1995. Microbial community structure and pH response in relation to soil organic matter quality in wood-ash fertilized, clear-cut or burned coniferous forest soils. Soil Biology & Biochemistry, 27: 229-240.

Bååth E. 1998. Growth rates of bacterial communities in soils at varying pH: a comparison of the thymidine and leucine incorporation techniques. Microbial Ecology, 36: 316-327.

Bachar A, Al-Ashhab A, Soares M I M, et al. 2010. Soil Microbial abundance and diversity along a low precipitation gradient. Microbial Ecology, 60: 453-461.

Badapanda C, Rani R, SahooGC, 2017. Advancing our understanding of the soil microbial communities using QIIME software: a 16S data analysis pipeline. Journal of Applied Biotechnology & Bioengineering , 4(3): 610-616.

Badri D V, Chaparro J M, Zhang R, et al. 2013. Application of natural blends of phytochemicals derived from the root exudates of arabidopsis to the soil reveal that phenolic-related compounds predominantly modulate the soil microbiome. Journal of Biological Chemistry, 288: 4502-4512.

Bagyaraj D J, Manjunath A, Patil R B. 1979. Occurrence of vesicular-arbuscular mycorrhizas in some tropical aquatic plants. Transactions of the British Mycological Society, 73: 164-166.

Bahadur I, Maurya B R, Meena V S, et al. 2017. Mineral release dynamics of tricalcium phosphate and waste muscovite by mineral-solubilizing Rhizobacteria isolated from Indo-Gangetic Plain of India. Geomicrobiol, 34(5): 454-466.

Bahram M, Hildebrand F, Forslund S K, et al. 2018. Structure and function of the global topsoil microbiome. Nature, 560: 233-237.

Bahram M, Kohout P, Anslan S, et al. 2016. Stochastic distribution of small soil eukaryotes resulting from high dispersal and drift in a local environment. Isme Journal, 10: 885-896.

Bahram M, Peay K G, Tedersoo L. 2015. Local-scale biogeography and spatiotemporal variability in communities of mycorrhizal fungi. New Phytologist, 205(4): 1454-1463.

Bahram M, Põlme S, Kõljalg U, et al. 2012. Regional and local patterns of ectomycorrhizal fungal diversity and community structure along an altitudinal gradient in the Hyrcanian forests of northern Iran. New Phytologist, 193: 465-473.

Bahri H, Dignac M F, Rumpel C, et al. 2006. Lignin turnover kinetics in an agricultural soil is monomer specific. Soil Biology and Biochemistry, 38: 1977-1988.

Bahri H, Rasse D P, Rumpel C, et al. 2008. Lignin degradation during a laboratory incubation followed by $^{13}C$ isotope analysis. Soil Biology and Biochemistry, 40: 1916-1922.

Bai E, Li S, Xu W, et al. 2013. A meta-analysis of experimental warming effects on terrestrial nitrogen pools and dynamics. New Phytologist, 199: 441-451.

Bai R, Wang J T, Deng Y, et al. 2017. Microbial community and functional structure significantly varied among distinct types of paddy soils but responded differently along gradients of soil depth layers. Frontiers in Microbiology, 8: 945.

Bai R, Xi D, He J Z, et al. 2015. Activity, abundance and community structure of anammox bacteria along depth profiles in three different paddy soils. Soil Biology & Biochemistry, (91): 212-221.

Bai Y, Wu J, Clark C M, et al. 2010. Tradeoffs and thresholds in the effects of nitrogen addition on biodiversity and ecosystem functioning: evidence from inner Mongolia Grasslands. Global Change Biology, 16: 358-372.

Bai Y, Wu J, Clark C M, et al. 2012. Grazing alters ecosystem functioning and C∶N∶P stoichiometry of grasslands along a regional precipitation gradient. Journal of Applied Ecology, 49: 1204-1215.

Bai Z, Bodé S, Huygens D, et al. 2013. Kinetics of amino sugar formation from organic residues of different quality. Soil Biology and Biochemistry, 57: 814-821.

Bai Z, Li H, Yang, X, et al. 2013. The critical soil P levels for crop yield, soil fertility and environmental safety in different soil types. Plant and Soil, 372: 27-37.

Bai Z, Liang C, Bodé S, et al. 2016. Phospholipid 13C stable isotopic probing during decomposition of wheat residues. Applied Soil Ecology, 98: 65-74.

Bailly J, Fraissinet-Tachet L, Verner M C, et al. 2007. Soil eukaryotic functional diversity, ametatranscriptomic approach. The International Society for Microbial Ecology Journal, 1: 632-642.

Baker K L, Langenheder S, Nicol G W, et al. 2009. Environmental and spatial characterisation of bacterial community composition in soil to inform sampling strategies. Soil Biology & Biochemistry, 41(11): 2292-2298.

Baker M. 2011. qPCR: quicker and easier but don’t be sloppy. Nat Methods, 8: 207-212.

Baker SC, Ferguson SJ, Ludwig B, et al. 1998. Molecular genetics of the genus Paracoccus: Metabolically versatile bacteria with bioenergetic flexibility. Microbiol Mol Biol R,62, (4): 1046-1078.

Balasooriya W K, Huygens D, Denef K, et al. 2013. Temporal variation of rhizodeposit-C assimilating microbial communities in a natural wetland. Biology and Fertility of Soils, (49): 333-341.

Baligar V C, Bennett O L. 1986a. NPK-fertilizer efficiency—a situation analysis for the tropics. Fertilizer Research, 10(2): 147-164.

Baligar V C, Bennett O L. 1986b. Outlook on fertilizer use efficiency in the tropics.

Fertilizer Research, 10(1): 83-96.

Balkos K D, Britto D T, Kronzucker H J, et al. 2010. Optimization of ammonium acquisition and metabolism by potassium in rice (*Oryza sativa* L. cv. IR-72). Plant Cell Environment, 33: 23-34.

Ballhausen M B, van Veen J A, Hundscheid M P, et al. 2015. Methods for baiting and enriching fungus-feeding (Mycophagous) rhizosphere bacteria. Front Microbiol, 6: 1416.

Balser T C, Firestone M K. 2005. Linking microbial community composition and soil processes in a California annual grassland and mixed-conifer forest. Biogeochemistry, 73: 395-415.

Banerjee S, Kirkby C A, Schmutter D, et al. 2016. Network analysis reveals functional redundancy and keystone taxa amongst bacterial and fungal communities during organic matter decomposition in an arable soil. Soil Biology and Biochemistry, 97: 188-198.

Banning N C, Gleeson D B, Grigg A H, et al. 2011. Soil microbial community successional patterns during forest ecosystem restoration. Applied and Environmental Microbiology, 77: 6158-6164.

Bao X Z, Wang Y T, Olsson P A. 2019. Arbuscular mycorrhiza under water-carbon-phosphorus exchange between rice and arbuscular mycorrhizal fungi under different flooding regimes. Soil Biology & Biochemistry, 129:169-177.

Bao X, Zhu X, Chang X, et al. 2016. Effects of soil temperature and moisture on soil respiration on the Tibetan Plateau. Plos One, 11: 1-14.

Bapiri A, Baath E, Rousk J. 2010. Drying-rewetting cycles affect fungal and bacterial growth differently in an arable soil. Microbial Ecology, 60: 419-428.

Barber S A. Soil nutrient bioavailability: a mechanistic approach. 2nd Edition. New York, NY: Wiley Publishing, 1995.

Barberan A, Bates S T, Casamayor E O, et al. 2012. Using network analysis to explore co-occurrence patterns in soil microbial communities. The ISME Journal, 6: 343-351.

Bardgett R D, Freeman C, Ostle N J. 2008. Microbial contributions to climate change through carbon cycle feedbacks. The ISME Journal, 2: 805-814.

Bardgett R D, van der Putten W H. 2014. Belowground biodiversity and ecosystem functioning. Nature, 515: 505-511.

Bardgett R D, Wardle D A. 2003. Herbivore-mediated linkages between aboveground and belowground communities. Ecology, 84: 2258-2268.

Bardgett R D, Wardle D A. 2010. Aboveground-Belowground Linkages: Biotic Interactions, Ecosystem Processes, and Global Change. London: Oxford University Press.

Bardgett R, Mawdsley J, Edwards S, et al. 1999. Plant species and nitrogen effects on soil biological properties of temperate upland grasslands. Functional Ecology, 13: 650-660.

Barea J M, Richardson A E. 2015. Phosphate Mobilisation by Soil Microorganisms. In Principles of Plant-Microbe Interactions: Microbes for Sustainable Agriculture. Lugtenberg, Cham: Springer International Publishing.

Barea JM, Toro M, Orozco MO, et al. 2002. The application of isotopic ($^{32}P$ and 15N) dilution technique toevaluate the interactive effect of phosphate-solubilizing rhizobacteria, mycorrhizal fungi and rhizobium to improve the agronomic efficiency of rock phosphate for legume crops, Nutrient Cycling in Agroecosystems, 63: 35-42.

Baret J C, Miller O J, Taly V, et al. 2009. Fluorescence-activated droplet sorting (FADS): efficient microfluidic cell sorting based on enzymatic activity. Lab on a Chip, 9(13): 1850-1858.

Barnard R, Leadley P W, Hungate B A. 2005. Global change, nitrification, and denitrification: a review. Global Biogeochemical Cycles, (19): GB1007, doi: 10.1029/2004GB002282.

Barrett G,Campbell C D,Fitter A H, et al. 2011. The arbuscular mycorrhizal fungus Glomus hoi can capture and transfer nitrogen from organic patches to its associated host plant at low temperature. Applied Soil Ecology, 48: 102-105.

Bastian F, Bouziri L, Nicolardot B, et al. 2009. Impact of wheat straw decomposition on successional patterns of soil microbial community structure. Soil Biology and Biochemistry, 41: 262-275.

Bastida F, Algora C, Hernández T, et al. 2012. Feasibility of a cell separation-proteomic based method for soils with different edaphic properties and microbial biomass. Soil Biology and Biochemistry, 45: 136-138.

Bastida F, Hernández T, García C. 2014. Metaproteomics of soils from semiarid environment: Functional and phylogenetic information obtained with different protein extraction methods. Journal of Proteomics, 101: 31-42.

Bastida F, Selevsek N, Torres I F, et al. 2015. Soil restoration with organic amendments: linking cellular functionality and ecosystem processes. Scientific Reports, 5: 15550.

Bastida F, Torres I F, Moreno J L, et al. 2016. The active microbial diversity drives ecosystem multifunctionality and is physiologically related to carbon-availability in Mediterranean semiarid soils. Molecular Ecology, 25(18): 4660.

Bates S T, Berg-lyons D, Caporaso J G, et al. 2011. Examining the global distribution of dominant archaeal populations in soil. ISME Journal, 5(5): 908-917.

Bates S T, Berg-Lyons D, Caporaso J G, et al. 2011. Examining the global distribution of dominant archaeal populations in soil. The ISME Journal, 5: 908-917.

Battin T J, Kaplan L A, Denis Newbold J, et al. 2003. Contributions of microbial biofilms to ecosystem processes in stream mesocosms. Nature, 426(6965): 439-442.

Baudoin E, Benizri E and Guckert A. 2003. Impact of artificial root exudates on the bacterial community structure in bulk soil and maize rhizosphere. Soil Biology & Biochemistry, 35: 1183-1192.

Bazin J, Khan G A, Combier J P, et al. 2013. MiR396 affects mycorrhization and root meristem activity in the legume *Medicago truncatula*. The Plant Journal, 74(6): 920-934.

Becking L G M. 1934. Geobiologie of inleiding tot de milieukunde. Hague, Netherlands: WP Van Stockum & Zoon. (In Dutch)

Beeckman F, Motte H, Beeckman T. 2018. Nitrification in agricultural soils: impact, actors and mitigation. Current Opinion in Biotechnology, 50: 166-173.

Behie S W, Bidochka M J. 2014. Nutrient transfer in plant-fungal symbioses. Trends in Plant Science, 19: 734-740.

Belay-Tedla A, Zhou X, Su B, et al. 2009. Labile, recalcitrant, and microbial carbon and nitrogen pools of a tallgrass prairie soil in the US Great Plains subjected to experimental warming and clipping. Soil Biology & Biochemistry, 41: 110-116.

Bell G I, Pictet RL, Rutter W J, et al. 1980. Sequence of the human insulin gene. Nature, 284 (5751): 26-32.

Belovsky G E. 1978. Diet optimizaton in a generalist herbivore-moose. Theoretical Population Biology, 14: 105-134.

Ben-Dov E, Brenner A, Kushmaro A. 2007. Quantification of sulfate-reducing bacteria in industrial wastewater, by real-time polymerase chain reaction (PCR) using dsrA and apsA genes. Microbial Ecology, 54: 439-451.

Benedetto A, Magurno F, Bonfante P, et al. 2005. Expression profiles of a phosphate transporter gene (*GmosPT*) from the endomycorrhizal fungus Glomus mosseae. Mycorrhiza, 15: 620-627.

Bengtson P, Barker J, Grayston S J. 2012. Evidence of a strong coupling between root exudation, C and N availability, and stimulated SOM decomposition caused by rhizosphere priming effects. Ecology and Evolution, 2: 1843-1852.

Bengtson P, Sterngren A E, Rousk J. 2012. Archaeal abundance across a pH gradient in an arable soil and its relationship to bacterial and fungal growth rates. Applied and Environmental Microbiology, 78(16): 5906-5911.

Bengtsson G, Bergwall C. 2000. Fate of 15N labelled nitrate and ammonium in a fertilized forest soil. Soil Biology and Biochemistry, 32: 545-557.

Benndorf D, Balcke G U, Harms H, et al. 2007. Functional metaproteome analysis of protein extracts from contaminated soil and groundwater. The ISME journal, 1(3): 224-234.

Benninghoff W S. 1984. Structure and function of northern coniferous forests-an ecosystem study. Earth-Science Reviews, 21: 297-298.

Berard A, Mazzia C, Sappin-Didier V, et al. 2014. Use of the MicroRespTM method to assess pollution-induced community tolerance in the context of metal soil contamination. Ecological Indicators, (40): 27-33.

Berendsen R L, Pieterse C M J, Bakker P A H M, 2012. The rhizosphere microbiome and plant health. Trends in Plant Science, 17: 478-486.

Berg G, Smalla K, 2009. Plant species and soil type cooperatively shape the structure and function of microbial communities in the rhizosphere. FEMS Microbiology Ecology, 68: 1-13.

Bergmann G T, Bates S T, Eilers K G, et al. 2011. The under-recognized dominance of Verrucomicrobia in soil bacterial communities. Soil Biology & Biochemistry, 43: 1450-1455.

Bernaola L, Cange G, Way M O, et al. 2018. Natural colonization of rice by arbuscular mycorrhizal fungi in different production areas. Rice Science, 25: 169-174.

Bernard L, Mougel C, Maron P A, et al. 2007. Dynamics and identification of soil microbial populations actively assimilating carbon from 13C-labelled wheat residue as estimated by DNA- and RNA-SIP techniques. Environmental Microbiology,

9: 752-764.

Bethune M G, Batey T J. 2002. Impact on soil hydraulic properties resulting from irrigating saline-sodic soils with low salinity water. Australian Journal of Experimental Agriculture, 42: 273-279.

Bever J D, Westover K M, Antonovics J. 1997. Incorporating the soil community into plant population dynamics: the utility of the feedback approach. Journal of Ecology, 85: 561-573.

Bever J D. 2003. Soil community feedback and the coexistence of competitors: conceptual frameworks and empirical tests. New Phytologist, 157: 465-473.

Bezemer T, Fountain M, Barea J, et al. 2010. Divergent composition but similar function of soil food webs of individual plants: plant species and community effects. Ecology, 91: 3027-3036.

Bi QF, Zheng B X, Lin X Y, et al. 2018. The microbial cycling of phosphorus on long-term fertilized soil: insights from phosphate oxygen isotope ratios. Chemical Geology, 483: 56-64.

Bianco C, Defez R. 2010. Improvement of phosphate solubilization and Medicago plant yield by an indole-3-acetic acid-overproducing strain of Sinorhizobium meliloti. Applied and Environmental Microbiology, 76(14): 4626-4632.

Biederman L A, Harpole W S. 2013. Biochar and its effects on plant productivity and nutrient cycling: a meta - analysis. Global Change Biology Bioenergy, 5(2): 202-214.

Bieleski R L. 1973. Phosphate pools, phosphate transport and phosphate availability. Annual Review of Plant Physiology, 24: 225-252.

Billings S A, Ziegler S E. 2008. Altered patterns of soil carbon substrate usage and heterotrophic respiration in a pine forest with elevated $CO_2$ and N fertilization. Global Change Biology, (14): 1025-1036.

Bingeman C W, Varner J E, Martin W P. 1953. The effect of the addition of organic materials on the decomposition of an organic soil. Soil Science Society of America Proceedings, 17: 34-38.

Bird J A, Herman D J, Firestone M K. 2011. Rhizosphere priming of soil organic matter by bacterial groups in a grassland soil. Soil Biology and Biochemistry, 43: 718-725.

Bischoff N, Mikutta R, Shibistova O, et al. 2018. Organic matter dynamics along a salinity gradient in Siberian steppe soils. Biogeosciences, 15: 13-29.

Bissett A, Brown M V, Siciliano S D, et al. 2013. Microbial community responses to anthropogenically induced environmental change: towards a systems approach. Ecology Letters, 16: 128-139.

Biswas B, Gresshoff P M. 2014. The role of symbiotic nitrogen fixation in sustainable production of biofuels. International Journal of Molecular Sciences, 15 (5): 7380-7397.

Bittsánszky A, Pilinszky K, Gyulai G, et al. 2015. Overcoming ammonium toxicity. Plant Science, 231: 184-190.

Bjørnlund L, Liu M Q, Rønn R, et al. 2012. Nematodes and protozoa affect plants differently, depending on soil nutrient status. European Journal of Soil Biology, 50: 28-31.

Blackwood C B, Waldrop M P, Zak D R, et al. 2007. Molecular analysis of fungal communities and laccase genes in decomposing litter reveals differences among forest types but no impact of nitrogen deposition. Environmental Microbiology, 9: 1306-1316.

Blagodatskaya E, Kuzyakov Y. 2013. Active microorganisms in soil: critical review of estimation criteria and approaches. Soil Biology and Biochemistry, 67: 192-211.

Blagodatsky S, Smith P. 2012. Soil physics meets soil biology: towards better mechanistic prediction of greenhouse gas emissions from soil. Soil Biology and Biochemistry, 47: 78-92.

Blainey PC. 2013. The future is now: single-cell genomics of bacteria and archaea. FEMS Microbiology Reviews, 37: 407-427.

Blake R E, O’neil J R, García G A. 1997. Oxygen isotope systematics of biologically mediated reactions of phosphate: I. Microbial degradation of organophosphorus compounds. Geochim Cosmochim Acta, 61: 4411.

Blakey D, Leech A, Thomas G H, et al. 2002. Purification of the *Escherichia coli* ammonium transporter AmtB reveals a trimeric stoichiometry. Biochemical Journal, 364(2): 527-535.

Blazewicz S J, Barnard R L, Daly R A, et al. 2013. Evaluating rRNA as an indicator of microbial activity in environmental communities: limitations and uses. ISME J, 7: 2061-2068.

Bligh E G, Dyer W J. 1959. A rapid method of total lipid extraction and purification. Can J Biochem Physiol, 37(8): 911.

Blow N. 2008. Metagenomics: exploring unseen communities. Nature, 453: 687-690.

Bochner BR. 2008. Global phenotypic characterization of bacteria. FEMS Microbiology Reviews, 33: 191-205.

Boex-Fontvieille E R A, Gauthier P P G, Gilard F, et al. 2013. A new anaplerotic respiratory pathway involving lysine biosynthesis in isocitrate dehydrogenase-deficient Arabidopsis mutants. New Phytologist, 199(3): 673-682.

Böhme L, Langer U, Bohme F. 2005. Microbial biomass, enzyme activities and microbial community structure in two European long-term field experiments. Agriculture Ecosystems and Environment, 109: 141-152

Bokulich N A, Subramanian S, Faith J J, et al. 2013. Quality-filtering vastly improves diversity estimates from Illumina amplicon sequencing. Nat Methods, 10: 57-59.

Bolan N S. 1991. A critical review on the role of mycorrhizal fungi in the uptake of phosphorus by plants. Plant and Soil,134:189-207

Bomberg M. 2016. The elusive boreal forest Thaumarchaeota. Agronomy, 6(2): 36.

Bonkowski M, Villenave C, Griffiths B. 2009. Rhizosphere fauna: the functional and structural diversity of intimate interactions of soil fauna with plant roots. Plant and Soil, 321: 213-233.

Boschker HTS, Nold SC, Wellsbury P, et al. 1998. Direct linking of microbial populations to specific biogeochemical processes by $^{13}$C-labelling of biomarkers. Nature, 392: 801-805.

Bossio D A, Fleck J A, Scow K M, et al. 2006. Alteration of soil microbial communities and water quality in restored wetlands. Soil Biology and Biochemistry, 38: 1223-1233.

Bowman W D, Theodose T A, Schardt J C, et al. 1993. Constraints of nutrient availability on primary production in 2 alpine tundra communities. Ecology, 74: 2085-2097.

Brabcová V, Nováková M, Davidová A, et al., 2016. Dead fungal mycelium in forest soil represents a decomposition hotspot and a habitat for a specific microbial community. New Phytologist, 210: 1369-1381.

Bragazza L, Freeman C, Jones T, et al. 2006. Atmospheric nitrogen deposition promotes car- bon loss from peat bogs. Proceedings of the National Academy of Sciences of the USA, 103: 19386-19389.

Braker G, Fesefeldt A, Witzel K P. 1998. Development of PCR primer systems for amplification of nitrite reductase genes (*nirK* and *nirS*) to detect denitrifying bacteria in environmental samples. Appl Environ Microbiol, 64: 3769-3775.

Breidenbach B, Pump J, Dumont M G. 2016. Microbial community structure in the rhizosphere of rice plants. Frontiers in Microbiology, 6: 1537.

Brencic A, Winans S C, Colonization, P. 2005. Detection of and response to signals involved in host-microbe interactions by plant-associated bacteria. Microbiology & Molecular Biology Reviews Mmbr, 69 (1): 155-194.

Brochier-armanet C, Boussau B, Gribaldo S, et al. 2008. Mesophilic Crenarchaeota: proposal for a third archaeal phylum, the Thaumarchaeota. Nature Reviews Microbiology, 6(3): 245-252.

Bronswijk J J B, Nugroho K, Aribawa I B, et al. 1993. Modeling of oxygen-transport and pyrite oxidation in acid sulfate soils. Journal of Environmental Quality, (22): 544-554.

Brown D H, Ferris H, Fu S, et al. 2004. Modeling direct positive feedback between predators and prey. Theoretical Population Biology, 65: 143-152.

Brown M E, Chang M C Y. 2014. Exploring bacterial lignin degradation. Current Opinion in Chemical Biology, 19: 1-7.

Bru D, Ramette A, Saby N P A, et al. 2011. Determinants of the distribution of nitrogen-cycling microbial communities at the landscape scale. Isme Journal, 5: 532-542.

Bruelheide H, Böhnke M, Both S, et al. 2011. Community assembly during secondary forest succession in a Chinese subtropical forest. Ecological Monographs, 81: 25-41.

Brunn M, Spielvogel S, Sauer T, et al. 2014. Temperature and precipitation effects on delta C-13 depth profiles in SOM under temperate beech forests. Geoderma, 235: 146-153.

Bryant J A, Lamanna C, Morlon H, et al. 2008. Microbes on mountainsides: Contrasting elevational patterns of bacterial and plant diversity. Proceedings of the National Academy of Sciences of the United States of America, 105: 11505-11511.

Brzostek E R, Greco A, Drake J E, et al. 2013. Root carbon inputs to the rhizosphere stimulate extracellular enzyme activity and increase nitrogen availability in temperate forest soils. Biogeochemistry, 115: 65-76.

Buée M, Reich M, Murat C, et al. 2009. 454 Pyrosequencing analyses of forest soils reveal an unexpectedly fungal diversity. New Phytologist, 184: 449-456.

Bugg T D H, Ahmad M, Hardiman E M, et al. 2011. The emerging role for bacteria in lignin degradation and bio-product formation. Current Opinion in

Biotechnology, 22(3): 394-400.

Bui E N, Henderson B L. 2013. C:N:P stoichiometry in Australian soils with respect to vegetation and environmental factors. Plant and Soil, 373: 553-568.

Bulgarelli D R, Garrido-Oter P C, Munch A, et al. 2015. Structure and function of the bacterial root microbiota in wild and domesticated barley. Cell Host & Microbe, 17: 392-403.

Bulgarelli D R, Garrido-Oter P C, Munch A, et al. 2015. Structure and function of the bacterial root microbiota in wild and domesticated barley. Cell Host & Microbe, 17: 392-403.

Buresh R J, Patrick W H. 1981. Nitrate reduction to ammonium and organic nitrogen in an estuarine sediment. Soil Biology and Biochemisty, (13): 279-283.

Burgin A J, Hamilton S K. 2008. Have we overemphasized the role of denitrification in aquatic ecosystems? A review of nitrate removal pathways. Frontiers in Ecology & the Environment, (2): 89-96.

Burleigh SH, Harrison MJ. 1997. A novel gene whose expression in Medicago truncatula is suppressed in response to colonization by vesicular-arbuscular mycorrhizal fungi and to phosphate nutrition. Plant Molecular Biology, 34: 199-208.

Burns R G, DeForest J L, Marxsen J, et al. 2013. Soil enzymes in a changing environment: current knowledge and future directions. Soil Biology and Biochemistry, 58: 216-234.

Burns R G, DeForest J L, Marxsen J, et al. 2013. Soil enzymes in a changing environment: current knowledge and future directions. Soil Biology & Biochemistry, 58: 216-234.

Burns T A, Bishop P E, Israel D W. 1981. Enhanced nodulation of leguminous plant roots by mixed cultures of *Azotobacter vinelandii* and Rhizobium. Plant and Soil, 62 (3): 399-412.

Butenko M A, Patterson S E, Grini P E, et al. 2003. Inflorescence deficient in abscission controls floral organ abscission in Arabidopsis and identifies a novel family of putative ligands in plants. Plant Cell, 15 (10): 2296-2307.

Butenko M A, Vie AK, Brembu T, et al. 2009. Plant peptides in signalling: looking for new partners. Trends Plant Sci, 14 (5): 255-263.

Butterbach-Bahl K, Willibald G, Papen H. 2002. Soil core method for direct simultaneous determination of $N_2$ and $N_2O$ emissions from forest soils. Plant and

Soil, 240: 105-116.

Butterbach-Bahl K, Willibald G, Papen H. 2002. Soil core method for direct simultaneous determination of $N_2$ and $N_2O$ emissions from forest soils. Plant and Soil, 240 (1): 105-116.

Butterfield C N, Li Z, Andeer P F, et al. 2016. Proteogenomic analyses indicate bacterial methylotrophy and archaeal heterotrophy are prevalent below the grass root zone. PeerJ, 4: e2687.

Button D K. 1993. Nutrient-limited microbial-growth kinetics-overview and recent advances. Antonie Van Leeuwenhoek International Journal of General and Molecular Microbiology, 63: 225-235.

Cabangon R J, Tuong T P, Castillo E G, et al. 2004. Effect of irrigation method and N-fertilizer management on rice yield, water productivity and nutrient-use efficiencies in typical lowland rice conditions in China. Paddy and Water Environment, 2004, (2): 195-206.

Cadisch G, Giller K E. 1997. Driven by nature: plant litter quality and decomposition. CAB International.

Cai G, Hu Y J, Wang T T, et al. 2017. Characteristics and influencing factors of biologically-based phosphorus fractions in the farmland soil. Environmental Science, 38(4): 1606-1612.

Cai W M, Yao H Y, Feng W L, et al. 2009. Microbia community structure of casing oil during mushroom (*Agaricus bisporus*) growth. Pedosphere, (19): 446-452.

Cai Y, Chang S, Ma B, et al. 2016. Watering increased DOC concentration but decreased $N_2O$ emission from a mixed grassland soil under different defoliation regimes. Biology and Fertility of Soils, 52: 987-996.

Cai Z C, Qin S W.Dynamics of crop yields and soil organic carbon in a long-term fertilization experiment in the Huang-Huai-Hai Plain of China. Geoderma, 136: 708-715.

Calvo L, García-Gil L J. 2004. Use of amoB as a new molecular marker for ammonia-oxidizing bacteria. J Microbiol Methods, 57: 69-78.

Calvo P, Nelson L, Kloepper J W. 2014. Agricultural uses of plant biostimulants. Plant and Soil, 383(1-2):3-41.

Campbell B J, Stein J L, Cary S C. 2003. Evidence of chemolithoautotrophy in the bacterial community associated with Alvinella pompejana, a hydrothermal vent polychaete. Appl Environ Microbiol, 69: 5070-5078.

Campos J L, Sanchez M, Mosquera-Corral A, et al. 2003. Coupled BAS and anoxic USB system to remove urea and formaldehyde from wastewater. Water Research, (37): 3445-3451.

Cao P, Zhang L M, Shen J P, et al. 2012. Distribution and diversity of archaeal communities in selected Chinese soils. FEMS Microbiology Ecology, 80: 146-158.

Cardozo F M, Carneiro R F V, Rocha S M B, et al. 2018. The impact of pasture systems on soil microbial biomass and community-level physiological profiles. Land Degradation & Development, 29: 284-291.

Carreiro M M, Sinsabaugh R L, Repert D A, et al. 2000. Microbial enzyme shifts explain litter decay responses to simulated nitrogen deposition. Ecology, 81(9): 2359-2365.

Carrillo Y, Bell C, Koyama A, et al. 2017. Plant traits, stoichiometry and microbes as drivers of decomposition in the rhizosphere in a temperate grassland. Journal of Ecology, 2017, (105): 1750-1765.

Carrillo Y, Dijkstra F A, Lecain D, et al. 2016. Mediation of soil C decomposition by arbuscular mycorrizhal fungi in grass rhizospheres under elevated $CO_2$. Biogeochemistry, 127: 45-55.

Caruso T, Chan Y K, Lacap D C, et al. 2011. Stochastic and deterministic processes interact in the assembly of desert microbial communities on a global scale. The ISME Journal, 5: 1406-1413.

Casamitjana-Martinez E, Hofhuis H F, Xu J, et al. 2003. Root-specific CLE19 overexpression and the sol 1/2 suppressors implicate a CLV-like pathway in the control of Arabidopsis root meristem maintenance. Curr Biol, 13 (16): 1435-1441.

Cassman K G, Dobermann A, Walters D T. 2002. Agroecosystems, nitrogen-use efficiency, and nitrogen management. AMBIO: A Journal of the Human Environment, 31 (2): 132-141.

Castle S C, Nemergut D R, Grandy A S, et al. 2016. Biogeochemical drivers of microbial community convergence across actively retreating glaciers. Soil Biology & Biochemistry, 101: 74-84.

Castle S C, Sullivan B W, Knelman J, et al. 2017. Nutrient limitation of soil microbial activity during the earliest stages of ecosystem development. Oecologia, 185: 513-524.

Catoira R, Galera C, de Billy F, et al. 2000. Four genes of Medicago truncatula controlling components of a nod factor transduction pathway. the Plant Cell, 12

(9): 1647-1665.

Cavagnaro T R, Jackson L E, Scow K M, et al. 2007. Effects of arbuscular mycorrhizas on ammonia oxidizing bacteria in an organic farm soil. Microbial Ecology, 54: 618-626

Cederholm H M, Benfey P N. 2015. Distinct sensitivities to phosphate deprivation suggest that RGF peptides play disparate roles in Arabidopsis thaliana root development. New Phytol, 207(3): 683-691.

Chaban B, Ng S Y, Jarrell K F. 2006. Archaeal habitats from the extreme to the ordinary. Canadian Journal of Microbiology, 52: 73-116.

Chacon N, Silver W L, Dubinsky E A, et al. 2006. Iron reduction and soil phosphorus solubilization in humid tropical forests soils: the roles of labile carbon pools and an electron shuttle compound. Biogeochemistry, 78(1): 67-84.

Chadwick O A, Derry LA, Vitousek P M, et al. 1999. Changing sources of nutrients during four million years of ecosystem development. Nature, 397: 491-497.

Chagnon P L, Brown C, Stotz G C, et al. 2018. Soil biotic quality lacks spatial structure and is positively associated with fertility in a northern grassland. Journal of Ecology, 106: 195-206.

Chairat C, Schott J, Oelkers E H, et al. 2007. Kinetics and mechanism of natural fluorapatite dissolution at $^{25}$C and pH from 3 to 12. Geochimica et Cosmochimica Acta, 71: 5901-5912.

Chalk PM, He JZ, Peoples MB, et al. 2017. $^{15}N_2$ as a tracer of biological $N_2$ fixation: a 75-year retrospective. Soil Biology and Biochemistry, 106: 36-50.

Chan K Y V Z L, Meszaros I, et al. 2008. Using poultry litter biochars as soil amendments. Soil Research, 46(5): 437-444.

Chang C, Hu Y, Sun S, et al. 2009. Proton pump OsA8 is linked to phosphorus uptake and translocation in rice. Journal of Experimental Botany, 60: 557-565.

Chang S C, Jcackson M L. 1957. Solubility product of iron phosphate1. Soil Science Society of America Journal, (3): 265-269.

Chantigny M H, Angers D A, Prévost D, et al. 1997. Soil aggregation and fungal and bacterial biomass under annual and perennial cropping systems. Soil Science Society of America Journal, 61 (61): 262-267.

Chapuis-Lardy L, Wrage-Mönnig N, Metay A, et al. 2007. Soils, a sink for $N_2O$? A review. Global Change Biology, (1): 1-17.

Che J, Zhao X Q, Zhou X, et al. 2015. High pH-enhanced soil nitrification was associated with ammonia-oxidizing bacteria rather than archaea in acidic soils. Applied Soil Ecology, 85: 21-29.

Che R, Deng Y, Wang F, et al. 2018a. Autotrophic and symbiotic diazotrophs dominate nitrogen-fixing communities in Tibetan grassland soils. Science of the Total Environment, 639: 997-1006.

Che R, Deng Y, Wang W, et al. 2018b. Long-term warming rather than grazing significantly changed total and active soil procaryotic community structures. Geoderma, 316: 1-10.

Chen C R, Condron L M, Davis M R, et al. 2002. Phosphorus dynamics in the rhizosphere of perennial ryegrass (*Lolium perenne* L.) and radiata pine (*Pinus radiata* D. Don). Soil Biology & Biochemistry, 34: 487-499.

Chen D, Cheng J, Chu P, et al. 2015a. Regional-scale patterns of soil microbes and nematodes across grasslands on the Mongolian plateau: relationships with climate, soil, and plants. Ecography, 38: 622-631.

Chen D, Mi J, Chu P, et al. 2015b. Patterns and drivers of soil microbial communities along a precipitation gradient on the Mongolian Plateau. Landscape Ecology, 30: 1669-1682.

Chen H Q, Fan M S, Billen N, et al. 2009. Effect of land use types on decomposition of $^{14}C$-labelled maize residue (*Zea mays* L.). European Journal of Soil Biology, 45: 123-130.

Chen H, Dong S, Liu L, et al. 2014. Effects of experimental nitrogen and phosphorus addition on litter decomposition in an old-growth tropical forest. Plos One, 8(12): e84101.

Chen J, Zhou Z C, Gu J D. 2014. Occurrence and diversity of nitrite-dependent anaerobic methane oxidation bacteria in the sediments of the South China Sea revealed by amplification of both 16S rRNA and pmoA genes. Applied Microbiology and Biotechnology, (12): 5685-5696.

Chen L Y, Qin L, Zhou L L, et al. 2018. A nodule-localized phosphate transporter GmPT7 plays an important role in enhancing symbiotic N2 fixation and yield in soybean. New Phytologist, 221(4).

Chen M, Zhang Y Q, Krumholz L R, et al. 2022. Black blooms-induced adaptive responses of sulfate reduction bacteria in a shallow freshwater lake. Environmental Research, 209: 112732.

Chen Q, Qi L, Bi Q, et al. 2015. Comparative effects of 3, 4-dimethylpyrazole phosphate (DMPP) and dicyandiamide (DCD) on ammonia-oxidizing bacteria and archaea in a vegetable soil. Appl Microbiol Biotechnol, 99 (1): 477-487.

Chen R F, Zhang F L, Zhang Q M, et al. 2012. Aluminium-phosphorus interactions in plants growing on acid soils: does phosphorus always alleviate aluminium toxicity? Journal of the Science of Food and Agriculture, 92: 995-1000.

CHEN S, LIN G, HUANG J, et al. 2009. Dependence of carbon sequestration on the differential responses of ecosystem photosynthesis and respiration to rain pulses in a semiarid steppe. Global Change Biology, 15: 2450-2461.

Chen S, Wu W, Hu K, et al. 2010. The effects of land use change and irrigation water resource on nitrate contamination in shallow groundwater at county scale . Ecological Complexity, 7 (2): 131-138.

CHEN X D, JIANG N, CHEN Z H, et al. 2017. Response of soil *phoD* phosphatase gene to long-term combined applications of chemical fertilizers and organic materials. Applied Soil Ecology, 119: 197-204.

Chen X W, Wu F Y, Li H, et al. 2017. Mycorrhizal colonization status of lowland rice *Oryza sativa* L. in the southeastern region of China. Environmental Science and Pollution Research, 24:5268-5276.

Chen X, Hu Y, Feng S, et al. 2018. Lignin and cellulose dynamics with straw incorporation in two contrasting cropping soils. Scientific Reports, 8: 1633.

Chen Y L, Hu H W, Han H Y, et al. 2014. Abundance and community structure of ammonia-oxidizing Archaea and Bacteria in response to fertilization and mowing in a temperate steppe in Inner Mongolia. Fems Microbiology Ecology, 89: 67-79.

Chen Y L, Lee CY, Cheng KT, et al. 2014. Quantitative peptidomics study reveals that a wound-induced peptide from PR-1 regulates immune signaling in tomato. Plant Cell, 26 (10): 4135-4148.

Chen Y P, Rekha P D, Arun A B et al. 2006. Phosphate solubilizing bacteria from subtropical soil and their tricalcium phosphate solubilizing abilities. Applied Soil Ecology, 2006, 34(1): 33-41.

Chen Y Z, Murchie E R, Hubbart S, et al. 2003. Effects of season-dependent irradiance levels and nitrogen-deficiency on phytosynthesis and photoinhibition in field-grown rice. Physiologia Plantarum, 117: 343-351.

Chen Y, Dumont M G, Neufeld J D et al. 2008. Revealing the uncultivated majority: combining DNA stable-isotope probing, multiple displacement amplification and metagenomic analyses of uncultivated Methylocystis in acidic peatlands.

Environmental Microbiology, 10: 2609-2622.

Chen Y, Dumont M G, Neufeld J D, et al. 2008. Revealing the uncultivated majority: combining DNA stable-isotope probing, multiple displacement amplification and metagenomic analyses of uncultivated Methylocystis in acidic peatlands. Environmental Microbiology, 10: 2609-2622.

Chen Y, Murrell J C. 2010. When metagenomics meets stable-isotope probing: progress and perspectives.Trends Microbiology, 18: 157-163.

Chen Z C, Zhao X Q, Shen R F. 2010. The alleviating effect of ammonium on aluminum toxicity in Lespedeza bicolor results in decreased aluminum-induced malate secretion from roots compared with nitrate. Plant and Soil, 337: 389-398.

Cheng C M, Cao C Y. 1997. Transformation and availability of inorganic phosphorus in calcareous soils during flooding and draining alternating process. Acta Pedologica Sinica, (4): 382-391.

Cheng W, Coleman D C, Carroll C R, et al. 1993. *In situ* measurement of root respiration and soluble C concentrations in the rhizosphere. Soil Biology & Biochemistry, 25, 1190-1196.

Cheng W, Johnson D W, Fu S. 2002. Rhizosphere effects on decomposition: controls of plant species. Soil Science Society of America Journal, 67: 1418-1427.

Cheng W, Johnson D W. 1998. Elevated $CO_2$, rhizosphere processes, and soil organic matter decomposition. Plant and Soil, 202: 167-174.

Cheng W, Parton W J, Gonzalez-Meler M A, et al., 2014. Synthesis and modeling perspectives of rhizosphere priming. New Phytologist, 201: 31-44.

Cheng W. 1996. Measurement of rhizosphere respiration and organic matter decomposition using natural $^{13}C$. Plant and Soil, 183: 263-268.

Cheng W. 2009. Rhizosphere priming effect: Its functional relationships with microbial turnover, evapotranspiration, and C−N budgets. Soil Biology & Biochemistry, 41: 1795-1801.

Chen I A, Markowitz V M, Chu K, et al. 2017. IMG / M: integrated genome and metagenome comparative data analysis system. Nucleic Acids Research, 45: D507-D516.

Chenu C, Hassink J, Bloem J. 2001. Short-term changes in the spatial distribution of microorganisms in soil aggregates as affected by glucose addition. Biology and Fertility of Soils, 34: 349-356.

Chiatante D, Beltotto M, Onelli E, et al. 2010. New branch roots produced by vascular cambium derivatives in woody parental roots of populus nigra l. Plant Biosystems, 144(2), 420-433.

Chiatante D, Rost T, Bryant J, et al. 2018. Regulatory networks controlling the development of the root system and the formation of lateral roots: a comparative analysis of the roles of pericycle and vascular cambium. Annals of botany, 122: 697-710.

Chinnadurai C, Gopalaswamy G, Balachandar D. 2014. Impact of long-term organic and inorganic nutrient managements on the biological properties and eubacterial community diversity of the Indian semi-arid Alfisol. Archives of Agronomy and Soil Science, 60: 531-548.

Chiu C H, Choi J, Paszkowski U. 2018. Independent signaling cues underpin arbuscular mycorrhizal symbiosis and large lateral root induction in rice. New Phytologist, 217:552-557.

Cho H, Tripathi B M, Moroenyane I, et al. 2018. Soil pH rather than elevation determines bacterial phylogenetic community assembly on Mt. Norikura, Japan. Fems Microbiology Ecology, 95: 1-10.

Cho J C, Tiedje J M. 2000. Biogeography and degree of endemicity offluorescent Pseudomonas strains in soil. Applied and Environmental Microbiology, 66: 5448-5456.

Choi J, Yang F, Stepanauskas R, et al. 2018. RefSoil: a reference database of soil microbial genomes. The ISME Journal. doi: 10.1038/ismej.2016.168

Choudhury A, Kennedy I R. 2005. Nitrogen fertilizer losses from rice soils and control of environmental pollution problems. Communications in Soil Science and Plant Analysis, (36): 1625-1639.

Chourey K, Jansson J, VerBerkmoes N, et al. 2010. Direct cellular lysis / protein extraction protocol for soil metaproteomics. Journal of Proteome Research, 9(12): 6615-6622.

Christensen M. 1989. A view of fungal ecology. Mycologia, 81: 1-19.

Chu H Y, Fierer N, Lauber C L, et al. 2010. Soil bacterial diversity in the Arctic is not fundamentally different from that found in other biomes. Environmental Microbiology, 12: 2998-3006.

Chu H Y, Fierer N, Lauber C L, et al. 2010. Soil bacterial diversity in the Arctic is not fundamentally different from that found in other biomes. Environmental microbiology, 12: 2998-3006.

Chu H Y, Fujii T, Morimoto S, et al. 2007. Community structure of ammonia-oxidizing bacteria under long-term application of mineral fertilizer and organic manure in a sandy loam soil. Applied and Environmental Microbiology, 73: 485-491.

Chu H, Fierer N, Lauber CL, et al. 2010. Soil bacterial diversity in the Arctic is not fundamentally different from that found in other biomes. Environmental Microbiology, 12(11): 2998-3006.

Chu H, Sun H, Tripathi B M, et al. 2016. Bacterial community dissimilarity between the surface and subsurface soils equals horizontal differences over several kilometers in the western Tibetan Plateau. Environmental Microbiology, 18: 1523-1533.

Church M J, Wai B, Karl D M, et al. 2010. Abundances of crenarchaeal amoA genes and transcripts in the Pacific Ocean. Environ Microbiol, 2010, 12: 679-688.

Ciarlo E, Conti M, Bartoloni N, et al. 2008. Soil $N_2O$ emissions and $N_2O/(N_2O+N_2)$ ratio as affected by different fertilization practices and soil moisture. Biology and Fertility of Soils, 44 (7): 991-995.

Clarholm M. 1985. Interactions of bacteria, protozoa and plants leading to mineralization of soil nitrogen. Soil Biology & Biochemistry, 17: 181-187.

Clark J S, Campbell J H, Grizzle H, et al. 2009. Soil microbial community response to drought and precipitation variability in the Chihuahuan Desert. Microbial Ecology, 57: 248-260.

Clark R B, Zeto S K. 2000. Mineral acquisition by arbuscular mycorrhizal plants. Journal of Plant Nutrition,23: 868-902.

Clemmensen K E, Finlay R D, Dahlberg A, et al. 2015. Carbon sequestration is related to mycorrhizal fungal community shifts during long-term succession in boreal forests. New Phytologist, 205: 1525-1536.

Cleveland C C, Nemergut D R, Schmidt S K, et al. 2007. Increases in soil respiration following labile carbon additions linked to rapid shifts in soil microbial community composition. Biogeochemistry, 82: 229-240.

Cleveland C, Liptzin D. 2007. C: N: P stoichiometry in soil: Is there a "Redfield ratio" for the microbial biomass? Biogeochemistry, 85: 235-252.

Cock J M, McCormick S. 2001. A large family of genes that share homology with CLAVATA3. Plant Physiol, 126 (3): 939-942.

Coder K D. 2007. Soil compaction, stress and trees: symptoms, measures, treatments//

Warnell School Outreach Monograph WSFNR07-9*, University of Georgia Warnell School of Forestry & Natural Resources.

Cole J A, Beown C M. 1980. Nitrite reduction to ammonia fermentative bacteria: a short circuit in the biological nitrogen cycle. FEMS Microbiology Letters, (2): 65-72.

Cole J A, Brown C M. 1980. Nitrite reduction to ammonia by fermentative bacteria: a short circuit in the biological nitrogen cycle. Fems Microbiology Letters, 7: 65-72.

Cole J R, Chai B, Farris R J, et al. 2005. The Ribosomal Database Project (RDP-II): sequences and tools for high-throughput rRNA analysis. Nucleic Acids Research, 33(S1): D294-D296.

Colin Y, Nicolitch O, van Nostrand J D, et al. 2017. Taxonomic and functional shifts in the beech rhizosphere microbiome across a natural soil toposequence. Scientific Reports, 7: 9604.

Collavino M M, Tripp H J, Frank I E, et al. 2014. NifH pyrosequencing reveals the potential for location-specific soil chemistry to influence $N_2$-fixing community dynamics. Environmental Microbiolology, (16): 3211-3223.

Conacher J C A. 1998. Organic farming and the environment, with particular reference to Australia: a review. Biological Agriculture & Horticulture, 16: 145-171.

Connon S A, Giovannoni S J. 2002. High-throughput methods for culturing microorganisms in very-low-nutrient media yield diverse new marine isolates. Applied and Environmental Microbiology, 68(8): 3878-3885.

Cook C E, Whichard L P, Turner B, et al. 1966. Germination of witchweed (*Striga lutea* Lour.): isolation and properties of a potent stimulant. Science, 154 (3753): 1189-1190.

Cook C E, Whichard L P, Wall M E, et al. 1972. Germination stimulants. II. The structure of strigol, a potent seed germination stimulant for witchweed (*Striga lutea* Lour.). Journal of the American Chemical Society, 94(17): 6198-6199.

Cook P M, Wenzhofer F, Rysgaard S, et al. 2006. Quantification of denitrification in permeable sediments: insights from a two-dimensional simulation analysis and experimental data. Limnology and Oceanography-Methods, 4: 294-307.

Cordell D, Drangert J O, White S. 2009. The story of phosphorus: global food security and food for thought. Global Environmental Change, 19: 292-305.

Coskun D, Britto D T, Shi W M, et al. 2017. Nitrogen transformations in modern agriculture and the role of biological nitrification inhibition. Nature Plants 3, 17074.

Cosme M, Wurst S. 2013. Interactions between arbuscular mycorrhizal fungi, rhizobacteria, soil phosphorus and plant cytokinin deficiency change the root morphology, yield and quality of tobacco. Soil Biology and Biochemistry, 57: 436-443

Cotrufo M F, Wallenstein M D, Boot C M, et al. 2013. The Microbial Efficiency-Matrix Stabilization (MEMS) framework integrates plant litter decomposition with soil organic matter stabilization: do labile plant inputs form stable soil organic matter? Global Change Biology, 19: 988-995.

Courtier-Murias D, Simpson A J, Marzadori C, et al. 2013. Unraveling the long-term stabilization mechanisms of organic materials in soils by physical fractionation and NMR spectroscopy. Agriculture Ecosystems & Environment, (171): 9-18.

Craine J M, Morrow C, Fierer N. 2007. Microbial nitrogen limitation increases decomposition. Ecology, 88: 2105-2113.

Crecchio C, Curci M, Pizzigallo M D R, et al. 2004. Effects of municipal solid waste compost amendments on soil enzyme activities and bacterial genetic diversity. Soil Biology & Biochemistry, 36(10): 1595-1605.

Cregan P B, Keyser H H. 1989. Soybean genotype restricting nodulation of a previously unrestricted serocluster 123 Bradyrhizobia. Crop Science, 29: 307-312.

Cressman R, Garay J. 2009. A predator-prey refuge system: evolutionary stability in ecological systems. Theoretical Population Biology, 76: 248-257.

Crowther T W, Boddy L, Jones T H. 2012. Functional and ecological consequences of saprotrophic fungus-grazer interactions. The ISME Journal, 6: 1992-2001.

Cui L, Chen P, Chen S, et al. 2013. *In situ* study of the antibacterial activity and mechanism of action of silver nanoparticles by surface-enhanced Raman spectroscopy. Anal Chem, 85: 5436-5443.

Cui L, Yang K, Li H Z, et al. 2018. Functional Single-Cell Approach to Probing Nitrogen-Fixing Bacteria in Soil Communities by Resonance Raman Spectroscopy with $^{15}N_2$ Labeling. Anal Chem, 90: 5082-5089.

Cui L, Yang K, Li HZ, et al. 2018. A novel functional single-cell approach to probing nitrogen-fixing bacteria in soil communities by resonance Raman spectroscopy with $^{15}N_2$ labelling. Analytical Chemistry, 90: 5082-5089.

Cui L, Yang K, Zhou G, et al. 2017. Surface-enhanced Raman spectroscopy combined with stable isotope probing to monitor nitrogen assimilation at both bulk and single-cell level. Anal Chem, 89: 5793-5800.

Cui L, Zhang Y J, Huang W E, et al. 2016. Surface-enhanced Raman spectroscopy for identification of heavy metal arsenic(V) - mediated enhancing effect on antibiotic resistance. Anal Chem, 88: 3164-3170.

Cui X, Hu J, Wang J, et al. 2016. Reclamation negatively influences arbuscular mycorrhizal fungal community structure and diversity in coastal saline-alkaline land in Eastern China as revealed by Illumina sequencing. Applied Soil Ecology, 98: 140-149.

Curd E E, Martiny J B H, Li H, et al. 2018. Bacterial diversity is positively correlated with soil heterogeneity. Ecosphere, 9: 1-16.

Curtis T P, Sloan W T, Scannell J W. 2002. Estimating prokaryotic diversity and its limits. Proceedings of the National Academy of Sciences of the USA, 99: 10494-10499.

Curtis TP, Sloan WT. 2005. Exploring microbial diversity—a vast below. Science, 309: 1331-1333.

Czarnecki O, Yang J, Weston D J, et al. 2013. A dual role of strigolactones in phosphate acquisition and utilization in plants. International Journal of Molecular Sciences, 14(4): 7681-7701.

Czyzewicz N, Nikonorova N, Meyer M R, et al. 2016. The growing story of (arabidopsis) crinkly 4. J Exp Bot, 67: 4835-4847.

Dai Z, Hu J, Xu X, et al. 2016. Sensitive responders among bacterial and fungal microbiome to pyrogenic organic matter (biochar) addition differed greatly between rhizosphere and bulk soils. Scientific Reports, 6.

Dakora F D, Phillips D A. 2002. Root exudates as mediators of mineral acquisition in low-nutrient environments. Plant Soil, 245: 35 - 47.

Dalias P, Anderson J M, Bottner P, et al. 2001. Temperature responses of carbon mineralization in conifer forest soils from different regional climates incubated under standard laboratory conditions. Global Change Biology, 7: 181-192.

Dalsgaard T, Canfield D E, Petersen J, et al. 2003. $N_2$ production by the anammox reaction in the anoxic water column of golfo dulce, costa rica. Nature, 422: 606-608.

Damam M, Kaloori K, Gaddam B, et al. 2016. Plant growth promoting substances (phytohormones) produced by rhizobacterial strains isolated from the rhizosphere of medicinal plants. International Journal of Pharmaceutical Sciences Review and Research, 37(1):130-136.

Damon P M, Bowden B, Rose T, et al. 2014. Crop residue contributions to phosphorus pools in agricultural soils: a review. Soil Biology & Biochemistry, 74: 127-137.

Darrah P R. 1991. Models of the rhizosphere microbial-population dynamics around a root releasing soluble and insoluble carbon. Plant and Soil, 133: 187-199.

Das S, Chou M L, Jean J S, et al. 2016. Water management impacts on arsenic behavior and rhizosphere bacterial communities and activities in a rice agro-ecosystem. Science of the Total Environment, (542): 642-652.

David M B, Wal L G, Royer T V, et al. 2006. Denitrification and the nitrogen budget of a reservoir in an agricultural landscape. Ecological Applications, 16: 2177-2190.

Davidson E A, Trumbore S E, Amundson R. 2000. Soil warming and organic carbon content. Nature, 408: 789-790.

Davies D. 2003. Understanding biofilm resistance to antibacterial agents. Nature Reviews Drug Discovery, 2(2): 114-122.

Davinic M, Fultz L M, Acosta-Martinez V, et al. 2012. Pyrosequencing and mid-infrared spectroscopy reveal distinct aggregate stratification of soil bacterial communities and organic matter composition. Soil Biology and Biochemistry, 46: 63-72.

Davis J P, Youssef N H, Elshahed M S. 2009. Assessment of the diversity, abundance, and ecological distribution of candidate division SR1 reveals a high level of phylogenetic diversity but limited morphotypic diversity. Applied and Environmental Microbiololgy, 75: 4139-4148.

de Boer W, Folman L B, Summerbell R C, et al. 2005. Living in a fungal world: impact of fungi on soil bacterial niche development. FEMS Microbiology Reviews, 29: 795-811.

de Boer W, Folman L B, Summerbell R C, et al. 2005. Living in a fungal world: impact of fungi on soil bacterial niche development. FEMS Microbiol Rev, 29: 795-811.

de Boer W, Kowalchuk G. 2001. Nitrification in acid soils: micro-organisms and mechanisms. Soil Biology and Biochemistry, 33: 853-866.

de Deyn G B, Quirk H, Oakley S, et al. 2011. Rapid transfer of photosynthetic carbon through the plant-soil system in differently managed grasslands. Biogeosciences

Discussions, (8): 921-940.

de Graaff M A, Classen A T, Castro H F, et al. 2010. Labile soil carbon inputs mediate the soil microbial community composition and plant residue decomposition rates community composition and plant residue. New Phytologist, 188: 1055-1064.

de Gryze S, Six J, Brits C, et al. 2005. A quantification of short-term macroaggregate dynamics: influences of wheat residue input and texture. Soil Biology and Biochemistry, 37: 55-66.

de Jong M, George G, Ongaro V, et al. 2014. Auxin and strigolactone signaling are required for modulation of Arabidopsis shoot branching by nitrogen supply. Plant Physiology, 166 (1): 384-395.

de Nobili M, Contin M, Mondini C, et al. 2001. Soil microbial biomass is triggered into activity by trace amounts of substrate. Soil Biology and Biochemistry, 33: 1163-1170.

de Ruiter P C, Neutel A M, Moore J C. 1995. Energetics, patterns of interaction strengths, and stability in real ecosystems. Science, 269: 1257-1257.

de Vries F T, Bloem J, van Eekeren N, et al. 2007. Fungal biomass in pastures increases with age and reduced N input. Soil Biology and Biochemistry, 39: 1620-1630.

de Vries F T, Manning P, Tallowin J R B, et al. 2012. Abiotic drivers and plant traits explain landscape-scale patterns in soil microbial communities. Ecology Letters, 15: 1230-1239.

Dean F B, Hosono S, Fang L, et al. 2002. Comprehensive human genome amplification using multiple displacement amplification. Proceedings of the National Academy of Sciences, 99: 5261-5266.

Degens B P, Sparling G P, Abbott L K. 1996. Increasing the length of hyphae in a sandy soil increases the amount of water-stable aggregates. Applied Soil Ecology, 3: 149-159.

Delay C, Imin N, Djordjevic M A. 2013. CEP genes regulate root and shoot development in response to environmental cues and are specific to seed plants. J Exp Bot, 64(17): 5383-5394.

Delay C, Imin N, Djordjevic M A. 2013. Regulation of Arabidopsis root development by small signaling peptides. Front Plant Sci, 4: 352.

Delgado-Baquerizo M, Maestre F T, Reich P B, et al. 2016. Microbial diversity drives multifunctionality in terrestrial ecosystems. Nature Communications, 7: 10541.

Delgado-Baquerizo M, Oliverio A M, Brewer T E, et al. 2018a. A global atlas of the dominant bacteria found in soil. Science, 359: 320-325.

Delgado-Baquerizo M, Reich P B, Khachane A N, et al. 2017. It is elemental: soil nutrient stoichiometry drives bacterial diversity. Environmental Microbiology, 19 (3): 1176-1188.

Delgado-Baquerizo M, Reith F, Dennis P G, et al. 2018b. Ecological drivers of soil microbial diversity and soil biological networks in the Southern Hemisphere. Ecology, 99: 583-596.

Delhaize E, Taylor P, Hocking P J, et al. 2009. Transgenic barley (*Hordeum vulgare* L.) expressing the wheat aluminium resistance gene (TaALMT1) shows enhanced phosphorus nutrition and grain production when grown on an acid soil. Plant Biotechnology Journal, 7: 391-400.

Delong E F. 1998. Everything in moderation: archaea as ‘non-extremophiles’. Current Opinion in Genetics & Development, 8: 649-654.

Deluca T H, Glanville H C, Harris M, et al. 2015. A novel biologically-based approach to evaluating soil phosphorus availability across complex landscapes. Soil Biology & Biochemistry, 88: 110-119.

Denef K, Bubenheim H, Lenhart K, et al. 2007. Community shifts and carbon translocation within metabolically active rhizosphere microorganisms in grasslands under elevated CO2. Biogeosciences, 4: 769-779.

Denef K, Roobroeck D, Wadu M C W M, et al. 2009. Microbial community composition and rhizodeposit-carbon assimilation in differently managed temperate grassland soils. Soil Biology & Biochemistry, (41): 144-153.

Deng Y, Jiang Y H, Yang Y F, et al. 2012. Molecular ecological network analyses. BMC Bioinformatics, 13: 113.

Denison R F. 2000. Legume sanctions and the evolution of symbiotic cooperation by rhizobia. American Naturalist, (156): 567-576.

Dennis P G, Miller A J, Hirsch P R, et al. 2010. Are root exudates more important than other sources of rhizodeposits in structuring rhizosphere bacterial communities? FEMS Microbiology Ecology, 72: 313-327.

Dent D. 1992. Reclamation of acid sulphate soils// Lal R, Stewart BA. Soil Restoration. New York: Springer.

Derenne S, Largeau C. 2001. A review of some important families of refractory macromolecules: composition, origin, and fate in soils and sediments. Soil Science, 66: 833-847.

Derrien D, Marol C, Balabane M, et al. 2006. The turnover of carbohydrates in a cultivated soil estimated by $^{13}C$ natural abundances. European Journal of Soil Science, 57: 547-557.

Derrien D, Marol C, Balesdent J. 2007. Microbial biosyntheses of individual neutral sugars among sets of substrates and soils. Geoderma, 139: 190-198.

Deutzmann J S, Schink B. 2011. Anaerobic Oxidation of Methane in Sediments of Lake Constance, an Oligotrophic Freshwater Lake. Applied and Environmental Microbiology, (13): 4429-4436.

Di Lonardo D P, De Boer W, Klein Gunnewiek P J A, et al. 2017. Priming of soil organic matter: chemical structure of added compounds is more important than the energy content. Soil Biology and Biochemistry, 108: 41-54.

Diaz G, Roldan A, Albaladejo J. 1992. Influence of the soil type on colonization patterns and efficiency of mycorrhizal symbiosis of six Glomus species. Cryptogamie Mycologie, 13: 47-56.

Dickie I A, Fukami T, Wilkie J P, et al. 2012. Do assembly history effects attenuate from species to ecosystem properties? A field test with wood-inhabiting fungi. Ecology Letters,15:133-141

Diedhiou A G, Mbaye F K, Mbodj D, et al. 2016. Field trails reveal ecotype-specific responses to mycorrhizal inoculation in rice. PLoS ONE, 11:30167014.

Diehl S, Cooper S D, Kratz K W, et al. 2000. Effects of multiple, predator-induced behaviors on short-term producer-grazer dynamics in open systems. American Naturalist, 156: 293-313.

Dìez B, Pedrós-Alió C, Massana R. 2001. Study of genetic diversity of eukaryotic picoplankton in different oceanic regions by Small-Subunit rRNA gene cloning and sequencing. Applied and Environmental Microbiology, 67: 2932 - 2941.

Diez J M, Dickie I, Edwards G. 2010. Negative soil feedbacks accumulate over time for non-native plant species. Ecology Letters, 13: 803-809.

Dignac M F, Bahri H, Rumpel C, et al. 2005. Carbon-13 natural abundance as a tool to study the dynamics of lignin monomers in soil: an appraisal at the Closeaux experimental field (France). Geoderma, 128: 3-17.

Dijkstra F A, Bader N E, Johnson D W, et al. 2009. Does accelerated soil organic matter decomposition in the presence of plants increase plant N availability? Soil

Biology & Biochemistry, 41: 1080-1087.

Dijkstra F A, Carrillo Y, Pendall E, et al. 2013. Rhizosphere priming: a nutrient perspective. Frontiers in Microbiology, 4: 1-8.

Dijkstra F A, Cheng W. 2007a. Moisture modulates rhizosphere effects on C decomposition in two different soil types. Soil Biology & Biochemistry, 39: 2264-2274.

Dijkstra F A, Cheng W. 2007b. Interactions between soil and tree roots accelerate long-term soil carbon decomposition. Ecology Letters, 10: 1046-1053.

Dijkstra F A, Morgan J A, Blumenthal D, et al. 2010. Water limitation and plant inter-specific competition reduce rhizosphere-induced C decomposition and plant N uptake. Soil Biology & Biochemistry, 42: 1073-1082.

Ding H B, Sun M Y. 2005. Biochemical degradation of algal fatty acids in oxic and anoxic sediment-seawater interface systems: effects of structural association and relative roles of aerobic and anaerobic bacteria. Marine Chemistry, 93: 1-19.

Ding J J, Zhang Y G, Deng Y, et al. 2015a. Integrated metagenomics and network analysis of soil microbial community of the forest timberline. Scientific Reports, 5: 7994.

Ding J J, Zhang Y G, Wang M M, et al. 2015b. Soil organic matter quantity and quality shape microbial community compositions of subtropical broadleaved forests. Molecular Ecology, 24: 5175-5185.

Ding K, Zhong L, Xin X P, et al. 2015. Effect of grazing on the abundance of functional genes associated with N cycling in three types of grassland in Inner Mongolia. Journal of Soils and Sediments, 15: 683-693.

Ding L J, An X L, Li S, et al. 2014. Nitrogen loss through anaerobic ammonium oxidation coupled to iron reduction from paddy soils in a chronosequence. Environmental Science & Technology, 48: 10641-10647.

Ding L J, Su J Q, Li H, et al. 2017. Bacterial succession along a long-term chronosequence of paddy soil in the Yangtze River Delta, China. Soil Biology & Biochemistry, 104: 59-67.

Ding L J, Su J Q, Sun G X, et al. 2018. Increased microbial functional diversity under long-term organic and integrated fertilization in a paddy soil. Applied Microbiology and Biotechnology, 102: 1969-1982.

Ding W X, Meng L, Yin Y F, et al. 2007. $CO_2$ emission in an intensively cultivated loam as affected by long-term application of organic manure and nitrogen fertilizer. Soil Biology and Biochemistry, 39: 669-679.

Ding X L, Han X Z. 2014. Effects of long-term fertilization on contents and distribution of microbial residues within aggregate structures of a clay soil. Biology and Fertility of Soils, 50: 549-554.

Ding X L, He H B, Zhang B, et al. 2011. Plant-N incorporation into microbial amino sugars as affected by inorganic N addition: A microcosm study of 15N-labeled maize residue decomposition. Soil Biology and Biochemistry, 43 (9): 1968-1974.

Ding X, Liang C, Zhang B, et al. 2015. Higher rates of manure application lead to greater accumulation of both fungal and bacterial residues in macroaggregates of a clay soil. Soil Biology and Biochemistry, 84: 137-146.

Dini-Andreote F, Silva M, Triadó - Margarit X, et al. 2014. Dynamics of bacterial community succession in a salt marsh chronosequence: evidences for temporal niche partitioning. The ISME Journal, 8: 1989-2001.

Dini-Andreote F, Stegen J C, van Elsas J D, et al. 2015. Disentangling mechanisms that mediate the balance between stochastic and deterministic processes in microbial succession. Proceedings of the National Academy of Sciences of the United States of America, 112: E1326-E1332.

Dinkelaker B, Romheld V, Marschner H. 1989. Citric acid excretion and precipitation of calcium citrate in the rhizosphere of white lupin (*Lupinus albus* L.). Plant, Cell & Environment, 12: 285-292.

Djigal D, Brauman A, Diop T, et al. 2004. Influence of bacterialfeeding nematodes (Cephalobidae) on soil microbial communities during maize growth. Soil Biology and Biochemistry, 36: 323-331.

Djordjevic M A, Mohd-Radzman N A, Imin N. 2015. Small-peptide signals that control root nodule number, development, and symbiosis. J Exp Bot, 66 (17): 5171-5181.

Dobermann A, Fairhurst T. 2000. Rice Nutrient Disorders & Nutrient Management. Potash & Phosphate Institute (PPI), Potash & Phosphate Institute of Canada (PPIC) and International Rice Research Institute (IRRI): 41-60.

Dobermann A, Witt C, Dawe D, et al. 2002. Site-specific nutrient management for intensive rice cropping systerms in Asia. Field Crop Research, 74: 37-66.

Dodd R J, Sharplery A N. 2015. Recognizing the role of soil organic phosphorus in soil fertility and water quality. Resources Conservation & Recycling, 2015, 105: 282-293.

Dominati E, Patterson M, Mackay A. 2010. A framework for classifying and quantifying the natural capital and ecosystem services of soils. Ecological Economics, 69(9): 1858-1868.

Dong L, Chen D W, Liu S J, et al. 2016. Automated chemotactic sorting and single-cell cultivation of microbes using droplet microfluidics. Scientific reports, 624192.

Dong X Y, Shen R F, Chen R F, et al. 2008. Secretion of malate and citrate from roots is related to high Al-resistance in *Lespedeza bicolor*. Plant and Soil, 306: 139-147.

Donn S, Kirkegaard J A, Perera G, et al. 2015. Evolution of bacterial communities in the wheat crop rhizosphere. Environmental Microbiology, 17: 610-621.

Doronina N V, Kaparullina E N, Trotsenko Y A. 2014. *Methyloversatilis thermotolerans* sp nov., a novel thermotolerant facultative methylotroph isolated from a hot spring. International Journal of Systematic and Evolutionary Microbiology, 64: 158-164.

Dourado-Neto D, Powlson D, Bakar R A, et al. 2010. Multiseason recoveries of organic and inorganic nitrogen-15 in tropical cropping systems. Soil Science Society of America Journal, 74 (1): 139-152.

Doyle J J, Luckow M A. 2003. The rest of the iceberg. legume diversity and evolution in a phylogenetic context. Plant Physiology, 131 (3): 900-910.

Drakare S, Lennon J J, Hillebrand H. 2006. The imprint of the geographical, evolutionary and ecological context on species-area relationships. Ecology Letters, 9: 215-227.

Drake J E, Darby B A, Giasson M A, et al. 2013. Stoichiometry constrains microbial response to root exudation-insights from a model and a field experiment in a temperate forest. Biogeosciences, 10: 821-838.

Drenovsky R E, Steenwerth K L, Jackson L E, et al. 2010. Land use and climatic factors structure regional patterns in soil microbial communities. Global Ecology and Biogeography, 19(1): 27-39.

Du W, Li L, Nichols K P, et al. 2009. SlipChip. Lab on a Chip, 9(16): 2286-2292.

Du Z, Xie Y, Hu L, et al. 2014. Effects of fertilization and clipping on carbon, nitrogen storage, and soil microbial activity in a natural grassland in southern China. Plos One, 9: 1-9.

Dudhagara P, BhavsarS, BhagatC, et al. 2015. Web Resources for Metagenomics Studies. Genomics Proteomics Bioinformatics 13 : 296-303.

Duffy E J, Richardson J P, Canuel E A. 2003. Grazer diversity effects on ecosystem functioning in seagrass beds. Ecology Letters, 6: 637-645.

Dumbrell A J, Nelson M, Helgason T, et al. 2010. Relative roles of niche and neutral processes in structuring a soil microbial community. The ISME Journal, 4: 337-345.

Dungait J A J, Hopkins D W, Gregory A S, et al. 2012. Soil organic matter turnover is governed by accessibility not recalcitrance. Global Change Biology, 18: 1781-1796.

Dungait J A J, Kemmitt S J, Michallon L, et al. 2011. Variable responses of the soil microbial biomass to trace concentrations of $^{13}$C-labelled glucose, using 13C-PLFA analysis. European Journal of Soil Science, 62: 117-126.

Dungait J A J, Kemmitt S J, Michallon L, et al. 2011. Variable responses of the soil microbial biomass to trace concentrations of $^{13}$C-labelled glucose, using 13C-PLFA analysis. European Journal of Soil Science, 62: 117-126.

Dungait J A, Hopkins D W, Gregory A S, et al. 2012. Soil organic matter turnover is governed by accessibility not recalcitrance. Global Change Biology, 18: 1781-1796.

Eaimpraphan N, Navanugraha C, Hutacharoen R, et al. 2007. The effect of nitrogen fertilizer on carbon sequestration of some rice varieties in paddy fields, Thailand. Asian Journal on Energy and Environment, (8): 168-179.

Eden M J, Bray W, Herrera L, et al. 1984. Terra preta soils and their archaeological context in the Caqueta Basin of Southeast Colombia. American Antiquity, 49(1): 125-140.

Edwards J, Johnson C, Santos-Medellin C, et al. 2015. Structure, variation, and assembly of the root-associated microbiomes of rice. Proceedings of the National Academy of Sciences of the United States of America, 112: E911-E920.

Ehrhardt C J, Haymon R M, Lamontagne M G, et al. 2007. Evidence for hydrothermal Archaea within the basaltic flanks of the East Pacific Rise. Environmental microbiology, 9: 900-912.

Ehrmann J, Ritz K. 2014. Plant: soil interactions in temperate multi-cropping production systems. Plant and Soil, 376: 1-29.

Eiler A, Heinrich F, Bertilsson S, 2012. Coherent dynamics and association networks among lake bacterioplankton taxa. The ISME Journal, 6: 330-342.

Eilers K G, Lauber C L, Knight R, et al. 2010. Shifts in bacterial community structure associated with inputs of low molecular weight carbon compounds to soil. Soil Biology and Biochemistry, 42: 896-903.

Eisenhauer N, Beßler H, Engels C, et al. 2010. Plant diversity effects on soil microorganisms support the singular hypothesis. Ecology, 91: 485-496.

Eisenhauer N, Milcu A, Sabais A C W, et al. 2011. Plant Diversity Surpasses Plant Functional Groups and Plant Productivity as Driver of Soil Biota in the Long Term. Plos One, 6: 1-11.

Ekschmitt K, Kandeler E, Poll C, et al. 2008. Soil carbon preservation through habitat constraints and biological limitations on decomposer activity. Journal of Plant Nutrition and Soil Science, 171: 27-35.

Elfstrand S, Lagerlöf J, Hedlund K, et al. 2008. Carbon routes from decomposing plant residues and living roots into soil food webs assessed with 13C-labelling. Soil Biology and Biochemistry, 40: 2530-2539.

Elgersma K, Yu S, Vor T, et al. 2012. Microbial-mediated feedbacks of leaf litter on invasive plant growth and interspecific competition. Plant and Soil, 356: 341-355.

Eliasson P E, McMurtrie R E, Pepper D A, et al. 2005. The response of heterotrophic CO2 flux to soil warming. Global Change Biology, 11: 167-181.

Elith J, Kearney M, Phillips S. 2010. The art of modelling range-shifting species. Methods in Ecology and Evolution 1: 330-342.

Elizabeth P, Miguel S, Mata M, et al. 2007. Isolation and characterization of mineral phosphate-solubilizing bacteria naturally colonizing a limonitic crust in the south-eastern Venezuelan region. Soil Biology and Biochemistry, 39:2905-2914.

Elrifi I R, Holmes J J, Weger H G, et al. 1988. RuBP limitation of photosynthetic carbon fixation during $NH_3$ assimilation: interactions between photosynthesis, respiration, and ammonium assimilation in N-limited green algae. Plant Physiology, 87(2): 395-401.

Elser J J, Bracken M E S, Cleland E E, et al. 2007. Global analysis of nitrogen and phosphorus limitation of primary producers in freshwater, marine and terrestrial ecosystems. Ecology Letters, 10: 1135-1142.

Elser J J, Sterner R W, Gorokhova E, et al. 2000. Biological stoichiometry from genes to ecosystems. Ecol Lett, 3: 540-550.

Elser J J, Urabe J. 1999. The stoichiometry of consumer-driven nutrient recycling: theory, observations, and consequences. Ecology, 80: 735-751.

Engelking B, Flessa H, Joergensen R G. 2007. Shifts in amino sugar and ergosterol contents after addition of sucrose and cellulose to soil. Soil Biology and Biochemistry, 39: 2111-2118.

Enwall K, Throbäck I N, Stenberg M, et al. 2010. Soil resources influence spatial patterns of denitrifying communities at scales compatible with land management. Applied and Environmental Microbiology, 76(7): 2243-2250.

Eo J, Park K. 2016. Long-term effects of imbalanced fertilization on the composition and diversity of soil bacterial community. Agriculture & Ecosystem Environment, 231: 176-182.

Epihov D Z, Batterman S A, Hedin L O, et al. 2017. $N_2$-fixing tropical legume evolution: a contributor to enhanced weathering through the Cenozoic? Proceedings of the Royal Society B-Biological Sciences, 284: 0370.

Erguder T H, Boon N, Wittebolle L, et al. 2009. Environmental factors shaping the ecological niches of ammonia-oxidizing archaea. FEMS Microbiology Review, 33: 855-869.

Eriksson E, Enger J, Nordlander B, et al. 2007. A microfluidic system in combination with optical tweezers for analyzing rapid and reversible cytological alterations in single cells upon environmental changes. Lab on a Chip, 7: 71-76.

Erkel C, Kube M, Reinhardt R et al. 2006. Genome of rice cluster I Archaea-the key methane producers in the rice rhizosphere. Science, 313: 370-372.

Essigmann B, Güler S, Narang R A, et al. 1998. Phosphate availability affects the thylakoid lipid composition and the expression of SQD1, a gene required for sulfolipid biosynthesis in Arabidopsis thaliana. Proceedings of the National Academy of Sciences of the United States of America, 95: 1950-1955.

Evans S E, Wallenstein M D. 2014. Climate change alters ecological strategies of soil bacteria. Ecology Letters, 17: 155-164.

Evans W C. 1977. Biochemistry of the bacterial catabolism of aromatic compounds in anaerobic environments. Nature, 270: 17-22.

Ezawa T, Cavagnaro T R, Smith S E, et al. 2004. Rapid accumulation of polyphosphate in extraradical hyphae of an arbuscular mycorrhizal fungus as revealed by histochemistry and a polyphosphate kinase / luciferase system. New Phytologist, 161: 387-392.

Ezawa T, Kuwahara S Y, Sakamoto K, et al. 1999. Specific inhibitor and substrate specificity of alkaline phosphatase expressed in the sym biotic phase of the arbuscular mycorrhizal fungus Glomus etunicatum. Mycologia, 91 (4): 639-641.

Fan C, Li B, Xiong Z. 2018. Nitrification inhibitors mitigated reactive gaseous nitrogen intensity in intensive vegetable soils from China. Science of the Total Environment, 612: 480-489.

Fan F L, Yin C, Tang Y J, et al. 2014. Probing potential microbial coupling of carbon and nitrogen cycling during decomposition of maize residue by 13C-DNA-SIP. Soil Biology and Biochemistry, 70: 12-21.

Fan K K, Cardona C, Li Y T, et al. 2017. Rhizosphere-associated bacterial network structure and spatial distribution differ significantly from bulk soil in wheat crop fields. Soil Biology & Biochemistry, 113: 275-284.

Fan K K, Weisenhorn P, Gilbert J A, et al. 2018a. Wheat rhizosphere harbors a less complex and more stable microbial co-occurrence pattern than bulk soil. Soil Biology & Biochemistry, 125: 251-260.

Fan K K, Weisenhorn P, Gilbert J A, et al. 2018b. Soil pH correlates with the co-occurrence and assemblage process of diazotrophic communities in rhizosphere and bulk soils of wheat fields. Soil Biology and Biochemistry, 121: 185-192.

Fan L, Neumann P M. 2004. The spatially variable inhibition by water deficit of maize root growth correlates with altered profiles of proton flux and cell wall pH. Plant Physiology, 135: 2291-2300.

Fan T F, Cheng X Y, Shi D X, et al. 2017. Molecular identification of tobacco NtAMT1. 3 that mediated ammonium root-influx with high affinity and improved plant growth on ammonium when over expressed in Arabidopsis and tobacco. Plant Science, 264: 102-111.

Fan Y K, Li S J. 2004. A modification of Bowmen-Cole’ fractionation method of soil organic phosphorus. Chinese Journal of Soil Science, 35(6): 743-749.

Fang Q, Wang G, Xue B, et al. 2018. How and to what extent does precipitation on multi-temporal scales and soil moisture at different depths determine carbon flux responses in a water-limited grassland ecosystem? Science of the Total Environment, 635: 1255-1266.

Fanin N, Fromin N, Buatois B, et al. 2013. An experimental test of the hypothesis of non-homeostatic consumer stoichiometry in a plant litter-microbe system. Ecology Letters, 16: 764-772.

Farrokhi N, Whitelegge J P, Brusslan J A. 2008. Plant peptides and peptidomics. Plant Biotechnol J, 6(2): 105-134.

Faust K, Raes J. 2012. Microbial interactions: from networks to models. Nature

Reviews Microbiology, 10: 538-550.

Feng J, Wu J J, Zhang Q, et al. 2018. Stimulation of nitrogen-hydrolyzing enzymes in soil aggregates mitigates nitrogen constraint for carbon sequestration following afforestation in subtropical China. Soil Biology & Biochemistry, 123: 136-144.

Feng L J, Xu J, Xu X Y, et al. 2012. Enhanced biological nitrogen removal via dissolved oxygen partitioning and step feeding in a simulated river bioreactor for contaminated source water remediation. International Biodeterioration & Biodegradation, 71: 72-79.

Feng M, Tripathi B M, Shi Y, et al. 2019. Interpreting distance-decay pattern of soil bacteria via quantifying the assembly processes at multiple spatial scales. Microbiology Open, e851.

Feng S, Su Y, Dong D, et al. 2015. Laccase activity is proportional to the abundance of bacterial laccase-like genes in soil from subtropical arable land. World Journal of Microbiolology and Biotechnology, 31: 2039-2045.

Feng S, Su Y, He X, et al. 2019. Effects of long-term straw incorporation on lignin accumulation and its association with bacterial laccase-like genes in arable soils. Applied Microbiology and Biotechnology, 103: 1961-1972.

Feng S, Yang H, Wang W. 2015. System-level understanding of the potential acid-tolerance components of Acidithiobacillus thiooxidans ZJJN-3 under extreme acid stress. Extremophiles, 19: 1029-1039.

Feng W W, Liu J F, Gu J D, et al. 2011. Nitrate-reducing community in production water of three oil reservoirs and their responses to different carbon sources revealed by nitrate-reductase encoding gene (*napA*). Int Biodeterior Biodegradation, 65: 1081-1086.

Feng X J, Simpson M J. 2009. Temperature and substrate controls on microbial phospholipid fatty acid composition during incubation of grassland soils contrasting in organic matter quality. Soil Biology and Biochemistry, 41: 804-812.

Feng Y H, Zhang Y Z. 2002. Research progress on the fractionation of soil organic phosphorus. Journal of Hunan Agricultural University, 28(3): 259-264.

Feng Y, Chen R, Stegen J C, et al. 2018. Two key features influencing community assembly processes at regional scale: initial state and degree of change in environmental conditions. Molecular Ecology, 27(24): 5238-5251.

Feng Y, Motta A C, Reeves D W, et al. 2003. Soil microbial communities under conventional-till and no-till continuous cotton systems. Soil Biology and

Biochemistry, 35: 1693-1703.

Ferguson R B, Nienaber J A, Eigenberg R A, et al. 2005. Long-term effects of sustained beef feedlot manure application on soil nutrients, corn silage yield, and nutrient uptake. Journal of Environmental Quality, 34 (5): 1672-1681.

Ferrenberg S, O'Neill S P, Knelman J E, et al. 2013. Changes in assembly processes in soil bacterial communities following a wildfire disturbance. The ISME Journal, 7: 1102-1111.

Ferrol N, Tamayo E, Vargas P. 2016. The heavy metal paradox in arbuscular mycorrhizas: from mechanisms to biotechnological applications. Journal of Experimental Botany, 67 (22): 6253-6265.

Fierer N, Bradford M A, Jackson R B. 2007. Toward an ecological classification of soil bacteria. Ecology, 88: 1354-1364.

Fierer N, Jackson R B. 2006. The diversity and biogeography of soil bacterial communities. Proceedings of the National Academy of Sciences of the United States of America, 103: 626-631.

Fierer N, Lauber C L, Ramirez K S, et al. 2012. Comparative metagenomic, phylogenetic and physiological analyses of soil microbial communities across nitrogen gradients. The ISME Journal, 6: 1007-1017.

Fierer N, Leff J W, Adams B J, et al. 2012. Cross-biome metagenomic analyses of soil microbial communities and their functional attributes. Proceedings of National Academy of Sciences, USA, 109: 21390-21395.

Fierer N, Strickland M S, Liptzin D, et al. 2009. Global patterns in belowground communities. Ecology Letters, 12(11): 1238-1249.

Fierer N. 2008. Microbial biogeography: patterns in microbial diversity across space and time // Zengler K. Accessing Uncultivated Microorganisms: from the Environment to Organisms and Genomes and Back. Washington, D C: ASM Press.

Fierer N. 2017. Embracing the unknown: disentangling the complexities of the soil microbiome. Nat Rev Microbiol, 15: 579-590.

Filonow A B, Arora D K. 1987. Influence of soil matric potential on 14C exudation from fungal propagules. Can J Bot, 65: 2084-2089.

Finlay B J, Clarke K J. 1999. Ubiquitous dispersal of microbial species. Nature, 400: 828-828.

Finlay B J. 2002. Global dispersal of free-living microbial eukaryote species. Science, 296: 1061-1063.

Fitter A H, Gilliga C A, Hollingworth K, et al. 2005. Biodiversity and ecosystem function in soil. Funct Ecol, 19: 369-377.

Flemming H C, Wingender J. 2010. The biofilm matrix. Nature Reviews Microbiology, 8(9): 623-633.

Fletcher J C, Brand U, Running MP, et al. 1999. Signaling of cell fate decisions by CLAVATA3 in Arabidopsis shoot meristems. Science, 283 (5409): 1911-1914.

Fontaine S, Henault C, Aamor A, et al. 2011. Fungi mediate long term sequestration of carbon and nitrogen in soil through their priming effect. Soil Biology & Biochemistry, 43: 86-96.

Foo E, Davies N W. 2011. Strigolactones promote nodulation in pea. Planta, 234(5): 1073-1081.

Foo E, Ferguson B J, Reid J B. 2014. The potential roles of strigolactones and brassinosteroids in the autoregulation of nodulation pathway. Annals of Botany, 113(6): 1037-1045.

Foo E, Reid J B. 2013. Strigolactones: new physiological roles for an ancient signal. Journal of Plant Growth Regulation, 32 (2): 429-442.

Foster R C. 1998. Microenvironments of soil microorganisms. Biology and Fertility of Soils, 6: 189-203.

Foyer C H, Noctor G, Hodges M. 2011. Respiration and nitrogen assimilation: targeting mitochondria-associated metabolism as a means to enhance nitrogen use efficiency. Journal of Experimental Botany, 62(4): 1467-1482.

Francioli D, Schulz E, Lentendu G, et al. 2016. Mineral vs. organic amendments: microbial community structure, activity and abundance of agriculturally relevant microbes are driven by long-term fertilization strategies. Frontiers in Microbiology, 7: 1446.

Francis C A, Roberts K J, Beman J M, et al. 2005. Ubiquity and diversity of ammonia-oxidizing archaea in water columns and sediments of the ocean. Proceedings of the National Academy of Sciences of the United States of America, 102: 14683-14688.

Frangi J L, Barrera M D, Richter L L, et al. 2005. Nutrient cycling in *Nothofagus pumilio* forests along an altitudinal gradient in Tierra del Fuego, Argentina. Forest Ecology and Management, 217: 80-94.

Franke T, Abate A R, Weitz D A, et al. 2009. Surface acoustic wave (SAW) directed droplet flow in microfluidics for PDMS devices. Lab on a Chip, 9(18): 2625-2627.

Franklin R B, Mills A L. 2003. Multi-scale variation in spatial heterogeneity for microbial community structure in an eastern Virginia agricultural field. Fems Microbiology Ecology, 44: 335-346.

Franklin R B, Mills A L. 2009. Importance of spatially structured environmental heterogeneity in controlling microbial community composition at small spatial scales in an agricultural field. Soil Biology & Biochemistry, 41: 1833-1840.

Fraser T D, Lynch D H, Bent E, et al. 2015b. Soil bacterial phoD gene abundance and expression in response to applied phosphorus and long-term management. Soil Biology and Biochemistry, 88: 137-147.

Freedman Z, Zak D R. 2015. Soil bacterial communities are shaped by temporal and environmental filtering: evidence from a long-term chronosequence. Environmental Microbiology, 17: 3208-3218.

Frias L J, Shi Y, Tyson G W, et al. 2008. Microbial community gene expression in ocean surface waters. Proc Natl Acad Sci U S A, 105: 3805-3810.

Friedl J, Scheer C, Rowlings D W, et al. 2016. Denitrification losses from an intensively managed sub-tropical pasture—ipact of soil moisture on the partitioning of $N_2$ and $N_2O$ emissions. Soil Biology and Biochemistry, 92: 58-66.

Frossard A, Gerull L, Mutz M, et al. 2013. Litter Supply as a Driver of Microbial Activity and Community Structure on Decomposing Leaves: a Test in Experimental Streams. Applied and Environmental Microbiology, 79: 4965-4973.

Fu S, Cheng W. 2002. Rhizosphere priming effects on the decomposition of soil organic matter in C4 and C3 grassland soils. Plant and Soil, 238: 289-294.

Fuhrman J A. 2009. Microbial community structure and its functional implications. Nature, 459 (7244): 193-199.

Fujii K, Hayakawa C, Panitkasate T, et al. 2017. Acidification and buffering mechanisms of tropical sandy soil in northeast Thailand. Soil and Tillage Research, 165: 80-87.

Fujita K, Kunito T, Moro H, et al. 2017. Microbial resource allocation for phosphatase synthesis reflects the availability of inorganic phosphorus across various soils. Biogeochemistry, 136: 325-339.

Fujita Y, Robroek B J, De Ruiter P C, et al. 2010. Increased N affects P uptake of eight grassland species: the role of root surface phosphatase activity. Oikos, 119 (10): 1665-1673.

Fukami T, Morin P J. 2003. Productivity-biodiversity relationships depend on the history of community assembly. Nature, 424: 423-426.

Fukushima H, Martin C E, Iida H, et al. 1976. Changes in membrane lipid-composition during temperature adaptation by a thermotolerant strain of tetrahymena-pyriformis. Biochimica Et Biophysica Acta, 431: 165-179.

Fuller R S, Sterne R E, Thorner J. 1988. Enzymes required for yeast prohormone processing. Annu Rev Physiol, 50: 345-362.

Fulthorpe R R, Roesch L F, Riva A, et al. 2008. Distantly sampled soils carry few speciesin common. ISME Journal, 2: 901-910.

Furuno S, Remer R, Chatzinotas A, et al. 2012. Use of mycelia as paths for the isolation of contaminant-degrading bacteria from soil. Microb Biotechnol, 5: 142-148.

Gaby J C, Buckley D H. 2017. The use of degenerate primers in qPCR analysis of functional genes can cause dramatic quantification bias as revealed by investigation of nifH primer performance. Microb Ecol, 74: 701-708.

Gage D J. 2004. Infection an invasion of roots by symbiotic, nitrogen-fixing rhizobia during nodulation of temperate legumes. Microbiology and Molecular Biology Reviews, 68: 280-300.

Gagen E J, Denman S E, Padmanabha J, et al. 2010. Functional gene analysis suggests different acetogen populations in the bovine rumen and tammar wallaby forestomach. Appl Environ Microbiol, 76: 7785-7795.

Galloway J N, Townsend A R, Erisman J W, et al. 2008. Transformation of the nitrogen cycle: recent trends, questions, and potential solutions. Science, 320 (5878): 889-892.

Gamuyao R, Pariasca-Tanaka J, Pesaresi P, et al. 2012. Rice protein kinase OsPSTOl1 confers P. deficiency tolerance. Philippine Journal of Crop Science, 37: 129.

Ganderton P, Coker P. 2005. Environmental Biogeography. New York, NY: Pearson Education Canada.

Gao J, Ma A Z, Zhuang X L, et al. 2014. An N-Acyl homoserine lactone synthase in the ammonia-oxidizing bacterium *Nitrosospira multiformis*. Appl Environ Microb, 80, (3): 951-958.

Gao J, Muhanmmad S, Yue L, et al. 2018. Changes in $CO_2$-fixing microbial community characteristics with elevation and season in alpine meadow soils on the northern Tibetan Plateau. Acta Ecologica Sinica, 38: 3816-3824.

Gao X, Wu M, Xu RN, et al. 2014. Root interactions in a maize / soybean intercropping system control soybean soil-borne disease, red crown rot. PLoS One, 9 (5): e95031.

Garay-Arroyo A, De La Paz Sanchez M, García-Ponce B, et al. 2012. Hormone symphony during root growth and development. Developmental Dynamics, 241 (12): 1867-1885.

Garbeva P, Veen J A V, Elsas J D V. 2004. Microbial diversity in soil: selection of microbial populations by plant and soil type and implications for disease suppressiveness. Annual Review of Phytopathology, 42: 243-270.

García-Pichel F, Loza V, Marusenko Y, et al. 2013. Temperature drives the continental-scale distribution of key microbes in topsoil communities. Science, 340: 1574-1577.

Gardner J B, Drinkwater L E. 2009. The fate of nitrogen in grain cropping systems: a meta-analysis of $^{15}N$ field experiments. Ecological Applications, 19 (8): 2167-2184.

Garg S, Bahl G S. 2008. Phosphorus availability to maize as influenced by organic manures and fertilizer P associated phosphatase activity in soils. Bioresource Technology, 99(13): 5773-5777.

Ge Y, He J Z, Zhu Y G, et al. 2008. Differences in soil bacterial diversity: driven by contemporary disturbances or historical contingencies? ISME Journal, 2: 254-264.

Geets J, Borrernans B, Diels L, et al. 2006. DsrB gene-based DGGE for community and diversity surveys of sulfate-reducing bacteria. J Microbiol Methods, 66: 194-205.

Geisseler D, Miyao G. 2016. Soil testing for P and K has value in nutrient management for annual crops. California Agriculture, 70: 152-159.

Gelsomino A, Petrovicova B, Vecchio G, et al. 2013. Chemical, biochemical and microbial diversity through a Pachic Humudept profile in a temperate upland grassland. Agrochimica, 57: 214-232.

Genre A, Chabaud M, Balzergue C, et al. 2013. Short-chain chitin oligomers from arbuscular mycorrhizal fungi trigger nuclear Ca2+ spiking in Medicago truncatula roots and their production is enhanced by strigolactone. New Phytologist, 198: 179-189.

George T S, Fransson A M, Hammond J P, et al. 2011. Phosphorus nutrition: rhizosphere processes, plant response and adaptation // Bünemann E K, Oberson A, Frossard E Phosphorus in Action: Biological Processes in Soil Phosphorus Cycling. Heidelberg: Springer: 245-271.

Gerards S, Duyts H, Laanbroek H J. 1998. Ammonium-induced inhibition of ammonium-starved Nitrosomonas europaea cells in soil and sand slurries. FEMS Microbiology Ecology, 26(4): 269-280.

Gerretsen F C. 1948. The influence of microorganisms on the phosphate intake by the plant. Plant and Soil, 1(1): 51-81.

Gessner M O, Swan C M, Dang C K, et al. 2010. Diversity meets decomposition. Trends in Ecology & Evolution, 25: 372-380.

Ghani A, Rajan S S S, Lee A. 1994. Enhancement of phosphate rock solubility through biological processes. Soil Biology & Biochemistry, 26(1): 127-136.

Ghodsalavi B, Svenningsen N B, Hao X, et al. 2017. A novel baiting microcosm approach used to identify the bacterial community associated with Penicillium bilaii hyphae in soil. PLoS One, 12: 0187116.

Gianinazzi S, Schuepp H, Barea J M, et al. 2002. Mycorrhizal technology in agriculture. Birkhäuser Verlag, Switzerland: Springer.

Gianinazzi S, Gollotte A, Binet M N, et al. 2010. Agroecology: the key role of arbuscular mycorrhizas in ecosystem services. Myrorrhiza, 20:519-530

Giardina C P, Ryan M G. 2000. Evidence that decomposition rates of organic carbon in mineral soil do not vary with temperature. Nature, 404: 858-861.

Gifford S M, Sharma S, Rinta-Kanto J M, et al. 2011. Quantitative analysis of a deeply sequenced marine microbial meta-transcriptome. ISME J, 5: 461-472.

Gilbert N. 2009. Environment: The disappearing nutrient. Nature, 461: 716-718.

Giovannetti M, Sbrana C, Avio L, et al. 2004. Patterns of below-ground plant interconnections established by means of arbuscular mycorrhizal networks. New Phytologist, 164 (1): 175-181.

Glaser B, Gross S. 2005. Compound-specific $\delta^{13}C$ analysis of individual amino sugars—a tool to quantify timing and amount of soil microbial residue stabilization. Rapid Communications in Mass Spectrometry, 19: 1409-1416.

Glaser B, Millar N, Blum H. 2006. Sequestration and turnover of bacterial - and fungal derived carbon in a temperate grassland soil under long-term elevated atmospheric pCO2. Global Change Biology, 12: 1521-1531.

Glaser B, Turrión M A B, Alef K. 2004. Amino sugars and muramic acid—biomarkers for soil microbial community structure analysis. Soil Biology and Biochemistry ,36 (3):399-407.

Glass E M, Wilkening J, Wilke A, et al. 2010. Using the metagenomics RAST server

(MG-RAST) for analyzing Shotgun metagenomes. Cold Spring Harbor Protocols, 2010(1): pdb.prot5368.

Gleixner G. 2013. Soil organic matter dynamics: a biological perspective derived from the use of compound-specific isotopes studies. Ecological Research, 28: 683-695.

Godwin C M, Cotner J B. 2015. Aquatic heterotrophic bacteria have highly flexible phosphorus content and biomass stoichiometry. ISME Journal, 9: 2324-2327.

Golchin A, Oades J M, Skjemstadt J O, et al. 1994. Study of free and occluded particulate organic matter in soils by solid-state $^{13}C$ CP/MAS NMR spectroscopy and scanning electron-mieroscopy. Australian Journal of Soil Research, 32: 285-309.

Goldfarb K C, Karaoz U, Hanson C A, et al. 2011. Differential growth responses of soil bacterial taxa to carbon substrates of varying chemical recalcitrance. Frontiers in Microbiology, 2: 1-10.

Goldstein A H, Beartlein D A, McDaniel R G. 1988. Phosphate starvation inducible metabolism in *Lycopersicon esculentum*. I. Excretion of acid phosphatase by tomato plants and suspension cultured cells. Plant Physiol, 87: 711-715.

Gomes E A, Oliveira C A, Lana U G, et al. 2015. Arbuscular mycorrhizal fungal communities in the roots of maize lines contrasting for Al tolerance grown in limed and non-limed brazilian oxisoil. Journal of Microbiology and Biotechnology, 25 (7): 978-987.

Gomez-Roldan V, Fermas S, Brewer P B, et al. 2008. Strigolactone inhibition of shoot branching. Nature, 455(7210): 189-194.

Gorfer M, Blumhoff M, Klaubauf S, et al. 2011. Community profiling and gene expression of fungal assimilatory nitrate reductases in agricultural soil. The ISME Journal, (5): 1771-1783.

Gornish E S, Fierer N, Barberan A. 2016. Associations between an Invasive Plant (Taeniatherum caput-medusae, Medusahead) and Soil Microbial Communities. Plos One, 11: 1-13.

Gosling P, Mead A, Proctor M, et al. 2013. Contrasting arbuscular mycorrhizal communities colonizing different host plants show a similar response to a soil phosphorus concentration gradient. New Phytologist, 2013,198:546-556

Gosling P,Ozaki A,Jones J,et al. 2010. Organic management of tilled agricultural soils results in a rapid increase in colonisation potential and spore populations of arbuscular mycorrhizal fungi. Agriculture, ecosystems and environment, 139: 273-279

Gossner M M, Lewinsohn T M, Kahl T, et al. 2016. Land-use intensification causes multitrophic homogenization of grassland communities. Nature, 540: 266-269.

Graber E R, Tsechansky L, Gerstl Z, et al. 2012. High surface area biochar negatively impacts herbicide efficacy. Plant and Soil, (353): 95-106.

Graham E B, Crump A R, Resch C T, et al. 2017. Deterministic influences exceed dispersal effects on hydrologically-connected microbiomes. Environmental Microbiology, 19: 1552-1567.

Grayston S J, Campbell C D, Lutze J L, et al. 1998. Impact of elevated $CO_2$ on the metabolic diversity of microbial communities in N-limited grass swards. Plant and Soil, (203): 289-300.

Green J L, Bohannan B J M, Whitaker R J. 2008. Microbial biogeography: from taxonomy to traits. Science, 320: 1039-1043.

Green J L, Holmes A J, Westoby M, et al. 2004. Spatial scaling of microbial eukaryote diversity. Nature, 432: 747-750.

Green J, Bohannan B. 2006. Spatial scaling of microbial biodiversity. Trends in Ecology and Evolution, 21: 501-507.

Griffin T J, Gygi S P, Ideker T, et al. 2002. Complementary profiling of gene expression at the transcriptome and proteome levels in *Saccharomyces cerevisiae*. Molecular & cellular proteomics, 1(4): 323-333.

Griffiths B, Welschen R, Arendonk J, et al. 1992. The effect of nitrate-nitrogen supply on bacteria and bacterial-feeding fauna in the rhizosphere of different grass species. Oecologia, 91: 253-259.

Griffiths R I, Thomson B C, James P, et al. 2011. The bacterial biogeography of British soils. Environmental Microbiology, 13: 1642-1654.

Griffiths R I, Thomson B C, Plassart P, et al. 2016. Mapping and validating predictions of soil bacterial biodiversity using European and national scale datasets . Applied Soil Ecology, 97: 61-68.

Griffiths R I, Whiteley A S, O' Donnell A G, et al. 2003. Influence of depth and sampling time on bacterial community structure in an upland grassland soil. Fems Microbiology Ecology, 43: 35-43.

Grillet L, Lan P, Li W, et al. 2018. IRON MAN is a ubiquitous family of peptides that control iron transport in plants. Nat Plants, 4(11): 953-963.

Grime J P, Pierce S. 2012. The Evolutionary Strategies That Shape Ecosystems. Oxford: John Wiley &Sons.

Groffman P M, Altabet M A, Bohlke J K, et al. 2006. Methods for measuring denitrification: diverse approaches to a difficult problem. Ecological Applications, 16: 2091-2122.

Gross A, Turner B L, Wright S J, et al. 2015. Oxygen isotope ratios of plant available phosphate in lowland tropical forest soils. Soil Biology and Biochemistry, 88: 354-361.

Grosskopf R, Stubner S, Liesack W. 1998. Novel euryarchaeotal lineages detected on rice roots and in the anoxic bulk soil of flooded rice microcosms. Applied and Environmental Microbiology, 64: 4983-4989.

Groth M, Takeda N, Perry J, et al. 2010. NENA, a Lotus japonicus homolog of Sec13, is required for rhizodermal infection by arbuscular mycorrhiza fungi and rhizobia but dispensable for cortical endosymbiotic development. The Plant Cell, 22: 2509-2526.

Gruber N, Galloway J N. 2008. An earth-system perspective of the global nitrogen cycle. Nature, 451: 293-296.

Gryndler M, Hršelová H, Cajthaml T, et al. 2009. Influence of soil organic matter decomposition on arbuscular mycorrhizal fungi in terms of asymbiotic hyphal growth and root colonization. Mycorrhiza,19:255-266.

Gu B, Ju X, Chang J, et al. 2015. Integrated reactive nitrogen budgets and future trends in China . Proceedings of the National Academy of Sciences, 112 (28): 8792-8797.

Guazzaroni M E, Herbst F A, Lores I, et al. 2013. Metaproteogenomic insights beyond bacterial response to naphthalene exposure and bio-stimulation. The ISME journal, 7(1): 122-136.

Gubry-Rangin C, Hai B, Quince C, et al. 2011. Niche specialization of terrestrial archaeal ammonia oxidizers. Proceedings of the National Academy of Sciences of the United States of America, 108: 21206-21211.

Guertal E A. 2009. Slow-release Nitrogen fertilizers in vegetable production: a review. Horttechnology, (19): 16-19.

Guether M Neuhauser B, Balestrini R, et al. 2009. A mycorrhizal-specific ammonium transporter from Lotus japonicus acquires nitrogen released by arbuscular mycorrhizal fungi. Plant Physiology, 1:73-83

Guggenberger G, Christensen B T, Zech W. 1994. Land-use effects on the composition of organic matter in particle-size separates of soil: lignin and carbohydrate signature. European Journal of Soil Science, 45: 449-458.

Guggenberger G, Elliott E T, Frey S D, et al. 1999. Microbial contributions to the aggregation of a cultivated grassland soil amended with starch. Soil Biology and Biochemistry, 31: 407-419.

Guidry M W, mackenzie F T. 2003. Experimental study of igneous and sedimentary apatite dissolution: control of pH, distance from equilibrium, and temperature on dissolution rates. Geochimica et Cosmochimica Acta, 67: 2949-2963.

Guigue J, Lévêque J, Mathieu O, et al. 2015. Water-extractable organic matter linked to soil physico-chemistry and microbiology at the regional scale. Soil Biology and Biochemistry, 84: 158-167.

Guillen G, Diaz-Camino C, Loyola-Torres C A, et al. 2013. Detailed analysis of putative genes encoding small proteins in legume genomes. Front Plant Sci, 4: 208.

Guillotin B, Couzigou J M, Combier J P. 2016. NIN is involved in the regulation of arbuscular mycorrhizal symbiosis. Frontiers in Plant Science, 7: 1704-1710.

Guimera R, Amaral L A N. 2005. Functional cartography of complex metabolic networks. Nature, 433: 895-900.

Gundale M J, Nilsson M, Bansal S, et al. 2012. The interactive effects of temperature and light on biological nitrogen fixation in boreal forests. New Phytologist, 194: 453-463.

Gunina A, Dippold M A, Glaser B, et al. 2014. Fate of low molecular weight organic substances in an arable soil: from microbial uptake to utilisation and stabilisation. Soil Biology and Biochemistry, 77: 304-313.

Gunina A, Dippold M, Glaser B, et al. 2017. Turnover of microbial groups and cell components in soil: 13C analysis of cellular biomarkers. Biogeosciences, 14: 271-283.

Guo G X, Kong W D, Liu J B, et al. 2015. Diversity and distribution of autotrophic microbial community along environmental gradients in grassland soils on the Tibetan Plateau. Applied Microbiology and Biotechnology, 99: 8765-8776.

Guo J H, Liu X J, Zhang Y, et al. 2010. Significant acidification in major Chinese croplands. Science, 327: 1008-1010.

Guo J, Liu X, Zhang Y, et al. 2010. Significant acidification in major Chinese croplands. Science, 327: 1008-1010.

Guo P, Yoshimura A, Ishikawa N, et al. 2015. Comparative analysis of the RTFL peptide family on the control of plant organogenesis. J Plant Res, 128 (3): 497-510.

Guo X, Feng J J, Shi Z, et al. 2018. Climate warming leads to divergent succession of grassland microbial communities. Nature Climate Change, 8: 813-818.

Guppy C N, Menzies N W, Moody P W, et al. 2000. A simplified, sequential, phosphorus fractionation method. Communications in Soil Science & Plant Analysis, 31(11-14): 1981-1991.

Gusewell S, Verhoeven J T A. 2006. Litter N : P ratios indicate whether N or P limits the decomposability of graminoid leaf litter. Plant and Soil, 287: 131-143.

Gusewell S. 2004. N: P ratios in terrestrial plants: variation and functional significance. New Phytologist, 164: 243-266.

Gutjahr C, Casieri L, Paszkowski U. 2009. Glomus intraradices induces changes in root system architecture of rice independently of common symbiosis signaling. New Phytologist, 182, 829-837.

Hai B, Diallo N H, Sall S, et al. 2009. Quantification of key genes steering the microbial nitrogen cycle in the rhizosphere of sorghum cultivars in tropical agroecosystems. Applied and Environmental Microbiology (75): 4993-5000.

Haichar F E Z, Marol C, Berge O, et al. 2008. Plant host habitat and root exudates shape soil bacterial community structure. The International Society for Microbial Ecology Journal, 2: 1221-1230.

Hallam S J, Mincer T J, Schleper C, et al. 2006. Pathways of carbon assimilation and ammonia oxidation suggested by environmental genomic analyses of marine crenarchaeota. PLoS Biology, 4: 520-536.

Hallin S, Philippot L, Löffler F E, et al. 2017. Genomics and ecology of novel $N_2O$-reducing microorganisms. Trends in Microbiology (26): 43-55.

Halsey J A, De Cassia Pereira E S M, Andreote F D. 2016. Bacterial selection by mycospheres of Atlantic Rainforest mushrooms. Antonie Van Leeuwenhoek, 109: 1353-1365.

Hamblin A P. 1986. The influence of soil structure on water movement, crop root growth, and water uptake. // Brady N C. Advances in Agronomy. New York, NY: Academic Press: 95-158.

Hamel C, Strullu D. 2006. Arbuscular mycorrhizal fungi in field crop production:

potential and new direction. Canadian Journal of Plant science,86:941 - 950

Hammesfahr U, Heuer H, Manzke B, et al. 2008. Impact of the antibiotic sulfadiazine and pig manure on the microbial community structure in agricultural soils. Soil Biology and Biochemistry, 40(7): 1583-1591.

Hammond J P, Broadley M R, White P J. 2004. Genetic responses to phosphorus deficiency. Annu. Bot, 94: 323-332.

Han L L, Wang Q, SHEN J P, et al. 2019. Multiple factors drive the abundance and diversity of the diazotrophic community in typical farmland soils of China. FEMS Microbiology Ecology, 95 (8): fiz113.

Han X F, Gao M, Xie D T, et al. Variation characteristics of inorganic phosphorus in purple soil profile under different conservation tillage treatments. Environmental Science, 2016, 37(6): 2284-2290.

Hanada K, Higuchi-Takeuchi M, Okamoto M, et al. 2013. Small open reading frames associated with morphogenesis are hidden in plant genomes. Proc Natl Acad Sci U S A, 110(6): 2395-2400.

Hanada K, Zhang X, Borevitz J O, et al. 2007. A large number of novel coding small open reading frames in the intergenic regions of the Arabidopsis thaliana genome are transcribed and/or under purifying selection. Genome Res, 17(5): 632-640.

Hanai H, Nakayama D, Yang H, et al. 2000. Existence of a plant tyrosylprotein sulfotransferase: novel plant enzyme catalyzing tyrosine O-sulfation of preprophytosulfokine variants *in vitro*. FEBS Lett, 470(2): 97-101.

Handelsman J, Rondon M R, Brady S F, et al. 1998. Molecular biological access to the chemistry of unknown soil microbes: a new frontier for natural products. Chemistry & biology, 5: R245-R249.

Hansel C M, Fendorf S, Jardine P M, et al. 2008. Changes in bacterial and archaeal community structure and functional diversity along a geochemically variable soil profile. Applied and Environmental Microbiology, 74: 1620-1633.

Hanson C A, Fuhrman J A, Horner-Devine M C, et al. 2012. Beyond biogeographic patterns: processes shaping the microbial landscape. Nature Reviews Microbiology, 10(7): 497.

Hao D L, Yang S, Huang Y N, et al. 2016. Identification of structural elements involved in fine-tuning of the transport activity of the rice ammonium transporter osamt1; 3. Plant Physiology and Biochemistry, 108: 99-108.

Hara K, Kajita R, Torii K U, et al. 2007. The secretory peptide gene EPF1 enforces the stomatal one-cell-spacing rule. Genes Dev, 21(14): 1720-1725.

Harris J A. 2003. Measurements of the soil microbial community for estimating the success of restoration. European Journal of Soil Science, 54: 801-808.

Harris K, Young I M, Gilligan C A, et al. 2003. Effect of bulk density on the spatial organisation of the fungus Rhizoctonia solani in soil. FEMS Microbiology Ecology, 44: 45-56.

Harrison A F. 1987. Soil Organic Phosphorus-A Review of World Literature. Wallingford: CAB International.

Hartley I P, Heinemeyer A, Ineson P. 2007. Effects of three years of soil warming and shading on the rate of soil respiration: substrate availability and not thermal acclimation mediates observed response. Global Change Biology, 13: 1761-1770.

Hartman K, Heijden M G, Roussely-Provent V, et al. 2017. Deciphering composition and function of the root microbiome of a legume plant. Microbiome, 5(1): 2.

Hartman W H, Richardson C J, Vilgalys R, et al. 2008. Environmental and anthropogenic controls over bacterial communities in wetland soils. Proceedings of National Academy of Sciences, United States of America, 105(46): 17842-17847.

Hashimoto T, Koga M, Masaoka Y. 2009. Advantages of a diluted nutrient broth medium for isolating N-2-producing denitrifying bacteria of alpha-Proteobacteria in surface and subsurface upland soils. Soil Science and Plant Nutrition, 55: 647-659.

Hassani M A, Durán P, Hacquard S. 2018. Microbial interactions within the plant holobiont Microbiome, 6: 58.

Hassink J. 1997. The capacity of soils to preserve organic C and N by their association with clay and silt particles. Plant and Soil, 191: 77-87.

Hatch D J, Lovell R D, Antil R S, et al. 2000. Nitrogen mineralization and microbial activity in permanent pastures amended with nitrogen fertilizer or dung. Biology and Fertility of Soils, 30: 288-293.

Hättenschwiler S, Fromin N, Barantal S. 2011. Functional diversity of terrestrial microbial decomposers and their substrates. Comptes Rendus Biologies, 334(5): 393-402.

Hattingh M J, Gray LE, Gerdemann J W. 1987. Uptake and translocation of P32 labeled phosphate to onion roots by endomycorrhizal fungi. Soil Science, 116: 383-387.

Hatzenpichler R, Lebedeva E V, Spieck E, et al. 2008. A moderately thermophilic ammonia-oxidizing crenarchaeote from a hot spring. Proceedings of the National Academy of Sciences, 105: 2134-2139.

Hawkins B A, Field R, Cornell H V, Et Al. 2003. Energy, water, and broad-scale geographic patterns of species richness. Ecology, 84: 3105-3117.

He D, Xiang X, He J S, et al. 2016. Composition of the soil fungal community is more sensitive to phosphorus than nitrogen addition in the alpine meadow on the Qinghai-Tibetan Plateau. Biology and Fertility of Soils, 52: 1059-1072.

He H B, Li X B, Zhang W, et al. 2011. Differentiating the dynamics of native and newly immobilized amino sugars in soil frequently amended with inorganic nitrogen and glucose. European Journal of Soil Science, 62: 144-151.

He H B, Xie H T, Zhang X D, et al. 2005. A gas chromatographic/mass spectrometric method for tracing the microbial conversion of glucose into amino sugars in soil. Rapid Communications in Mass Spectrometry, 19: 1993-1998.

He H B, Xie H T, Zhang X D. 2006. A novel GC/MS technique to assess $^{15}$N and 13C incorporation into soil amino sugars. Soil Biology and Biochemistry, 38: 1083-1091.

He H B, Zhang W, Zhang X D, et al. 2011. Temporal responses of soil microorganisms to substrate addition as indicated by amino sugar differentiation. Soil Biology and Biochemistry, 43: 1155-1161

He J Z, Shen J P, Zhang L M, et al. 2007. Quantitative analyses of the abundance and composition of ammonia-oxidizing bacteria and ammonia-oxidizing archaea of a Chinese upland red soil under long-term fertilization practices. Environmental Microbiology, 9: 2364-2374.

He J, Ge, Y. 2008. Recent advances in soil microbial biogeography. Acta Ecologica Sinica, 28: 5571-5582.

He X Q, Yin H J, Han L J, et al. 2019. Effects of biochar size and type on gaseous emissions during pig manure / wheat straw aerobic composting: insights into multivariate-microscale characterization and microbial mechanism. Bioresource Technology, 2019, 271375-382.

He Y. 2015. Effect of Acidic Sil Conditioner on the Inorganic Phosphorus Transformation of the Calcareous Soil. Beijing: Nutrient Cycling in Agroecosystems.

He Z, Yang X, Baligar V C. 2001. Increasing nutrient utilization and crop production in the red soil regions of China. Communications in Soil Science and Plant

Analysis, 32: 1251-1263.

Head I M, Hiorns W D, Embley T M, et al. 1993. The phylogeny of autotrophic ammonia-oxidizing bacteria as determined by analysis of 16S ribosomal-RNA gene-sequences. Journal of General Microbiology, 139: 1147-1153.

Heckmann A B, Lombardo F, Miwa H, et al. 2006. *Lotus japonicus* nodulation requires two GRAS domain regulators, one of which is functionally conserved in a non-legume. Plant Physiology, 142: 1739-1750.

Hedley M J, Stewart J W B, Chauhan B S. Changes in inorganic and organic soil phosphorus fractions induced by cultivation practices and by laboratory incubations. Soil Science Society of America Journal, 1981, 46(5): 970-976.

Hedrick P W. 1999. Perspective: highly variable loci and their interpretation in evolution and conservation. Evolution, 53: 313-318.

Heijden M G A, Van Der, Ruth S E, et al. 2010. The mycorrhizal contribution to plant productivity, plant nutrition and soil structure in experimental grassland. New Phytologist, 172(4): 739-752.

Helgason B L, Konschuh H J, Bedard-Haughn A, et al. 2014. Microbial distribution in an eroded landscape: buried a horizons support abundant and unique communities. Agriculture Ecosystems & Environment, 196: 94-102.

Helgason B L, Walley F L, Germida J J. 2010. No-till soil management increases microbial biomass and alters community profiles in soil aggregates. Applied Soil Ecology, 46: 390-397.

Henrike P, Dietmar S, Christian B, et al. 2007. Effect of arbuscular mycorrhizal colonization and two levels of compost supply on nutrient uptake and flowering of pelargonium plants. Mycorrhiza,17:469-474

Henry S, Bru D, Stres B, et al. 2006. Quantitative detection of the *nosZ* gene, encoding nitrous oxide reductase, and comparison of the abundances of 16S rRNA, *narG*, *nirK*, and *nosZ* genes in soils. Appl Environ Microbiol, 2006, 72: 5181-5189.

Henson J M, Mcinerney M J, Beaty P S, et al. Phospholipid fatty acid composition of the syntrophic anaerobic bacterium Syntrophomonaswolfei. Applied and Environmental Microbiology, 1988(54): 1570-1574.

Herbst F A, Lünsmann V, Kjeldal H, et al. 2016. Enhancing metaproteomics-The value of models and defined environmental microbial systems. Proteomics, 16(5): 783-798.

Herridge D F, Peoples M B, Boddey R M. 2008. Global inputs of biological nitrogen fixation in agricultural systems. Plant and Soil 311: 1-18.

Hessen D O, Elser J J, Sterner R W, et al. 2013. Ecological stoichiometry: an elementary approach using basic principles. Limnology and Oceanography, 58: 2219-2236.

Heyer R, Schallert K, Zoun R, et al. 2017. Challenges and perspectives of metaproteomic data analysis. Journal of biotechnology, 261: 24-36.

Higashiyama T, Takeuchi H. 2015. The mechanism and key molecules involved in pollen tube guidance. Annu Rev Plant Biol, 66: 393-413.

Hill P W, Farrar J F, Jones D L. 2008. Decoupling of microbial glucose uptake and mineralization in soil. Soil Biology and Biochemistry, 40: 616-624.

Hillebrand H. 2004. On the generality of the latitudinal diversity gradient. American Naturalist, 163: 192-211.

Himes F L. 1998. Nitrogen, sulfur, and phosphorus and the sequestering of carbon// Lal R. Soil Processes and the Carbon Cycle. Boca raton, USA: CRC precess-Taylor & Francis Group.

Hinsinger P, Bengough A G, Vetterlein D, et al. 2009. Rhizosphere: biophysics, biogeochemistry and ecological relevance. Plant and Soil, 321: 117-152.

Hinsinger P, Gilkes R J. 1995. Root-induced dissolution of phosphate rock in the rhizosphere of lupins grown in alkaline soil. Australian Journal of Soil Research, 33: 477-489.

Hinsinger P. 2001. Bioavailability of soil inorganic P in the rhizosphere as affected by root-induced chemical changes: a review. Plant and soil, 237(2):173-195.

Hirsch A M, Alvarado J, Bruce D, et al. 2013. Complete genome sequence of micromonospora strain L5, a potential plant-growth-regulating Actinomycete, originally isolated from Casuarina equisetifolia root nodules. Genome Announcements, 1(5): e00759-13.

Hirsch P, Bernhard M, Cohen S S, et al. 1979. Life under conditions of low nutrient concentrations. Strategies of Microbial Life in Extreme environments: 357-372.

Ho A, Kerckhof F M, Luke C, et al. 2013. Conceptualizing functional traits and ecological characteristics of methane-oxidizing bacteria as life strategies. Environmental Microbiology Reports, 5: 335-345.

Hobbie S E, Reich P B, Oleksyn J, et al. 2006. Tree species effects on decomposition and forest floor dynamics in a common garden. Ecology, 87: 2288-2297.

Hodgson D A. Primary metabolism and its control in streptomycetes: a most unusual group of bacteria. Advances in Microbial Physiology. 2000, 42: 47-238.

Hofer U. 2018. The majority is uncultured. Nature Reviews Microbiology, 16: 716-717.

Högberg P, Read D J. 2006. Towards a more plant physiological perspective on soil ecology. Trends in Ecology and Evolution, 21: 548-554.

Hollister E B, Engledow A S, Hammett A J M, et al. 2010. Shifts in microbial community structure along an ecological gradient of hypersaline soils and sediments. The ISME Journal, 4: 829-838.

Holmes A J, Costello A, Lidstrom M E, et al. 1995. Evidence that particulate methane monooxygenase and ammonia monooxygenase may be evolutionarily related. FEMS Microbiol Lett, 132: 203-208.

Holtappels M, Lavik G, Jensen M M, et al. 2011. $^{15}$N-labelling experiments to dissect the contributions of heterotrophic denitrification and anammox to nitrogen removal in the OMZ waters of the ocean. Methods in Enzymology: Research on Nitrification and Related Processes, Part A, 486: 223-251.

Hong S, Chen T, Zhu Y, et al. 2014. Live-cell stimulated Raman scattering imaging of alkyne-tagged biomolecules. Angewandte Chemie International Edition, 53: 5827-5831.

Hooper D U, Bignell D E, Brown V K, et al. 2000. Interactions between aboveground and belowground biodiversity in terrestrial ecosystems: patterns, mechanisms, and feedbacks. Bioscience, 50: 1049-1061.

Hoque M S, Masle J, Udvardi M K, et al. 2006. Over-expression of the rice OsAMT1-1 gene increases ammonium uptake and content, but impairs growth and development of plants under high ammonium nutrition. Functional Plant Biology, 33: 153-163.

Horner-Devine M C, Carney K M, Bohannan B J M. 2004b. An ecological perspective on bacterial biodiversity. Proceedings of the Royal Society of London, Series B, 271: 113-122.

Horner-Devine M C, Lage M, Hughes J, et al. 2004a. A taxa-area relationship for bacteria. Nature, 2004a, 432: 750-753.

Hsu P Y, Benfey P N. 2018. Small but mighty: functional peptides encoded by small ORFs in plants. Proteomics, 18(10): e1700038.

Hu A, Ju F, Hou L, et al. 2017. Strong impact of anthropogenic contamination on the co-occurrence patterns of a riverine microbial community. Environmental Microbiology, 19(12): 4993-5009.

Hu B L, Liu S, Wang W, et al. 2014. pH-dominated niche segregation of ammonia-oxidizing microorganisms in Chinese agricultural soils. FEMS Microbiology Ecology, 90: 290-299.

Hu H W, Chen D, He J Z. 2015. Microbial regulation of terrestrial nitrous oxide formation: understanding the biological pathways for prediction of emission rates . FEMS Microbiology Reviews, 39 (5): 729-749.

Hu H W, Zhang L M, Yuan C L, et al. 2013. pH-dependent distribution of soil ammonia oxidizers across a large geographical scale as revealed by high-throughput pyrosequencing. Journal of Soils and Sediments, 13: 1439-1449.

Hu H W, Zhang L M, Yuan C L, et al. 2015. The large-scale distribution of ammonia oxidizers in paddy soils is driven by pH, geographic distance, and climatic factors. Frontiers Microbiology, 6: 938.

Hu J, Li M, Liu H, et al. 2019. Intercropping with sweet corn (*Zea mays* L. var. rugosa Bonaf.) expands P acquisition channels of chili pepper (*Capsicum annuum* L.) via arbuscular mycorrhizal hyphal networks. Journal of Soils and Sediments, 19: 1632-1639.

Hu J, Yang A, Zhu A, et al. 2015. *Arbuscular mycorrhizal* fungal diversity, root colonization, and soil alkaline phosphatase activity in response to maize-wheat rotation and no-tillage in North China. Journal of Microbiology, 53: 454-461.

Hu Y J, Xia Y H, Sun Q, et al. 2018. Effects of long-term fertilization on *phoD*-harboring bacterial community in Karst soils. Science of the Total Environment, 628: 53-63.

Hu Y, Rillig M C, Xiang D, et al. 2013. Changes of AM fungal abundance along environmental gradients in the arid and semi-arid grasslands of Northern China. Plos One, 8: 1-10.

Hu Y, Xiang D, Veresoglou S D, et al. 2014. Soil organic carbon and soil structure are driving microbial abundance and community composition across the arid and semi-arid grasslands in northern China. Soil Biology & Biochemistry, 77: 51-57.

Huang H Q, Shi P J, Wang Y R, et al. 2009. Diversity of beta-propeller phytase genes in the intestinal contents of grass carp provides insight into the release of major phosphorus from phytate in nature. Appl Environ Microbiol, 75: 1508-1516.

Huang M, Bai Y, Sjostrom S L, et al. 2015. Microfluidic screening and whole-genome sequencing identifies mutations associated with improved protein secretion by yeast. Proceedings of the National Academy of Sciences of the United States of America, 112(34): E4689-E4696.

Huang S, Bai X, Ma Q, et al. 2004. Isolation and characterization of a Sinorhizobium fredii mutant that cannot utilize proline as the sole carbon and nitrogen source. Chinese Science Bulletin, 49(21): 2262-2265.

Huang WE, Ward AD, Whiteley AS. 2009. Raman tweezers sorting of single microbial cells. Environmental Microbiology Reports, 1: 44-49.

Huang X C, Jiang Q J, Zhong S, et al. 2015. Rice husk bio-ash impacts redox status and rice growth in a flooded soil from southwestern China. Journal of Residuals Science & Technology, (12): S75-S78.

Huang X, Gao D, Peng S, et al. 2014. Effects of ferrous and manganese ions on anammox process in sequencing batch biofilm reactors. Journal of Environmental Sciences, (5): 1034-1039.

Hubbell S P. 2001. The unified Neutral Theory of Biodiversity and Biogeography. Princeton, New Jersey: Princeton University Press.

Hue N V. Effects of organic acids/anions on P sorption and phytoavailability in soils with different mineralogies. Soil Science, 1991, 152(6): 463-471.

Huebner A, Bratton D, Whyte G, et al. 2009. Static microdroplet arrays: a microfluidic device for droplet trapping, incubation and release for enzymatic and cell-based assays. Lab on a Chip, 9(5): 692-698.

Hugenholtz P, Goebel B M, Pace N R. 1998. Impact of culture-independent studies on the emerging phylogenetic view of bacterial diversity. J Bacteriol, 180: 4765-4774.

Hultman J, Waldrop M P, Mackelprang R, et al. 2015. Multi-omics of permafrost, active layer and thermokarst bog soil microbiomes. Nature, 521(7551): 208-212.

Hungate B A, Mau R L, Schwartz E, et al. 2015. Quantitative microbial ecology through stable isotope probing. Applied and Environmental Microbiology, 81: 7570-7581.

Huo C F, Luo Y Q, Cheng W X. 2017. Rhizosphere priming effect: A meta-analysis. Soil Biology & Biochemistry, 111: 78-84.

Huppe H C, Turpin D H. 1994. Integration of carbon and nitrogen metabolism in plant and algal cells, Annual Review of Plant Biology, 45(1): 577-607.

Huson D, Richter D, Mitra S et al. 2009. Methods for comparative metagenomics. BMC Bioinformatics, 10( Suppl 1) : S12

Husson O. 2013. Redox potential (Eh) and pH as drivers of soil/plant/microorganism systems: a transdisciplinary overview pointing to integrative opportunities for agronomy. Plant and Soil, (362): 389-417.

Huygens D, Rütting T, Boeckx P, et al. 2007. Soil nitrogen conservation mechanisms in a pristine south Chilean Nothofagus forest ecosystem. Soil Biology and Biochemistry, 39: 2448-2458.

Ibijbijen J, Urquiaga S, Ismaili M, et al. 1996. Effect of arbuscular mycorrhizal fungi on growth, mineral nutrition and nitrogen fixation of three varieties of common beans(Phaseolus vulgaris). New Phytologist,134:353-360.

Ilag L L, Rosales A M, Elazegvi F V, et al. 1987. Changes in the population of infective endomycorrhizal fungi in a rice based cropping system. Plant Soil, 103: 67-73.

Imin N, Mohd-Radzman N A, Ogilvie H A, et al. 2013. The peptide-encoding CEP1 gene modulates lateral root and nodule numbers in *Medicago truncatula*. J Exp Bot, 64 (17): 5395-5409.

Inceoglu Ö, Llirós M, García-Armisen T, et al. 2015. Distribution of bacteria and Archaea in meromictic tropical Lake Kivu (Africa). Aquatic Microbial Ecology, 74: 215-233.

Ingham R E, Trofymow J A, Ingham E R, et al. 1985. Interactions of bacteria, fungi, and their nematode grazers: effects on nutrient cycling and plant growth. Ecological Monographs, 55: 119-140.

Ishihara J, Tachikawa M, Mochizuki A, et al. 2013. Raman imaging of the diverse states of the filamentous cyanobacteria. Nano-Bio Sensing, Imaging, and Spectroscopy: 8879.

Ishii S, Ikeda S, Minamisawa K, et al. 2011. Nitrogen cycling in rice paddy environments: past achievements and future challenges. Microbes and Environments, 26: 282-292.

Ito Y, Nakanomyo I, Motose H, et al. 2006. Dodeca-CLE peptides as suppressors of plant stem cell differentiation. Science, 313(5788): 842-845.

Jackson C R, Churchill P F and Roden E E. 2001. Successional changes in bacterial assemblage structure during epilithic biofilm development. Ecology, 82: 555-566.

Jackson R B, Canadell J, Ehleringer J R, et al. 1996. A global analysis of root distributions for terrestrial biomes. Oecologia, 108: 389-411.

Jaisi D P, Blake R E. 2014. One-advances in using oxygen isotope ratios of phosphate to understand phosphorus cycling in the environment. Advances in Agronomy (125): 1-53.

Jangid K, Whitman W B, Condron L M, et al. 2013. Soil bacterial community succession during long-term ecosystem development. Molecular Ecology, 22: 3415-3424.

Janssen P H, Schuhmann A, Mörschel E, et al. 1997. Novel anaerobic ultramicrobacteria belonging to the Verrucomicrobiales lineage of bacterial descent isolated by dilution culture from anoxic rice paddy soil. Applied and Environmental Microbiology, 63: 1382-1388.

Janssen P H, Yates P S, Grinton B E, et al. 2002. Improved culturability of soil bacteria and isolation in pure culture of novel members of the divisions Acidobacteria, Actinobacteria, Proteobacteria, and Verrucomicrobia. Applied and Environmental Microbiology, 68: 2391-2396.

Jansson J K, Hofmockel K S. 2018. The soil microbiome : from metagenomics to Metaphenomics. Current Opinion in Microbiology, 43:162-168.

Jastrow J D, Boutton T W, Miller R M. 1996. Carbon dynamics of aggregate associated by carbon-13 natural abundance. Soil Science Society of American Journal, 60: 801-807.

Javot H, Penmetsa R V, Breuillin F, et al. 2011. Medicago truncatula mtpt4 mutants reveal a role for nitrogen in the regulation of arbuscule degeneration in arbuscular mycorrhizal symbiosis. the Plant Journal, 68 (6): 954-965.

Jeanbille M, Buee M, Bach C, et al. 2016. Soil parameters drive the structure, diversity and metabolic potentials of the bacterial communities across temperate beech forest soil sequences. Microbial Ecology, 71: 482-493.

Jehmlich N, Schmidt F, von Bergen M, et al. 2008. Protein-based stable isotope probing (Protein-SIP) reveals active species within anoxic mixed cultures. ISME J, 2: 1122-1133.

Jehmlich N, Vogt C, Lünsmann V, et al. 2016. Protein-SIP in environmental studies. Current opinion in biotechnology, 41: 26-33.

Jenkins S N, Waite I S, Blackburn A, et al. 2009. Actinobacterial community dynamics in long term managed grasslands. Antonie Van Leeuwenhoek, 95: 319-334.

Jenny H. 1941. Factors of Soil Formation. New York, USA: McGraw-Hill.

Jensen ES. 1996. Grain yield, symbiotic $N_2$ fixation and interspecific competition for inorganic N in pea-barley intercrops. Plant and Soil, 181 (181): 25-38.

Jetten M S M, Sliekers O, Kuypers M, et al. 2003. Anaerobic ammonium oxidation by marine and freshwater planctomycete-like bacteria. Applied Microbiology & Biotechnology, 63: 107-114.

Jha S K, Ahmad Z. 2018. Soil microbial dynamics prediction using machine learning regression methods. Computers and Electronics in Agriculture, 147: 158-165.

Jia Z J, Conrad R, 2009. Bacteria rather than Archaea dominate microbial ammonia oxidation in an agricultural soil. Environmental Microbiology, 11: 1658-1671.

Jia Z, Conrad R. 2009. Bacteria rather than Archaea dominate microbial ammonia oxidation in an agricultural soil. Environmental Microbiology, 11: 1658-1671.

Jiang B P, Gu Y C. A suggested fractionation scheme for inorganic phosphorus in calcareous soils. Nutrient Cycling in Agroecosystems, 1989, 22(3): 58-66.

Jiang C Y, Dong L, Zhao J K, et al. 2016. High-throughput single-cell cultivation on microfluidic streak plates. Applied and Environmental Microbiology, 82(7): 2210-2218.

Jiang H C, Huang L Q, Deng Y, et al. 2014. Latitudinal distribution of ammonia-oxidizing bacteria and archaea in the agricultural soils of eastern China. Applied and Environmental Microbiology, 80: 5593-5602.

Jiang H, Dong H, Zhang G, et al. 2006. Microbial diversity in water and sediment of Lake Chaka, an athalassohaline lake in northwestern China. Applied & Environmental Microbiology, 72(6): 3832-3845.

Jiang L, Han X, Dong N, et al. 2011. Plant species effects on soil carbon and nitrogen dynamics in a temperate steppe of northern China. Plant and Soil, 346: 331-347.

Jiang X J, Wright A L, Wang X, et al. 2011. Tillage-induced changes in fungal and bacterial biomass associated with soil aggregates: A long-term field study in a subtropical rice soil in China. Applied Soil Ecology, 48: 168-173.

Jiang Y, Liu M, Zhang J, et al. 2017. Nematode grazing promotes bacterial community dynamics in soil at the aggregate level. The ISME Journal, 11: 2705-2717.

Jiang Y, Ma N, Chen Z, et al. 2018. Soil macrofauna assemblage composition and functional groups in no-tillage with corn stover mulch agroecosystems in a mollisol area of northeastern china. Applied Soil Ecology, 128: 61-70.

Jiang Y, Qian H, Wang X, et al. 2018a. Nematodes and microbial community affect the sizes and turnover rates of organic carbon pools in soil aggregates. Soil Biology and Biochemistry, 119: 22-31.

Jiang Y, Sun B, Jin C, et al. 2013. Soil aggregate stratification of nematodes and microbial communities affects the metabolic quotient in an acid soil. Soil Biology and Biochemistry, 60: 1-9.

Jiang Y, Sun B, Li H, et al. 2015. Aggregate-related changes in network patterns of nematodes and ammonia oxidizers in an acidic soil. Soil Biology and Biochemistry, 88: 101-109.

Jiang Y, Zhou H, Chen L, et al. 2018a. Nematodes and microorganisms interactively stimulate soil organic carbon turnover in the macroaggregates. Frontiers in Microbiology, 9: 1-12.

Jiao S, Chen W, Wang J, et al. 2018. Soil microbiomes with distinct assemblies through vertical soil profiles drive the cycling of multiple nutrients in reforested ecosystems. Microbiome, 6: 1-13.

Jiao Y, Cody G D, Harding A K, et al. 2010. Characterization of extracellular polymeric substances from acidophilic microbial biofilms. Applied and Environmental Microbiology, 76: 2916-2922.

Jiménez D J, Dini-Andreote F, van Elsas J D. 2014. Metataxonomic profiling and prediction of functional behaviour of wheat straw degrading microbial consortia. Biotechnology for biofuels, 7(1): 92.

Jin Z, Nie M, Hu R, et al. 2018. Dynamic sessile-droplet habitats for controllable cultivation of bacterial biofilm. Small, 14(22): e1800658.

Jing X, Chen X, Tang M, et al. 2017. Nitrogen deposition has minor effect on soil extracellular enzyme activities in six Chinese forests. Science of the Total Environment, 607: 806-815.

Jing X, Gong Y, Xu T, et al. 2021. One-cell metabolic phenotyping and sequencing of soil microbiome by raman-activated gravity-driven encapsulation (RAGE). mSystems, e0018121.

Jing X, Gou H, Gong Y, et al. 2018. Raman-activated cell sorting and metagenomic sequencing revealing carbon-fixing bacteria in the ocean. Environmental Microbiology, 20: 2241-2255.

Jing X, Sanders N J, Shi Y, et al. 2015. The links between ecosystem multifunctionality and above - and below-ground biodiversity are mediated by climate. Nature Communications, 6: 8159.

Joensson H N, Uhlén M, Svahn H A. 2011. Droplet size based separation by deterministic lateral displacement—separating droplets by cell-induced shrinking. Lab on a Chip, 11(7). doi:10.1039/c0lc00688b.

Joergensen R G, Mäder P, Fließbach A. 2010. Long-term effects of organic farming on fungal and bacterial residues in relation to microbial energy metabolism. Biology and Fertility of Soils, 46: 303-307.

John B, Yamashita T, Ludwig B, et al. 2005. Storage of organic carbon in aggregate and density fractions of silty soils under different types of land use. Geoderma, 128: 63-79.

John B. 2003. Carbon turnover in aggregated soils determined by natural $^{13}C$ abundance. Ph.D. thesis, Georg-August-Universität Göttingen, Germany.

Johnson D, van Den Koornhuyse P J, Leake J R, et al. 2004. Plant communities affect arbuscular mycorrhizal fungal diversity and community composition in grassland microcosms. New Phytologist, 161: 503-515.

Johnson X, Brcich T, Dun E A, et al. 2006. Branching genes are conserved across species. Genes controlling a novel signal in pea are coregulated by other long-distance signals. Plant Physiology, 142(3): 1014-1026.

Johnson X, Steinbeck J, Dent R M, 2014. Proton gradient regulation 5-mediated cyclic electron flow under ATP-or redox-limited conditions: a study of ΔATpase pgr5 and ΔrbcL pgr5 mutants in the green alga Chlamydomonas reinhardtii. Plant Physiology, 165(1): 438-452.

Johnson-Rollings A S, Wright H, Masciandaro G, et al. 2014. Exploring the functional soil-microbe interface and exoenzymes through soil metaexoproteomics. The ISME journal, 8(10): 2148-2150.

Joner E J, Van A I M, Vosatka M. 2000. Phosphatase activity of extra-radical arbuscular mycorrhizal hyphae: a review. Plant & Soil, 226(2): 199-210.

Jones D L, Nguyen C, Finlay D. 2009. Carbon flow in the rhizosphere: carbon trading at the soil-root interface. Plant and Soil, 321: 5-33.

Jones R T, Robeson M S, Lauber C L, et al. 2009. A comprehensive survey of soil acidobacterial diversity using pyrosequencing and clone library analyses. ISME Journal, 3: 442-453.

Josephson K L, Bourque D P, Bliss F A, et al. 1991. Competitiveness of KIM5 and VIKING1 bean rhizobia: strain by cultivar interactions. Soil Biology and Biochemistry, 23(3): 249-253.

Joshi K C, Singh H P. 1995. Inter-relationships among vesicular-arbuscular mycorrhizal population, soil properties and root colonization capacity of soil. Journal of the Indian Society of Soil Science,43: 204-207.

Joshi S R, Li, X, Jaisi D P. 2016. Transformation of phosphorus pools in an agricultural soil: an application Of oxygen-18 labeling in phosphate. Soil Sci Soc Am J, 80: 69-78.

Jousset A, Bienhold C, Chatzinotas A, et al. 2017. Where less may be more: how the rare biosphere pulls ecosystems strings. ISME Journal, 11: 853-862.

Jousset A, Rochat L, Péchy-Tarr M, et al. 2009. Predators promote defence of rhizosphere bacterial populations by selective feeding on non-toxic cheaters. The ISME Journal 3, 666-674.

Ju C X, Buresh R J, Wang Z Q, et al. 2015. Root and shoot traits for rice varieties with higher grain yield and higher nitrogen use effciency at lower nitrogen rates application. Field Crops Research, 175: 47-55.

Ju X T, Xing G X, Chen X P, et al. 2009. Reducing environmental risk by improving N management in intensive Chinese agricultural systems. Proceedings of the National Academy of Sciences of the United States of America, 106: 3041-3046.

Jumpponen A, Jones K L, Blair J. 2010. Vertical distribution of fungal communities in tallgrass prairie soil. Mycologia, 102: 1027-1041.

Jung J, Yeom J, Kim J, et al. 2011. Change in gene abundance in the nitrogen biogeochemical cycle with temperature and nitrogen addition in Antarctic soils. Res Microbiol, 162: 1018-1026.

Jungk A, Seedling B, Gerke J. 1993. Mobilization of different phosphate fractions in the rhizosphere. Plant and Soil, 155-156 (1): 91-94.

Jurado A, Borges A V, Brouyère S. 2017. Dynamics and emissions of $N_2O$ in groundwater: a review. Science of the Total Environment, (584): 207-218.

Jurgens K, Pernthaler J, Schalla S, et al. 1999. Morphological and compositional changes in a planktonic bacterial community in response to enhanced protozoan grazing. Applied and Environmental Microbiology, 65: 1241-1250.

Juyal A, Otten W, Falconer R, et al. 2019. Combination of techniques to quantify the distribution of bacteria in their soil microhabitats at different spatial scales. Geoderma, 334: 165-174.

Kabir Z, O’ halloran I P, Fyles J W, et al. 1997. Seasonal changes of arbuscular mycorrhizal fungi as affected by tillage practices and fertilization: hyphal density and mycorrhizal root colonization. Plant and Soil, 192: 285-293.

Kabir Z, Koide R T. 2000. The effect of dandelion or a cover crop on mycorrhiza inoculum potential, soil aggregation and yield of maize. Agriculture, Ecosystems & Environment, 78: 167-174

Kabir Z, O' Halloran I P, Hamel C. 1997. Overwinter survival of arbuscular mycorrhizal hyphae is favored by attachment to roots but diminished by disturbance. Mycorrhiza, 7: 197-200

Kaeberlein T, Lewis K, Epstein S S. 2002. Isolating "uncultivable" microorganisms in pure culture in a simulated natural environment. Science, 296(5570): 1127-1129.

Kahiluoto H, Ketoja E, Vestberg M, et al. 2001. Promotion of AM utilization through reduced P fertilization 2. Field studies. Plant and soil,231:65-79.

Kaiser C, Franklin O, Dieckmann U, et al. 2014. Microbial community dynamics alleviate stoichiometric constraints during litter decay. Ecology Letters, 17(6): 680-690.

Kallenbach C M, Grandy A S, Frey S D, et al. 2015. Microbial physiology and necromass regulate agricultural soil carbon accumulation. Soil Biology and Biochemistry, 91: 279-290.

Kallmeyer J, Pockalny R, Adhikari RR, et al. 2012. Global distribution of microbial abundance and biomass in subseafloor sediment. Proc Natl Acad Sci U S A, 2012, 109: 16213-16216.

Kalo P, Gleason C, Edwards A, et al. 2005. Nodulation signaling in legumes requires NSP2, a member of the GRAS family of transcriptional regulators. Science, 308 (5729): 1786-1789.

Kana T M, Darkangelo C, Hunt M D, et al. 1994. Membrane inlet mass spectrometer for rapid high-precision determination of $N_2$, $O_2$, and Ar in environmental water samples. Analytical Chemistry, 66: 4166-4170.

Kanamori N, Madsen L H, Radutoiu S, et al. 2006. A nucleoporin is required for induction of $Ca^{2+}$ spiking in legume nodule development and essential for rhizobial and fungal symbiosis. Proceedings of the National Academy of Sciences of the United States of America, 103 (2): 359-364.

Kant S, Bi Y M, Rothstein S J. 2011. Understanding plant response to nitrogen limitation for the improvement of crop nitrogen use efficiency. Journal of Experimental Botany, 62: 1499-1509.

Kapulnik Y, Okon Y, Kigel J, et al. 1981. Effects of temperature, nitrogen fertilization, and plant age on nitrogen fixation by Setaria italica inoculated with Azospirillum brasilense (strain cd). Plant Physiology, 68(2): 340-343.

Karasawa T,Kasahara Y,Takebe M. 2002. Variable response of growth and arbuscular mycorrhizal colonization of maize plants preceding crops in various types of soils. Biology and Fertility of Soils, 33: 286-293.

Karasawa T, Takebe M. 2011. Temporal or spatial arrangements of cover crops to promote arbuscular mycorrhizal colonization and P uptake of upland crops grown after nonmycorrhizal crops. Plant and Soil, 353: 355-366.

KarimiB, TerratS, Dequiedt S, et al. 2018. Biogeography of soil bacteria and archaea across France. Science Advances, 4(7): eaat1808. doi:10.1126/sciadv.aat1808(1).

Kartal B, Kuypers M M M, Lavik G, et al. 2007. Anammox bacteria disguised as denitrifiers: nitrate reduction to dinitrogen gas via nitrite and ammonium. Environmental Microbiology, 9: 635-642.

Kartal B, Kuypers M M M, Lavik G, et al. 2007. Anammox bacteria disguised as denitrifiers: nitrate reduction to dinitrogen gas via nitrite and ammonium. Environmental Microbiolology, (9): 635-642.

Kartal B, Maalcke W J, de Almeida N M, et al. 2011. Molecular mechanism of anaerobic ammonium oxidation. Nature, 479: 127-130.

Kathleen K T, Michael F A. 2002. Direct nitrogen and phosphorus limitation of arbuscular mycorrhizal fungi:a model and field test. New Phytologist, 155:507-515

Katsuyama C, Kondo N, Suwa Y, et al. 2008. Denitrification activity and relevant bacteria revealed by nitrite reductase gene fragments in soil of temperate mixed forest. Microb Environ, 23: 337-345.

Ke X, Angel R, Lu Y, et al. 2013. Niche differentiation of ammonia oxidizers and nitrite oxidizers in rice paddy soil. Environmental Microbiology, 15: 2275-2292.

Ke Y, Tong Z. 2012. Metagenomic and metatranscriptomic analysis of microbial community structure and gene expression of activated sludge. Plos One, 7(5): e38183.

Keiblinger K M, Wilhartitz I C, Schneider T, et al. 2012. Soil metaproteomics - Comparative evaluation of protein extraction protocols. Soil Biology and Biochemistry, 54(15-10): 14-24.

Keil D, Niklaus P A, von Riedmatten L R, et al. 2015. Effects of warming and drought on potential N2O emissions and denitrifying bacteria abundance in grasslands with different land-use. Fems Microbiology Ecology, 91: 1-9.

Keiluweit M, Bougoure J J, Nico P S, et al. 2015. Mineral protection of soil carbon counteracted by root exudates. Nature Climate Change, 5: 588-595.

Kelso B H, Smith R V, Laughlin R J. 1999. Effects of carbon substrates on nitrite accumulation in freshwater sediments. Applied and Environmental Microbiology, (65): 61-66.

Kemmitt S J, Lanyon C V, Waite I S, et al. 2008. Mineralisation of native soil organic matter is not regulated by the size, activity or composition of the soil microbial biomass-a new perspective. Soil Biology and Biochemistry, 40: 61-73.

Kennedy A C, Wollum A G. 1988. Enumeration of Bradrhizobium japonicum in soil subjected to high temperature: comparison of plate count, most probable number and fluorescent antibody techniques. Soil Biology and Biochemistry, 20: 933-937.

Khademi S, O'connell J, Remis J, et al. 2004. Mechanism of ammonia transport by Amt/MEP/Rh: structure of AmtB at 1.35 Å. Science, 305(5690): 1587-1594.

Khalili B, Nili N, Nourbakhsh F, et al. 2011. Does cultivation influence the content and pattern of soil proteins? Soil and Tillage Research, 111(2): 162-167.

Khan K S, Mack R, Castillo X, et al. 2016. Microbial biomass, fungal and bacterial residues, and their relationships to the soil organic matter C / N / P / S ratios. Geoderma, 271: 115-123.

Khan N, Seshadri B, Bolan N, et al. 2016. Root iron plaque on wetland plants as a dynamic pool of nutrients and contaminants. Advances in Agronomy, 138: 1-96.

Khlifa R, Paquette A, Messier C, et al. 2017. Do temperate tree species diversity and identity influence soil microbial community function and composition? Ecology and Evolution, 7: 7965-7974.

Kiem R, Kögel-Knabner I. 2003. Contribution of lignin and polysaccharides to the refractory carbon pool in C-depleted arable soils. Soil Biology and Biochemistry, 35: 101-118.

Kiers E T, Rousseau R A, West S A, et al. 2003. Host sanctions and the legume-rhizobium mutualism. Nature, (425): 78-81.

Kiers ET, Duhamel M, Beesetty Y, et al. 2011. Reciprocal rewards stabilize cooperation in the mycorrhizal symbiosis. Science, 333 (6044): 880-882.

Kikuchi Y, Hijikata N, Yokoyama K, et al. 2014. Polyphosphate accumulation is driven by transcriptome alterations that lead to near-synchronous and near-equivalent uptake of inorganic cations in an arbuscular mycorrhizal fungus. New Phytologist, 204: 638-649.

Kim J, Rees D C. 1994. Nitrogenase and biological nitrogen fixation. Biochemistry, 33:389-397.

Kim M, Boldgiv B, Singh D, et al. 2012. Structure of soil bacterial communities in relation to environmental variables in a semi-arid region of Mongolia. Journal of Arid Environment, 89: 38-44.

Kim O S, Cho Y J, Lee K, et al. 2012. Introducing EzTaxon-e: a prokaryotic 16S rRNA gene sequence database with phylotypes that represent uncultured species. International Journal of Systematic and Evolutionary Microbiology, 62(3): 716-721.

Kindler R, Miltner A, Thullner M, et al. 2009. Fate of bacterial biomass derived fatty acids in soil and their contribution to soil organic matter. Organic Geochemistry, 40: 29-37.

King A J, Freeman K R, Mccormick K F, et al. 2010. Biogeography and habitat modelling of high-alpine bacteria. Nature Communications, 1: 53.

Kirkby C A, Kirkegaard J A, Richardson A E, et al. 2011. Stable soil organic matter: A comparison of C/N/P/S ratios in Australian and other world soils. Geoderma, 163: 197-208.

Kirkby C A, Richardson A E, Wade L J, et al. 2013. Carbon-nutrient stoichiometry to increase soil carbon sequestration. Soil Biology and Biochemistry, 60: 77-86.

Klappenbach J A, Dunbar J M, Schmidt T M. 2000. RRNA operon copy number reflects ecological strategies of bacteria. Applied and Environmental Microbiology, 66: 1328-1333.

Kleber M, Nico P S, Plante A F, et al. 2011. Old and stable soil organic matter is not necessarily chemically recalcitrant: implications for modeling concepts and temperature sensitivity. Global Change Biology, 17: 1097-1107.

Kloepper J W, Leong J, Teintze M, et al. 1980. Enhanced plant growth by siderophores produced by plant growth-promoting rhizobacteria. Nature, 286: 885-886.

Knicker H. 2011. Soil organic N—an under-rated player for C sequestration in soils. Soil Biology and Biochemistry, 43: 1118-1129.

Knoblauch C, Watson C, Becker R, et al. 2017. Change of ergosterol content after inorganic N fertilizer application does not affect short-term C and N mineralization patterns in a grassland soil. Applied Soil Ecology, 111: 57-64.

Knoor K H, Horn M A, Borken W. 2015. Significant nonsymbiotic nitrogen fixation in Patagonian ombrotrophic bogs. Global Change Bioloty, (21): 2357-2365.

Knowles R. Denitrification. 1982. Microbiological Reviews, (46): 43-70.

Knox O G G, Killham K, Artz R R E, et al. 2004. Effect of nematodes on rhizosphere colonization by seed-applied bacteria. Applied Environmental and Microbiology 70: 4666-4671.

Kobayashi K, Masuda T, Takamiya K, et al. 2006. Membrane lipid alteration during phosphate starvation is regulated by phosphate signaling and auxin / cytokinins cross-talk. Plant J, 47: 238-248.

Kobe R K, Lepczyk C A, Iyer M. 2005. Resorption efficiency decreases with increasing green leaf nutrients in a global data set. Ecology, 86(10): 2780-2792.

Koch A L. 2001. Oligotrophs versus copiotrophs. Bioessays, 23: 657-661.

Kögel-Knabner I, Amelung W, Cao Z, et al. 2010. Biogeochemistry of paddy soils. Geoderma, 157: 1-14.

Kohler J, Knapp B A, Waldhuber S, et al. 2010. Effects of elevated $CO_2$, water stress, and inoculation with *Glomus intraradices* or *Pseudomonas mendocina* on lettuce dry matter and rhizosphere microbial and functional diversity under growth chamber conditions. Journal of Soils and Sediments, (10): 1585-1597.

Kölbl A, Kögel-Knabner I. 2004. Content and composition of free and occluded particulate organic matter in a differently textured arable Cambisol as revealed by solid-state $^{13}C$ NMR spectroscopy. Journal of Plant Nutrition of Soil Science, 167: 45-53.

Koltai H, Dor E, Hershenhorn J, et al. 2010. Strigolactones' effect on root growth and root-hair elongation may be mediated by auxin-efflux carriers. Journal of Plant Growth Regulation, 2010, 29(2): 129-136.

Koltai H. 2014. Implications of non-specific strigolactone signaling in the rhizosphere. Plant Science, 225:9-14.

Kominoski J S, Rosemond A D, Benstead J P, et al. 2015. Low-to-moderate nitrogen and phosphorus concentrations accelerate microbially driven litter breakdown rates. Ecological Applications, 25(3): 856-865.

Kondo T, Sawa S, Kinoshita A, et al. 2006. A plant peptide encoded by CLV3 identified by in situ MALDI-TOF MS analysis. Science, 313 (5788): 845-848.

Kong A Y Y, Scow K M, Cordova-Kreylos A L, et al. 2011. Microbial community composition and carbon cycling within soil microenvironments of conventional, low-input, and organic cropping systems. Soil Biology and Biochemistry, 43:

20-30.

Könneke M, Bernhard A E, de la Torre J R, et al. 2005. Isolation of an autotrophic ammonia-oxidizing marine archaeon. Nature, 437: 543-546.

Koper T E, Ei-Sheikh A F, Norton J M, et al. 2004. Urease-encoding genes in ammonia-oxidizing bacteria. Appl Environ Microbiol, 70: 2342-2348.

Koranda M, Schnecker J, Kaiser C, et al. 2011. Microbial processes and community composition in the rhizosphere of European beech-The influence of plant C exudates. Soil Biology & Biochemistry, 43: 551-558.

Kosina M, GreinerA M, Rebecca K, et al. 2018. Web of microbes (WoM): a curated microbial exometabolomics database for linking chemistry and microbes. BMC Microbiology, 18: 115.

Kountche B A, Novero M, Jamil M, et al. 2018. Effect of the strigolactone analogs methyl phenlactonoates on spore germination and root colonization of arbuscular mycorrhizal fungi. Heliyon, 4:e00936.

Kovárová-Kovar K, Egli T. 1998. Growth kinetics of suspended microbial cells: from single-substrate-controlled growth to mixed-substrate kinetics. Microbiology and Molecular Biology Reviews, 62: 646-666.

Kowalchuk G A, Buma D S, de Boer W, et al. 2002. Effects of above-ground plant species composition and diversity on the diversity of soil-borne microorganisms. Antonie Van Leeuwenhoek International Journal of General and Molecular Microbiology, 81: 509-520.

Kowalchuk G A, Stephen J R. 2001. Ammonia-oxidizing bacteria: a model for molecular microbial ecology. Annual Review of Microbiolgy, 55: 485-529.

Kpomblekou K, Tabatabai M A. 2003. Effect of low-molecular weight organic acids on phosphorus release and phytoavailability of phosphorus in phosphate rocks added to soils. Agriculture, Ecosystems and Environment, 100(2-3):275-284.

Kraft B, Strous M, Tegemeyer H E. 2011. Microbial nitrate respiration-Genes, enzymes and environmental distribution. Journal of Biotechnology, (155): 104-177.

Kraft B, Tegetmeyer H E, Sharma R, et al. 2014. The environmental controls that govern the end product of bacterial nitrate respiration. Science, 345: 676-679.

Kramer C, Gleixner G. 2006. Variable use of plant-and soil-derived carbon by microorganisms in agricultural soils. Soil Biology and Biochemistry, 38: 3267-3278.

Kretzschmar R M, Hafner H, Bationo A, et al. 1991. Long- and short-term effects of crop residues on aluminum toxicity, phosphorus availability and growth of pearl millet in an acid sandy soil. Plant and Soil, 136(2): 215-223.

Kronzucker H J, Britto D T. 2002. $NH_4^+$ toxicity in higher plants: a critical review. Plant Physio, 159: 567-584.

Kumar A, Kaiser B N, Siddiqi M Y, et al. 2006. Functional characterisation of OsAMT1.1 over expression lines of rice, Oryza sativa. Functional Plant Biology, 33: 339-346.

Kumar A, Kuzyakov Y, Pausch J. 2016. Maize rhizosphere priming: field estimates using 13C natural abundance. Plant and Soil, 409: 87-97.

Kumar M, Teotia P, Varma A, et al. 2016. Microbial-Mediated Induced Systemic Resistance in Plants. Berlin: Springer.

Kuypers M M M, Marchant H K, Kartal B. 2018. The microbial nitrogen-cycling network. Nat Rev Micro, 16: 263-276.

Kuypers M M M, Sliekers A O, Lavik G, et al. Anaerobic ammonium oxidation by anammox bacteria in the Black Sea. Nature, 2003(422): 608-611.

Kuzyakov Y, Blagodatskaya E. Microbial hotspots and hot moments in soil: Concept & review. Soil Biology and Biochemistry, 2015, 83: 184-199.

Kuzyakov Y, Cheng W. 2001. Photosynthesis controls of rhizosphere respiration and organic matter decomposition. Soil Biology & Biochemistry, 33: 1915-1925.

Kuzyakov Y, Domanski G. 2000. Carbon input by plants into the soil. Journal of Plant Nutrition & Soil Science, 163(4): 421-431.

Kuzyakov Y. 2002. Review: Factors affecting rhizosphere priming effects. Journal of Plant Nutrition and Soil Science, 165: 382-396.

Kuzyakov Y. 2010. Priming effects: Interactions between living and dead organic matter. Soil Biology & Biochemistry, 42: 1363-1371.

Kvist T, Ahring B K, Lasken R S, et al. 2007. Specific single-cell isolation and genomic amplification of uncultured microorganisms. Applied Microbiology and Biotechnology, 74: 926-935.

Kyrpides N C. 1999. Genomes OnLine Database (GOLD 1.0): a monitor of complete and ongoing genome projects world-wide. Bioinformatics, 15(9): 773-774.

Ladau J, Shi Y, Jing X. 2018. Existing climate change will lead to pronounced shifts in the diversity of soil prokaryotes. mSystems, 3: e00167-18.

Ladd J N, van Gestel M, Monrozier L J, et al. 1996. Distribution of organic $^{14}C$ and $^{15}N$ in particle-size fractions of soils incubated with $^{14}C$, $^{15}N$-labelled glucose/

NH[4], and legume and wheat straw residues. Soil Biology and Biochemistry, 28: 893-905.

Ladha J K, Pathak H, Krupnik T J, et al. 2005. Efficiency of fertilizer nitrogen in cereal production: retrospects and prospects . Advances in Agronomy, 87: 85-156.

Lagier J C, Khelaifia S, Alou M T, et al. 2016. Culture of previously uncultured members of the human gut microbiota by culturomics. Nature Microbiology, 116203.

Lal R. 2004. Soil carbon sequestration impacts on global climate change and food security. Science,304: 1623-1627.

LalliasD, Hiddink J G, FonsecaV G, et al. 2015. Environmental metabarcoding reveals heterogeneous drivers of microbial eukaryote diversity in contrasting estuarine ecosystems. The ISME journal, 9:1208.

Lalor B M, Cookson W R, Murphy D V. 2007. Comparison of two methods that assess soil community level physiological profiles in a forest ecosystem. Soil Biology & Biochemistry (39): 454-462.

Lambers H, Bishop J G, Hopper S D, et al. 2012. Phosphorus-mobilization ecosystem engineering: the roles of cluster roots and carboxylate exudation in young P-limited ecosystems. Annals of Botany, 110: 329-348.

Lamoureux G, Javelle A, Baday S, et al. 2010. Transport mechanisms in the ammonium transporter family, 17(3): 168-175.

Lan F, Demaree B, Ahmed N, et al. 2017. Single-cell genome sequencing at ultra-high-throughput with microfluidic droplet barcoding. Nature Biotechnology, 35(7): 640-646.

Landesman W J, Nelson D M, Fitzpatrick M C. 2014. Soil properties and tree species drive beta-diversity of soil bacterial communities. Soil Biology & Biochemistry, 76: 201-209.

Landi L, Valori F, Ascher J, et al. 2006. Root exudate effects on the bacterial communities, CO2 evolution, nitrogen transformations and ATP content of rhizosphere and bulk soils. Soil Biology and Biochemistry, (38): 509-516.

Lange M, Habekost M, Eisenhauer N, et al. 2014. Biotic and abiotic properties mediating plant diversity effects on soil microbial communities in an experimental grassland. Plos One, 9: 1-9.

Lanquar V, Loque D, Hormann F, et al. 2009. Feedback inhibition of ammonium uptake by a phospho-dependent allosteric mechanism in Arabidopsis. The Plant

Cell, 21(11): 3610-3622.

Lasky J R, Uriarte M, Boukili V K, et al. 2014. The relationship between tree biodiversity and biomass dynamics changes with tropical forest succession. Ecology Letters, 17: 1158-1167.

Lau AY, Lee LP, Chan JW. 2008. An integrated optofluidic platform for Raman-activated cell sorting. Lab on a Chip, 8: 1116-1120.

Lauber C L, Hamady M, Knight R, et al. 2009. Pyrosequencing-based assessment of soil pH as a predictor of soil bacterial community structure at the continental scale. Applied and Environmental Microbiology, 75: 5111-5120.

Lauber C L, Hamady M, Knight R, et al. 2009. Pyrosequencing-based assessment of soil pH as a predictor of soil bacterial community structure at the continental scale. Applied and Environmental Microbiology, 75: 5111-5120.

Lauber C L, Ramirez K S, Aanderud Z, et al. 2013. Temporal variability in soil microbial communities across land-use types. The ISME Journal, 7: 1641-1650.

Lauber C L, Strickland M S, Bradford M A, et al. 2008. The influence of soil properties on the structure of bacterial and fungal communities across land-use types. Soil Biology and Biochemistry, 40: 2407-2415.

Lebauer D S, Treseder K K. 2008. Nitrogen limitation of net primary productivity in terrestrial ecosystems is globally distributed. Ecology, 89(2): 371-379.

Lee KS, Palatinszky M, Pereira FC, et al. 2019. An automated Raman-based platform for the sorting of live cells by functional properties. Nature Microbiology, 4: 1035.

Leff J W, Jones S E, Prober S M, et al. 2015. Consistent responses of soil microbial communities to elevated nutrient inputs in grasslands across the globe. Proceedings of the National Academy of Sciences, 112: 10967-10972.

Lehmann J, Rillig M C, Thies J, et al. 2011. Biochar effects on soil biota—a review. Soil Biology & Biochemistry, 43(9): 1812-1836.

Leigh J, Hodge A, Fitter A H. 2009. Arbuscular mycorrhizal fungi can transfer substantial amounts of nitrogen to their host plant from organic material. New Phytologist,181:199-207.

Leininger S, Urich T, Schloter M, et al. 2006. Archaea predominate among ammonia-oxidizing prokaryotes in soils. Nature, 442: 806-809.

Lekberg Y, Schnoor T, Kjøller R, et al. 2012. 454-Sequencing reveals stochastic local reassembly and high disturbance tolerance within arbuscular mycorrhizal fungal communities. Journal of Ecology, 100:151-160.

Lemanski K, Scheu S. 2014. Incorporation of $^{13}C$ labelled glucose into soil microorganisms of grassland: effects of fertilizer addition and plant functional group composition. Soil Biology and Biochemistry, 69: 38-45.

Lennon J T, Jones S E. 2011. Microbial seed banks: the ecological and evolutionary implications of dormancy. Nature Reviews Microbiology, 9: 119-130.

Lentendu G, Wubet T, Chatzinotas A, et al. 2014. Effects of long-term differential fertilization on eukaryotic microbial communities in an arable soil: a multiple barcoding approach. Molecular Ecology, (23): 3341-3355.

Levin S A. Fundamental questions in biology. PloS Biol, 2006, 4: 300.

Levine J M, Pachepsky E, Kendall B E, et al. 2006. Plant-soil feedbacks and invasive spread. Ecology Letters, 9: 1005-1014.

Levy-Booth D J, Prescott C E, Grayston S J. 2014. Microbial functional genes involved in nitrogen fixation, nitrification and denitrification in forest ecosystems. Soil Biology & Biochemistry, 75: 11-25.

Leyval C, Joner E J, del Val C, et al. 2002. Potential of arbuscular mycorrhizal fungi for bioremediation// Gianinazzi S, Schuepp H, Barea J M, et al. Mycorrhizal Technology in Agriculture. Switzerland: Birkhäuser Verlag.

Li B H, Li G J, Kronzucker H J, et al. 2014. Ammonium stress in Arabidopsis: signaling, genetic loci, and physiological targets. Trends in Plant Science, 19(2): 107-114.

Li C C, Zhou J, Wang X R, et al. 2019. A purple acid phosphatase, GmPAP33, participates in arbuscule degeneration during arbuscular mycorrhizal symbiosis in soybean. Plant Cell and Environment, 42:2015-2027.

Li H Q, Li H, Zhou X Y, et al. 2021. Distinct patterns of abundant and rare subcommunities in paddy soil during wetting-drying cycles. Science of the Total Environment, (785): 147298.

Li H Z, Bi Q F, Yang K, et al. 2019. $D_2O$-isotope-labeling approach to probing phosphate-solubilizing. Anal. Chem., 91(33): 2239-2246.

Li H, Su J Q, Yang X R, et al. 2019. RNA stable isotope probing of potential feammox population in paddy soil. Environmental Science and Technology, 53: 4841-4849.

Li H, Wang X G, Liang C, et al. 2015. Aboveground-belowground biodiversity linkages differ in early and late successional temperate forests. Scientific Reports, 5: 12234.

Li H, Xia M, Wu P. 2001. Effect of phosphorus deficiency stress on rice lateral root growth and nutrient absorption. Acta Botanica Sinica, 43: 1154-1160.

Li H, Xu Z, Yang S, et al. 2016. Responses of soil bacterial communities to nitrogen deposition and precipitation increment are closely linked with aboveground community variation. Microbial Ecology, 71: 974-989.

Li H, Yang X R, Weng B S, et al. 2016. The phenological stage of rice growth determines anaerobic ammonium oxidation activity in rhizosphere soil. Soil Biology & Biochemistry, (100): 59-65.

Li H, Yang X, Zhang Z. 2015. Nitrogen loss by anaerobic oxidation of ammonium in rice rhizosphere. The ISME Journal, (9): 2059-2067.

Li H Z, Bi Q F, Yang K, et al. 2019. $D_2O$-isotope-labeling approach to probing phosphate-solubilizing bacteria in complex soil communities by single-cell Raman spectroscopy. Analytical Chemistry, 91: 2239-2246.

Li J, Shen Z, Li C, et al. 2018a. Stair-step pattern of soil bacterial diversity mainly driven by pH and vegetation types along the elevational gradients of Gongga Mountain, China. Frontiers in Microbiology, 9: 1-10.

Li J, Zhang Q, Li Y, et al. 2017. Impact of mowing management on nitrogen mineralization rate and fungal and bacterial communities in a semiarid grassland ecosystem. Journal of Soils and Sediments, 17: 1715-1726.

Li N, Shan B Q, Zhang H, et al. 2010. Organic phosphorus forms in the sediments in the downstream channel of North Canal River Watershed. Environmental Science, 31(12): 2911-2916.

Li S, Chen T, Wang Y, et al. 2017. Conjugated polymer with intrinsic alkyne units for synergistically enhanced Raman imaging in living cells. Angewandte Chemie International Edition, 56: 13455-13458.

Li X L, Zhu T Y, Peng F, et al. 2015. Inner Mongolian steppe arbuscular mycorrhizal fungal communities respond more strongly to water availability than to nitrogen fertilization. Environmental Microbiology, 17: 3051-3068.

Li X X, Zeng R S, Liao H. 2016. Improving crop nutrient efficiency through root architecture modifications. Journal of Integrative Plant Biology, 28 (3): 193-202.

Li X X, Zeng R S, Liao H. 2016. Improving crop nutrient efficiency through root architecture modifications. Journal of Integrative Plant Biology, 58(3): 193-202.

Li X, Xia Y, Li Y, et al. 2013. Sediment denitrification in waterways in a rice-paddy-dominated watershed in Eastern China. Journal of Soils and Sediments, 13:

783-792.

Li X, Xu M, Christie P, et al. 2018b. Large elevation and small host plant differences in the arbuscular mycorrhizal communities of montane and alpine grasslands on the Tibetan Plateau. Mycorrhiza, 28: 605-619.

Li X X, Zhao J, Tan Z Y, et al. 2015. GmEXPB2, a cell wall β-expansin, affects soybean nodulation through modifying root architecture and promoting nodule formation and development. Plant Physiology, 169: 2640-2653.

Li Y B, Bezemer T M, Yang J J, et al. 2019. Changes in litter quality induced by N deposition alter soil microbial communities. Soil Biology and Biochemistry, 130: 33-42.

Li Y B, Li Q, Yang J J, et al. 2017. Home-field advantages of litter decomposition increase with increasing N deposition rates: a litter and soil perspective. Functional Ecology, 31(9): 1792-1801.

Li Y L, Fan X Q, Shen Q R. 2008. The relationship between rhizosphere nitrification and nitrogen-use efficiency in rice plants . Plant Cell and Environment, 31: 73-85.

Li Y, Lin Q, Wang S, et al. 2016. Soil bacterial community responses to warming and grazing in a Tibetan alpine meadow. Fems Microbiology Ecology, 92: 1-10.

Li Y, Wu J S, Shen J L, et al. 2016. Soil microbial C∶N ratio is a robust indicator of soil productivity for paddy fields. Scientific Reports, 6: 3526.

Liang C, Balser T C. 2010. Microbial production of recalcitrant organic matter in global soils: implications for productivity and climate policy. Nature Reviews Microbiology, 9: 75.

Liang C, Balser T C. 2012. Warming and nitrogen deposition lessen microbial residue contribution to soil carbon pool. Nature Communications, 3: 1222.

Liang C, Cheng G, Wixon D L, et al. 2011. An Absorbing Markov Chain approach to understanding the microbial role in soil carbon stabilization. Biogeochemistry, 106: 303-309.

Liang C, Gutknecht J L, Balser T C. 2015. Microbial lipid and amino sugar responses to long-term simulated global environmental changes in a California annual grassland. Frontier in Microbiology, 6: 385.

Liang C, Piñeros M A, Tian J, et al. 2013b. Low pH, aluminum and phosphorus coordinately regulate malate exudation through GmALMT1 to improve soybean adaptation to acid soils. Plant Physiology, 161: 1347-1361.

Liang C, Schimel J P, Jastrow J D 2017. The importance of anabolism in microbial control over soil carbon storage. Nature Microbiology, 2: 17105.

Liang K, Zhong X, Huang N, et al. 2016. Grain yield, water productivity and $CH_4$ emission of irrigated rice in response to water management in south China. Agricultural Water Management, (163): 319-331.

Liang L Z, Zhao X Q, Yi X Y, et al. 2013a. Excessive application of nitrogen and phosphorus fertilizers induces soil acidification and phosphorus enrichment during vegetable production in Yangtze River Delta, China. Soil Use and Management, 29: 161-168.

Liang Y, Blake R E. 2009. Compound- and enzyme-specific phosphodiester hydrolysis mechanisms revealed by $\delta^{18}O$ of dissolved inorganic phosphate: implications for marine P cycling. Geochimica et Cosmochimica Acta, 73: 3782-3794.

Liang Y, Blake R E. 2006. Oxygen isotope signature of Pi regeneration from organic compounds by phosphomonoesterases and photooxidation. Geochimica et Cosmochimica Acta, 70: 3957-3969.

Liang Y, Toth K, Cao Y, et al. 2014. Lipochitooligosaccharide recognition: an ancient story. New Phytologist, 204: 289-296.

Liao H, Wan H, Shaff J, et al. 2006. Phosphorus and aluminum interactions in soybean in relation to aluminum tolerance. Exudation of specific organic acids from different regions of the intact root system. Plant Physiology, 141: 674-684.

Lievens B, Hallsworth J E, Pozo M I, et al. 2015. Microbiology of sugar-rich environments: diversity, ecology and system constraints. Environmental Microbiology, 17: 278-298.

Likens G E. 2013. Biogeochemistry of a forested ecosystem. Berlin: Springer.

Liljeroth E, Kuikman P, Van Veen J. 1994. Carbon translocation to the rhizosphere of maize and wheat and influence on the turnover of native soil organic matter at different soil nitrogen levels. Plant and Soil, 161: 233-240.

Limpens E, van Zeijl A, Geurts R. 2015. Lipochitooligosaccharides modulate plant host immunity to enable endosymbioses. Annual Review of Phytopathology, 53: 311-334.

Lin W, Wu L, Lin S, et al. 2013. Metaproteomic analysis of ratoon sugarcane rhizospheric soil. BMC Microbiology, 13: 135.

Lindahl B D, Ihrmark K, Boberg J, et al. 2007. Spatial separation of litter decomposition and mycorrhizal nitrogen uptake in a boreal forest. New Phytologist, 173: 611-620.

Link D R, Anna S L, Weitz D A, et al. 2004. Geometrically mediated breakup of drops in microfluidic devices. Physical Review Letters , 92(5): 054503.

Linquist B A, Liu L, van Kessel C, et al. 2013. Enhanced efficiency nitrogen fertilizers for rice systems: meta-analysis of yield and nitrogen uptake. Field Crops Research, 154: 246-254.

Listgarten J, Emili A. 2005. Statistical and computational methods for comparative proteomic profiling using liquid chromatography-tandem mass spectrometry. Molecular & cellular proteomics, 4(4): 419-434.

Liu C, Li J B, Rui J P, et al. 2015. The applications of the 16S rRNA gene in microbial ecology: current situation and problems. Acta Ecologica Sinica, 35: 1-9. (In Chinese with English abstract)

Liu D, Lian B, Dong H. 2012. Isolation of *Paenibacillus* sp. and assessment of its potential for enhancing mineral weathering. Geomicrobiology Journal, 29(5): 413-421.

Liu J J, Sui Y Y, Yu Z H, et al. 2015. Soil carbon content drives the biogeographical distribution of fungal communities in the black soil zone of Northeast China. Soil Biology and Biochemistry, 83: 29-39.

Liu J J, Yu Z H, Yao Q, et al. 2018. Ammonia-oxidizing archaea show more distinct biogeographic distribution patterns than ammonia-oxidizing bacteria across the black soil zone of Northeast China. Frontiers in Microbiology, 9: 171.

Liu J, Sui Y, Yu Z, et al. 2014. High throughput sequencing analysis of biogeographical distribution of bacterial communities in the black soils of northeast China. Soil Biology and Biochemistry, 70: 113-122. doi:https://doi.org/10.1016/j.soilbio.2013.12.014.

Liu L, Greaver T L. 2010. A global perspective on belowground carbon dynamics under nitrogen enrichment. Ecology Letters, 13: 819-828.

Liu R Q, Zhou X H, Wang J W, et al. 2019. Differential magnitude of rhizosphere effects on soil aggregation at three stages of subtropical secondary forest successions. Plant and Soil, 436: 365-380.

Liu S E, Wang H, Deng Y, et al. 2018. Forest conversion induces seasonal variation in microbial beta-diversity. Environmental Microbiology, 20: 111-123.

Liu S E, Wang H, Tian P, et al. 2020. Decoupled diversity patterns in bacteria and fungi across continental forest ecosystems. Soil Biology and Biochemistry, 144. doi.org/10.1016/j.soilbio. 2020.107763.

Liu W, Zhe Z, Wan S. 2010. Predominant role of water in regulating soil and microbial respiration and their responses to climate change in a semiarid grassland. Global Change Biology, 15: 184-195.

Liu X M, Li Q, Liang W J, et al. 2008. Distribution of soil enzyme activities andmicrobial biomass along a latitudinal gradient in farmlands of Songliao plain, Northeast China. Pedosphere, 18: 431-440.

Liu Y H, Zang H D, Ge T D, et al. 2018. Intensive fertilization (N, P, K, Ca, and S) decreases organic matter decomposition in paddy soil. Applied Soil Ecology, 127: 51-57.

Liu Y P, Chen L, Zhang N, et al. 2016. Plant-microbe communication enhances auxin biosynthesis by a root-associated Bacterium, Bacillus amyloliquefaciens SQR9. Molecular Plant-Microbe Interactions, (29): 324-330.

Liu Y Y, Yao H Y, Huang C Y. 2009. Assessing the effect of air-drying and storage on microbial biomass and community structure in paddy soils. Plant and Soil, 2009 (317): 213-221.

Liu Y, Lai N W, Gao K, et al. 2013. Ammonium inhibits primary root growth by reducing the length of meristem and elongation zone and decreasing elemental expansion rate in the root apex in Arabidopsis thaliana. Plos One, 8(4): e61031.

Liu Y, Mi G, Chen F, et al. 2004. Rhizosphere effect and root growth of two maize ( Zea mays L.) genotypes with contrasting P efficiency at low P availability. Plant Science, 167(2): 217-223.

Liu Y, von Wirén N. 2017. Ammonium as a signal for physiological and morphological responses in plants. Journal of Experimental Botany, 68(10): 2581-2592.

Liu Z L, Li Y J, Wang J, et al. 2015. Different respiration metabolism between mycorrhizal and non-mycorrhizal rice under low-temperature stress: a cry for help from the host. The Journal of Agricultural Science, 153(04): 602-614.

Livermore J A, Jones S E. 2015. Local-global overlap in diversity informs mechanisms of bacterial biogeography. The ISME Journal, 9: 2413-2422.

Lladó S, López-Mondéjar R, Baldrian P. 2017. Forest soil bacteria: diversity, involvement in ecosystem processes, and response to global change. Microbiology and Molecular Biology Reviews, 81: e00063-00016.

Lladó S, Žifčáková L, Větrovský T, et al. 2016. Functional screening of abundant bacteria from acidic forest soil indicates the metabolic potential of acidobacteria subdivision 1 for polysaccharide decomposition. Biology and Fertility of Soils, 52: 251-260.

Lloyd K G, Schreiber L, Petersen D G, et al. 2013. Predominant archaea in marine sediments degrade detrital proteins. Nature, 496: 215-218.

Lobe I, Du Preez C, Amelung W. 2002. Influence of prolonged arable cropping on lignin compounds in sandy soils of the South African Highveld. European Journal of Soil Science, 53: 553-562.

Lomolino M, Riddle B, Brown J. 2006. Biogeography. 3rd ed. Massachusetts, Sinauer Associates.

Long A, Heitman J, Tobias C, et al. 2013. Co-occurring anammox, denitrification, and codenitrification in agricultural soils. Appl Environ Microbiol, 79: 168-176.

López-Bucio J, Cruz-Ramırez A, Herrera-Estrella L. 2003. The role of nutrient availability in regulating root architecture. Current Opinion in Plant Biology, 6(3): 280-287.

López-Gutierrez J C, Henry S, Hallet S, et al. 2004. Quantification of a novel group of nitrate-reducing bacteria in the environment by real-time PCR. J Microbiol Methods, 57: 399-407.

López-Ráez J A, Charnikhova T, Gómez-Roldán V, et al. 2008. Tomato strigolactones are derived from carotenoids and their biosynthesis is promoted by phosphate starvation. New Phytologist, 178(4): 863-874.

López-Ráez J A, Pozo M J, García-Garrido J M. 2011. Strigolactones: a cry for help in the rhizosphere. Botany, 2011, 89 (8): 513-522.

Loqué D, Lalonde S, Looger L L, et al. 2007. A cytosolic trans-activation domain essential for ammonium uptake. Nature, 446(7132): 195-198.

Loqué D, Mora S I, Andrade S L A, et al. 2009. Pore mutations in ammonium transporter AMT1 with increased electrogenic ammonium transport activity. Journal of Biological Chemistry, 284(37): 24988-24995.

Loqué D, Yuan L, Kojima S, et al. 2006. Additive contribution of *AMT1; 1* and *AMT1; 3* to high - affinity ammonium uptake across the plasma membrane of nitrogen-deficient Arabidopsis roots. The Plant Journal, 48(4): 522-534.

Loreau M, Naeem S, Inchausti P, et al. 2001. Biodiversity and ecosystem functioning: current knowledge and future challenges. Science, 294: 804-808.

Loreau M. 2001. Microbial diversity, producer-decomposer interactions and ecosystem processes: a theoretical model. Proceedings of the Royal Society of London.

Series B: Biological Sciences, 268(1464): 303-309.

Lotka A. 1925. Elements of Physical Biology. Baltimore: Williams and Wilkins. .

Lovelock C E, Feller I C, Ball M C, et al. 2007. Testing the growth rate vs. geochemical hypothesis for latitudinal variation in plant nutrients. Ecology Letters, 10: 1154-1163.

Lozupone C A, Knight R. 2007. Global patterns in bacterial diversity. Proceedings of National Academy of Sciences, United States of America, 104: 11436-11440.

Lu G H, Zhu Y L, Kong L R, et al. 2017. Impact of a glyphosate-tolerant soybean line on the rhizobacteria, revealed by Illumina MiSeq. World Journal of Microbiology and Biotechnology, 27: 561-572.

Lü H J, He H B, Zhao J S, et al. 2013. Dynamics of fertilizer-derived organic nitrogen fractions in an arable soil during a growing season. Plant and Soil, 373: 595-607.

Lu J, Dijkstra F A, Wang P. 2018. Rhizosphere priming of grassland species under different water and nitrogen conditions: a mechanistic hypothesis of C–N interactions. Plant and Soil, 429: 303-319.

Lu X T, Kong D L, Pan Q M, et al. 2012. Nitrogen and water availability interact to affect leaf stoichiometry in a semi-arid grassland. Oecologia, 168(2): 301-310.

Lu X T, Reed S, Yu Q, et al. 2013. Convergent responses of nitrogen and phosphorus resorption to nitrogen inputs in a semiarid grassland. Global Change Biology, 19 (9): 2775-2784.

Lu Y F, Zhang X N, Jiang J F, et al. 2019. Effects of the biological nitrification inhibitor 1, 9-decanediol on nitrification and ammonia oxidizers in three agricultural soils. Soil Biology and Biochemistry, 129: 48-59.

Lu Y F, Zhou Y R, Nakai S, et al. 2014. Stimulation of nitrogen removal in the rhizosphere of aquatic duckweed by root exudate components. Planta, 239(3): 1-13.

Lu Y H, Murase J, Watanabe A, et al. Linking microbial community dynamics to rhizosphere carbon flow in a wetland rice soil. FEMS Microbiology Ecology, 2004 (48): 179-186.

Lu Y, Conrad R. 2005. *In situ* stable isotope probing of methanogenic archaea in the rice rhizosphere. Science, 309: 1088-1090.

Lucas R, Klaminder J, Futter M, et al. 2011. A meta-analysis of the effects of nitrogen additions on base cations: implications for plants, soils, and streams.

Forest Ecology and Management, 262: 95-104.

Lüdemann H, Arth I, Liesack W. Spatial changes in the bacterial community structure along a vertical oxygen gradient in flooded paddy soil cores. Applied and Environmental Microbiology, 2000(66): 754-762.

Ludewig U, Neuhäuser B, Dynowski M. 2007. Molecular mechanisms of ammonium transport and accumulation in plants. FEBS Letters, 581(12): 2301-2308.

Lueders T, Friedrich M W. 2003. Evaluation of PCR amplification bias by terminal restriction fragment length polymorphism analysis of small-subunit rRNA and mcrA genes by using defined template mixtures of methanogenic pure cultures and soil DNA extracts. Appl Environ Microbiol, 69: 320-326.

Lueders T, Manefield M, Friedrich M W. 2004. Enhanced sensitivity of DNA- and rRNA-based stable isotope probing by fractionation and quantitative analysis of isopycniccentrifugation gradients.Environmental Microbiology, 6: 73-78.

Lumini E, Vallino M, Alguacil M M, et al. 2011. Different farming and water regimes in Italian rice fields affect arbuscular mycorrhizal fungal soil communities. Ecological Applications, 21:1696-1707.

Lünsmann V, Kappelmeyer U, Benndorf R, et al. 2016. *In situ* protein-SIP highlights Burkholderiaceae as key players degrading toluene by para ring hydroxylation in a constructed wetland model. Environmental microbiology, 18(4): 1176-1186.

Luo G W, Ling N, Nannipieri P, et al. 2017. Long-term fertilisation regimes affect the composition of the alkaline phosphomonoesterase encoding microbial community of a vertisol and its derivative soil fractions. Biology and Fertility of Soils, 53(4): 375-388.

Luo G W, Sun B, Li L, et al. 2019. Understanding how long-term organic amendments increase soil phosphatase activities: insight into phod- and phoc-harboring functional microbial populations. Soil Biology and Biochemistry,10: 139.

Luo J, Tillman R W, Ball P R. 1999. Factors regulating denitrification in a soil under pasture. Soil Biology and Biochemistry, (31): 913-927.

Luo Y Q, Wan S Q, Hui D F, et al. 2001. Acclimatization of soil respiration to warming in a tall grass prairie. Nature, 413: 622-625.

Luo Y, Su B, Currie W S, et al. 2004. Progressive nitrogen limitation of ecosystem responses to rising atmospheric carbon dioxide. Bioscience, 54: 731-739.

Lussenhop J, Fogel R. 1991. Soil invertebrates are concentrated on plant roots// Keister D L, Cregan P B. The Rhizosphere and Plant Growth. Dordrecht: Kluwer

Academic Publishers.

Lynch J P, Deikman J. 1998. Phosphorus in plant biology: regulatory role in molecular, cellular; organismic and ecosystem processes. Rockville, Maryland, USA: American Society of Plant Physiologists.

Lynch J P. 1995. Root Architecture and Plant Productivity. Plant Physiology, 109: 7-13.

Lynch J P. 2013. Steep, cheap and deep: an ideotype to optimize water and N acquisition by maize root systems. Annals of Botany, 112: 347-357.

Ma A Z, Zhuang X L, Wu J M, et al. 2013. Ascomycota members dominate fungal communities during straw residue decomposition in arable soil. PLoSone, 8 (6): e66146.

Ma B, Dai Z, Wang H, et al. 2017. Distinct biogeographic patterns for archaea, bacteria, and fungi along the vegetation gradient at the continental scale in Eastern China. MSystems, 2: e00174-16.

Ma L, Kim J, Hatzenpichler R, et al. 2014. Gene-targeted microfluidic cultivation validated by isolation of a gut bacterium listed in Human Microbiome Project's Most Wanted taxa. Proceedings of the National Academy of Sciences of the United States of America, 111(27): 9768-9773.

Ma X M, Zarebanadkouki M, Kuzyakov Y, et al. 2018. Spatial patterns of enzyme activities in the rhizosphere: effects of root hairs and root radius. Soil Biology and Biochemistry, 118: 69-78.

Mackelprang R, Waldrop M P, Deangelis K M, et al. 2011. Metagenomic analysis of a permafrost microbial community reveals a rapid response to thaw. Nature, 480: 368-371.

Mackey B, Prentice I C, Steffen W, et al. 2013. Untangling the confusion around land carbon science and climate change mitigation policy. Nature Climate Change, 3: 552-557.

Madigan M M J, Parker J. 1997. Brock Biology of Microorganisms. 8th Edition. New York, NY: Prentice Hall International, Inc.

Madsen E B, Madsen L H, Radutoiu S, et al. 2003. A receptor kinase gene of the Lys M type is involved in legume perception of rhizobial signals. Nature, 425(6958): 637-640.

Madsen L H, Tirichine L, Jurkiewicz A, et al. 2010. The molecular network governing nodule organogenesis and infection in the model legume Lotus japonicus. Nature Communications, 1(1): 1-12.

Maestre F T, Delgado-Baquerizo M, Jeffries T C, et al. 2015. Increasing aridity reduces soil microbial diversity and abundance in global drylands. Proceedings of the National Academy of Sciences, 112(51): 15684-15689. doi: 10.1073 / pnas.1516684112.

Maestrini B, Herrmann A M, Nannipieri P, et al. 2014. Ryegrass-derived pyrogenic organic matter changes organic carbon and nitrogen minerali-zation in a temperate forest soil. Soil Biology and Biochemistry (69): 291-301.

Maillet F, Poinsot V, Andre O, et al. 2011. Fungal lipochitooligosaccharide symbiotic signals in arbuscular mycorrhiza. Nature, 469: 58-63.

Maiti D, Toppo N N, Variar M. 2011. Integration of crop rotation and arbuscular mycorrhiza（AM）inoculum application for enhancing AM activity to improve phosphorus nutrition and yield of upland rice(*Oryza sativa* L.). Mycorrhiza, 21: 659-667.

Major J, Rondon M, Molina D, et al. 2010. Maize yield and nutrition during 4 years after biochar application to a Colombian savanna oxisol. Plant and Soil, 333(1): 117-128.

Majumder B, Kuzyakov Y. 2010. Effect of fertilization on decomposition of 14C labelled plant residues and their incorporation into soil aggregates. Soil and Tillage Research, 109: 94-102.

Maldonado-Mendoza I E, Dewbre G R, Harrison M J. 2001. A phosphate transporter gene from the extra-radical mycelium of an arbuscular mycorrhizal fungus Glomus intraradices is regulated in response to phosphate in the environment. Molecular Plant-microbe Interactions, 14: 1140-1148.

Malik A A, Dannert H, Griffiths R I, et al. 2015. Rhizosphere bacterial carbon turnover is higher in nucleic acids than membrane lipids: implications for understanding soil carbon cycling. Frontiers in Microbiology, 6: 268.

Mallarino A P, Wittry D J, Barbagelata P A. 2003. New soil test interpretation classes for potassium. Better Crops, 87: 12-14.

Malosso E, English L, Hopkins D W, et al. 2004. Use of $^{13}C$-labelled plant materials and ergosterol, PLFA and NLFA analyses to investigate organic matter decomposition in Antarctic soil. Soil Biology and Biochemistry, 36: 165-175.

Mandalakis M, Panikov N S, Polymenakou P N, et al. 2018. A simple cleanup method for the removal of humic substances from soil protein extracts using aluminum coagulation. Environmental science and pollution research international, 25(24): 23845-23856.

Mangold S, Jonna V R, Dopson M. 2013. Response of Acidithiobacillus caldus toward suboptimal pH conditions. Extremophiles, 17: 689-696.

Manzoni S, Jackson R B, Trofymow J A, et al. 2008. The global stoichiometry of litter nitrogen mineralization. Science, 321: 684-686.

Manzoni S, Trofymow J A, Jackson R B, et al. 2010. Stoichiometric controls dynamics on carbon, nitrogen, and phosphorus in decomposing litter. Ecological Monographs, 80: 89-106.

Marcy. Y, Ouverney. C, Bik. E M, et al. 2007. Dissecting biological dark matter with single-cell genetic analysis of rare and uncultivated TM7 microbes from the human mouth. Proceedings of the National Academy of Sciences of the United States of America, 104(29): 11889-11894.

Marini A M, Soussi-Boudekou S, Vissers S, et al. 1997. A family of ammonium transporters in *Saccharomyces cerevisiae*. Molecular and Cellular Biology, 17(8): 4282-4293.

Markmann K, Parniske M. 2009. Evolution of root endosymbiosis with bacteria: How novel are nodules? Trends in Plant Science, 14 (2): 77-86.

Markowitz V M, Chen I M A, Chu K, et al. 2014. IMG/M 4 version of the integrated metagenome comparative analysis system. Nucleic Acids Research, 42(D1): D568-D573.

Marscher P, Umar S, Baumann K. 2011. The microbial community composition changed rapidly in the early stage of decomposition of wheat residue. Soil Biology & Biochemistry, (43): 445-451.

Marschner P, Kandeler E, Marschner B. 2003. Structure and function of the soil microbial community in a long-term fertilizer experiment. Soil Biology and Biochemistry, 35: 453-461.

Marschner P, Marhan S, Kandeler E. 2012. Microscale distribution and function of soil microorganisms in the interface between rhizosphere and detritusphere. Soil Biology and Biochemistry, 49: 174-183.

Marschner P, Timonen S. 2006. Bacterial community composition and activity in rhizospheres of roots colonized by arbuscular mycorrhizal fungi//Mukerji K G, Manoharachary C, Singh J. Microbial Activity in the Rhizosphere. Berlin: Springer.

Marschner P. 2012. Marschner's Mineral Nutrition of Higher Plants. 3rd ed. San Diego, CA: Academic Press.

Martens D A, Loeffelmann K L. 2002. Improved accounting of carbohydrate carbon from plants and soils. Soil Biology and Biochemistry, 34: 1393-1399.

Martens-Habbena W, Berube P M, Urakawa H, et al. 2009. Ammonia oxidation kinetics determine niche separation of nitrifying archaea and bacteria. Nature, 461: 976-979.

Martiny A C, Jorgensen T M, Albrechtsen H J, et al. 2003. Long-term succession of structure and diversity of a biofilm formed in a model drinking water distribution system. Applied and Environmental Microbiology, 69: 6899-6907.

Martiny J B H, Bohannan B J M, Brown J H, et al. 2006. Microbial biogeography: putting microorganisms on the map. Nature Reviews Microbiology, 4: 102-112.

Martiny J B, Eisen J A, Penn K, et al. 2011. Drivers of bacterial beta-diversity depend on spatial scale. Proceedings of the National Academy of Sciences of the United States of America, 108: 7850-7854.

Marupakula S, Mahmood S, Jernberg J, et al. 2017. Bacterial microbiomes of individual ectomycorrhizal Pinus sylvestris roots are shaped by soil horizon and differentially sensitive to nitrogen addition. Environ Microbiol, 19: 4736-4753.

Marx V. 2013. Biology: the big challenges of big data. Nature, 498: 255-260.

Marzec M. 2016. Strigolactones as part of the plant defence system. Trends in Plant Science, 21(11): 900-903.

Masciandaro G, Macci C, Doni S, et al. 2008. Comparison of extraction methods for recovery of extracellular beta-glucosidase in two different forest soils. Soil Biology & Biochemistry, 40(9): 2156-2161.

Massaccesi L, Bardgett R D, Agnelli A, et al. 2015. Impact of plant species evenness, dominant species identity and spatial arrangement on the structure and functioning of soil microbial communities in a model grassland. Oecologia, 177: 747-759.

Matin A. 1979. Microbial regulatory mechanisms at low nutrient concentrations as studied in chemostat: group report. 1 Strategies of microbial life in extreme environments// Shilo M. Dahlem Konferenzen Life Sciences Research Report. Weinheim, Germany: Verlag Chemie.

Matin N H, Jalali M. 2017. The effect of waterlogging on electrochemical properties and soluble nutrients in paddy soils. Paddy and Water Environment, (15): 443-455.

Matsubayashi Y, Sakagami Y. 1996. Phytosulfokine, sulfated peptides that induce the proliferation of single mesophyll cells of Asparagus officinalis L. Proc Natl Acad Sci USA, 93 (15): 7623-7627.

Matsubayashi Y. 2014. Posttranslationally modified small-peptide signals in plants. Annu Rev Plant Biol, 65: 385-413.

Matsuzaki Y, Ogawa-Ohnishi M, Mori A, et al. 2010. Secreted peptide signals required for maintenance of root stem cell niche in Arabidopsis. Science, 329 (5995): 1065-1067.

Matusova R, Rani K, Verstappen F W A, et al. 2005. The strigolactone germination stimulants of the plant-parasitic *Striga* and *Orobanche* spp. are derived from the carotenoid pathway. Plant Physiology, 139(2): 920-934.

Mau R L, Liu C M, Aziz M, et al. 2015. Linking soil bacterial biodiversity and soil carbon stability. The ISME Journal, 9: 1477-1480.

Mayzlish-Gati E, De Cuyper C, Goormachtig S, et al. 2012. Strigolactones are involved in root response to low phosphate conditions in Arabidopsis. Plant Physiology, 160 (3): 1329-1341.

Mbodj D, Effa-Effa B, Kane A, et al. 2018. Arbuscular mycorrhizal symbiosis in rice: establishment, environmental control and impact on plant growth and resistance to abiotic stresses. Rhizosphere, 8:12-26.

Mcallister C H, Beatty P H, Good A G. 2012. Engineering nitrogen use efficient crop plants: the current status. Plant Biotechnology Journal, 10(9): 1011-1025.

McCain C M, Grytnes J A. 2010. Elevational gradients in species richness// Encyclopedia of Life Sciences (ELS). Chichester: John Wiley & Sons, Ltd .

McCain C M. 2005. Elevational gradients in diversity of small mammals. Ecology, 86: 366-372.

McCain C M. 2009. Global analysis of bird elevational diversity. Global Ecology and Biogeography, 18: 346-360.

McDaniel M D, Grandy A S, Tiemann L K, et al. 2014. Crop rotation complexity regulates the decomposition of high and low quality residues. Soil Biology and Biochemistry, 78: 243-254.

McDonald I R, Murrell J C. 1997. The methanol dehydrogenase structural gene mxaF and its use as a functional gene probe for methanotrophs and methylotrophs. Appl Environ Microbiol, 63: 3218-3224.

McGill W B, Cole C V. 1981. Comparative aspects of cycling organic C, N, S, and P through soil organic matter. Geoderma, 26: 267-286.

McGroddy M E, Daufresne T, Hedin L O. 2004. Scaling of C: N: P stoichiometry in forests worldwide: Implications of terrestrial redfield-type ratios. Ecology, 85: 2390-2401.

McGuire A L, Colgrove J, Whitney S N, et al. 2008. Ethical, legal, and social considerations in conducting the Human Microbiome Project. Genome Research, 18(12): 1861-1864.

McGuire K L, Allison S D, Fierer N, et al. 2013. Ectomycorrhizal-dominated boreal and tropical forests have distinct fungal communities, but analogous spatial patterns across soil horizons. Plos One, 8: e68278.

McGuire K L, Bent E, Borneman J, et al. 2010. Functional diversity in resource use by fungi. Ecology, 91(8): 2324-2332.

McGuire K L, Treseder K K 2010. Microbial communities and their relevance for ecosystem models: Decomposition as a case study. Soil Biology & Biochemistry, 42: 529-535.

McGurl B, Pearce G, Orozco-Cardenas M, et al. 1992. Structure, expression, and antisense inhibition of the systemin precursor gene. Science, 255 (5051): 1570-1573.

Mchugh T A, Koch G W, Schwartz E. 2014. Minor changes in soil bacterial and fungal community composition occur in response to monsoon precipitation in a semiarid grassland. Microbial Ecology, 68: 370-378.

McIlvenna D, Huang WE, Davison P, et al. 2016. Continuous cell sorting in a flow based on single cell resonance Raman spectra. Lab on a Chip, 16: 1420-1429.

Mclaren T I, Smernik R J, Mclaughlin M J, et al. 2015. Complex forms of soil organic phosphorus-a major component of soil phosphorus. Environmental Science & Technology, 49(22): 13238-13245.

Mclaughlin M J, Baker T G, James T R. 1990. Distribution and forms of phosphorus and aluminum in acidic topsoils under pastures in south-eastern Australia. Australian Journal of Soil Research, 28: 371-385.

Meena V S, Meena S K, Verma J P, et al. 2017. Plant beneficial rhizospheric microorganism (PBRM) strategies to improve nutrients use efficiency: a review. Ecological Engineering, 2017(107): 8-32.

Mehnaz K R, Keitel C, Dijkstra F A. 2018. Effects of carbon and phosphorus addition on microbial respiration, $N_2O$ emission, and gross nitrogen mineralization in a phosphorus-limited grassland soil. Biology and Fertility of Soils, 54: 481-493.

Mehring M, Camargo P B D, Zech W. 2011. Impact of forest organic farming change on soil microbial C turnover using C of phospholipid fatty acids. Agronomy for Sustainable Development, 31: 719-731.

Meier C L, Rapp J, Bowers R M, et al. 2010. Fungal growth on a common wood substrate across a tropical elevation gradient: temperature sensitivity, community composition, and potential for above-ground decomposition. Soil Biology & Biochemistry, 42: 1083-1090.

Meier I C, Finzi A C, Phillips R P. 2017. Root exudates increase N availability by stimulating microbial turnover of fast-cycling N pools. Soil Biology & Biochemistry, 106: 119-128.

Melchior D L. 1982. Lipid phase-transitions and regulation of membrane fluidity in prokaryotes. Current Topics in Membranes and Transport, 17: 263-316.

Melillo J M, Field C B, Moldan B. 2003. Interactions of the Major Biogeochemical Cycles: Global Change and Human Impacts. Washington, D. C.: Island Press.

Mendes L W, Kuramae E E, Navarrete A A, et al. 2013. Comparative metatranscriptomics reveals kingdom level changes in the rhizosphere microbiome of plants. ISME Journal, 7: 2248-2258.

Mendes R, Kruijt M, de Bruijn I, et al. 2011. Deciphering the rhizosphere microbiome for disease-suppressive bacteria. Science, 332 (6033): 1097-1100.

Meng F, Ji S, Zhang Z, et al. 2018. Nonlinear responses of temperature sensitivities of community phenophases to warming and cooling events are mirroring plant functional diversity. Agricultural and Forest Meteorology, 253: 31-37.

Meng L, Zhang A, Wang F, et al. 2015. Arbuscular mycorrhizal fungi and rhizobium facilitate nitrogen uptake and transfer in soybean / maize intercropping system. Frontiers in Plant Science, 6: 339-348.

Menge D N, Field C B. 2007. Simulated global changes alter phosphorus demand in annual grassland. Global Change Biology, 13(12): 2582-2591.

Meselson M, Stahl FW. 1958. The replication of DNA in Escherichiacoli. Proceedings of the National Academy of Sciences of the United States of America, 44: 671-682.

Meyer F, Paarmann D, D'Souza M, et al. 2008, The metagenomics RAST server: a public resource for the automatic phylogenetic and functional analysis of metagenomes. BMC Bioinformatics, 9(1): 386.

Meyer K M, Memiaghe H, Korte L, et al. 2018. Why do microbes exhibit weak

biogeographic patterns? Isme Journal, 12: 1404-1413.
Michael R, Stephen G. 2003. The uncultured microbial majority. The Annual Review of Microbiology, 57: 369-394.
Millard P, Singh B K. 2010. Does grassland vegetation drive soil microbial diversity? Nutrient Cycling in Agroecosystems, 88: 147-158.
Miller A J, Fan X R, Orsel M, et al. 2007. Nitrate transport and signalling. Journal of Experimental Botany, 58(9): 2297-2306.
Miltner A, Kindler R, Knicker H, et al. 2009. Fate of microbial biomass-derived amino acids in soil and their contribution to soil organic matter. Organic Geochemistry, 40: 978-985.
Mitchell A, Bucchini F, Cochrane G, et al. 2015. EBI metagenomics in 2016—an expanding and evolving resource for the analysis and archiving of metagenomic data. Nucleic Acids Research, 44(D1): D595-D603.
Mitri S, Clarke E, Foster K R. 2016. Resource limitation drives spatial organization in microbial groups. The ISME Journal, 10: 1471-1482.
Mohd-Radzman N A, Binos S, Truong T T, et al. 2015. Novel MtCEP1 peptides produced in vivo differentially regulate root development in Medicago truncatula. J Exp Bot 66, (17): 5289-5300.
Monika J, Jolanta JS, Anna S. 2009. Multiple copies of *rosR* and *pssA* genes enhance exopolysaccharide production, symbiotic competitiveness and clover nodulation in *Rhizobium leguminosarum* bv. trifolii. Antonie van Leeuwenhoek, 96: 471-486.
Montoya J M, Pimm S L, Sole R V. 2006. Ecological networks and their fragility. Nature, 442: 259-264.
Moore J C, Mccann K, Setala ä H, et al. 2003. Top-down is bottom-up: Does predation in the rhizosphere regulate aboveground dynamics? Ecology, 84: 846-857.
Mooshammer M, Wanek W, Zechmeister-Boltenstern S, et al. 2014. Stoichiometric imbalances between terrestrial decomposer communities and their resources: mechanisms and implications of microbial adaptations to their resources. Frontiers in Microbiology, 5: 22.
Morrissey E M, Mau R L, Schwartz E, et al. 2016. Phylogenetic organization of bacterial activity. The ISME Journal, 10: 2336-2340.
Morrissey E M, Maur L, Schwartz E, et al. 2017. Bacterial carbon use plasticity, phylogenetic diversity and the priming of soil organic matter. The International

Society for Microbial Ecology Journal, 11: 1890-1899.

Mosin O, Ignatov I. 2014. Evolution, metabolism and biotechnological usage of methylotrophic microorganisms. European Journal of Molecular Biotechnology, 2014, 5: 131-148.

Mukherjee A, Ane J M, 2011. Germinating spore exudates from arbuscular mycorrhizal fungi: molecular and developmental responses in plants and their regulation by ethylene. Molecular Plant-Microbe Interactions 24, 260-270.

Mukherjee S, Stamatis D, Bertsch J, et al. 2016. Genomes OnLine Database (GOLD) v.6: data updates and feature enhancements. Nucleic Acids Research, 45: D446-D456.

Mukhtar S, Mirza B S, Mehnaz S, et al. 2018. Impact of soil salinity on the microbial structure of halophyte rhizosphere microbiome. World Journal of Microbiology & Biotechnology, 34: 1-17.

Mulder V, Lacoste M, Richer-de Forges A, et al. 2016. National versus global modelling the 3D distribution of soil organic carbon in mainland France. Geoderma,263:16-34.

Murakami Y, Miwa H, Imaizumi-Anraku H, et al. 2006. Positional cloning identifies Lotus japonicus NSP2, a putative transcription factor of the GRAS family, required for NIN and ENOD40 gene expression in nodule initiation. DNA Research, 13 (6): 255-265.

Murase A, Yoneda M, Ueno R, et al. 2003. Isolation of extracellular protein from greenhouse soil. Soil Biology and Biochemistry, 35(5): 733-736.

Murphy C J, Baggs E M, Morley N, et al. 2015. Rhizosphere priming can promote mobilisation of N-rich compounds from soil organic matter. Soil Biology & Biochemistry, 81: 236-243.

Mwafulirwa L D, Baggs E M, Russell J, et al. 2017. Combined effects of rhizodeposit C and crop residues on SOM priming, residue mineralization and N supply in soil. Soil Biology & Biochemistry, 113: 35-44.

Mwafulirwa L, Baggs E M, Russell J, et al. 2016. Barley genotype in fluences stabilization of rhizodeposition-derived C and soil organic matter mineralization. Soil Biology & Biochemistry, 95: 60-69.

Myers R T, Zak D R, White D C, et al. 2001. Landscape-level patterns of microbial community composition and substrate use in upland forest ecosystems. Soil Science Society of America Journal, 65: 359-367.

Myllyharju J. 2003. Prolyl 4-hydroxylases, the key enzymes of collagen biosynthesis. Matrix Biol, 22 (1): 15-24.

Naher U A, Othman R, Panhwar Q A. 2013. Beneficial effects of mycorrhizal association for crop production in the tropics—a review. International Journal of Agriculture & Biology, 15:1021-1028.

Najah M, Calbrix R, Mahendra-Wijaya I P, et al. 2014. Droplet-based microfluidics platform for ultra-high-throughput bioprospecting of cellulolytic microorganisms. Chemistry & Biology, 21(12): 1722-1732.

Nannipieri P, Ascher J, Ceccherini M, et al. 2003. Microbial diversity and soil functions. European Journal of Soil Science, 54(4): 655-670.

Nannipieri P, Giagnoni L, Landi L, et al. 2011. Role of phosphatase enzymes in soil // Bünemann E K, Oberson A, Frossard E. Phosphorus in Action: Biological Processes in Soil Phosphorus Cycling. Heidelberg: Springer.

Nannipieri P, Giagnoni L, Landi L, et al. 2011. Role of Phosphatase Enzymes in Soil. Berlin Heidelberg: Phosphorus in Action,

Narula N, Kumar V, Behl R K, et al. 2000. Effect of P-solubilizing Azotobacter chroococcum on N, P, K uptake in P-responsive wheat genotypes grown under greenhouse conditions. Journal of Plant Nutrition and Soil Science, 163(4): 393-398.

Nasir F, Tian L, Shi S H, et al. 2019. Strigolactones positively regulated defense against Magnaporthe oryzae in rice (*Oryza sativa*). Plant Physiology and Biochemistry, 142: 106-116.

Nasire, Shi S H, Tian L, et al. 2019. Strigolactones shape the rhizomicrobiome in rice (*Oryza sativa*). Plant Science, 286: 118-133.

Navazio L, Moscatiello R, Genre A, et al. 2007. A diffusible signal from arbuscular mycorrhizal fungi elicits a transient cytosolic calcium elevation in host plant cells. Plant Physiology, 144: 673-681.

Nazir R, Semenov A V, Sarigul N, et al. 2013. Bacterial community establishment in native and non-native soils and the effect of fungal colonization. Microbiology Discovery, 1: 8.

Nazir R, Warmink J A, Boersma H, et al. 2010. Mechanisms that promote bacterial fitness in fungal-affected soil microhabitats. FEMS Microbiol Ecol, 2010, 71: 169-185.

Neher D A. 2010. Ecology of plant and free-living nematodes in natural and agricultural soil. Annual Review of Phytopathology 48, 371-394.

Nelson D W, Sommers L E, Sparks D L, et al. 1996. Total carbon, organic carbon, and organic matter. Methods of Soil Analysis Part-Chemical Methods, 1: 961-1010.

Nemergut D R, Cleveland C C, Wieder W R, et al. 2010. Plot-scale manipulations of organic matter inputs to soils correlate with shifts in microbial community composition in a lowland tropical rain forest. Soil Biology and Biochemistry, 42: 2153-2160.

Nemergut D R, Knelman J E, Ferrenberg S, et al. 2016. Decreases in average bacterial community rRNA operon copy number during succession. The ISME Journal, 10: 1147-1156.

Nemergut D R, Schmidt S K, Fukami T, et al. 2013. Patterns and processes of microbial community assembly. Microbiology and Molecular Biology Reviews, 77: 342-356.

Neufeld J D, Vohra J, Dumont M G, et al. 2007. DNA stable-isotope probing. Nature Protocols, 2: 860-866.

Neuhäuser B, Dynowski M, Mayer M, et al. 2007. Regulation of $NH^{4+}$ transport by essential cross talk between AMT monomers through the carboxyl tails. Plant Physiology, 143(4): 1651-1659.

Newman M E J. 2006. Modularity and community structure in networks. Proceedings of the National Academy of Sciences of the United States of America, 103: 8577-8582.

Nichols D, Cahoon N, Trakhtenberg E M, et al. 2010. Use of ichip for high-throughput in situ cultivation of "uncultivable" microbial species. Applied and Environmental Microbiology, 76(8): 2445-2450.

Nichols D, Lewis K, Orjala J, et al. 2008. Short peptide induces an "uncultivable" microorganism to grow in vitro. Applied and Environmental Microbiology, 74 (15): 4889-4897.

Nicol G W, Leininger S, Schleper C, et al. 2008. The influence of soil pH on the diversity, abundance and transcriptional activity of ammonia oxidizing archaea and bacteria. Environmental Microbiology, 10: 2966-2978.

Nicora C D, Burnum-Johnson K E, Nakayasu E S, et al. 2018. The MPLEx protocol for multi-omic analyses of soil samples. Jove-Journal of Visualized Experiments, 135: e57343.

Nie M, Pendall E. 2016. Do rhizosphere priming effects enhance plant nitrogen uptake under elevated $CO_2$? Agriculture Ecosystems & Environment, 224: 50-55.

Nie S A, Li H, Yang X R, et al. 2015. Nitrogen loss by anaerobic oxidation of ammonium in rice rhizosphere. Isme Journal, 9: 2059-2067.

Nie S A, Xu H J, Li S, et al. 2014. Relationships Between Abundance of Microbial Functional Genes and the Status and Fluxes of Carbon and Nitrogen in Rice Rhizosphere and Bulk Soils. Pedosphere, 24: 645-651.

Nie S, Li H, Yang X, et al. 2015. Nitrogen loss by anaerobic oxidation of ammonium in rice rhizosphere . The ISME Journal, 9 (9): 2059-2067.

Nielsen U N, Osler G H R, Campbell C D, et al. 2010. The influence of vegetation type, soil properties and precipitation on the composition of soil mite and microbial communities at the landscape scale. Journal of Biogeography, 37: 1317-1328.

Nihorimbere V, Cawoy H, Seyer A, et al. 2012. Impact of rhizosphere factors on cyclic lipopeptide signature from the plant beneficial strain Bacillus amyloliquefaciens S499. FEMS Microbiology Ecology, 79 (1): 176-191.

Nishikawa T, Li K, Inoue H, et al. 2012. Effects of the long-term application of anaerobically-digested cattle manure on growth, yield and nitrogen uptake of paddy rice (*Oryza sativa* L.), and soil fertility in warmer region of Japan. Plant Production Science, 15(4): 284-292.

Nitta N, Sugimura T, Isozaki A, et al. 2018. Intelligent image-activated cell sorting. Cell, 175: 266-276. e213.

Niu S L, Classen A T, Luo Y Q 2018. Functional traits along a transect. Functional Ecology, 32: 4-9.

Niu X, Gulati S, Edel J B, et al. 2008. Pillar-induced droplet merging in microfluidic circuits. Lab on a Chip, 8(11): 1837-1841.

Niu Y F, Zhang Y S. 2012. Responses of root architecture development to low phosphorus availability: A review. Annals of Botany, 112: 391-408.

Noack S R, Mcbeath T M, Mclaughlin M J, et al. 2014. Management of crop residues affects the transfer of phosphorus to plant and soil pools: Results from a dual-labelling experiment. Soil Biology and Biochemistry, 71: 31-39.

Noronha M F, Lacerda G V, Gilbert J A, et al. 2017. Taxonomic and functional patterns across soil microbial communities of global biomes. Science of the Total Environment, 609: 1064-1074.

Nouri E, Breuillin-Sessoms F, Feller U, et al. 2015. Phosphorus and nitrogen regulate arbuscular mycorrhizal symbiosis in Petunia hybrida. PLoS One, 10: e01274724.

Nowka B, Daims H, Spieck E. 2015. Comparison of oxidation kinetics of nitrite-oxidizing bacteria: nitrite availability as a key factor in niche differentiation. Appl Environ Microb, 81, (2): 745-753.

Nuccio E E, Hodge A, Pett-Ridge, et al. 2013. An arbuscular mycorrhizal fungus significantly modifies the soil bacterial community and nitrogen cycling during litter decomposition. Environ Microbiol, 15: 1870-1881.

Nuccio E E, Starr E, Karaoz U, et al. 2020. Niche differentiation is spatially and temporally regulated in the rhizosphere. ISME Journal,14: 999-1014.

Nunes-Nesi A, Fernie A R, Stitt M. 2010. Metabolic and signaling aspects underpinning the regulation of plant carbon nitrogen interactions. Molecular Plant, 3(6): 973-996.

Nunoura T, Nishizawa M, Kikuchi T, et al. 2013. Molecular biological and isotopic biogeochemical prognoses of the nitrification-driven dynamic microbial nitrogen cycle in hadopelagic sediments. Environ Microbiol, 15: 3087-3107.

Nutman P S. 1952. Studies on the physiology of nodule formation. Ⅲ. Experiments on excision of root tips and nodules. Annals of Botany, 16 (61): 79-101.

O' Leary N A, Wright M W, Brister J R, et al. 2016. Reference sequence (RefSeq) database at NCBI: current status, taxonomic expansion, and functional annotation. Nucleic Acids Research, 44: D733-D745.

O' Malley M A. 2007. The nineteenth century roots of "everything is everywhere". Nature Review Microbiology, 5: 647-651.

O' Neil J R, Vennemann T W, Mckenzie W F. 2003. Effects of speciation on equilibrium fractionations and rates of oxygen isotope exchange between $(PO_4)aq$ and $H_2O$. Geochimica et Cosmochimica Acta (67): 3135-3144.

Oades J M, Waters A G. 1991. Aggregate hierarchy in soils. Australian Journal of Soil Research, 29: 815-828.

Obexer R, Godina A, Garrabou X, et al. 2017. Emergence of a catalytic tetrad during evolution of a highly active artificial aldolase. Nature Chemistry, 9(1): 50-56.

O'Brien S L, Gibbons S M, Owens S M, et al. 2016. Spatial scale drives patterns in soil bacterial diversity. Environmental Microbiology, 18: 2039-2051.

Ochsenreiter T, Selezi D, Quaiser A, et al. 2003. Diversity and abundance of Crenarchaeota in terrestrial habitats studied by 16S RNA surveys and real time

PCR. Environmental Microbiology, 5: 787-797.

Oehl F, Frossard E, Fliessbach A, et al. 2004. Basal organic phosphorus mineralization in soils under different farming systems. Soil Biology and Biochemistry, 36(4): 667-675.

Oehl F, Laczko E, Bogenrieder A, et al. 2010. Soil type and land use intensity determine the composition of arbuscular mycorrhizal fungal communities. Soil Biology and Biochemistry, 42: 724-738.

Oelkers K, Goffard N, Weiller G F, et al. 2008. Bioinformatic analysis of the CLE signaling peptide family. BMC Plant Biol, 8: 1.

Ogawa-Ohnishi M, Matsushita Wand Matsubayashi Y. 2013. Identification of three hydroxyproline O-arabinosyltransferases in Arabidopsis thaliana. Nat Chem Biol, 9 (11): 726-730.

Ohno T, Zinilske L M. 1991. Determination of low concentrations of phosphorus in soil extracts using malachite green. Soil Science Society of America Journal, 55 (3): 892-895.

Ohyama K, Ogawa M, Matsubayashi Y. 2008. Identification of a biologically active, small, secreted peptide in Arabidopsis by in silico gene screening, followed by LC-MS-based structure analysis. Plant J, 55 (1): 152-160.

Ohyama K, Shinohara H, Ogawa-Ohnishi M, et al. 2009. A glycopeptide regulating stem cell fate in Arabidopsis thaliana. Nat Chem Biol, 5 (8): 578-580.

Okamoto S, Ohnishi E, Sato S, et al. 2009. Nod factor/nitrate-induced CLE genes that drive HAR1-mediated systemic regulation of nodulation. Plant Cell Physiol, 50 (1): 67-77.

Okamoto S, Shinohara H, Mori T, et al. 2013. Root-derived CLE glycopeptides control nodulation by direct binding to HAR1 receptor kinase. Nat Commun, 4: 2191.

Okuda S, Tsutsui H, Shiina K, et al. 2009. Defensin-like polypeptide LUREs are pollen tube attractants secreted from synergid cells. Nature, 458 (7236): 357-361.

O'laughlin J, Mcelligott K, et al. 2009. Biochar for environmental management: science and technology. Forest Policy & Economics, 11(7): 535-536.

Oldroyd G E, Downie J A. 2008. Coordinating nodule morphogenesis with rhizobial infection in legumes. Annu Rev Plant Biology, 59: 519-546.

Oldroyd G E. 2013. Speak, friend, and enter: signalling systems that promote beneficial symbiotic associations in plants. Nature Reviews Microbiology, 11 (4):

252-263.

Olesen J M, Bascompte J, Dupont Y, et al. 2007. The modularity of pollination networks. Proceedings of the National Academy of Sciences of the United States of America, 104: 19891-19896.

Oline D K, SchmidT S K, Grant M C. 2006. Biogeography and landscape-scale diversity of the dominant Crenarchaeota of soil. Microbial Ecology, 52: 480-490.

Olsen S R, Cole C V, Watanabe F S, et al. 1954. Estimation of available phosphorus in soils by extraction with sodium bicarbonate. Washington, D.C.: USDA Press .

Olsson P A, van Aarle I M, Allaway W G, et al. 2002. Phosphorus effects on metabolic processes in monoxenic arbuscular mycorrhiza cultures. Plant Physiology, 130: 1162-1171.

Olsson V, Joos L, Zhu S, et al. 2018. Look closely, the beautiful may be small: precursor-derived peptides in plants. Annu Rev Plant Biol, 70: 153-186.

Olsthoorn MA, Stokvis E, Haverkamp J, et al. 2000. Growth temperature regulation of host-specific modification of rhizobial lipo-chintin oligosaccharides: the function of *nodX* is temperature regulates. Molecular Plant-Microbe Interactions, 13 (8): 808-820.

Op den Camp R, Streng A, de Mita S, et al. 2011. LysM-type mycorrhizal receptor recruited for rhizobium symbiosis in nonlegume Parasponia. Science, 331: 909-912.

Öpik M, Moora M. 2012. Missing nodes and links in mycorrhizal networks. New Phytologist, 194:304-306.

Orgiazzi A, Dunbar M B, Panagos P, et al. 2015 Soil biodiversity and DNA barcodes: opportunities and challenges. Soil Biology and Biochemistry, 80: 244-250.

Orr C H, James A, Leifert C, et al. 2001. Diversity and activity of free-living nitrogen-fixing bacteria and total bacteria in organic and conventionally managed soils. Applied and Environmental Microbiology, (77): 911-919.

Ortas I. 2012. The effect of mycorrhizal fungal inoculation on plant yield, nutrient uptake and inoculation effectiveness under long-term field conditions. Field Crops Research,125:35-48

Ouyang Y, Norton J M, Stark J M, et al. 2016. Ammonia-oxidizing bacteria are more responsive than archaea to nitrogen source in an agricultural soil. Soil Biology & Biochemistry, 96: 4-15.

Øvreås L, Forney L, Daae F L, et al. 1997. Distribution of bacterioplankton in meromitic Lake Saelenvannet, as determined by denaturing gradient gel electrophoresis of PCR-amplified gene fragments coding for 16S rRNA. Applied and Environmental Microbiology, 63: 3367-3373.

Pabst H, Kuhnel A, Kuzyakov Y. 2013. Effect of land-use and elevation on microbial biomass and water extractable carbon in soils of Mt. Kilimanjaro ecosystems. Applied Soil Ecology, 67: 10-19.

Pace N R. 1997. A molecular view of microbial diversity and the biosphere. Science, 276: 734-740.

Pacheco-Escobedo M A, Ivanov V B, Ransom-Rodríguez I, et al. 2016. Longitudinal zonation pattern in Arabidopsis root tip defined by a multiple structural change algorithm. Annals of botany, 118: 763-776.

Padmanabhan P, Padmanabhan S, Derito C, et al. 2003. Respiration of 13C-labeled substrates added to soil in the field and subsequent 16S rRNA gene analysis of $^{13}C$-Labeled soil DNA. Applied and Environmental Microbiology, 69: 1614-1622.

Pagano M C, Zandavalli R B, Araújo F S. 2013. Biodiversity of arbuscular mycorrhizas in three vegetational types from the semiarid of Ceará State, Brazil. Applied Soil Ecology,67:37- 46

Pan F X, Li Y Y, Chapman S J, et al. 2016a. Effect of rice straw application on microbial community and activity in paddy soil under different water status . Environmental Science and Pollution Research, (23): 5941-5948.

Pan F X, Li Y Y, Chapman S J, et al. 2016b. Microbial utilization of rice straw and its derived biochar in a paddy soil . Science of the Total Environment, (559): 15-23.

Pan Y, Cassman N, de Hollander M, et al. 2014. Impact of long-term N, P, K, and NPK fertilization on the composition and potential functions of the bacterial community in grassland soil. Fems Microbiology Ecology, 90: 195-205.

Pandey M K, Roorkiwal M, Singh V K, et al. 2016. Emerging genomic tools for legume breeding: current status and future prospects. Frontiers in Plant Science, 7: 455.

Papke R T, Ramsing N B, Bateson M M, et al. 2003. Geographical isolation in hot spring cyanobacteria. Environmental Microbiology, 5: 650-659.

Parmar P, Sindhu S S. 2013. Potassium solubilization by rhizosphere bacteria: influence of nutritional and environmental conditions. Journal of Microbiology

Research, 3(1):25-31.

Parr J F, Gardner W R, Elliott L F, et al. 1981. Water potential as a selective factor in the microbial ecology of soils. Water Potential Relations in Soil Microbiology, 9: 141-151.

Pascual J, Blanco S, Luis Ramos J, et al. 2018. Responses of bulk and rhizosphere soil microbial communities to thermoclimatic changes in a Mediterranean ecosystem. Soil Biology and Biochemistry, 118: 130-144.

Pasternak Z, Al-Ashhab A, Gatica J, et al. 2013. Spatial and temporal biogeography of soil microbial communities in arid and semiarid regions. Plos One, 8: 1-9.

Patel N, Mohd-Radzman N A, Corcilius L, et al. 2018. Diverse peptide hormones affecting root growth identified in the Medicago truncatula secreted peptidome. Mol Cell Proteomics, 17 (1): 160-174.

Paterson E, Osler G, Dawson L A, et al. 2008. Labile and recalcitrant plant fractions are utilized by distinct microbial communities in soil: independent of the presence of roots and mycorrhizal fungi. Soil Biology and Biochemistry, (40): 1103-1113.

Patil S S, Adetutu E M, Rochow J, et al. 2014. Sustainable remediation: electrochemically assisted microbial dichlorination of tetrachloroethene - contaminated groundwater. Microbial Biotechnology, 7(1):54-63.

Patra A K, Abbadie L, Clays-Josserand A, et al. 2006. Effects of management regime and plant species on the enzyme activity and genetic structure of N-fixing, denitrifying and nitrifying bacterial communities in grassland soils. Environmental Microbiology, 8: 1005-1016.

Paul E. 2007. Soil Microbiology, Ecology, and Biochemistry. 3rd ed. Amsterdam / Boston: Academic Press.

Paul J A W, Roger S B, Davey L J, et al. 2014. Feed the crop not the soil: rethinking phosphorus management in the food chain. Environmental Science & Technology, 48(12): 6523-6530.

Paul J W, Beauchamp E G. 1989. Denitrification and fermentation in plant-residue-amended soil. Biology and Fertility of Soils, 1989(7): 303-309.

Pausch J, Zhu B, Kuzyakov Y, et al. 2013. Plant inter-species effects on rhizosphere priming of soil organic matter decomposition. Soil Biology and Biochemistry, 57: 91-99.

Peacock A D, Mullen M D, Ringelberg D B, et al. 2001. Soil microbial community responses to dairy manure or ammonium nitrate applications. Soil Biology and

Biochemistry, 33: 1011-1019.

Pearce G, Moura D S, Stratmann J, et al. 2001. Production of multiple plant hormones from a single polyprotein precursor. Nature, 411 (6839): 817-820.

Pearce G, Strydom D, Johnson S, et al. 1991. A polypeptide from tomato leaves induces wound-inducible proteinase inhibitor proteins. Science, 253 (5022): 895-897.

Peay K G, Baraloto C, Fine P V A. 2013. Strong coupling of plant and fungal community structure across western Amazonian rainforests. The ISME Journal, 7: 1852-1861.

Pei Z, Leppert K N, Eichenberg D, et al. 2017. Leaf litter diversity alters microbial activity, microbial abundances, and nutrient cycling in a subtropical forest ecosystem. Biogeochemistry, 134(1-2): 163-181.

Pell M, Stenberg B, Stenström J, et al. 1996. Potential denitrification activity assay in soil with or without chloramphenicol? Soil Biology and Biochemistry (28): 393-398.

Peng S B, Rothstein S J, Huang J Y, et al. 2010. Improving nitrogen fertilization in rice by site-spec fi c N management. Agronomy for Sustainable Development, 30: 649-656.

Peng X Q, Wang W. 2016. Stoichiometry of soil extracellular enzyme activity along a climatic transect in temperate grasslands of northern China. Soil Biology and Biochemistry, 98: 74-84.

Peng X, Yan X, Zhou H, et al. 2015. Assessing the contributions of sesquioxides and soil organic matter to aggregation in an Ultisol under long-term fertilization. Soil and Tillage Research, 146: 89-98.

Pennanen T, Fritze H, Vanhala P, et al. 1998. Structure of a microbial community in soil after prolonged addition of low levels of simulated acid rain. Applied and Environmental Microbiology, 64: 2173-2180.

Penuelas J, Sardans J, Rivas-Ubach A, et al. 2012. The human-induced imbalance between C, N and P in Earth's life system. Global Change Biology, 18: 3-6.

Penuelas J, Sardans J. 2009. Elementary factors. Nature, 460: 803-804.

Peoples M B, Herridge D F, Ladha J K. 1995. Biological nitrogen fixation: An efficient source of nitrogen for sustainable agricultural production. Plant and Soil, (174): 3-28.

Perez-Fernandez M A, Lamont B B. 2016. Competition and facilitation between Australian and Spanish legumes in seven Australian soils. Plant Species Biology

(31): 256-271.

Perring M P, Hedin L O, Levin S A, et al. 2008. Increased plant growth from nitrogen addition should conserve phosphorus in terrestrial ecosystems. Proceedings of the National Academy of Sciences, 105(6): 1971-1976.

Pershina E, Valkonen J, Kurki P, et al. 2015. Comparative analysis of prokaryotic communities associated with organic and conventional farming systems. PLoS One, 10 (12): e0145072.

Pester M, Rattei T, Flechl S, et al. 2012. *amoA*-based consensus phylogeny of ammonia-oxidizing archaea and deep sequencing of amoA genes from soils of four different geographic regions. Environmental Microbiology, 14: 525-539.

Pester M, Schleper C, Wagner M. 2011. The Thaumarchaeota: an emerging view of their phylogeny and ecophysiology. Current Opinion in Microbiology, 14: 300-306.

Petersen D G, Blazewicz S J, Firestone M, et al. Abundance of microbial genes associated with nitrogen cycling as indices of biogeochemical process rates across a vegetation gradient in Alaska. Environ Microbial, 2012, 14: 993-1008.

Petersen S O, Debosz K, Schjønning P, et al. 1997. Phospholipid fatty acid profiles and C availability in wet-stable macro-aggregates from conventionally and organically farmed soils. Geoderma, 78: 181-196.

Pett-Ridge J, Firestone M K. 2005. Redox fluctuation structures microbial communities in a wet tropical soil. Applied and Environmental Microbiology, (71): 6998-7007.

Philippot L, Bru D, Saby N, et al. 2009a. Spatial patterns of bacterial taxa in nature reflect ecological traits of deep branches of the 16S rRNA bacterial tree. Environmental Microbiology, 11(12): 3096-3104.

Philippot L, Čuhel J, Saby N, et al. 2009b. Mapping field-scale spatial patterns of size and activity of the denitrifier community. Environmental Microbiology, 11(6): 1518-1526.

Philippot L, Raaijmakers J M, Lemanceau P, et al. 2013. Going back to the roots: the microbial ecology of the rhizosphere. Nature Reviews Microbiology, 2013(11): 789-799.

Phillips R E, Phillips S H. 1984. No-Tillage Agriculture: Principles and Practices. New York, NY: Springer .

Phillips R P, Finzi A C, Bernhardt E S. 2011. Enhanced root exudation induces microbial feedbacks to N cycling in a pine forest under long-term $CO_2$

fumigation. Ecology Letters, 14: 187-194.

Phung N T, Lee J, Kang K H, et al. 2004. Analysis of microbial diversity in oligotrophic microbial fuel cells using 16S rDNA sequences. FEMS Microbiology Letters, 233: 77-82.

Pi L, Aichinger E, van der Graaff E, et al. 2015. Organizer-derived WOX5 signal maintains root columella stem cells through chromatin-mediated repression of CDF4 expression. Developmental cell, 33: 576-588.

Pianka E R. 1970. On *r*- and *K*-selection. The American Naturalist, 104: 592-597.

Pilegaard K, Skiba U, Ambus P, et al. 2006. Factors controlling regional differences in forest soil emission of nitrogen oxides (NO and $N_2O$) . Biogeosciences, 3: 651-661.

Pinard R, de Winter A, Sarkis G, et al. 2006. Assessment of whole genome amplification-induced bias through high-throughput, massively parallel whole genome sequencing. BMC Genomics, 7: 216.

Pinard R, de Winter A, Sarkis G, et al. 2006. Assessment of whole genome amplification-induced bias through high-throughput, massively parallel whole genome sequencing. BMC Genomics, 7: 216.

Pittelkow C M, Liang X, Linquist B A, et al. 2015. Productivity limits and potentials of the principles of conservation agriculture. Nature, 517 (7534): 365-368.

Podar M, Abulencia CB, Walcher M, et al. 2007. Targeted access to the genomes of low-abundance organisms in complex microbial communities. Applied and Environmental Microbiology, 73: 3205-3214.

Poindexter J. 1979. Morphological adaptation to low nutrient concentrations. Strategies of microbial life in extreme environments// Shilo M. Dahlem Konferenzen Life Sciences Research Report. Weinheim, Germany: Verlag Chemie: 341-356.

Pointing S B, Chan Y K, Lacap D C, et al. 2009. Highly specialized microbial diversity in hyper-arid polar desert. Proceedings of National Academy of Sciences, USA, 106: 19964-19969.

Porras-Alfaro A, Herrera J, Natvig D O, et al. 2011. Diversity and distribution of soil fungal communities in a semiarid grassland. Mycologia, 103: 10-21.

Powell J R, Karunaratne S, Campbell C D, et al. 2015. Deterministic processes vary during community assembly for ecologically dissimilar taxa. Nature Communications, 6: 8444.

Pozo M J, Azcon-Aguilar C. 2007. Unravelling mycorrhiza-induced resistance.

Current Opinion Plant Biology, 10:393-398.

Prasad R. 1998. Fertilizer urea, food security, health and the environment. Current Science, (75): 677-683.

Prober J I, Bohannan B J M, Curtis T P, et al. 2007. The role of ecological theory in microbial ecology. Nature Review Microbiology, 5: 384-392.

Prober S M, Leff J W, Bates S T, et al. 2015. Plant diversity predicts beta but not alpha diversity of soil microbes across grasslands worldwide. Ecology Letters, 18: 85-95.

Prosser J I, Nicol G W. 2012. Archaeal and bacterial ammonia-oxidisers in soil: the quest for niche specialisation and differentiation. Trends in Microbiology, 20: 523-531.

Puget P, Angers D, Chenu C. 1998. Nature of carbohydrates associated with water-stable aggregates of two cultivated soils. Soil Biology and Biochemistry, 31: 55-63.

Qiao N, Schaefer D, Blagodatskaya E, et al. 2013. Labile carbon retention compensates for $CO_2$ released by priming in forest soils. Global Change Biology, 20; 1943-1954.

Qiao Y, Zhao X, Zhu J, et al. 2017. Fluorescence-activated droplet sorting of lipolytic microorganisms using a compact optical system. Lab on a Chip, 18(1): 190-196

Qin H, Zhang Z, Lu J, et al. 2016. Change from paddy rice to vegetable growing changes nitrogen-cycling microbial communities and their variation with depth in the soil. European Journal of Soil Science, 67 (5): 650-658.

Qin J, Li R, Raes J, et al. 2010, A human gut microbial gene catalogue established by metagenomic sequencing. Nature, 464(7285): 59-65.

Qin L, Jiang H, Tian J, et al. 2011. Rhizobia enhance acquisition of phosphorus from different sources by soybean plants. Plant and Soil, 349 (1-2): 25-36.

Qin L, Zhao J, Tian J, et al. 2012. The high-affinity phosphate transporter GmPT5 regulates phosphate transport to nodules and nodulation in soybean. Plant Physiology, 159(4): 1634-1643.

Qin S P, Hu C S, Oenema O. 2012. Quantifying the underestimation of soil denitrification potential as determined by the acetylene inhibition method. Soil Biology and Biochemistry, (47): 14-17.

Qin S Q, Liu J S, Wang G P, et al. 2007. Phosphorus fractions under different land uses in Sanjiang Plain. Environmental Science, 2007, 28(12) : 2777-2782.

Qiu H S, Ge T D, Liu J Y, et al. 2018. Effects of biotic and abiotic factors on soil organic matter mineralization: experiments and structural modeling analysis. European Journal of Soil Biology, 84: 27-34.

Qiu H S, Zheng X D, Ge T D, et al. 2017. Weaker priming and mineralisation of low molecular weight organic substances in paddy than in upland soil. European Journal of Soil Biology, 83: 9-17.

Qu X, Cao B, Kang J, et al. 2019. Fine-tuning stomatal movement through small signaling peptides. Front Plant Sci, 10: 69.

Quan Z, Li S, Zhang X, et al. 2020. Fertilizer nitrogen use efficiency and fates in maize cropping systems across China: Field $^{15}N$ tracer studies. Soil and Tillage Research, 197, 104498.

Quan Z, Li S, Zhu F, et al. 2018. Fates of $^{15}N$-labeled fertilizer in a black soil-maize system and the response to straw incorporation in Northeast China. Journal of Soils and Sediments, 18 (4): 1441-1452.

Quénéhervé P, Chotte J L, 1996. Distribution of nematodes in vertisol aggregates under a permanent pasture in Martinique. Applied Soil Ecology, 4: 193-200.

Quince C, Curtis T P, Sloan W T. 2008. The rational exploration of microbial diversity. ISME J, 2008, 2: 997-1006.

Raboy V. 2009. Approaches and challenges to engineering seed phytate and total phosphorus. Plant Science, 2009, 177(4): 281-296.

Radajewski S, Ineson P, Parekh N R, et al. 2000. Stable-isotope probing as a tool in microbial ecology. Nature, 403: 646-649.

Radutoiu S, Madsen L H, Madsen E B, et al. 2003. Plant recognition of symbiotic bacteria requires two LysM receptor like kinases. Nature, 425 (6958): 585-592

Ragot S A, Huguenin-Elie O, Kertesz M A, et al. 2016. Total and active microbial communities and *phoD* as affected by phosphate depletion and pH in soil. Plant and Soil, 2016, 408: 15-30.

Ragot S A, Kertesz M A, Bünemann E K. 2015. *phoD* alkaline phosphatase gene diversity in soil. Applied Environmental Microbiology, 81: 7281-7289.

Raiesi F, Ghollarata M. 2006. Interactions between phosphorus availability and an AM fungus (*Glomus intraradices*) and their effects on soil microbial respiration, biomass and enzyme activities in a calcareous soil. Pedobiologia, 50:413-425

Ramette A, Tiedje J M. 2007. Biogeography: an emerging cornerstone for understanding prokaryotic diversity, ecology, and evolution. Microbial Ecology,

53: 197-207.

Ramette A, Tiedje J M. 2007. Multiscale responses of microbial life to spatial distance and environmental heterogeneity in a patchy ecosystem. Proceedings of the National Academy of Sciences USA, 104(8): 2761-2766.

Ramirez K S, Craine J M, Fierer N. 2012. Consistent effects of nitrogen amendments on soil microbial communities and processes across biomes. Global Change Biology, 2012(18): 1918-1927.

Ramirez K S, Lauber C L, Knight R, et al. 2010. Consistent effects of nitrogen fertilization on soil bacterial communities in contrasting systems. Ecology, 91: 3463-3470.

Ranathunge K, El-kereamy A, Gidda S, et al. 2014. AMT1; 1 transgenic rice plants with enhanced $NH_4^+$ permeability show superior growth and higher yield under optimal and suboptimal $NH_4^+$ conditions. Journal of Experimental Botany, 65(4): 965-979.

Ranathunge K, Schreiber L, Bi Y M, et al. 2016. Ammonium-induced architectural and anatomical changes with altered suberin and lignin levels significantly change water and solute permeabilities of rice (*Oryza sativa* L.) roots. Planta, 243: 231-249.

Ranjard L, Dequiedt S, Prevost-Boure N C, et al. 2013. Turnover of soil bacterial diversity driven by wide-scale environmental heterogeneity. Nature Communications, 4: 10.

Rappoldt C, Crawford J W. 1999. The distribution of anoxic volume in a fractal model of soil. Geoderma, 88: 329-347.

Rasche F, Cadisch G. 2013. The molecular microbial perspective of organic matter turnover and nutrient cycling in tropical agroecosystems: What do we know. Biology and Fertility of Soils, 49: 251-262.

Rasmussen A, Mason M G, De Cuyper C, et al. 2012. Strigolactones suppress adventitious rooting in Arabi dopsis and pea. Plant Physiology, 158(6): 1976-1987.

Rasooly A. 1993. Epistasis of rji non nodulation of soybean to nodulation by Sinorhizobium fredii. Crop Science, 33 (2): 329-331.

Ratnam J, Sankaran M, Hanan N P, et al. 2008. Nutrient resorption patterns of plant functional groups in a tropical savanna: variation and functional significance. Oecologia, 157: 141-151.

Ravishankara A R, Daniel J S, Portmann R W. 2009. Nitrous Oxide ($N_2O$): the dominant ozone-depleting substance emitted in the 21st Century. Science, 2009 (326): 123-125.

Rawat S R, Männistö M K, Bromberg Y, et al. 2012. Comparative genomic and physiological analysis provides insights into the role of Acidobacteria in organic carbon utilization in Arctic tundra soils. FEMS Microbiology Ecology, 82: 341-355.

Ray R W, Nyle C B. 2016. Soil phosphorus and potassium// Brady N C, Weil R. The Nature and Properties of Soils. New York, NY: Pearson Education.

Rayment G, Higginson F. 1992. Australian Laboratory Handbook of Soil and Water Chemical Methods. Melbourne: Inkata Press.

Rebafka F P, Ndunguru B J, Marschner H. 1993. Crop residue application increases nitrogen fixation and dry matter production in groundnut (*Arachis hypogaea* L.) grown on an acid sandy soil in Niger, West Africa. Plant and Soil, 150(2): 213-222.

Redfield A C, Ketchum B, Richards F. 1963. The influence of organisms on the composition of seawater// Hill M N. The Sea (Vol. 2). New York, NY: Wiley Interscience.

Redfield A C. 1958. The biological control of chemical factors in the environment. American Scientist, 46: 205-221.

Reed S C, Cleveland C C, Townsend A R. 2011. Functional ecology of free-living nitrogen fixation: a contemporary perspective. Annual Review of Ecology, Evolution, and Systematics, (42): 489-512.

Regan K, Stempfhuber B, Schloter M, et al. 2017. Spatial and temporal dynamics of nitrogen fixing, nitrifying and denitrifying microbes in an unfertilized grassland soil. Soil Biology & Biochemistry, 109: 214-226.

Rehemtulla A, Kaufman R J. 1992. Protein processing within the secretory pathway. Curr Opin Biotechnol, 3 (5): 560-565.

Reich P B, Hobbie S E, Lee T, et al. 2006. Nitrogen limitation constrains sustainability of ecosystem response to $CO_2$. Nature, 440 (7086): 922-925.

Reich P B, OLEKSYN J. 2004. Global patterns of plant leaf N and P in relation to temperature and latitude. Proceedings of the National Academy of Sciences, United States of America, 101: 11001-11006.

Reiners W A. 1986. Complementary models for ecosystems. American Naturalist, 127: 59-73.

Reinhold-Hurek B, Bunger W, Burbano C S, et al. 2015. Roots shaping their microbiome: global hotspots for microbial activity. Annual Review of Phytopathology, 53: 403.

Renella G, Ogunseitan O, Giagnoni L, et al. 2014. Environmental proteomics: a long march in the pedosphere. Soil Biology & Biochemistry, 69: 34-37.

Rey P J, Alcantara J M, Manzaneda A J, et al. 2016. Facilitation contributes to Mediterranean woody plant diversity but does not shape the diversity-productivity relationship along aridity gradients. New Phytologist, 211: 464-476.

Rhoads A, Au K F. 2015. PacBio sequencing and its applications. Genomics, proteomics & bioinformatics, 13.5: 278-289.

Rhodes L H, Gerdemann J W. 1975. Phosphate uptake zones of mycorrhizal and non-mycorrhizal onions. New Phytologist, 75: 555-561.

Richardson A E, Barea J M, Mcneill A M, et al. 2009. Acquisition of phosphorus and nitrogen in the rhizosphere and plant growth promotion by microorganisms. Plant and Soil, 321: 305-339.

Richardson A E, Simpson R J. 2011. Soil microorganisms mediating phosphorus availability update on microbial phosphorus. Plant Physiology, 156(3): 989-996.

Richardson A, Barea J M, McNeill A, et al. 2009. Acquisition of phosphorus and nitrogen in the rhizosphere and plant growth promotion by microorganisms. Plant and Soil, 321: 305-339.

Ricklefs R E. 2004. A comprehensive framework for global patterns in biodiversity. Ecology Letters, 7: 1-15.

Rillig M C, Mummey D L. 2006. Mycorrhizas and soil structure. New Phytologist, 171: 41-53.

Rinke C, Lee J, Nath N, et al. 2014. Obtaining genomes from uncultivated environmental microorganisms using FACS-based single-cell genomics. Nature protocols. 9(5): 1038-1048.

Rinke C, Schwientek P, Sczyrba A, et al. 2013. Insights into the phylogeny and coding potential of microbial dark matter. Nature, 499: 431-437.

Rinnan R, Bååth E, 2009. Differential utilization of carbon substrates by bacteria and fungi in tundra soil. Applied and Environmental Microbiology, 75: 3611-3620.

Risgaard-Petersen N, Nielsen L P, Rysgaard S, et al. 2003.Application of the isotope pairing technique in sediments where anammox and denitrification coexist. Limnology and Oceanography-Methods, 1: 63-73.

Ritz K, Young I M. 2004. nteractions between soil structure and fungi. Mycologist, 2004, 18: 52-59.

Rivett D W, Scheuerl T, Culbert C T, et al. 2016. Resource-dependent attenuation of species interactions during bacterial succession. The ISME Journal, 10: 2259-2268.

Roberts A, Pachter L. Streaming fragment assignment for real-time analysis of sequencing experiments. Nature Methods, 2012(10): 71-73.

Roberts K L, Eate V M, Eyre B D, et al. 2012. Hypoxic events stimulate nitrogen recycling in a shallow salt-wedge estuary: the Yarra river estuary, Australia. Limnology and Oceanography, 57: 1427-1442.

Roberts K, Defforey D, Turner B L, et al. 2015. Oxygen isotopes of phosphate and soil phosphorus cycling across a 6500-year chronosequence under lowland temperate rainforest. Geoderma, 2015, 257-258: 14-21.

Robleto E A, Scupham A J, Triplett E W. 1997. Trifoli toxin production in Rhizobium etli strain CE3 increases competitiveness for rhizosphere growth and root nodulation of Phaleolus vulgaris in soil. Molecular Plant-Microbe Interactions, 10 (2): 228-233.

Rodrigues J L, Pellizari V H, Mueller R, et al. 2013. Conversion of the Amazon rainforest to agriculture results in biotic homogenization of soil bacterial communities. Proceedings of the National Academy of Sciences of the United States of America, 110: 988-993.

Roller B R K, Schmidt T M. 2015. The physiology and ecological implications of efficient growth. The ISME Journal, 9: 1481-1487.

Rønn R, McCaig A E, Griffiths B S, et al. 2002. Impact of protozoan grazing on bacterial community structure in soil microcosms. Applied and Environmental Microbiology, 68: 6094-6105.

Rosch C, Bothe H. Improved assessment of denitrifying, $N_2$-fixing, and total-community bacteria by terminal restriction fragment length polymorphism analysis using multiple restriction enzymes. Appl Environ Microbiol, 2005, 71: 2026-2035.

Rosenfeld L. 2002. Insulin: discovery and controversy. Clin Chem, 48 (12): 2270-2288.

Roth R, PaszkowskiU. 2017. Plant carbon nourishment of arbuscular mycorrhizal fungi. Current Opinion in Plant Biology, 39: 50-56.

Rotthauwe J H, Witzel K P, Liesack W. 1997. The ammonia monooxygenase structural gene amoA as a functional marker: molecular fine-scale analysis of natural ammonia-oxidizing populations. Applied and Environmental Microbiology, 63: 4704-4712.

Rotthauwe J H, Witzel K P, Liesack W. The ammonia monooxygenase structural gene amoA as a functional marker: molecular fine-scale analysis of natural ammonia-oxidizing populations. Appl Environ Microbiol, 1997, 63: 4704-4712.

Rousk J, Baath E, Brookes P C, et al. 2010. Soil bacterial and fungal communities across a pH gradient in an arable soil. Isme Journal, 4: 1340-1351.

Rousk J, Brookes P C, Baath E. 2009. Contrasting soil pH effects on fungal and bacterial growth suggest functional redundancy in carbon mineralization. Applied and Environmental Microbiology, 75: 1589-1596.

Roy J, Albert C H, Ibanez S, et al. 2013. Microbes on the cliff: alpine cushion plants structure bacterial and fungal communities. Frontiers in Microbiology, 4: 64.

Roy R N, Finck A, Blair G J, 2006. Plant Nutrition for Food Security. Plant nutrition for food security: a guide for integrated nutrient management. Food and Agricultural Organization of the United Nations.

Rozman J, Klingenspor M, de Angelis M H. 2014. A review of standardized metabolic phenotyping of animal models. Mammalian Genome, 25: 497-507.

Ruamps L M, Nunan N, Chenu C. 2001. Microbial biogeography at the soil pore scale. Soil Biology and Biochemistry, 43, 280-286.

Rubino M, Dungait J A J, Evershed R P, et al. 2010. Carbon input belowground is the major C flux contributing to leaf litter mass loss: evidences from a $^{13}C$ labelled-leaf litter experiment. Soil Biology andBiochemistry, 42: 1009-1016.

Rubio L M, Ludden P W. 2008. Biosynthesis of the iron-molybdenum cofactor of nitrogenase. Annual Review of Microbiology, 62:93-111.

Ruiz-Rueda O, Hallin S, Baneras L. 2009. Structure and function of denitrifying and nitrifying bacterial communities in relation to the plant species in a constructed wetland. FEMS Microbiology Ecology, 2009(67): 308-319.

Rutting T, Boeckx P, Muller C, et al. 2011. Assessment of the importance of dissimilatory nitrate reduction to ammonium for the terrestrial nitrogen cycle. Biogeosciences, 8: 1779-1791.

Rutting T, Huygens D, Muller C, et al. 2008. Functional role of DNRA and nitrite reduction in a pristine south Chilean Nothofagus forest. Biogeochemistry, 90: 243-258.

Rütting T, Schleusner P, Hink L, et al. 2021. The contribution of ammonia-oxidizing archaea and bacteria to gross nitrification under different substrate availability. Soil Biology and Biochemistry, 108353: 160.

Ruyter-Spira C, Wouter K, Tatsiana C, et al. 2011. Physiological effects of the synthetic strigolactone analog GR24 on root system architecture in Arabidopsis: another belowground role for strigolactones? Plant Physiology, 155 (2): 721-734.

Ryan M C, Aravena R. 1994. Combining $^{13}C$ natural abundance and fumigation-extraction methods to investigate soil microbial biomass turnover. Soil Biology and Biochemistry, 26: 1583-1585.

Rysgaard S, Rissgarrd P, Sloth N P. 1996. Nitrification denitrification, and nitrate ammonification in sediments of two coastal lagoons in Southern France. Hydrobiologia, 1996(329): 133-141.

Sachsenberg T, Herbst F A, Taubert M, et al. 2015. MetaProSIP: automated inference of stable isotope incorporation rates in proteins for functional metaproteomics. Journal of Proteome Research, 14(2): 619-627.

Safi S R. 1984. The influence of soil aeration on the efficiency of vesicular-arbuscular mycorrhizae: Ⅲ Soil carbon dioxide and growth and mineral uptake. Plant Physiology, 96:429-436.

Saggar S, Jha N, Deslippe J, et al. 2013. Denitrification and $N_2O$:$N_2$ production in temperate grasslands: processes, measurements, modelling and mitigating negative impacts. Science of the Total Environment, 465: 173-195.

Saharan B S, Nehra V. 2011. Plant growth promoting rhizobacteria: a critical review. International Journal of Life Science and Medical Research, 21(1):30.

Said-Pullicino D, Kaiser K, Guggenberger G, et al. 2007. Changes in the chemical composition of water-extractable organic matter during composting: distribution between stable and labile organic matter pools. Chemosphere, 66: 2166-2176.

Saif S R. 1981. The influence of soil aeration on the efficiency of vesicular-arbuscular mycorrhizae: Ⅰ effect of soil oxygen on growth and mineral uptake of *Eupatorium odoratum* L inoculated with Gloms macrocarpus. Plant Physiology, 88:649-659.

Saif S R. 1983. The influence of soil aeration on the efficiency of vesicular-arbuscular mycorrhizae: Ⅱ effect of soil oxygen on growth and mineral uptake of *Eupatorium odoratum* L, *Sorghum bicolor* L. *Moench* and *Guizotia abyssinca* Lf. Cass inoculated with vesicular-arbuscular mycorrhizal fungi. Plant Physiology, 95: 405-417.

Sainju U M, Senwo Z N, Nyakatawa E Z, et al. 2008. Soil carbon and nitrogen sequestration as affected by long-term tillage, cropping systems, and nitrogen fertilizer sources. Agriculture Ecosystems & Environment, 127: 234-240.

Saito K, Yoshikawa M, Yano K, et al. 2007. NUCLEOPORIN85 is required for calcium spiking, fungal and bacterial symbioses, and seed production in Lotus japonicus. the Plant Cell, 19(2): 610-624.

Sakurai M, Wasaki J, Tomizawa Y, et al. 2008. Analysis of bacterial communities on alkaline phosphatase genes in soil supplied with organic matter. Soil Sci Plant Nutr, 54: 62-71.

Salinas K A, Edenborn S L, Sexstone A J, et al. 2007. Bacterial preferences of the bacterivorous soil nematode *Cephalobus brevicauda* (Cephalobidae): effect of bacterial type and size. Pedobiologia, 51: 55-64.

Salvagiotti F, Cassman K G, Specht J E, et al. 2008. Nitrogen uptake, fixation and response to fertilizer N in soybeans: a review. Field Crops Research, (108): 1-13.

Salvioli A, Bonfante P. 2013. Systems biology and "omics" tools: a cooperation for next-generation mycorrhizal studies. Plant Science, 203-204:107-114.

Sanford R A, Wagner D D, Wu Q Z, et al. 2012. Unexpected nondenitrifier nitrous oxide reductase gene diversity and abundance in soils. Proceedings of the National Academy of Sciences of the United States of America, (109): 19709-19714.

Sankaran M, Augustine D J. 2004. Large herbivores suppress decomposer abundance in a semiarid grazing ecosystem. Ecology, 85: 1052-1061.

Santi C, Bogusz D, Franche C. 2013. Biological nitrogen fixation in nonlegume plants. Annals of Botany, 111(5): 743-767.

Sanyal S K, Datta S K. 1991. Chemistry of phosphorus transformations in soil// Stewart B A. Advances in Soil Science. New York, NY: Springer.

Sasakawa H, Yamamoto Y. 1978. Comparison of the uptake of nitrate and ammonium by rice seedlings: influences of light, temperature, oxygen concentration, exogenous sucrose, and metabolic inhibitors. Plant Physiology, 62(4): 665-669.

Sasaki T, Suzaki T, Soyano T, et al. 2014. Shoot - derived cytokinins systemically regulate root nodulation. Nature Communications, 5: 4983.

Sato Y, Ohta H, Yamagishi T, et al. 2012. Detection of anammox activity and 16S rRNA genes in ravine paddy field soil. Microbes and Environments, 27: 316-319.

Saunders O E, Fortuna A M, Harrison J H, et al. 2012. Gaseous nitrogen and bacterial responses to raw and digested dairy manure applications in incubated soil. Environmental Science and Technology, (46): 11684-11692.

Schaefer A L, Taylor T A, Beatty J T, et al. 2002. Long-chain acyl-homoserine lactone quorum-sensing regulation of Rhodobacter capsulatus gene transfer agent production. J Bacteriol, 184, (23): 6515-6521.

Schekman R. 2010. Ultrahigh-throughput screening in drop-based microfluidics for directed evolution. Proceedings of the National Academy of Sciences of the United States of America, 107(14): 6551.

Schena M, Shalon D, Davis RW, et al. 1995. Quantitative monitoring of gene expression patterns with a complementary DNA microarray. Science, 270: 467-470.

Scheublin T R, Sanders I R, Keel C, et al. 2010. Characterisation of microbial communities colonising the hyphal surfaces of arbuscular mycorrhizal fungi. ISME J, 4: 752-763.

Schimel J P, Bennett J. 2004. Nitrogen mineralization: challenges of a changing paradigm. Ecology, 85(3): 591-602.

Schimel J P, Hättenschwiler S. 2007. Nitrogen transfer between decomposing leaves of different N status. Soil Biology and Biochemistry, 39(7): 1428-1436.

Schimel J P, Schaeffer S M. 2012. Microbial control over carbon cycling in soil. Frontiers in Microbiology, 3: 1-11.

Schimel J P, Weintraub M N. 2003. The implications of exoenzyme activity on microbial carbon and nitrogen limitation in soil: a theoretical model. Soil Biology & Biochemistry, 35: 549-563.

Schimel J, Balser T C, Wallenstein M. 2007. Microbial stress-response physiology and its implications for ecosystem function. Ecology, 88: 1386-1394.

Schindlbacher A, Zechmeister-Boltenstern S, Butterbach-Bahl K. 2004. Effects of soil moisture and temperature on NO, $NO_2$, and $N_2O$ emissions from European forest soils. Journal of Geophysical Research-Atmospheres (109). doi: 10.1029 / 2004jd004590.

Schjønning P, Thomsen I K, Moldrup P, et al. 2003. Linking soil microbial activity to water- and air-phase contents and diffusivities. Soil Science Society of America Journal, 67: 156-165.

Schleper C, Jurgens G, and Jonuscheit M. 2005. Genomic studies of uncultivated archaea. Nature Review Microbiology, 3: 479-488.

Schlesinger W H. 2009. On the fate of anthropogenic nitrogen . Proceedings of the National Academy of Sciences, 106 (1): 203-208.

Schmidt I K, Tietema A, Williams D, et al. 2004. Soil solution chemistry and element fluxes in three European heathlands and their responses to warming and drought. Ecosystems, 7: 638-649.

Schmidt M W I, Torn M S, Abiven S, et al. 2011. Persistence of soil organic matter as an ecosystem property. Nature, 478: 49-56.

Schneckenberger K, Demin D, Stahr K, et al. 2008. Microbial utilization and mineralization of [$^{14}C$] glucose added in six orders of concentration to soil. Soil Biology and Biochemistry, 40: 1981-1988.

Schneider T, Keiblinger K M, Schmid E, et al. 2012. Who is who in litter decomposition? Metaproteomics reveals major microbial players and their biogeochemical functions. The ISME Journal, 6(9): 1749-1762.

Schnitzer S A, Klironomos J N, Hillerislanbers J, et al. 2011. Soil microbes drive the classic plant diversity-productivity pattern. Ecology, 92: 296-303.

Schnoor T K, Lekberg Y, Rosendahl S, et al. 2011. Mechanical soil disturbance as a determinant of arbuscular mycorrhizal fungal communities in semi-natural grassland. Mycorrhiza, 21: 211-220.

Schoeps R, Goldmann K, Herz K, et al. 2018. Land-use intensity rather than plant functional identity shapes bacterial and fungal rhizosphere communities. Frontiers in Microbiology, 9: 1-19.

Schulze W X, Gleixner G, Kaiser K, et al. 2005. A proteomic fingerprint of dissolved organic carbon and of soil particles. Oecologia, 142(3): 335-343.

Schutter M, Dick R. Shifts in substrate utilization potential and structure of soil microbial communities in response to carbon substrates. Soil Biology and Biochemistry, 2001, 33: 1481-1491.

Scott T, Cotner J, Lapara T. 2012. Variable stoichiometry and homeostatic regulation of bacterial biomass elemental composition. Frontiers in Microbiology, 3: 42.

Sebastian M, Ammerman J W. 2009. The alkaline phosphatase *PhoX* is more widely distributed in marine bacteria than the classical *PhoA*. ISME J, 2009, 3: 563-572.

Sebilo M, Mayer B, Nicolardot B, et al. 2013. Long-term fate of nitrate fertilizer in agricultural soils. Proceedings of the National Academy of Sciences, 110 (45): 18185-18189.

Seghers D, Top E M, Reheul D, et al. 2003. Long-term effects of mineral versus organic fertilizers on activity and structure of the methanotrophic community in agricultural soils. Environmental Microbiology, 5: 867-877.

Sekiguchi H, Kushida A, Takenaka S. 2007. Effects of cattle manure and green manure on the microbial community structure in upland soil determined by denaturing gradient gel electrophoresis. Microbes and Environments, 22: 327-335.

Selesi D, Pattis I, Schmid M, et al. 2007. Quantification of bacterial RubisCO genes in soils by cbbL targeted real-time PCR. J Microbiol Methods, 69: 497-503.

Semblante G U, Phan H V, Hai F I, et al. 2017. The role of microbial diversity and composition in minimizing sludge production in the oxic-settling-anoxic process. Science of The Total Environment, (607): 558-567.

Semenov A V, Pereira e Silva M C, Szturc-Koestsier A E, et al. 2012. Impact of incorporated fresh 13C potato tissues on the bacterial and fungal community composition of soil. Soil Biology and Biochemistry, 49: 88-95.

Senechkin I V, Speksnijder A G C L, Semenov A M, et al. 2010. Isolation and Partial Characterization of Bacterial Strains on Low Organic Carbon Medium from Soils Fertilized with Different Organic Amendments. Microbial Ecology, 60: 829-839.

Seneviratne M, Seneviratne G, Madawala H, et al. 2017. Role of Rhizospheric Microbes in Heavy Metal Uptake by Plants. Agro-Environmental Sustainability. Berlin: Springer.

Sessitsch A, Weilharter A, Gerzabek M H, et al. 2001. Microbial population structures in soil particle size fractions of a long-term fertilizer field experiment. Applied and Environmental Microbiology, 67: 4215-4224.

Setalaäh, Huhta V. 1991. Soil fauna increase Betula pendula growth: laboratory experiments with coniferous forest floor. Ecology, 72: 665-671.

Shan J, Zhao X, Sheng R, et al. 2016. Dissimilatory nitrate reduction processes in typical Chinese paddy soils: rates, relative contributions and influencing factors. Environmental Science and Technology, 50 (18): 9972- 9980.

Shand C A, Macklon A E S, Edeards A C, et al. 1994. Inorganic and organic P in soil solutions from three upland soils. Plant and Soil, 160(2): 161-170.

Shang L, Cheng Y, Zhao Y. 2017. Emerging Droplet Microfluidics. Chemical Reviews, 117(12): 7964-8040.

Shao J F, Che J, Chen R F, et al. 2015. Effect of in planta phosphorus on aluminum-induced inhibition of root elongation in wheat. Plant and Soil, 395: 307-315.

Shao P S, Liang C, Rubert-Nason K, et al. 2019. Secondary successional forests undergo tightly-coupled changes in soil microbial community structure and soil organic matter. Soil Biology and Biochemistry, 128: 56-65.

Shao S, Zhao Y, Zhang W, et al. 2017. Linkage of microbial residue dynamics with soil organic carbon accumulation during subtropical forest succession. Soil Biology and Biochemistry, 114: 114-120.

Shemesh J, Ben Arye T, Avesar J, et al. 2014. Stationary nanoliter droplet array with a substrate of choice for single adherent/nonadherent cell incubation and analysis. Proceedings of the National Academy of Sciences of the United States of America, 111(31): 11293-11298.

Shen C C, Liang W J, Shi Y, et al. 2014. Contrasting elevational diversity patterns between eukaryotic soil microbes and plants. Ecology, 95: 3190-3202.

Shen C C, Shi Y, Ni Y Y, et al. 2016. Dramatic increases of soil microbial functional gene diversity at the treeline ecotone of Changbai mountain. Frontiers in Microbiology, 7: 1184.

Shen C C, Xiong J B, Zhang H Y, et al. 2013. Soil pH drives the spatial distribution of bacterial communities along elevation on Changbai Mountain. Soil Biology & Biochemistry, 57: 204-211.

Shen C, Xu P, Huang Z, et al. 2014. Bacterial chemotaxis on SlipChip. Lab on a Chip, 14(16): 3074-3080.

Shen J P, Zhang L M, Di H J, et al. 2012. A review of ammonia-oxidizing bacteria and archaea in Chinese soils. Frontiers in Microbiology, 3: 296.

Shen J P, Zhang L M, Zhu Y G, et al. 2008. Abundance and composition of ammonia-oxidizing bacteria and ammonia-oxidizing archaea communities of an alkaline sandy loam. Environ Microbiol, 10: 1601-1611.

Shen J, Li C, Mi G, et al. 2013. Maximizing root/rhizosphere efficiency to improve crop productivity and nutrient use efficiency in intensive agriculture of china. Journal of Experimental Botany, 64: 1181-1192.

Shen J, Yuan L, Zhang J, et al. 2011. Phosphorus dynamics: from soil to plant 1. Plant Physiology, 156: 997-1005.

Shen L D, Liu S, Lou L P, et al. 2013. Broad distribution of diverse anaerobic ammonium-oxidizing bacteria in Chinese agricultural soils. Appl Environ Microbiol, 79: 6167-6172.

Shen Q X, Gao J, Liu J, et al. 2016. A new Acyl-homoserine lactone molecule generated by nitrobacter winogradskyi. Sci Rep-Uk, 6: 1-11.

Shen Q, Hedley M, Arbestain C, et al. 2016. Can biochar increase the bioavailability of phosphorus? Journal of soil science and plant nutrition, 16(2): 268-286.

Shendure J and H Ji. 2008. Next-generation DNA sequencing. Nature biotechnology, 26(10): 1135-1145.

Sheng M, Lalande R, Hamel C, et al. 2012. Growth of corn roots and associated arbuscular mycorrhizae are affected by long-term tillage and phosphorus fertilization. Agronomy Journal, 104: 1672-1678

Sherman F, Kuselman I. 1999. Stoichiometry and chemical metrology: Karl Fischer reaction. Accreditation and Quality Assurance, 4: 230-234.

Shi L L, Mortimer P E, Slik J W F, et al. 2014. Variation in forest soil fungal diversity along a latitudinal gradient. Fungal Diversity, 64: 305-315.

Shi Y, Adams J M, Ni Y, et al. 2016. The biogeography of soil archaeal communities on the eastern Tibetan Plateau. Scientific Reports, 6: 38893.

Shi Y, Chai L Y, Tang C J, et al. Characterization and genomic analysis of Kraft lignin biodegradation by the beta-proteobacterium *Cupriavidus basilensis* B-8. Biotechnology for Biofuels, 2013, 6(1): 1-14.

Shi Y, Delgado-Baquerizo M, Li Y, et al. 2020. Abundance of kinless hubs within soil microbial networks are associated with high functional potential in agricultural ecosystems. Environment International, 2020, 142: 105869.

Shi Y, Li Y T, Xiang X J, et al. 2018. Spatial scale affects the relative role of stochasticity versus determinism in soil bacterial communities in wheat fields across the North China Plain. Microbiome, 6: 1-12.

Shi Y, Li Y T, Yuan M Q, et al. 2019. A biogeographic map of soil bacterial communities in wheats field of the North China Plain. Soil Ecology Letters 1: 50-58.

Shimoda Y, Shimoda-Sasakura F, Kucho K, et al. 2009. Overexpression of class 1 plant hemoglobin genes enhances symbiotic nitrogen fixation activity between *Mesorhizobium loti* and *Lotus japonicus*. Plant Journal, 57 (2): 254-263.

Shin R, Alvarez S, Burch A Y, et al. 2007. Phosphoproteomic identification of targets of the Arabidopsis sucrose nonfermenting-like kinase SnRK2.8 reveals a connection to metabolic processes. Proceedings of the National Academy of Sciences of the United States of America, 104: 6460-6465.

Shtark O Y, Shishova M F, Povydysh M N, et al. 2018. Strigolactones as regulators of symbiotrophy of plants and microorganism. Russian Journal of Plant

Physiology, 65:151-167.

Shukla A, Kumar A, Jha A, et al. 2012. Phosphorus threshold for arbuscular mycorrhizal colonization of crops and tree seedlings. Biology and Fertility of Soils,48:109-116.

Siciliano S D, Palmer A S, Winsley T, et al. 2014. Soil fertility is associated with fungal and bacterial richness, whereas pH is associated with community composition in polar soil microbial communities. Soil Biology & Biochemistry, 2014(78): 10-20.

Sigler W V, Crivii S, Zeyer J. 2002. Bacterial succession in glacial forefield soils characterized by community structure, activity and opportunistic growth dynamics. Microbial Ecology, 44: 306-316.

Sigler W V, Zeyer J. 2002. Microbial diversity and activity along the forefields of two receding glaciers. Microbial Ecology, 43: 397-407.

Silver W L, Herman D J, Firestone M K. 2001. Dissimilatory nitrate reduction to ammonium in upland tropical forest soils. Ecology, (82): 2410-2416.

Silver W L, Thompson, A W, Reich A, et al. 2005. Nitrogen cycling in tropical plantation forests: potential controls on nitrogen retention. Ecological Applications, 15: 1604-1614.

Simon A, Hervév, Al-Dourobi, et al. 2016. An *in situ* inventory of fungi and their associated migrating bacteria in forest soils using fungal highway columns. FEMS Microbiol Ecol, 2016, 93: 217.

Simpson A J, Song G, Smith E, et al. 2007. the structural components of soil humin by use of solution-state nuclear magnetic resonance spectroscopy. Environmental Science and Technology, 41: 876-883.

Simpson R T, Frey S D, Six J, et al. 2004. Preferential accumulation of microbial carbon in aggregate structures of no-tillage soils. Soil Science Society of American Journal, 68: 1249-1255.

Singh B, Satyanarayana T. 2011. Microbial phytases in phosphorus acquisition and plant growth promotion. Physiology and Molecular Biology of Plants, 17(2): 93-103.

Singh D, Lee Cruz L, Kim W S, et al. 2014. Strong elevational trends in soil bacterial community composition on Mt. Ha lla, Korea. Soil Biology & Biochemistry, 68: 140-149.

Singh D, Shi L L, Adams J M. 2013. Bacterial diversity in the mountains of southwest china: climate dominates over soil parameters. Journal of Microbiology, 51: 439-447.

Singh D, Takahashi K, Adams J M. 2012a. Elevational patterns in archaeal diversity on Mt. Fuji. Plos One, 7: e44494.

Singh D, Takahashi K, Kim M, et al. 2012b. A hump-backed trend in bacterial diversity with elevation on Mount Fuji, Japan. Microbial Ecology, 63: 429-437.

Singh M, Kumar A, Singh R, et al. 2017a. Endophytic bacteria: a new source of bioactive compounds. 3 Biotech, 7:315.

Singh S, Katzer K, Lambert J, et al. 2014. Cyclops, a DNA-binding transcriptional activator, orchestrates symbiotic root nodule development. Cell Host Microbe, 15 (2): 139-152.

Singh S, Parniske M. 2012. Activation of calcium- and calmodulin-dependent protein kinase (CCaMK), the central regulator of plant root endosymbiosis. Current Opinion in Plant Biology, 15 (4): 444-453.

Singh S, Shivay Y S. 2003. Coating of prilled urea with ecofriendly neem (Azadirachta indica A. Juss.) formulations for efficient nitrogen use in hybrid rice. Acta Agronomica Hungarica, 2003(51): 53-59.

Singh V K, Singh A K, Kumar A. 2017b. Disease management of tomato through PGPB: current trends and future perspective. 3 Biotech, 7(4):255.

Singleton I, Merrington G, Colvan S, et al. 2003. The potential of soil protein-based methods to indicate metal contamination. Applied Soil Ecology, 23(1): 25-32.

Sinsabaugh R L, Belnap J, Findlay S G, et al. 2014. Extracellular enzyme kinetics scale with resource availability. Biogeochemistry, 121: 287-304.

Sinsabaugh R L, Follstad Shah J J. 2012. Ecoenzymatic stoichiometry and ecological theory. Annual Review of Ecology, Evolution, and Systematics, 43: 313-343.

Sinsabaugh R L, Hill B H, Follstad Shah J J. 2009. Ecoenzymatic stoichiometry of microbial organic nutrient acquisition in soil and sediment. Nature, 462: 795-798.

Sinsabaugh R L, Lauber C L, Weintraub M N, et al. 2008. Stoichiometry of soil enzyme activity at global scale. Ecology Letters, 11(11): 1252-1264.

Sinsabaugh R L, Manzoni S, Moorhead D L, et al. 2013. Carbon use efficiency of microbial communities: stoichiometry, methodology and modelling. Ecology Letters, 16(7): 930-939.

Sivakumar N. 2013. Effect of edaphic factors and seasonal variation on spore density and root colonization of arbuscular mycorrhizal fungi in sugarcane fields. Annals of Microbiology,63:151-160.

Sivaprasad P, Sulochana K K, Salam M A. 1990. Vesicular-arbuscular mycorrhizae VAM. colonization in lowland rice roots and its effect on growth and yield. International Rice Research Newsletter, 156:14-15.

Six J, Conant R T, Paul E A, et al. 2002. Stabilization mechanisms of soil organic matter. Implications for C-saturation of soils. Plant and Soil, 241: 155-176.

Six J, Frey S D, Thiet R K, et al. 2006. Bacterial and fungal contributions to carbon sequestration in agroecosystems. Soil Science Society of America Journal, 70: 555-569.

Six J, Paustian K. 2014. Aggregate-associated soil organic matter as an ecosystem property and a measurement tool. Soil Biology and Biochemistry, 68: A4-A8.

Sjogersten S, Turner B L, Mahieu N, et al. 2003. Soil organic matter biochemistry and potential susceptibility to climatic change across the forest-tundra ecotone in the Fennoscandian mountains. Global Change Biology, 9: 759-772.

Sjostrom S L, Bai Y, Huang M, et al. 2014. High-throughput screening for industrial enzyme production hosts by droplet microfluidics. Lab on a Chip, 14(4): 806-813.

Smalla K, Wieland G, Buchner A, et al. 2001. Bulk and rhizosphere soil bacterial communities studied by denaturing gradient gel electrophoresis: Plant-dependent enrichment and seasonal shifts revealed. Applied and Environmental Microbiology, 67: 4742-4751.

Smit E, Leeflang P, Gommans S, et al. 2001. Diversity and seasonal fluctuations of the dominant members of the bacterial soil community in a wheat field as determined by cultivation and molecular methods. Applied and Environmental Microbiology, 67: 2284-2291.

Smith A P, Marín-Spiotta E, de Graaff M A, et al. 2014. Microbial community structure varies across soil organic matter aggregate pools during tropical land cover change. Soil Biology and Biochemistry, 77: 292-303.

Smith C J, Chalk P M. 2018. The residual value of fertiliser N in crop sequences: An appraisal of 60 years of research using 15N tracer . Field Crops Research, 217: 66-74.

Smith K A, Ball T, Conen F, et al. 2003. Exchange of greenhouse gases between soil and atmosphere: Interactions of soil physical factors and biological processes. European Journal of Soil Science, 2003, 54(4): 779-791.

Smith R S, Iglewski B H. 2003. P-aeruginosa quorum-sensing systems and virulence.

Curr Opin Microbiol, 6, (1): 56-60.

Smith S E, Read D J. 1997. Mycorrhizal Symbiosis. New York, NY: Academic Press.

Smith S E, Jakobsen I, Grønlund M, et al. 2011. Roles of arbuscular mycorrhizas in plant phosphorus nutrition: interactions between pathways of phosphorus uptake in arbuscular mycorrhizal roots have important implications for understanding and manipulating plant phosphorus acquisition. Plant Physiology, 156:1050-1057.

Smith S E, Read D J. 2008. Mycorrhizal symbiosis. 3rd edition. Cambridge, UK: Academic Press.

Smith S E, Smith F A. 2011. Roles of arbuscular mycorrhizas in plant nutrition and growth:new paradigms from cellular to ecosystem scales. Annual Review of Plant Biology,62: 227-250.

Sohrt J, Lang F, Weiler M, et al. 2017. Quantifying components of the phosphorus cycle in temperate forests. Wiley Interdisciplinary Reviews-Water, 2017, 4: 1243.

Solaiman M Z, Hirata H. 1995. Effects of indigenous arbuscular mycorrhizal fungi in paddy field on rice growth and N, P, K nutrition under different water regimes. Soil Science and Plant Nutrition, 41:505-514.

Solaiman M Z, Hirata H. 1996. Effectiveness of arbuscular mycorrhizal colonization at nursery-stage on growth and nutrition in wetland rice *Oryza sativa* L. after transplanting under different soil fertility and water regimes. Soil Science and Plant Nutrition, 42:561-571.

Solaiman M Z, Hirata H. 1997a. Responses of directly seeded wetland rice to arbuscular mycorrhizal fungi inoculation. Journal of Plant Nutrition, 20:1479-1487.

Solaiman M Z, Hirata H. 1997b. Effect of arbuscular mycorrhizal fungi inoculation of rice seedlings at the nursery stage upon performance in the paddy field and greenhouse. Plant Soil, 191:1-12.

Sollins P, Homann P, Caldwell B A. 1996. Stabilization and destabilization of soil organic matter: mechanisms and controls. Geoderma, 74: 65-105.

Solomon D, Lehmann J, Zech W. 2001. Land use effects on amino sugar signature of chromic Luvisol in the semi-arid part of northern Tanzania. Biology and Fertility of Soils, 33 (1): 33-40.

Song B, Lisa J A, Tobias C R. 2014. Linking DNRA community structure and activity in a shallow lagoonal estuarine system. Frontiers in Microbiology, (5): 1-10.

Song CQ, Wu JS, Lu YH, et al. 2013. Advances of soil microbiology in the last decade in China. Advances in Earth Science, 28(10): 1087-1105. (In Chinese with English abstract)

Song H, Tice J D, Ismagilov R F. 2003. A microfluidic system for controlling reaction networks in time. Angewandte Chemie International Edition , 42(7): 768-772.

Song Y, Deng S P, Acosta-Martínez V, et al. 2008. Characterization of redox-related soil microbial communities along a river floodplain continuum by fatty acid methyl ester (FAME) and 16S rRNA genes. Applied Soil Ecology, (40): 499-509.

Song Y, Kaster AK, Vollmers J, et al. 2017. Single-cell genomics based on Raman sorting reveals novel carotenoid-containing bacteria in the Red Sea. Microbial Biotechnology, 10: 125-137.

Song Y, Yin H, Huang WE. 2016. Raman activated cell sorting. Current Opinion in Chemical Biology, 33: 1-8.

Sonja K, Mireille C, Géraldine L, et al. 2003. A diffusible factor from arbuscular mycorrhizal fungi induces symbiosis-specific MtENOD11 expression in roots of Medicago truncatula. Plant Physiology, 131 (3): 952-962.

Soto M J, Fernández-Aparicio M, Castellanos-Morales V, et al. 2010. First indications for the involvement of strigolactones on nodule formation in alfalfa（Medicago sativa）. Soil Biology and Biochemistry, 42(2): 383-385.

Sotomayor D, Rice C W. 1996. Denitrification in soil profiles beneath grassland and cultivated soils. Soil Science Society of America Journal, 60: 1822-1828.

Soyano T, Kouchi H, Hirota A, et al. 2013. Nodule Inception directly targets NF-Y subunit genes to regulate essential processes of root nodule development in Lotus japonicus. PLoS Genetics, 9(3): e1003352.

Spain A M, Krumholz L R, Elshahed M S. 2009. Abundance, composition, diversity and novelty of soil Proteobacteria. The ISME Journal, 3: 992-1000.

Spehn E M, Joshi J, Schmid B, et al. 2000. Plant diversity effects on soil heterotrophic activity in experimental grassland ecosystems. Plant and Soil, 224: 217-230.

Spohn M, Muller K, Hoschen C, et al. 2020. Dark microbial $CO_2$ fixation in temperate forest soils increases with $CO_2$ concentration. Global Change Biology, 26: 1926-1935.

Spott O, Russow R, Stange C F. 2011. Formation of hybrid N2O and hybrid N2 due to codenitrification: First review of a barely considered process of microbially mediated N-nitrosation. Soil Biology and Biochemistry, 43 (10): 1995-2011.

Sprunck S, Rademacher S, Vogler F, et al. 2012. Egg cell-secreted EC1 triggers sperm cell activation during double fertilization. Science, 338(6110): 1093-1097.

Sradnick A, Oltmanns M, Raupp J, et al. 2014. Microbial residue indices down the soil profile after long-term addition of farmyard manure and mineral fertilizer to a sandy soil. Geoderma, 226-227: 79-84.

Staddon P L, Ramsey C B, Ostle N, et al. 2003. Rapid turnover of hyphae of mycorrhizal fungi determined by AMS microanalysis of $^{14}C$. Science, 300: 1138-1140.

Stahl D A, Amann R. 1991. Development and application of nucleic acid probes in bacterial systematics// Stackebrandt E, Goodfellow M. Nucleic Acid Techniques in Bacterial Systematics. Chichester: John Wiley & Sons.

Stahl D A, De La Torre J R. 2012. Physiology and diversity of ammonia-oxidizing archaea. Annual Review of Microbiology, 66: 83-101.

Stahl Y, Faulkner C. 2016. Receptor Complex Mediated Regulation of Symplastic Traffic. Trends in plant science, 21: 450-459.

Stahl Y, Grabowski S, Bleckmann A, et al. 2013. Moderation of Arabidopsis root stemness by CLAVATA1 and ARABIDOPSIS CRINKLY4 receptor kinase complexes. Current biology, 23: 362-371.

Stark J M, Firestone M K. 1995. Mechanisms for soil moisture effects on activity of nitrifying bacteria. Applied & Environmental Microbiology, 61(1): 218-221.

Stark J M, Hart S C. 1997. High rates of nitrification and nitrate turnover in undisturbed coniferous forests. Nature, (385): 61-64.

Starke R, Jehmlich N, Bastida F. 2019. Using proteins to study how microbes contribute to soil ecosystem services: The current state and future perspectives of soil metaproteomics. Journal of Proteomics, 198: 50-58.

Starke R, Kermer R, Ullmann-Zeunert L, et al. 2016. Bacteria dominate the short-term assimilation of plant-derived N in soil. Soil Biology and Biochemistry, 96: 30-38.

Starkenburg S R, Chain P S G, Sayavedra-Soto LA, et al. 2006. Genome sequence of the chemolithoautotrophic nitrite-oxidizing bacterium Nitrobacter winogradskyi Nb-255. Appl Environ Microb, 72, (3): 2050-2063.

Steenwerth K L, Jackson L E, Calderón F J, et al. 2005. Response of microbial community composition and activity in agricultural and grassland soils after a simulated rainfall. Soil Biology & Biochemistry, 37: 2249-2262.

Stegen J C, Freestone A L, Crist T O, et al. 2013. Stochastic and deterministic drivers of spatial and temporal turnover in breeding bird communities. Global Ecology and Biogeography, 22: 202-212.

Stegen J C, Lin X J, Fredrickson J K, et al. 2013. Quantifying community assembly processes and identifying features that impose them. The ISME Journal, 7: 2069-2079.

Stegen J C, Lin X J, Konopka A E, Fredrickson J K. 2012. Stochastic and deterministic assembly processes in subsurface microbial communities. The ISME Journal, 6: 1653-1664.

Steinauer K, Fischer F M, Roscher C, et al. 2017. Spatial plant resource acquisition traits explain plant community effects on soil microbial properties. Pedobiologia, 65: 50-57.

Steinbeiss S, Gleixner G, Antonietti M. 2009. Effect of biochar amendment on soil carbon balance and soil microbial activity. Soil Biology & Biochemistry, (41): 1301-1310.

Steinberg L M, Regan J M. 2008. Phylogenetic comparison of the methanogenic communities from an acidic, oligotrophic fen and an anaerobic digester treating municipal wastewater sludge. Appl Environ Microbiol, 74: 6663-6671.

Stempfhuber B, Engel M, Fischer D, et al. 2014. pH as a driver for ammonia-oxidizing Archaea in Forest Soils. Microbial Ecology, 69: 879-883.

Stepanauskas R, Fergusson E A, Brown J, et al. 2017. Improved genome recovery and integrated cell-size analyses of individual uncultured microbial cells and viral particles. Nature Communications, 8:2134. doi:https://doi.org/10.1038/s41467-017-02128-5.

Stephenson M G, Parkep M B, Gaines T P, et al. 1987. Manganese and soil pH effects on yield and quality of flue-cured tobacco. Tobacco Science, 189(26): 69-73.

Stern W R. 1993. Nitrogen fixation and transfer in intercrop systems. Field Crops Research, 34: 335-356.

Sterner R W, Elser J J. 2002. Ecological Stoichiometry: The Biology of Elements From Molecules to the Biosphere. Princeton: Princeton University Press.

Stes E, Depuydt S, De Keyser A, et al. 2015. Strigolactones as an auxiliary hormonal defence mechanism against leafy gall syndrome in Arabidopsis thaliana. Journal of Experimental Botany, 66(16): 5123-5134.

Stoorvogel J J, Bakkenes M, Temme A J M, et al. 2016. S-world: aglobal soil map for environmental modelling. Land Degradation and Development. 28: 22-33.

Stotz H U, Spence B, Wang Y, 2009. A defensin from tomato with dual function in defense and development. Plant Mol Biol, 71 (1-2): 131-143.

Stotz H U, Thomson J G, Wang Y. 2009. Plant defensins: defense, development and application. Plant Signal Behav, 4 (11): 1010-1012.

Stracke S, Kistner C, Yoshida S, et al. 2002. A plant receptor-like kinase required for both bacterial and fungal symbiosis. Nature, 417(6892): 959-962.

Straub T, Ludewig U, Neuhäeuser B. 2017. The kinase CIPK23 inhibits ammonium transport in Arabidopsis thaliana. The Plant Cell, 29: 409-422.

Strecker T, Barnard R L, Niklaus P A, et al. 2015. Effects of plant diversity, functional group composition, and fertilization on soil microbial properties in experimental grassland. Plos One, 10: 1-16.

Strickland M S, Rousk J. 2010. Considering fungal: bacterial dominance in soils - Methods, controls, and ecosystem implications. Soil Biology & Biochemistry, 42 (9): 1385-1395.

Strickland M S, Wickings K, Bradford M A. 2012. The fate of glucose, a low molecular weight compound of root exudates, in the belowground foodweb of forests and pastures. Soil Biology and Biochemistry, 49: 23-29.

Stromberger M E, Keith A M, Schmidt O. 2012. Distinct microbial and faunal communities and translocated carbon in *Lumbricusterrestris drilospheres*. Soil Biology and Biochemistry, 46: 155-162.

Strong D T, Wever H D, Merckx R, et al. 2004. Spatial location of carbon decomposition in the soil pore system. European Journal of Soil Science, 55: 739-750.

Stubner S. 2002. Enumeration of 16S rDNA of Desulfotomaculum lineage 1 in rice field soil by real-time PCR with SybrGreenTM detection. Journal of Microbiological Methods, 50: 155-164.

Su J Q, Ding L J, Xue K, et al. 2015. Long-term balanced fertilization increases the soil microbial functional diversity in a phosphorus-limited paddy soil. Molecular Ecology, (24): 136-150.

Su J Q, Xia Y, Yao H Y, et al. 2017. Metagenomic assembly unravel microbial response to redox fluctuation in acid sulfate soil. Soil Biology & Biochemistry, 2017(105): 244-252.

Su T, Dijkstra F A, Wang P, et al. 2017. Rhizosphere priming effects of soybean and cottonwood: do they vary with latitude? Plant and Soil, 420: 349-360.

Subbarao G V, Ito O, Sahrawat K L, et al. 2006. Scope and strategies for regulation of nitrification in agricultural systems-challenges and opportunities. Critical Reviews in Plant Sciences 25: 303-335.

Subbarao G V, Nakahara K, Hurtado MP, et al. 2009. Evidence for biological nitrification inhibition in *Brachiaria pastures*. Proceedings of the National Academy of Sciences of the USA, 106: 17302-17307.

Subbarao G V, Yoshihashi T, Worthington M, et al. 2015. Suppression of soil nitrification by plants. Plant Science, 233: 155-164.

Sulieman S, Mühling K H. 2021. Utilization of soil organic phosphorus as a strategic approach for sustainable agriculture. Journal of Plant Nutrition and Soil Science, 184: 311-319.

Sun H W, Tao J Y, Liu S J, et al. 2014. Strigolactones are involved in phosphate- and nitrate-deficiency-induced root development and auxin transport in rice. Journal of Experimental Botany, 65(22): 6735-6746.

Sun L, Di D, Li G, et al. 2017. Spatio-temporal dynamics in global rice gene expression (*Oryza sativa* L.) in response to high ammonium stress. Journal of Plant Physiology, 212: 94-104.

Sun L, Lu Y F, Kronzucker H J, et al. 2016. Quantification and enzyme targets of fatty acid amides from duckweed root exudates involved in the stimulation of denitrification. Journal of Plant Physiology 198: 81-88.

Sun L, Lu Y F, Yu F W, et al. 2016. Biological nitrification inhibition by rice root exudates and its relationship with nitrogen use efficiency. New Phytologist 212: 646-656.

Sun M, Alikhani J, Massoudieh A, et al. 2017. Phytate degradation by different phosphohydrolase enzymes: contrasting kinetics, decay rates, pathways, and isotope effects. Soil Science Society of America Journal, 2017, 81: 61.

Sun Q B, Shen R F, Zhao X Q, et al. 2008. Phosphorus enhances Al resistance in Al-resistant *Lespedeza bicolor* but not in Al-sensitive L. cuneata under relatively high Al stress. Annals of Botany, 102: 795-804.

Sun Q, Qiu H S, Hu Y J, et al. 2019. Cellulose and lignin regulate partitioning of soil phosphorus fractions and alkaline phosphomonoesterase encoding bacterial community in phosphorus-deficient soils. Biology and Fertility of Soils, 55(1):

31-42.

Sun R B, Zhang X X, Guo X S, et al. 2015. Bacterial diversity in soils subjected to long-term chemical fertilization can be more stably maintained with the addition of livestock manure than wheat straw. Soil Biology and Biochemistry, 88(4): 9-18.

Sun R, Dsouza M, Gilbert J A, et al. 2016. Fungal community composition in soils subjected to long-term chemical fertilization is most influenced by the type of organic matter. Environmental Microbiology, 18: 5137-5150.

Sun R, Zhang X X, Guo X, et al. 2015. Bacterial diversity in soils subjected to long-term chemical fertilization can be more stably maintained with the addition of livestock manure than wheat straw. Soil Biology & Biochemistry, (88): 9-18.

Sunagawa S, Coelho LP, Chaffron S, et al. 2015. Ocean plankton. structure and function of the global ocean microbiome. Science, 348(6237): 1261359.

Sutherland I W. 2001. The biofilm matrix-an immobilized but dynamic microbial environment. Trends in Microbiology, 9: 222-227.

Suzaki T, Kawaguchi M. 2014. Root nodulation: a developmental program involving cell fate conversion triggered by symbiotic bacterial infection. Current Opinion in Plant Biology, 21: 16-22.

Swanson M E, Franklin J F, Beschta R L, et al. 2011. The forgotten stage of forest succession: early-successional ecosystems on forest sites. Frontiers in Ecology and the Environment, 9: 117-125.

Swift M J, Heal O W, Anderson J M. 1979. Decomposition in Terrestrial Ecosystems. Oakland, California: University of California Press.

Ta T C, Faris M A. 1988. Effects of environment conditions on the fixation and transfer of nitrogen from alfalfa to associated timothy. Plant and Soil, 107: 25-30.

Tabatabai, M A. 1994. Soil enzymes// Weaver R W, Angle J S, Bottomley P S. Methods of Soil Analysis, Part 2, Microbiological and Biochemical Properties. Madison, WI: Soil Science Society of America: 775-833.

Tai V, Carpenter KJ, Weber PK, et al. 2016. Genome evolution and nitrogen-fixation in bacterial ectosymbionts of a protist inhabiting wood-feeding cockroaches. Applied and Environmental Microbiology, 82: 4682-4695.

Takahashi F, Suzuki T, Osakabe Y, et al. 2018. A small peptide modulates stomatal control via abscisic acid in long-distance signalling. Nature, 556 (7700): 235-238.

Takeuchi H, Higashiyama T. 2012. A species-specific cluster of defensin-like genes encodes diffusible pollen tube attractants in Arabidopsis. PLoS Biol, 10(12):

e1001449.

Takeuchi H, Higashiyama T. 2016. Tip-localized receptors control pollen tube growth and LURE sensing in Arabidopsis. Nature, 531(7593): 245-248.

Talbot J M, Bruns T D, Taylor J W, et al. 2014. Endemism and functional convergence across the North American soil mycobiome. Proceedings of National Academy of Sciences, USA, 111: 6341-6346.

Talbot J M, Treseder K K. 2010. Controls over mycorrhizal uptake of organic nitrogen. Pedobiologia, 53: 169-179.

Taleski M, Imin N, Djordjevic M A. 2016. New role for a CEP peptide and its receptor: complex control of lateral roots. J Exp Bot, 67 (16): 4797-4799.

Taleski M, Imin N, Djordjevic M A. 2018. CEP peptide hormones: key players in orchestrating nitrogen-demand signalling, root nodulation, and lateral root development. J Exp Bot, 69(8): 1829-1836.

Tamburini F, Pfahler V, Bunemann E K, et al. 2012. Oxygen isotopes unravel the role of microorganisms in phosphate cycling in soils. Environ Sci Technol, 2012, 46: 5956-5962.

Tan H, Matthieu B, Mooij M J, et al. 2013. Long-term phosphorus fertilisation increased the diversity of the total bacterial community and the phoD phosphorus mineraliser group in pasture soils. Biology and Fertiilty of Soils, 49: 661-672.

Tanaka J P, Nardi P, Wissuwa M. 2010. Nitrification inhibition activity, a novel trait in root exudates of rice. AoB Plants: plq014.

Tanaka M, Sotta N, Yamazumi Y, et al. 2016. The minimum open reading frame, aug-stop, induces boron-dependent ribosome stalling and mRNA degradation. Plant Cell, 28 (11): 2830-2849.

Tandra F, Derek H L, Martin H E, et al. 2015. Linking alkaline phosphatase activity with bacterial phoD gene abundance in soil from a long-term management trial. Geoderma, 257: 115-122.

Tang X, Ma Y, Hao X, et al. 2009. Determining critical values of soil Olsen-P for maize and winter wheat from long-term experiments in China. Plant and Soil, 2009, 323: 143-151.

Tavi N M, Martikainen P J, Lokko K, et al. 2013. Linking microbial community structure and allocation of plant-derived carbon in an organic agricultural soil using $^{13}CO_2$ pulse-chase labelling combined with $^{13}$C-PLFA profiling. Soil Biology & Biochemistry, 2013(58): 207-215.

Tavormina P, De Coninck B, Nikonorova N, et al. 2015. The plant peptidome: an expanding repertoire of structural features and biological functions. Plant Cell, 27 (8): 2095-2118.

Taylor A R, Bloom A J. 1998. Ammonium, nitrate, and proton fluxes along the maize root. Plant, Cell and Environment, 21: 1255-1263.

Taylor E B, Williams M A. 2010. Microbial protein in soil: influence of extraction method and C amendment on extraction and recovery. Microbial Ecology, 59(2): 390-399.

Taylor P G, Townsend A R. 2010. Stoichiometric control of organic carbon-nitrate relationships from soils to the sea. Nature, 464: 1178-1181.

Tedersoo L, Bahram M, Polme S, et al. 2014. Global diversity and geography of soil fungi. Science, 346: 1052.

Tedersoo L, Bahram M, Toots M, et al. 2012. Towards global patterns in the diversity and community structure of ectomycorrhizal fungi. Molecular Ecology, 21: 4160-4170.

Tedersoo L, Mett M, Ishida T A, et al. 2013. Phylogenetic relationships among host plants explain differences in fungal species richness and community composition in ectomycorrhizal symbiosis. New Phytologist, 199: 822-831.

Tedersoo L, Nara K. 2010. General latitudinal gradient of biodiversity is reversed in ectomycorrhizal fungi. New Phytologist, 185: 351-354.

Teeling H, Glockner FO. 2012. Current opportunities and challenges in microbial metagenome analysis—a bioinformatic perspective. Brief Bioinform, 6(13): 728-742.

Teh S Y, Lin R, Hung L H, et al. 2008. Droplet microfluidics. Lab on a Chip, 8(2): 198-220.

Teng W, Deng Y, Chen X P, et al. 2013. Characterization of root response to phosphorus supply from morphology to gene analysis in field-grown wheat. Journal of Experimental Botany, 64: 1403-1411.

Terekhov S S, Smirnov I V, Malakhova M V, et al. 2018. Ultrahigh-throughput functional profiling of microbiota communities. Proceedings of the National Academy of Sciences of the United States of America, 115(38): 9551-9556.

Thamdrup B, Dalsgaard T. 2002. Production of $N_2$ through anaerobic ammonium oxidation coupled to nitrate reduction in marine sediments. Applied and Environmental Microbiology, 68: 1312-1318.

Thamdrup B. 2012. New pathways and processes in the global nitrogen cycle. Annual Review of Ecology, Evolution, and Systematics, 43: 407-428.

Thevenot M, Dignac M F, Rumpel C. 2010. Fate of lignins in soils: a review. Soil Biology and Biochemistry, 42: 1200-1211.

Thion C E, Poirel J D, Cornulier T, et al. 2016. Plant nitrogen-use strategy as a driver of rhizosphere archaeal and bacterial ammonia oxidiser abundance. Fems Microbiology Ecology, 92: 1-11.

Thomas T, Jack G, Meyer F. 2012. Metagenomics—a guide from sampling to data analysis. Microbial Informatics and Experimentation, 2:3.

Thompson J P. 1987. Decline of vesicular-arbuscular mycorrhizae in long fallow disorder of field crops and its expression in phosphorus deficiency of sunflower. Australian Journal of Agricultural Research,38:847-867.

Thompson L R, Sanders J G, McDonald D, et al. 2017. A communal catalogue reveals Earth's multiscale microbial diversity. Nature, 551: 457-463.

Thorsen T, Roberts R W, Arnold F H, et al. 2001. Dynamic pattern formation in a vesicle-generating microfluidic device. Physical Review Letters , 86(18): 4163-4166.

Throback IN, Enwall K, Jarvis A, et al. 2004. Reassessing PCR primers targeting *nirS*, *nirK* and *nosZ* genes for community surveys of denitrifying bacteria with DGGE. FEMS Microbiol Ecol, 49: 401-417.

Tian D, Wang L Y, Hu J, et al. 2021. A study of p release from Fe-P and Ca-P via the organic acids secreted by aspergillus niger. Journal of Microbiology, 59: 819-826.

Tian H, Chen G, Zhang C, et al. 2010. Pattern and variation of C∶N∶P ratios in China's soils: a synthesis of observational data. Biogeochemistry, 2010, 98: 139-151.

Tian J, Lou Y, Gao Y, et al. 2017. Response of soil organic matter fractions and composition of microbial community to long-term organic and mineral fertilization. Biology and Fertility of Soils, 53: 523-532.

Tilman D. 1982. Resource Competition and Community Structure. Princeton: Princeton University Press.

Tirichine L, Imaizumi-Anraku, Yoshida S, et al. 2006. Deregulation of a $Ca^{2+}$/ calmodulin-dependent kinase leads to spontaneous nodule development. Nature, 441 (7097): 1153-1156.

Tisdall J M, Oades J M, 1982. Organic matter and water-stable aggregates in soils.

European Journal of Soil Science, 33: 141-163.

Toberman H, Chen C R, Xu Z H. 2011. Rhizosphere effects on soil nutrient dynamics and microbial activity in an Australian tropical lowland rainforest. Soil Research, 49: 652-660.

Tokeshi M. 1990. Niche apportionment or random assortment-species abundance patterns revisited. Journal of Animal Ecology, 59: 1129-1146.

Toro M, Azcón R, Barea J M. 1998. The use of isotopic dilution techniques to evaluate the interactive effects of Rhizobium genotype, mycorrhizal fungi, phosphate-solubilizing rhizobacteria and rock phosphate on nitrogen and phosphorus acquisition by Medicago sativa. New Phytologist, 138: 265-273.

Torres-Vera R, García J M, Pozo M J, et al. 2014. Do strigolactones contribute to plant defence? Molecular Plant Pathology, 15 (2): 211-216.

Torsvik V, Øvreås L. 2002. Microbial diversity and function insoil: from genes to ecosystems. Current Opinion in Microbiology, 5: 240-245.

Trap J, Bonkowski M, Plassard C, et al. 2016. Ecological importance of soil bacterivores for ecosystem functions. Plant and Soil, 398: 1-24.

Treseder K K. 2004. A meta-analysis of mycorrhizal responses to nitrogen, phosphorus, and atmospheric $CO_2$ in field studies. New Phytologist, 164: 347-355.

Treseder K K. 2008. Nitrogen additions and microbial biomass: a meta-analysis of ecosystem studies. Ecology Letters, 11: 1111-1120.

Treusch A H, Leininger S, Kletzin A, et al. 2005. Novel genes for nitrite reductase and amo-related proteins indicate a role of uncultivated mesophilic crenarchaeota in nitrogen cycling. Environmental Microbiology, 7: 1985-1995.

Tripathi B M, Kim M, Lai-Hoe A, et al. 2013. pH dominates variation in tropical soil archaeal diversity and community structure. FEMS Microbiology Ecology, 86: 303-311.

Tripathi B M, Stegen J C, Kim M, et al. 2018. Soil pH mediates the balance between stochastic and deterministic assembly of bacteria. ISME J, 12: 1072-1083.

Trivedi P, Delgado-Baquerizo M, Jeffries T C, et al. 2017. Soil aggregation and associated microbial communities modify the impact of agricultural management on carbon content. Environmental Microbiology, 19: 3070-3086.

Trivedi P, Delgado-Baquerizo M, Trivedi C, et al. 2016. Microbial regulation of the soil carbon cycle: evidence from gene-enzyme relationships. The International Society for Microbial Ecology Journal, 10: 2593-2604.

Trivedi P, Delgado-Baquerizo M, Trivedi C, et al. 2016. Microbial regulation of the soil carbon cycle: evidence from gene-enzyme relationships. The ISME Journal, 10: 2593-2604.

Tscherko D, Hammesfahr U, Marx M, et al. 2004. Shifts in rhizosphere microbialcommunities and enzyme activity of Poa alpine across an alpine chronosequence. Soil Biology and Biochemistry, 36: 1685-1698.

Tsikou D, Yan Z, Holt DB, et al. 2018. Systemic control of legume susceptibility to rhizobial infection by a mobile microRNA. Science, 362(6411): 233-236

Tu Q, Yu H, He Z, et al. 2014. GeoChip 4: a functional gene-array-based high-throughput environmental technology for microbial community analysis. Mol Ecol Resour, 14: 914-928.

Turner M M, Henry H A L. 2010. Net nitrogen mineralization and leaching in response to warming and nitrogen deposition in a temperate old field: the importance of winter temperature. Oecologia, 162: 227-236.

Turner T R, Ramakrishnan K, Walshaw J, et al. 2013. Comparative metatranscriptomics reveals kingdom level changes in the rhizosphere microbiome of plants. the ISME Journal, 7(12): 2248-2258.

Tylianakis J M, Didham R K, Bascompte J, et al. 2008. Global change and species interactions in terrestrial ecosystems. Ecology Letters, 11: 1351-1363.

Ulery A L, Graham R C, Goforth B R, et al. 2017. Fire effects on cation exchange capacity of California forest and woodland soils. Geoderma, 286: 125-130.

Umehara M, Hanada A, Magome H, et al. 2010. Contribution of strigolactones to the inhibition of tiller bud outgrowth under phosphate deficiency in rice. Plant and Cell Physiology, 51(7): 1118-1126.

UN Food and Agriculture Organization. 2018. Crops/Regions/World list/Production Quantity, Rice paddy, 2017 Corporate Statistical Database FAOSTAT. Retrieved at http://wwwfaoorg/faostat/en/#data/QC on January 2, 2019.

Uriarte M, Turner B L, Thompson J, et al. 2015. Linking spatial patterns of leaf litterfall and soil nutrients in a tropical forest: a neighborhood approach. Ecological Applications, 25: 2022-2034.

Uroz S, Calvaruso C, Turpault M P, et al. 2007. Effect of the mycorrhizosphere on the genotypic and metabolic diversity of the bacterial communities involved in mineral weathering in a forest soil. Appl Environ Microbiol, 73: 3019-3027.

Uroz S, Turpault M P, van Scholl L, et al. 2011. Long term impact of mineral amendment on the distribution of the mineral weathering associated bacterial communities from the beech Scleroderma citrinum ectomycorrhizosphere. Soil Biol Biochem, 43: 2275-2282.

Ustuner O, Wininger S, GadkarV, et al. 2009. Evaluation of different compost amendments with AM fungal inoculum for optimal growth of chives. Compost Science and Utilization,17:257-265.

Valentine D L. 2007. Adaptations to energy stress dictate the ecology and evolution of the Archaea. Nature Reviews Microbiology, 5: 316-323.

VallenetD, CalteauA, CruveillerS, et al. 2017. MicroScope in 2017: an expanding and evolving integratedresource for community expertise of microbial genomes. Nucleic Acids Research., 45, D517-D528.

van der Heijden M G A, Bardgett R D, van Straalen N M. 2007. The unseen majority: soil microbes as drivers of plant diversity and productivity in terrestrial ecosystems. Ecology Letters, 11(3): 296-310.

van der Heijden M G. 2010. Mycorrhizal fungi reduce nutrient loss from model grassland ecosystems. Ecology, 91:1163-1171.

van der Putten W H, Vet L E, Harvey J A, et al. 2001. Linking above-and belowground multitrophic interactions of plants, herbivores, pathogens, and their antagonists. Trends in Ecology and Evolution, 16: 547-554.

van Dorst J, Siciliano S D, Winsley T, et al. 2014. Bacterial targets as potential indicators of diesel fuel toxicity in subantarctic soils. Applied and Environmental Microbiology, 80: 4021-4033.

van Hees P A W, Jones D L, Finlay R, et al. 2005. The carbon we do not see - the impact of low molecular weight compounds on carbon dynamics and respiration in forest soils: A review. Soil Biology and Biochemistry, 37: 1-13.

Vance C P, Uhde-Stone C, Allan D L. 2003. Phosphorus acquisition and use: critical adaptations by plants for securing a nonrenewable resource. New Phytologist, 157 (3): 423-447.

Vandegraaf A A, Mulder A, Debruijn P, et al. 1995. Anaerobic oxidation of ammonium is a biologically mediated process. Applied and Environmental Microbiology, 61: 1246-1251.

Vaxevanidou K, Christou C, Kremmydas G F, et al. 2015. Role of indigenous arsenate and iron respiring microorganisms in controlling the mobilization of arsenic in a contaminated soil sample. Bulletin of Environmental Contamination and Toxicology, 94(3):282-288.

Velasquez S M, Ricardi M M, Dorosz J G, et al. 2011. O-glycosylated cell wall proteins are essential in root hair growth. Science, 332 (6036): 1401-1403.

Vellend M, Srivastava D S, Anderson K M, et al. 2014. Assessing the relative importance of neutral stochasticity in ecological communities. Oikos, 123: 1420-1430.

Vellend M. 2010. Conceptual synthesis in community ecology. Quarterly Review of Biology, 85: 183-206.

Veneklaas E J, Lambers H, Bragg J, et al. 2012. Opportunities for improving phosphorus-use efficiency in crop plants. New Phytologist, 195(2): 306-320.

Venter J C, Remington K, Heidelberg J F, et al. 2004. Environmental genome shotgun sequencing of the sargasso sea. Science, 304: 66-74.

Veraart A J, de Klein J J M, Scheffer M. 2011. Warming can boost denitrification disproportionately due to altered oxygen dynamics. Plos One, 6: 1-6.

Verbruggen E, van der Heijden, Marcel G A, et al. 2013. Mycorrhizal fungal establishment in agricultural soils: factors determining inoculation success. New Phytologist, 197: 1104-1109.

Veresoglou S D, Halley J M, Rillig M C. 2015. Extinction risk of soil biota. Nature Communications, 6: 8862.

Vezina L P, Hope H J, Joy K W. 1987. Isoenzymes of glutamine synthetase in roots of pea (*Pisum sativum* L. cv *Little Marvel*) and alfalfa (*Medicago media* Pers. cv Saranac). Plant Physiology, 83(1): 58-62.

Victor T, Delpratt N, Cseke S B, et al. 2017. Imaging nutrient distribution in the rhizosphere using FTIR imaging. Analytical Chemistry, 89: 4831-4837.

Virginia R, Jarrell W, Whitford W, et al. 1992. Soil biota and soil properties in the surface rooting zone of mesquite (*Prosopis glandulosa*) in historical and recently desertified Chihuahuan Desert habitats. Biology and Fertility of Soils, 14: 90-98.

Vitousek P M, Howarth R W. 1991. Nitrogen limitation on land and in the sea-how can it occur. Biogeochemistry, 13: 87-115.

Vitousek P M, Mooney H A, Lubchenco J, et al. 1997. Human domination of Earth's ecosystems. Science, 277: 494-499.

Vitousek P M. 1982. Nutrient cycling and nutrient use efficiency. American Naturalist, 119: 553-572.

von Luetzow M, Koegel-Knabner I. 2009. Temperature sensitivity of soil organic matter decomposition-what do we know? Biology and Fertility of Soils, 46: 1-15.

von Lützow M, Kögel-Knabner I, Ekschmitt K, et al. 2006. Stabilization of organic matter in temperate soils: mechanisms and their relevance under different soil conditions-a review. European Journal of Soil Science, 57: 526-545.

von Sperber C, Kries H, Tamburini F, et al. 2014. The effect of phosphomonoesterases on the oxygen isotope composition of phosphate. Geochimica et Cosmochimica Acta, 125: 519-527.

von Uexküll H R, Mutert E. 1995. Global extent, development and economic impact of acid soils. Plant and Soil,171: 1-15.

von Wirén N, Merrick M. 2004. Regulation and Function of Ammonium Carriers in Bacteria, Fungi, and Plants Molecular Mechanisms Controlling Transmembrane Transport. Berlin, Heidelberg: Springer.

Wagg C, Jansa J, Stadler M, et al. 2011. Mycorrhizal fungal identity and diversity relaxes plant-plant competition. Ecology, 92: 1303-1313.

Waid J S. 1999. Does soil biodiversity depend upon metabiotic activity and influences? Applied Soil Ecology, 13: 151-158.

Wais R J, Galera C, Oldroyd G, et al. 2000. Genetic analysis of calcium spiking responses in nodulation mutants of Medicago truncatula. Proceedings of the National Academy of Sciences, 97 (24): 13407-13412.

Wakelin S,Mander C,Gerard E,et al. 2012. Response of soil microbial communities to contrasted histories of phosphorus fertilisation in pastures. Applied Soil Ecology, 61:40-48.

Wal A, Geydan T D, Kuyper T W, et al. 2013. A1 thready affair: linking fungal diversity and community dynamics to terrestrial decomposition processes. FEMS Microbiology Reviews, 37(4): 477-494.

Walder F, Niemann H, Natarajan M, et al. 2012. Mycorrhizal networks: common goods of plants shared under unequal terms of trade. Plant Physiology, 159 (2): 789-797.

Walder F, van der Heijden MGA. 2015. Regulation of resource exchange in the arbuscular mycorrhizal symbiosis. Nature Plants, 1, 15159: 1-7.

Waldrop M P, Zak D R, Blackwood C B, et al. 2006. Resource availability controls fungal diversity across a plant diversity gradient. Ecology Letters, 9: 1127-1135.

Walker A, Parkhill J. 2008. Single-cell genomics. Nature Reviews Microbiology, 6: 176-177.

Walker C B, de la Torre J R, Klotz M G, et al. 2010. Nitrosopumilus maritimus genome reveals unique mechanisms for nitrification and autotrophy in globally distributed marine crenarchaea. Proceedings of the National Academy of Sciences of the United States of America, 107: 8818-8823.

Walker T W, Adams A F R. 1958. Studies on soil organic matter, 1. influence of phosphorus content of parent materials on accumulation of carbon, nitrogen, sulfur and organic phosphorus in grassland soils. Soil Science, 85: 307-318.

Walker T W, Adams A F R. 1959. Studies on soil organic matter, 2. influence of increased leaching at various stages of weathering on levels of carbon, nitrogen, sulfur and organic and total phosphorus. Soil Science, 87: 1-10.

Walker T W, Syers J K. 1976. The fate of phosphorus during pedogenesis. Geoderma, 15: 1-19.

Wall D H, Virginia R A. 2000. The world beneath our feet: soil biodiversity and ecosystem functioning. Nature and human society: the quest for a sustainable world. Proceedings of the 1997 Forum on Biodiversity: 225-241.

Wang B Z, Zheng Y, Huang R, et al. 2014. Active ammonia oxidizers in an acidic soil are phylogenetically closely related to neutrophilic archaeon. Applied and Environmental Microbiology, 80: 1684-1691.

Wang B, Qiu Y L. 2006. Phylogenetic distribution and evolution of mycorrhizas in land plants. Mycorrhiza, 16 (5): 299-363.

Wang B. 2014. Study on the accumulation, form change and threshold values of phosphorus in soils. Beijing: Nutrient Cycling in Agroecosystems.

Wang C, Wei H W, Liu D W, et al. 2017. Depth profiles of soil carbon isotopes along a semi-arid grassland transect in Northern China. Plant and Soil, 417: 43-52.

Wang D J, Liu Q, Lin J H, et al. 2004. Optimum nitrogen use and reduced nitrogen loss for production of rice and wheat in the Yangtse Delta Region. Environmental Geochemistry and Health. 26: 221-227.

Wang D, Bodovitz S. 2010a. Single cell analysis: the new frontier in 'omics'. Trends Biotechnol, 28: 281-290.

Wang D, Rui Y, Ding K, et al. 2018. Precipitation drives the biogeographic distribution of soil fungal community in Inner Mongolian temperate grasslands. Journal of Soils and Sediments, 18: 222-228.

Wang F, Shi N, Jiang R, et al. 2016. *In situ* stable isotope probing of phosphate-solubilizing bacteria in the hyphosphere. J Exp Bot, 67: 1689-1701.

Wang F, Zhou H, Meng J, et al. 2009. GeoChip-based analysis of metabolic diversity of microbial communities at the Juan de Fuca Ridge hydrothermal vent. Proc Natl Acad Sci U S A, 106: 4840-4845.

Wang G H, Sheng L C, Zhao D. 2016. Allocation of nitrogen and carbon is regulated by nodulation and mycorrhizal networks in soybean/maize intercropping system. Frontiers in Plant Science, 7: 1901-1911.

Wang G H, Zhang Q C, Witt C, et al. 2007. Opportunities for yield increases and environmental benefits through site-specific nutrient management in rice systems of Zhejiang province, China. Agricultural Systems, 94(3): 801-806.

Wang G, Chen X, Cui Z, et al. 2014. Estimated reactive nitrogen losses for intensive maize production in China. Agriculture, Ecosystems and Environment, 197: 293-300.

Wang H B, Zhang Z X, Li H, et al. 2011. Characterization of metaproteomics in crop rhizospheric soil. Journal of Proteome Research, 10(3): 932-940.

Wang H, Ji G, Bai X, et al. 2015. Assessing nitrogen transformation processes in a trickling filter under hydraulic loading rate constraints using nitrogen functional gene abundances. Bioresource Tech, 2015, 177: 217-223.

Wang J, Chapman S J, Yao H Y. 2016. Incorporation of $^{13}C$-labelled rice rhizodeposition into soil microbial communities under different fertilizer applications. Applied Soil Ecology, (101): 11-19.

Wang J, Cheng Y, Jiang Y, et al. 2017. Effects of 14 years of repeated pig manure application on gross nitrogen transformation in an upland red soil in China. Plant and Soil, 415(1-2): 161-173.

Wang J, Shen J, Wu Y, et al. 2013. Phylogenetic beta diversity in bacterial assemblages across ecosystems: deterministic versus stochastic processes. The ISME Journal, 7: 1310-1321.

Wang K H, McSorley R, Marshall A, et al. 2006. Influence of organic *Crotalaria juncea* hay and ammonium nitrate fertilizers on soil nematode communities. Applied Soil Ecology, 31: 186-198.

Wang L, Luo X, Xiong X, et al. 2019. Soil aggregate stratification of ureolytic microbiota affects urease activity in an Inceptisol. Journal of Agricultural and Food Chemistry, 201: 11584-11590.

Wang L, Zhang Y, Luo X, et al. 2016. Effects of earthworms and substrate on diversity and abundance of denitrifying genes (*nirS* and *nirK*) and denitrifying rate during rural domestic wastewater treatment. Bioresource Tech, 212: 174-181.

Wang M Y, Siddiqi M Y, Ruth T J, et al. 1993. Ammonium uptake by rice roots (Ⅱ. Kinetics of $^{13}NH_4^+$ influx across the plasmalemma). Plant Physiology, 103(4): 1259-1267.

Wang P, Marsh E L, Ainsworth E A, et al. 2017. Shifts in microbial communities in soil, rhizosphere and roots of two major crop systems under elevated $CO_2$ and $O_2$. Scientific Reports, 7(1): 15-19.

Wang Q K, Liu S G, Tian P. 2018. Carbon quality and soil microbial property control the latitudinal pattern in temperature sensitivity of soil microbial respiration across Chinese forest ecosystems. Global Change Biology, 24: 2841-2849.

Wang Q, Liu Y R, Zhang C J, et al. 2017. Responses of soil nitrous oxide production and abundances and composition of associated microbial communities to nitrogen and water amendment. Biology and Fertility of Soils, 53: 601-611.

Wang Q, Zhang L M, Shen J P, et al. 2016a. Effects of dicyandiamide and acetylene on $N_2O$ emissions and ammonia oxidizers in a fluvo-aquic soil applied with urea. Environmental Science and Pollution Research, 23 (22): 23023-23033.

Wang R, Feng Q, Liao T, et al. 2013. Effects of nitrate concentration on the denitrification potential of a calcic cambisol and its fractions of $N_2$, $N_2O$ and NO . Plant and Soil, 363 (1-2): 175-189.

Wang R, Willibald G, Feng Q, et al. 2011a. Measurement of $N_2$, $N_2O$, NO, and $CO_2$ emissions from soil with the gas-flow-soil-core technique. Environmental Science and Technology, 45 (14): 6066-6072.

Wang S, Luo S, Yue S, et al. 2016b. Fate of $^{15}N$ fertilizer under different nitrogen split applications to plastic mulched maize in semiarid farmland. Nutrient Cycling in Agroecosystems, 105 (2): 129-140.

Wang S, Wang W, Liu L, et al. 2018. Microbial nitrogen cycle hotspots in the plant-bed/ditch system of a constructed wetland with $N_2O$ mitigation. Environmental Science and Technology, (52): 6226-6236.

Wang S, Zhu G, Peng Y. 2012a. Anammox bacterial abundance, activity, and contribution in riparian sediments of the Pearl River estuary. Environmental Science and Technology, (16): 8834-8842.

Wang W, Zhao X Q, Chen R F, et al. 2015. Altered cell wall properties are responsible for ammonium-reduced aluminum accumulation in rice roots. Plant, Cell and Environment, 38: 1382-1390.

Wang X B, Lu X T, Yao J, et al. 2017. Habitat-specific patterns and drivers of bacterial β-diversity in China's drylands. The ISME Journal, 11: 1345-1358.

Wang X B, van Nostrand J D, Deng Y, et al. 2015. Scale-dependent effects of climate and geographic distance on bacterial diversity patterns across northern China's grasslands. FEMS Microbiology Ecology, 91: fiv133.

Wang X B, Yao J, Zhang H Y, et al. 2018. Environmental and spatial variables determine the taxonomic but not functional structure patterns of microbial communities in alpine grasslands. The Science of the Total Environment, 654: 960-968.

Wang X G, Lu X T, Zhang H Y, et al. 2020. Changes in soil C∶N∶P stoichiometry along an aridity gradient in drylands of northern China. Geoderma, 361: 114087.

Wang X R, Yan X L, Liao H. 2010. Genetic improvement for phosphorus efficiency in soybean: a radical approach. Annals of Botany, 106: 215-222.

Wang X, Cai D, Hoogmoed W B, et al. 2011b. Regional distribution of nitrogen fertilizer use and N - saving potential for improvement of food production and nitrogen use efficiency in China. Journal of the Science of Food and Agriculture, 91 (11): 2013-2023.

Wang X, Ren L, Su Y, et al. 2017b. Raman-activated droplet sorting (RADS) for label-free high-throughput screening of microalgal single-cells. Analytical Chemistry, 89: 12569-12577.

Wang X, Tang C, Severi J, et al. 2016. Rhizosphere priming effect on soil organic carbon decomposition under plant species differing in soil acidification and root exudation. New Phytologist, 211: 864-873.

Wang X, van Nostrand J D, Deng Y, et al. 2015. Scale-dependent effects of climate and geographic distance on bacterial diversity patterns across northern China's grasslands. FEMS Microbiology Ecology, 91 (12): fiv133.

Wang X, Xin Y, Ren L, et al. 2020. Positive dielectrophoresis-based Raman-activated droplet sorting for culture-free and label-free screening of enzyme function in vivo. Science advances, 6: eabb3521.

Wang X, Zhou W, Liang G, et al. 2016c. The fate of $^{15}$N-labelled urea in an alkaline calcareous soil under different N application rates and N splits . Nutrient Cycling in Agroecosystems, 106 (3): 311-324.

Wang X, van Nostrand J D, Deng Y, et al. 2015. Scale-dependent effects of climate and geographic distance on bacterial diversity patterns across northern China's grasslands. Fems microbiology ecology,5: 133.

Wang Y T, Li T, Li Y W, et al. 2015. Community dynamics of arbuscular mycorrhizal fungi in high-input and intensively irrigated rice cultivation systems. Applied & Environmental Microbiology, 81:2958-2965.

Wang Y, Ke X, Wu L, Lu Y. 2009. Community composition of ammonia-oxidizing bacteria and archaea in rice field soil as affected by nitrogen fertilization. Systematic and Applied Microbiology, (32): 27-36.

Wang Y, Zhao X, Guo Z Y, et al. 2018. Response of soil microbes to a reduction in phosphorus fertilizer in rice-wheat rotation paddy soils with varying soil P levels. Soil &Tillage Research, 181: 127-135.

Wang Y, Zhao X, Wang L, et al. 2015. The regime and P availability of omitting P fertilizer application for rice in rice/wheat rotation in the Taihu Lake Region of southern China, Journal of Soils and Sediments, 15: 844-853

Wang Y, Zhao X, Wang L, et al. 2016. A five-year P fertilization pot trial for wheat only in a rice-wheat rotation of Chinese paddy soil: interaction of P availability and microorganism, Plant and Soil, 399(1): 305-318

Wang Y, Zhu G, Harhangi H R, et al. 2012a. Co-occurrence and distribution of nitrite-dependent anaerobic ammonium and methane-oxidizing bacteria in a paddy soil. FEMS Microbiol Lett, 336: 79-88.

Wang Z T, Li T, Wen X X, et al. 2017. Fungal communities in rhizosphere soil under conservation tillage shift in responseto plant growth. Frontiers in Microbiology, 8: 1301.

Wani P A, Khan M S, Zaidi A. 2007. Co-inoculation of nitrogen-fixing and phosphate-solubilizing bacteria to promote growth, yield and nutrient uptake in chickpea. Acta Agronomica Hungarica, 55(3): 315-323.

Ward D M, Ferris M J, Nold S C, et al. 1998. A natural view of microbial biodiversity within hot spring cyanobacterial mat communities. Microbiology and Molecular Biology Review, 62: 1353-1370.

Ward D, Kirkman K, Hagenah N, et al. 2017. Soil respiration declines with increasing nitrogen fertilization and is not related to productivity in long-term grassland experiments. Soil Biology and Biochemistry, 115: 415-422.

Ward N J, Sullivan L A, Bush R T. 2002. Sulfide oxidation and acidification of acid sulfate soil materials treated with $CaCO_3$ and seawater-neutralised bauxite refinery residue. Australian Journal of Soil Research, (40): 1057-1067.

Wardle D A, Bardgett R D, Klironomos J N, et al. 2004. Ecological linkages between aboveground and belowground biota. Science, 304: 1629-1633.

Wardle D A. 2006. The influence of biotic interactions on soil biodiversity. Ecology Letters, 9: 870-886.

Wassen M J, Olde Venterink H, Lapshina E D, et al. 2005. Endangered plants persist under phosphorus limitation. Nature, 437: 547-550.

Watanabe S, Yoshikawa H. 2007. Characterization of neutral phosphate buffer extractable soil organic matter by electrophoresis and fractionation using ultrafiltration. Soil Science and Plant Nutrition, 53(5): 650-656.

Watanarojanaporn N, Boonkerd N, Tittabutr P, et al. 2013. Effect of rice cultivation systems on indigenous arbuscular mycorrhizal fungal community structure. Microbes and Environments, 29:316-324.

Watson G W, Hewitt A M, Custic M, et al. 2014. The management of tree root systems in urban and suburban settings: a review of soil influence on root growth. Arboriculture & Urban Forestry, 40: 193-217.

Wattam A R, Davis J J, Assaf R, et al. 2017. Improvements to PATRIC, the All-Bacterial Bioinformatics Database and Analysis Resource Center. Nucleic Acids Research, 45: D535-D542.

Watts-Williams S J, Cavagnaro T R. 2012. Arbuscular mycorrhizas modify tomato responses to soil zinc and phosphorus addition. Biology and Fertility of Soils, 48: 285-294.

Wei C Z, Yu Q, Bai E, et al. 2013. Nitrogen deposition weakens plant-microbe interactions in grassland ecosystems. Global Change Biology, 19: 3688-3697.

Wei K, Chen Z H, Zhang X P, et al. 2014. Tillage effects on phosphorus composition and phosphatase activities in soil aggregates. Geoderma, 217: 37-44.

Wei W, Isobe K, Nishizawa T, et al. 2015. Higher diversity and abundance of denitrifying microorganisms in environments than considered previously. ISME J, 9: 1954-1965.

Wei X M, Ge T D, Zhu Z K, et al. 2018. Expansion of rice enzymatic rhizosphere: temporal dynamics in response to phosphorus and cellulose application. Plant and Soil (445): 169-181. doi: 10.1007/s11104-018-03902-0.

Weidner S, Koller R, Latz E, et al. 2015. Bacterial diversity amplifies nutrient-based plant-soil feedbacks. Functional Ecology, 29: 1341-1349.

Welc M, Frossard E, Egli S, et al. 2014. Rhizosphere fungal assemblages and soil enzymatic activities in a 110-year alpine chronosequence. Soil Biology and Biochemistry, 74: 21-30.

Wertz S, Poly F, Le Roux X, et al. 2008. Development and application of a PCR-denaturing gradient gel electrophoresis tool to study the diversity of Nitrobacter-like *nxrA* sequences in soil. FEMS Microbiol Ecol, 63: 261-271.

Weston LA,Mathesius U. 2013. Flavonoids:their structure, biosynthesis and role in the rhizosphere,including allelopathy. Journal of Chemical Ecology, 39: 283-297.

Weyhenmeyer G A, Jeppesen E. 2010. Nitrogen deposition induced changes in DOC: $NO_3$–N ratios determine the efficiency of nitrate removal from freshwaters. Global Change Biology, 16: 2358-2365.

White I, Melville M D. 1996. Acid sulfate soils-facing the challenges. Sydney: Earth Foundation of Australia Press.

White I, Melville M, Macdonald B, et al. 2007. From conflicts to wise practice agreement and national strategy: cooperative learning and coastal stewardship in estuarine floodplain management, Tweed River, eastern Australia. Journal of Cleaner Production, (15): 1545-1558.

White R A III, Bottos E M, Chowdhury T R, et al. 2016. Moleculo long-read sequencing facilitates assembly and genomic binning from complex soil metagenomes. mSystems, 1:1-15.

White R A, Borkum M I, Rivas-Ubach A, et al. 2017. From data to knowledge: the future of multi-omics data analysis for the rhizosphere. Rhizosphere, 3: 222-229.

White T, Bruns T, Lee S, et al. 1990. PCR protocols a guide to methods and applications// Innis M A. PCR Protocols: A Guide to Methods and Applications. San Diego: Academic Press.

Whitesides G M. 2006. The origins and the future of microfluidics. Nature, 442 (7101): 368-373.

Whitfield J. 2005. Biogeography: Is everything everywhere? Science, 310: 960-961.

Whitman W B, Coleman D C, Wiebe W J. 1998. Prokaryotes: the unseen majority. Proceedings of the National Academy of Sciences of the United States of America, 95(12): 6578-6583.

WHO (World Health Organization). 2006. Guidelines for Drinking Water Quality. 3rd. ed. Vol. 2. Geneva, Switzerland.

Wieder W R, Cleveland C C, Taylor P G, et al. 2013. Experimental removal and addition of leaf litter inputs reduces nitrate production and loss in a lowland tropical forest. Biogeochemistry, 113(1-3): 629-642.

Wijeyaratne S C, Ohta K, Chavanich S, et al. 1986. Lipid-composition of a thermotolerant yeast, hansenula-polymorpha. Agricultural and Biological Chemistry, 50: 827-832.

Williams M A, Myrold D D, Bottomley P J. 2006a. Distribution and fate of $^{13}C$-labeled root and straw residues from ryegrass and crimson clover in soil under western Oregon field conditions. Biology and Fertility of Soils, 42: 523-531.

Williams M A, Myrold D D, Bottomley P J. 2006b. Carbon flow from $^{13}C$-labeled straw and root residues into the phospholipid fatty acids of a soil microbial community under field conditions. Soil Biology and Biochemistry, 38: 759-768.

Wixona D L, Balser T C. 2013. Toward conceptual clarity: PLFA in warmed soils. Soil Biology and Biochemistry, 57: 769-774.

Woese C R, Kandler O, Wheelis M L. 1990. Towards a natural system of organisms: proposal for the domains archaea, bacteria, and eucarya. Proceedings of the National Academy of Sciences of the United States of America, 87: 4576-4579.

Woese C R, Magrum L J, Gupta R, et al. 1980. Secondary structure model for bacterial 16S ribosomal RNA: phylogenetic, enzymatic and chemical evidence. Nucleic Acids Research, 8: 2275-2293.

Wolf I, Brumme R. 2003. Dinitrogen and nitrous oxide formation in beech forest floor and mineral soils. Soil Science Society of America Journal, 67 (6): 1862-1868.

Wommack K E, Bhavsar J, Polson S W, et al. 2012. VIROME: a standard operating procedure for analysis of viral metagenome sequences. Standards in Genomic Sciences, 6: 427-439.

Wong V N L, Dalal R C, Greene R S B. 2008. Salinity and sodicity effects on respiration and microbial biomass of soil. Biology and Fertility of Soils, 44: 943-953.

Wu B, Tian J Q, Bai C M, et al. 2013. The biogeography of fungal communities in wetland sediments along the Changjiang River and other sites in China. ISME Journal, 7: 1299-1309.

Wu P, Shou H, Xu G, et al. 2013. Improvement of phosphorus efficiency in rice on the basis of understanding phosphate signaling and homeostasis. Current Opinion in Plant Biology, 16: 205-212.

Wu Q S, Xia R X. 2006. Arbuscular mycorrhizal fungi influence growth, osmotic adjustment and photosynthesis of citrus under well-watered and water stress conditions. Journal of Plant Physiology, 163:417-425.

Wu T. 2011. Can ectomycorrhizal fungi circumvent the nitrogen mineralization for plant nutrition in temperate forest ecosystems? Soil Biology and Biochemistry, 43: 1109-1117.

Wu W X, Liu W, Lu H H, et al. 2009. Use of $^{13}C$ labeling to assess carbon partitioning in transgenic and nontransgenic (parental) rice and their rhizosphere soil microbial communities. FEMS Microbiology Ecology, (67): 93-102.

Wu Y, Lu L, Wang B, et al. 2011. Long-term field fertilization significantly alters community structure of ammonia-oxidizing bacteria rather than archaea in a paddy soil. Soil Science Society of America Journal, 75: 1431- 1439.

Wuchter C, Abbas B, Coolen M J L, et al. 2006. Archaeal nitrification in the ocean. Proc Natl Acad Sci U S A, 103: 12317-12322.

Xi R, Long X E, Huang S, et al. 2017. pH rather than nitrification and urease inhibitors determines the community of ammonia oxidizers in a vegetable soil . AMB Express, 7 (1): 129.

Xia L, Lam S K, Chen D, et al. 2017. Can knowledge-based N management produce more staple grain with lower greenhouse gas emission and reactive nitrogen pollution? A meta-analysis. Global Change Biology, 23 (5): 1917-1925.

Xia W W, Zhang C X, Zeng X W, et al. 2011. Autotrophic growth of nitrifying community in an agricultural soil. The International Society for Microbial Ecology Journal, 5: 1226-1236.

Xiao H, Griffiths B, Chen X, et al. 2010. Influence of bacterial-feeding nematodes on nitrification and the ammonia-oxidizing bacteria (AOB) community composition. Applied Soil Ecology, 45: 131-137.

Xiao J, Tanca A, Jia B, et al. 2018. Metagenomic taxonomy-guided database-searching strategy for improving metaproteomic analysis. Journal of Proteome Research, 17(4): 1596-1605.

Xie B, Chen D, Cheng G, et al. 2009. Effects of the purL gene expression level on the competitive nodulation ability of Sinorhizobium fredii. Current Microbiology, 59(2): 193-198.

Xie C, Chen D, Li YQ. 2005. Raman sorting and identification of single living micro-organisms with optical tweezers. Optics Letters, 30: 1800-1802.

Xie X H, Mackenzie A F, Xie R J, et al. 1995. Effects of ammonium lignosulphonate and diammonium phosphate on soil organic carbon, soil phosphorus fractions and phosphorus uptake by corn. Canadian Journal of Soil Science, 75(2): 233-238.

Xie X N, Yoneyama K, Yoneyama K. 2010. The strigolactone story. Annual Review of Phytopathology, 48(1): 93-117.

Xin X L, Qin S W, Zhang J B, et al. 2017. Yield, phosphorus use efficiency and balance response to substituting long-term chemical fertilizer use with organic manure in a wheat-maize system. Field Crop Res, 208:27-33.

Xing X, Xu H, Zhang W, et al. 2019. The characteristics of the community structure of typical nitrous oxide-reducing denitrifiers in agricultural soils derived from different parent materials. Applied Soil Ecology, 142: 8-17.

Xiong J, Liu Y, Lin X, et al. 2012. Geographic distance and pH drive bacterial distribution in alkaline lake sediments across Tibetan Plateau. Environmental Microbiology, 14: 2457-2466.

Xiong Y, Zheng L, Meng X X, et al. 2021. Protein sequence databases generated from metagenomics and public databases produced similar soil metaproteomic results of microbial taxonomic and functional changes. Pedosphere. https://doi.org/10.1016/S1002-0160(21)60016-4.

Xu G H, Fan X R, MillerA J, et al. 2012. Plant Nitrogen Assimilation and Use Effi ciency. Annual Review of Plant Biology. 63: 153-82.

Xu J, Ma B, Su X, et al. 2017. Emerging trends for microbiome analysis: from single-cell functional imaging to microbiome big data. Engineering, 3: 66-70.

Xu M, Li X L, Cai X B, et al. 2014. Soil microbial community structure and activity along a montane elevational gradient on the Tibetan Plateau. European Journal of Soil Biology, 64: 6-14.

Xu Q, Wang X, Tang C. 2017. Wheat and white lupin differ in rhizosphere priming of soil organic carbon under elevated $CO_2$. Plant and Soil, 421: 43-55.

Xu S Q, Zhang J F, Rong J, et al. 2017. Composition shifts of arbuscular mycorrhizal fungi between natural wetland and cultivated paddy field. Geomicrobiology Journal, 10:834-839.

Xu T, Gong Y, Su X, et al. 2020. Phenome-genome profiling of single bacterial cell by Raman-activated gravity-driven encapsulation and sequencing. Small, 16: e2001172.

Xu W, Jia L, Shi W, et al. 2013. Abscisic acid accumulation modulates auxin transport in the root tip to enhance proton secretion for maintaining root growth under moderate water stress. New Phytologist, 197: 139-150.

Xu W, Shi W, Jia L, et al. 2012. TFT6 and TFT7, two different members of tomato 14-3-3 gene family, play distinct roles in plant adaption to low phosphorus stress. Plant, Cell and Environment, 35: 1393-1406.

Xu X, He P, Zhao S, et al. 2016. Quantification of yield gap and nutrient use efficiency of irrigated rice in China. Field Crops Research, 186(1): 58-65.

Xu X, Thornton P E, Post W M. 2012. A global analysis of soil microbial biomass carbon, nitrogen and phosphorus in terrestrial ecosystems. Global Ecology and Biogeography, 22(6): 737-749.

Xu Y, Wang G, Jin J, et al. 2009. Bacterial communities in soybean rhizosphere in response to soil type, soybean genotype, and their growth stage. Soil Biology and Biochemistry, 41(5): 919-925.

Xue Y F, Zong N, He N P, et al. 2018. Influence of long-term enclosure and free grazing on soil microbial community structure and carbon metabolic diversity of alpine meadow. Yingyong Shengtai Xuebao, 29: 2705-2712.

Yadav A K, Kumar D, Dash D. 2012. Learning from decoys to improve the sensitivity and specificity of proteomics database search results. PLoS One, 7(11): e50651.

Yan E R, Wang X H, Guo M, et al. 2009. Temporal patterns of net soil N mineralization and nitrification through secondary succession in the subtropical forests of eastern China. Plant and Soil, 320: 181-194.

Yan E R, Wang X H, Huang J J. 2006. Shifts in plant nutrient use strategies under secondary forest succession. Plant and Soil, 289: 187-197.

Yan E R, Yang X D, Chang S X, et al. 2013. Plant trait-species abundance relationships vary with environmental properties in subtropical forests in eastern China. Plos One, 8: e61113.

Yan J X, Yu M, Xu S, et al. 2015. Heme-heme oxygenase 1 system is involved in ammonium tolerance by regulating antioxidant defence in *Oryza sativa*. Plant, Cell & Environment, 38: 129-143.

Yan X, Du L, Shi S, et al. 2000. Nitrous oxide emission from wetland rice soil as affected by the application of controlled-availability fertilizers and mid-season aeration. Biology & Fertility of Soils, 32(1): 60-66.

Yan X, Ti C, Vitousek P, et al. 2014. Fertilizer nitrogen recovery efficiencies in crop production systems of China with and without consideration of the residual effect of nitrogen. Environmental Research Letters, 9 (9): 095002.

Yang F, Wu J, Zhang D, et al. 2018. Soil bacterial community composition and diversity in relation to edaphic properties and plant traits in grasslands of southern China. Applied Soil Ecology, 128: 43-53.

Yang H, Matsubayashi Y, Nakamura K, et al. 1999. Oryza sativa PSK gene encodes a precursor of phytosulfokine-alpha, a sulfated peptide growth factor found in plants. Proc Natl Acad Sci U S A, 96(23): 13560-13565.

Yang J, Zhang H, Zhang J. 2012. Root morphology and physiology in relation to the yield formation of rice. Journal of Integrative Agriculture, (11): 920-926.

Yang Q, Yang Y Q, Xu R N, et al. 2018. Genetic analysis and mapping of QTLs for soybean biological nitrogen fixation traits under varied field conditions. Frontiers in Plant Science, 10: 1-11.

Yang S Y, Hao D L, Cong Y, et al. 2015. The rice OsAMT1; 1 is a proton-independent feedback regulated ammonium transporter. Plant cell reports, 34(2): 321-330.

Yang S Y, Hao D L, Song Z Z, et al. 2015. RNA-Seq analysis of differentially expressed genes in rice under varied nitrogen supplies. Gene, 555(2): 305-317.

Yang T, Tedersoo L, Soltis P S, et al. 2019. Phylogenetic imprint of woody plants on the soil mycobiome in natural mountain forests of eastern China. The ISME Journal, 13: 686-697.

Yang W H, Weber K A, Selver W L. 2012. Nitrogen loss from soil through anaerobic ammonium oxidation coupled to iron reduction. Nature Geoscience, 5: 538-541.

Yang W L, Zhu A N, Chen X M, et al. 2014. Use of the open-path TDL analyzer to monitor ammonia emissions from winter wheat in the North China Plain. Nutrient Cycling in Agroecosystems, 99:107-117.

Yang W, Zheng Y, Gao C, et al. 2016. Arbuscular mycorrhizal fungal community composition affected by original elevation rather than translocation along an altitudinal gradient on the Qinghai-Tibet Plateau. Scientific Reports, 6: 1-11.

Yang X R, Li H, Nie S A, et al. 2015. The potential contribution of anammox to nitrogen loss from paddy soils in Southern China. Appl. Applied and Environmental Microbiology, 81: 938-947.

Yang X R, Li H, Nie SA, et al. 2015. Potential contribution of anammox to nitrogen loss from paddy soils in southern China. Applied and Environmental Microbiology, (81): 938-947.

Yang X, Tschaplinski T J, Hurst G B, et al. 2011. Discovery and annotation of small proteins using genomics, proteomics, and computational approaches. Genome Res, 21(4): 634-641.

Yang Y Q, Zhao Q S, Li X X, et al. 2017. Characterization of genetic basis on synergistic interactions between root architecture and biological nitrogen fixation in soybean. Frontiers in Plant Science, 8: 1466.

Yang Y, Fang J, Ji C, et al. 2014. Stoichiometric shifts in surface soils over broad geographical scales: evidence from China's grasslands. Global Ecology and Biogeography, 23: 947-955.

Yang Y, Gao Y, Wang S, et al. 2014. The microbial gene diversity along an elevation gradient of the Tibetan grassland. ISME Journal, 8: 430-440.

Yano K, Yoshida S, Muller J, et al. 2008. CYCLOPS, a mediator of symbiotic intracellular accommodation. Proceedings of the National Academy of Sciences, 105(51): 20540-20545.

Yao F, Yang S, Wang Z R, et al. 2017. Microbial taxa distribution is associated with ecological trophic cascades along an elevation gradient. Frontiers in Microbiology, 8: 2071.

Yao H Y, Campbell C D, Chapman S J, et al. 2013. Multi-factorial drivers of ammonia oxidizer communities: evidence from a national soil survey. Environmental Microbiology, 15: 2545-2556.

Yao H Y, Thornton B, Paterson E. 2012. Incorporation of $^{13}C$-labelled rice rhizodeposition carbon into soil microbial communities under different water status. Soil Biology & Biochemistry, (53): 72-77.

Yao H, He Z, Wilson M J, et al. 2000. Microbial community structure in a sequence of soil with increasing fertility and changing land use. Microbial Ecology, (40): 223-237.

Yao L, Wang D, Kang L, et al. 2018. Effects of fertilizations on soil bacteria and fungi communities in a degraded arid steppe revealed by high through-put sequencing. Peerj, 6: 1-27.

Yao Q, Li Z, Song Y, et al. 2018. Community proteogenomics reveals the systemic impact of phosphorus availability on microbial functions in tropical soil. Nature ecology and evolution, 2(3): 499-509.

Yarwood S A, Högberg M N. 2017. Soil bacteria and archaea change rapidly in the first century of Fennoscandian boreal forest development. Soil Biology and

Biochemistry, 114: 160-167.

Yergeau E, Kang S, He Z, et al. 2007. Functional microarray analysis of nitrogen and carbon cycling genes across Antarctic latitudinal transect. ISME J, 2007, 1: 163-179.

Yevdokimov I V, Larionova A A, Stulin A F. 2013. Turnover of "new" and "old" carbon in soil microbial biomass. Microbiology, 82: 505-516.

Yi K, Wu Z, Zhou J, et al. 2005. OsPTF1, a novel transcription factor involved in tolerance to phosphate starvation in rice. Plant Physiology, 138: 2087-2096.

Yi L, Yang Y, Qin H L, et al. 2014. Differential responses of nitrifier and denitrifier to dicyandiamide in short- and long-term intensive vegetable cultivation soils . Journal of Integrative Agriculture, 13 (5): 1090-1098.

Yilmaz S, Singh AK. 2012. Single cell genome sequencing. Curr Opin Biotechnol, 23: 437-443.

Yin G Y, Hou L J, Liu M, et al. 2014. A novel membrane inlet mass spectrometer method to measure $^{15}NH_4^+$ for isotope enrichment experiments in aquatic ecosystems. Environmental Science and Technology, 48: 9555-9562.

Yin L, Dijkstra F A, Wang P, et al. 2018. Rhizosphere priming effects on soil carbon and nitrogen dynamics among tree species with and without intraspecific competition. New Phytologist, 218: 1036-1048.

Yin S X, Chen D, Chen L M, et al. 2002. Dissimilatory nitrate reduction to ammonium and responsible microorganisms in two Chinese and Australian paddy soils. Soil Biology and Biochemistry, 34: 1131-1137.

Yin S X, Lu J F. 1997. The microorganisms' mediated processes of dissmilatory reduction of nitrate to ammonium. Microbiology China, 24(3): 170-173.

Yoneyama K, Yoneyama K, Takeuchi Y, et al. 2007. Phosphorus deficiency in red clover promotes exudation of orobanchol, the signal for mycorrhizal symbionts and germination stimulant for root parasites. Planta, 225(4): 1031-1038.

Yorick J, Joachim N, Antoon B, et al. 2018. Disbiome database: linking the microbiome to disease. BMC Microbiology, 18:50.

Yoshida M, Ishii S, Fujii D, et al. 2012. Identification of active denitrifiers in rice paddy soil by DNA- and RNA-based analyses. Microb Environ, 27: 456-461.

Young I M, Ritz K. 2000. Tillage, habitat space and microbial function. Soil and Tillage Research, 53: 201-213.

Youssef N H, Ashlock-Savage K N, Elshahed M S. 2012. Phylogenetic diversities and community structure of members of the extremely halophilic archaea (order Halobacteriales) in multiple saline sediment habitats. Applied and Environmental Microbiology, 78: 1332-1344.

Yu H Y, Ding W X, Luo J F, et al. 2012a. Effects of long-term compost and fertilizer application on stability of aggregates-associated organic carbon in intensively cultivated sandy loam soil. Biology and Fertility of Soils, 48: 325-336.

Yu H Y, Ding W X, Luo J F, et al. 2012b. Long-term application of compost and mineral fertilizers on aggregation and aggregate-associated carbon in a sandy loam soil. Soil and Tillage Research, 124: 170-177.

Yu H, Deng Y, He Z, et al. 2018. Elevated $CO_2$ and Warming Altered Grassland Microbial Communities in Soil Top-Layers. Frontiers in Microbiology, 9: 1-10.

Yu S, Su T, Wu H, et al. 2015. PslG, a self-produced glycosyl hydrolase, triggers biofilm disassembly by disrupting exopolysaccharide matrix. Cell Research. 25 (12): 1352-1367.

Yu W T, Bi M L, Xu Y G, et al. 2013. Microbial biomass and community composition in a Luvisol soil as influenced by long-term land use and fertilization. Catena, 107: 89-95.

Yuan L P. 2017. Progress in super-hybrid rice breeding. The Crop Journal, 5(2): 100-102.

Yuan L X, Loqué D, Kojima S, et al. 2007. The organization of high-affinity ammonium uptake in Arabidopsis roots depends on the spatial arrangement and biochemical properties of AMT1-type transporters. The Plant Cell, 19(8): 2636-2652.

Yuan L X, Loqué D, Ye F, et al. 2007. Nitrogen-dependent posttranscriptional regulation of the ammonium transporter AtAMT1; 1. Plant Physiology, 143(2): 732-744.

Yuan L, Gu R, Xuan Y, et al. 2013. Allosteric regulation of transport activity by heterotrimerization of Arabidopsis ammonium transporter complexes in vivo. The Plant Cell, 25(3): 974-984.

Yuan Z, Chen H Y H. 2009. Global trends in senesced-leaf nitrogen and phosphorus. Global Ecology and Biogeography, 18(5): 532-542.

Yun J, Zheng X, Xu P, et al. 2019. Interfacial nanoinjection-based nanoliter single-cell analysis. Small. 16(9): 1903739.

Zagryadskaya Y A. 2017. Comparative characteristics of the bacterial complex in the hyphosphere of basidial macromycetes. Biol Bull, 44: 251-260.

Zak D R, Holmes W E, White D C, et al. 2003. Plant diversity, soil microbial communities, and ecosystem function: Are there any links? Ecology, 84: 2042-2050.

Zak D R, Holmes W E, White D C, et al. 2003. Plant diversity, soil microbial communities, and ecosystem function: Are there any links? Ecology, 84: 2042-2050.

Zakir HAKM, Subbarao G V, Pearse S J, et al. 2008. Detection, isolation and characterization of a root-exuded compound, methyl 3-(4-hydroxyphenyl) propionate, responsible for biological nitrification inhibition by sorghum (Sorghum bicolor). New Phytologist 180: 442-451.

Zechmeister-Boltenstern S, Keiblinger K M, Mooshammer M, et al. 2015. The application of ecological stoichiometry to plant-microbial-soil organic matter transformations. Ecological Monographs, 85: 133-155.

Zechmeister-Boltenstern S, Keiblinger K M, Mooshammer M, et al. 2015. The application of ecological stoichiometry to plant-microbial-soil organic matter transformations. Ecological Monographs, 85: 133-155.

Zeglin L H, Myrold D D. 2013. Fate of decomposed fungal cell wall material in organic horizons of old-growth Douglas-fir forest soils. Soil Science Society of America Journal, 77: 489-500.

Zeglin L H, Wang B W, Waythomas C, et al. 2016. Organic matter quantity and source affects microbial community structure and function following volcanic eruption on Kasatochi Island, Alaska. Environmental Microbiology, 18: 146-158.

Zehr J P, Jenkins B D, Short S M et al. 2003. Nitrogenase gene diversity and microbial community structure: a cross-system comparison. Environmental Microbiology, (7): 539-554.

Zeng J, Liu X, Song L, et al. 2016. Nitrogen fertilization directly affects soil bacterial diversity and indirectly affects bacterial community composition. Soil Biology and Biochemistry, 92: 41-49.

Zeng Z Q, Wang S L, Zhang C M, et al. 2015. Soil microbial activity and nutrients of evergreen broad-leaf forests in mid-subtropical region of China. Journal of Forestry Research, 2015(3): 673-678.

Zengler K, Toledo G, Rappe M, et al. 2002. Cultivating the uncultured. Proceedings of the National Academy of Sciences of the United States of America, 99(24):

15681-15686.

Zhalnina K, de Quadros P D, Camargo F A O, et al. 2012. Drivers of archaeal ammonia-oxidizing communities in soil. Frontier in Microbiology, 3: 210.

Zhang B, Li Q, Cao J, et al. 2017. Reducing nitrogen leaching in a subtropical vegetable system. Agriculture, Ecosystems and Environment, 241: 133-141.

Zhang B, Zhang Y, Downing A, et al. 2011. Distribution and composition of cyanobacteria and microalgae associated with biological soil crusts in the Gurbantunggut Desert, China. Arid Land Research and Management, 25(3): 275-293. doi:10.1080/15324982.2011.565858.

Zhang C, Huang KC, Rajwa B, et al. 2017. Stimulated Raman scattering flow cytometry for label-free single-particle analysis. Optica, 4: 103-109.

Zhang C, Liu G B, Xue S, et al. 2016. Soil bacterial community dynamics reflect changes in plant community and soil properties during the secondary succession of abandoned farmland in the Loess Plateau. Soil Biology and Biochemistry, 97: 40-49.

Zhang D S, Zhang C C, Tang X Y, et al. 2016.Increased soil phosphorus availability induced by faba bean root exudation stimulates root growth and phosphorus uptake in neighbouring maize. New Phytologist, 209: 823-831.

Zhang F, Cui Z, Chen X, et al. 2012. Integrated nutrient management for food security and environmental quality in China, Advances in Agronomy. The Netherlands: Elsevier.

Zhang H J, Ding W X, He X H, et al. 2014. Influence of 20-year organic and inorganic fertilization on organic carbon accumulation and microbial community structure of aggregates in an intensively cultivated sandy loam soil. Plos One, 9: e92733.

Zhang H J, Ding W X, Luŏ J F, et al. 2016. Temporal responses of microorganisms and native organic carbon mineralization to $^{13}C$-glucose addition in a sandy loam soil with long-term fertilization. European Journal of Soil Biology, 74: 16-22.

Zhang H J, Ding W X, Luo J, et al. 2015b. The dynamics of glucose-derived $^{13}C$ incorporation into aggregates of a sandy loam soil fertilized for 20 years with compost or inorganic fertilizer. Soil Tillage and Research, 148: 14-19.

Zhang H J, Ding W X, Yu H Y, et al. 2013. Carbon uptake by a microbial community during 30-day treatment with $^{13}C$-glucose of a sandy loam soil fertilized for 20 years with NPK or compost as determined by a GC-C-IRMS analysis of phospholipid fatty acids. Soil Biology and Biochemistry, 57: 228-236.

Zhang H J, Ding W X, Yu H Y, et al. 2015a. Linking organic carbon accumulation to microbial community dynamics in a sandy loam soil: result of 20 years compost and inorganic fertilizers repeated application experiment. Biology and Fertility of Soils, 51: 137-150.

Zhang H X. 2011. Research on microbial transformation of phosphorus and its effectiveness in upland and paddy red soils. Changsha: Journal of Hunan Agricultural University.

Zhang J, Jiao S, Lu Y H. 2018. Biogeographic distribution of bacterial, archaeal and methanogenic communities and their associations with methanogenic capacity in Chinese wetlands. Science of the Total Environment, 622: 664-675.

Zhang J, Wang P, Tian H, et al. 2019. Pyrosequencing-based assessment of soil microbial community structure and analysis of soil properties with vegetable planted at different years under greenhouse conditions. Soil and Tillage Research, 187: 1-10.

Zhang K P, Adams J M, Shi Y, et al. 2017. Environment and geographic distance differ in relative importance for determining fungal community of rhizosphere and bulk soil. Environmental Microbiology 19: 3649-3659.

Zhang K P, Delgado-Baquerizo M, Zhu Y G, et al. 2020. Space is more important than season when shaping soil microbial communities at a large spatial scale. mSystems, 5: e00783-19.

Zhang L X, Bai Y F, Han X G. 2003. Application of N∶P stoichiometry to ecology studies. Acta Botanica Sinica, 45: 1009-1018.

Zhang L X, Bai Y F, Han X G. 2004. Differential responses of N∶P stoichiometry of Leymus chinensis and Carex korshinskyi to N additions in a steppe ecosystem in Nei Mongol. Acta Botanica Sinica, 46: 259-270.

Zhang L, Fan J Q, Ding X D, et al. 2014. Hyphosphere interactions between an arbuscular mycorrhizal fungus and a phosphate solubilizing bacterium promote phytate mineralization in soil. Soil Biol Biochem 74: 177-183.

Zhang P, Ren L, Zhang X, et al. 2015a. Raman-activated cell sorting based on dielectrophoretic single-cell trap and release. Analytical Chemistry, 87: 2282-2289.

Zhang Q, Zhang P, Gou H, et al. 2015b. Towards high-throughput microfluidic Raman-activated cell sorting. The Analyst, 140: 6163-6174.

Zhang R, Liu G, Wu N, et al. 2011. Adaptation of plasma membrane $H^+$-ATPase and

$H^+$-pump to P deficiency in rice roots. Plant & Soil, 349: 3-11.

Zhang S J, Wang L, Ma F, et al. 2015a. Is resource allocation and grain yield of rice altered by inoculation with arbuscular mycorrhizal fungi? Journal of Plant Ecology, 8:436-448.

Zhang S J, Wang L, Ma F, et al. 2016a. Phenotypic plasticity in rice: responses to fertilization and inoculation with arbuscular mycorrhizal fungi. Journal of Plant Ecology, 9:107-116.

Zhang S J, Wang L, Ma F, et al. 2016b. Arbuscular mycorrhiza improved phosphorus efficiency in paddy fields. Ecological Engineering, 95:64-72.

Zhang S J, Wang L, Ma F, et al. 2016c. Reducing nitrogen runoff from paddy fields with arbuscular mycorrhizal fungi under different fertilizer regimes. Journal of Environmental Sciences, 46:92-100.

Zhang S, Li Q, Lü Y, et al. 2013. Contributions of soil biota to C sequestration varied with aggregate fractions under different tillage systems. Soil Biology and Biochemistry, 62: 147-165.

Zhang W, Liang C, Kao-Kniffin J. et al. 2015. Differentiating the mineralization dynamics of the originally present and newly synthesized amino acids in soil amended with available carbon and nitrogen substrates. Soil Biology and Biochemistry, 85: 162-169.

Zhang W, Xu M, Wang B, et al. 2009. Soil organic carbon, total nitrogen and grain yields under long-term fertilizations in the upland red soil of southern China. Nutrient Cycling in Agroecosystems, 84(1): 59-69.

Zhang X D, Amelung W. 1996. Gas chromatographic determination of muramic acid, glucosamine, mannosamine, and galactosamine in soils. Soil Biology and Biochemistry, 28 (9): 1201-1206.

Zhang X N, Lu Y F, Yang T, et al. 2019. Influencing the release of the biological nitrification inhibitor 1,9-decanediol from rice (*Oryza sativa* L.) roots. Plant Soil. DOI: 10.1007/s11104-019-03933-1.

Zhang X Y, Sui Y Y, Zhang X D, et al. 2007. Spatial variability of nutrient properties in black soil of Northeast China. Pedosphere, 17: 19-29.

Zhang X, Barberan A, Zhu X, et al. 2014a. Water content differences have stronger effects than plant functional groups on soil bacteria in a steppe ecosystem. PLoS ONE, 2014, 9: e115798.

Zhang X, Chen Q, Han X. 2013b. Soil bacterial communities respond to mowing and nutrients addition in a steppe ecosystem. PLoS ONE, 8(12): e84210.

Zhang X, Han X. 2012. Nitrogen deposition alters soil chemical properties and bacterial communities in the inner mongolia grassland. Journal of Environmental Sciences, 24: 1483-1491.

Zhang X, Johnston E R, Barberan A, et al. 2017a. Decreased plant productivity resulting from plant group removal experiment constrains soil microbial functional diversity. Global Change Biology, 23: 4318-4332.

Zhang X, Johnston E R, Barberan A, et al. 2018. Effect of intermediate disturbance on soil microbial functional diversity depends on the amount of effective resources. Environmental Microbiology, 20: 3862-3875.

Zhang X, Johnston E R, Li L, et al. 2017b. Experimental warming reveals positive feedbacks to climate change in the Eurasian Steppe. The ISME Journal, 11: 885-895.

Zhang X, Johnston E R, Liu W, et al. 2016. `Environmental changes affect soil bacterial community primarily by mediating stochastic processes. Global Change Biology, 22: 198-207.

Zhang X, Liu W, Bai Y, et al. 2011. Nitrogen deposition mediates the effects and importance of chance in changing biodiversity. Molecular Ecology, 20: 429-438.

Zhang X, Liu W, Schloter M, et al. 2013. Response of the abundance of key soil microbial nitrogen-cycling genes to multi-factorial global changes. PLoS ONE, 8: 76500.

Zhang X, Liu W, Zhang G, et al. 2015. Mechanisms of soil acidification reducing bacterial diversity. Soil Biology and Biochemistry, 81: 275-281.

Zhang X, Pu Z, Li Y, et al. 2016. Stochastic processes play more important roles in driving the dynamics of rarer species. Journal of Plant Ecology, 9: 328-332.

Zhang X, Wang L, Ma F, et al. 2015b. Effects of arbuscular mycorrhizal fungi on N2O emissions from rice paddies. Water Air & Soil Pollution, 226:222.

Zhang X, Wang L, Ma F, et al. 2017. Effects of arbuscular mycorrhizal fungi inoculation on carbon and nitrogen distribution and grain yield and nutritional quality in rice *Oryza sativa* L. Journal of the Science of Food and Agriculture, 97: 2919-2925.

Zhang X, Wei H, Chen Q, et al. 2014b. The counteractive effects of nitrogen addition and watering on soil bacterial communities in a steppe ecosystem. Soil Biology and Biochemistry, 72: 26-34.

Zhang X, Zhang G, Chen Q, et al. 2013c. Soil bacterial communities respond to climate changes in a temperate steppe. PLoS ONE, 2013c, 8(11): e78616.

Zhang Y G, Cong J, Lu H, et al. 2015. Soil bacterial diversity patterns and drivers along an elevational gradient on Shennongjia Mountain, China. Microbial Biotechnology, 8: 739-746.

Zhang Y, Gao J, Wang L S, et al. 2018. Environmental Adaptability and Quorum Sensing: Iron Uptake Regulation during Biofilm Formation by Paracoccus denitrificans. Appl Environ Microb, 84, (14): e00865-18.

Zhang Y, Liu J, Zhang J, et al. 2015. Row ratios of intercropping maize and soybean can affect agronomic efficiency of the system and subsequent wheat. PLoS One, 10 (6): e0129245.

Zhang Y, Lu X, Isbell F, et al. 2014c. Rapid plant species loss at high rates and at low frequency of N addition in temperate steppe. Global Change Biology, 20(11): 3520-3529.

Zhang Y, Schoch C, Fournier J, et al. 2009. Multi-locus phylogeny of Pleosporales: a taxonomic, ecological and evolutionary re-evaluation. Studies in Mycology, 64: 85-102.

Zhao F Z, Ren C J, Zhang L, et al. 2018. Changes in soil microbial community are linked to soil carbon fractions after afforestation. European Journal of Soil Science, 69: 370-379.

Zhao S H, Yu W T, Zhang L, et al. 2004. Research advance in soil organic phosphorus. Chinese Journal of Applied Ecology, 15(11): 2189-2194.

Zhao S, Zhuang L, Wang C. 2018. High-throughput analysis of anammox bacteria in wetland and dryland soils along the altitudinal gradient in Qinghai-Tibet Plateau. Microbiology Open, (2): e00556.

Zhao X Q, Chen R F, Shen R F. 2014. Co-adaptation of plants to multiple stresses in acidic soils. Soil Science,179: 503-513.

Zhao X Q, Guo S W, Shinmachi F, et al. 2013. Aluminum tolerance in rice is antagonistic with nitrate preference and synergistic with ammonium preference. Annals of Botany,111: 69-77.

Zhao X Q, Shen R F, Sun Q B. 2009. Ammonium under solution culture alleviates aluminum toxicity in rice and reduces aluminum accumulation in roots compared with nitrate. Plant and Soil, 315: 107-121.

Zhao X Q, Shen R F. 2018. Aluminum-nitrogen interactions in the soil-plant system.

Frontiers in Plant Science, 9: 807.

Zhao Z B, He J Z, Geisen S, et al. 2019. Protist communities are more sensitive to nitrogen fertilization than other microorganisms in diverse agricultural soils. Microbiome, 7 (1): 33.

Zheng B X, Hao X L, Ding K, et al. 2017. Long-term nitrogen fertilization decreased the abundance of inorganic phosphate solubilizing bacteria in an alkaline soil. Sci. Rep, 7: 42284.

Zheng B X, Zhu Y G, Sardans J, et al. 2018. QMEC: a tool for high-throughput quantitative assessment of microbial functional potential in C, N, P, and S biogeochemical cycling. Sci China Life Sci, 2018, 61: 1451-1462.

Zheng S J, Yang J L, He Y F, et al. 2005. Immobilization of aluminium with phosphorus in roots is associated with high aluminum resistance in buckwheat. Plant Physiology, 138: 297-303.

Zheng T T, Liang C, Xie H T, et al. 2019. Rhizosphere effects on soil microbial community structure and enzyme activity in a successional subtropical forest. FEMS Microbiology Ecology, 95.

Zheng Y M, Cao P, Fu B, et al. 2013. Ecological drivers of biogeographic patterns of soil archaeal community. PLoS One, 8(5): e63375.

Zheng Y, Yang W, Hu H W, et al. 2014. Ammonia oxidizers and denitrifiers in response to reciprocal elevation translocation in an alpine meadow on the Tibetan Plateau. Journal of Soils and Sediments, 14: 1189-1199.

Zheng Z L, 2009. Carbon and nitrogen nutrient balance signaling in plants. Plant Signaling & Behavior, 4(7): 584-591.

Zhong C, Cao X C, Hu J J, et al. 2017. Nitrogen Metabolism in Adaptation of Photosynthesis to Water Stress in Rice Grown under Different Nitrogen Levels. Frontiers in Plant Science, 8: 1079.

Zhong L, Bowatte S, Newton P C D, et al. 2015. Soil N cycling processes in a pasture after the cessation of grazing and CO2 enrichment. Geoderma, 259: 62-70.

Zhong L, Li F Y, Wang Y, et al. 2018. Mowing and topography effects on microorganisms and nitrogen transformation processes responsible for nitrous oxide emissions in semi-arid grassland of Inner Mongolia. Journal of Soils and Sediments, 18: 929-935.

Zhong W H, Cai Z C. 2007. Long-term effects of inorganic fertilizers on microbial biomass and community functional diversity in a paddy soil derived from quaternary red clay. Applied Soil Ecology(36): 84-91.

Zhong W H, Gu T, Wang W, et al. 2010. The effects of mineral fertilizer and organic manure on soil microbial community and diversity. Plant and Soil, 326: 511-522.

Zhong W H, Gu T, Wang W, et al. 2010. The effects of mineral fertilizer and organic manure on soil microbial community and diversity. Plant and Soil (1-2): 511-522.

Zhou F, Lin Q B, Zhu L H, et al. 2013. D14-SCFD3-dependent degradation of D53 regulates strigolactone signaling. Nature, 504(7480): 406-410.

Zhou G, Zhou X, He Y, et al. 2017. Grazing intensity significantly affects belowground carbon and nitrogen cycling in grassland ecosystems: a meta-analysis. Global Change Biology, 23: 1167-1179.

Zhou J and Ning D. 2017. Stochastic community assembly: does it matter in microbial ecology? Microbiology and Molecular Biology Reviews, 81: 1-32.

Zhou J Z, Deng Y, Shen L N, et al. 2016. Temperature mediates continental-scale diversity of microbes in forest soils. Nature Communications, 7: 12083.

Zhou J Z, Xia B C, Treves D S, et al. 2002. Spatial and resource factors influencing high microbial diversity in soil. Applied and Environmental Microbiology, 68: 326-334.

Zhou J, Deng Y, He Z, et al. Applying GeoChip analysis to disparate microbial communities. Microbe Magazine, 2010a, 5: 60-65.

Zhou J, Deng Y, Luo F, et al. 2011. Phylogenetic molecular ecological network of soil microbial communities in response to elevated $CO_2$. mBio, 2(4): e00122-11. doi: 10.1128/mBio.00122-11.

Zhou J, Deng Y, Luo F, et al. Functional molecular ecological networks. mBio, 2010b, 1: 00169-10.

Zhou J, Deng Y, Shen L, et al. 2016. Temperature mediates continental-scale diversity of microbes in forest soils. Nature Communications, 7: 12083. doi: 10.1038 / ncomms12083.

Zhou J, Kang S, Schadt C W, et al. 2008. Spatial scaling of functional gene diversity across various microbial taxa. Proceedings of the National Academy of Sciences, USA, 105(22): 7768-7773.

Zhou J, Wu L, Deng Y, et al. 2011. Reproducibility and quantitation of amplicon sequencing-based detection. ISME J, 2011, 5: 1303-1313.

Zhou J, Xia B, Treves D, et al. 2002. Spatial and resource factors influencing high microbial diversity in soil. Applied and Environmental Microbiology, 68: 326-334.

Zhou J, Xue K, Xie J, et al. 2012. Microbial mediation of carbon-cycle feedbacks to climate warming. Nature Climate Change, 2: 106-110.

Zhou L, Li H, Shen H, et al. 2017. Shrub-encroachment induced alterations in input chemistry and soil microbial community affect topsoil organic carbon in an Inner Mongolian grassland. Biogeochemistry, 136: 311-324.

Zhou X Q, Guo Z Y, Chen C R, et al. 2017. Soil microbial community structure and diversity are largely influenced by soil pH and nutrient quality in 78-year-old tree plantations. Biogeosciences, 14: 2101-2111.

Zhou X Q, Wang Y F, Huang X Z, et al. 2008. Effect of grazing intensities on the activity and community structure of methane-oxidizing bacteria of grassland soil in Inner Mongolia. Nutrient Cycling in Agroecosystems, 80: 145-152.

Zhou X, Wang J, Hao Y, et al. 2010. Intermediate grazing intensities by sheep increase soil bacterial diversities in an Inner Mongolian steppe. Biology and Fertility of Soils, 46: 817-824.

Zhou Z H, Wang C K, Jiang L F, et al. 2017. Trends in soil microbial communities during secondary succession. Soil Biology and Biochemistry, 115: 92-99.

Zhu B, Cheng W. 2011. Rhizosphere priming effect increases the temperature sensitivity of soil organic matter decomposition. Global Change Biology, 17: 2172-2183.

Zhu B, Cheng W. 2012. Nodulated soybean enhances rhizosphere priming effects on soil organic matter decomposition more than non-nodulated soybean. Soil Biology & Biochemistry, 51: 56-65.

Zhu B, Cheng W. 2013. Impacts of drying e wetting cycles on rhizosphere respiration and soil organic matter decomposition. Soil Biology and Biochemistry, 63: 89-96.

Zhu B, Gutknecht J L M, Herman D J, et al. 2014. Rhizosphere priming effects on soil carbon and nitrogen mineralization. Soil Biology and Biochemistry, 76: 183-192Cai ZC, Qin SW. 2006.

Zhu G B, Wang M Z, Li Y X, et al. 2018c. Denitrifying a naerobic methane oxidizing in global upland soil: sporadic and non-continuous distribution with low influence. Soil Biology and Biochemistry, (19): 90-100.

Zhu G B, Zhou L L, Wang Y, et al. 2015. Biogeographical distribution of denitrifying anaerobic methane oxidizing bacteria in Chinese wetland ecosystems. Environmental Microbiology Reports, 2015(7): 128-138.

Zhu G, Wang S, Feng X. 2011b. Anammox bacterial abundance, biodiversity and activity in a constructed wetland. Environmental Science and Technology (23): 9951-9958.

Zhu G, Wang S, Li Y, et al. 2018b. Microbial pathways for nitrogen loss in an upland soil. Environmental Microbiology (5): 1723-1738.

Zhu G, Wang S, Wang C. 2018a. Resuscitation of anammox bacteria after over 10, 000 years of dormancy. The ISME Journal. DOI: 10.1038/s41396- 018-0316-5.

Zhu G, Wang S, Wang W. 2013. Hotspots of anaerobic ammonium oxidation at land-freshwater interfaces. Nature Geoscience (2): 103-107.

Zhu G, Wang S, Wang Y, et al. 2011. Anaerobic ammonia oxidation in a fertilized paddy soil. The ISME Journal, 5: 1905-1912.

Zhu Y G, Zhao Y, Li B, et al. 2017. Continental-scale pollution of estuaries with antibiotic resistance genes. Nat Microbial, 2: 16270.

Zhu Y R, Wu F C, He Z Q, et al. 2013. Characterization of organic phosphorus in lake sediments by sequential fractionation and enzymatic hydrolysis. Environmental Science and Technology, 47(14): 7679-7687.

Zhu Y, Zeng H, Shen Q, et al. 2012. Interplay among $NH^{4+}$ uptake, rhizosphere pH and plasma membrane $H^{+}$-ATPase determine the release of BNIs in sorghum roots-possible mechanisms and underlying hypothesis. Plant and Soil, 358: 131-141.

Zhu Y G, Smith F A, Smith S E. 2003. Phosphorus efficiencies and responses of barley (*Hordeum vulgare* L.) to arbuscular mycorrhizal fungi grown in highly calcareous soil. Mycorrhiza, 13: 93-100.

Zhu Z K, Ge T D, Hu Y J, et al. 2017. Fate of rice shoot and root residues, rhizodeposits, and microbial assimilated carbon in paddy soil—part 2: turnover and microbial utilization. Plant and Soil, 416: 243-257.

Zhu Z K, Ge T D, Liu S L, et al. 2018a. Rice rhizodeposits affect organic matter priming in paddy soil: the role of N fertilization and plant growth for enzyme activities, $CO_2$ and $CH_4$ emissions. Soil Biology and Biochemistry, 116: 369-377.

Zhu Z K, Ge T D, Luo Y, et al. 2018b. Microbial stoichiometric flexibility regulates rice straw mineralization and its priming effect in paddy soil. Soil Biology and Biochemistry, 121: 67-76.

Zhu Z K, Zeng G, Ge T D, et al. 2016. Fate of rice shoot and root residues, rhizodeposits, and microbe-assimilated carbon in paddy soil—Part 1: decomposition and priming effect. Biogeosciences, 13: 4481-4489.

Zhuang J, McCarthy J F, Perfect E, et al. 2008. Soil water hysteresis in water-stable microaggregates as affected by organic matter. Soil Science Society of America Journal, 72: 212-220.

Zhulin IB. 2015. Databases for Microbiologists. J Bacteriol, 197: 2458-2467.

Zibilske L M, Bradford J M. 2007. Oxygen effects on carbon, polyphenols, and nitrogen mineralization potential in soil. Soil Science Society of America Journal, 71: 133-139.

Ziegler S E, White P W, Wolf D C, et al. 2005. Tracking the fate and recycling of 13C-labeled glucose in soil. Soil Science, 170: 767-778.

Ziemann S, van der Linde K, Lahrmann U, et al. 2018. An apoplastic peptide activates salicylic acid signalling in maize. Nat Plants, 4(3): 172-180.

Žifčáková L, Větrovský T, Lombard V, et al. 2017. Feed in summer, rest in winter: microbial carbon utilization in forest topsoil. Microbiome, 5: 122.

Zinger L, Lejon D P H, Baptist F, et al. 2011. Contrasting diversity patterns of crenarchaeal, bacterial and fungal soil communities in an alpine landscape. PLoS One, 6: e19950.

**图书在版编目（CIP）数据**

中国土壤微生物组 / 朱永官，沈仁芳主编．— 杭州：浙江大学出版社，2021.12

ISBN 978-7-308-22152-8

Ⅰ．①中… Ⅱ．①朱… ②沈… Ⅲ．①土壤微生物—研究—中国 Ⅳ．①S154.3

中国版本图书馆CIP数据核字(2021)第268742号

**中国土壤微生物组**

朱永官　沈仁芳　主编

---

**策　　划**　许佳颖　徐有智
**责任编辑**　张凌静
**责任校对**　殷晓彤
**封面设计**　程　晨
**出版发行**　浙江大学出版社
（杭州市天目山路148号　邮政编码310007）
（网址：http：//www.zjupress.com）
**排　　版**　杭州朝曦图文设计有限公司
**印　　刷**　浙江海虹彩色印务有限公司
**开　　本**　710mm×1000mm　1/16
**印　　张**　56
**字　　数**　900千
**版 印 次**　2021年12月第1版　2021年12月第1次印刷
**书　　号**　ISBN 978-7-308-22152-8
**定　　价**　398.00元（上、下册）

---